普通高等教育机电类“十三五”规划教材

Moldflow 模具分析实用教程

（第2版）

吴梦陵　狄金叶　陈永彪　李玉平　许莉钧　主　编

曹　争　张丽霞　副主编

電子工業出版社
Publishing House of Electronics Industry
北京 • BEIJING

内容简介

本书为读者学习 Autodesk Moldflow Insight 软件的快速入门提供了良好的技术平台。本书共分 9 章，内容主要包括：Autodesk Moldflow 软件，Autodesk Moldflow Insight 操作界面，Moldflow 网格前处理，基础建模，浇口位置的不同对熔接痕的影响，阀式顺序浇注系统的设计，浇注系统的平衡设计，充填、冷却与翘曲分析，Moldflow 案例分析等。

本书适合高等工科院校模具设计与制造本、专科学生作为 CAE 技术专业课教材使用或用于 Moldflow 软件培训，也可供机械类其他专业选用，还可供模具企业有关工程技术人员、产品设计人员作为参考书或自学教程使用。本书素材范例的项目方案和部分范例的视频教学录像可登录华信教育资源网（http://www.hxedu.com.cn）免费注册后进行下载，或联系邮箱 wmlzl@sina.com 进行索取。

图书在版编目（CIP）数据

Moldflow 模具分析实用教程/吴梦陵等主编. —2 版. —北京：电子工业出版社，2018.3
普通高等教育机电类“十三五”规划教材
ISBN 978-7-121-33599-0

Ⅰ. ①M… Ⅱ. ①吴… Ⅲ. ①注塑－塑料模具－计算机辅助设计－应用软件－高等学校－教材
Ⅳ. ①TQ320.5-39

中国版本图书馆 CIP 数据核字（2018）第 019872 号

策划编辑：李　洁
责任编辑：刘真平
印　　刷：北京虎彩文化传播有限公司
装　　订：北京虎彩文化传播有限公司
出版发行：电子工业出版社
　　　　　北京市海淀区万寿路 173 信箱　邮编　100036
开　　本：787×1 092　1/16　印张：22　字数：563.2 千字
版　　次：2013 年 8 月第 1 版
　　　　　2018 年 3 月第 2 版
印　　次：2019 年 11 月第 3 次印刷
定　　价：49.80 元

凡所购买电子工业出版社图书有缺损问题，请向购买书店调换。若书店售缺，请与本社发行部联系，联系及邮购电话：（010）88254888，88258888。

质量投诉请发邮件至 zlts@phei.com.cn，盗版侵权举报请发邮件至 dbqq@phei.com.cn。

本书咨询联系方式：lijie@phei.com.cn。

前言

<<<<<< PREFACE

面向制造业市场的数字样机 Autodesk 是世界领先的工程软件提供商之一，它提供的软件能帮助企业客户在产品真正生产之前体验其创意。

作为 Autodesk 数字样机解决方案中的组成部分，Autodesk Moldflow Insight 软件提供了注塑成型仿真工具，致力于解决与塑料成型相关的广泛的设计和制造问题。Autodesk Moldflow Insight 软件提供深入的塑料零件和相关注塑模具的验证和优化，帮助人们研究目前的注塑成型工艺。Autodesk Moldflow Insight 对生产塑胶产品和模具的各种成型，包括一些新的成型方式，都有专业的模拟工具，汽车、消费电子、医疗和包装行业的顶尖制造商都在使用 Autodesk Moldflow Insight 软件，帮助他们减少昂贵的模具修改费用及对物理样机的需求，将生产时拆卸模具造成的延迟降到最低，使创新产品更快上市。

本书共分为 9 章，在第 1 版的基础上进行修订，详细介绍 Moldflow 软件的网格前处理及实例分析，重点突出浇注系统和冷却水路创建，流动、充填、冷却、翘曲及收缩分析，浇口位置的不同对熔接痕的影响。同时，更新了 Moldflow 软件的基本操作部分、浇注系统的平衡设计，增加了热流道阀式顺序浇注系统的设计。在第 9 章还对 Moldflow 案例分析进行了更新，这些案例详细阐述了目前塑料生产企业应用 Moldflow 工具解决产品设计、成型工艺和模具结构的优化等方面的问题。本书重点突出，内容全面，实例丰富，讲解详细，条理清晰。

本书由南京工程学院吴梦陵、李玉平、许莉钧，青岛工学院狄金叶、陈永彪担任主编，由广东省高级技工学校曹争、徐州工业职业技术学院张丽霞担任副主编。南京工程学院张珑、王鑫老师也参与了本书的编写。同时，孙松等同学对本书进行了校稿，在此表示衷心感谢。

本书在编写的过程中，得到了电子工业出版社和 Moldflow 公司大中华区的关心和帮助，在此谨表谢意。同时，也得到了南京工程学院及兄弟院校、有关企业专家特别是仝甲子先生，以及南京志翔科技有限公司张廷军先生的大力支持和帮助，在此一并表示感谢。此外，还要感谢所引用文献的作者，他们辛勤研究的成果也使得本教材增色不少。

本书素材范例的项目方案和部分范例的视频教学录像可登录华信教育资源网（http://www.hxedu.com.cn）免费注册后进行下载，或联系邮箱 wmlzl@sina.com 进行索取。

由于编者水平有限，书中难免存在不当和错误之处，恳请使用本书的教师和广大读者批评指正。

编　者

2017 年 11 月

目录

<<<<<< CONTENTS

第 1 章　Autodesk Moldflow 软件

第 2 章　Autodesk Moldflow Insight 操作界面

第 3 章　Moldflow 网格前处理

第 4 章　基 础 建 模

第 5 章　浇口位置的不同对熔接痕的影响

第 6 章　阀式顺序浇注系统的设计

第 7 章　浇注系统的平衡设计

第 8 章　充填、冷却与翘曲分析

第 9 章 Moldflow 案例分析

第 1 章 Autodesk Moldflow 软件

1.1 Autodesk Moldflow 介绍

Autodesk Moldflow 是欧特克公司开发的一款用于塑料产品、模具的设计与制造的行业软件。Moldflow 为企业产品的设计及制造的优化提供了整体的解决方案，帮助工程人员轻松地完成整个流程中各个关键点的优化工作。利用针对注塑模具塑料零件的分析服务，可以提供 Autodesk Moldflow 服务来验证客户的产品、模具设计和成型工艺。欧特克针对汽车应用（如内件、外件、动力传动系塑料零件）提供了专门的解决方案。借助 Autodesk Moldflow，可以在生产之前验证和优化塑料设计，而不必使用试错法。这不仅可以提高质量，还可以帮助指导客户选择机器及进行生产规划。使用 Autodesk Moldflow 软件，能够获得精确表示，而非近似表示；能够轻松地在早期开发阶段发现并修复问题，通过一次试验便可获得正确的零部件；可以在早期阶段确定重要规格以进行产品开发，如理想的注射点、材料和壁厚；可以提供直观的用户界面并生成可靠的结果；可以减少试验次数和一到两次迭代，从而节省时间和资金。

在产品的设计及制造环节，Moldflow 提供了两大模拟分析软件：AMA（Autodesk Moldflow Adviser，Moldflow 塑件顾问）和 AMI（Autodesk Moldflow Insight，Moldflow 高级成型分析）。AMA 简便易用，能快速响应设计者的分析变更，因此主要针对注塑产品设计工程师、项目工程师和模具设计工程师，用于产品开发早期快速验证产品的制造可行性，AMA 主要关注外观质量（熔接线、气穴等）、材料选择、结构优化（壁厚等）、浇口位置和流道（冷流道和热流道）优化等问题。AMI 用于注塑成型的深入分析和优化，是全球应用最广泛的模流分析软件。企业通过 Moldflow 这一有效的优化设计制造工具，可将优化设计贯穿于设计制造的全过程，彻底改变传统的依靠经验的“试错”的设计模式，使产品的设计和制造尽在掌握之中。Autodesk Moldflow Adviser 通过简化注塑成型的模拟帮助设计者优化模具设计的诸多特征，如浇口、流道、模穴的排位。从分析开始建立直到结果的解析，引导设计者并帮助他们认识通过壁厚、浇口位置、材料、产品几何的变更如何去影响产品的制造可行性。通过对成型工艺的模拟能够帮助设计者找出并解决潜在的问题，Autodesk Moldflow Adviser 使得每一位设计工程师都能自信地完成注塑件的设计。

利用 Autodesk Moldflow Insight 软件提供注塑成型仿真工具，用于创建数字样机。Autodesk Moldflow Insight 软件提供深入的塑料零件及相关注塑模具的验证和优化，帮助人们研究目前的注塑成型工艺。通过欧特克解决方案，能够为潜在客户提供更准确的报价并在制造之前优化注塑模具设计。

1. 模拟仿真

1）塑料流动仿真

对熔融塑料的流动情况进行仿真，优化零件和模具设计，降低零件潜在缺陷，改进成型工艺，如图 1-1 所示。发现潜在零件缺陷，如熔接痕、困气和缩痕，进行重新设计以避免这些问题。对热塑性塑料注塑成型工艺中的填充阶段进行仿真，预测熔融塑料的流动模式是否均匀，避免短射，消除或尽量避免熔接痕和困气，或者改变其位置。热塑性保压，优化保压曲线，实现体积收缩量及分布情况的可视化，因而有助于最大限度地减小零件翘曲并消除缩痕等缺陷。

2）浇注系统仿真

建模并优化冷热流道系统和浇口配置。改进零件外观，最大限度地减小零件翘曲，缩短成型周期。浇注系统仿真如图 1-2 所示。

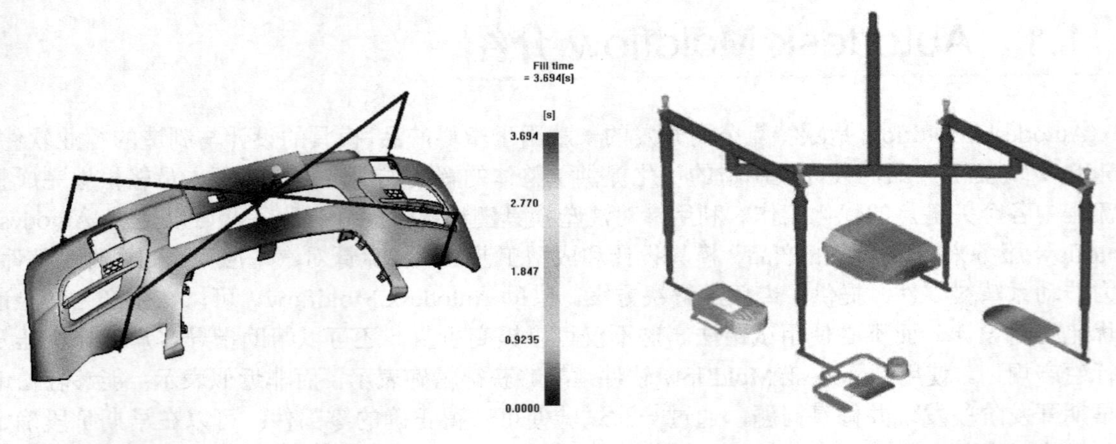

图 1-1　塑料流动仿真　　　　图 1-2　浇注系统仿真

同时确定最多 10 个浇口位置。在确定浇口位置时，最大限度地降低注塑压力，同时还可以指定不能排布浇口的区域。

根据所输入的部件（包括主流道、分流道和浇口）样式、尺寸和位置快速创建浇注系统。

平衡单穴、多穴和家族模穴方案中的流道系统，以便所有零件能够同时浇注，降低应力水平和材料用量。

制作热流道系统部件模型并设置顺序阀浇口，以帮助消除熔接痕，控制保压，如图 1-3 所示。

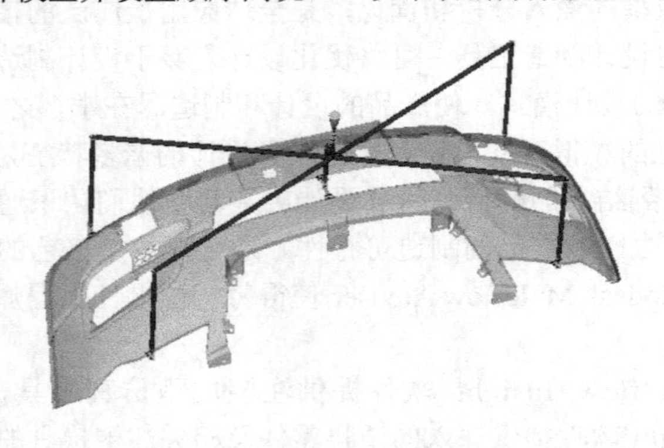

图 1-3　热流道浇注系统

3）模具冷却仿真

改进冷却系统的效率和注塑零件的外观，最大限度地减小零件翘曲，使表面光滑，并缩短周期，如图 1-4 所示。

冷却部件建模，分析模具冷却系统的效率。制作冷却回路、隔板、喷泉、模具镶件及模架的模型。

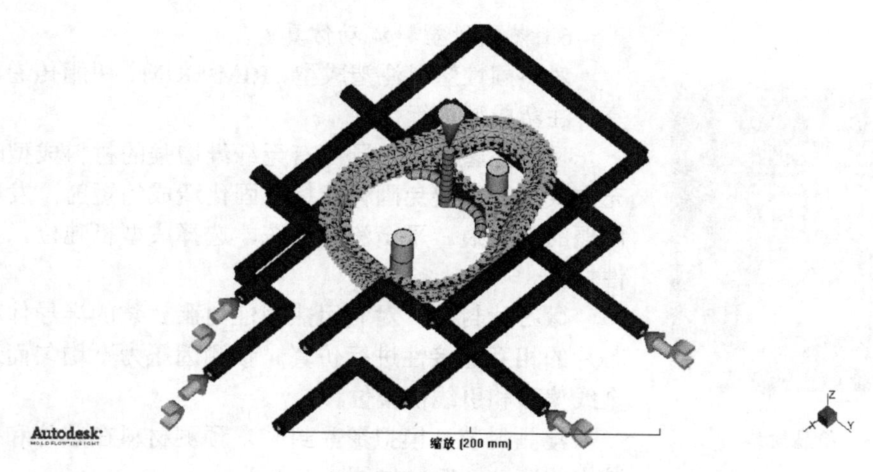

图 1-4　模具冷却仿真

冷却系统分析，优化模具和冷却回路设计，帮助实现零件均匀冷却，使周期最短，减小零件翘曲，并降低总体加工成本。

急冷急热成型，设置模具表面温度变化曲线，在填充阶段采用较高温度以使表面光滑，在保压和冷却阶段降低温度以冷却零件，缩短周期。

4）收缩和翘曲仿真

评估零件和模具设计，以帮助控制收缩和翘曲，如图 1-5 所示。

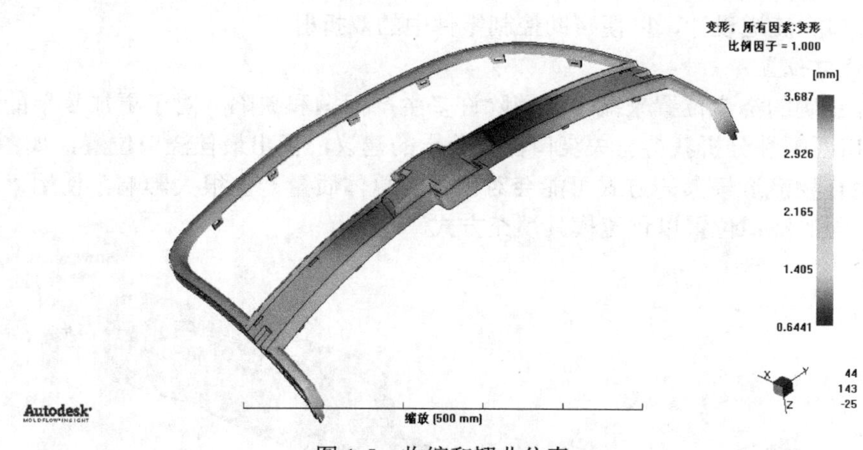

图 1-5　收缩和翘曲仿真

模拟制造零件的翘曲，以帮助确保最终产品的拟合和功能。生成精确的补偿模型，以方便进行加工或进一步的几何体修改。在出现过度收缩和翘曲的情况下，可以很容易地隔离根本翘曲原因（零件中的收缩不均、模具冷却不平衡或材料方向），以便可以评估目标操作和备选方案来解决该问题。Moldflow 数据库包含特定于等级的数据，可以达到最高的预测精度。型芯偏移控制，确定注塑压力、保压曲线和浇口位置等的理想工艺条件，最大限度地减小模具型芯的移动。纤维取向，控制塑料中的纤维取向，以帮助减小注塑零件收缩和翘曲。

5）CAE 数据交换

使用工具与结构仿真软件进行数据交换，验证和优化塑料零件的设计。利用 Autodesk Algor Simulation、ANSYS 和 Abaqus 结构仿真软件可进行 CAE 数据交换，以便判断工作负载下成型工艺对纤维增强注塑成型零件性能的影响。

6）热固性塑料流动仿真

图 1-6 覆晶封装

对热固性塑料注塑成型、RIM/SRIM、树脂传递成型及橡胶复合注塑成型进行仿真。

反应注塑成型，预测有无纤维增强的材料成型时模具的填充方式。帮助避免因树脂提前固化造成的短射，发现困气和有问题的熔接痕。平衡流道系统，选择成型机吨位，并评估热固性材料。

微芯片封装，对利用热固性树脂封装的半导体芯片及电子芯片的相互连接性进行仿真。预测因压力不均匀而造成的腔内金线偏移和引线框架位移。

覆晶封装，模拟覆晶封装，预测材料在芯片和基层之间型腔内的流动情况，如图 1-6 所示。

7）先进的仿真工具

使用先进的仿真工具应对设计挑战。

镶件包覆成型，进行镶件包覆成型仿真，帮助确定模具镶件对熔体流动、冷却率和零件翘曲的影响。

双色成型，对双色注塑成型工艺进行仿真：先填充第一种材质的零件，然后打开模具，旋转到指定位置，然后再在第一个零件上浇注第二种材质的零件。

双折射，评估成型应力引起的折射率变化，以此预测注塑零件的光学性能。评估多种材料、工艺条件及浇口和流道设计，以便帮助控制零件中的双折射。

8）最佳浇口位置

通过选择正确的浇口位置来减少或消除许多生产问题和缺陷。对于更加复杂的设计，使用 Moldflow 浇口匹配性分析获得有关浇口位置范围的建议，找出最佳浇口位置，如图 1-7 所示。熔化的塑料聚合物流过模具的方式可能会对零件的总体质量产生很大影响，使用“填充预览”工具来试验不同的浇口位置以预览模具填充方式。

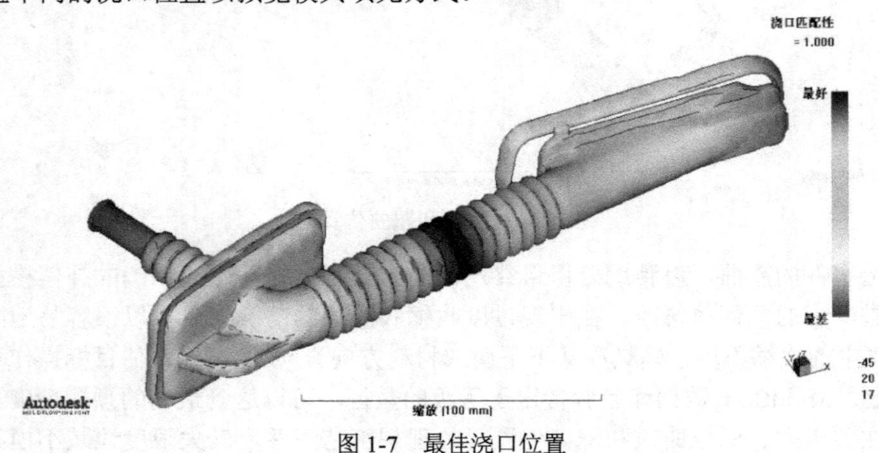

图 1-7 最佳浇口位置

9）控制阀浇口打开

通过将控制阀浇口与顺序阀浇口结合使用，可获得更高品质的表面光洁度。优化阀浇口的打开和关闭速度，以获得均匀流动和平衡的注射曲线。预测阀浇口打开过快或过慢的效果，帮助避免表面缺陷和迟滞效应。使用阀浇口与不使用阀浇口对照图如图 1-8 所示。

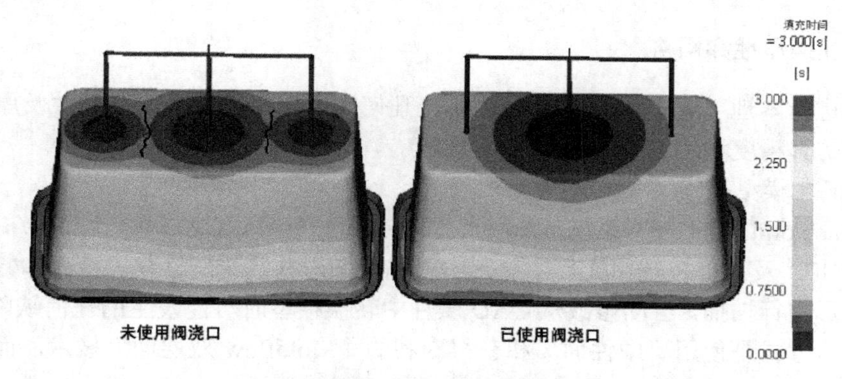

图 1-8 使用阀浇口与不使用阀浇口对照图

10）流道平衡

对多型腔模具和一模多件模具执行模具填充分析。借助流道平衡功能，可确保同时填充模具的所有型腔且均匀分布压力，如图 1-9 所示。使用 Moldflow 软件可优化模具每个型腔或分段的流道直径，实现平均且更加一致的效果。

图 1-9 流道平衡

11）实验设计（DOE）

了解制造工艺的稳定性，并确定造成产品缺陷或机械成型限制的主要因素。使用实验设计（DOE）分析来确定哪些输入工艺变量（如模具温度或注射时间）可能会影响零件质量。

12）重叠注塑冷却

Moldflow 冷却分析已扩展为气体辅助注射成型和二次重叠注塑。对于第一次和第二次注射零部件，零件冷却效果对填充和翘曲存在影响。

13）特殊成型工艺

仿真范围广泛的塑料成型工艺及其应用。

气体辅助注塑成型，确定浇口和气针的位置、在注入气体前应注射多少塑料，以及如何优化气体通道的尺寸和位置。

共注塑成型，实现型腔外层材料和芯层材料流动状态的可视化，填充过程中查看这两种材料流动状态之间的动态关系。优化材料组合，同时提高产品的性价比。

注压成型，模拟注压成型工艺。在这种工艺中，聚合体注入和模具压缩阶段可同步或先后进行。评估可选材料、零件设计、模具设计及工艺条件。

2. CAD 互操作性和网格

使用工具进行本地 CAD 模型转换和优化。几何图形支持适用于薄壁零件及厚壁和实体应用。根据所需仿真精度和运算时间选择网格类型。

1）CAD 实体模型

从基于 Parasolid 的 CAD 系统、Autodesk Inventor 软件、CATIA V5、Pro/ENGINEER、SolidWorks、IGES 及 STEP 通用文件中导入实体几何图形并实现网格化。检查和修复错误，对导入的几何图形进行扫描，自动修改从 CAD 软件中转换模型时可能发生的任何缺陷。大型薄壁零件的最佳表示方式是使用“中性面”和获得专利的“Moldflow 双层面”技术，而较厚零件的最佳表示方式是使用三维网格。

2）导入/导出中心线

向 CAD 软件导出/导入浇注系统和冷却通道中心线，从而帮助缩短建模时间，避免流道和冷却水路建模错误。

图 1-10　薄壁零件实体模型仿真

3）Autodesk Moldflow CAD Doctor

检查、纠正、修复和简化从三维 CAD 系统导入的实体模型，准备仿真。

4）三维仿真

使用实四面体有限元网格技术，在复杂的几何图形上进行三维仿真。对电气插接件、厚壁结构部件及壁厚变化较大的几何图形而言，三维仿真是理想的选择。

5）Dual Domain 技术

使用 Dual Domain 技术对薄壁零件的实体模型进行仿真。直接使用三维实体 CAD 模型，用户可以更轻松地分析设计迭代方案，如图 1-10 所示。

6）中面网格

对于薄壁零件，可以生成具有指定厚度的二维平面网格。

3. 结果评估和生产力工具

实现仿真结果的可视化并进行评估，借助自动报告工具与利益相关方共享分析结果。利用材料数据库和自定义工作空间等特性进一步提高工作效率。

1）结果解读与演示

使用一系列工具进行模型可视化、结果评估和演示；使用“报告生成向导”创建基于 Web 的报告；与客户、厂商和团队成员轻松、便捷地准备和共享仿真结果。

2）Microsoft Office

将结果和图片导出，以便制作 Microsoft Word 报告和 PowerPoint 演示文稿。

3）Autodesk Moldflow Communicator

使用 Autodesk Moldflow Communicator 软件与生产人员、采购工程师、供应商和客户加强协作。Autodesk Moldflow Communicator 结果浏览器支持用户从 Autodesk Moldflow 软件导出结果，以便相关方可以轻松查看、量化和比较仿真结果。

4）材料数据

凭借精确的材料数据提高仿真精度，这些数据库持续更新。材料数据库：使用包含有 9500

多种塑料材料具体等级信息的内置材料数据库，这些材料适用于注塑成型仿真。某些数据库还包括冷却液、模具材料、注射成型机等参数。

Autodesk Moldflow 塑料实验室提供一流的塑料材料测试服务、专业的数据拟合服务及丰富的材料数据库，如图 1-11 所示。

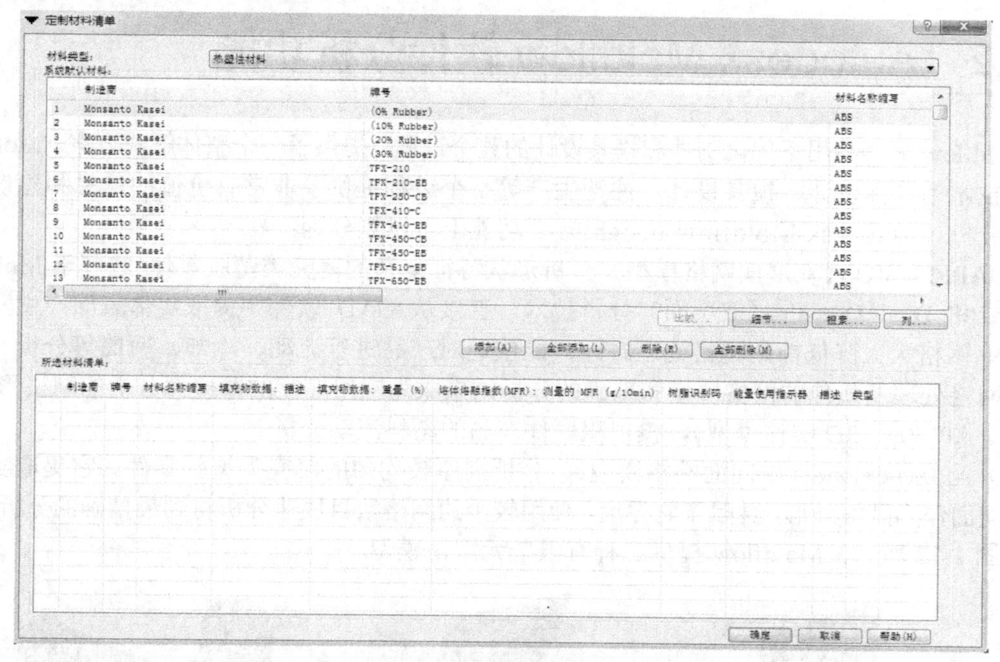

图 1-11 材料数据

5）提高工作效率的工具

使用众多帮助工具提高工作效率。根据分析结果提供帮助，包括应关注哪些信息及如何纠正常见错误。了解关于解决方案原理、仿真结果分析，以及设计更出色的塑料零件和注塑模具的更多信息。

（1）灵活的云解算选项。使用 Moldflow 可以同时在云中运行多个模拟，并继续在计算机上处理其他任务。例如，如果要测试分析设置，请使用本地资源进行迭代并优化设置。对于时间更长、计算更密集的模拟，使用云来处理，释放本地资源来处理其他工作。

（2）网格生成效率。在重新划分网格的过程中，使用新的网格选择和节点预览功能可以轻松创建、修复和优化网格。对诊断导航器可用性的改进有助于提高工作效率。

（3）快速且便于使用。Moldflow 中的帮助向导可以帮助完成以下操作：自动进行导入、网格生成、修复和网格类型适用性诊断；即时快速填充预览；理想浇口分析和位置；使用浇口位置分析进行自动流动分析；制造优化、填充可行性和质量预测。

6）自动化与自定义

为用户的组织自动化常规任务并定制 Autodesk Moldflow 软件。应用程序编程接口（API）工具支持用户实现常见任务的自动化，定制用户界面，使用第三方应用，并帮助实施企业标准和最佳实践，从而扩大 Autodesk Moldflow 软件的功能。

欧特克是世界领先的工程软件提供商之一，它提供的软件能帮助企业客户在产品还没有真正生产之前体验其创意。通过为主流制造商提供强大的数字样机技术，欧特克正在改变制造商思考设计流程的方式，帮助他们创建更加高效的工作流程。欧特克的数字样机方案是独一无二的可扩展、可实现、经济高效的解决方案，支持为数众多的制造商在几乎不改变现有工作流程的前提下，享受数字样机带来的益处，它能够以直观的方式在多种工程环境中创建和维护单个数字模型。

1.2 Autodesk Moldflow 软件分析功能

Moldflow 的产品用于优化制件和模具设计的整个过程，提供了一个整体解决方案。Moldflow 软硬件技术为制件设计、模具设计、注塑生产等整个过程提供了非常有价值的信息和建议。高级成型分析（Autodesk Moldflow Insight）在功能上可以划分为：

（1）API/FUSION（双层面网格模型），分析形状特征复杂的薄壳类塑胶零件。它基于 Moldflow 的独家专利 Dual Domain（双层面）分析技术，直接从 CAD 软件中提取实体表面产生网格。FUSION 网格大大降低前期网格处理时间，能快速对产品进行流动、冷却、翘曲等分析。它以最快的网格处理及最佳的网格质量和准确的分析结果成为应用广泛的薄壁件分析的网格形式。

（2）API/3D（3D 实体模型），模拟粗厚件产品的塑料流动分析。

（3）API/Midplane（中间面网格模型），分析肉厚较均匀的薄壳类塑胶零件。它提取实体壁厚的中间面作为网格外形，并赋予它厚度，使用较少的网格数目快速分析得到最精确的分析结果。

如图 1-12 所示，Moldflow 提供三种有限单元网格模型。

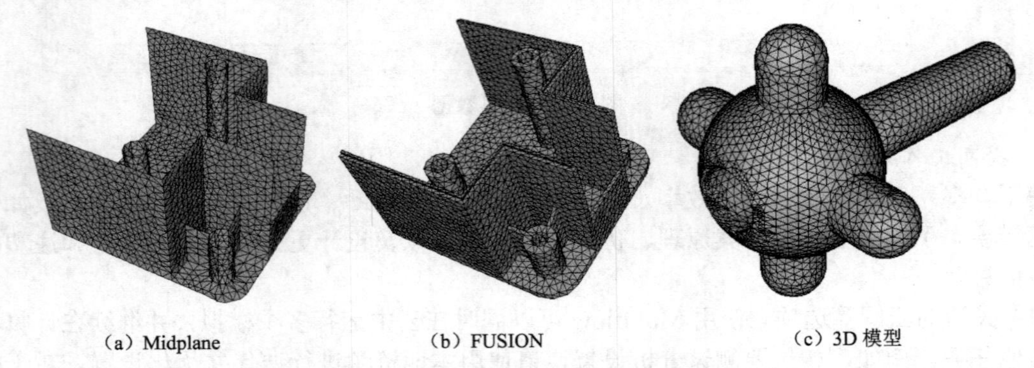

（a）Midplane （b）FUSION （c）3D 模型

图 1-12 Moldflow 网格的三种类型

（4）AMI/Flow 模拟热塑性材料注塑成型过程的填充和保压阶段，以预测塑料熔体的流动行为，从而可以确保可制造性。使用 AMI/Flow 可以优化浇口位置、平衡流道系统、评估工艺条件以获得最佳保压阶段设置来提供一个健全的成型窗口，并确定和更正潜在的制品收缩、翘曲等质量缺陷。

（5）AMI/Gas 模拟气体辅助注塑成型，这种成型方法是将气体（通常为 N_2）注入树脂熔料中，气体推动树脂流进型腔完成模具填充，并在整个组件内创建一个中空通道。AMI/Gas 分析结果可帮助确定树脂和气体入口位置、气体注入之前要注塑的塑料体积及气道的最佳尺寸和位置。

（6）AMI/Co-Injection 模拟连续的协同注塑过程，即首先注塑表层材料，然后注塑不同的芯层材料。分析结果中可以查看型腔中材料的推进情况，并在填充过程中查看表层和芯层材料之间的动态关系。使用结果可优化两种材料的组合，从而使产品的总体性价比最大。

（7）AMI/Injection Compression 模拟树脂注入和模具压缩同时发生和连续发生的过程，并可以对注入树脂之前、期间或之后开始的压缩阶段进行优化。分析结果全面评估可选的材料、零件设计、模具设计及工艺条件。

（8）AMI/MuCell 模拟微孔发泡（MuCell）注塑成型工艺，即将某种超临界液体（如二氧化碳或氮）与熔化的树脂混合在一起，并将其注入模具来产生微孔泡沫。通过 AMI/MuCell 可以评估使用此工艺与传统注塑成型的可行性和优点。另外，也可以通过查看各种分析结果来优化产品设计和工艺设置。

（9）AMI/Design-of-Experiments 可以执行一系列自动化分析，改变初始指定参数，如模具和熔体温度、注射时间、保压压力和时间及产品壁厚。此模块分析出来的结果可以帮助优化工艺参数和最终成型的产品质量。结果可用于查看收缩率、注射压力、锁模力和熔料流动前沿温度，以及充填时间、压力和温度分布等。

（10）AMI/Cool 提供用于对模具冷却回路、镶件和模板进行建模及分析模具冷却系统效率的工具。可以优化模具及冷却回路设计，获得均匀的冷却效果，最小化循环周期，消除由于冷却因素造成的产品翘曲，从而降低模具总体制造成本。

（11）AMI/Warp 帮助预测由于工艺引起的应力所导致的塑料产品的收缩和翘曲，也可以预测由于不均匀压力分布而导致的模具型芯偏移，明确翘曲原因，查看翘曲将会发生的区域，并可以优化设计、材料选择和工艺参数，以在模具制造之前控制产品变形。

（12）AMI/Fiber 帮助预测由于含纤维塑料的流动而引起的纤维取向及塑料/纤维复合材料的合成机械强度。了解和控制含纤维塑料内部的纤维取向是很重要的，这可以减小成型产品上的收缩不均，从而减小或消除产品的翘曲。

（13）AMI/Shrink 基于工艺条件和具体的材料数据，能预测树脂收缩率，并且能正确预测出独立于翘曲分析的线性收缩率。因为塑料产品冷却时会收缩，因此在设计模具时，有必要计算出这个收缩量，以便满足主要产品公差。

（14）AMI/Stress 预测受到各种形式的外部载荷时，塑料产品的成型后性能。该分析考虑注塑成型期间塑料流动的影响，以及产品成型后的综合机械性能。

（15）AMI/Fill 可以获得最佳浇注系统设计。主要用于查看制件的填充行为是否合理，填充是否平衡，能否完成对制件的完全填充等。它的分析结果包括填充时间、压力、流动前沿温度、分子趋向、剪切速率、气穴、熔接线等。分析结果有助于选择最佳浇口位置、浇口数目、最佳浇注系统布局。

（16）AMI/Gate Location 系统自动分析出最佳浇口的位置。如果模型需要设置多个浇口，可以对模型进行多次浇口位置分析。当模型已经存在一个或多个浇口时，可以进行浇口位置分析，系统会自动分析出附加浇口的最佳位置。

（17）AMI/Runner Balance 可以帮助判断流道是否平衡并给出平衡方案，对于一模多腔或组合型腔的模具来说，熔体在浇注系统中流动的平衡性是十分重要的。如果塑料熔体能够同时到达并充满模具的各个型腔，则称此浇注系统是平衡的。平衡的浇注系统不仅可以保证良好的产品质量，而且可以保证不同型腔内产品的质量一致性。它可以保证各型腔的填充在时间上保持一致，保证均衡的保压，保持一个合理的型腔压力和优化流道的容积，节省充模材料。

（18）AMI/Molding Window 帮助定义能够生产合格产品的成型工艺条件范围。如果位于这个范围，则可以生产出好质量的制件。

除以上分析类型外，AMI 还能够对热固性反应成型进行模拟，同时也可以对同一个产品模型进行多个类型的综合分析。比如，当我们需要了解产品的流动及翘曲等情况时，通常会使用 AMI/Flow+Warp 分析功能，这时 AMI 的 Flow 和 Warp 分析功能就会同时进行。

第2章 Autodesk Moldflow Insight 操作界面

2.1 Autodesk Moldflow Insight 操作界面简介

Autodesk Moldflow Insight 中文版具有集成的用户界面和非常人性化的操作界面，整合全部前后处理为同一界面，操作非常方便。Autodesk Moldflow Insight 启动界面如图 2-1 所示。

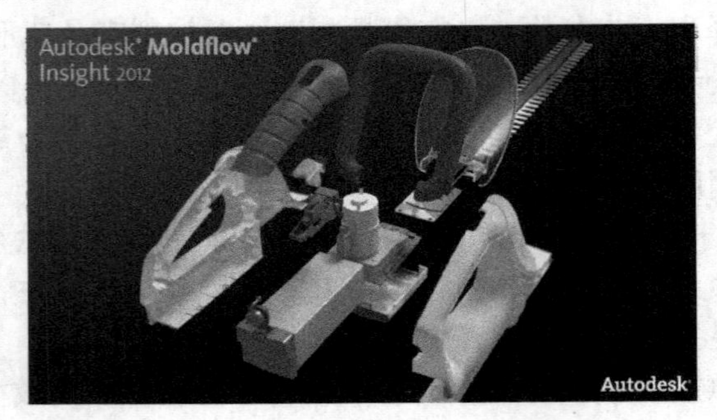

图 2-1　Autodesk Moldflow Insight 启动界面

Autodesk Moldflow Insight 中文版的操作界面主要由标题栏、菜单栏、工具栏、工程管理视窗、任务视窗、层管理视窗、模型显示视窗、日志视窗和状态栏等几部分组成，如图 2-2 所示。

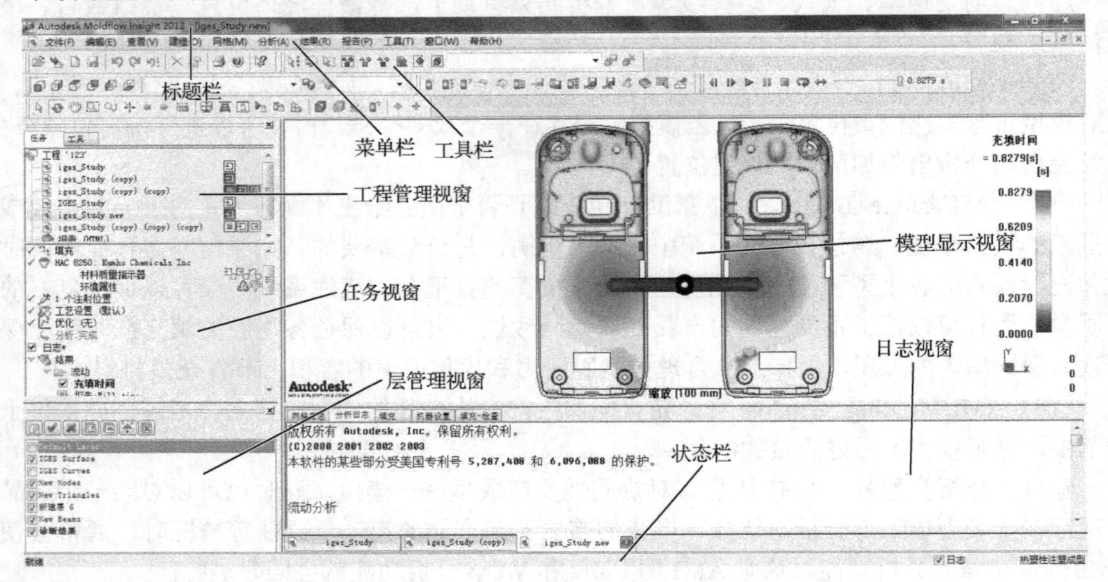

图 2-2　Autodesk Moldflow Insight 中文版操作界面

1）标题栏

标题栏位于软件整体视窗的最顶端，用于显示软件名称、版本号 Autodesk Moldflow Insight（简体中文版）及当前项目文件的名称（如 123）。

2）菜单栏

Autodesk Moldflow Insight 中文版的菜单栏主要包括文件、编辑、查看、建模、网格、分析、结果、报告、工具、窗口和帮助菜单，如图 2-3 所示。

图 2-3 菜单栏

3）工具栏

与其他软件一样，通过 Autodesk Moldflow Insight 中文版的工具栏，操作者可以便捷地实现几乎所有的菜单命令，如图 2-2 所示。当然该软件也提供了工具栏的定制等功能，可以满足不同层次和工作目的的操作。

操作方法如下所示：

下拉菜单操作：单击“查看”→“工具栏”，弹出级联菜单，如图 2-4 所示，可以自行勾选自定义工具栏类别，✔ 表示已经选中，显示在工具栏中。

单击选择菜单“查看”→“工具栏”→“定制工具栏”，弹出“定制”对话框，如图 2-5 所示，通过鼠标左键选择操作实现命令按钮的添加。

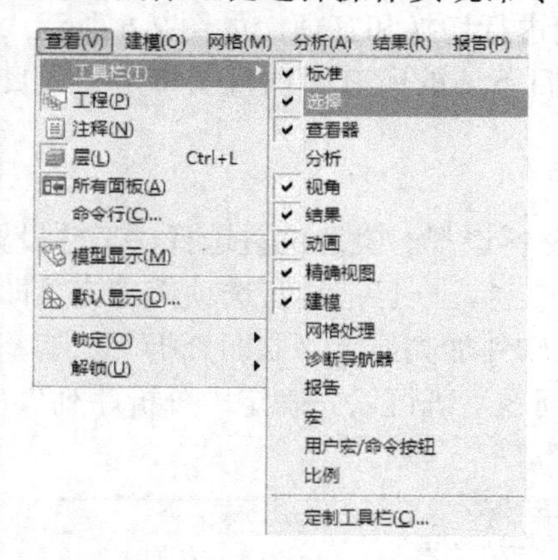

图 2-4 工具栏操作

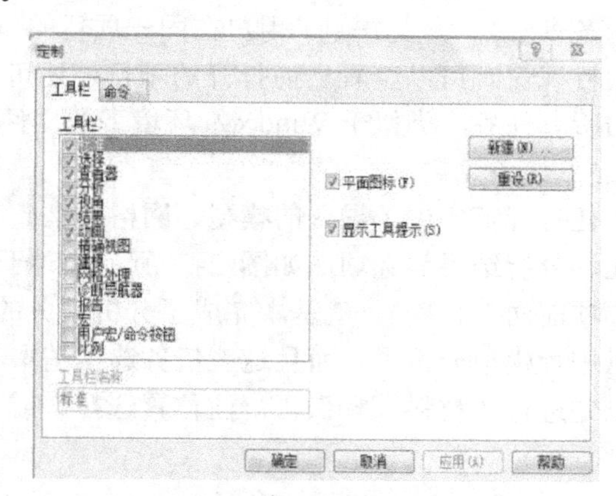

图 2-5 “定制”对话框

工具栏常用工具条如表 2-1 所示。

表 2-1 Autodesk Moldflow Insight 常用工具条

标准	
查看器	
分析	
网格处理	

续表

建模	
选择	
视角	
宏	
结果	
诊断导航器	
报告	

4）工程管理视窗

工程管理视窗显示当前工程项目所包含的所有方案（如果任务众多，可以通过视窗右侧的滚动条查看），大大方便了用户在同一项目的不同任务之间进行切换和管理，如图 2-6 所示。通过项目视窗既可以查看当前打开的项目，还可以组织该项目下属的所有子项目及每个子项目下属的所有任务，类似于 Windows 环境下的文件夹查看。

5）任务视窗

任务视窗集中了导入的模型、网格类型、分析类型、材料选择、浇注位置选择、工艺设置、优化、分析结果等选项，如图 2-7 所示。对于一个初学者来讲，一旦把这些选项都走完（即所有选项前面都打钩），就基本完成了分析任务的准备工作，软件加亮显示“立即分析！”，就基本可以进行模拟分析了。而且这些任务选项基本不存在顺序问题，既可以先确定“分析序列”，又可以先进行“材料选择”、“浇注位置选择”或“工艺设置”。

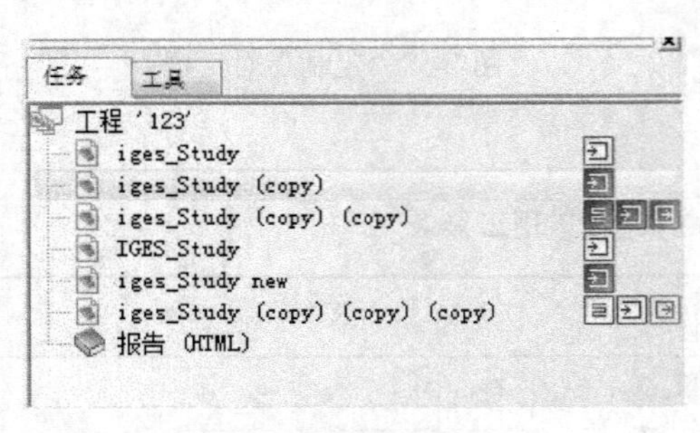

图 2-6 工程管理视窗

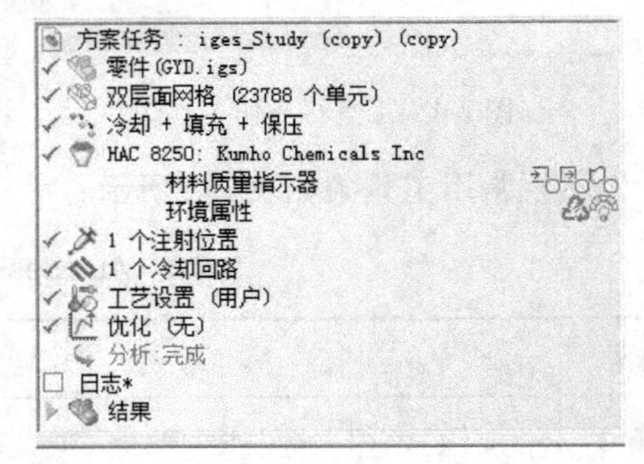

图 2-7 任务视窗

6）层管理视窗

层管理视窗会显示默认层和操作者为方便操作而创建的所有层，类似于 AutoCAD 的图层操作，操作者可以进行新建、激活、删除、显示、指定层、展开层和清除层操作，也可以打开和关闭上述显示层。层管理视窗便于管理窗口的元素对象和操作对象，如图 2-8 所示。

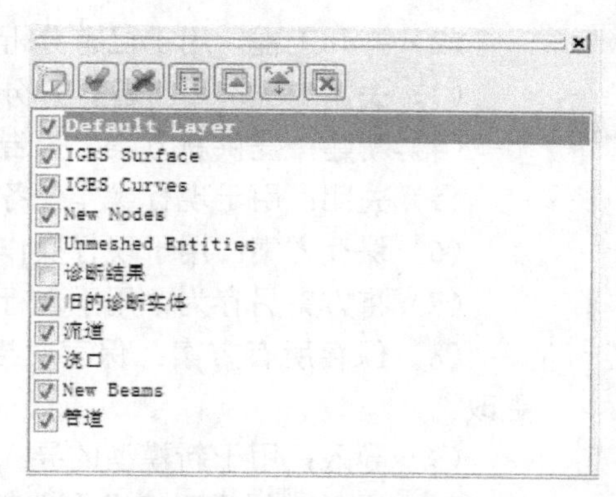

图 2-8 层管理视窗

7）模型显示视窗

模型显示视窗也称工作视窗，是主要的工作区，将显示所有模型元素，操做者对模型所做的任何操作都会在该窗口即时反映出来，如图 2-9 所示。

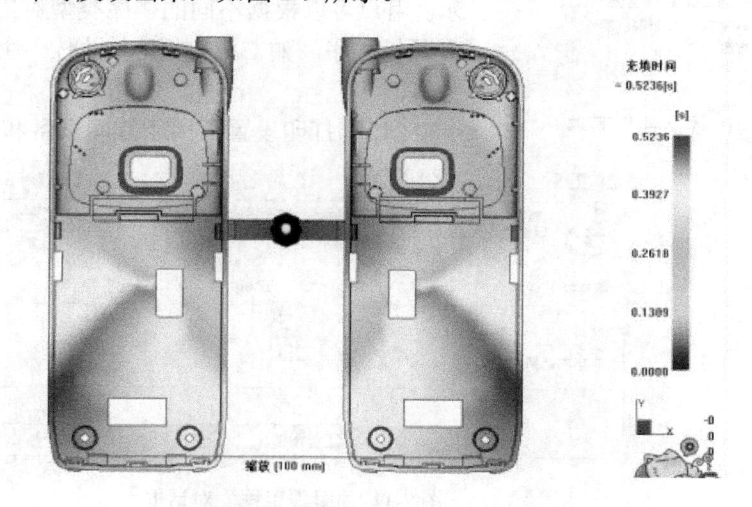

图 2-9 模型显示视窗

8）状态栏

状态栏用于显示当前操作进程的工作状态。

2.2 Autodesk Moldflow Insight 菜单

Autodesk Moldflow Insight 中文版的菜单栏主要包括文件、编辑、查看、建模、网格、分析、结果、报告、工具、窗口和帮助菜单项，现就菜单栏中主要菜单命令做以下介绍。

2.2.1 “文件”菜单

“文件”菜单可以执行文件的新建、打开、关闭、保存、导入、打印、参数设置等众多命令，其中绝大多数的命令都可以在工具栏中找到相应的快捷方式，如图 2-10 所示。

（1）新建工程：用于新的分析工程的创建。

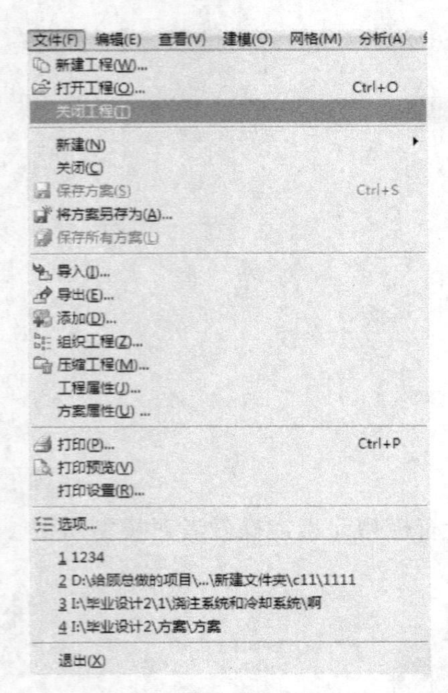

图 2-10 “文件”菜单

（2）打开工程：用于已有分析工程的打开。

（3）关闭工程：用于已打开分析工程的关闭。

（4）新建：提供新方案、报告和文件夹的创建。

（5）关闭：用于现行操作任务的关闭。

（6）保存方案：用于现行操作方案的保存。

（7）将方案另存为：用于现行操作方案的备份。

（8）保存所有方案：保存对当前工程中所有方案进行的更改。

（9）导入：用于新模型的导入。

（10）导出：用于现行操作方案、工程以*.zip 格式的备份。

（11）添加：用于在现行任务下增加新的模型。

（12）组织工程：用于工程的组织管理。执行菜单命令“文件”→“组织工程”，打开“组织工程”对话框，如图 2-11 所示。用户可以根据不同的排序类型对工程中已存在的方案、报告进行排序，如 CAD 模型、材料、注射点数和共享的结果文件等。

（13）打印设置：用于打印设备和格式的设置。

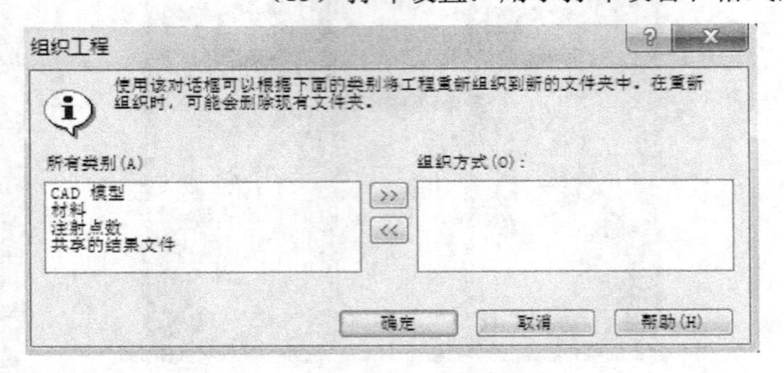

图 2-11 “组织工程”对话框

（14）选项：用于软件一些默认设置的修改和个性化设置。执行菜单命令“文件”→“选项”，打开“选项”对话框，如图 2-12 所示。对话框中包括概述、目录、鼠标、结果、外部应用程序、默认显示、查看器、背景与颜色、语言和帮助系统、互联网、报告 11 个选项卡，可以根据个人习惯和需要来设置操作和显示属性。

① 在“概述”选项卡中，可以进行测量系统的单位设置，“激活单位”包括两个选项：公制单位和美国英制单位。

在“常用材料列表”选项中，可以设置要记住的材料数目。

在“自动保存”选项中如果选中“自动保存时间间隔”复选框，则软件将根据指定的时间间隔自动保存当前运行的项目。

在“建模基准面”选项中，可以设置建模平面的栅格尺寸和平面大小。

在“分析选项”中可以对分析选项进行更改，单击“更改分析选项”按钮，弹出如图 2-13 所示对话框。

在“界面样式”选项中，可以设置样式为“传统用户界面”或“功能区用户界面”。

② 在“目录”选项卡中，可以更改工程目录，按照个人习惯和需求设置具体的工作目录来

保存工程。

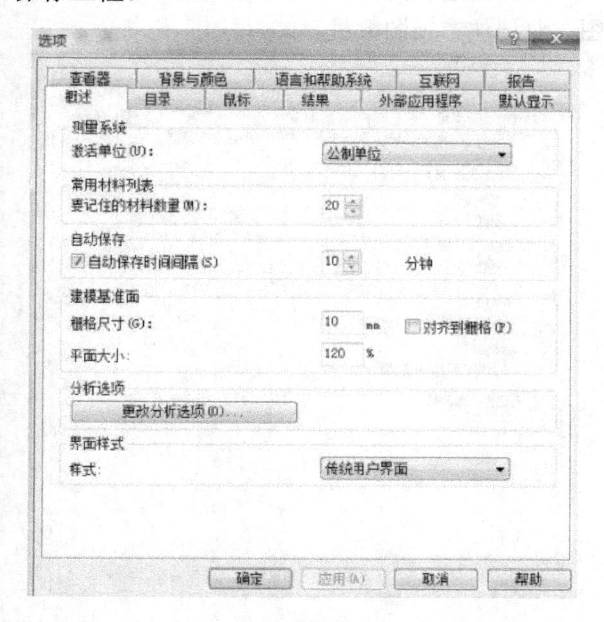

图 2-12 “选项”对话框

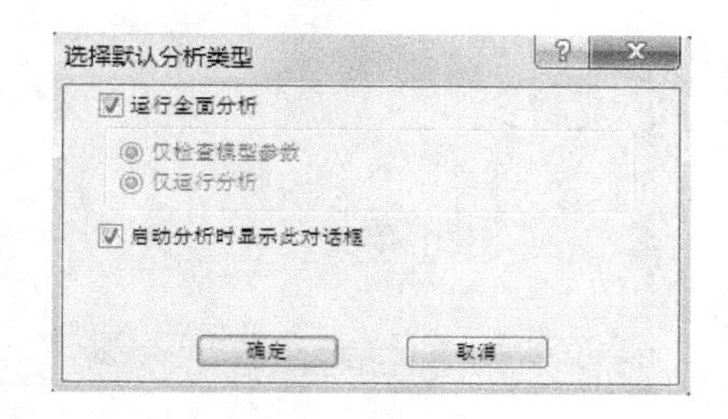

图 2-13 “选择默认分析类型”对话框

③ 如图 2-14 所示为“鼠标”选项卡，可以根据个人习惯和需要通过设置鼠标中键、右键、滚轮与键盘的组合使用来对操作对象进行旋转、平移、局部放大、动态缩放、按窗口调整大小、居中、重设、测量等操作。

④ 在如图 2-15 所示的“结果”选项卡中，可以自定义各个分析类型中具体的分析结果。通过“添加/删除”按钮来设置输出结果，通过“顺序”按钮可以对分析结果进行排序。

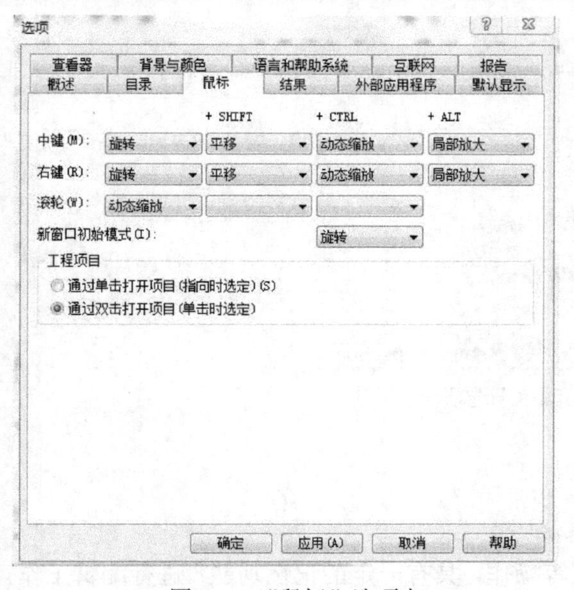

图 2-14 “鼠标”选项卡

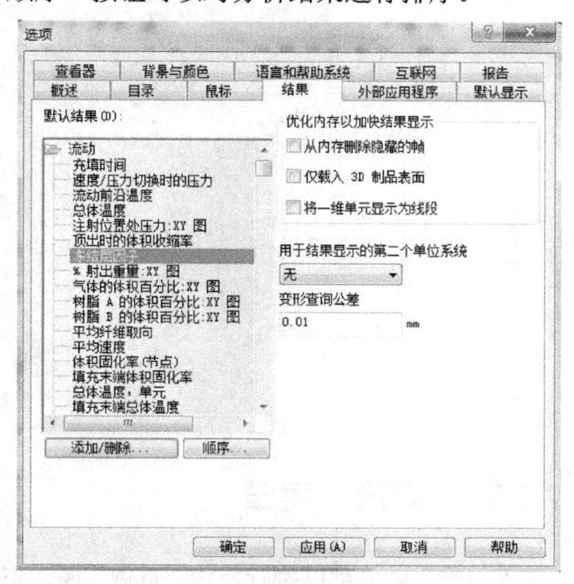

图 2-15 “结果”选项卡

⑤ 如图 2-16 所示为“默认显示”选项卡，可以用来设置各个图形元素的默认显示状况，其中包括三角形单元、柱体单元、四面体单元、节点、表面/CAD 面、区域、STL 面及曲线。显示类型包括实体、实体+单元边、透明、透明+单元边、收缩显示。

⑥ 如图 2-17 所示为“查看器”选项卡，可以设置增量更改，包括旋转角度、比例因子、平移因子，还可以设置照明亮度、渲染、透视图、要记住的视图数量。

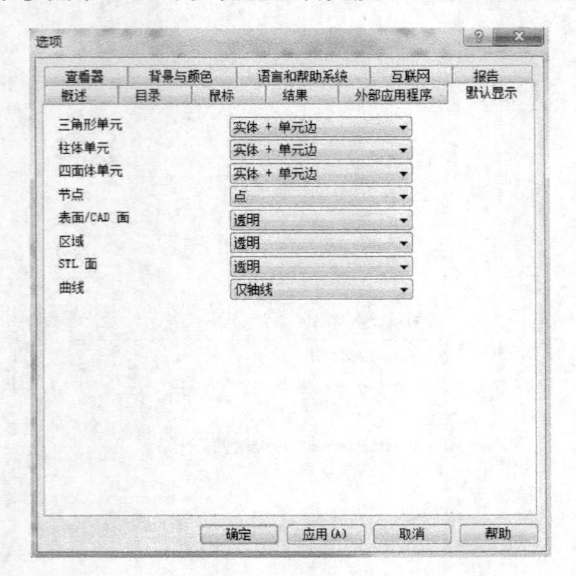

图 2-16 “默认显示”选项卡

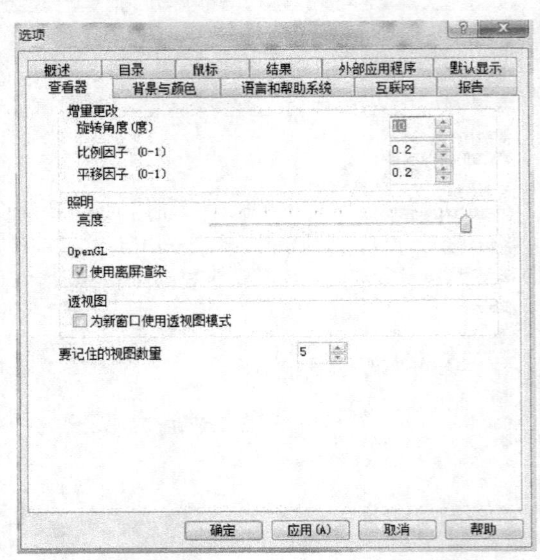

图 2-17 “查看器”选项卡

⑦ 如图 2-18 所示为“背景与颜色”选项卡，可以根据个人习惯和需要来设置系统/MDI 背景、模型/视图背景、选中单元颜色、未选中单元颜色和颜色加亮等属性。

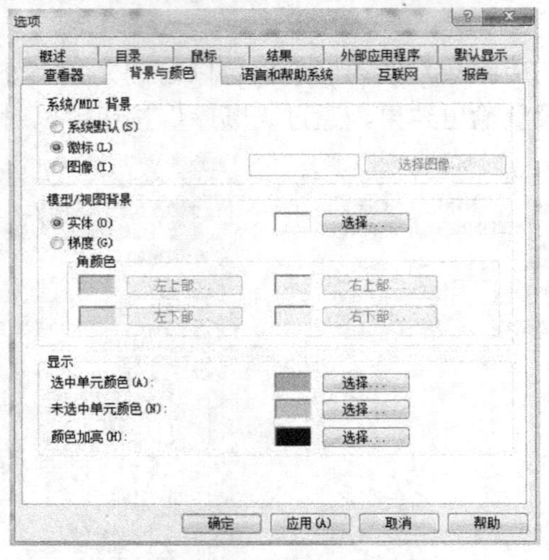

图 2-18 “背景与颜色”选项卡

2.2.2 “编辑”菜单

“编辑”菜单可以执行撤销、重做、操作记录等操作，具有一定的记忆功能；进行编辑工作，如剪切、复制、粘贴、删除；通过“选择方式”、“全选”、“取消全选”、“反向选择”、“展开选择”、“局部选择”、“选择优先级”命令可以对复杂形状的模型方便准确地进行选择编辑，可以根据实体类型的分类进行实体编号，避免了用鼠标选取对象的烦琐操作，用时提高了选取对象的准确性和直接性。“编辑”菜单如图 2-19 所示。

（1）撤销：返回上一操作状态。

（2）重做：取消撤销。

（3）选择方式：附加条件地对元素进行选择，可以通过同一属性、同一层或以各种图形方式进行选择。

（4）保存图像到文件：复制图像到粘贴板和直接将图片保存为*.bmp、*.jpg 等多种图像格式文件，用来将模型显示窗口中的模型图形保存到指定的文件夹中。单击该命令，弹出如图 2-20 所示的“图像另存为...”对话框。

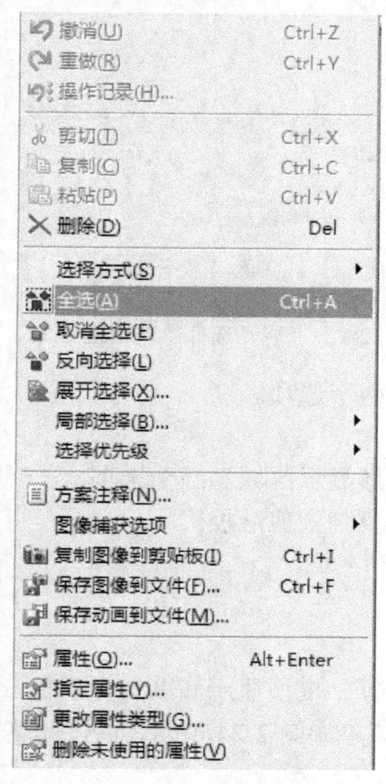

图 2-19 “编辑”菜单

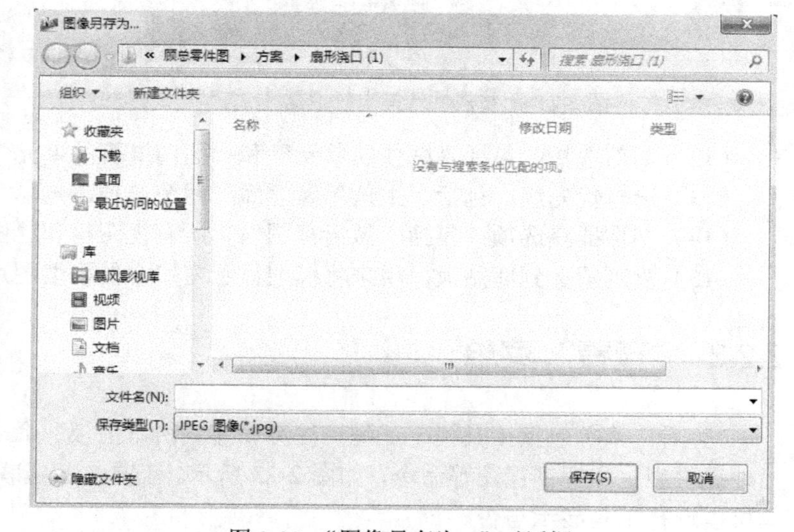

图 2-20 “图像另存为...”对话框

（5）保存动画到文件：将分析结果里的动画保存为*.gif、*.avi 格式文件。可以将动画保存为文件，保存格式有“动画（*.gif）”和“AVI 电影（*.avi）”两种类型。此选项必须是在分析完成并生成分析结果之后才可以激活，用于以动画的形式查看结果，并可以通过该命令将动画保存到指定文件夹中。

（6）属性：查看所有元素的属性，可以通过“赋予新属性”对被选元素进行属性修改。如图 2-21 所示，选择模型上的元素通过“赋予新属性”命令更改元素的属性。“按实体类型”中列出了模型所有的实体类型：节点、柱体单元、曲线、表面、节点边界条件。

（7）选择方式：对于形状比较复杂的模型，可以通过“选择方式”级联菜单命令进行快速、简洁的编辑，其选项包括属性、层、矩形、圆形、多边形，可以根据这些选项对模型的实体或层进行分类选取。

（8）全选：可以对模型进行全选操作。

（9）取消全选：可以用来取消已选中的实体模型。

（10）反向选择：为反向选取，如果已经选中了实体模型的局部，则可以通过反向选取来选中其他所有部分；如果已经选中所有实体模型，则反向选取可以对全选进行取消选择，再次使用反向选取又可恢复到全选的模型状态。

（11）展开选择：用于网格选取范围的扩大，仅适用于网格。单击此命令，弹出如图 2-22 所示的“展开选择”对话框，可以根据需要扩展选择和已选选项相邻的对象，在“展开当前选择”文本框中指定扩展级数。

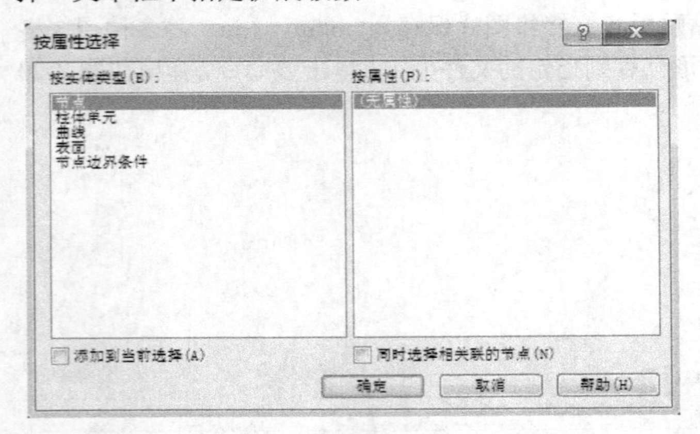

图 2-21 “按属性选择”对话框

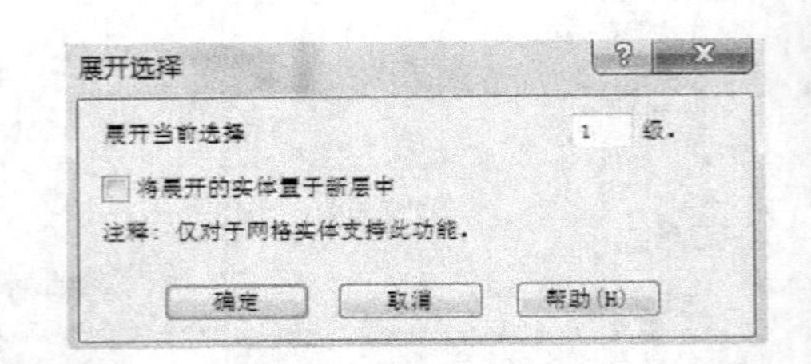

图 2-22 “展开选择“对话框

（12）局部选择：包括“框住的单元”和“面向屏幕的单元”两个选项。

（13）选择优先级：包括“主体”和“面”两个选项。

（14）图像捕获选项：包括“激活视图”、“所有视图”和“图形显示区域”三个选项。

（15）复制图像到剪贴板：用来将模型显示窗口中的模型图片复制到剪贴板。

2.2.3 “查看”菜单

“查看”菜单包括工具栏、工程、注释、层、所有面板、命令行、模型显示和默认显示等，另外提供锁定和解锁视图等命令，如图 2-23 所示。工具栏的级联菜单如图 2-24 所示，通过此菜单可以选择工具显示与否。

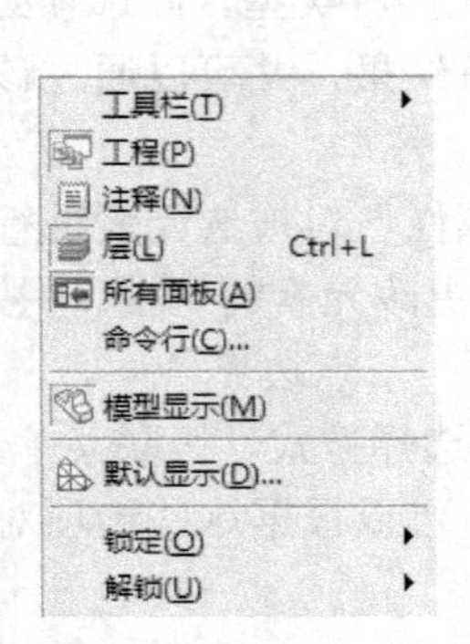

图 2-23 “查看”菜单

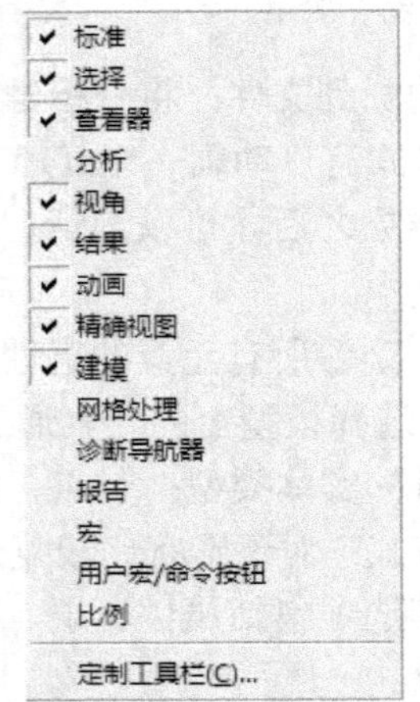

图 2-24 工具栏的级联菜单

1）标准工具栏

该工具栏可以进行项目模型的基本操作，从左到右每个图标的功能依次为：打开工程、导入、新建方案、保存、撤销、重做、操作记录、删除、编辑属性、打印、搜索帮助、这是什么，如图 2-25 所示。

图 2-25　标准工具栏

2）选择工具栏

该工具栏可以以不同的方式选择模型中的图形元素，从左到右每个图标的功能依次为：按属性选择、圆形选择、多边形选择、全选、取消选择、反向选择、展开选择、仅选择框住的单元、仅选择面向着屏幕的单元、选择保存的选择列表、保存选择列表和删除选择列表，如图 2-26 所示。

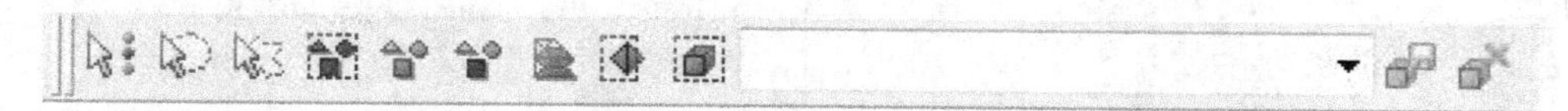

图 2-26　选择工具栏

3）查看器工具栏

该工具栏可以对模型进行全方位的观察，从左到右每个图标的功能依次为：选择、旋转、平移、局部放大、放大缩小、居中、上一视图、下一视图、测量；全屏、透视图、锁定/解锁视图、锁定/解锁动画、锁定/解锁图、默认显示；编辑剖切平面、移动剖切平面、增加 XY 曲线、检查结果；水平拆分、垂直拆分，如图 2-27 所示。

图 2-27　查看器工具栏

4）分析工具栏

该工具栏提供了模流分析流程的快捷方式，从左到右每个图标的功能依次为：分析序列、选择材料、工艺设置、设置注射位置、冷却液入口、排气位置、固定约束、销钉约束、弹性约束、普通约束、限制性浇口节点、关键尺寸、点载荷、边载荷、压力载荷、热载荷、体载荷和开始分析，如图 2-28 所示。

图 2-28　分析工具栏

5）视角工具栏

该工具栏可以从不同标准的 6 个视角查看模型，从左到右每个图标的功能依次为：前视图、右视图、顶部视图、后视图、左视图、底部视图、输入旋转角度、保存视角、删除视角、选择视角，如图 2-29 所示。

图 2-29　视角工具栏

6）结果工具栏

该工具栏可以对分析的结果进行查询、查看、设置等，如图 2-30 所示。从左到右每个图标的功能依次为：新建结果图（如图 2-31 所示）、图形属性（如图 2-32 所示）、检查结果（如

图 2-33 所示）、翘曲结果查看工具、还原原始位置、图形注释、保存曲线、保存整体图形属性、将当前图形属性另存为默认值、在 Patran 中保存图形、在 XML 中保存图形、导出翘曲塑件的网格/几何、新建报告、比较标准编辑器、导出以查看缺陷。

图 2-30 结果工具栏

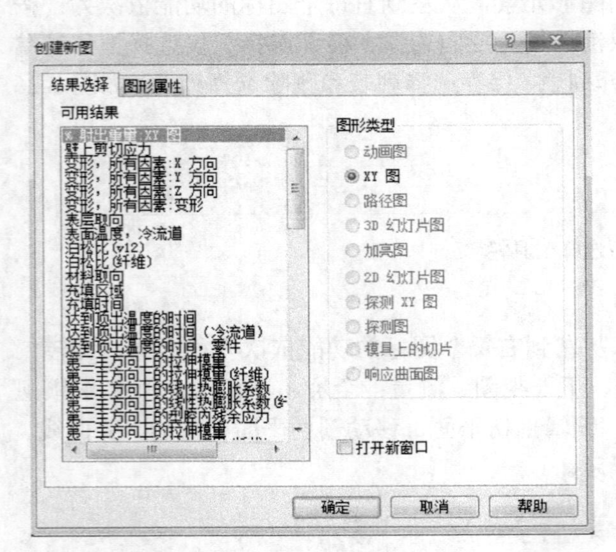

图 2-31 “创建新图”对话框

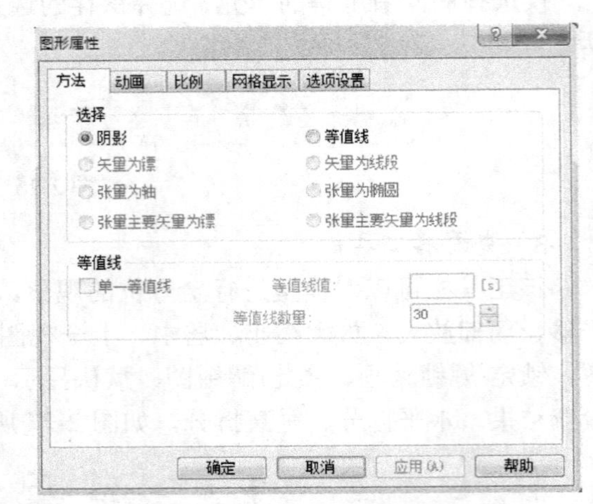

图 2-32 “图形属性”对话框

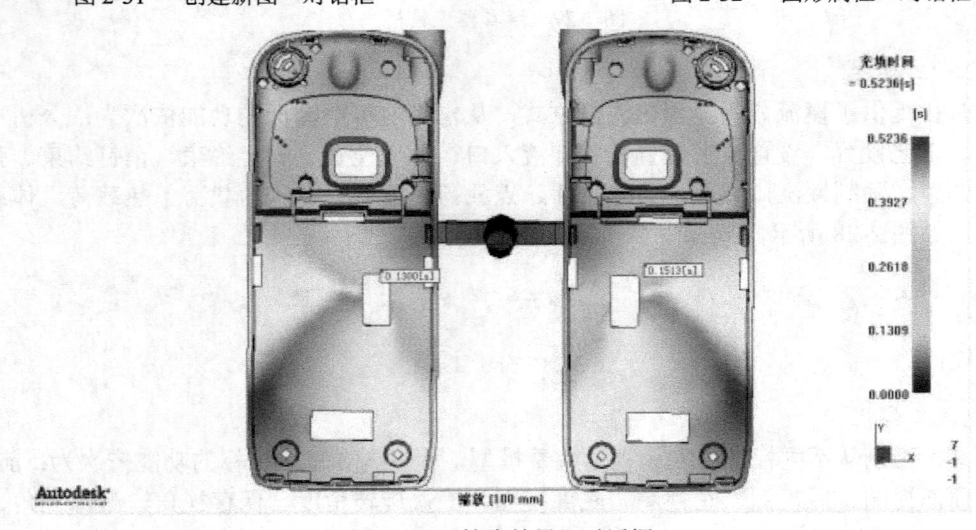

图 2-33 “检查结果”对话框

7）动画工具栏

该工具栏用于动态播放 AMI 的分析结果，从左到右每个图标的功能依次为：向后、向前、动画播放、暂停、停止、循环动画、回弹播放动画、动画控制，如图 2-34 所示。

图 2-34 动画工具栏

8）精确视图工具栏

该工具栏用于对模型的每个视角进行细节观察，从左到右每个图标的功能依次为：平移+X、平移+Y、放大、平移-X、平移-Y、缩小、旋转+X、旋转+Y、旋转+Z、旋转-X、旋转-Y、旋转-Z，如图 2-35 所示。

图 2-35　精确视图工具栏

9）建模工具栏

该工具栏可以方便快捷地创建所需要的实体模型，从左到右每个图标的功能依次为：坐标创建节点、坐标中间点创建节点、平分曲线创建节点、偏移创建节点、交点；创建直线、点创建圆弧、角度创建圆弧、样条曲线、连接曲线、断开曲线；边界创建区域、点创建区域、拉伸创建区域、直线创建区域、边界创建孔、节点创建孔；创建模具镶件、创建局部坐标系、激活为局部坐标系、激活为建模基准面；平移、旋转、三点旋转、缩放、镜像、查询实体；重复零件、流道系统向导、冷却流道向导、模具表面向导、通过 Autodesk Inventor Fusion 修改；曲面边界诊断、曲面连通性诊断、查找曲面连接线、编辑曲面连接线、删除曲面连接线、简化为柱体单元、导出以查看缺陷，如图 2-36 所示。

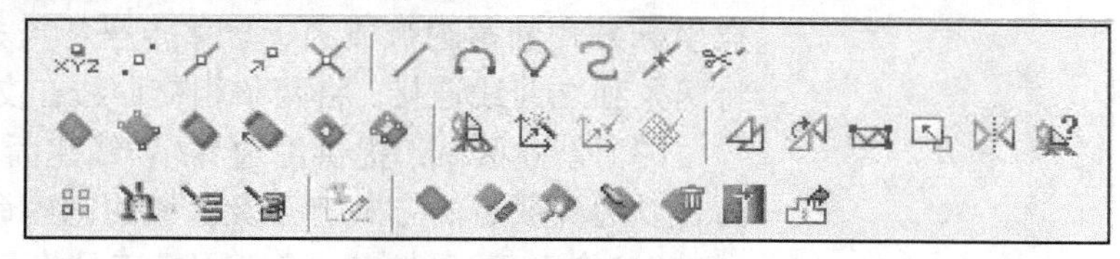

图 2-36　建模工具栏

10）网格处理工具栏

该工具栏为网格修补按钮，可以方便快捷地划分、修补网格，从左到右每个图标的功能依次为：生成网格、定义局部网格密度、创建三角形、创建柱体单元、创建四面体、网格修复向导、插入节点、移动节点、对齐节点、清除节点、匹配节点、合并节点、交换边、缝合自由边、充填孔、重新划分网格、平滑节点、单元取向、删除实体、投影网格、整体合并、自动修复、修改纵横比、从网格/STL 创建区域、全部取向、重新划分四面体网格、显示/隐藏网格诊断、纵横比诊断、重叠单元诊断、取向诊断、连通性诊断、自由边诊断、厚度诊断、尺寸诊断、出现次数诊断、双层面网格匹配诊断、柱体单元长径比诊断、质心太近诊断、折叠面诊断，如图 2-37 所示。

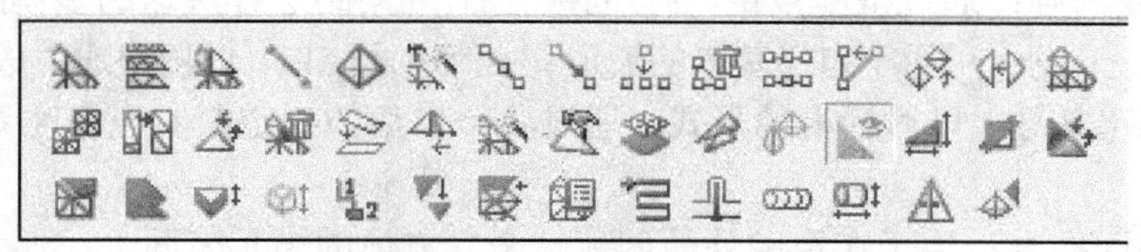

图 2-37　网格处理工具栏

11）报告工具栏

该工具栏可以对分析结果进行编辑、修饰、预览等，从左到右每个图标的功能依次为：添加报告封面、添加报告图像、添加报告动画、添加报告文本块、编辑报告、打开报告、预览报告，如图 2-38 所示。

12）宏命令工具栏

宏命令工具栏可以将一些操作命令编辑为宏命令，以利于更方便地进行操作，从左到右每个图标的功能依次为：开始宏录制、停止宏录制、播放宏，如图 2-39 所示。

图 2-38　报告工具栏

图 2-39　宏命令工具栏

2.2.4 “建模”菜单

“建模”菜单包括创建节点、创建曲线、创建区域、创建孔、创建镶件操作；局部坐标系/建模基准面；移动/复制、查询实体；型腔重复向导、流道系统向导、冷却回路向导、模具表面向导；通过 Autodesk Inventor Fusion 修改；曲面边界诊断、曲面连通性诊断、曲面修复工具；简化为柱体单元等命令。其中绝大多数的命令都可以在工具栏中找到相应的快捷方式，如图 2-40 所示。

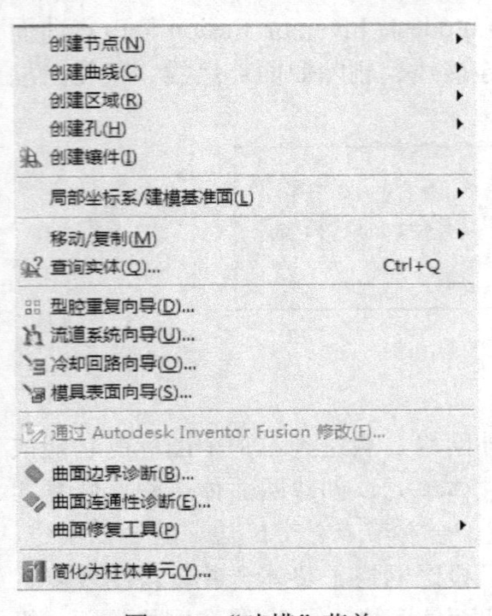

图 2-40 “建模”菜单

（1）创建节点：提供以坐标系（三点坐标）、中间点、分割、偏移和相交的方式创建节点元素命令。

（2）创建曲线：提供以两点坐标方式创建直线、以三点坐标方式创建圆弧或圆、以多点坐标方式创建多义线、将两条独立曲线连接、将两条相交曲线在交点打断等命令。

（3）创建区域：提供由边界/点/线建面、以延伸方式建面、以边界或点的方式建孔及区域的创建命令。

（4）创建孔：“按节点创建孔”工具将打开一个对话框，从中可以通过指定形成孔拐角的节点来将孔放置在区域中；“按边界创建孔”工具将打开一个对话框，从中可以通过指定形成孔边的曲线来将孔放置在区域中。

（5）创建镶件：用于模具镶块的创建。

（6）局部坐标系/建模基准面：指定建模基准面的首选项。开始建模前，通过“建模”菜单来定义和激活建模基准面。

（7）移动/复制：提供以移动、旋转、缩放或镜像现有元素方式创建新元素的命令。

（8）查询实体：通过单元编号的输入进行单元的精确查找。

（9）型腔重复向导：通过型腔数量、行/列数、行/列间距进行快速的多模腔复制。

（10）流道系统向导：可用于定义基本的流道、主流道及浇口，以便快速生成完整的浇注系统。

（11）冷却回路向导：以对话框的形式，通过各个参数的确定来实现浇注系统和冷却系统的建模。

（12）模具表面向导：用于在模腔外面创建一个立方体的模具表面。

2.2.5 “网格”菜单

CAD 模具具有高质量的网格，是 Autodesk Moldflow Insight 进行准确分析的前提，网格的划分和处理在 Autodesk Moldflow Insight 的应用分析前处理中占有重要的地位。在“网格”菜单中可以执行网格生成、各种网格缺陷诊断、网格修复、柱体单元的创建等命令，其中绝大多数的命令都可以在工具栏中找到相应的快捷方式，如图 2-41 所示。

（1）设置网格类型：可用于修改“设置网格类型”列表中提供的默认网格类型的列表。

（2）生成网格：当建模结束后，利用此命令可快速划分三角形（中面/双面模型）或四面体（3D 模型）网格，当然也包括浇注系统和冷却系统对应的柱体网格。

（3）定义网格密度：用于定义全部或局部网格密度。

（4）生成 3D 模具网格。

（5）增加局部网格密度：可用来成倍增加沿所选区域曲线的网格密度。仅当“定义网格密度”对话框已打开，且在模型中选中了其中一个区域的特定回路曲线时，此菜单项才可用。

（6）降低局部网格密度：可用来将沿所选区域曲线的网格密度减半。仅当“定义网格密度”对话框已打开，且在模型中选中了其中一个区域的特定回路曲线时，此菜单项才可用。

网格(M) 分析(A) 结果(R) 报告(P) 工具(T)
设置网格类型(H)
生成网格(M)...
定义网格密度(Y)...
生成 3D 模具网格...
增加局部网格密度(I) Ctrl+向上箭头
降低局部网格密度(L) Ctrl+向下箭头
创建三角形网格(T)...
创建柱体网格(B)...
创建四面体网格(R)....
网格修复向导(W)...
网格工具(E)
全部取向(O)
网格诊断(G)
显示诊断结果(D) Ctrl+D
网格统计(S)

图 2-41 “网格”菜单

（7）创建三角形网格：用于对网格面进行修补时的局部创建。

（8）创建柱体网格：用于对流道、浇口和水道等管道进行修补。

（9）创建四面体网格：用于创建四面体单元的更多网格选项。

（10）网格修复向导：可诊断和自动修复网格的一些常见问题。

（11）网格工具：提供用于修改不良网格状态的多种工具。

（12）全部取向：可以调整网格的取向以确保表面表示一致。

（13）网格诊断：可用于在划分模型的网格之后，查看诸如纵横比、重叠单元、连通性、自由边、厚度或出现次数等网格要素的诊断结果。

（14）显示诊断结果：显示诊断结果的图形表示。

（15）网格统计：用于统计和查看整体网格信息。某零件划分网格后的网格质量统计如图 2-42 所示，由网格诊断对话框我们可以清晰地查看到实体数量、边/单元配向/网格交叉的详细情况、纵横比和匹配率等综合信息，从而判断出该模型的网格质量。

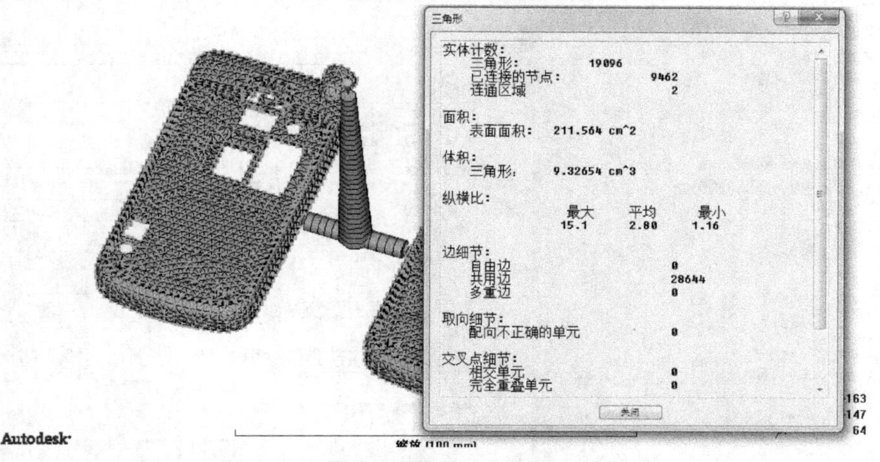

图 2-42 利用“网格统计”查看网格信息

2.2.6 “分析”菜单

“分析”菜单如图 2-43 所示，功能包括：设置成型工艺、设置分析序列、选择材料、工艺设置向导、优化（DOE）设置向导、从 MPX 导入数据、设置注射位置、设置冷却液入口、设置关键尺寸、设置约束、设置载荷、设置 Dynamic Feed 控制位置、编辑阀浇口时间控制器、开始分析、作业管理器。其中绝大多数的命令都可以在工具栏中找到相应的快捷方式。

（1）设置成型工艺：选择 Autodesk Moldflow Insight 支持的成型模式，包括热塑性塑料重叠注塑、热塑性注塑成型、微发泡注射成型、反应成型、微芯片封装、底层覆晶封装、传递成型或结构反应成型、定制成型工艺，如图 2-44 所示。

图 2-43　“分析”菜单

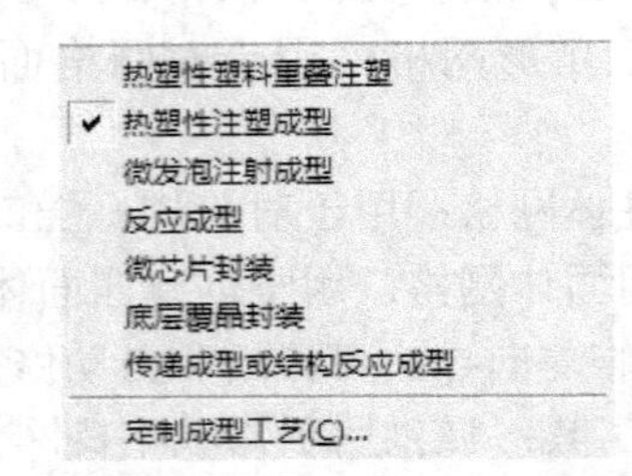

图 2-44　成型工艺菜单

（2）设置分析序列：支持填充、保压、流动、冷却、翘曲、成型窗口、浇口位置、定制分析序列，如图 2-45 所示。

（3）选择材料：可以通过此命令从 Autodesk Moldflow 2012 自带材料库中选择不同的成型物料。另外，材料库支持二次开发，由于 Moldflow 是国外开发的软件，许多我们常用的国产物料没有入库，操作者可以自己通过二次开发添加常用的物料性能参数，丰富材料库。“选择材料”对话框如图 2-46 所示。

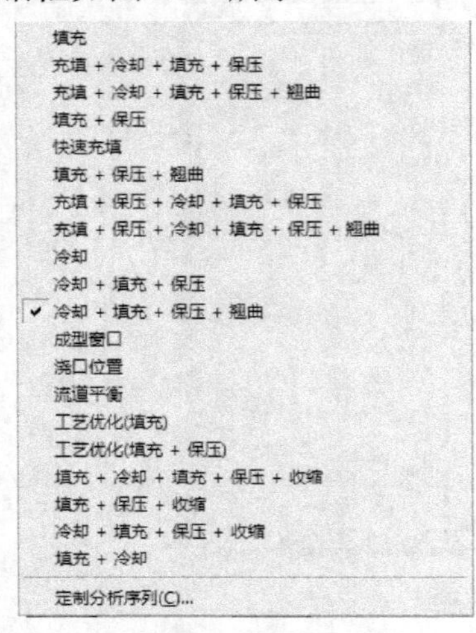

图 2-45　分析序列菜单

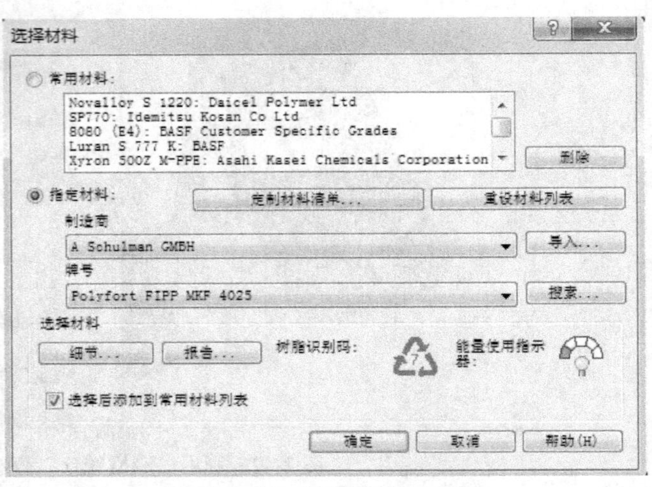

图 2-46　“选择材料”对话框

（4）工艺设置向导：成型过程中的工艺参数、设备参数、物料、模具材料、解算参数等参数值可通过该命令以对话框的形式确定，为模拟计算提供原始数据。

（5）优化（DOE）设置向导："优化方法"对话框如图 2-47 所示。

（6）从 MPX 导入数据：将鼠标停留在菜单上，弹出的菜单如图 2-48 所示，包括导入机器属性、导入工艺设置和导入实际工艺。

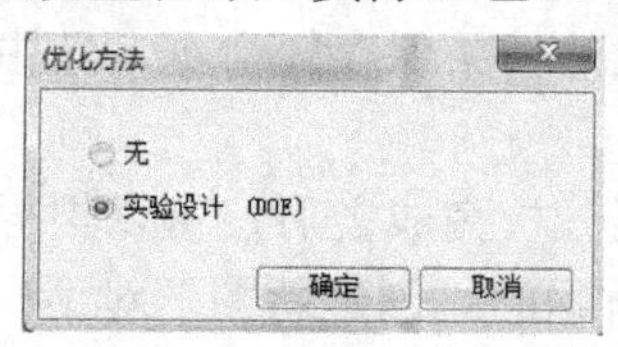

图 2-47 "优化方法"对话框

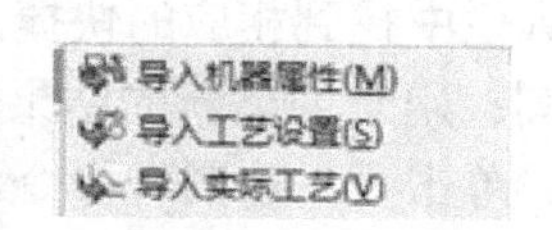

图 2-48 从 MPX 导入数据菜单

（7）设置注射位置：用于确定进胶点。

（8）设置冷却液入口：冷却管道建立以后，该命令用于确定冷却液的流动方向和流程，即从哪个口进又从哪个口出。

（9）设置关键尺寸：如果需要对某个尺寸的数据进行分析，可以通过"设置关键尺寸"命令查看定义的关键尺寸在模流分析之后是否满足所设定的要求，如图 2-49、图 2-50 所示。

图 2-49 设置关键尺寸菜单

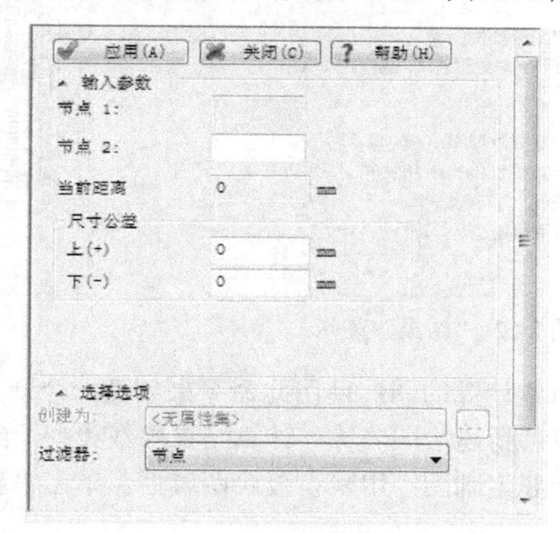

图 2-50 收缩选项

（10）设置约束：可以对一些节点进行约束设定，一般是在进行应力分析时使用。约束方式菜单如图 2-51 所示，包括固定约束、销钉约束、弹性约束、普通约束、限制性浇口节点。

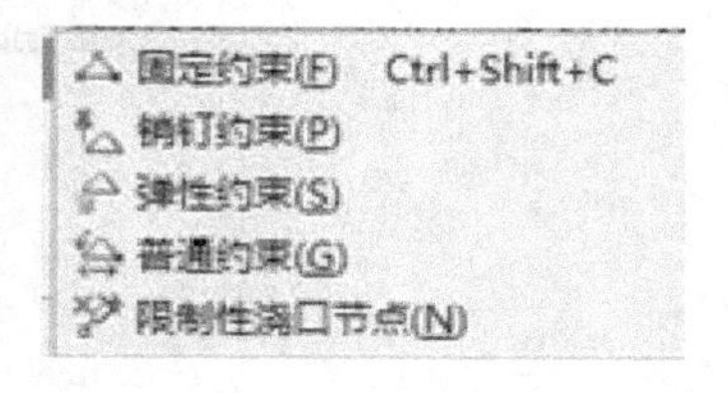

图 2-51 约束方式菜单

（11）设置载荷：此命令主要是在进行应力分析时使用。

（12）设置 Dynamic Feed 控制位置：主要是针对热流道系统，可以设定热流道浇口处压力与时间的关系。

（13）编辑阀浇口时间控制器：主要用于热流道系统中由时序控制的阀浇口，可以设定阀浇口的注射延迟时间。在使用此命令时，阀浇口单元的段数不超过"1"。

（14）作业管理器：用于组织多个任务的分析次序，可以通过各任务优先级的设定控制分析的序列。对于操作者来说，作业管理器可以方便地实现多任务的计算机自动分析。例如，为了充分利用时间，可以在白天把多个任务组织起来，设定好优先级，软件就会按照优先级别对各任务逐个分析，等到第二天就可以拿到分析结果了。

2.2.7 “结果”菜单

“结果”菜单如图 2-52 所示，可以执行新结果创建、绘制属性（结果的个性设置）、结果查询、结果的备注和解释、翘曲结果查看工具、不同格式的结果保存等命令。其中绝大多数的命令都可以在工具栏中找到相应的快捷方式。

（1）新建图：用于创建新的结果图，是指在对模流分析完成之后，可以根据需要建一个或多个分析结果。单击“新建图”命令，弹出如图 2-53 所示的“创建新图”对话框。

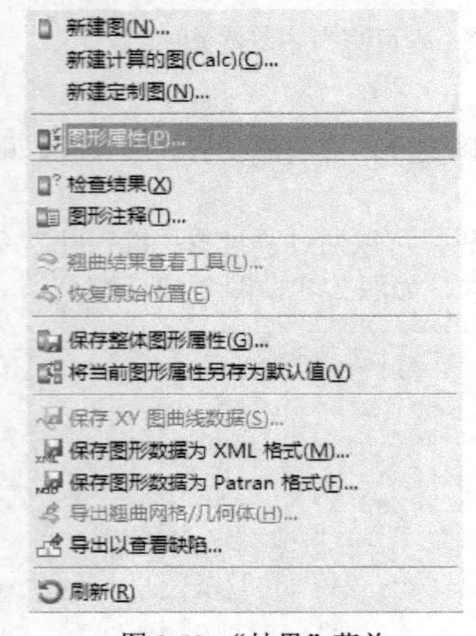

图 2-52　“结果”菜单

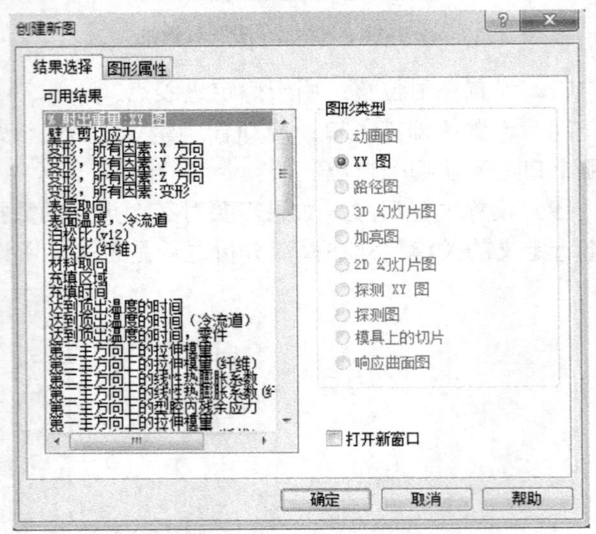

图 2-53　“创建新图”对话框

（2）新建计算的图：使用此命令来创建一个新的绘图，此命令完全是根据需要自定义绘图属性的，包括新建绘图名称、计算结果函数类型及结果类型等。

（3）新建定制图：用来设置绘图属性。单击“新建定制图”命令，弹出如图 2-54 所示的对话框。

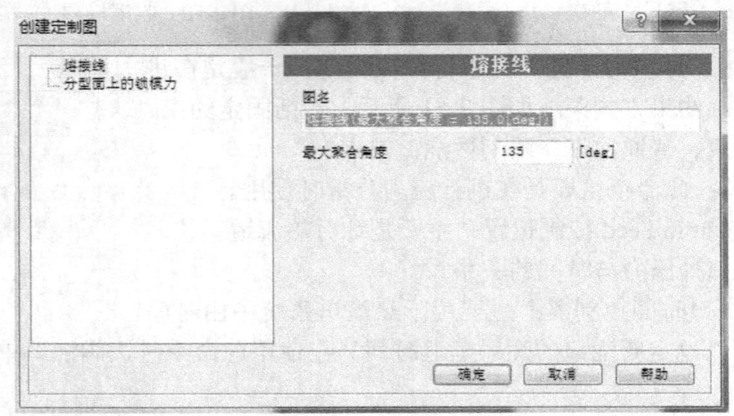

图 2-54　“创建定制图“对话框

（4）图形属性：用来设置绘图属性。单击“图形属性“命令，弹出如图 2-55 所示的对话框。其中包括 5 个选项卡：方法、动画、比例、网格显示、选项设置。

（5）检查结果：在分析完成之后使用，可以直接用来查询实体上任意位置、任意分析类型结果的数据。

（6）图形注释：可以对绘图添加一些注解、笔记。单击“图形注释”命令，弹出如图 2-56 所示的对话框，可以直接在里面添加备注。

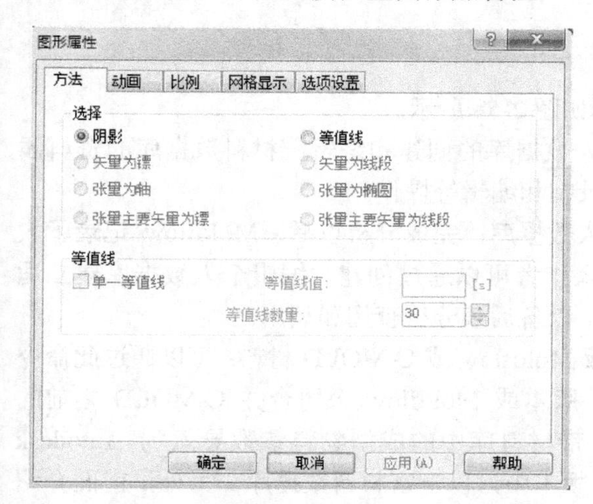

图 2-55 “图形属性“对话框

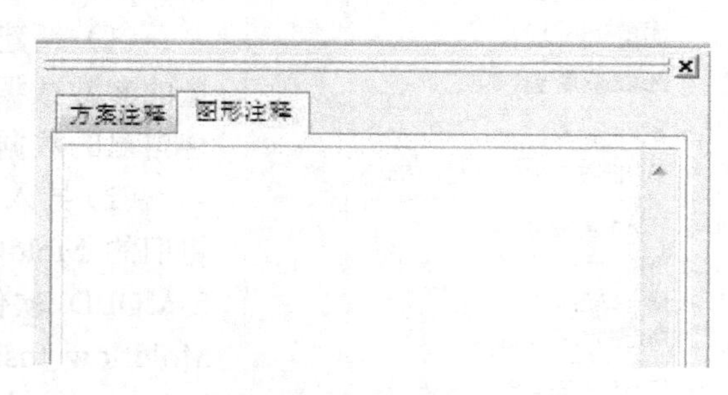

图 2-56 “图形注释”窗口

（7）翘曲结果查看工具：用于查询翘曲变形程度的专用工具。“恢复原始位置”是在执行了“翘曲结果查看工具”之后将翘曲变形模型恢复到原始模型的命令。

（8）恢复原始位置：如果已指定其他翘曲参考平面，则可恢复原始参考平面。

（9）保存整体图形属性：指通过其他结果绘图的操作，如“绘图属性”命令的操作，修改了原来的绘图属性，则可以通过“保存整体图形属性”命令来保存已经改变的绘图属性，同时应用到其他的绘图属性。

（10）保存图形数据为 XML 格式：将所选图形数据保存为 XML 文件以供其他软件（如 ANSYS 软件）使用。

（11）保存图形数据为 Patran 格式：将所选结果保存为 Patran 格式文本文件以供其他程序（如 ANSYS）使用。对于节点结果，导出文件的扩展名为 .nod；而对于单元结果，其扩展名则为.ele。当导出帧动画结果时，将创建一系列带编号的文件来保存动画的每一帧。序列编号显示为由三位数字组成的附加文件扩展名，如 myresults.nod.001、myresults.nod.002 等。

（12）导出翘曲网格/几何体：将翘曲网格和几何体以另存方式单独导出备份。

（13）导出以查看缺陷：通过将模型和所选结果导出到一个文件，然后再将该文件导入到 Autodesk Showcase 中，可以查看极具真实感的数字原型渲染。

（14）刷新：对当前的结果绘图进行编辑操作之后，可以通过“刷新”命令来刷新当前绘图。

2.2.8 “报告”菜单

“报告”菜单可以执行分析结果报告自动生成，给报告添加封面、图像、动画、文本块等个性化操作，以及对现有报告进行编辑，如图 2-57 所示。

（1）报告生成向导：以对话框方式引导操作者创建一个最基本的报告。

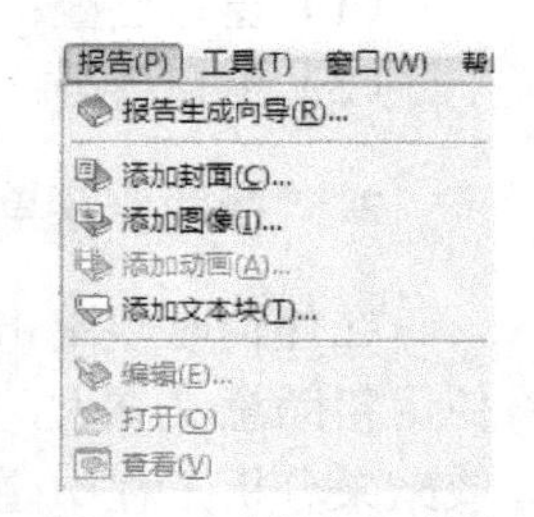

图 2-57 “报告”菜单

（2）为报告添加元素：支持为报告添加封面、图像、动画、文本块操作，用以创建一个个性化的报告。

（3）编辑：允许操作者对已生成报告进行编辑、修改。

2.2.9 “工具”菜单

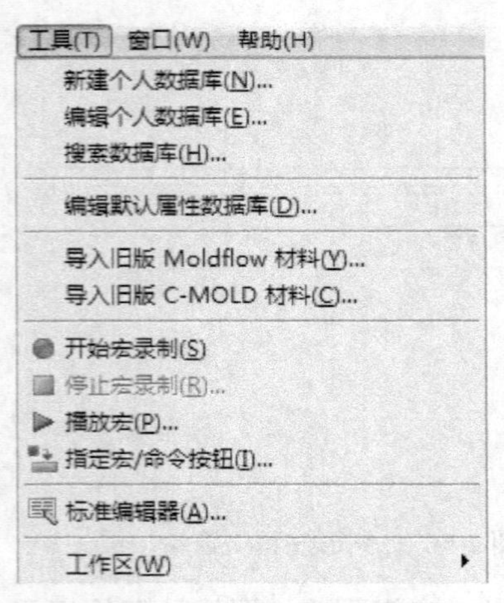

图 2-58 “工具”菜单

“工具”菜单如图 2-58 所示。

可以进行个人数据库的创建和编辑、材料数据库的资料添加和编辑、宏的录制和编辑等操作。

（1）新建个人数据库：完成分析以后，Moldflow 记录了大量的参数数据，操作者可以通过创建、编辑个人数据库建立适合自己的数据库，以备后续分析查询和调用。

（2）导入旧版 Moldflow 或 C-MOLD 材料：可以通过此命令将旧的 Moldflow 版本或 Moldflow 公司合并 C-MOLD 之前的 C-MOLD 软件自带材料库中的成型物料参数导入到 Autodesk Moldflow Insight 版本中，以丰富材料数据库。另外，前面介绍过，材料库支持二次开发，由于 Moldflow 是国外开发的软件，许多我们常用的国产物料没有入库，操作者还可以自己通过二次开发添加常用的物料性能参数。

（3）宏操作：支持宏的录制和执行。

2.2.10 “窗口”和“帮助”菜单

1.“窗口”菜单

通过“窗口”菜单可以进行新窗口创建、分析结果显示窗口的重叠、分割、多窗口显示等操作，如图 2-59 所示。

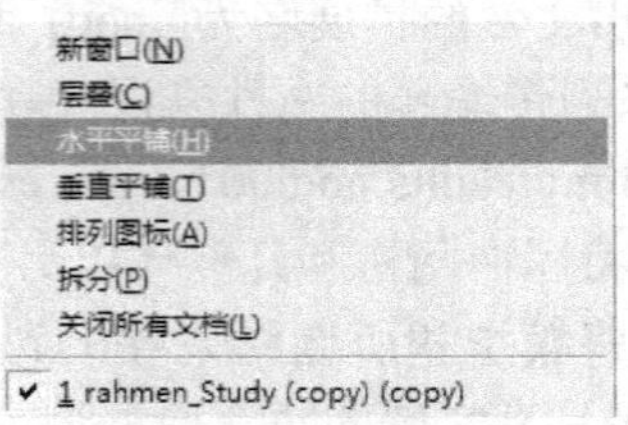

图 2-59 “窗口”菜单

（1）窗口层叠：通过“层叠”命令可以将多个分析结果显示窗口多层重叠。

（2）窗口拆分：支持多窗口显示，其中每个窗口可以显示不同的内容，如图 2-60 所示。

2.“帮助”菜单

在任何时候单击“查找帮助”或按“F1”键均可打开“帮助”栏。对于初学者来说，学会使用帮助意义重大，因为 Autodesk Moldflow Insight 的帮助功能强大，几乎所有我们在基本操作或结果分析工程中碰到的疑问都可以从“帮助”中寻求帮助。“帮助”可以执行帮助文件查看、登录 Moldflow 网站、快捷键查询、分析过程中的警告和错误解释查询等操作。

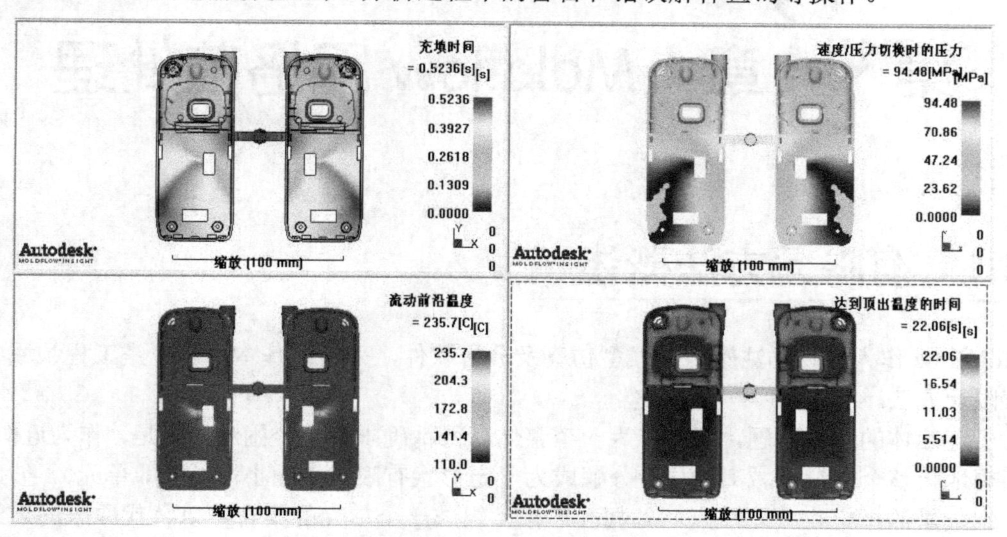

图 2-60　利用“拆分”实现多视窗显示

第 3 章 Moldflow 网格前处理

3.1 有限元方法概述

Moldflow 作为成功的注塑产品成型仿真及分析软件，采用的基本思想也是工程领域中最常用的有限元方法。

对于连续体的受力问题，既然作为一个整体获得精确求解十分困难，于是，作为近似求解，可以假想地将整个求解区域离散化，分解成为一定形状有限数量的小区域（即单元），彼此之间只在一定数量的指定点（即节点）处相互连接，组成一个单元的集合体以替代原来的连续体，如图 3-1 所示凹模的受力分析所示；只要先求得各节点的位移，即能根据相应的数值方法近似求得区域内的其他各场量的分布，这就是有限元法的基本思想。

根据原问题的控制方程（如最小势能原理）和约束条件，可以求解出各节点的待定位移，进而求得其他场量。推广到其他连续域问题，节点未知量也可以是压力、温度、速度等物理量。这就是有限元方法的数学解释。从有限元法的解释可得，有限元法的实质就是将一个无限的连续体理想化为有限个单元的组合体，使复杂问题简化为适合于数值解法的结构型问题；且在一定的条件下，问题简化后求得的近似解能够趋近于真实解。由于对整个连续体进行离散，分解成为小的单元，因此，有限元法可适用于任意复杂的几何结构，也便于处理不同的边界条件。在满足条件的情况下，单元越小、节点越多，有限元数值解的精度就越高。

直观上，物体被划分成“网格”状，在 Moldflow 中我们就将这些单元称为网格（Mesh），如图 3-2 所示。

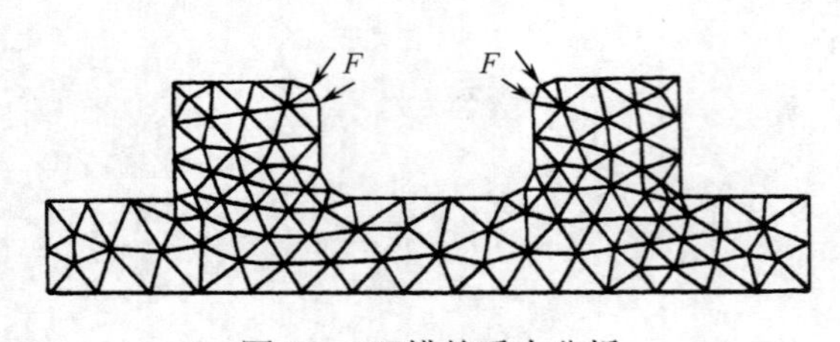

图 3-1　凹模的受力分析

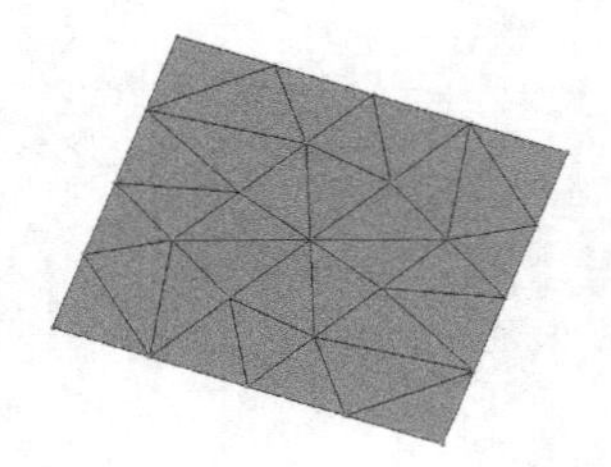
图 3-2　单元网格

正因为网格是整个数值仿真计算的基础，所以网格的划分和处理在整个 Moldflow 分析中占有很重要的地位。

3.2 网格的类型

在 Autodesk Moldflow Insight 中，网格主要有三种类型：中性面、双层面和实体（3D），如图 3-3 所示。

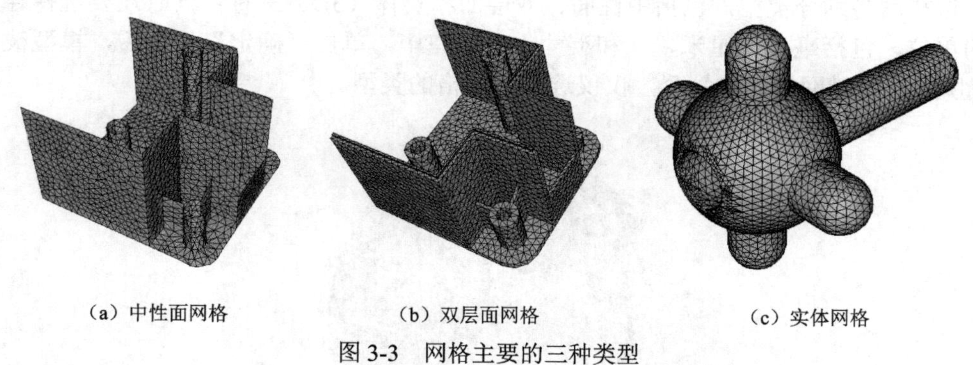

（a）中性面网格　（b）双层面网格　（c）实体网格

图 3-3　网格主要的三种类型

中性面网格是由三节点的三角形单元组成的，网格创建在模型壁厚的中间处，形成单格网格。在创建中性面网格的过程中，要实时提取模型的壁厚信息，并赋予相应的三角单元。

双层面网格也由三节点的三角形单元组成，与中性面网格不同，它是创建在模型的上、下两层表面上的。

实体网格（3D）由四节点和四面体单元组成，每一个四面体单元又是由四个 Midplane 模型中的三角单元组成的，利用 3D 网格可以更为精确地进行三维流动仿真。

3.3 网格的划分

（1）执行菜单命令“文件”→“新建工程”，打开“创建新工程”对话框，在默认的创建目录中输入一个工程名称，如图 3-4 所示。在已经建好的工程中导入模型文件，如图 3-5 所示，选择“导入”命令后，在对话框中打开模型文件，此时会弹出“导入”对话框，如图 3-6 所示。

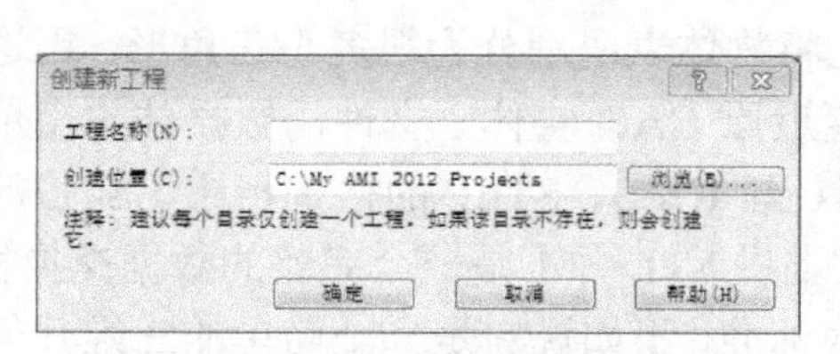

图 3-4　创建新的项目

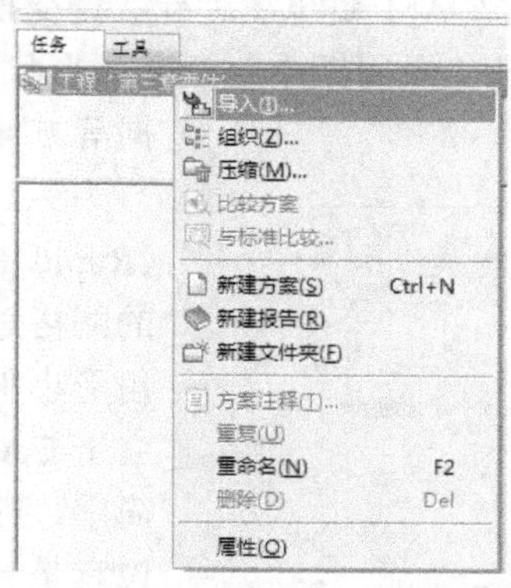

图 3-5　在工程中导入模型文件

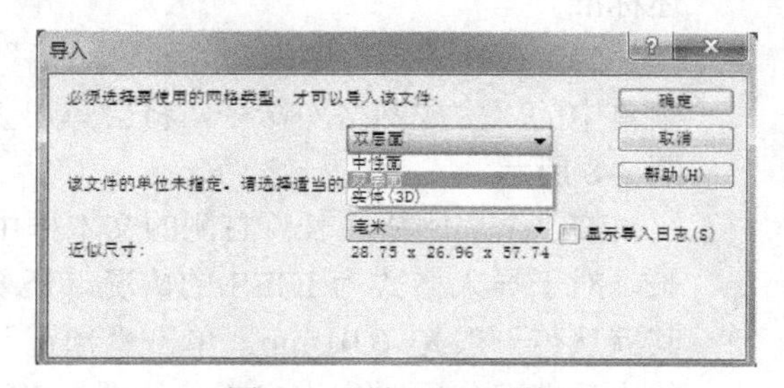

图 3-6　“导入”对话框

（2）选择网格划分类型，包括中性面、双层面和实体（3D）三种；同时还要选择导入模型所采用的单位，包括毫米、厘米、米和英寸。选择完毕，单击“确定”按钮后，模型被导入，如图 3-7 所示，此时网格尚未划分，仅仅选择了网格的类型。

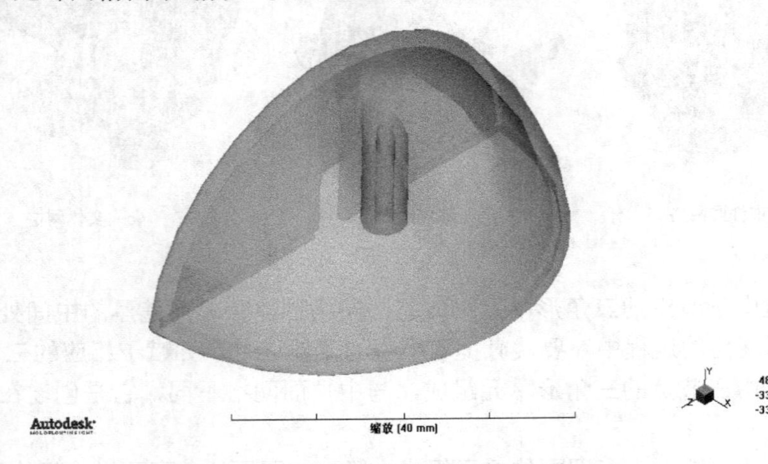

图 3-7　被导入的模型

在 Autodesk Moldflow Insight 软件中可以导入的 CAD 模型文件格式有：*.STL 文件、*.STEP 文件、*.IGES 文件、由 ANSYS 或 Pro/E 生成的*.ANS 文件、由 Pro/E 或 SDRC-IDES 生成的*.UNV 文件等。

IGES（Initial Graphics Exchange Specification）标准意为“初始图形交换规范”，是一种按特定的文件结构安排的数据格式，用来描述产品的设计和生产信息，可用它来交换 CAD/CAM 系统中以计算机可读的形式产生和存储的数据。

STEP（Standard for the Exchange of Product Model Data）标准意为“产品数据表达和交换标准”，是 CAD/CAM 系统在进行数据交换时所用的中间文件标准。它规定了从产品设计、开发、制造以至全部生命周期中包括产品形状、解析模型、材料、加工方法、组装分解顺序、管理数据等方面的必要信息定义和数据交换的外部描述。

STL（Stereolithography）文件格式是为快速原型制造 RPM（Rapid Prototype Manufacture）服务的文件格式，类似于有限元的网格划分。它将物体表面划分为很多小三角形，用这些空间三角形小平面来逼近原 CAD 实体。文件的数据结构简单，而且独立于 CAD 系统。与 IGES、STEP 的格式相比，STL 的格式非常简单，某种意义上讲 STL 并不是一个完整的数据交换标准。与其说它是一个交换标准，不如说它是一个简单的三维几何形状的描述标准。

（3）在任务窗口中双击“创建网格”图标，或者选择“网格”菜单中的“生成网格”命令，将会弹出“生成网格”对话框，如图 3-8 所示。

图 3-8 “生成网格”对话框

在“全局网格边长”右侧的文本框中输入合理的网络单元边长。对于导入格式为 IGES 的情况，还要输入 IGES 合并公差，其默认值一般是 0.01mm。单击“预览”按钮可以查看网络划分的大致情况，同时作为参考，如图 3-9 所示。

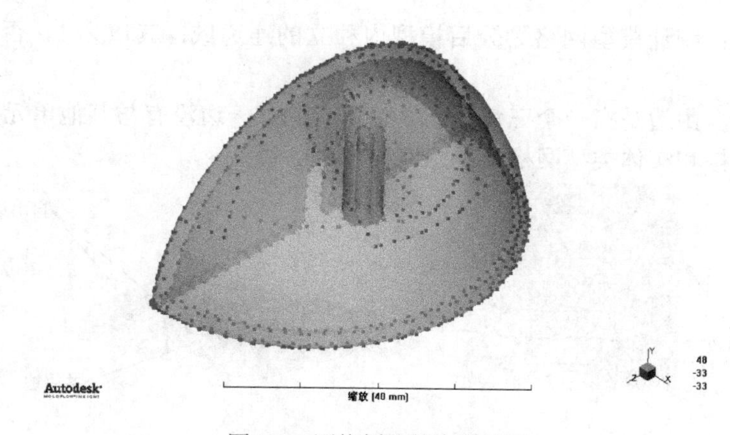

图 3-9　网络划分的大致情况

（4）单击“生成网格”对话框中的“立即划分网格”按钮，生成网格，如图 3-10 所示。此时，任务窗口中的图标 创建网格... 变成 ✓ 双层面网格 。显示表明：网格类型为双层面网格，单元个数为 4976。

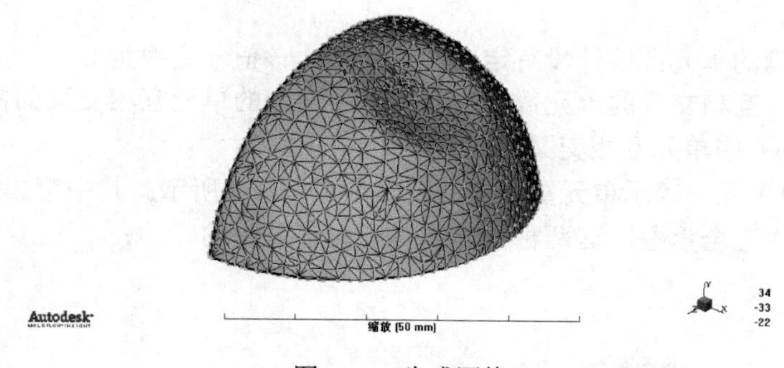

图 3-10　生成网格

3.4　网格状态统计

在 Autodesk Moldflow Insight 中，系统自动生成的网格随着制件形状的复杂程度存在着或多或少的缺陷，网格的缺陷不仅对计算结果的正确性和准确性产生影响，而且在网格质量严重低下的情况下会使计算根本无法进行。因此，进行 Autodesk Moldflow Insight 分析之前需要对网格状态进行统计，再根据统计的结果对现有的网格进行修改。

网格划分完毕后，选择“网格”菜单中的“网格统计”命令，再单击任务栏中的“显示”按钮，网格统计的结果就会以窗口的形式弹出，如图 3-11 所示。

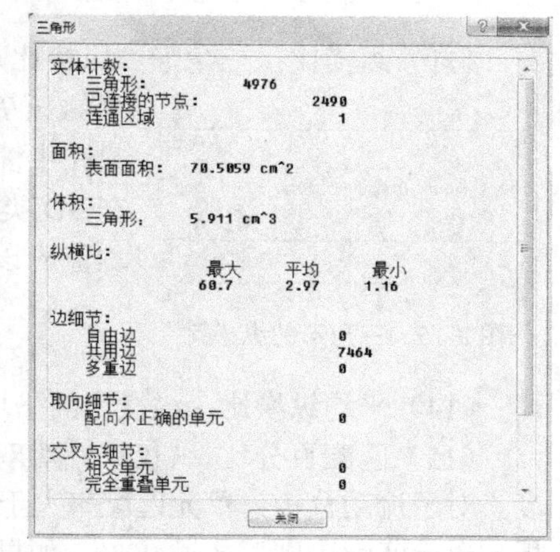

图 3-11　网格统计状态

（1）实体计数：统计网格划分后模型中各类实体的个数。

（2）三角形：表示有 4976 个三角形。

（3）已连接的节点：2490 个。

（4）连通区域：统计模型网格划分后模型内独立的连通域，其值为 1，否则说明模型存在问题。

（5）自由边：自由边是指一个三角形或 3D 单元的某一边没有与其他单元共用，如图 3-12 所示。在双层面网格和实体类型网格中不允许存在自由边。

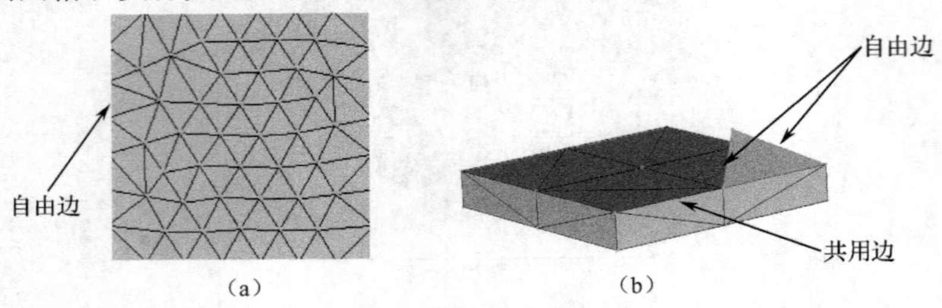

图 3-12　自由边情况

（6）共用边：是指由两个三角形或 3D 单元所共用的一条边，如图 3-12（b）所示。在双层面类型网格中，只存在共用边。

（7）多重边：是指由两个以上三角形或 3D 单元所共用的一条边。在双层面网格类型中，不允许存在非共用边。

（8）配向不正确的单元：统计没有定向的单元数，该值一定要为 0。

（9）相交单元：互相交叉的单元数，表示不同平面上的单元互相交叉的情况，如图 3-13 所示，其中图 3-13（b）中单元互相交叉穿过是不允许的。

（10）完全重叠单元：表示单元重叠的情况，如图 3-14 所示。其中第二种情况为单元部分重叠，第三种情况为完全重叠，这两种情况都是不允许发生的。

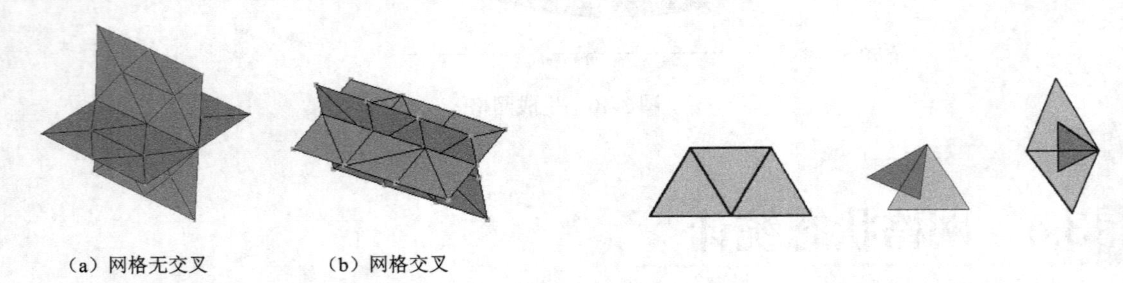

图 3-13　单元交叉信息

图 3-14　单元重叠单元数

（11）纵横比：三角形的纵横比是指三角形的长、高两个方向的极限尺寸之比，如图 3-15 中的 w/h。单元纵横比对分析计算结果的精确性有很大的影响。一般在中性面和双层面类型网格的分析中，纵横比的推荐极大值是 6；在 3D 类型网格中，推荐的纵横比极大、极小值分别是 50 和 5，平均值应该在 15 左右。

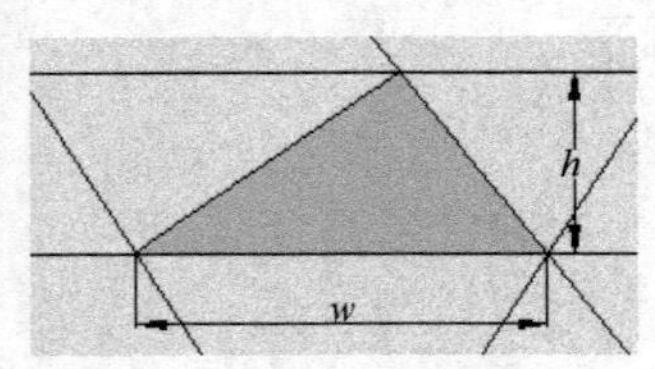

图 3-15　三角形的纵横比

（12）最小纵横比：纵横比的极小值。

（13）最大纵横比：纵横比的极大值。

（14）平均纵横比：纵横比的平均值。

（15）匹配百分比：（仅仅针对双层面类型的网格）表示模型上、下表面网格单元的匹配程度。对于流动分析，单元匹配率大于 85%是可以接受的，低于 50%根本无法计算；对于翘曲分析，单元匹配率则要超过 90%。如果单元匹配率太低，就应该重新划分网格。

3.5 网格处理工具

有限单元计算对网格有一定要求，如网格要光滑，形状不畸变，流动变化剧烈的区域应分布足够多的网格等。利用软件自动划分的网格，往往不易同时达到这些要求。对网格的最基本要求是所有网格的体积必须为正值，其他一些最常用的网格质量度量参数包括扭角、纵横比等。通过计算、检查这些参数，可以定性地（甚至在某种程度上定量地）对网格质量进行评判。

选择“网格”→“网格工具”命令，弹出“网格工具”对话框，如图 3-16 所示。

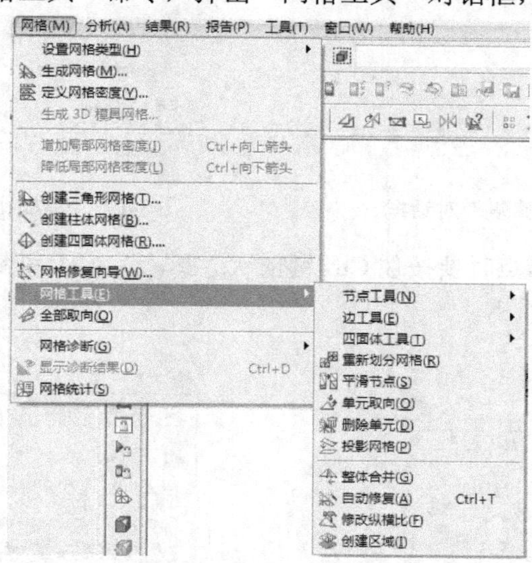

图 3-16 选择“网格”→“网格工具”命令

Autodesk Moldflow Insight 共提供了 44 种网格诊断的工具，如图 3-17 所示。下面介绍其中的主要内容。

图 3-17 网格诊断工具

1）自动修复

自动修复功能对双层面模型很有效，能自动搜索并处理模型网格中存在的单元交差和单元重叠的问题，同时可以改进单元的纵横比，如图 3-18 所示。在使用一次该功能后，再次使用该功能，可以提高修改的效率，但是不能期待该功能解决所有网格中存在的问题。

2）纵横比诊断

修复纵横比功能可以降低模型网格的最大纵横比，并接近所给出的目标值，如图 3-19 所示。

3）整体合并

整体合并功能可以一次合并所有间距小于合并公差的节点，如图 3-20 所示。

4）合并节点

合并节点功能可以将多个起始点向同一个目标节点合并。其中，“合并节点”对话框中要首先输入目标节点，然后输入起始节点。

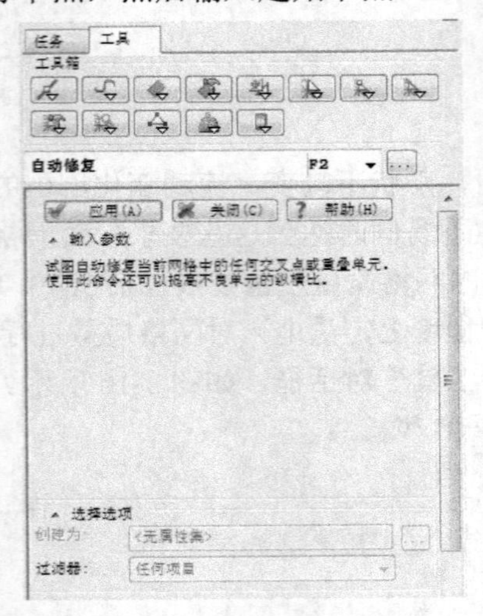

图 3-18 “自动修复”对话框

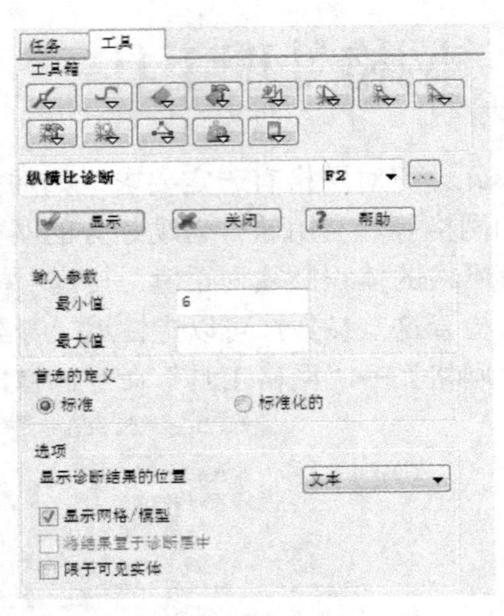

图 3-19 “纵横比诊断”对话框

当一次选择多个起始节点时要按住 Ctrl 键依次选择。图 3-21 和图 3-22 所示分别为“合并节点”对话框和节点合并示意图。

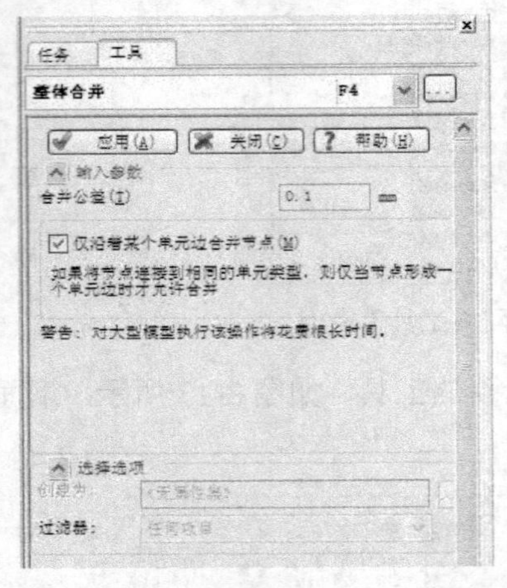

图 3-20 “整体合并”对话框

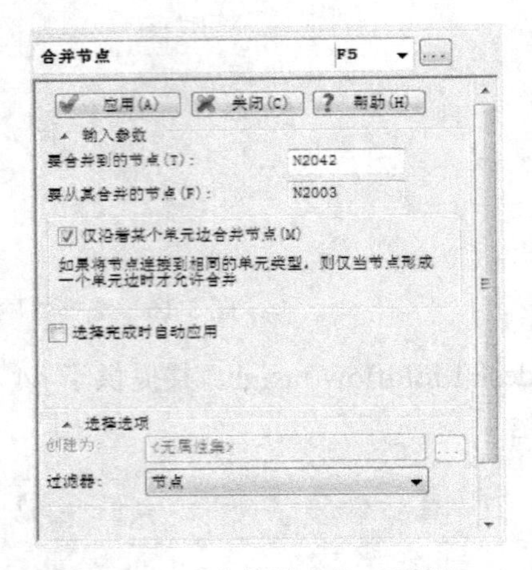

图 3-21 “合并节点”对话框

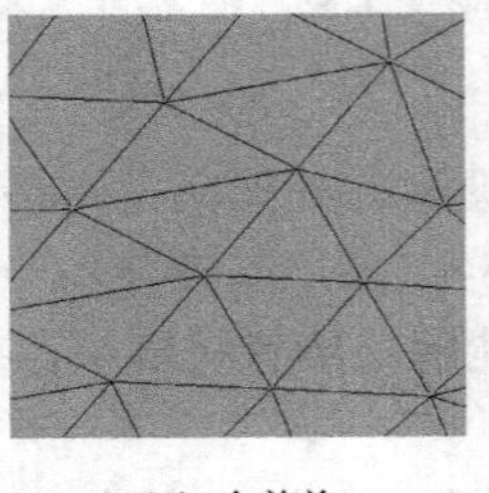

（a）合并前

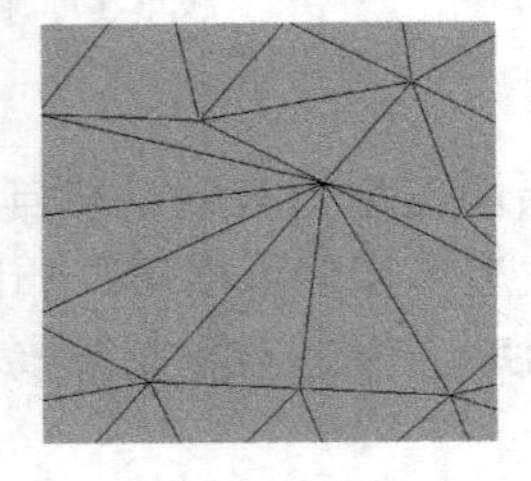

（b）合并后

图 3-22 节点合并示意图

5）交换边

交换边功能可以交换两个相邻三角形单元的共用边，可以利用这项功能降低纵横比。“交换边”对话框如图 3-23 所示，在对话框中依次选择两个三角形单元，交换共用边示意图如图 3-24

所示。

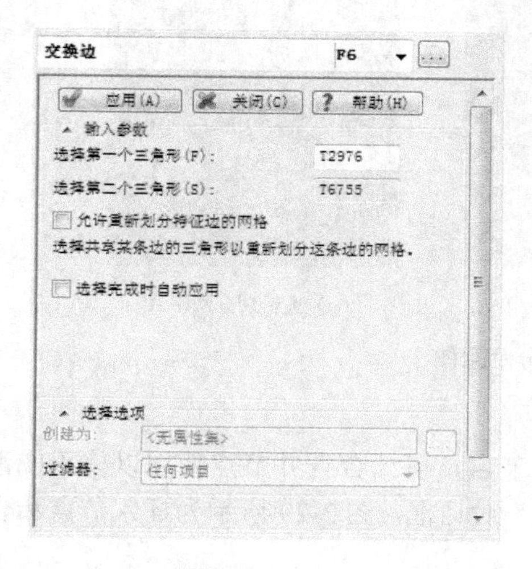

图 3-23 “交换边”对话框

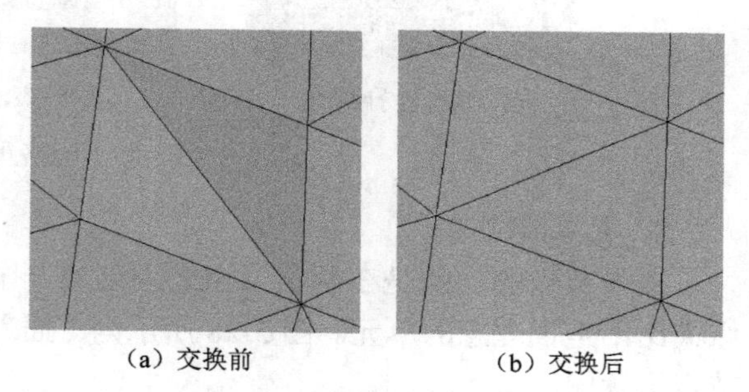

（a）交换前　（b）交换后

图 3-24 交换共用边示意图

6）匹配节点

在手工修改大量网格之后，利用匹配节点功能可以重新建立良好的网格匹配。“匹配节点”对话框如图 3-25 所示，其中“要投影到网格中的节点”下拉列表框用于选择投影节点，“用于将节点投影到的三角形”下拉列表框用于选择投影三角形。

7）重新划分网格

对某区域重新划分网格功能可以为已经划分好网格的模型在某一区域根据给定的目标网格大小，重新进行网格划分。这一功能可以用于在形状复杂或形状简单的模型区域进行网格局部加密或局部稀疏。

“重新划分网格”对话框如图 3-26 所示，在对话框中首先要选出重新划分网格的区域，然后指定重新划分网格的目标值。

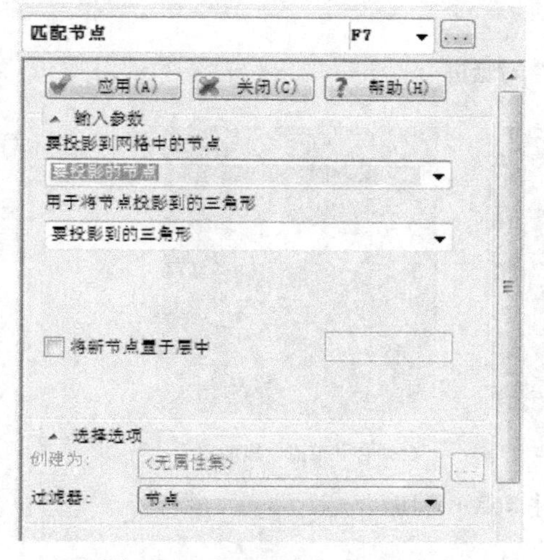

图 3-25 “匹配节点”对话框

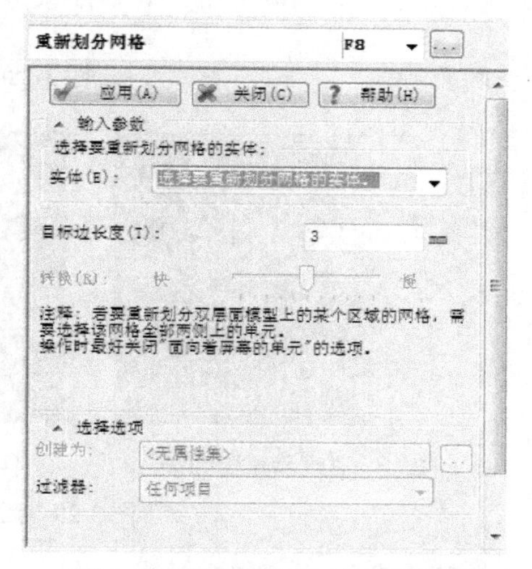

图 3-26 “重新划分网格”对话框

网格重新划分示意图如图 3-27 所示。

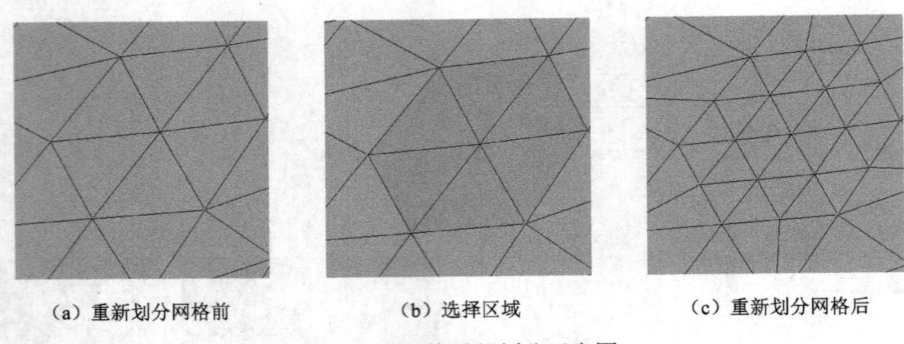

（a）重新划分网格前　　（b）选择区域　　（c）重新划分网格后

图 3-27　网格重新划分示意图

8）插入节点

插入节点的功能是在两个节点之间创建一个新的节点，可结合合并节点使用以修正或消除纵横比不是很理想的单元。图 3-28 所示为“插入节点”对话框，图 3-29 所示为插入节点和合并节点示意图。

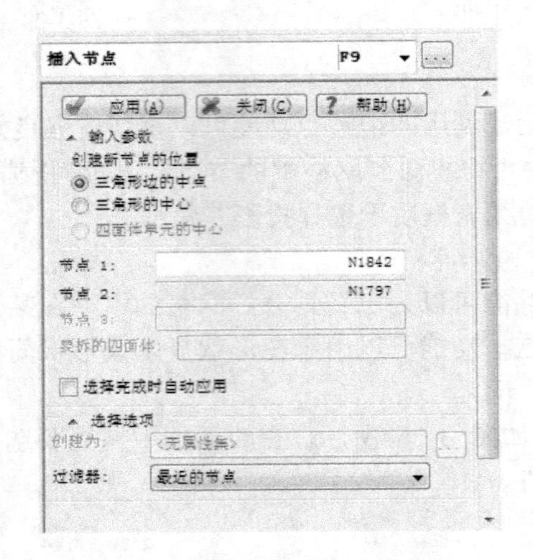

图 3-28 “插入节点”对话框

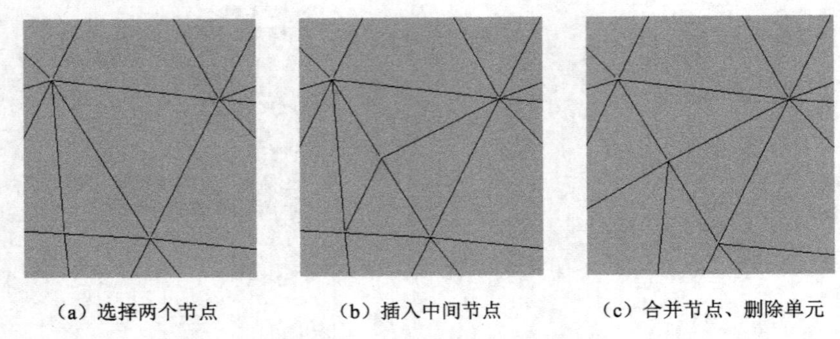

（a）选择两个节点　　（b）插入中间节点　　（c）合并节点、删除单元

图 3-29　插入节点和合并节点示意图

9）移动节点

移动节点功能可以将一个或多个节点按照所给出的绝对或相对坐标进行移动。

“移动节点”对话框如图 3-30 所示。首先选择要移动的节点，然后在位置坐标文本框中输入移动节点的目标位置。目标位置根据绝对和相对两种不同的坐标计算方式对应不同的数值。

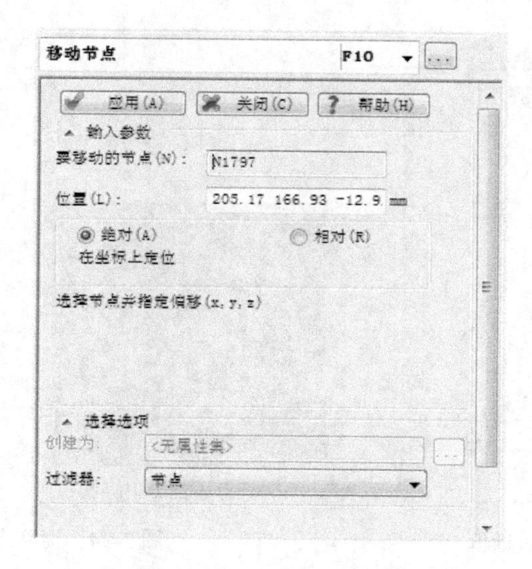

图 3-30 “移动节点”对话框

如图 3-31（a）所示，选择的点坐标为（193，−0.06，−12），假如执行将该点沿 Z 轴反向移动 2mm 的操作，用户选择绝对坐标输入方式时，应当在“位置”后输入（193，−0.06，14）；选择相对坐标输入方式时，则应当输入与该点移动前坐标相对的移动矢量（0，0，−2）。两种方法的操作结果相同。

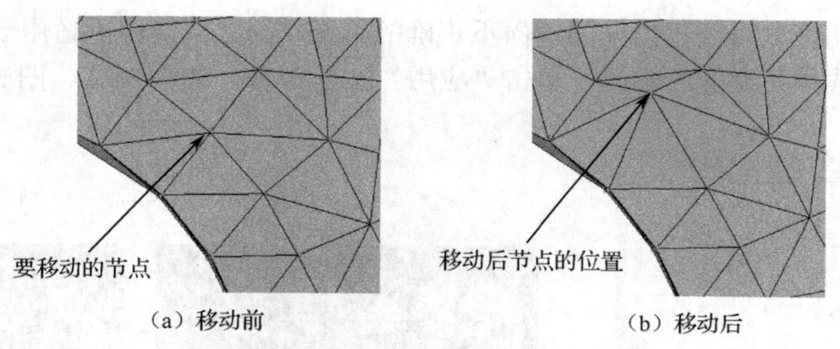

（a）移动前　（b）移动后

图 3-31 移动节点方法一

还有一种移动节点的方法，就是直接将目标节点用鼠标拖动到目标位置，如图 3-32 所示。

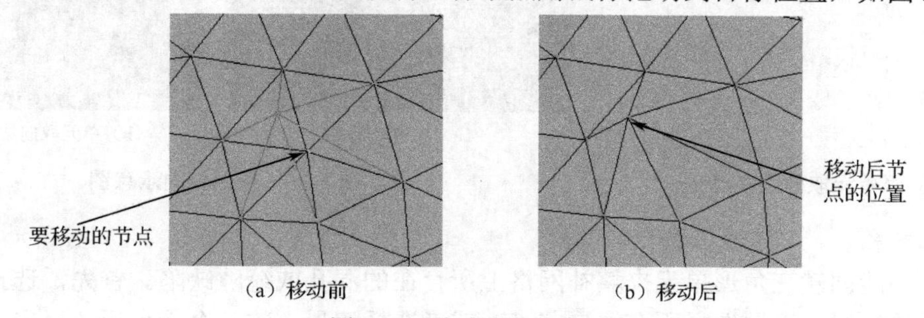

（a）移动前　（b）移动后

图 3-32 移动节点方法二

10）对齐节点

对齐节点功能可以实现节点的重新排列，先要选定两个节点以确定一条直线，然后选择需要重新排列的点列，单击“应用”按钮，所选点列将重新排列在选定的直线上，如图 3-33 和图 3-34 所示。

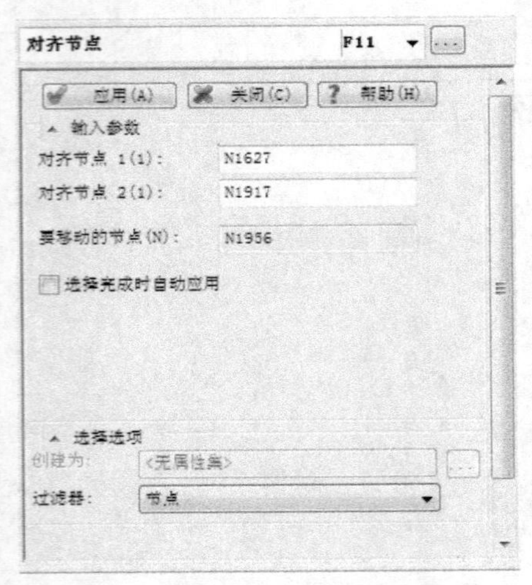

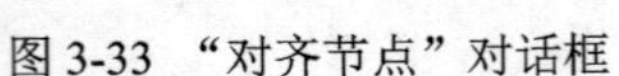
图 3-33 “对齐节点”对话框

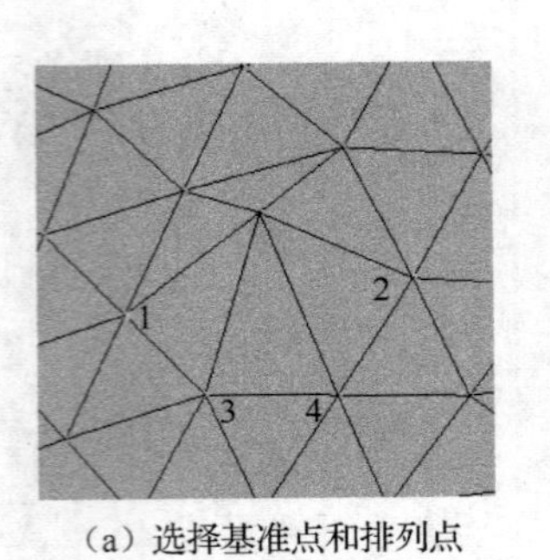

（a）选择基准点和排列点

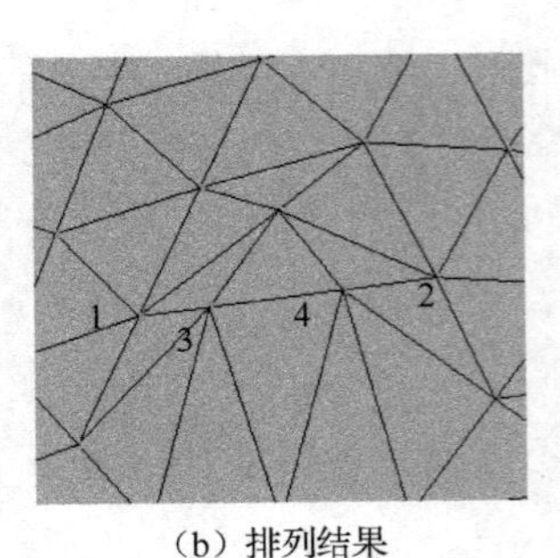

（b）排列结果

图 3-34 对齐节点前后示意图

“对齐节点”对话框中的“对齐节点 1”和“对齐节点 2”为用户指定的排列基准点；“要移动的节点”对应的为即将进行重新排列操作的点。

图 3-34 中的 1、2 两点为基准点，3、4 为排列点。完成重新排列操作后，3、4 两点的位置移动到由 1、2 两点确定的直线上。

11）单元取向

单元取向功能可以将查找出来的定向不正确的单元重新定向，但不适用于 3D 类型的网格。使用方法如下：选择要编辑的单元，单击“应用”按钮即可，如图 3-35、图 3-36 所示。

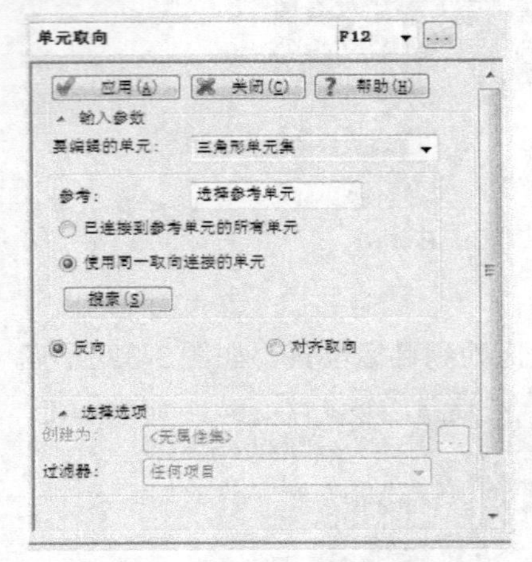

图 3-35 “单元取向”对话框

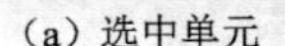
（a）选中单元

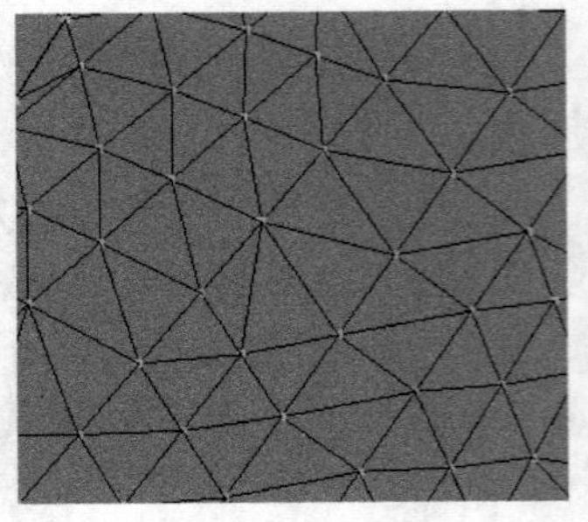

（b）单元取向结果

图 3-36 单元取向示意图

12）填充孔

填充孔功能创建三角形单元来填补网格上所存在的洞孔或缝隙缺陷。首先，选择模型上的洞或缝隙的边界线，手动选择所有边界节点。或者选择边界上的一个节点后，单击“搜索”按钮，这时系统会沿自由边自动搜寻缺陷边界。“填充孔”对话框如图 3-37 所示。

在边界选择完成后，单击“应用”按钮，Moldflow 就会自动在该位置生成三角形单元，完成修补工作，如图 3-38 所示。

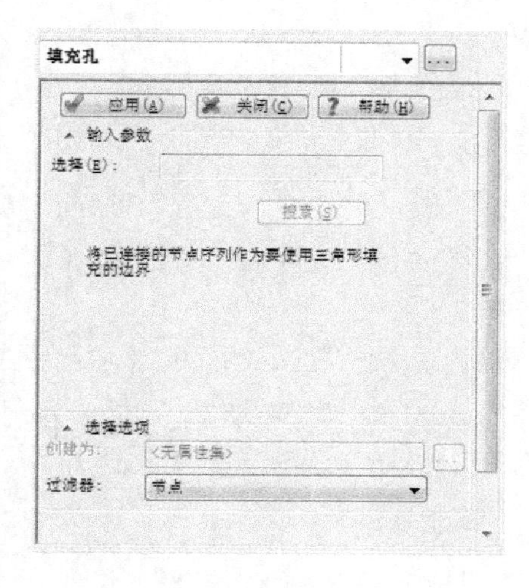

图 3-37 “填充孔”对话框

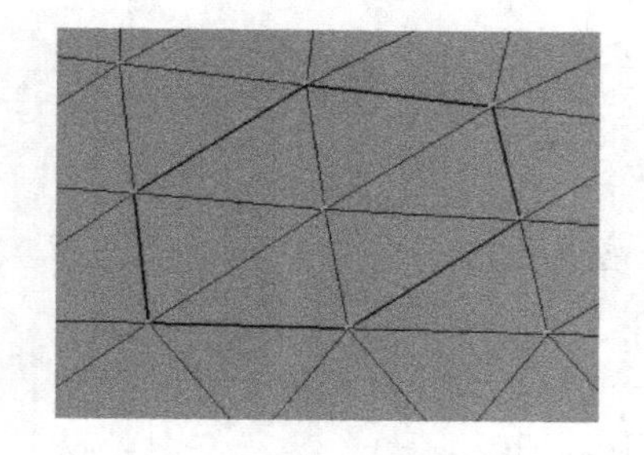

图 3-38 洞孔的修补工作

13）平滑节点

平滑节点功能实际上是将与选定节点有关的单元重新划分网格，目的是得到更加均匀的网格分布，从而有利于计算。“平滑节点”对话框如图 3-39 所示，平滑节点示意图如图 3-40 所示。

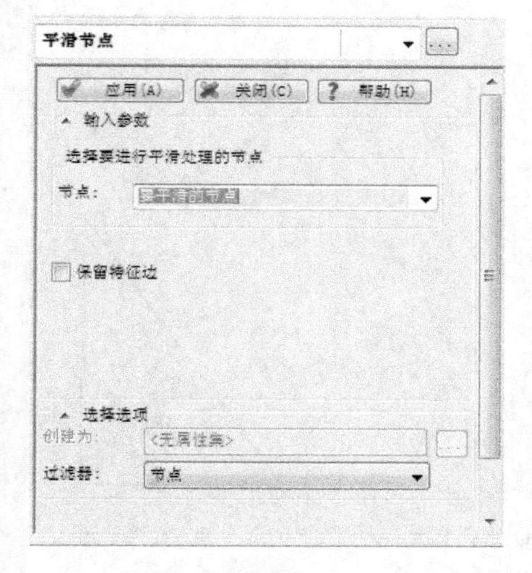

图 3-39 “平滑节点”对话框

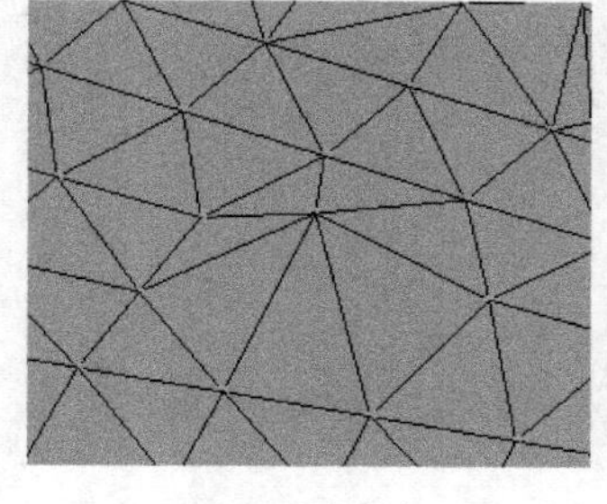

（a）选定节点

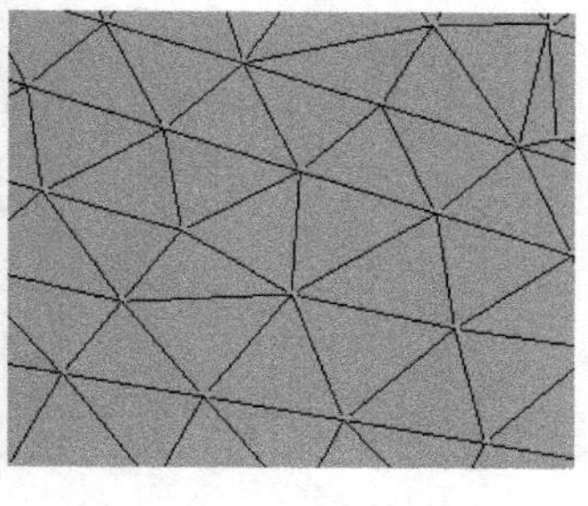

（b）光顺结果

图 3-40 平滑节点示意图

14）创建柱体单元

创建柱体单元功能可以通过存在的节点创建一维单元。一维单元在创建浇注系统、冷却系统时被大量使用。这个功能与“网格”菜单中的“创建柱体网格”命令是一样的。“创建柱体单元”对话框和一维单元创建示意图分别如图 3-41 和图 3-42 所示。

15）创建三角形网格

创建三角形网格功能可以通过存在的节点创建三角形单元。这个功能与“网格”菜单中的“创建三角形网格”命令是一样的。图 3-43 所示为“创建三角形”对话框，图 3-44 所示为三角形单元创建示意图。

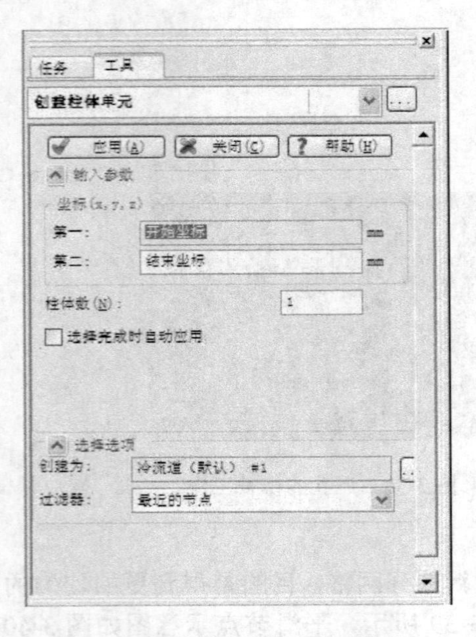

图 3-41 “创建柱体单元”对话框

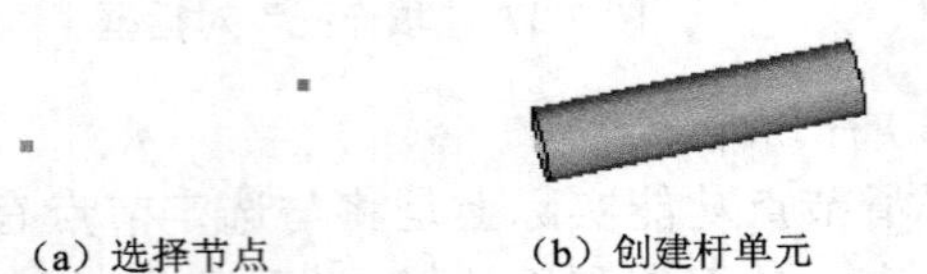

（a）选择节点　　（b）创建杆单元

图 3-42 一维单元创建示意图

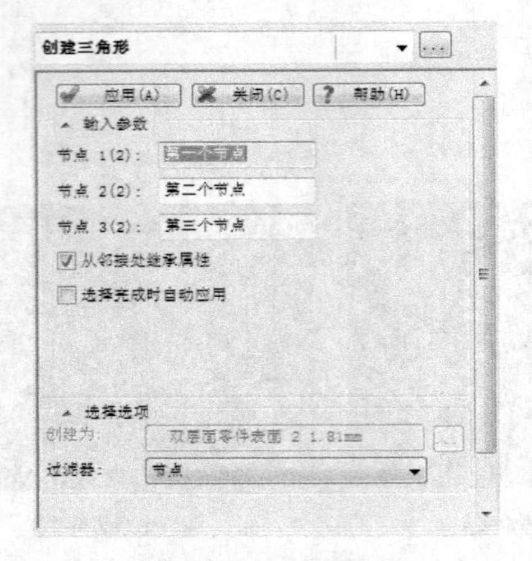

图 3-43 “创建三角形”对话框

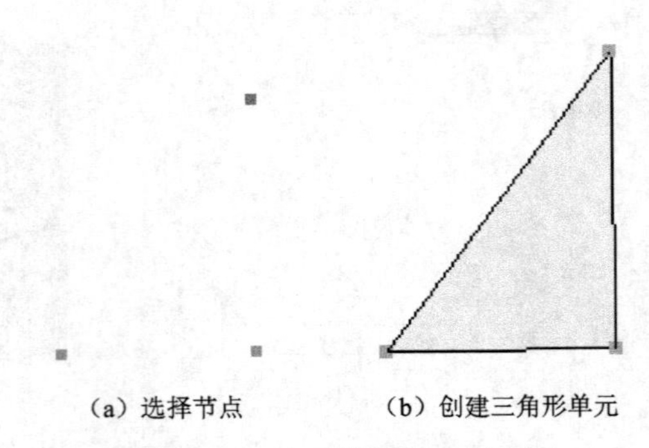

（a）选择节点　　（b）创建三角形单元

图 3-44 三角形单元创建示意图

16）删除实体

删除实体功能可删除所有鼠标选中的单元。图 3-45 所示为“删除实体”对话框。

17）清除节点

清除节点功能可以清除网格中与其他单元没有联系的节点，在修补网格基本完成后，使用该功能用来清除多余节点。图 3-46 所示为“清除节点”对话框。

18）全部取向

“网格”菜单中的“全部取向”菜单项可以对网格的全部单元实施重定向。

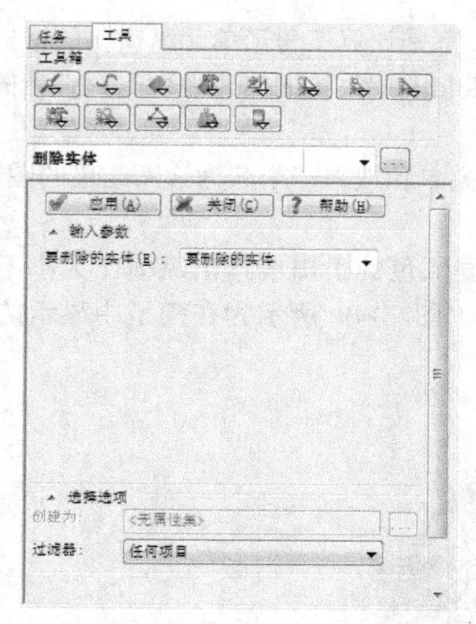

图 3-45 “删除实体”对话框

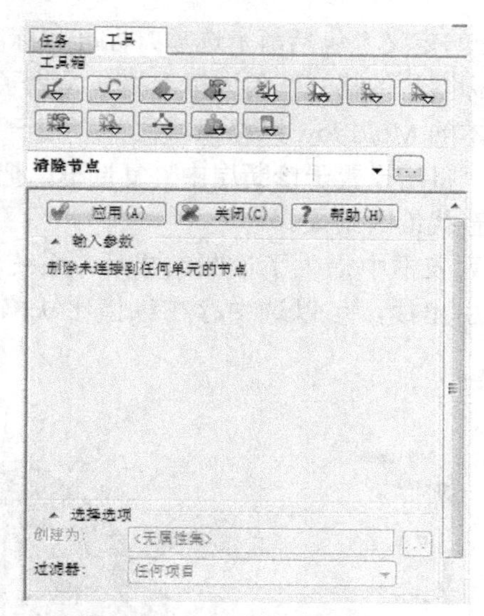

图 3-46 “清除节点”对话框

3.6 网格缺陷诊断

为了更好地对网络存在的缺陷进行处理，Autodesk Moldflow Insight 提供了丰富的网格缺陷诊断工具，将它们和网格处理工具相结合，可以很好地解决网格缺陷问题。“网格”菜单如图 3-47 所示。

1）纵横比诊断

选择“网格”菜单中的“纵横比诊断”命令，弹出“纵横比诊断”对话框，如图 3-48 所示。

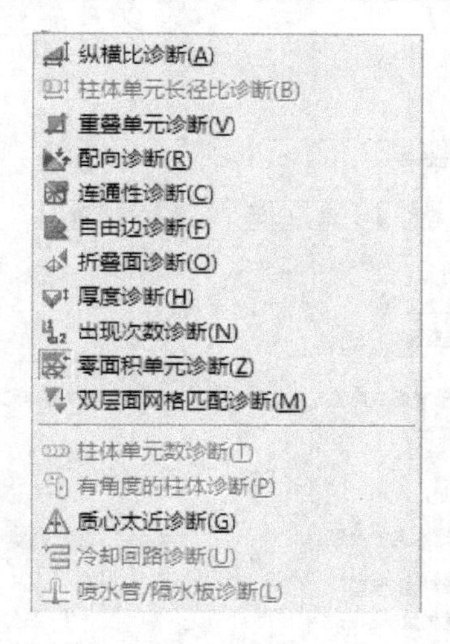

图 3-47 “网格”菜单

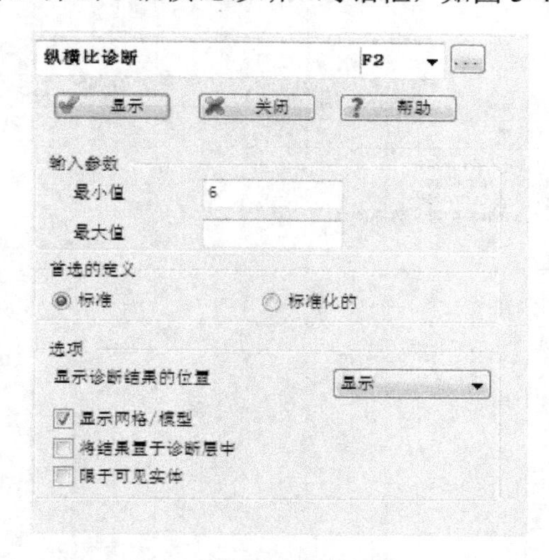

图 3-48 “纵横比诊断”对话框

对话框中“最小值”和“最大值”分别定义在诊断报告中将显示单元的纵横比的最小值和最大值。一般情况下，推荐在“最大值”一栏空白，这样模型中比最小纵横比值大的单元都将在诊断中显示，从而可以消除和修改这些缺陷。

“首选的定义”包括两个选项：标准和标准化的，都是计算三角形单元纵横比的格式。其中推荐使用标准化的格式，因为标准格式是为了保持 Moldflow 系统的兼容性而专门设计的，目的是与低版本的 Moldflow 网格纵横比计算相一致。

选中“将结果置于诊断层中”复选框，把诊断结果单独放入一个名为诊断结果的图形层中，方便用户查找诊断结果。

下拉列表框中提供了诊断结果后，系统将用不同颜色的引出线指出纵横比大小不同的单元。单击引出线，可以选中存在纵横比缺陷的单元。图 3-49 所示为在模型中显示的诊断结果。

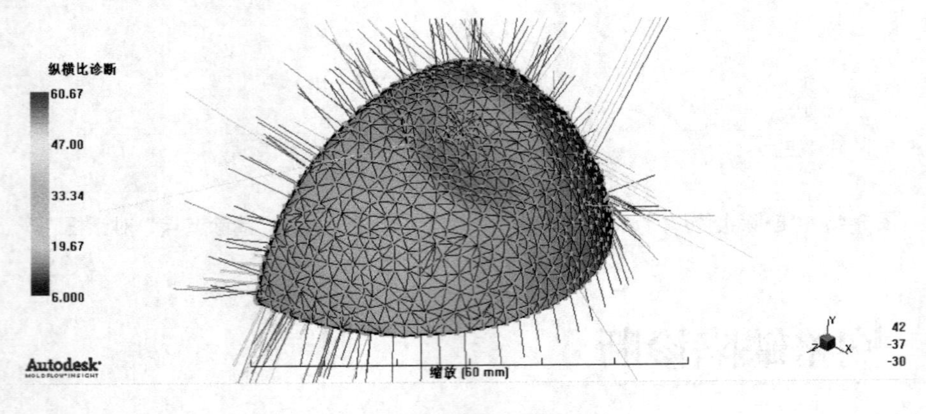

图 3-49　模型中显示的诊断结果

采用文本描述方式后，Autodesk Moldflow Insight 将把诊断结果以文本的形式在对话框中给出，图 3-50 所示为用文本方式显示的诊断结果。

2）重叠单元诊断

选择“网格”菜单中的“重叠单元诊断”命令，会弹出如图 3-51 所示的“重叠单元诊断”对话框。

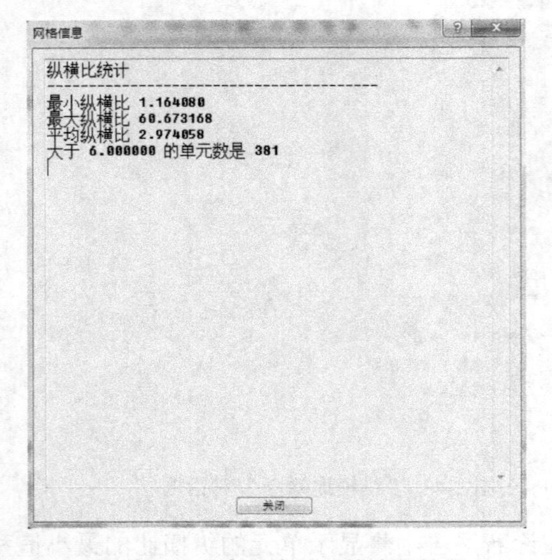

图 3-50　文本方式显示的诊断结果

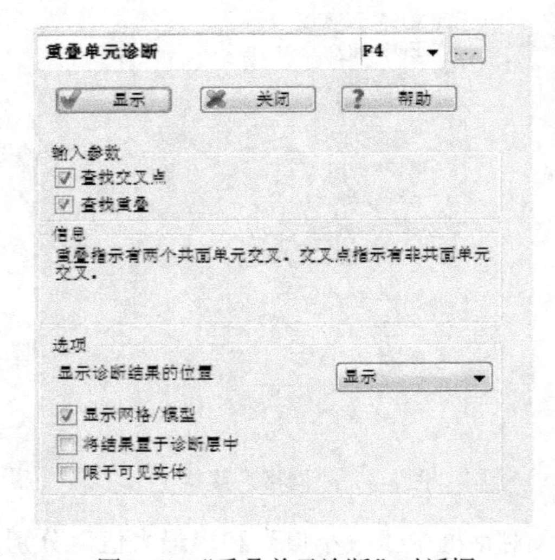

图 3-51　“重叠单元诊断”对话框

在对话框中选中“查找重叠”和“查找交叉点”复选框，同时选择结果显示方式，就可以看到图像或文本诊断结果。

图像显示结果中，用不同的颜色表示单元重叠和单元交叉；在文字结果中，则有详细的缺陷统计数据。

3）配向诊断

选择“网格”菜单中的“配向诊断”命令，会弹出如图 3-52 所示的“取向诊断”对话框。

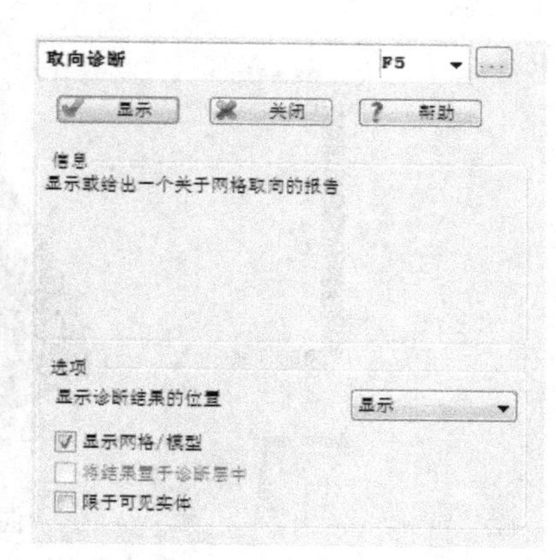

图 3-52 “取向诊断”对话框

单击“显示”按钮，同时选中“显示网格/模型”复选框，得到如下结果：采用图像显示和文字描述的不同效果如图 3-53、图 3-54 所示。

4）连通性诊断

选择“网格”菜单中的“连通性诊断”命令，会弹出如图 3-55 所示的“连通性诊断”对话框。

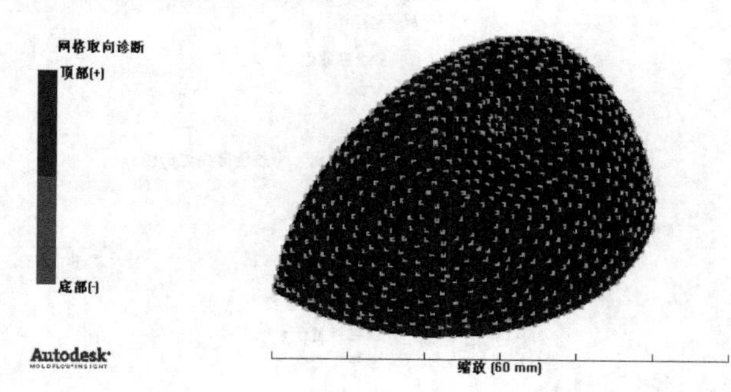

图 3-53 图像显示的效果

图 3-54 文字描述的效果

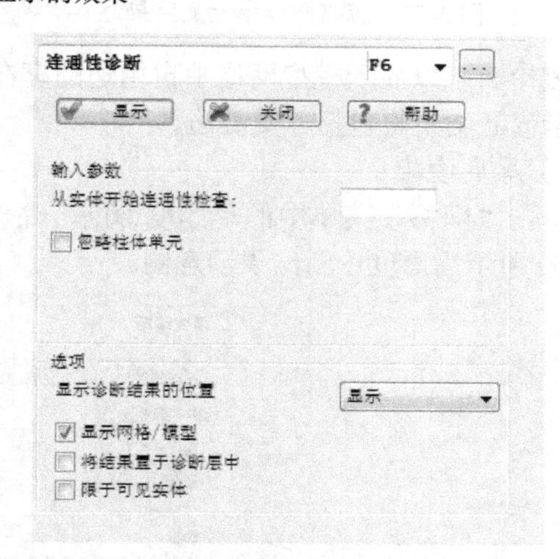

图 3-55 “连通性诊断”对话框

“忽略柱体单元”表示从选中的单元开始，扩散开去检验网格的连通性。选中此项后在诊断模型连通性。将不考虑浇注系统和冷却系统。

结果显示如图 3-56 和图 3-57 所示。

5）自由边诊断

选择“网格”菜单中的“自由边诊断”命令，会弹出如图 3-58 所示的“自由边诊断”对话框。

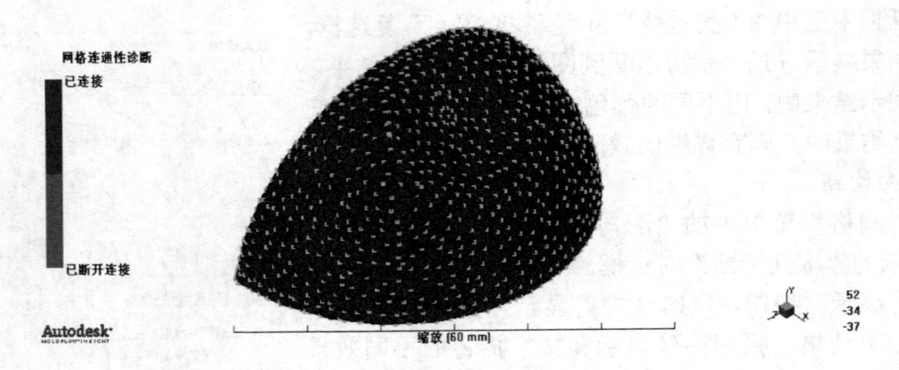

图 3-56　忽略柱体单元图像显示

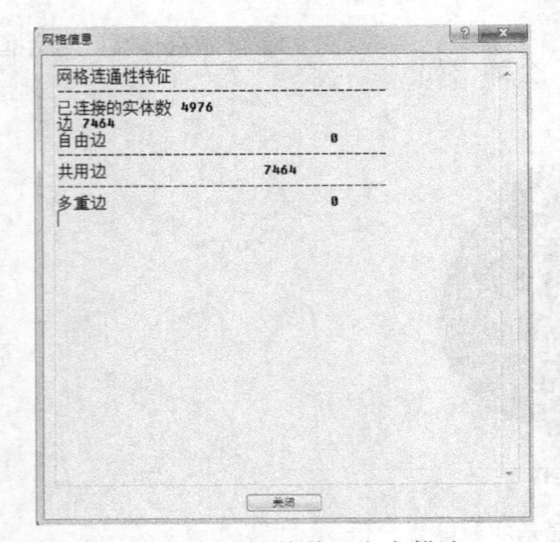

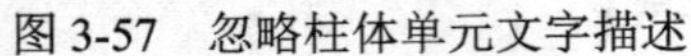

图 3-57　忽略柱体单元文字描述

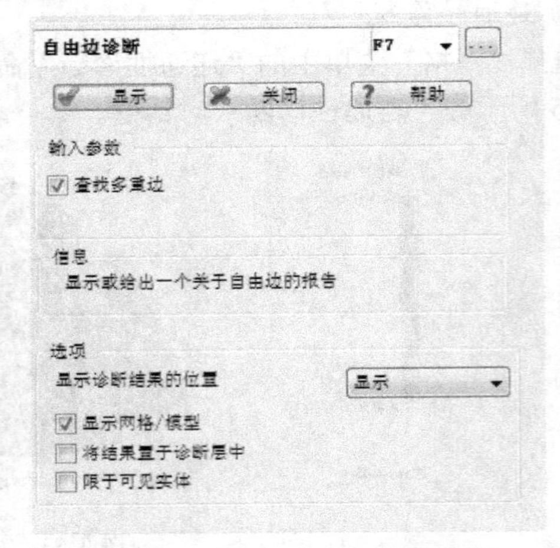

图 3-58 “自由边诊断”对话框

该诊断可以显示模型网格中自由边的存在位置，便于修改缺陷。选中“查找多重边”复选框表示诊断结果将包括非交叠边。

6）厚度诊断

单击“网格”菜单中的“厚度诊断”命令，弹出如图 3-59 所示的“厚度诊断”对话框。图 3-60 所示为厚度诊断结果示意图。

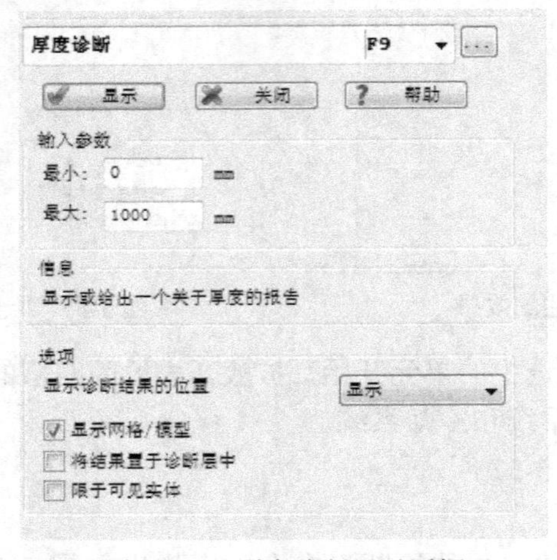

图 3-59 “厚度诊断”对话框

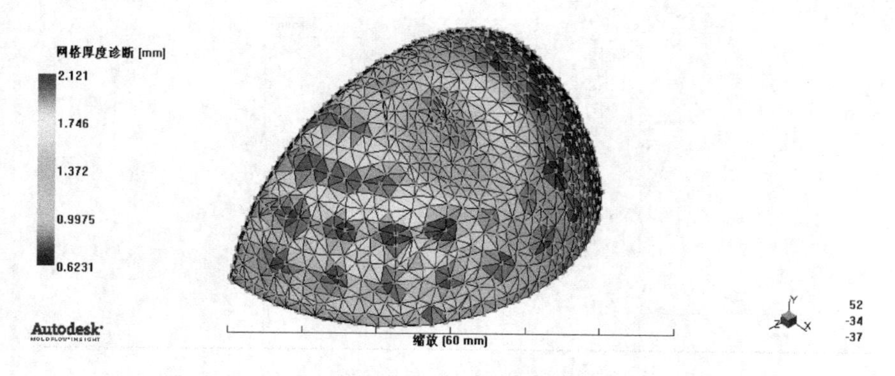

图 3-60 厚度诊断结果示意图

7）出现次数诊断

单击“网格”菜单中的“出现次数诊断”命令，弹出如图 3-61 所示的“出现次数诊断”对话框。结果显示网格模型中任一部分实际出现的次数，仅对一模多腔的产品有意义。

8）双层面网格匹配诊断

单击“网格”菜单中的“双层面网格匹配诊断”命令，弹出如图 3-62 所示的“双层面网格匹配诊断”对话框。

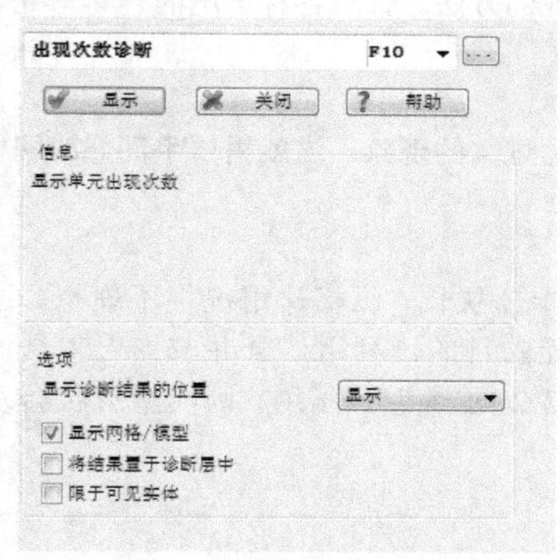

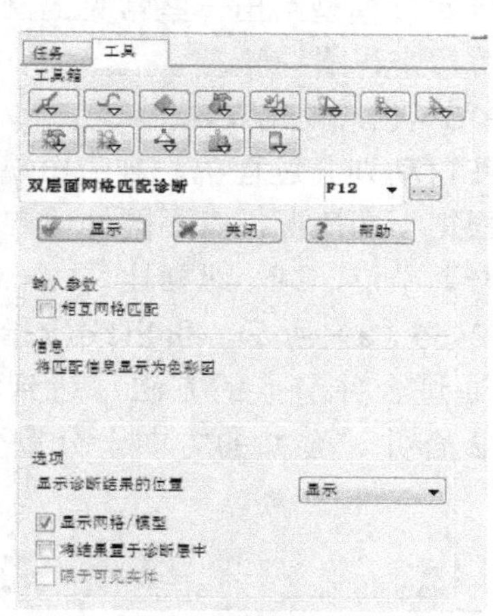

图 3-61 “出现次数诊断”对话框　　图 3-62 “双层面网格匹配诊断”对话框

网格匹配诊断显示了双层面网格模型网格上、下表面网格单元的匹配程度，尤其对于翘曲（warpage）分析，只有达到 90%的匹配率，才能得到可靠准确的结果。网格匹配信息诊断图和网格匹配信息诊断结果文本分别如图 3-63 和图 3-64 所示。

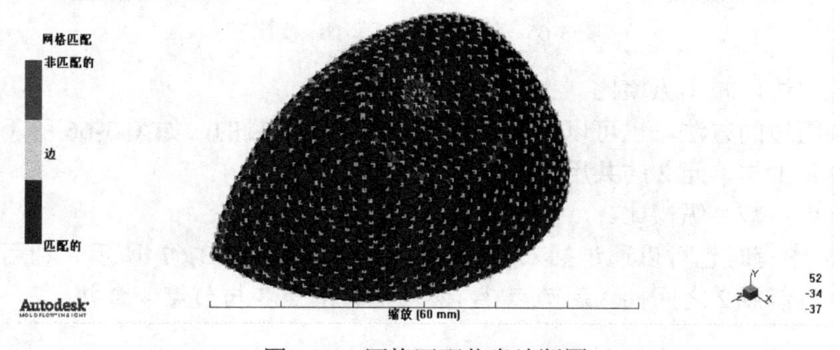

图 3-63 网格匹配信息诊断图

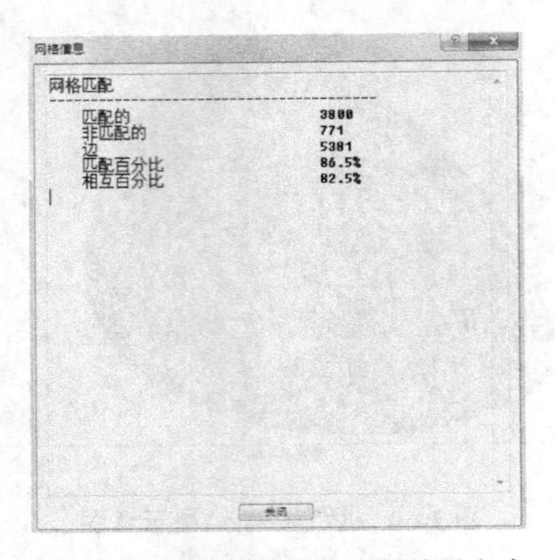

图 3-64　网格匹配信息诊断结果文本

3.7　网格处理实例

下面针对该模型给出一些常见的网格缺陷处理的方法。针对各种情况的判断与处理，还需要大量的练习来积累经验。

1）单元纵横比缺陷处理

网格在自动划分过程中，难免出现单元纵横比过大的现象，这就需要手动修改网格的纵横比缺陷。根据不同情况，有不同处理方法。

（1）合并节点，减小纵横比。

如图 3-65（a）所示，引出线所指网格单元十分狭长，纵横比情况很不理想。这种情况下，可以通过合并节点的方法，达到消除该单元的目的。利用“合并节点”工具，将节点 1 向节点 2 合并，合并的方向十分重要，若节点 2 向节点 1 合并，则模型形状会发生较大的改变。

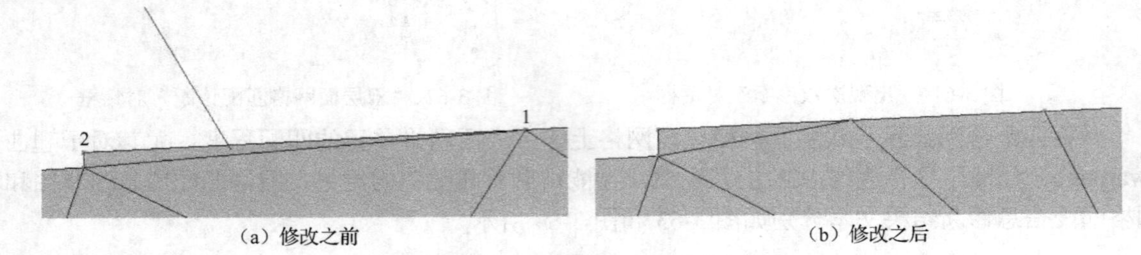

（a）修改之前　　　　（b）修改之后

图 3-65　合并节点，减小纵横比

（2）交换共用边，减小纵横比。

采用交换共用边的方法，也可以达到减小单元纵横比的目的，如图 3-66 所示。利用“交换边”工具，将单元 1 与单元 2 的共用边交换。

（3）插入节点，减小纵横比。

在情况（2）中有时也可以通过插入节点来解决问题，如图 3-67 所示。利用“插入节点”工具，在节点 1 与节点 2 之间插入新节点 3，然后再将节点 3 与节点 4 合并。

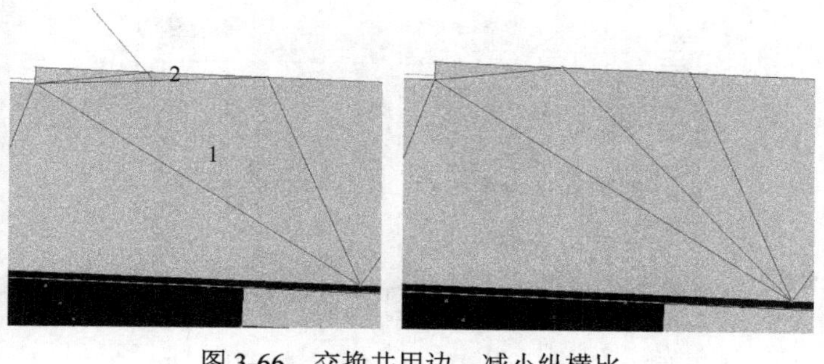

图 3-66　交换共用边，减小纵横比

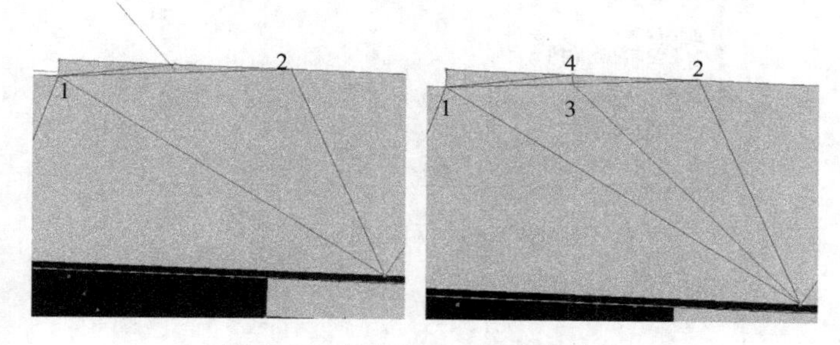

图 3-67　插入节点，减小纵横比

2）自由边缺陷处理

自由边也是网格中容易出现的缺陷，其产生的原因和处理的方法也很多，下面介绍其中一种。

首先，显示自由边缺陷，选择“网格”菜单中的“自由边诊断”命令，在对话框中选中“查找多重边”和“将结果置于诊断层中”复选框，单击“显示”按钮。然后，在“层”窗口中，只选中“新建节点”和“诊断结果”层进行显示。这时，自由边缺陷就会突出显示，如图 3-68 所示。

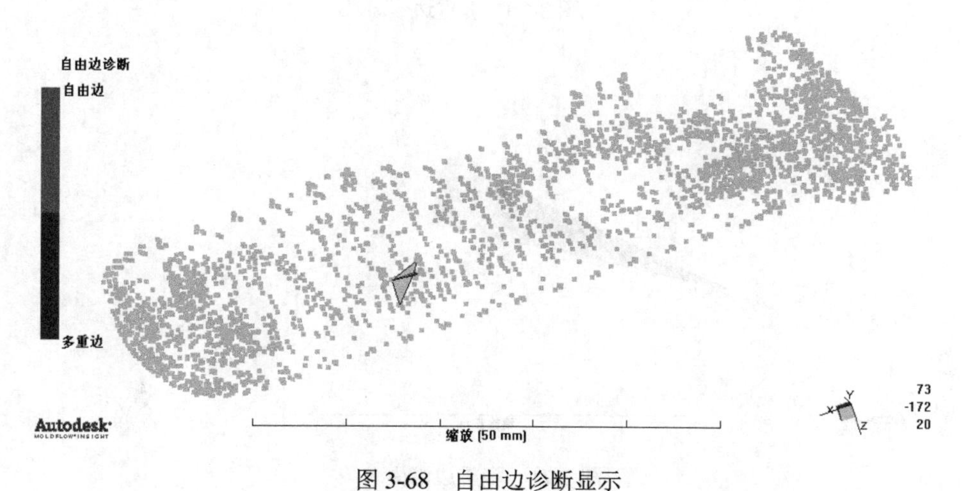

图 3-68　自由边诊断显示

由于此案例在“网格统计”（如图 3-69 所示）中显示自由边个数为 0，多重边个数为 1，即图 3-68 所示的缺陷即为存在的一个多重边。此多重边如图 3-70 所示。

如图 3-70 所示，四个三角形单元相交共用一条边，这条边就叫作多重边。要先删除两个三角形单元，消除多重边，如图 3-71 所示。

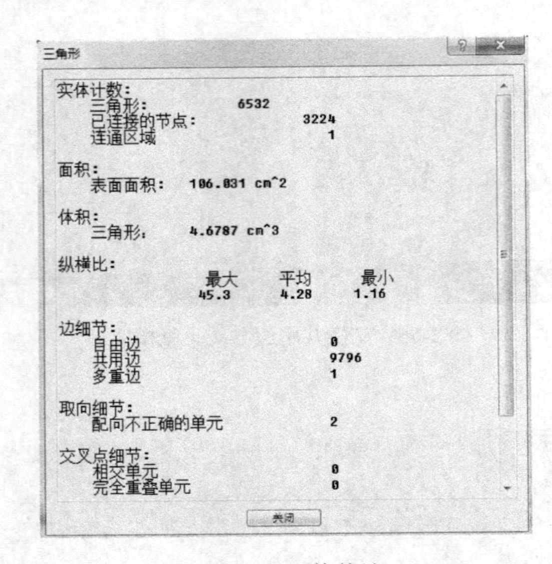

图 3-69　网格统计

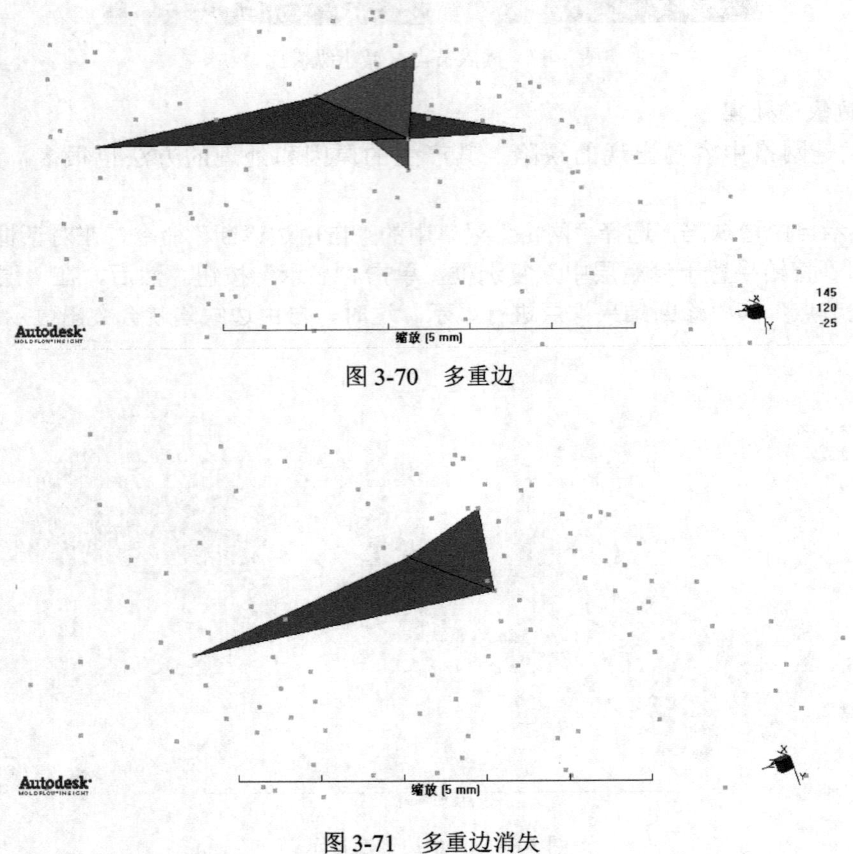

图 3-70　多重边

图 3-71　多重边消失

利用“网格统计”查看缺陷，发现多重边为 0，配向不正确的单元也为 0。不过自由边数量由 0 变为 4，如图 3-72 所示。我们需要再次用“自由边诊断”修补自由边。

最后，利用“网格”中的“创建三角形网格”工具，将网格中间的洞补上，自由边就会消失，如图 3-73 所示。

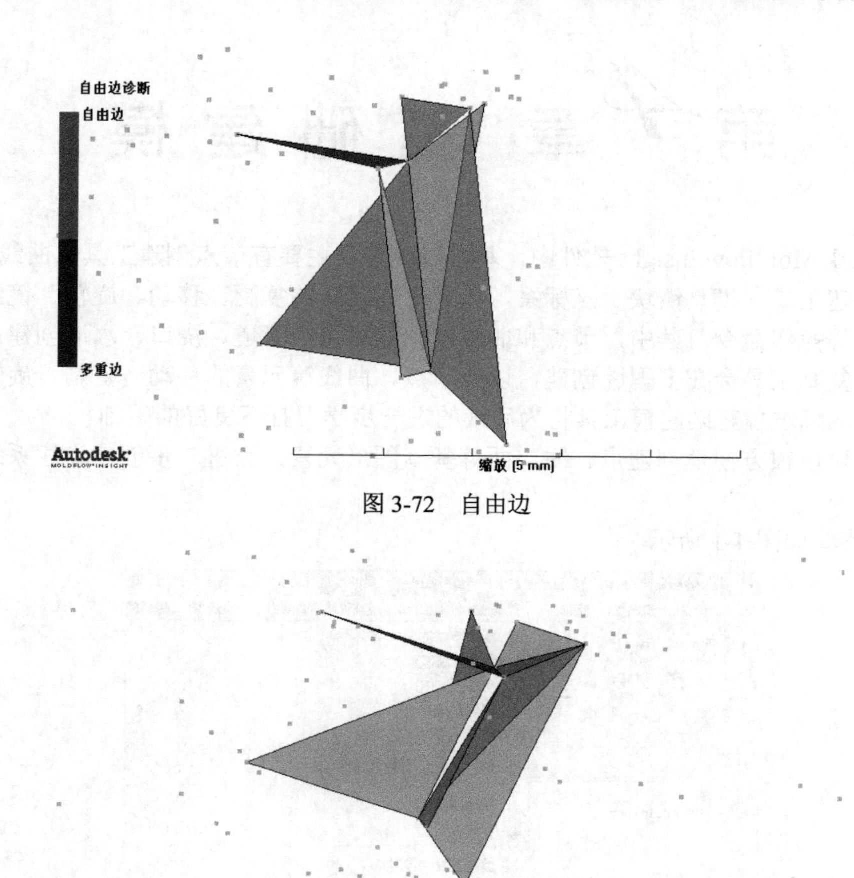

图 3-72　自由边

图 3-73　自由边消失

此时“网格统计”显示如图 3-74 所示，自由边和多重边都为 0。

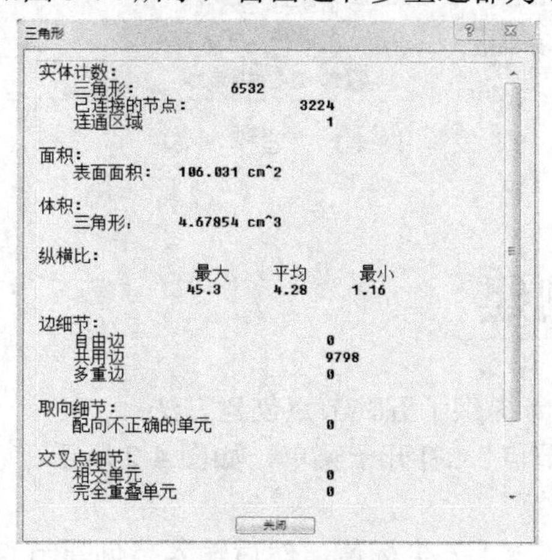

图 3-74　网格统计

第4章 基础建模

在 Autodesk Moldflow Insight 软件中，基础建模工具主要有节点创建工具、曲线创建工具、面（区域）创建工具、模具镶块、坐标系，以及对各元素的复制、移动、旋转、镜像和浇注、冷却系统创建等操作命令。其中，节点和曲线的创建将会在流道、浇口、水道创建过程中频繁出现；移动和复制工具会在多型腔创建，以及节点、曲线等元素的移动、复制、旋转、镜像等操作中使用。熟练掌握基础建模工具将为后续的进一步学习打下良好的基础。

建模工具可以很方便地创建点、线、面等基本图形元素，为进一步创建浇注系统和冷却系统做准备。

“建模”菜单如图 4-1 所示。

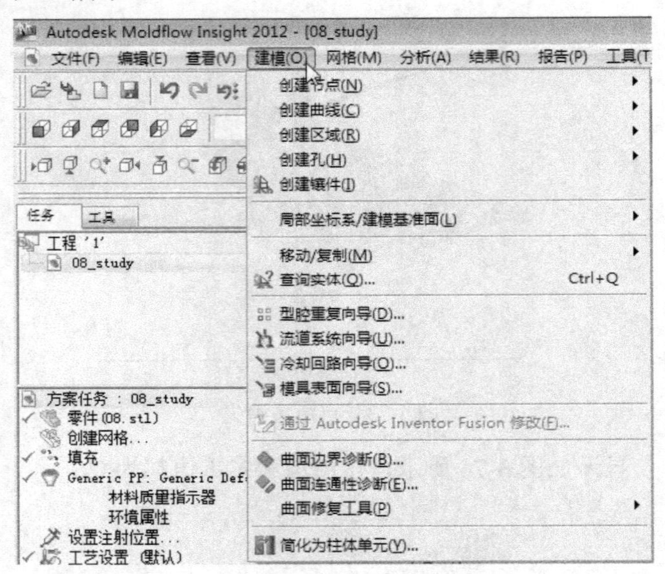

图 4-1 “建模”菜单

4.1 节点的创建

Autodesk Moldflow Insight 提供了五种节点创建方法：

单击“建模”→“创建节点”，打开子菜单，如图 4-2 所示。

1）按坐标创建节点

以输入定位节点坐标 X、Y、Z 坐标值，然后输入要创建节点坐标值的方法创建节点，如图 4-3 所示。三个坐标值之间可以用空格或逗号隔开，如“0 0 0”或“0，0，0”。

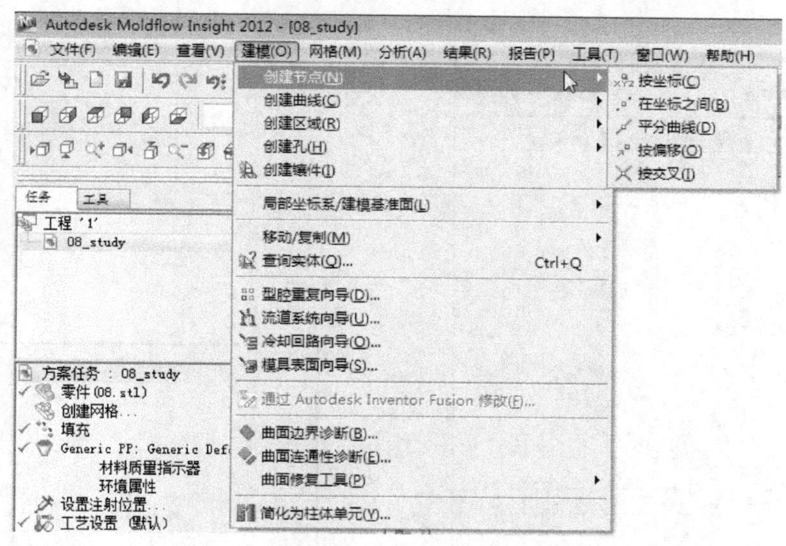

图 4-2　创建节点菜单

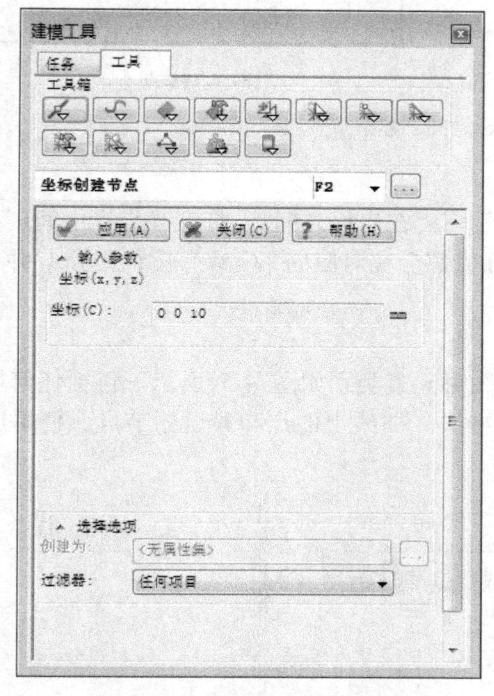

（a）“坐标创建节点”对话框

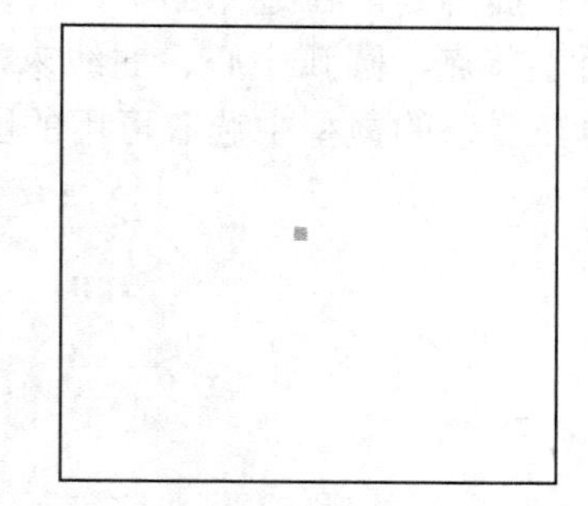

（b）创建节点

图 4-3　按坐标创建节点

具体操作步骤如下：

（1）执行菜单命令“建模”→“创建节点”→“按坐标”，打开“坐标创建节点”对话框，在坐标栏中输入具体坐标值。

（2）单击“应用”按钮，完成创建。

2）在坐标之间创建节点

在已有的两个节点 A 点和 B 点中间创建一个或多个节点，创建的新节点将旧节点之间的距离平分，即任何节点等距分布，如图 4-4 所示。

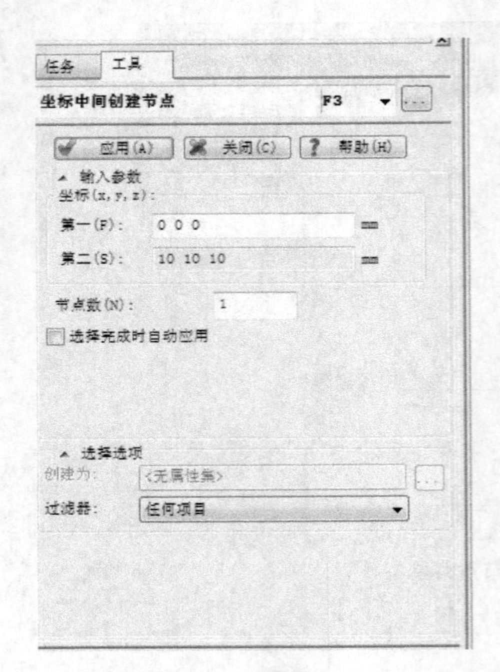

（a）“坐标中间创建节点”对话框

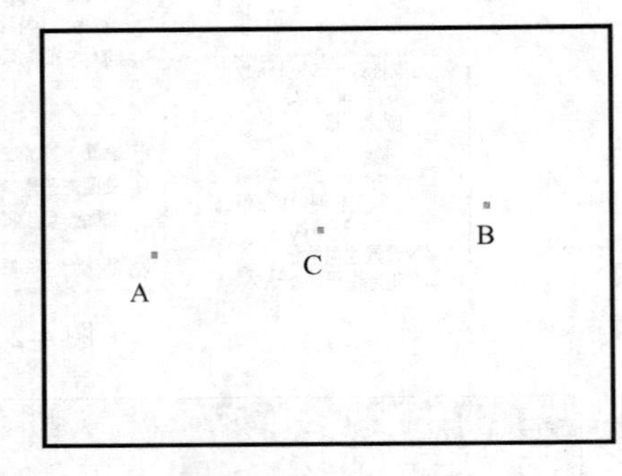

（b）创建节点

图 4-4　在坐标之间创建节点

具体操作步骤如下：

（1）执行菜单命令“建模”→“创建节点”→“在坐标之间”，打开“坐标中间创建节点”对话框，依次选择已有的两点（每选一点其坐标值都会在对应的“坐标”框中显示），并设定“节点数”。

（2）单击“应用”按钮，完成创建。

值得一提的是，在过滤器中，可以选取的图形元素类别如图 4-5 所示，包括任何项目、建模基准面、节点、圆弧中心、曲线末端、曲线中央、曲线上的点和最近的节点。使用过滤器可以方便地在复杂的模型中选取可用的图形元素。

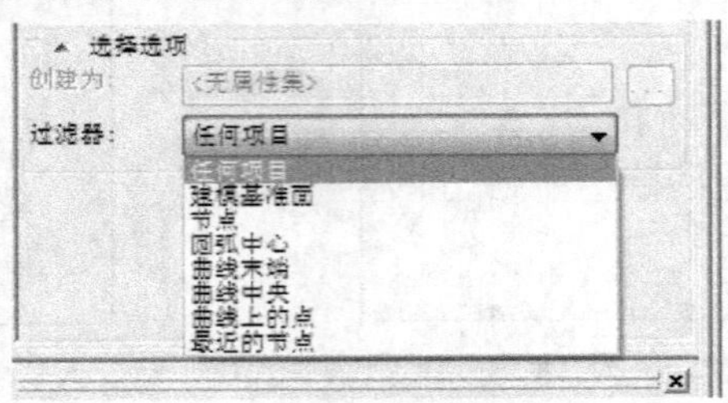

图 4-5　过滤器选项菜单

3）平分曲线创造节点

选择一条曲线，通过该命令可以在曲线上分割出一个或多个节点，如图 4-6 所示。

具体操作步骤如下：

（1）执行菜单命令“建模”→“创建节点”→“平分曲线”，打开“平分曲线创建节点”对话框，选取已有的曲线（曲线代号“C1”会自动在选择框中显示），设定“节点数”为 4，选中“在曲线末端创建节点”复选框。

（2）单击“应用”按钮，完成创建。由图 4-6 可以看出，4 个节点也将曲线平分。

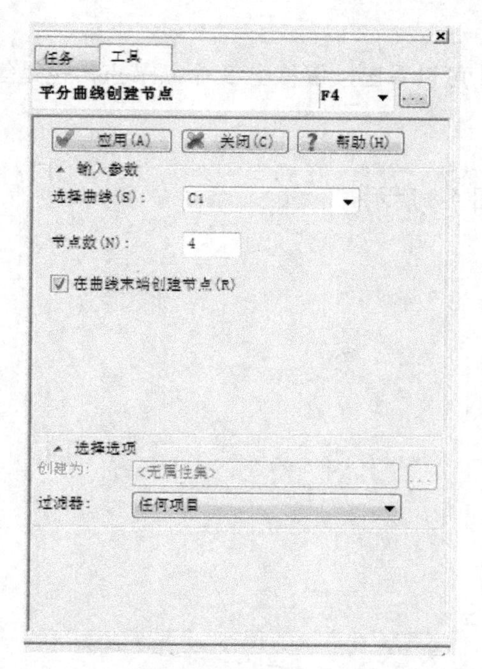

（a）“平分曲线创建节点”对话框

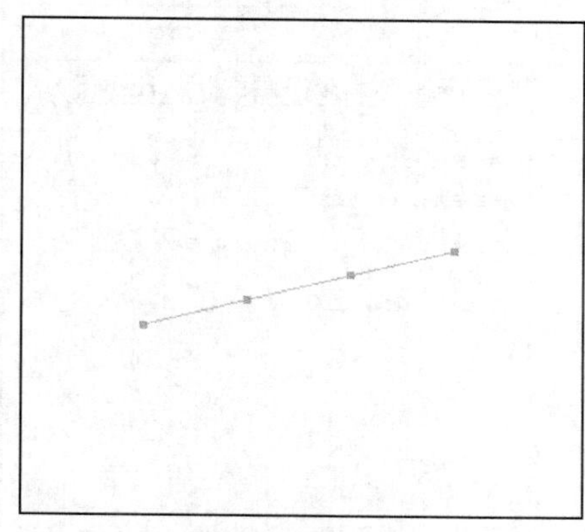

（c）创建节点

图 4-6　平分曲线创建节点

4）按偏移创建节点

通过输入坐标值或者由一个已有节点偏移出一个或多个新节点，如图 4-7 所示。

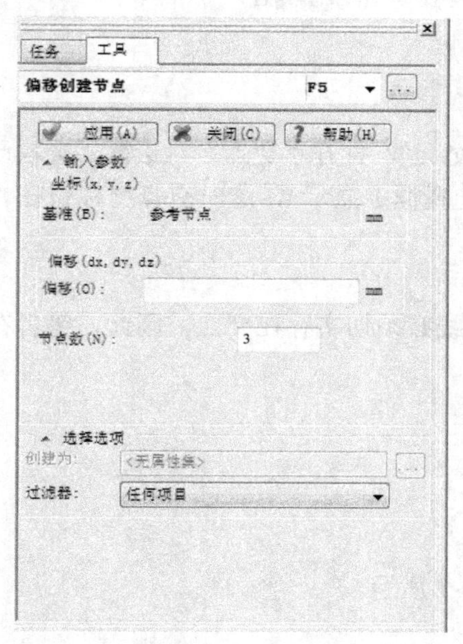

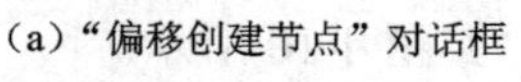

（a）“偏移创建节点”对话框

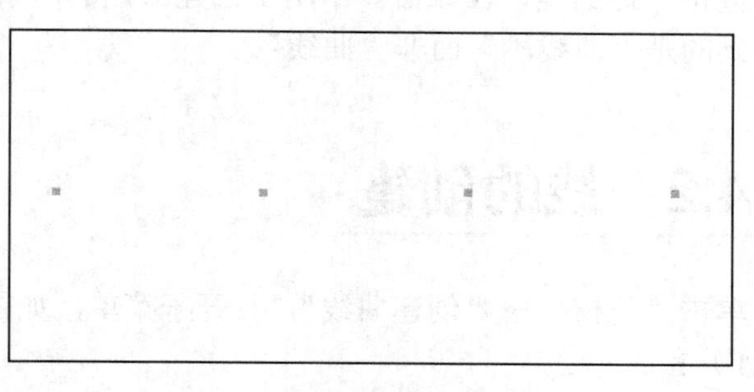

（b）创建节点

图 4-7　按偏移创建节点

具体操作步骤如下：

（1）执行菜单命令“建模”→“创建节点”→“按偏移”，打开“偏移创建节点”对话框，选取已有的节点（所选节点坐标值会自动在选择框中显示）或在“基准”框中直接输入坐标值，并设定“节点数”为 3。

（2）单击“应用”按钮，完成创建。由图 4-7 可以看出，偏移出 3 个新节点，也是等距分布（间距为 10）的。

5）按交叉创建节点

在两条相交曲线段的交点处创建新节点，如图 4-8 所示。

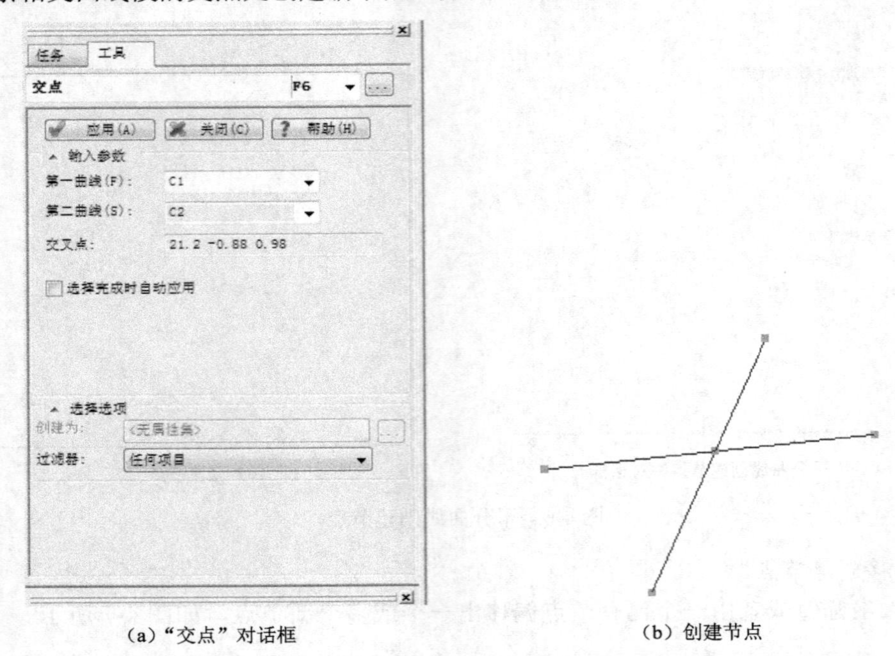

（a）“交点”对话框　　（b）创建节点

图 4-8　按交叉创建节点

具体操作步骤如下：

（1）执行菜单命令“建模”→“创建节点”→“按交叉”，打开“交点”对话框，选取已有的两条相交曲线段（曲线代号“C1”、“C2”会自动在选择框中显示），这时交点坐标值在“交叉点”文本框中显示。

（2）单击“应用”按钮，完成创建。

值得一提的是，在该命令中用于创建节点的两条曲线必须切实存在交点，因此，笔者在前面提到的是“曲线段”而非“曲线”。

4.2 线的创建

单击“建模”→“创建曲线”，打开子菜单，如图 4-9 所示。

1）直线

通过选取两个已存在的节点或输入节点坐标值来创建直线，如图 4-10 所示。

具体操作步骤如下：

（1）执行菜单命令“建模”→“创建曲线”→“直线”，打开“创建直线”对话框，选取已有的两个节点（节点坐标值会自动在选择框中显示）。

（2）单击“应用”按钮，完成创建。

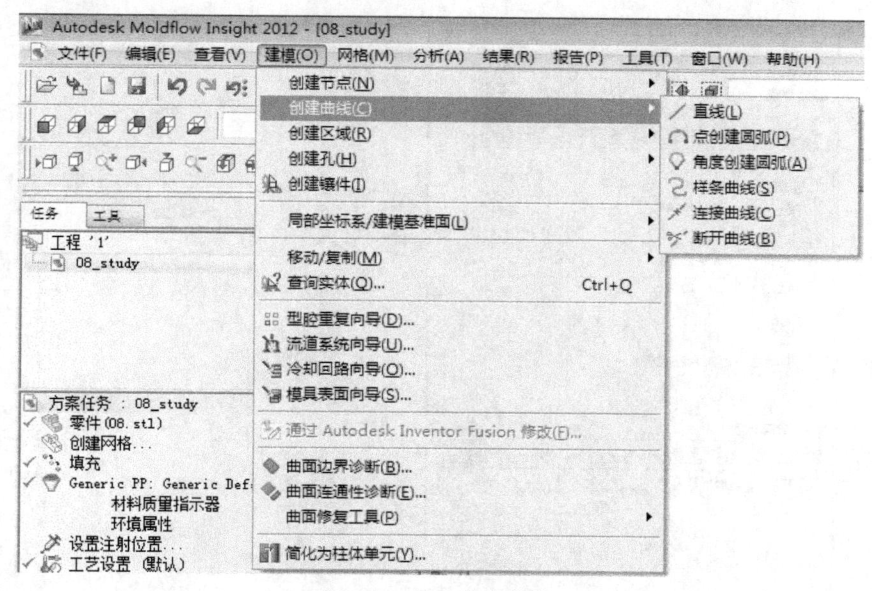

图 4-9　创建曲线菜单

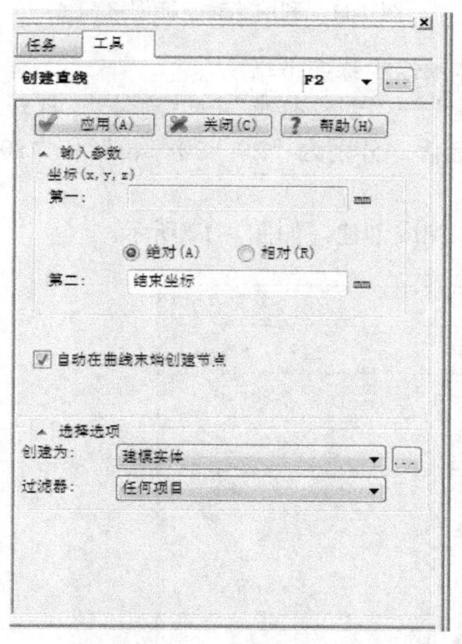

图 4-10　“创建直线”对话框

另外，还可以通过输入两节点坐标值的方法创建直线，坐标值可以是绝对坐标或相对坐标。

利用绝对坐标创建，具体操作步骤如下：

（1）执行菜单命令“建模”→“创建曲线”→“直线”，打开“创建直线”对话框，依次输入第一节点和第二节点的坐标值，分别为“20　30　40”和“10　20　30”，选中“绝对”单选钮。

（2）单击“应用”按钮，完成创建，如图 4-11 所示。

值得一提的是，“创建为”选项用来指定创建曲线的属性（比如主流道、分流道、冷却管道等）。

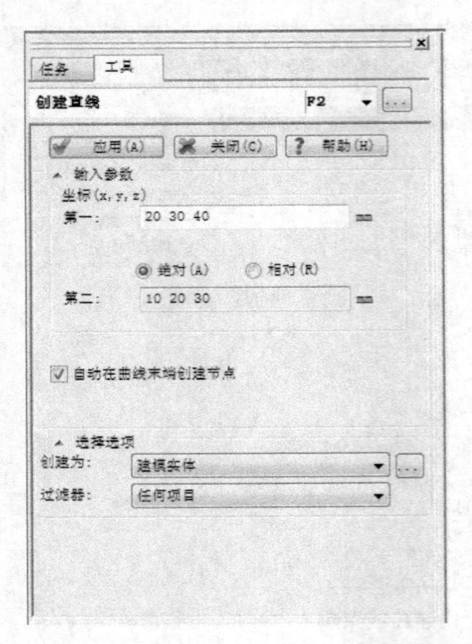

图 4-11　利用绝对坐标创建直线

利用相对坐标创建，具体操作步骤如下：

（1）执行菜单命令“建模”→“创建曲线”→“直线”，打开“创建直线”对话框，依次输入第一节点和第二节点的坐标值，分别为“20　30　40”和“10　20　30”，选中“相对”单选钮。

（2）单击“应用”按钮，完成创建，如图 4-12 所示。

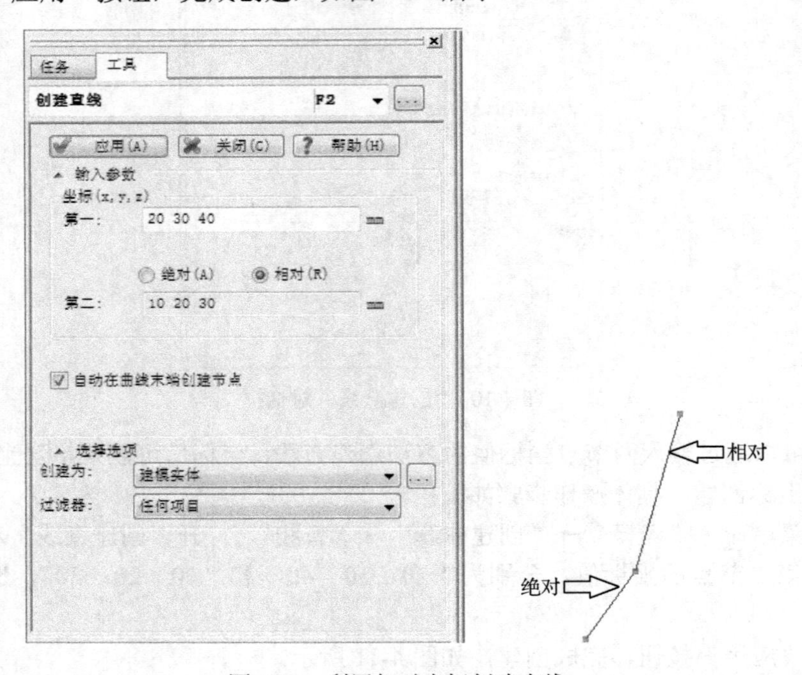

图 4-12　利用相对坐标创建直线

对比两条直线不难发现，虽然两个节点的坐标输入值完全一样，但生成的直线却不同，原因就在于绝对坐标和相对坐标的区别了。

2）点创建圆弧

由 3 个节点创建圆弧曲线或圆。

创建圆弧，具体操作步骤如下：

（1）执行菜单命令“建模”→“创建曲线”→“点创建圆弧”，打开“点创建圆弧”对话框，选取已有的 3 个节点（节点坐标值会自动在选择框中显示）或直接输入 3 点坐标，选中“圆弧”和“自动在曲线末端创建节点”选项。

（2）单击“应用”按钮，完成创建，如图 4-13 所示。

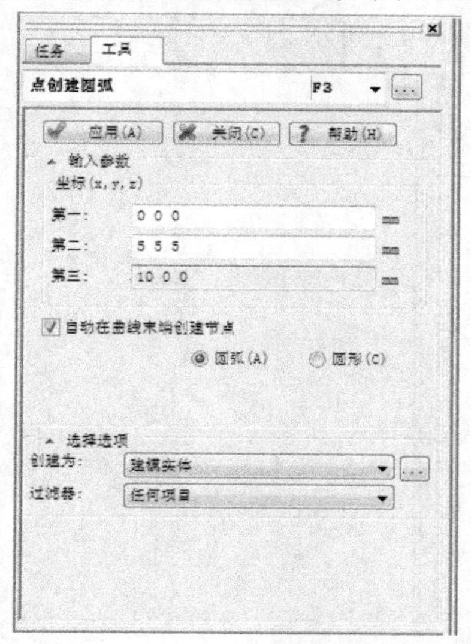

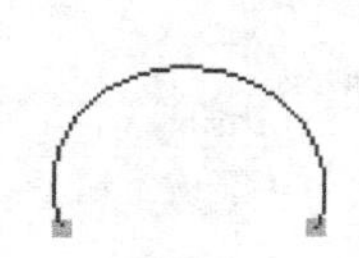

图 4-13　创建圆弧

创建圆，具体操作步骤如下：

（1）执行菜单命令“建模”→“创建曲线”→“点创建圆弧”，打开“点创建圆弧”对话框，选取已有的 3 个节点（节点坐标值会自动在选择框中显示）或直接输入 3 点坐标，选中“圆形”和“自动在曲线末端创建节点”选项。

（2）单击“应用”按钮，完成创建，如图 4-14 所示。

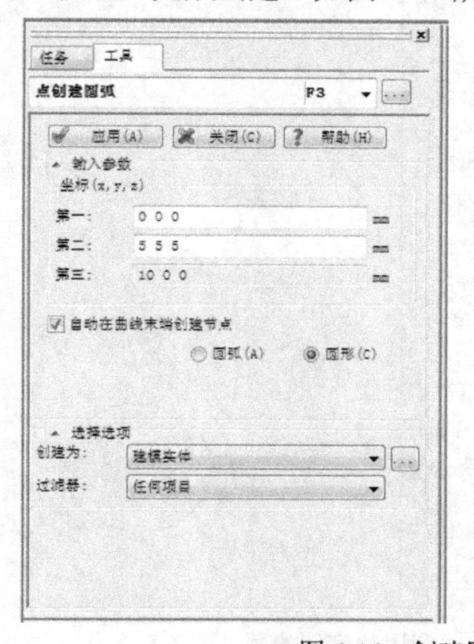

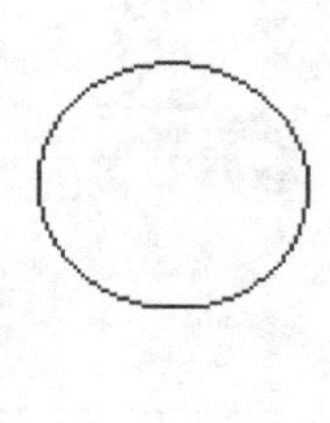

图 4-14　创建圆

3）角度创建圆弧

以某节点为圆心并赋予半径（即圆心＋半径）的方式创建圆弧。

具体操作步骤如下：

（1）执行菜单命令“建模”→“创建曲线”→“角度创建圆弧”，打开“角度创建圆弧”对话框，选取已有的节点（节点坐标值会自动在选择框中显示）或直接输入坐标值“0 0 0”作为圆心，定义半径为 5，定义开始和结束角度分别为“0”、“270”，选中“自动在曲线末端创建节点”复选框。

（2）单击“应用”按钮，完成创建，如图 4-15 所示。

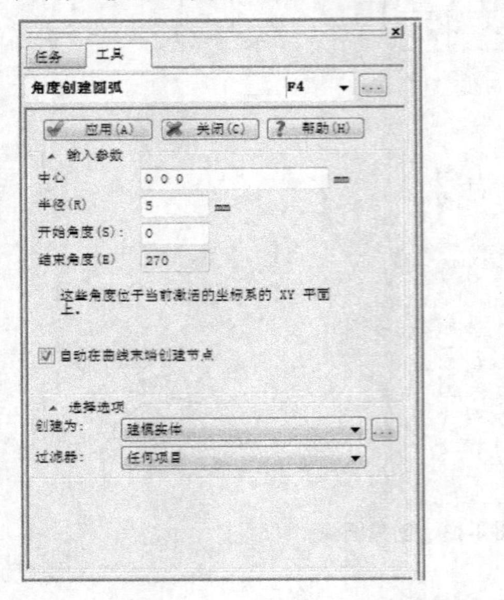

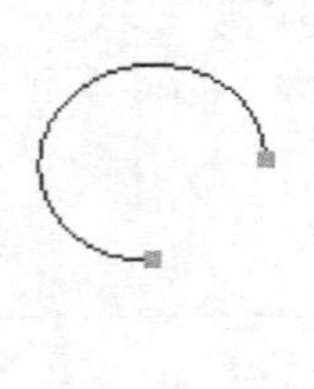

图 4-15　利用角度创建圆弧

在以上操作中，如果定义开始和结束角度分别为“0”、“360”（默认），选中“自动在曲线末端创建节点”复选框，则生成圆，如图 4-16 所示。

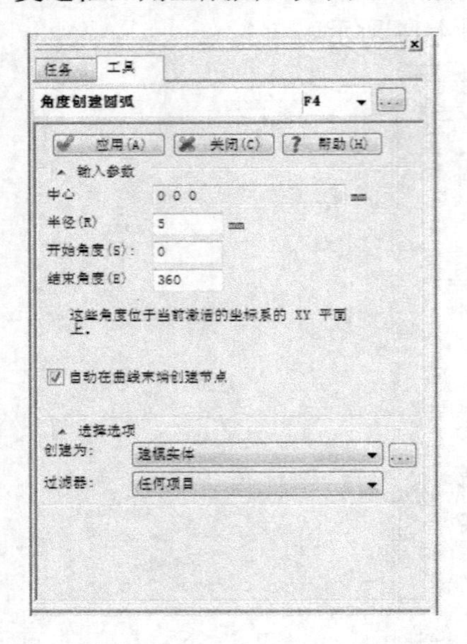

图 4-16　利用角度创建圆

4）样条曲线

用于创建弯曲变化的曲线。

具体操作步骤如下：

（1）执行菜单命令“建模”→“创建曲线”→“样条曲线”，打开“样条曲线”对话框，给定一组节点，通过添加或删除节点，系统根据这一组节点自动拟合一条样条曲线。选取已有的节点（节点坐标值会自动在选择框中显示，如“20 20 20”、“27 30 10”、“9 30 60”、“15 12 30”和“40 9 20”）或直接输入坐标值“20 20 20”、“27 30 10”、“9 30 60”、“15 12 30”和“40 9 20”，选中“自动在曲线末端创建节点”复选框。

（2）单击“应用”按钮，完成创建，如图 4-17 所示。

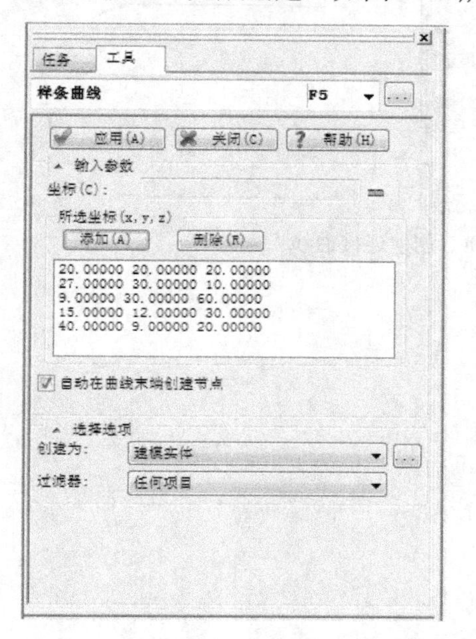

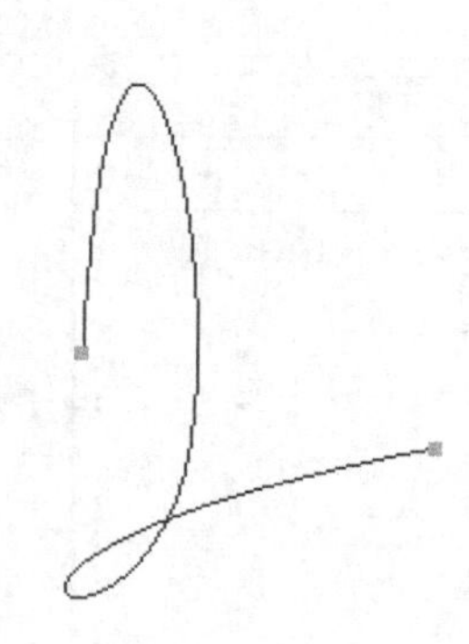

图 4-17　创建样条曲线

5）连接曲线

通过连接两条曲线来创建曲线。

具体操作步骤如下：

（1）执行菜单命令“建模”→“创建曲线”→“连接曲线”，打开“连接曲线”对话框，选取已有的两条曲线（曲线编号会自动在选择框中显示），输入“圆角因子”（“圆角因子”限定的最大值为 100。“圆角因子”为 0 时创建一条直线，大于 0 时创建一条曲线，而且随着“圆角因子”的增大两条曲线间的距离变大）。

（2）单击“应用”按钮，完成创建，如图 4-18 所示。

6）断开曲线

用于将手动创建的两条相交曲线在它们的交点处打断。

具体操作步骤如下：

（1）执行菜单命令“建模”→“创建曲线”→“断开曲线”，打开“断开曲线”对话框，选取已有的两条曲线 C1、C2（曲线编号会自动在选择框中显示）。

（2）单击“应用”按钮，完成创建，结果是两条曲线被交点打断为 4 条曲线（如果勾选“选择完成时自动应用”选项，则在选择完两条曲线之后，自动将其打断），如图 4-19 所示。

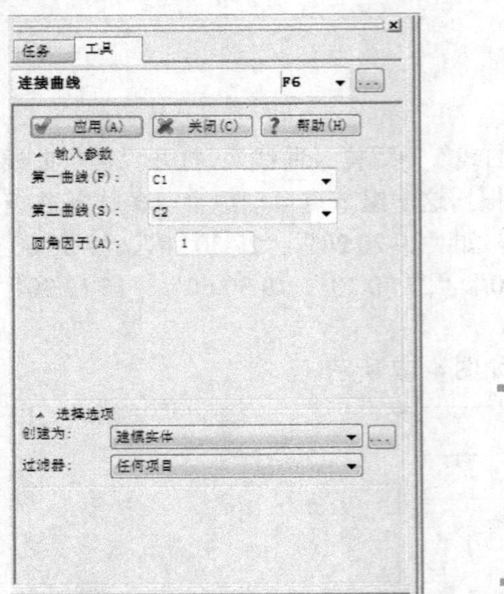

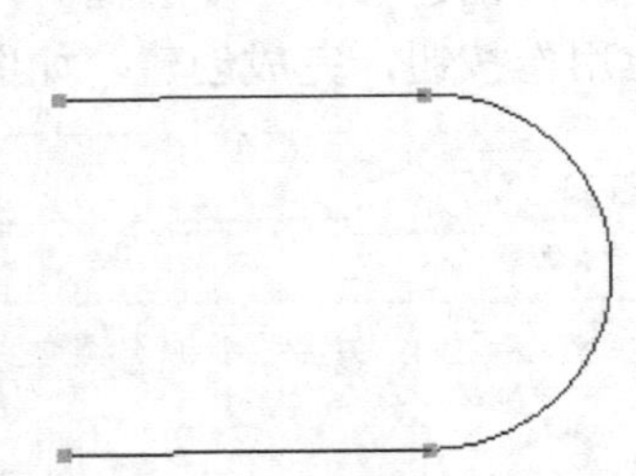

图 4-18 创建连接曲线

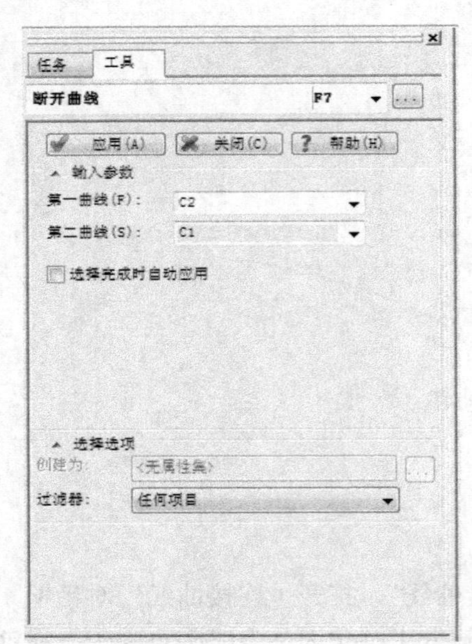

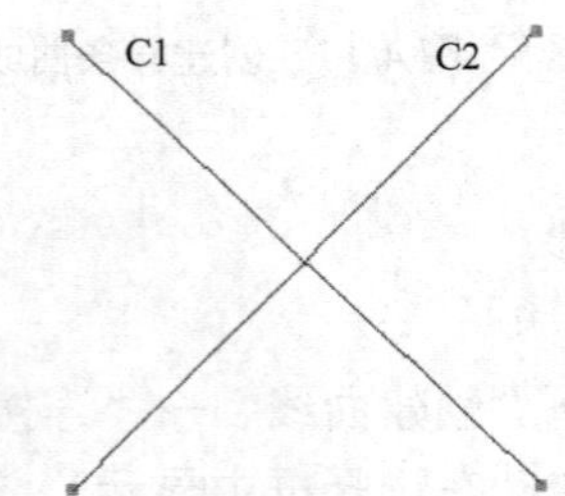

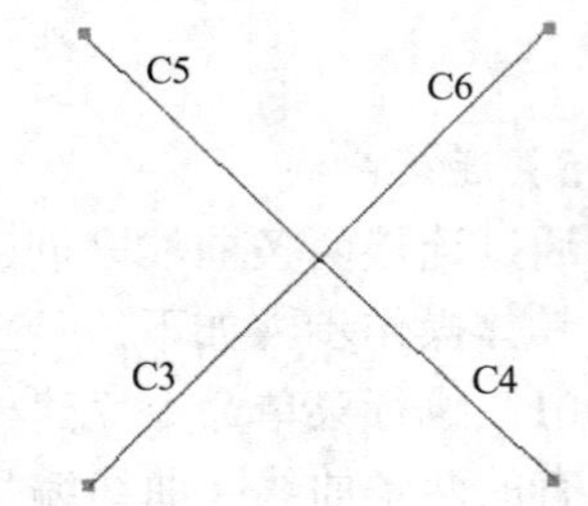

图 4-19 创建断开曲线

4.3 面（区域）和孔的创建

1. 面（区域）的创建

Autodesk Moldflow Insight 提供了 5 种区域创建方法，如图 4-20 所示。

1）按边界创建区域

由边界曲线（所有边界曲线必须封闭）创建区域。

具体操作步骤如下：

（1）执行菜单命令“建模”→“创建区域”→“按边界”，打开“边界创建区域”对话框，按住“Ctrl”键不放，依次选取已有且封闭的边界曲线 C1、C2、C3、C4（曲线编号会自动在选择框中显示）。

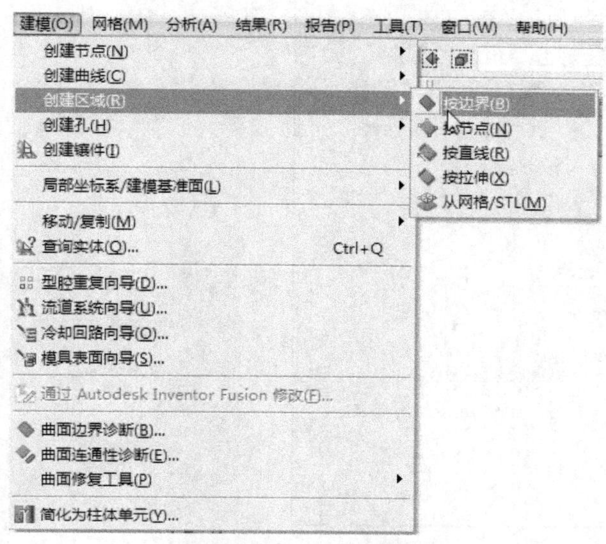

图 4-20　创建区域菜单

（2）单击“应用”按钮，完成创建，面域的形状取决于曲线封闭的形状，如图 4-21 所示。

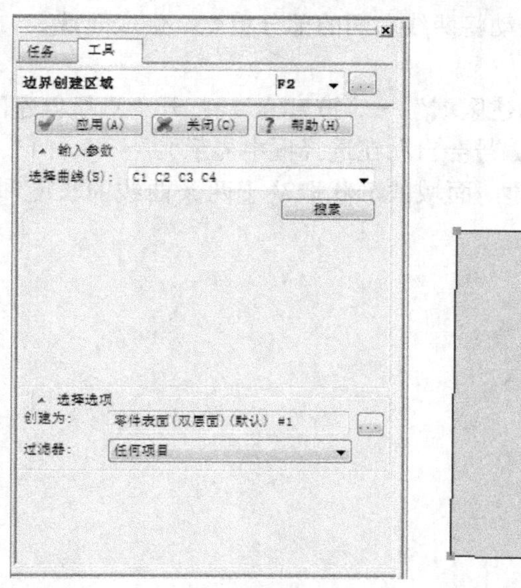

图 4-21　按边界创建区域

2）按节点创建区域

依次选取现有的节点来创建区域。

具体操作步骤如下：

（1）执行菜单命令“建模”→“创建区域”→“按节点”，打开“节点创建区域”对话框，按住“Ctrl”键不放，依次选取已有节点 N1、N2、N3、N4（对应节点编号会自动在选择框中显示）。在选取节点过程中，依次显示连接节点的线，说明“按节点创建区域”和“按边界创建区域”实质一样。

（2）单击“应用”按钮，完成创建，面域的形状取决于节点连接的曲线封闭的形状，如图 4-22 所示。

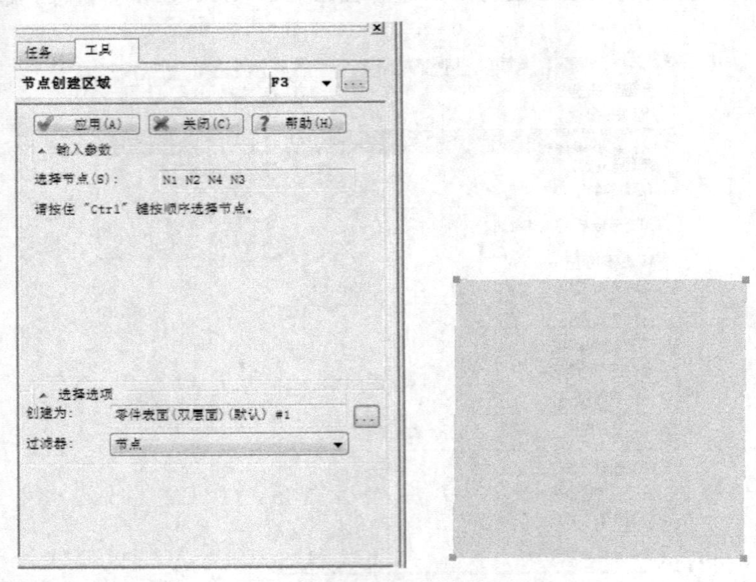

图 4-22　按节点创建区域

3）按直线创建区域

选择同一平面的两条线，系统会自动将两线之间的部分填充，生成面域。

具体操作步骤如下：

（1）执行菜单命令“建模”→“创建区域”→“按直线”，打开“直线创建区域”对话框，选取已有的两条线 C1、C2（对应曲线编号会自动在选择框中显示）。

（2）单击“应用”按钮，完成创建，面域的形状取决于两条曲线的长度和位置关系，如图 4-23 所示。

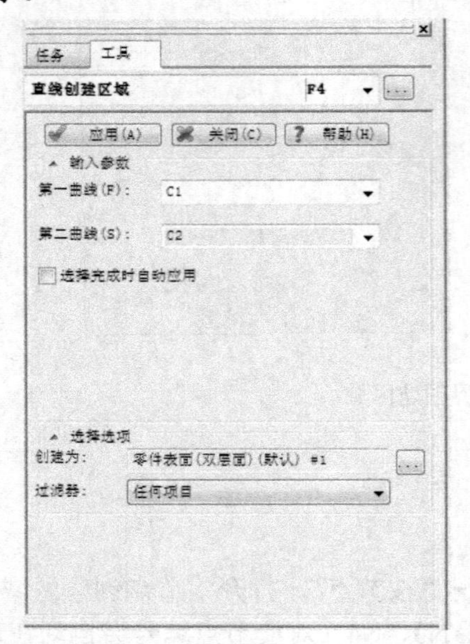

图 4-23　按直线创建区域

4）按拉伸创建区域

选择一条曲线并输入延伸向量值来创建区域。

具体操作步骤如下：

（1）执行菜单命令“建模”→“创建区域”→“按拉伸”，打开“拉伸创建区域”对话框，选取已有的线 C1（对应曲线编号会自动在选择框中显示），设定 3 个方向的延伸量“10 20 0”。

（2）单击“应用”按钮，完成创建，面域的形状取决于曲线的长度、形状和延伸量，如图 4-24 所示。

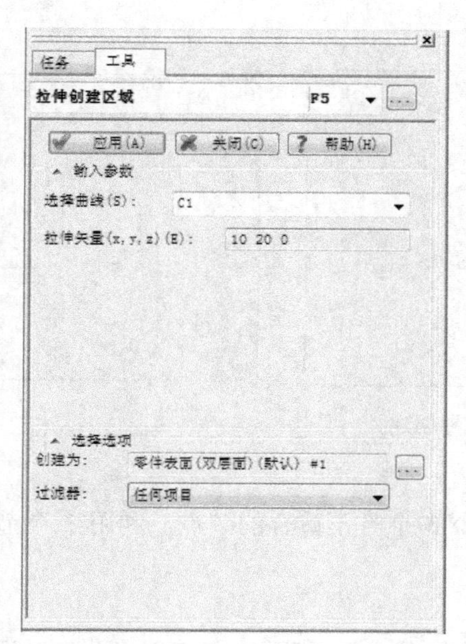

图 4-24　按拉伸创建区域

5）从网格/STL 创建区域

为模型上的所有平面自动创建区域。

具体操作步骤如下：

（1）执行菜单命令“建模”→“创建区域”→“从网格/STL”，打开“从网格/STL 创建区域”对话框，输入“平面”和“角度”参数，并选择创建自“STL”或“网格”。

（2）单击“应用”按钮，完成创建，如图 4-25 所示。

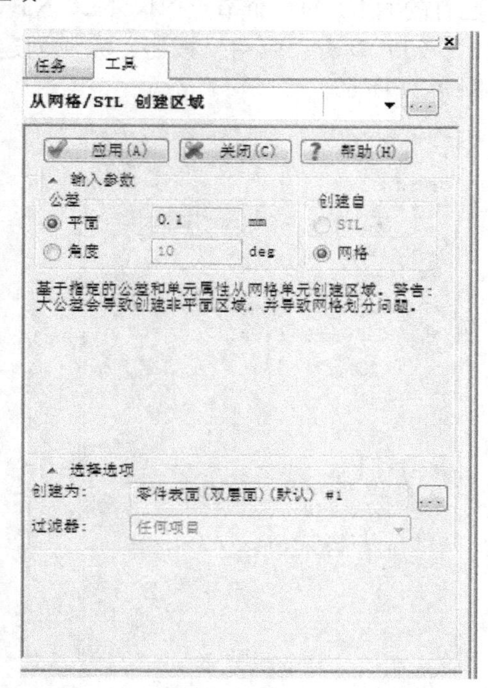

图 4-25　从网格/STL 创建区域

2．孔的创建

1）按边界创建孔

指在现有面上建孔。

具体操作步骤如下：

（1）执行菜单命令“建模”→“创建孔”→“按边界”，打开“边界创建孔”对话框，选取已有的面 R1 和曲线 C5（对应面和曲线编号会自动在选择框中显示）。

（2）单击“应用”按钮，完成创建，孔的形状和尺寸取决于曲线围成的形状和尺寸，如图 4-26 所示。

值得一提的是，如果选中“启用对已连接曲线的自动搜索”复选框，则只要选取一条曲线，Moldflow 2012 会自动选取相连的所有曲线。

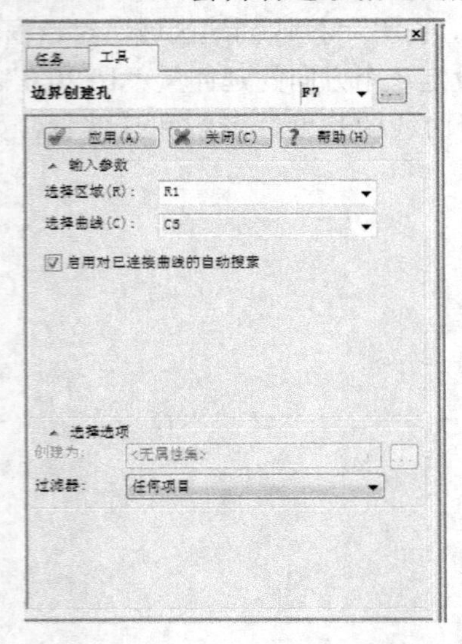

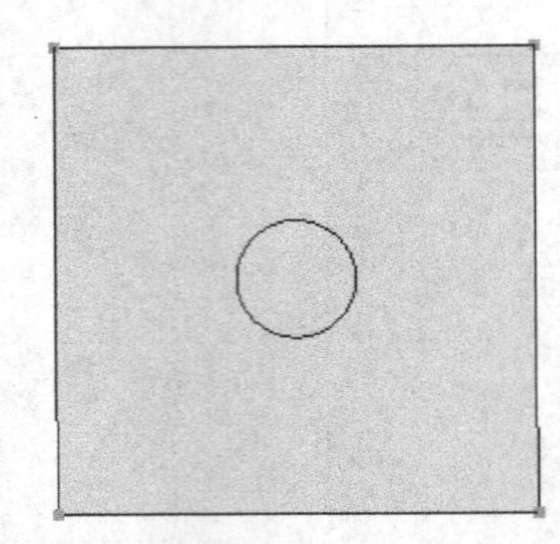

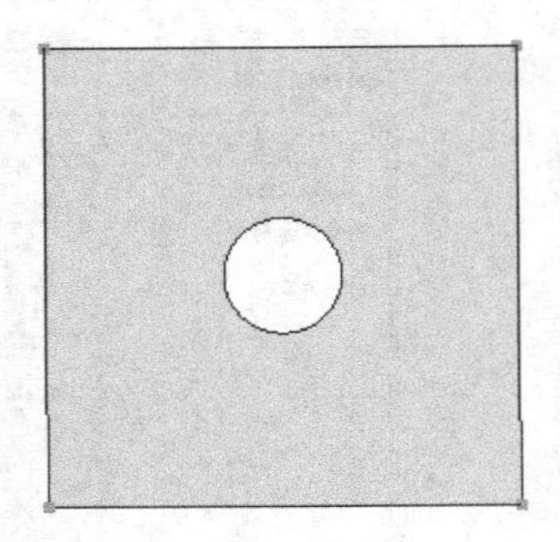

图 4-26　按边界创建孔

2）按节点创建孔

选择需要建孔的面，然后依次选择面上的至少 3 个且不重合的节点，利用 3 个节点在面上建孔。

具体操作步骤如下：

（1）执行菜单命令“建模”→“创建孔”→“按节点”，打开“节点创建孔”对话框，选取已有的面 R1 和 3 个节点 N1、N2、N3（对应面和节点编号会自动在选择框中显示）。

（2）单击“应用”按钮，完成创建，孔的形状和尺寸取决于节点围成的形状和尺寸，如图 4-27 所示。

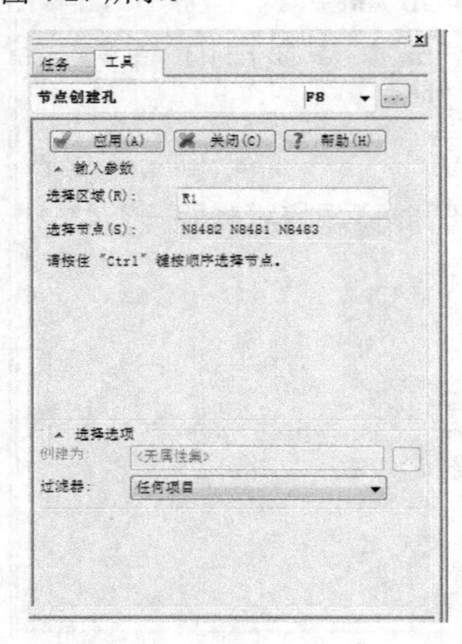

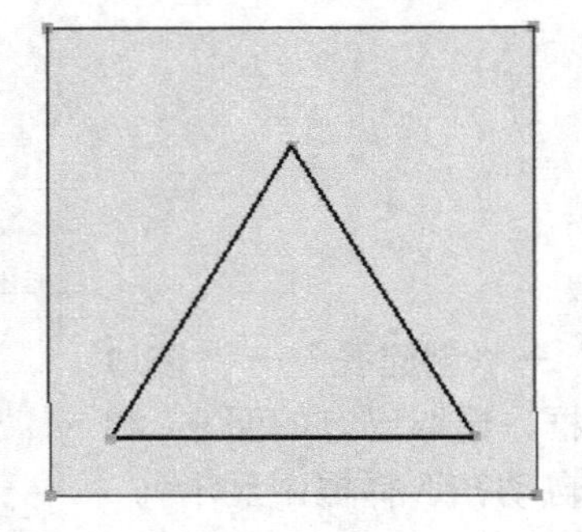

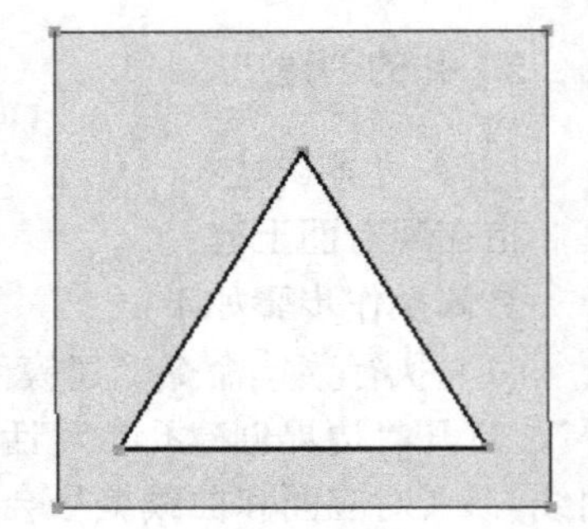

图 4-27　按节点创建孔

4.4　镶件的创建

在塑件分析中，要考虑实际情况。为了增加注塑件的局部强度、硬度、耐磨性、导磁性、导电性，或者为了增加塑件局部尺寸和形状的稳定性，提高精度，或者为了降低注塑件消耗及满足其他方面的要求，注塑件之间常采用各种形状、各种材料的镶件。

镶件通常在注射之前被安装到模具，注射后成为塑件的一部分。多数镶件由各种有色或黑色金属制成，也有用玻璃、木材或已成型的塑件的。

创建镶件菜单如图 4-28 所示。

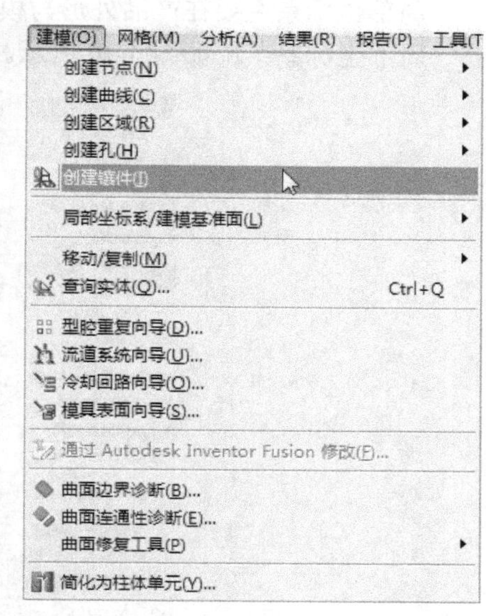

图 4-28　创建镶件菜单

创建镶件：在网格上创建模具镶件。

具体操作步骤如下：

（1）执行菜单命令“建模”→“创建镶件”，打开“创建模具镶件”对话框，在网格模型中选择中间矩形孔洞表面，然后在方向中确定镶件要创建的方向并指定该方向的距离为 20mm。

（2）单击“应用”按钮，完成创建，如图 4-29 所示。

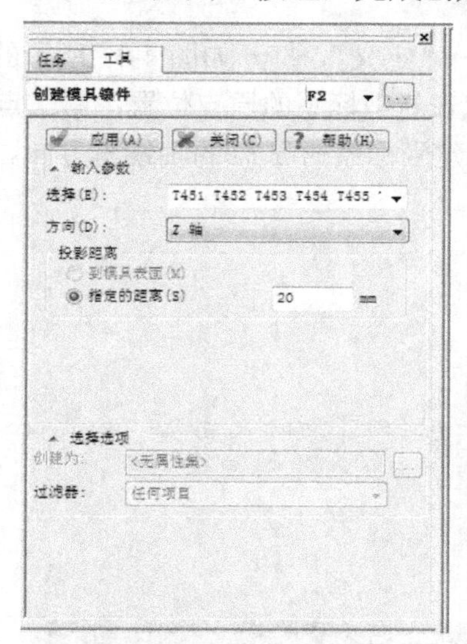

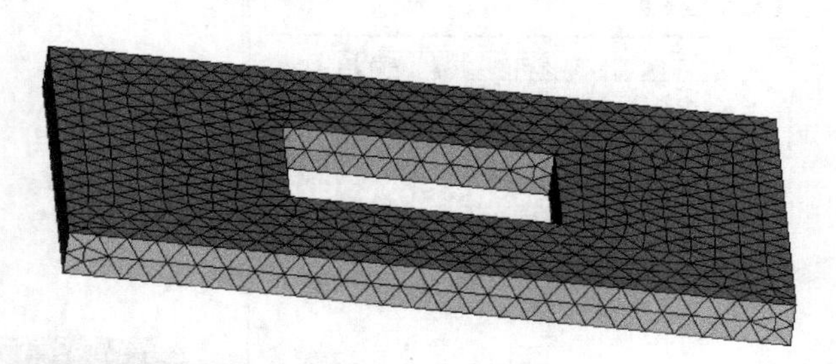

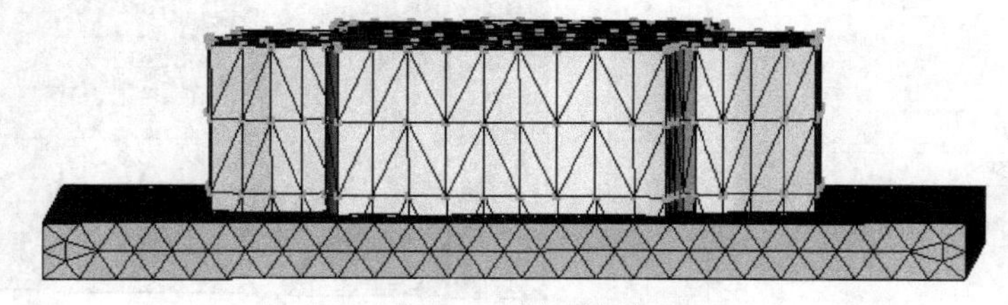

图 4-29　创建镶件

4.5 局部坐标系的创建

局部坐标系主要在产品外形与模型窗口中的坐标系不协调的时候使用，应用较少。局部坐标系菜单如图 4-30 所示。

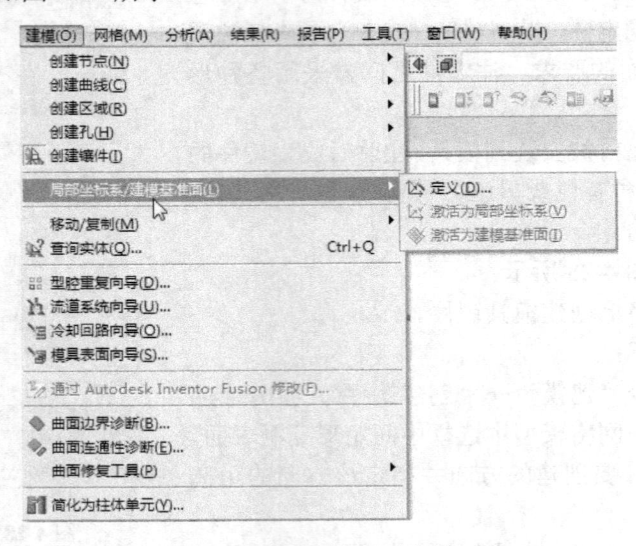

图 4-30　局部坐标系菜单

执行菜单命令“建模”→“局部坐标系/建模基准面”→“定义”，打开如图 4-31 所示的“创建局部坐标系”对话框，输入 3 个点坐标，第一点坐标代表新坐标系的原点位置；第二点坐标代表新建坐标系的 X 轴的轴线与方向；第三点坐标代表新建坐标系的 Y 轴的轴线与方向。或者直接在网格模型上选取 3 个点创建坐标系。

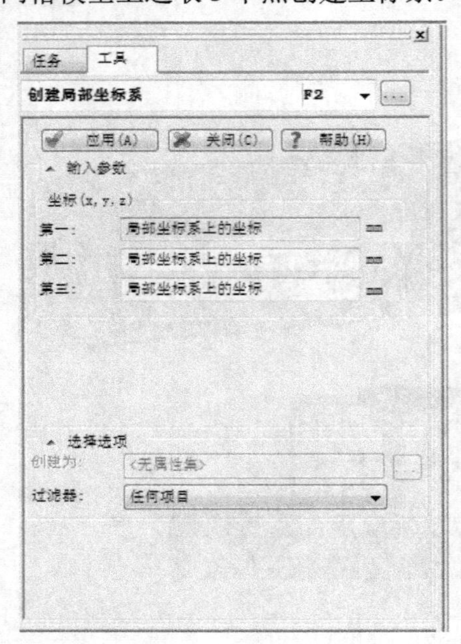

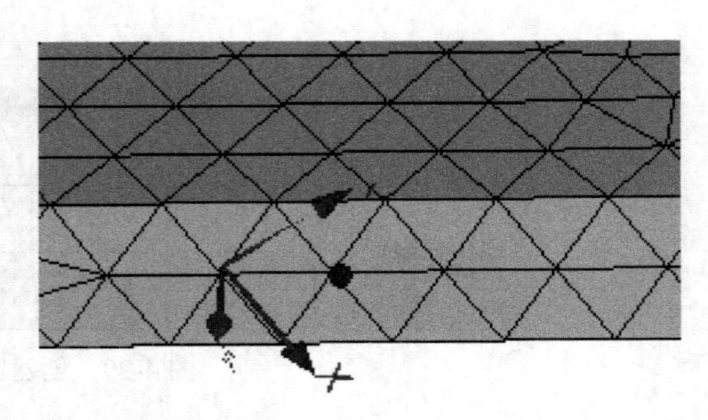

图 4-31　局部坐标系的创建

4.6　实用工具建模方法

前面几节主要讲述了基础建模的点、线、面（区域）的构建。当点、线、面构建完成后，常需要一些其他的功能来实现网格模型中点、线、面的复杂化。常用的方法有平移、旋转、3 点旋转、缩放、镜像，如图 4-32 所示。

1）平移

执行菜单命令“建模”→“移动/复制”→“平移”，打开“平移”对话框，如图 4-33 所示。

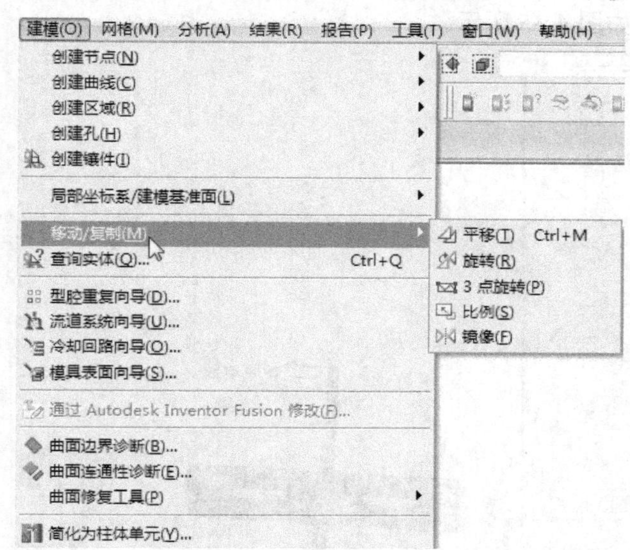

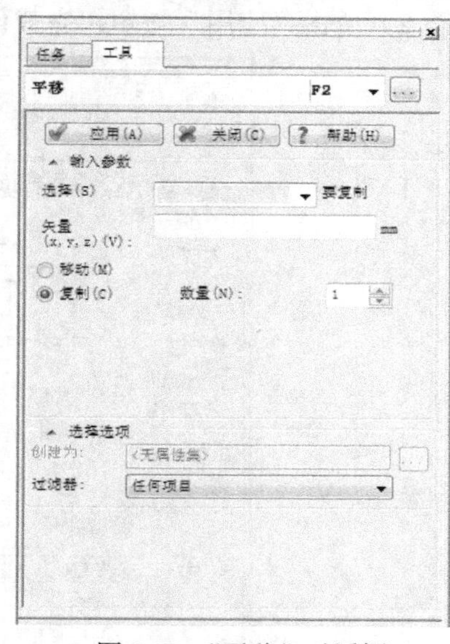

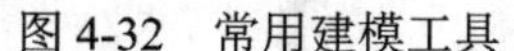

图 4-32　常用建模工具　　　　图 4-33　“平移”对话框

选择要移动的实体（点、线、模型等实体），在矢量中输入要移动的位置矢量。勾选“移动”（实体会从原位置移动到指定位置）或“复制”（实体在移动的基础上，保留原位置的实体，同时在复选框中输入复制的数量），如图 4-34 所示。

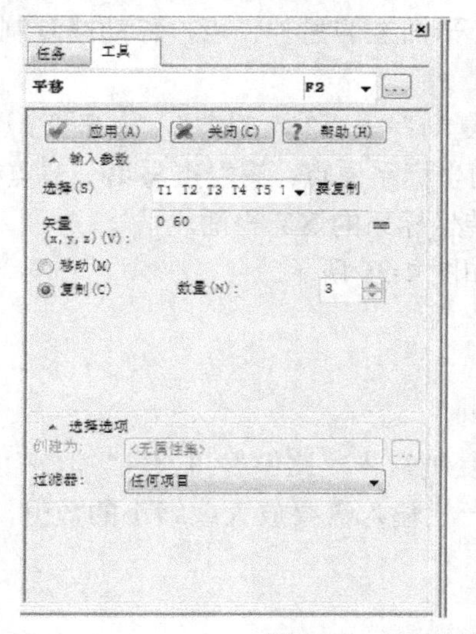

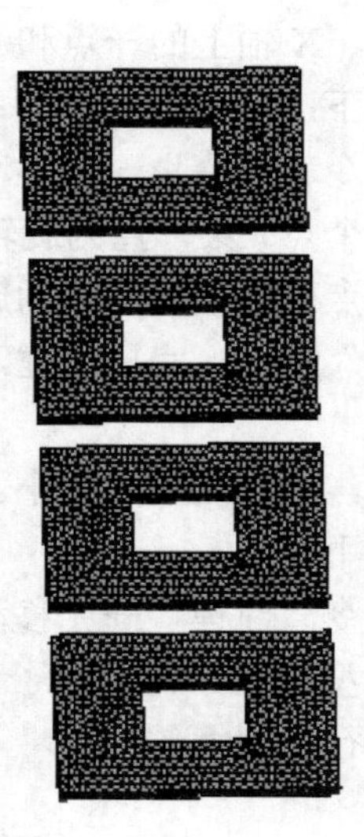

图 4-34　移动复制模型

具体操作步骤如下：

（1）在“平移”对话框中输入矢量“0 60”，选择“复制”，数量为 3。

（2）单击“应用”按钮，完成创建，如图 4-34 所示。

2）旋转

通过绕轴旋转来移动或复制单元。

具体操作步骤如下：

（1）执行菜单命令“建模”→“移动/复制”→“旋转”，打开“旋转”对话框，选择要旋转的单元、要围绕旋转的轴（该实体围绕 Y 轴）、角度（该单元为 90°），参考点选择要旋转的基准点。最后选择数量。

（2）单击“应用”按钮，完成创建，如图 4-35 所示。

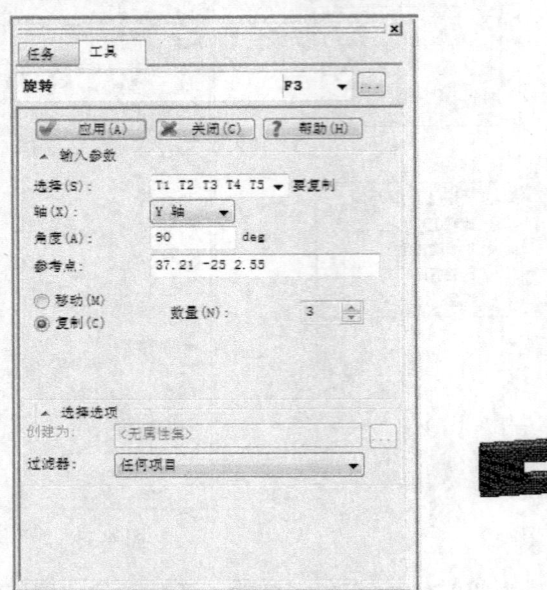

图 4-35　旋转单元

3）3 点旋转

通过制定新原点、X 轴上的一点和 XY 平面上的另外一点，移动或复制单元。

具体操作步骤如下：

（1）执行菜单命令“建模”→“移动/复制”→“3 点旋转”，打开“3 点旋转”对话框，选定要旋转的模型和 3 个点。第一点为旋转的坐标系原点；第二点与第一节点确定直线，为 X 轴；第三点与第一、二节点确定平面，成为旋转坐标系的 XY 平面。

（2）单击“应用”按钮，完成创建，如图 4-36 所示。

4）比例

移动或复制单元，同时调整其大小。

具体操作步骤如下：

（1）执行菜单命令“建模”→“移动/复制”→“比例”，打开“缩放”对话框，在“选择”一栏选定要缩放的模型，在“比例因子”一栏输入需要放大或缩小的数值，在“参考点”一栏选择一点作为基准进行比例缩放。

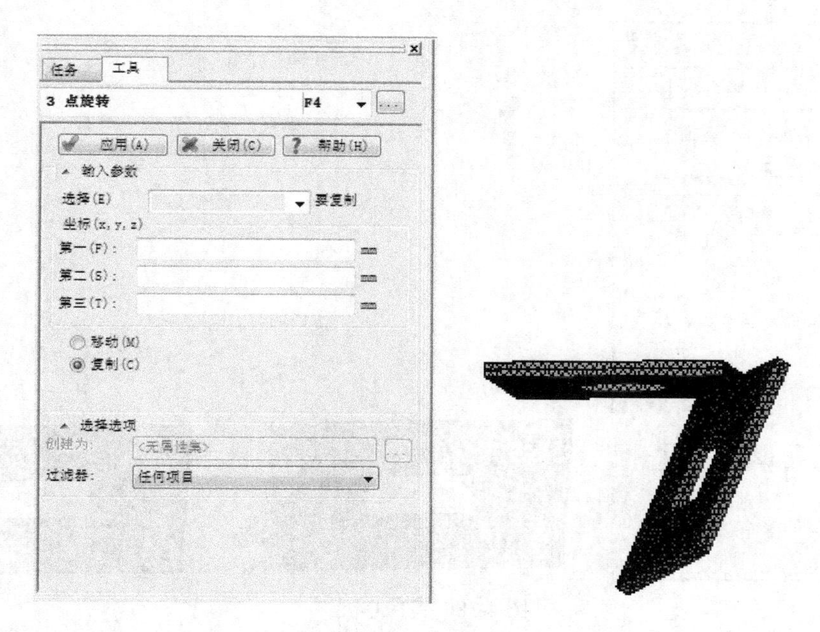

图 4-36　3 点旋转

（2）单击“应用”按钮，完成创建，如图 4-37 所示。

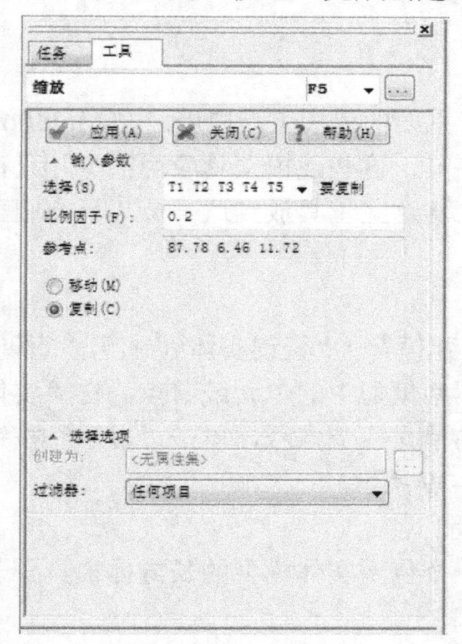

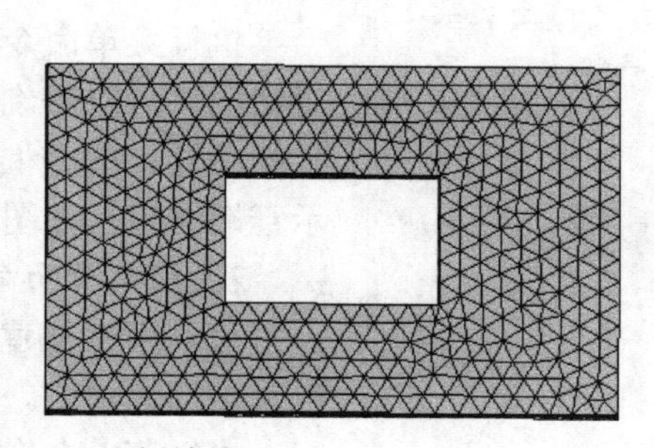

图 4-37　比例缩放

5）镜像

移动或复制单元，同时关于某一平面进行镜像。

具体操作步骤如下：

（1）执行菜单命令“建模”→“移动/复制”→“镜像”，打开“镜像”对话框，选择要镜像的单元、镜像的平面、参考点，勾选“复制”或“移动”。

（2）单击“应用”按钮，完成创建，如图 4-38 所示。

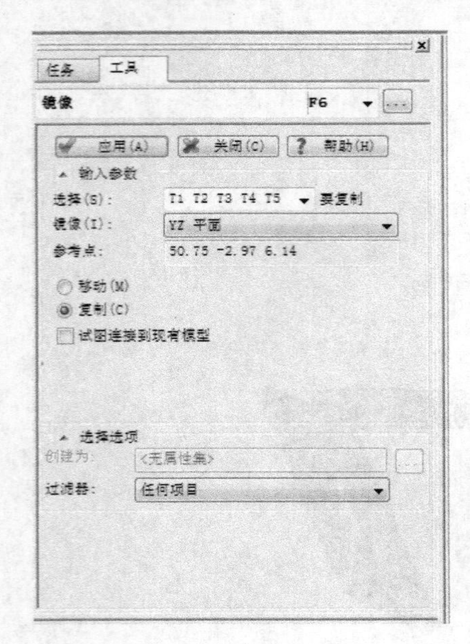

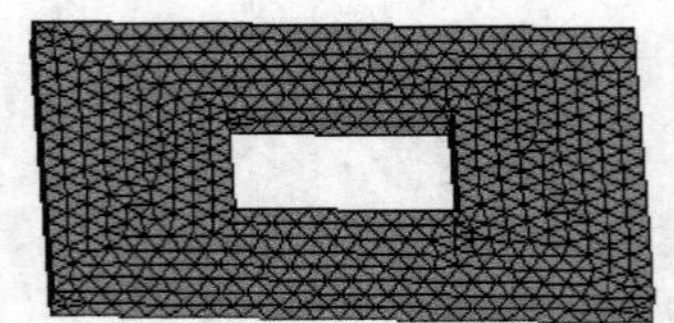

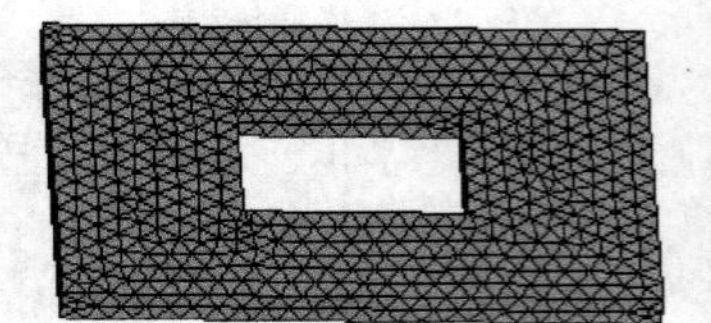

图 4-38　镜像单元

4.7　其他建模工具应用

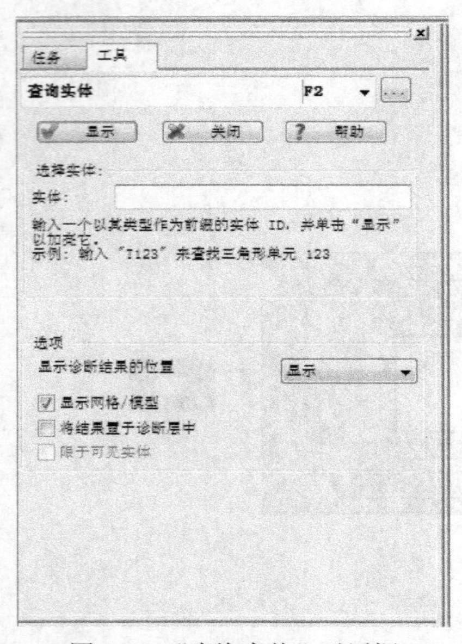

图 4-39　“查询实体”对话框

前面几节讲述了主要的建模工具应用，在 Moldflow 中，还有其他一些建模工具，这些建模工具应用很少，只在一些特殊的时候会用到。将这些工具放到这一节，只介绍一下基本功能。

1）查询实体

执行菜单命令“建模”→“查询实体”，打开“查询实体”对话框，可以查询网格模型中的单元或节点。在“实体”文本框中输入要查询的单元或节点号，单击“显示”按钮，显示查询结果，如图 4-39 所示。

2）模具表面向导

可以用来创建一个包围实体模型的长方体模具外表面，也就是创建模块。

执行菜单命令“建模”→“模具表面向导”，打开“模具表面向导”对话框。

需要设置模具长方体的中心和具体尺寸。在“原点”选项区域中，可以直接输入 X、Y、Z 3D 坐标来确定中心坐标，也可以直接选中“居中”单选钮，系统将会自动选择模型中心作为长方体模具中心；在“尺寸”选项区域中，可以直接设定长方体模具的尺寸，如图 4-40 所示。

3）柱体的创建

在两点间创建柱体。

菜单操作：在项目管理窗口单击“工具”，如图 4-41 所示。

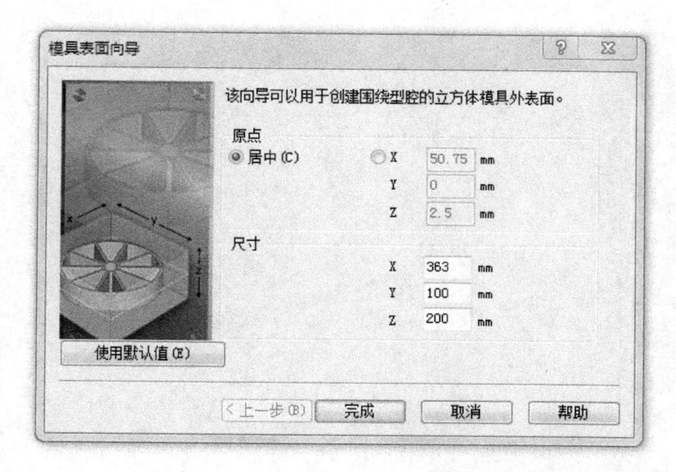

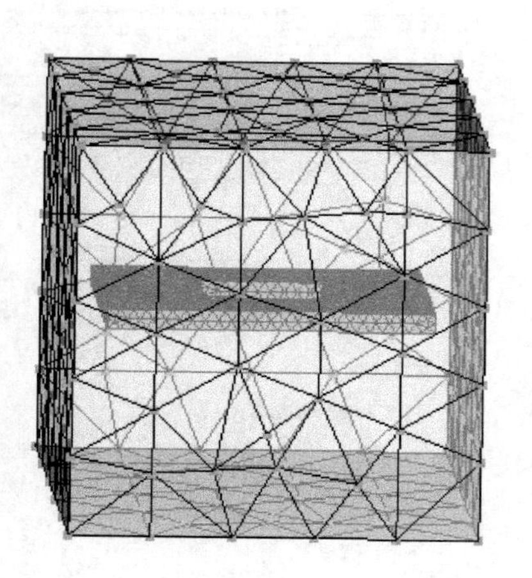

图 4-40　模具表面创建

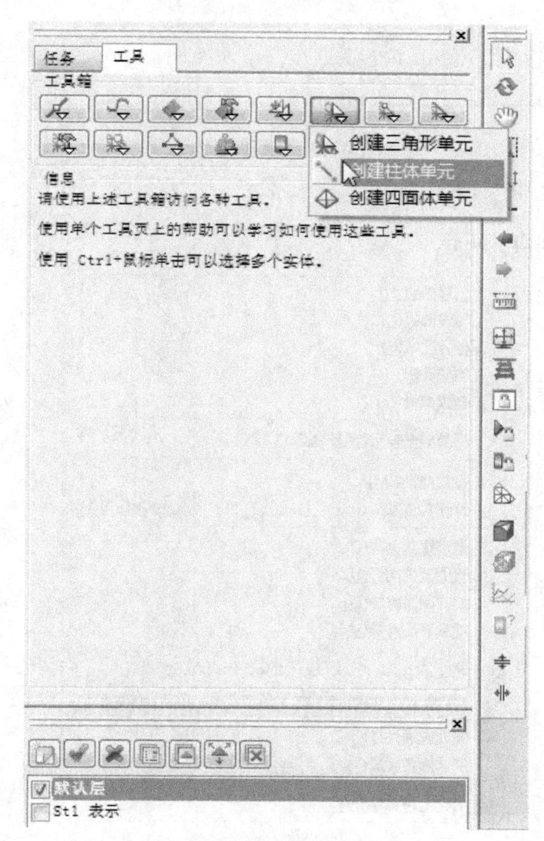

图 4-41　在项目管理窗口单击“工具”

具体操作步骤如下：

（1）在“创建柱体/三角形/四面体”快捷菜单栏中选择“创建柱体单元”，在坐标栏里选择模型上要创建柱体的第一点和第二点，输入具体坐标值（直接输入也可以）。

（2）单击“应用”按钮，完成创建，如图 4-42 所示。

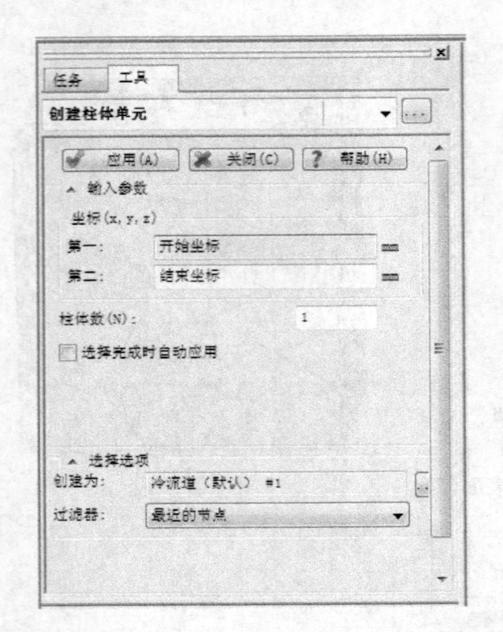

图 4-42　创建柱体

4）“曲面”功能

修复模型表面，如图 4-43 所示。

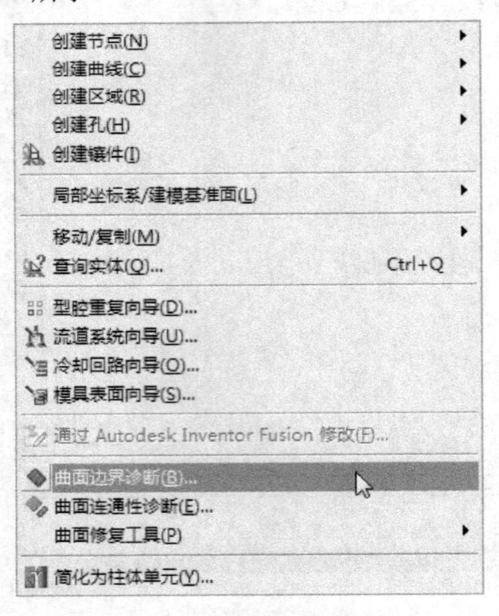

图 4-43　表面菜单栏

在“曲面”功能中有“曲面边界诊断”，主要用来诊断模型所有面边界线是否正确或有效，包括外部边界和内部边界。

“曲面连通性诊断”用来检查整个模型面的连通性，并检查模型中是否存在自由边或非交叠边。

下面几个功能比较少用，就不一一列举了，有兴趣的读者可自行研究。

4.8　多模腔创建

在 Autodesk Moldflow 2012 中文版中常用两种方法实现多模腔创建。

1．利用多模腔复制向导创建

由于此操作简单，在此只做简要介绍。

具体操作步骤如下：

（1）在单型腔网格划分完成以后，执行菜单命令“修改”→“型腔重复”，弹出“型腔重复向导”对话框，设置型腔数为 2，行数为 2，行间距为 120，单击“预览”按钮可大体查看设定结果。

（2）单击“完成”按钮，实现多模腔复制，如图 4-44 所示。

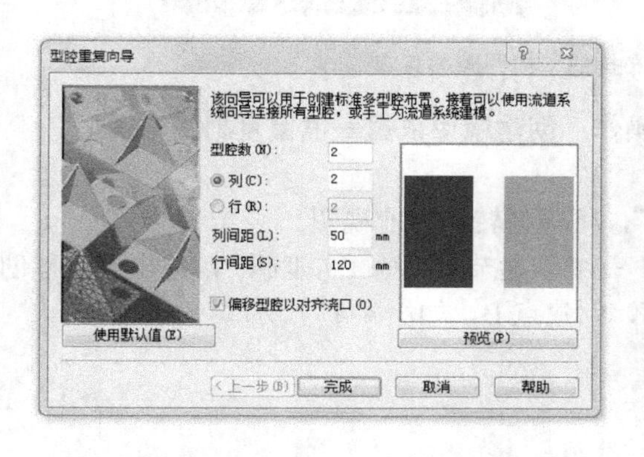

图 4-44　利用多模腔复制向导建立多模腔（左图为操作前的单腔，右图为操作后的两腔）

2．手动创建

手动方式创建多模腔灵活多变，具有很强的普适性。但是该方法对操作者的基本操作能力有一定要求，特别是对点、线、面的创建和移动、旋转、复制、镜像等操作要求熟练。

结合两个例子，介绍移动、旋转、复制、镜像等操作。

1）矩形布排的多模腔手动创建

本例将某盖体原始模型划分网格并进行修复，如图 4-45 示。经过手动操作，创建出矩形布排的一模四腔模具布局，创建结果如图 4-46 所示。

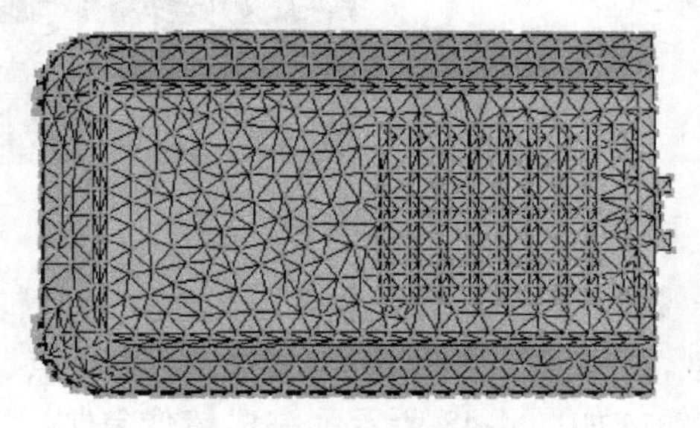

图 4-45　某盖体网格模型

图 4-46 手动创建矩形布排的一模四腔模具布局

本例有多个操作思路，现就以下思路展开操作：创建镜像依据—镜像复制网格模型。

具体操作步骤如下：

（1）将模型转换为前视图：单击图标“ ”，将模型转换为前视图。

（2）创建镜像依据：执行菜单命令“建模”→“创建节点”→“按偏移”，弹出“偏移创建节点”对话框，选择点 A，偏移量为“-15 0 0”，创建点 B，如图 4-47 所示。

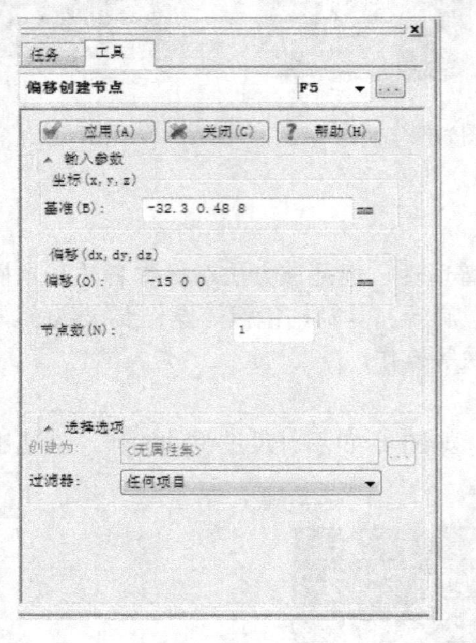

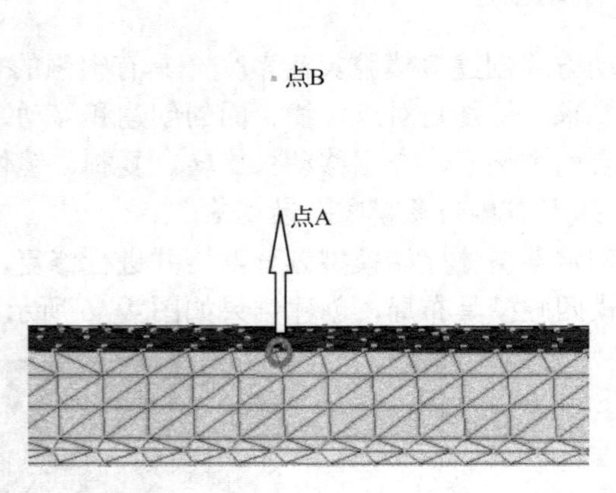

图 4-47 偏移创建节点

（3）镜像复制网格模型：执行菜单命令“建模”→“移动/复制”→“镜像”，弹出“镜像”对话框，框选原模型所有元素，“镜像”平面选 YZ 平面，“参考点”选上一步创建的节点 B，点选“复制”，单击“应用”按钮，如图 4-48 所示，完成镜像复制。

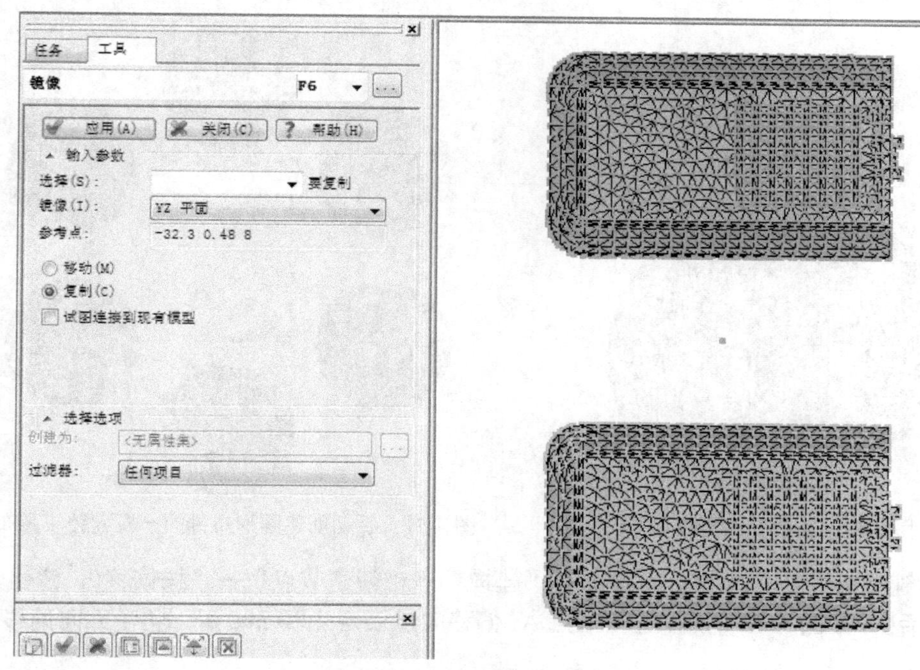

图 4-48　镜像复制网格模型

（4）同理，将节点 B 沿 Y 正方向偏移 45mm，创建节点 C；然后以节点 C 为依据，以 XZ 平面为镜像平面，以节点 C 为参考基准点，镜像出另外两个模腔，如图 4-49 所示。

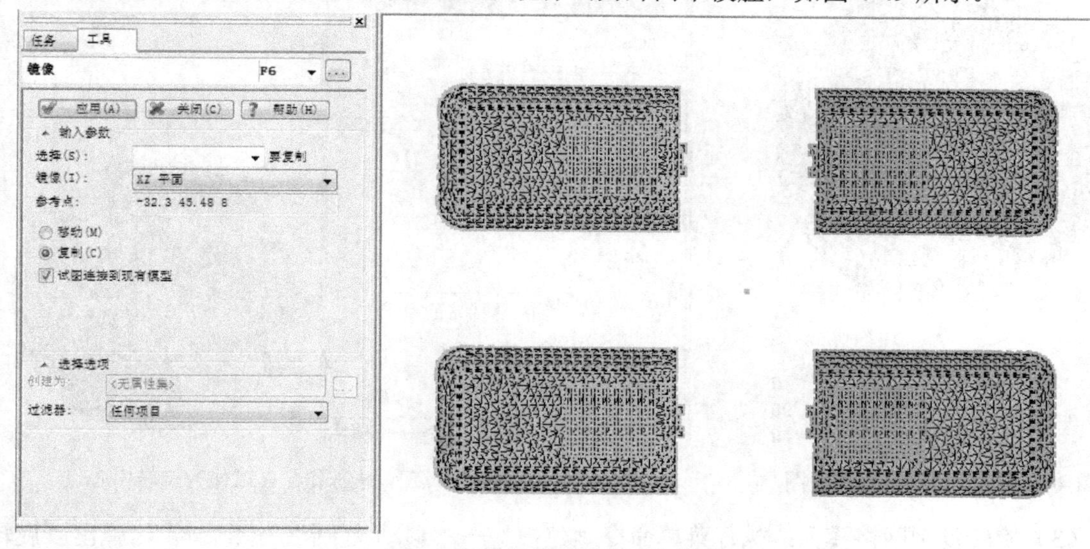

图 4-49　镜像复制另外两个模腔

至此，矩形布排的多模腔手动创建完毕。

2）圆形布排的多模腔手动创建

本例将某按钮原始模型划分网格并进行修复，如图 4-50 所示。经过手动操作，创建出圆形布排的一模六腔模具布局，创建结果如图 4-51 所示。

本例思路：创建旋转中心点—旋转复制网格模型。

具体操作步骤如下：

（1）将模型转换为左视图：单击图标“ ”，将模型转换为左视图，如图 4-52 所示。

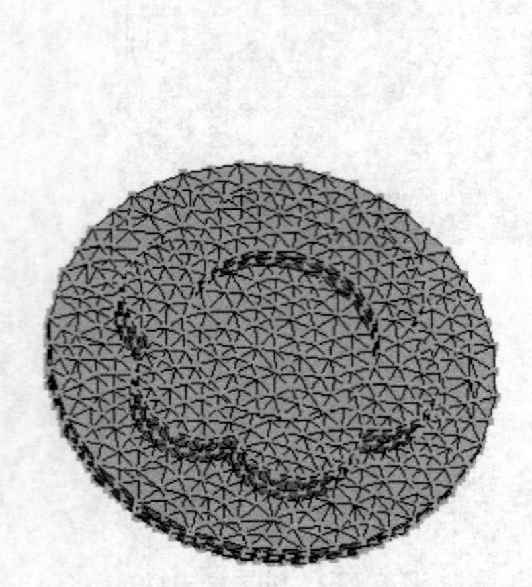

图 4-50　某按钮网格模型

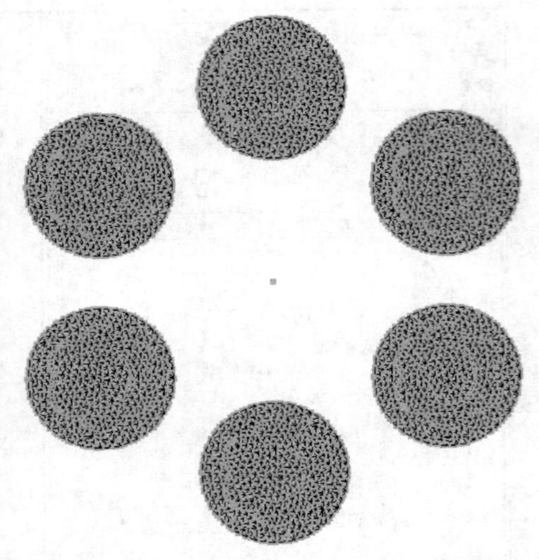

图 4-51　手动创建圆形布排的一模六腔模具布局

（2）创建旋转中心点：执行菜单命令“建模”→“创建节点”→“按偏移”，弹出“偏移创建节点”对话框，如图 4-53 所示，选择节点 A，偏移向量设定为“0 300 0”，即向 Y 向偏移 300mm，得到节点 B。

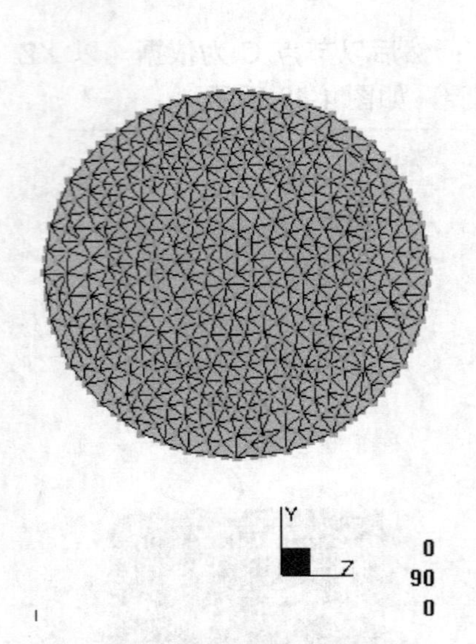

图 4-52　将模型转换为左视图

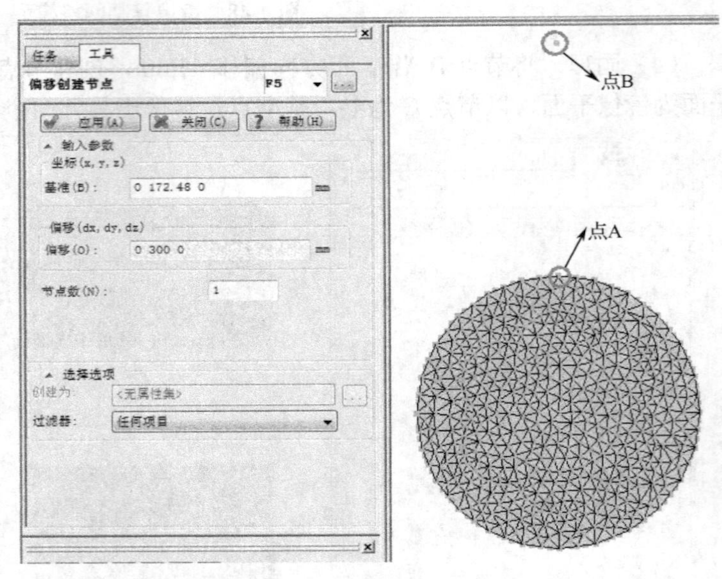

图 4-53　偏移节点 A 得到节点 B 以作为旋转中心点

（3）旋转复制网格模型：执行菜单命令“建模”→“移动/复制”→“旋转”，弹出“旋转”对话框，点选“旋转”，框选原模型所有元素，旋转轴选 X 轴，“角度”设定为 60°，“参考点”选上一步创建的节点 B，点选“复制”，复制数量为 6，如图 4-54 所示，单击“应用”按钮，完成镜像复制。

至此，圆形布排的多模腔手动创建完毕。

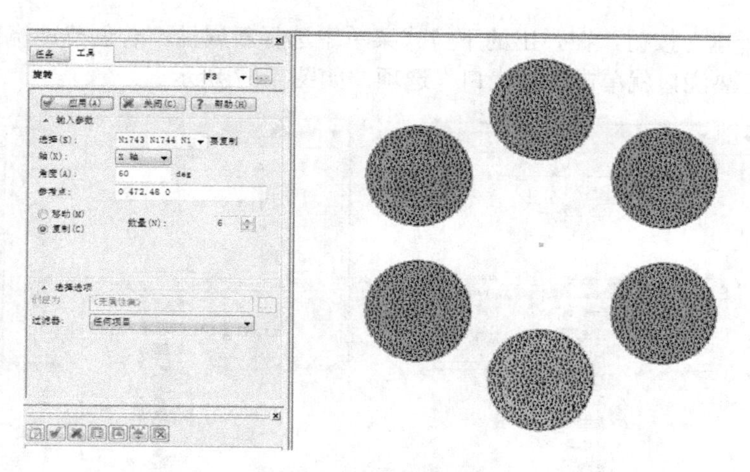

图 4-54 旋转复制模型

4.9 综合建模浇口创建命令

本节在介绍浇口创建命令、浇口属性设置、浇口曲线与柱体单元划分的基础上，重点结合几个操作实例，演示一下几个常用典型浇口的创建方法。

4.9.1 浇口创建命令

Autodesk Moldflow 2012 中文版提供两种创建浇口的方法：一种是使用曲线创建命令，另一种是使用柱体单元创建命令。

1）应用曲线创建命令来创建浇口

（1）执行菜单命令“建模”→“创建曲线”→“直线”，弹出“创建直线”对话框，如图 4-55 所示。

（2）单击对话框中“创建为”后面圈中的按钮，弹出“指定属性”对话框，如图 4-56 所示。

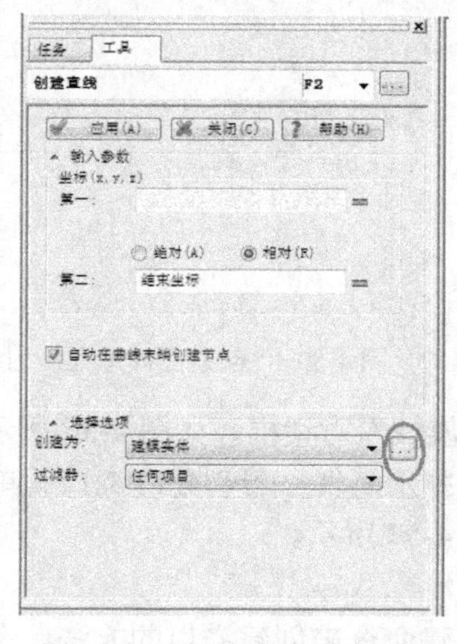

图 4-55 “创建直线”对话框

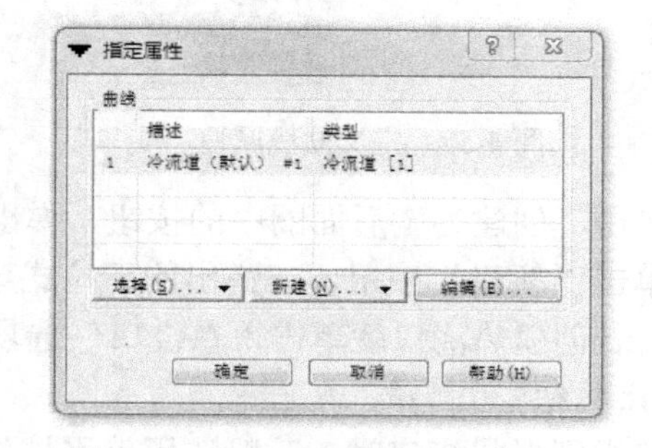

图 4-56 “指定属性”对话框

（3）单击“新建”按钮，在弹出的下拉式菜单中选择新属性。若创建冷浇口就单击“冷浇口”选项，若创建热浇口就单击“热浇口”选项，如图 4-57 所示。

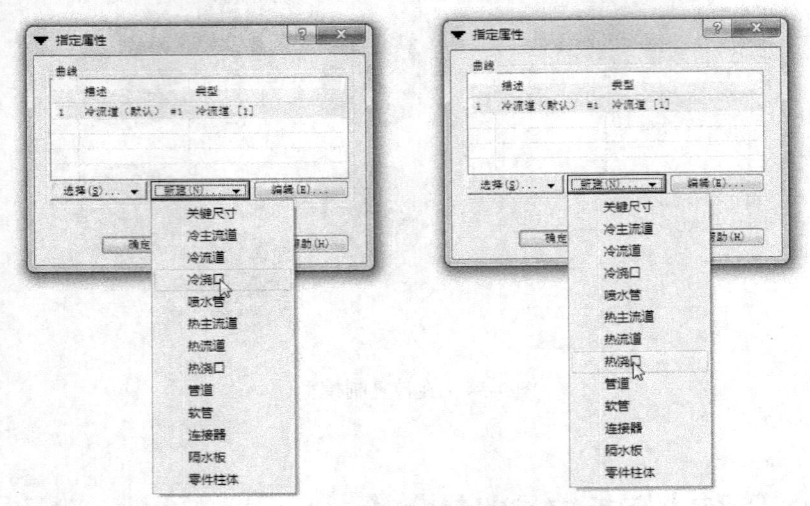

图 4-57　赋予新属性

值得一提的是，还可以在建模完成后，选择曲线（按住“Ctrl”键多选）右击，通过右键快捷菜单同样可以赋予曲线指定的属性，如图 4-58 所示。

2）使用柱体单元创建命令来创建浇口

（1）执行菜单命令“网格”→“创建柱体网格”，弹出“创建柱体单元”对话框，如图 4-59 所示。

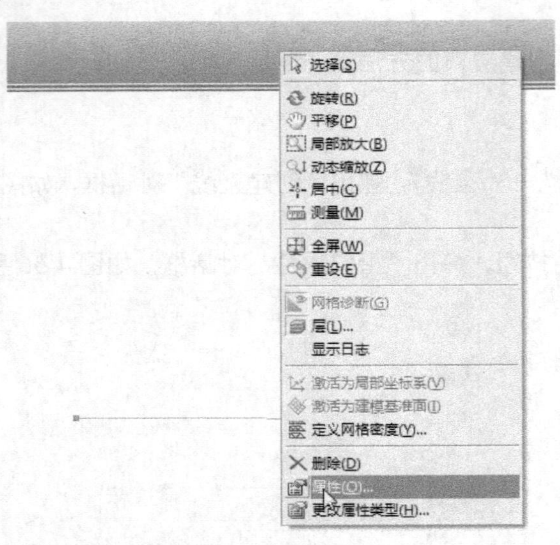

图 4-58　定义曲线属性

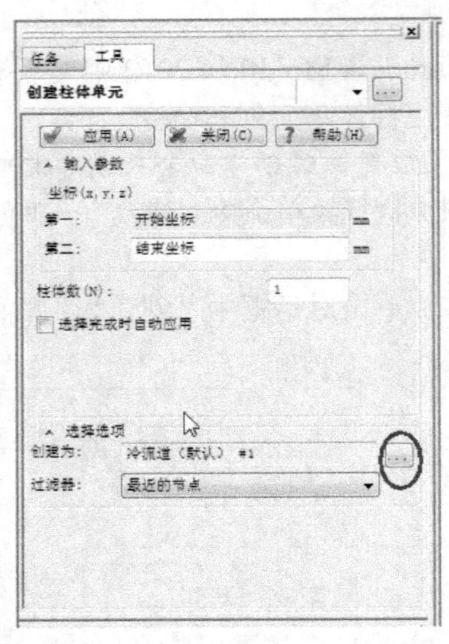

图 4-59　“创建柱体单元”对话框

（2）单击“创建为”后面圈中的按钮，弹出“指定属性”对话框，如图 4-56 所示。

（3）单击“新建”按钮，在弹出的下拉式菜单中选择新属性。若创建冷浇口就单击“冷浇口”选项，若创建热浇口就单击“热浇口”选项，如图 4-57 所示。

3）对比总结

在创建规则形状浇口时，一般选用使用柱体单元创建命令来创建浇口的方法；在创建弧形

（如牛角式）浇口时，一般选用应用曲线创建命令来创建浇口的方法。

4.9.2　浇口属性设置

浇口属性设置主要指浇口的截面形状和外形尺寸等参数设置，这样可以获得不同类型的浇口。

1．冷浇口属性设置

在前面创建浇口时，单击“指定属性”对话框中的“新建”按钮，在弹出的下拉式菜单中选择“冷浇口”选项，弹出“冷浇口”属性设置对话框，如图 4-60 所示。

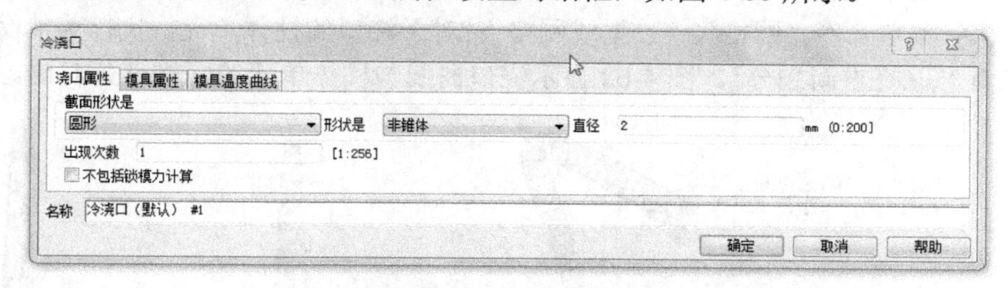

图 4-60　“冷浇口”属性设置对话框

下面对“浇口属性”和“模具属性”两个选项卡进行介绍。

1）“浇口属性”选项卡

“截面形状是”下拉列表框中有 6 个选项：圆形（默认）、梯形、U-形、半圆形、矩形和其他形状。其中以圆形、梯形和矩形最为常用。

“形状是”下拉列表框中有 3 个选项：非锥体（默认）、锥体（由端部尺寸）和锥体（由锥角）。其中，若选择“锥体（由端部尺寸）”和“锥体（由锥角）”，还会出现“编辑尺寸”选项。单击该选项，弹出“截面尺寸”对话框，操作者可以在此编辑截面尺寸以确定锥形浇口的外形尺寸。

“出现次数”主要用于对称多模腔的简化分析，在没有使用简化分析时，此值为 1。

“阀浇口控制器”用于选择和编辑包括系统默认及操作者设定的阀浇口控制规则。

2）“模具属性”选项卡

用于选择和编辑模具材料及材料参数（如导热系数、密度、弹性模量、热膨胀系数等）。

2．热浇口属性设置

在前面创建浇口时，单击“指定属性”对话框中的“新建”按钮，在弹出的下拉式菜单中选择“热浇口”选项，弹出“热浇口”属性设置对话框，如图 4-61 所示。

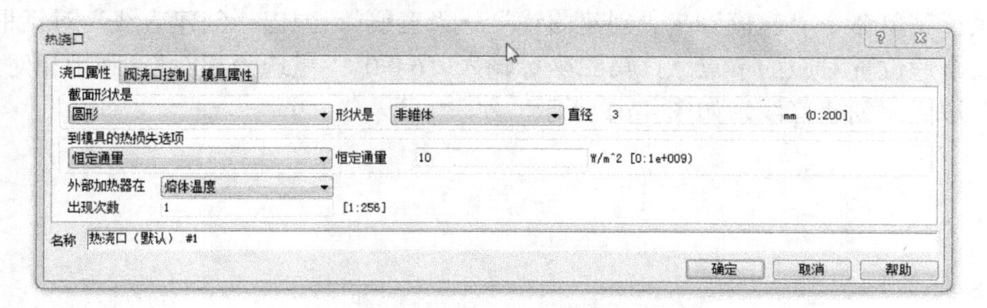

图 4-61　“热浇口”属性设置对话框

“热浇口”属性设置对话框中也包括“浇口属性”和“模具属性”两个选项卡，其大部分选项和前述冷浇口属性设置相同，不再赘述。其中，“外部加热器在”主要用于设定加热器温度。它的下拉列表框中包括“熔体温度”和“温度=”两个选项，前者表示热浇口温度和熔体温度一致，后者允许操作者自行设置加热器温度。

4.9.3　浇口曲线与柱体单元划分

浇口曲线与柱体单元有着本质的区别，前者只包含点、线元素而后者含有面域元素。因此，要使之成为可供分析的浇口，在 Moldflow 中对于二者在网格划分的处理方法上也不一样：对于浇口曲线，执行菜单命令“网格”→“生成网格”；对于浇口的柱体单元，执行菜单命令“网格”→“网格工具”→“重新划分”。图 4-62 显示浇口曲线与柱体单元的网格划分对比。

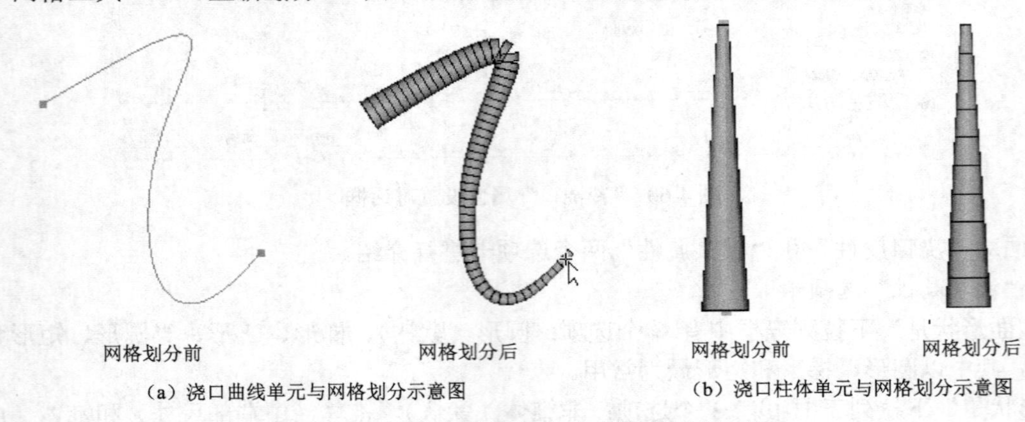

（a）浇口曲线单元与网格划分示意图　　（b）浇口柱体单元与网格划分示意图

图 4-62　浇口曲线与柱体单元的网格划分对比

4.10　浇口创建实例

本节将结合实例，对几种常见类型浇口的创建进行介绍。

4.10.1　侧浇口的创建

原始模型如图 4-63 所示，创建了侧浇口的模型如图 4-64 所示。

具体操作步骤如下：

（1）执行菜单命令“建模”→“创建曲线”→“直线”，弹出“创建直线”对话框。第一坐标点选产品合适位置对应的节点 A，第二坐标输入“6 0 0”，点选“相对”（利用相对坐标），单击“应用”按钮，创建直线，如图 4-65 所示。

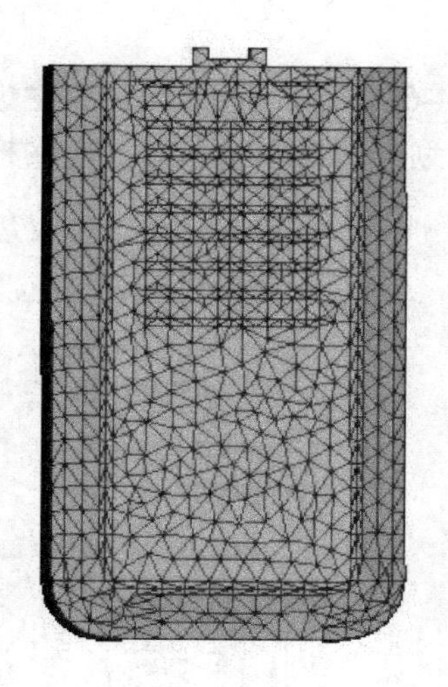

图 4-63　原始模型

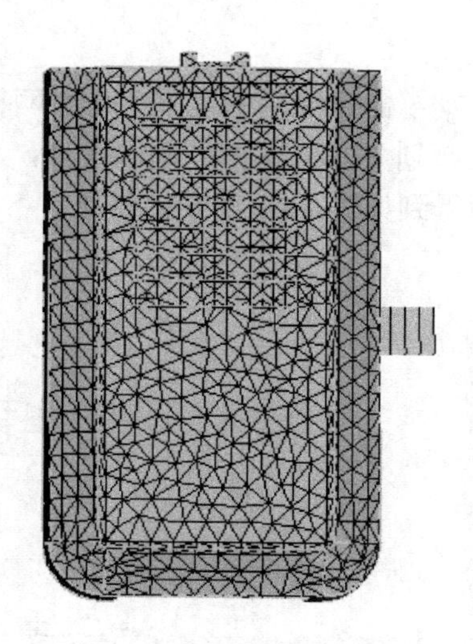

图 4-64　创建了侧浇口的模型

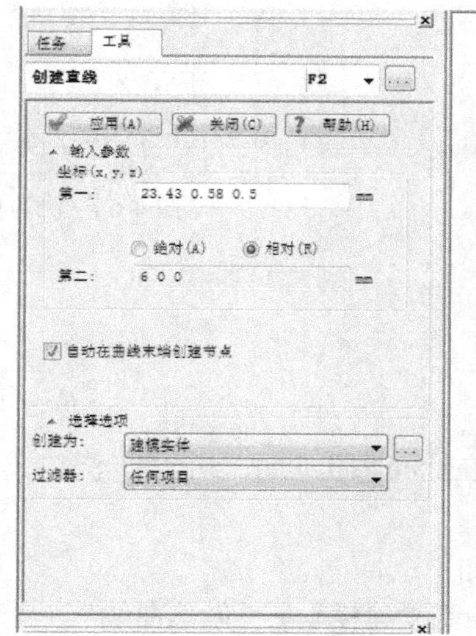

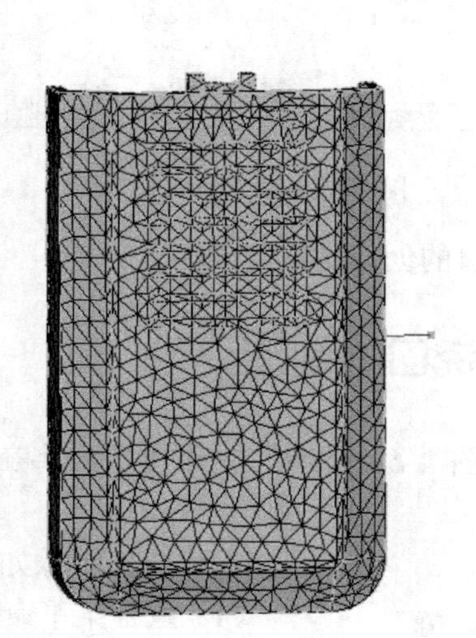

图 4-65　在合适位置创建直线

（2）点选上一步创建的直线（变红表示选中），单击鼠标右键，在弹出的快捷菜单中选择“属性”，弹出“指定属性”对话框，如图 4-66 所示。

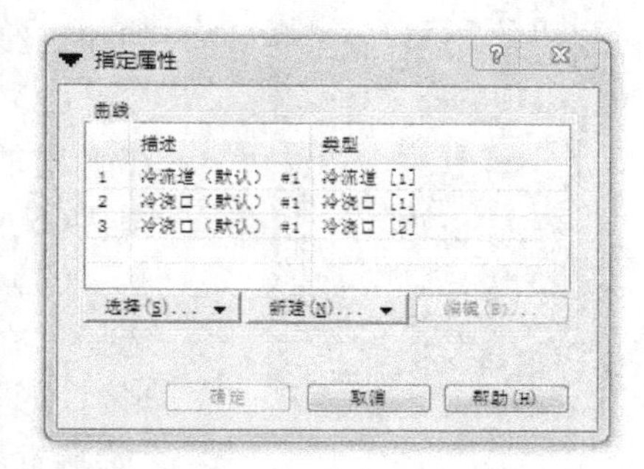

图 4-66 “指定属性”对话框

（3）在“指定属性”对话框中单击“新建”按钮，在下拉菜单中选择“冷浇口”，弹出“冷浇口”属性设置对话框。截面形状为“矩形”，单击“编辑尺寸”按钮，设定“宽度”为 5，“高度”为 2。单击“确定”按钮，完成新属性的设置，如图 4-67 所示。

（4）点选上一步创建的直线（变红表示选中），单击鼠标右键，在弹出的快捷菜单中选择“定义网格密度”，弹出“定义网格密度”对话框，在“全局网格边长”栏中输入 1.5，单击“应用”按钮，完成网格密度的定义。柱体网格单元数量最好能保证在 3 以上，以方便软件模拟计算时的判断和运算，提高计算精度。对于本例，浇口长度为 6，把平均边长确定为 1.5～2 为宜，这样就可以得到 3～4

个柱体网格单元。

（5）执行菜单命令“网格”→“生成网格”，如图 4-68 所示，在弹出的“生成网格”对话框中，把“重新划分产品网格”选项激活，单击“立即划分网格”按钮，开始网格划分，等到划分完毕，即得到如图 4-64 所示的结果。

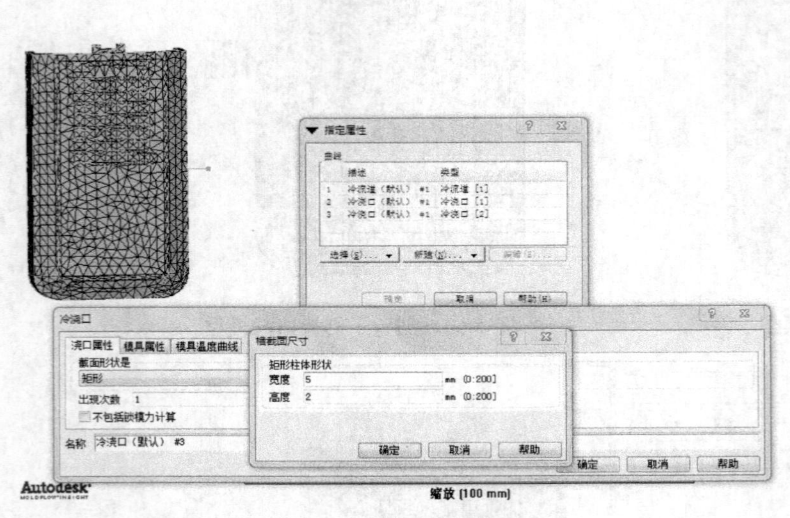

图 4-67　赋予新属性

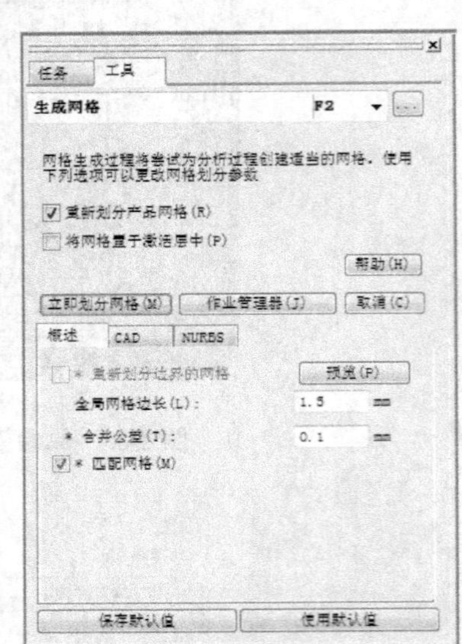

图 4-68　浇口柱体单元网格划分

至此，侧浇口的创建操作结束。

4.10.2　扇形浇口的创建

本例采用如图 4-63 所示的原始模型，将在此模型上创建一个扇形浇口，创建后的结果如图 4-69 所示。

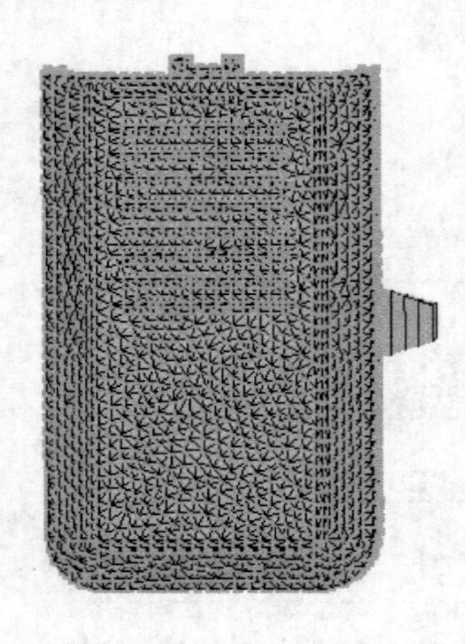

图 4-69　扇形浇口的创建

具体操作步骤如下：

（1）执行菜单命令“建模”→“创建曲线”→“直线”，弹出“创建直线”对话框。第一坐标点选产品合适位置对应的节点 A，第二坐标输入“6 0 0”，点选“相对”（利用相对坐标），单击“应用”按钮，创建直线，如图 4-65 所示。

（2）点选上一步创建的直线（变红表示选中），单击鼠标右键，在弹出的快捷菜单中选择“属性”，弹出“指定属性”对话框，如图 4-66 所示。

（3）在“指定属性”对话框中单击“新建”按钮，在下拉菜单中选择“冷浇口”，弹出“冷浇口”属性设置对话框。截面形状为“矩形”，形状为“锥体（由端部尺寸）”，单击“编辑尺寸”按钮，设定“始端宽度”和“始端高度”分别为 8 和 1，“末端宽度”和“末端高度”分别为 4 和 5。单击“确定”按钮，完成新属性的设置，如图 4-70 所示。

（4）点选上一步创建的直线（变红表示选中），单击鼠标右键，在弹出的快捷菜单中选择“定义网格密度”，弹出“定义网格密度”对话框。在“平均边长”栏中输入 1.5，单击“应用”按钮，完成网格密度的定义。

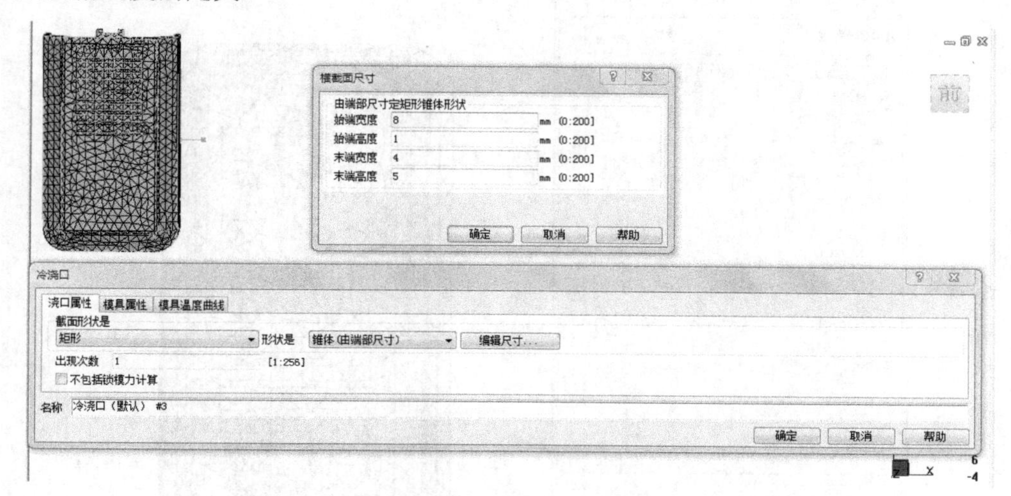

图 4-70　指定新属性

（5）执行菜单命令“网格”→“生成网格”，如图 4-68 所示，在弹出的“生成网格”对话框中，把“重新划分产品网格”选项激活，单击“立即划分网格”按钮，开始网格划分，等到划分完毕即得到如图 4-69 所示的结果。

至此，扇形浇口的创建操作结束。

4.10.3　顶针潜伏式浇口的创建

本例采用如图 4-63 所示的原始模型，在此模型上创建一个顶针潜伏式浇口，创建后的结果如图 4-71 所示。

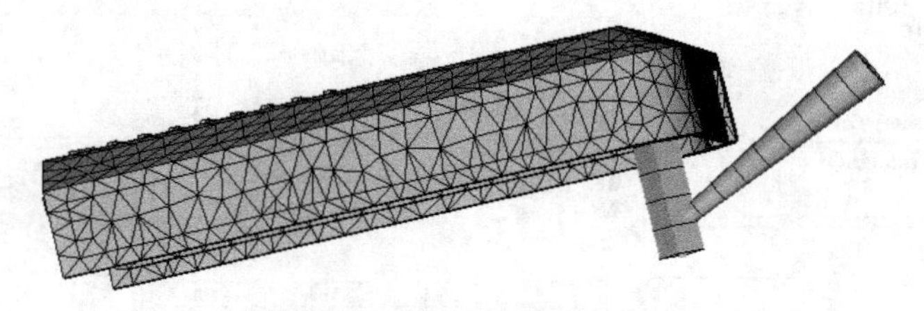

图 4-71　顶针潜伏式浇口的创建

具体操作步骤如下：

（1）执行菜单命令“建模”→“创建节点”→“按偏移”，弹出“偏移创建节点”对话框，如图 4-72 示。

（2）基准坐标点选产品合适位置对应的节点 A，偏移向量输入“0 0 -18”（向 Z 轴负方向偏移 18mm），单击“应用”按钮，创建节点 B。

（3）执行菜单命令“建模”→“创建曲线”→“直线”，弹出“创建直线”对话框。分别选择节点 A 和 B 作为直线的起端和终端。右击“属性”按钮，弹出“指定属性”对话框，在“新建”的下拉菜单中选择“零件柱体”，弹出“零件柱体”属性设置对话框。选截面形状为“半圆形”，形状为“柱体”（默认）。单击“编辑尺寸”按钮，弹出“横截面尺寸”对话框，设置“直径”为 4，“高度”为 4。单击“确定”按钮，完成产品上的柱体创建，如图 4-73 所示。

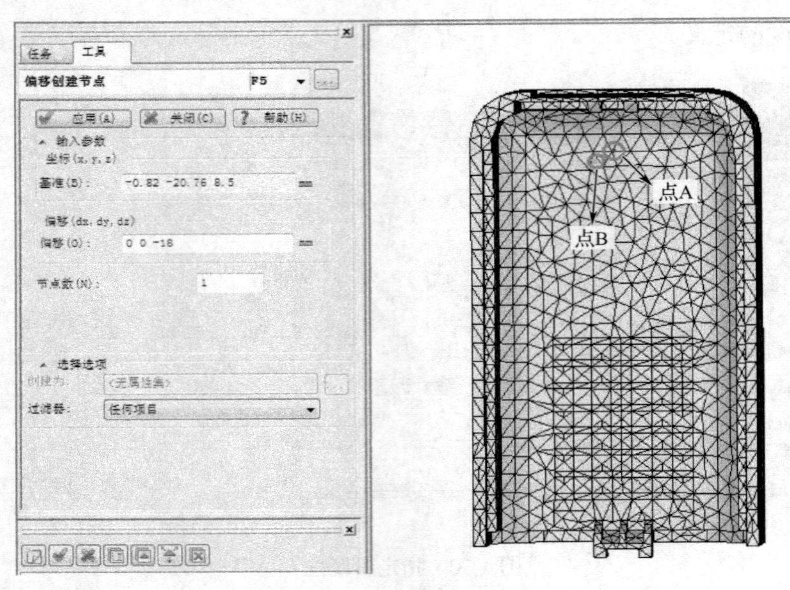

图 4-72　偏移创建节点

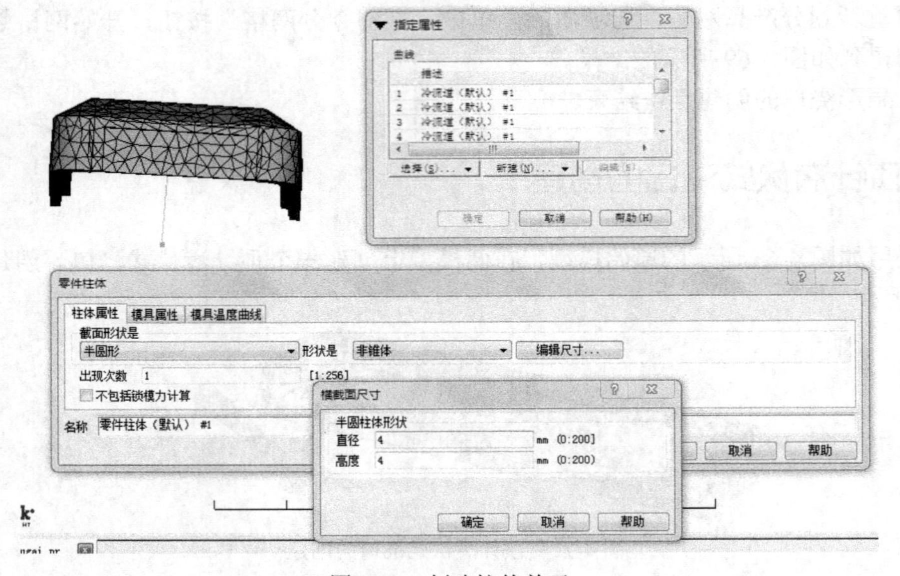

图 4-73　创建柱体单元

（4）创建新的层，把线 AB 定义到该层，勾选该层，其他层不勾选，划分网格，如图 4-74 所示。

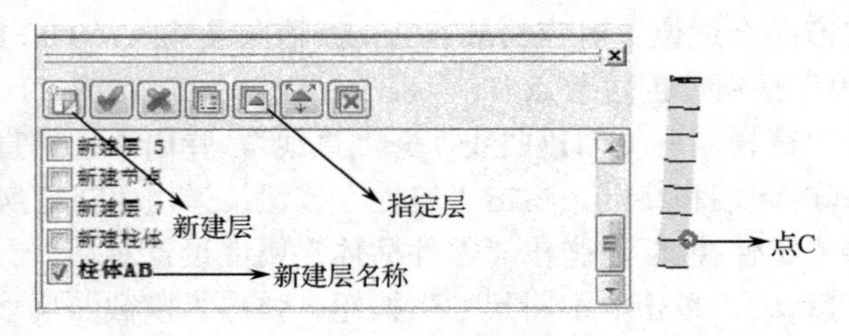

图 4-74　新建层划分网格

（5）执行菜单命令“建模”→“创建曲线”→“直线”，弹出“创建直线”对话框。点选前面创建的柱体单元上的节点 C，在“第一”栏中会出现节点 C 的坐标，在“第二”栏中输入“0 -20 10”，单击“应用”按钮，创建直线，如图 4-75 所示。

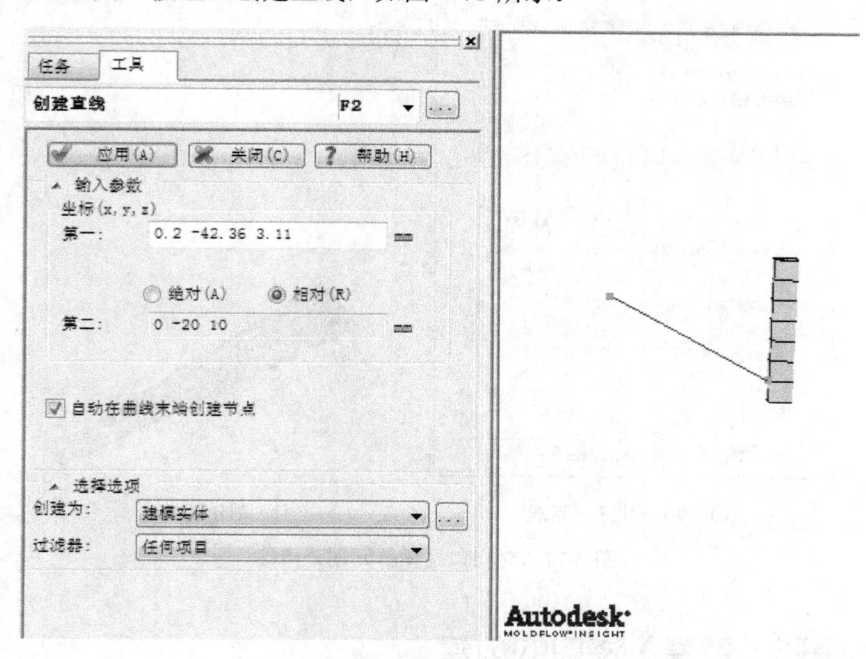

图 4-75 创建浇口柱体单元节点

（6）右击“属性”按钮，弹出“指定属性”对话框，在“新建”的下拉菜单中选择“冷浇口”，弹出“冷浇口”属性设置对话框。选截面形状为“圆形”，形状为“非锥体”（默认）。单击“编辑尺寸”按钮，弹出“横截面尺寸”对话框，设置“始端直径”为 1.5，“末端直径”为 4。单击“确定”按钮，完成产品上的冷浇口创建，如图 4-76 所示。

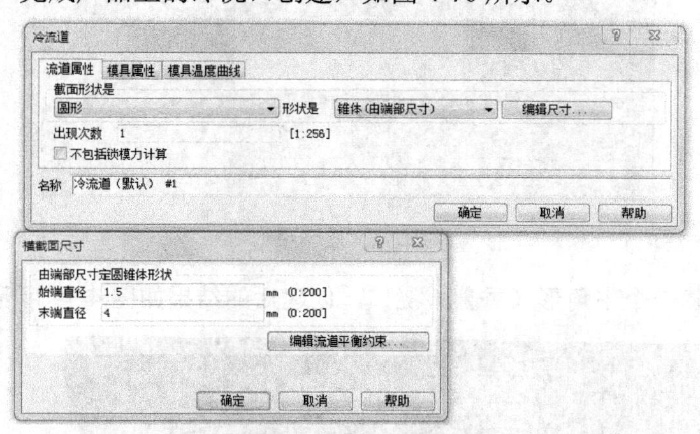

图 4-76 创建浇口单元

（7）选取浇口单元，执行菜单命令“网格”→“生成网格”，弹出“生成网格”对话框，定义“全局网格边长”为 5，划分网格，如图 4-77 所示。

至此，顶针潜伏式浇口的创建操作结束。

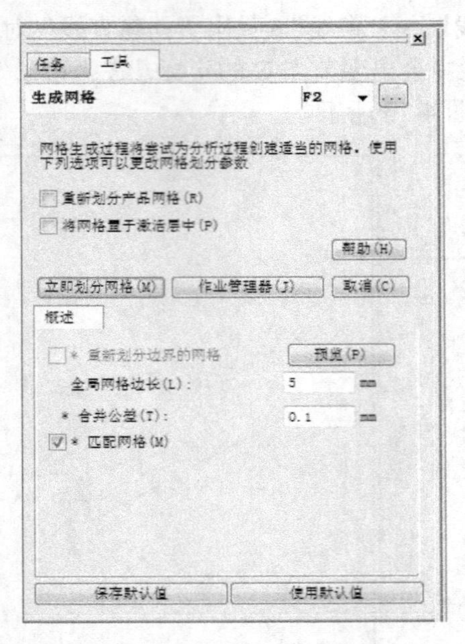

(a)“生成网格”对话框

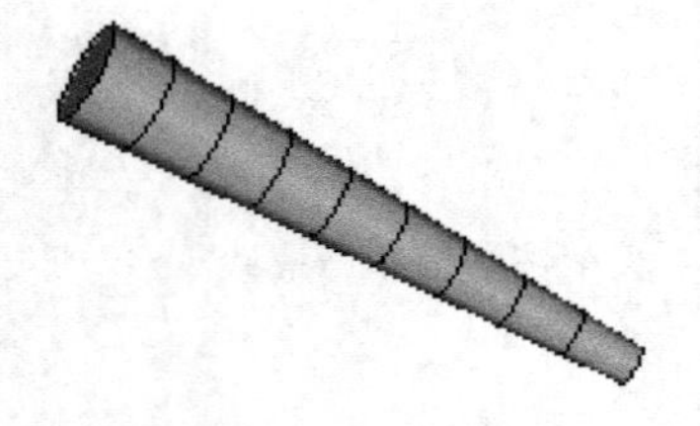

(b) 划分网格后

图 4-77　对浇口柱体单元划分网格

4.10.4　牛角形（香蕉）浇口的创建

本例的原始模型如图 4-78 所示。

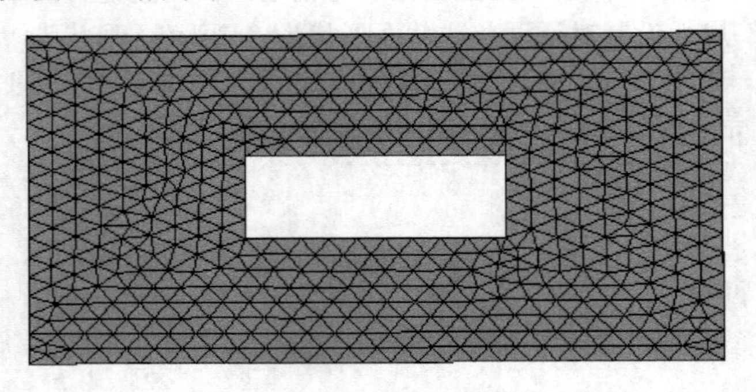

图 4-78　原始模型

在此模型上创建一个牛角形（香蕉）浇口，创建后的结果如图 4-79 所示。

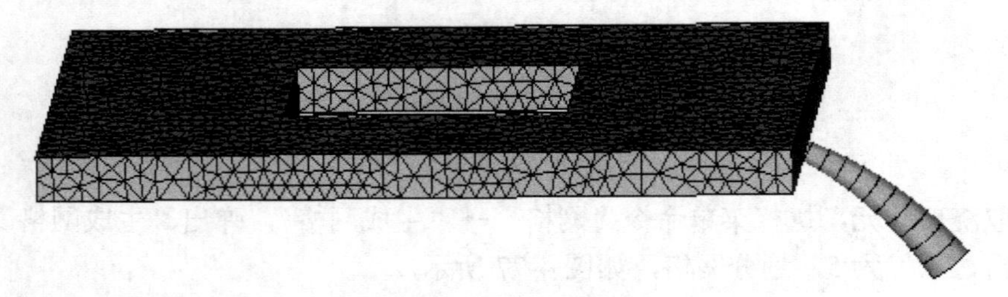

图 4-79　牛角形（香蕉）浇口

具体操作步骤如下：

（1）执行菜单命令“建模”→“创建节点”→“按偏移”，弹出“偏移创建节点”对话框，如图 4-80 所示。基准坐标点选产品合适位置对应的节点 A，分别创建节点 B 和 C。

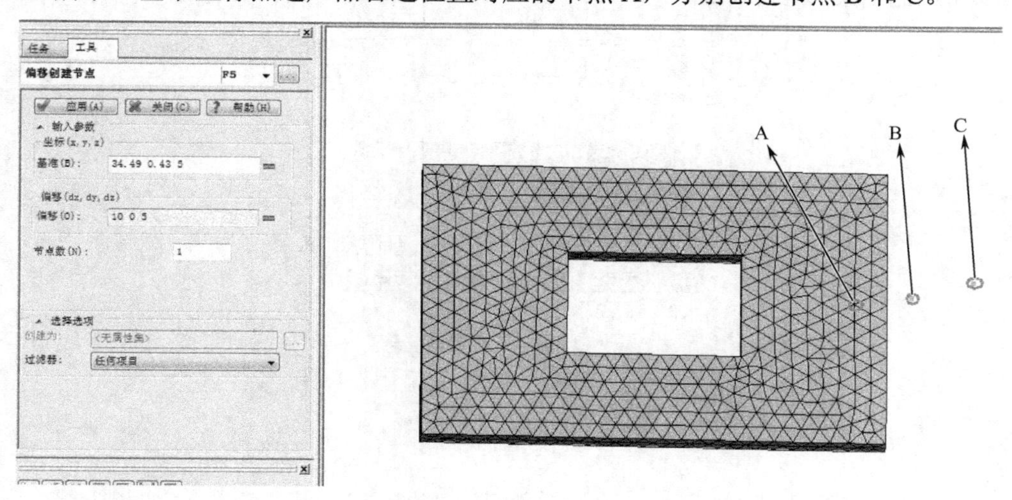

图 4-80　创建节点

（2）执行菜单命令“建模”→“创建曲线”→“点创建圆弧”，弹出“点创建圆弧”对话框。依次选取节点 C、B 和 A，点选“圆弧”和“自动在曲线末端创建节点”，单击“创建为”后面的按钮，弹出“指定属性”对话框。在“指定属性”对话框的“新建”下拉菜单中选择“冷浇口”，弹出“冷浇口”属性设置对话框。在该对话框中，选截面形状为“圆形”，形状为“锥体（由端部尺寸）”。单击“编辑尺寸”按钮，弹出“横截面尺寸”对话框，设置“始端直径”为 5，“末端直径”为 1.5。单击“确定”按钮，完成浇口柱体单元创建，如图 4-81 所示。

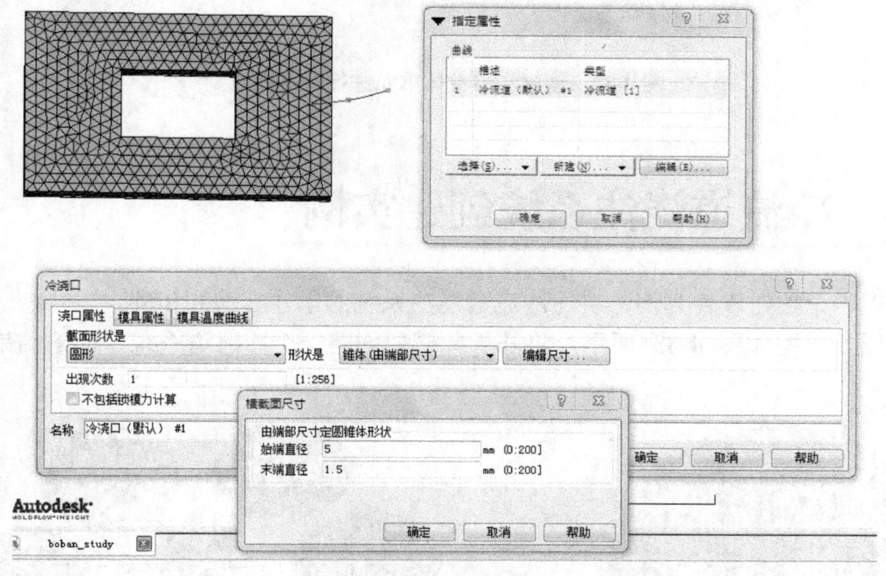

图 4-81　创建浇口柱体单元

（3）选取浇口柱体单元，执行菜单命令“网格”→“定义网格密度”，弹出“定义网格密度”对话框，定义“平均边长”为 2，完成浇口柱体单元的网格密度定义。

（4）执行菜单命令“网格”→“生成网格”，弹出“生成网格”对话框，激活“重新划分产品网格”选项，单击“立即划分网格”按钮，如图 4-82 所示。待网格重新划分完成后，就得到如图 4-79 所示的结果。

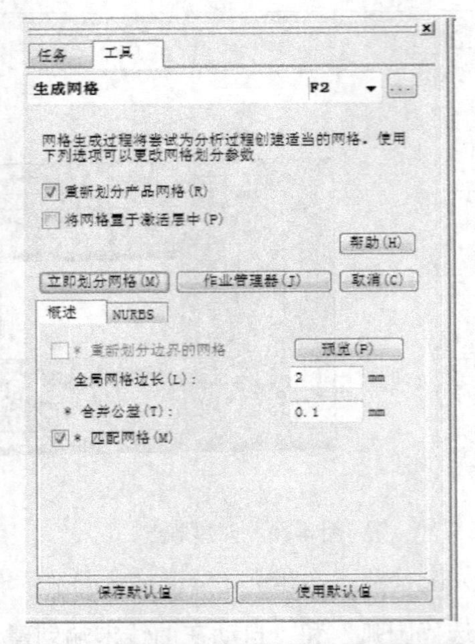

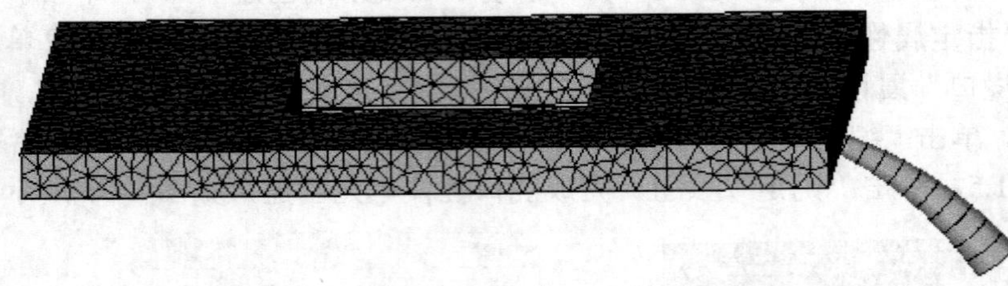

图 4-82　创建浇口柱体单元进行网格划分

4.11　冷流道浇注系统创建实例

本节将以一个按钮零件为例，讲述冷流道浇注系统的创建方法和步骤。

本例的原始模型如图 4-83 所示，将基于此模型创建一个冷流道系统，创建结果如图 4-84 所示。

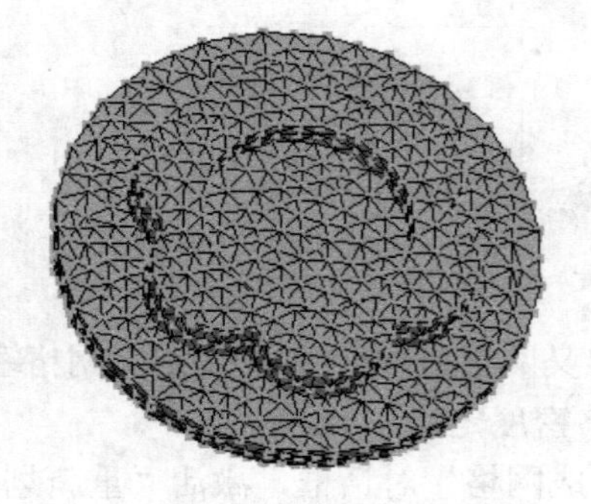

图 4-83　原始模型

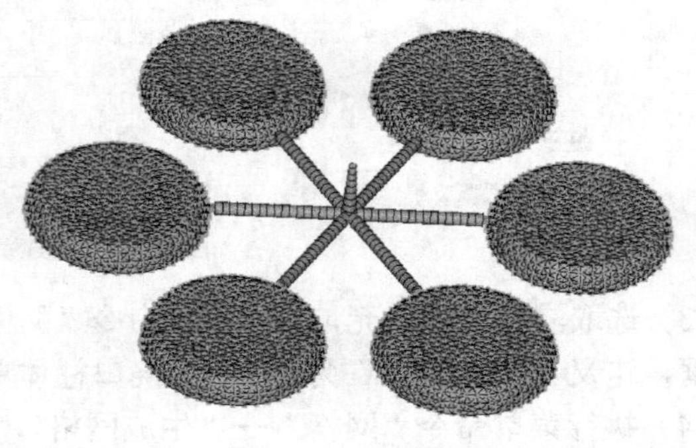

图 4-84　冷流道系统

1）创建旋转中心点

执行菜单命令“建模”→“创建节点”→“按偏移”，弹出“偏移创建节点”对话框，如图 4-85 所示。选择节点 A，偏移向量设定为“0 300 0”，即向 Y 向偏移 300mm，得到节点 B。

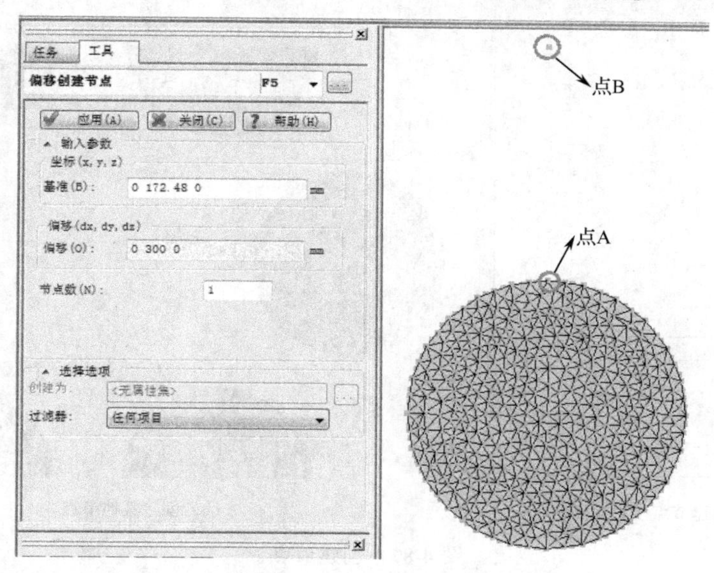

图 4-85　偏移节点 A 得到节点 B 以作为旋转中心点

2）旋转复制网格模型

执行菜单命令“建模”→“移动/复制”→“旋转”，弹出“旋转”对话框。框选原模型所有元素，旋转轴选 X 轴，“角度”设定为 60°，“参考点”选上一步创建的节点 B，点选“复制”，复制数量为 6，如图 4-86 所示，单击“应用”按钮，完成镜像复制。

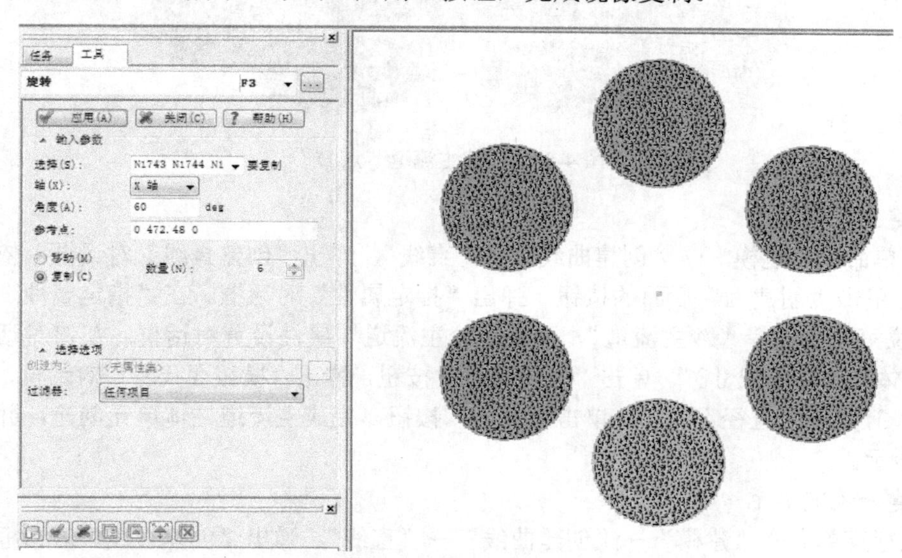

图 4-86　创建一模六腔的布排

3）创建节点，以作为流道创建的依据

（1）执行菜单命令“建模”→“创建节点”→“按偏移”，弹出“偏移创建节点”对话框。基准坐标点选产品合适位置对应的节点 A，创建节点 C，并旋转得到其他点，如图 4-87 所示。

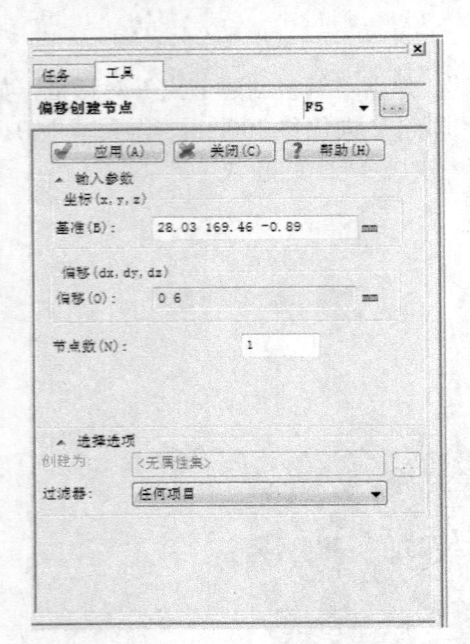

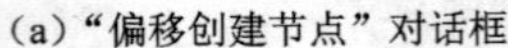
（a）“偏移创建节点”对话框

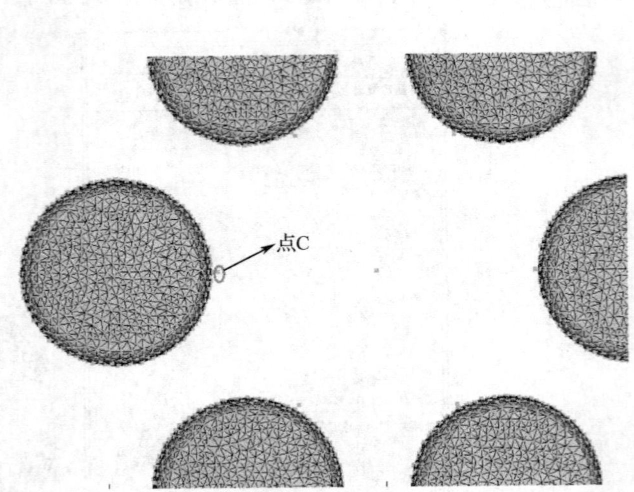

（b）创建其他节点

图 4-87　创建节点

（2）执行菜单命令“建模”→“创建节点”→“按偏移”，弹出“偏移创建节点”对话框。基准坐标选节点 B，创建主流道节点 D，如图 4-88 所示。

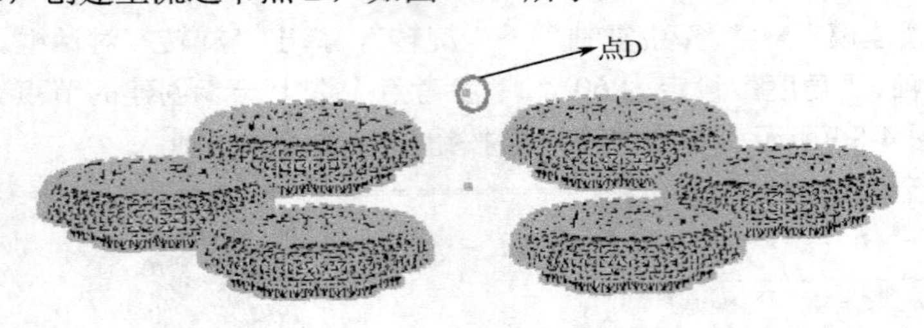

图 4-88　创建主流道节点 D

4）创建主流道单元

执行菜单命令“建模”→“创建曲线”→“直线”，弹出“创建直线”对话框。依次选取节点 D 和 B，单击“创建为”后面的按钮，弹出“指定属性”对话框。在“指定属性”对话框的“新建”下拉菜单中选择“冷主流道”，弹出“冷主流道”属性设置对话框。在该对话框中，选形状为“锥体（由端部尺寸）”。单击“编辑尺寸”按钮，弹出“横截面尺寸”对话框，设置“始端直径”为 3，“末端直径”为 6。单击“确定”按钮，完成主流道柱体单元创建，并指定层，如图 4-89 所示。

5）创建分流道单元

（1）执行菜单命令“建模”→“创建曲线”→“直线”，弹出“创建直线”对话框。依次选取节点 B 和 C，单击“创建为”后面的按钮，弹出“指定属性”对话框。在“指定属性”对话框的“新建”下拉菜单中选择“冷流道”，弹出“冷流道”属性设置对话框。在该对话框中，选截面形状为“圆形”。单击“编辑尺寸”按钮，弹出“横截面尺寸”对话框，“直径”设定为 5。单击“确定”按钮，完成一个分流道柱体单元的创建，新建层，并指定到该层，如图 4-90 所示。

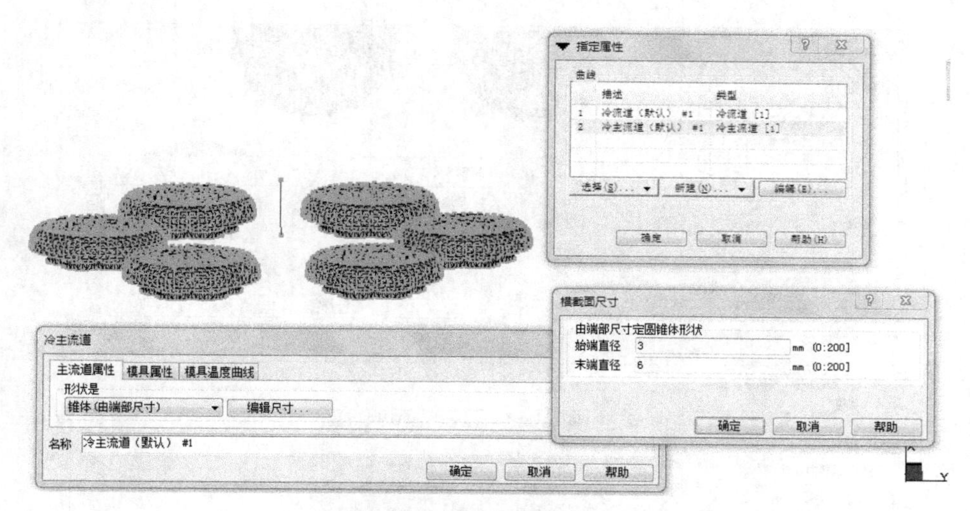

图 4-89　创建主流道单元

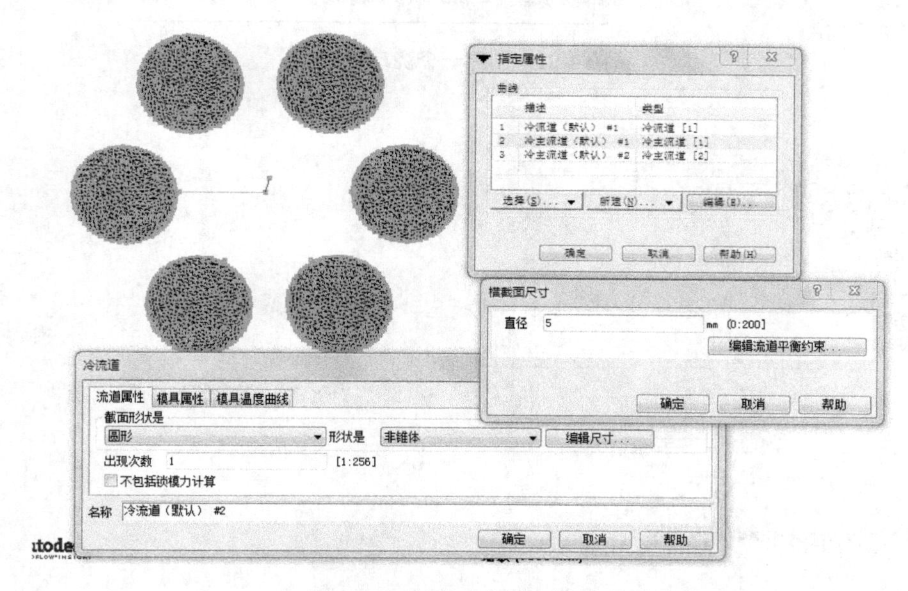

图 4-90　创建一个分流道单元

（2）同理，创建其他 5 个分流道柱体单元，并指定到流道层。

6）创建浇口柱体单元

（1）执行菜单命令“建模”→“创建曲线”→“直线”，弹出“创建直线”对话框。依次选取节点 C 和 A，单击“新建为”后面的按钮，弹出“指定属性”对话框。在“指定属性”对话框的“新建”下拉菜单中选择“冷浇口”，弹出“冷浇口”属性设置对话框。在该对话框中，选截面形状为“矩形”，形状为“非锥体”。单击“编辑尺寸”按钮，弹出“横截面尺寸”对话框，设置“宽度”为 5，“高度”为 2。单击“确定”按钮，完成浇口柱体单元的创建，创建新层，并指定到该层，如图 4-91 所示。

（2）同理，创建其他 5 个浇口柱体单元，并指定到浇口层。

7）划分主流道、分流道和浇口柱体单元的网格

（1）勾选所有新建层，其他的不勾选，执行菜单命令“网格”→“生成网格”，弹出“生成网格”对话框，定义“全局网格边长”为 3，划分网格，如图 4-92 所示。

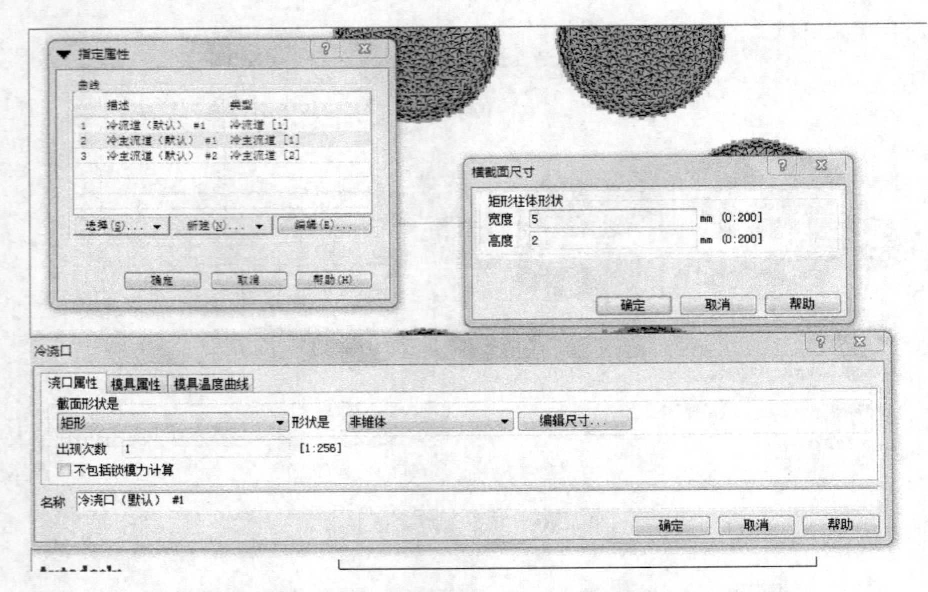

图 4-91 创建一个浇口单元

（a）层示意图

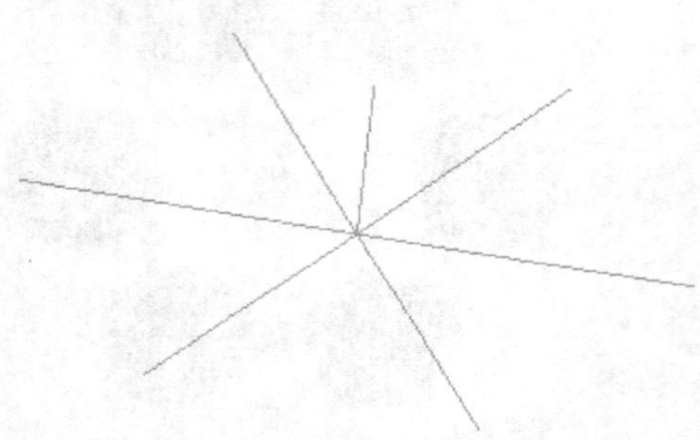

（b）浇注系统划分网格前示意图

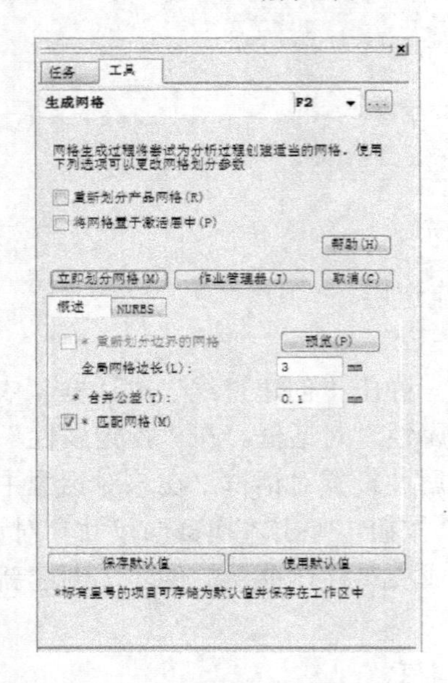

（c）“生成网格”对话框

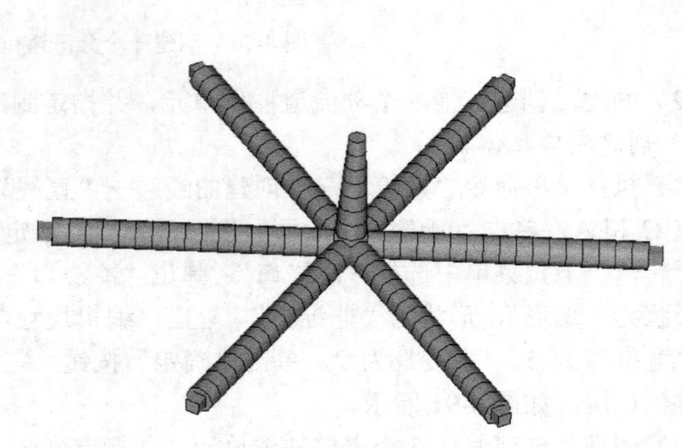

（d）划分网格后

图 4-92 浇注系统网格划分

（2）勾选新建三角形层，就可以看到浇注系统和零件完整的图，如图 4-93 所示。

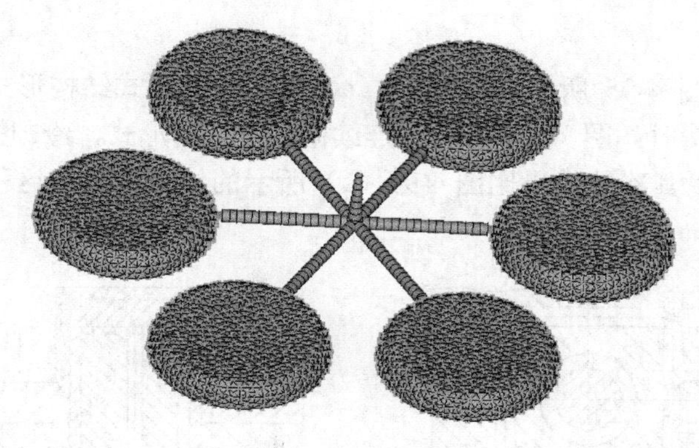

图 4-93　完整图

至此，冷流道浇注系统的创建操作完成。

4.12　冷却系统的结构

模具温度（模温）是指模具型腔和型芯的表面温度。不论是热塑性塑料还是热固性塑料的模塑成型，模具温度对塑料制件的质量和生产率都有很大的影响。

塑料模具可以看成是一种热交换器，如果冷却介质不能及时有效地带走必须带走的热量，不能实现均一的快速冷却，则在一个成型周期内就不能维持热平衡，会使塑件内部产生应力而导致产品变形或开裂，从而就无法进行稳定的模塑成型。因此，设置冷却效果良好的冷却水回路的模具是缩短成型周期、提高生产效率最有效的方法。应根据塑件的形状、壁厚及塑料的品种，设计与制造均一、高效的冷却回路。常见冷却系统的结构有以下几种。

1）直流式和直流循环式

直流式冷却水路如图 4-94（a）所示；直流循环式冷却水路如图 4-94（b）所示。这两种形式的冷却水路结构简单、加工方便，但模具冷却不均匀。不过，后者比前者冷却效果更差，它适用于成型面积较大的浅型塑件。

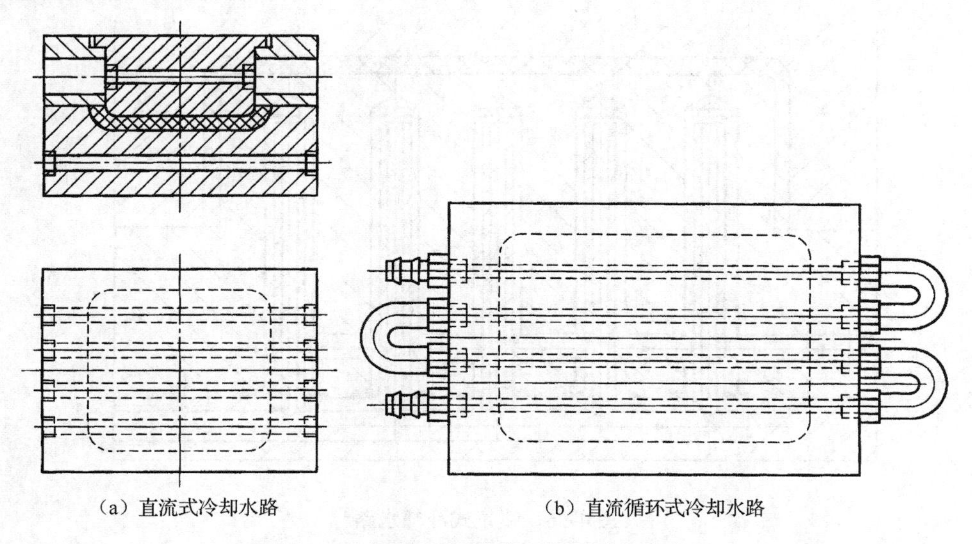

（a）直流式冷却水路　　（b）直流循环式冷却水路

图 4-94　直流式和直流循环式冷却水路

2）循环式

循环式冷却水路如图 4-95 所示。图 4-95（a）为间歇循环式结构形式，冷却效果较好，但出入口数量较多，加工费时；图 4-95（b）为连续循环式结构形式，冷却槽加工成螺旋状，且只有一个入口和一个出口，其冷却效果比图 4-95（a）所示的结构稍差。这种形式适用于中小型的型芯和型腔。

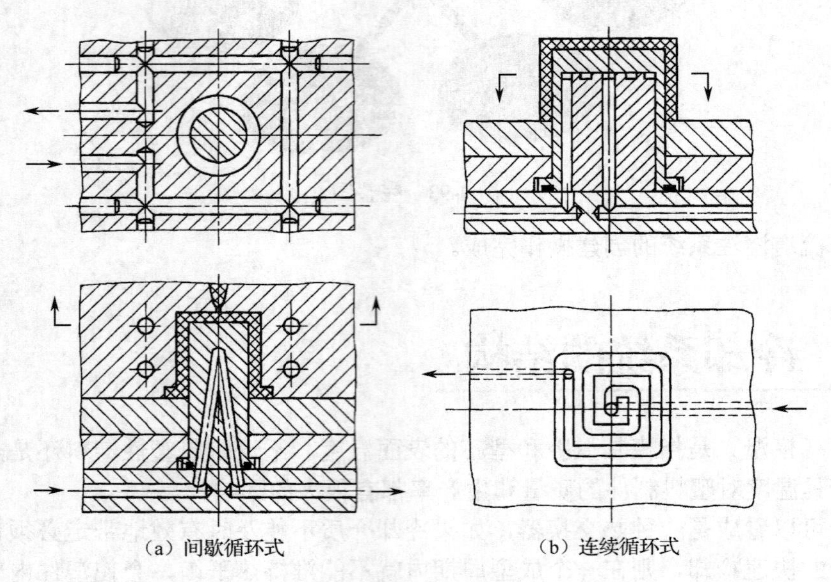

（a）间歇循环式　（b）连续循环式

图 4-95　循环式冷却水路

3）喷泉式

当塑件矩形内孔长度较大，但宽度相对较窄时，可采用喷射式冷却的结构形式，即在型芯的中心制出一排盲孔，在每个孔中插入一根管子，冷却水从中心管子流入，喷射到浇口附近型芯盲孔的底部对型芯进行冷却，然后经过管子与凸模的间隙从出口处流出，如图 4-96 所示。对于空心细长塑件需要使用细长的型芯，可以在型芯上制出一个盲孔，插入一根管子进行喷流式冷却。这样的冷却水路结构简单、成本较低、冷却效果较好。

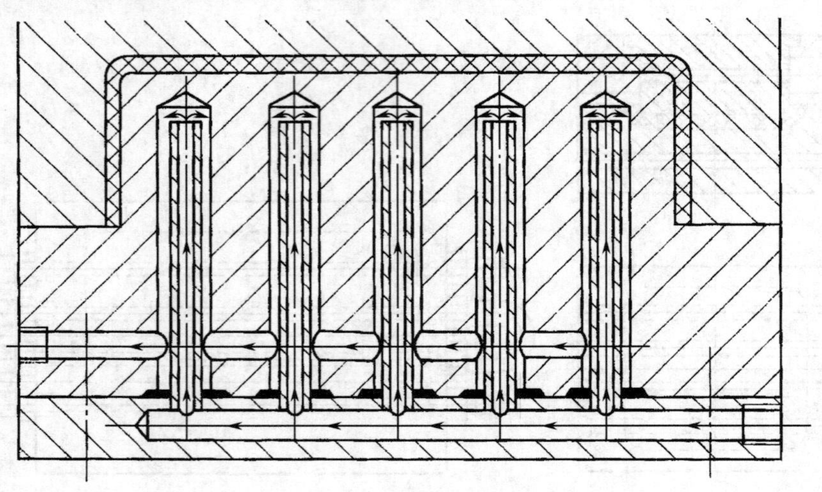

图 4-96　喷泉式冷却水路

4）隔板式

对于深型腔塑件模具，最困难的是凸模的冷却问题。图 4-97 所示是大型深型腔塑件模具，在凹模一侧，其底部可从浇口附近通入冷却水，流经矩形截面水槽后流出，其侧部开设圆形截面水道，围绕模腔一周之后从分型面附近的出口排出。凸模上加工出螺旋槽，并在螺旋槽内加工出一定数量的盲孔，而每个盲孔用隔板分成底部连通的两个部分，从而形成凸模中心进水、外侧出水的冷却回路。

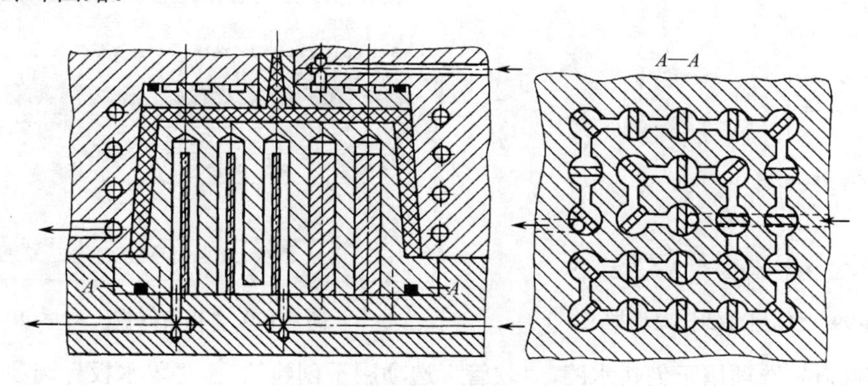

图 4-97　隔板式冷却水路

4.13　冷却水路手动创建命令

本节将在介绍冷却水路手动创建命令、水路属性设置和水路柱体单元网格划分的基础上，通过几个水路手动创建的操作实例，演示几种常见冷却水路的手动创建方法和操作步骤。创建工程中主要使用了创建节点、创建直线、创建柱体单元、划分柱体单元等命令。冷却水路的创建包括管道、软管、挡板式和喷泉式等命令。

与浇注系统单元的创建类似，各种冷却水路单元的手动创建方法主要有两种：一种是使用“建模”→“创建曲线”命令，另一种是使用“网格”→“创建柱体网格”命令。两种方法的操作步骤分别如下：

1）使用“建模”→“创建曲线”命令创建冷却水路

（1）执行菜单命令“建模”→“创建曲线”，如图 4-98 所示。

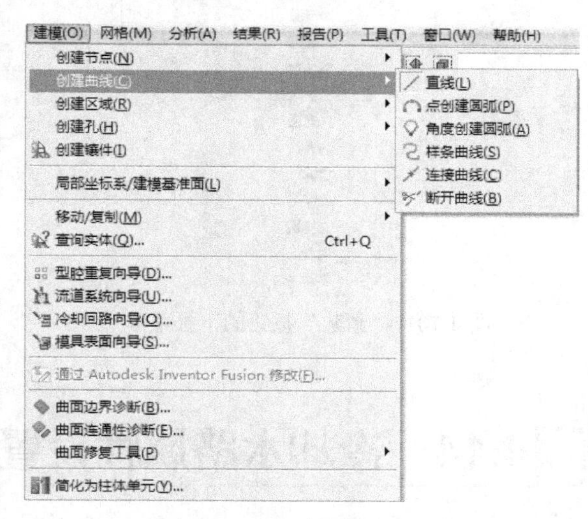

图 4-98　“创建曲线”命令

（2）单击“直线”，弹出“创建直线”对话框，如图 4-99 所示。

单击“选择选项”右边的对话框按钮，弹出如图 4-100 所示的“指定属性”对话框。

（3）单击对话框中的“新建”按钮，弹出下拉菜单，各种水路单元均可在下拉菜单中选择，如图 4-101 所示。

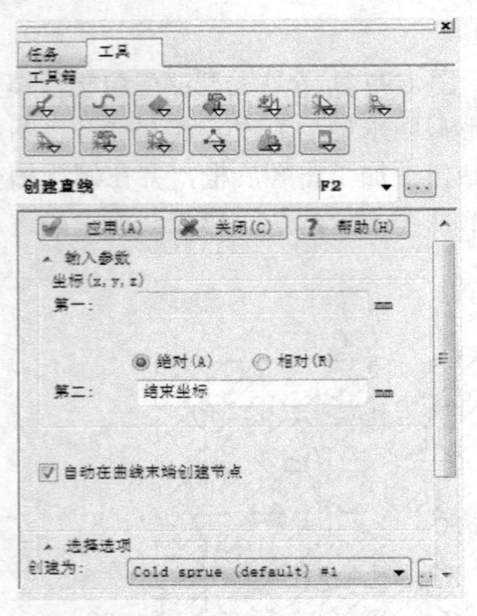

图 4-99 “创建直线”对话框

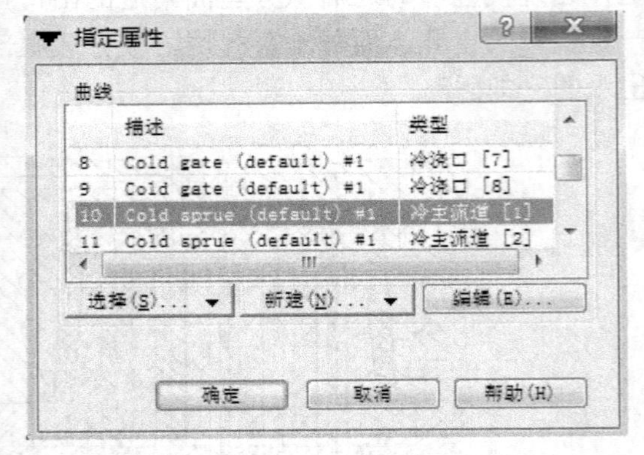

图 4-100 “指定属性”对话框

其中，“管道”选项用于创建水路，“软管”选项用于创建软管，“隔水板”选项用于创建挡（隔）板式水路，“喷水管”选项用于创建喷泉式水路。

2）使用“网格”→“创建柱体网格”命令创建冷却水路

执行菜单命令“网格“→“创建柱体网格”，打开“创建柱体单元”对话框。创建冷却水路方法同上，这里不再赘述。

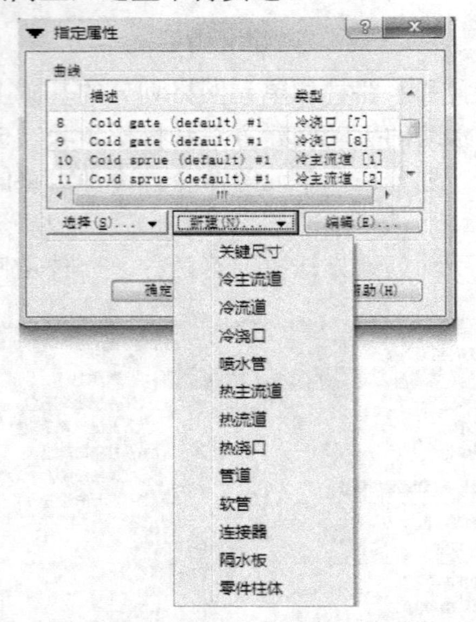

图 4-101 “新建”按钮的下拉菜单

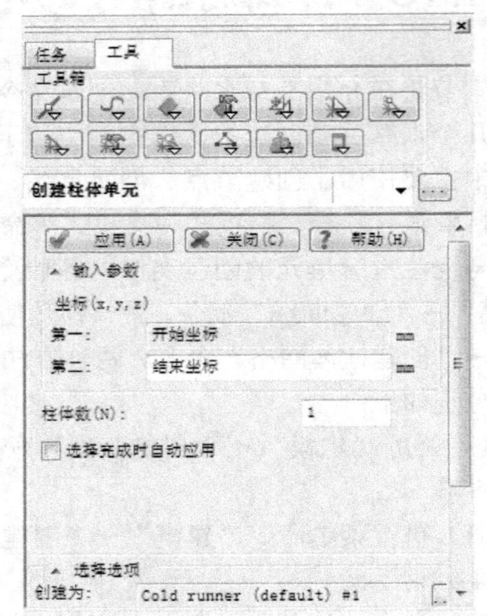

图 4-102 “创建柱体单元”对话框

4.14 冷却水路属性设置

冷却水路的属性设置包括水路的截面形状、直径尺寸、冷却管道热传导效应系数、管道粗糙度和模具材料等参数的确定。通过这些参数的设置，可以获得不同属性的冷却水路。

1）普通（管道）水路属性设置

如图 4-101 所示，当选择“管道”选项后，弹出“管道”属性设置对话框，如图 4-103 所示。

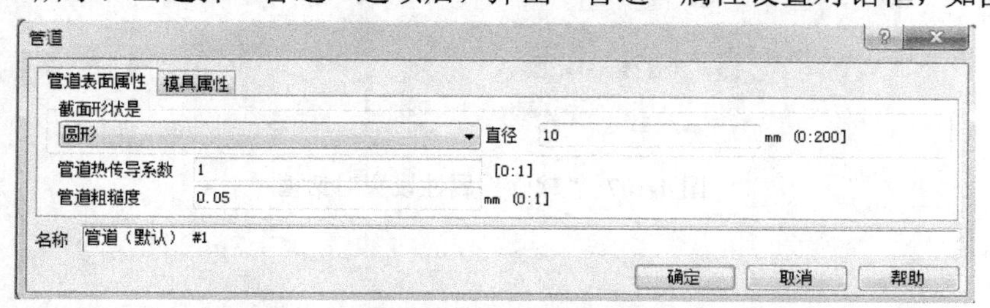

图 4-103　“管道”属性设置对话框

（1）“截面形状是”的下拉列表框中共有 6 个选项，包括“圆形”、“半圆形”、“梯形”、“U-形”、“矩形”和“其他形状”选项。其中以“圆形”最为常用，因为一般模具上的冷却管道是用普通麻花钻头钻出来的，如图 4-104 所示。

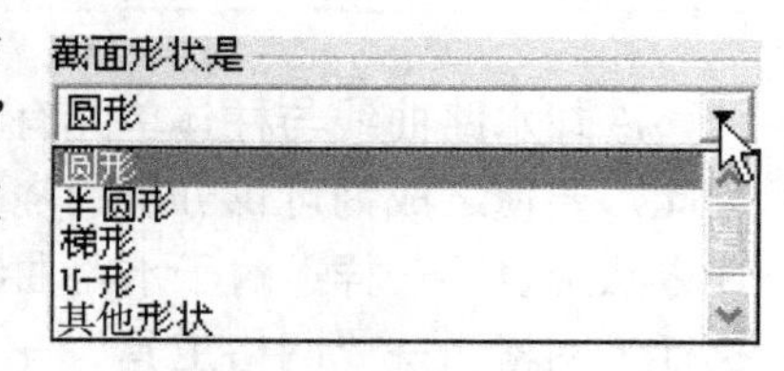

图 4-104　截面形状选项

（2）直径：用于设置管道直径尺寸。

（3）管道热传导系数：取值范围为 0～1，表示水路的传热效果。默认值为 1，表示理想状态，一般保持默认值不用修改。

（4）管道粗糙度：默认值为 0.05，无须修改。

（5）模具材料：默认为美国的 P20 热作模具钢。其中的“选择”按钮用于在材料库中选择其他钢材，“编辑”按钮用于编辑所选钢材的信息和性能参数。

2）隔板式水路属性设置

如图 4-101 所示，当选择“隔水板”选项后，弹出“隔水板”属性设置对话框，如图 4-105 所示。

隔板式水路属性设置与普通管道水路设置基本相同，只是“热传导系数”默认值为 0.5，这个值对应普通管道水路的 1。

3）喷泉式水路属性设置

如图 4-101 所示，当选择“喷水管”选项后，弹出“喷水管”属性设置对话框，如图 4-106 所示。

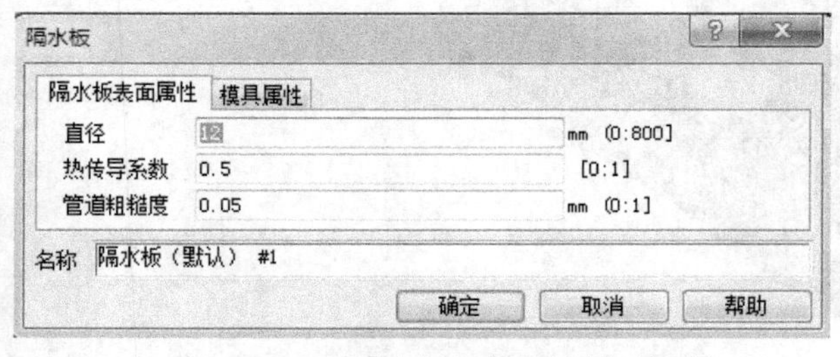

图 4-105　“隔水板”属性设置对话框

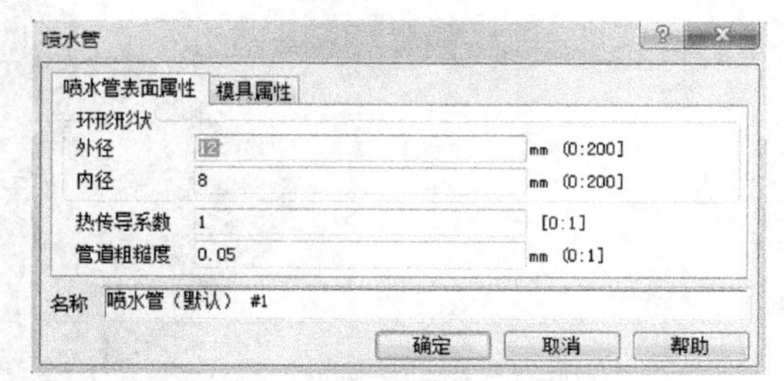

图 4-106　“喷水管”属性设置对话框

其中，“外径”用于确定喷水管的外径；“内径”用于确定喷水管的内径；“热传导系数”默认值和普通管道水路相同，为 1；“管道粗糙度”默认值为 0.05；“模具材料”设置同普通管道式冷却水路。

4）软管属性设置

如图 4-101 所示，当选择“软管”选项后，弹出“软管”属性设置对话框，如图 4-107 所示。

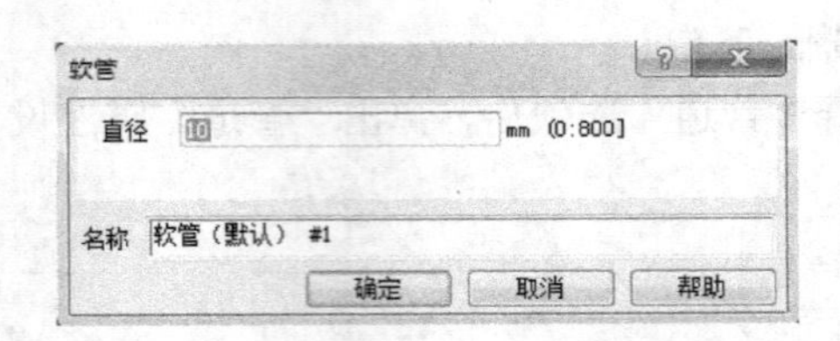

图 4-107 “软管”属性设置对话框

4.15 冷却水路曲线与柱体单元划分

冷却水路曲线与柱体单元有着本质的区别，前者只包含点、线元素，而后者含有面域元素。因此，要使之成为可供分析的浇口，在 Autodesk Moldflow Insight 中对于二者在网格划分的处理方法上也不一样：对于水路曲线，执行“网格”→“生成网格”命令；对于浇口的柱体单元，执行“网格”→“网格工具”→“重新划分网格”命令。图 4-108 显示水路曲线与柱体单元的网格划分。

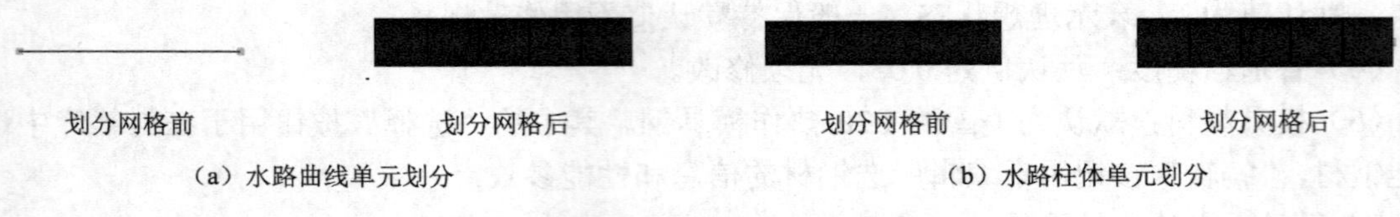

（a）水路曲线单元划分　（b）水路柱体单元划分

图 4-108 水路曲线与柱体单元划分比较

具体划分操作在下面的冷却水路系统创建实例中将会有详细介绍。对应复杂的冷却系统，通常都是通过手动方式进行创建。

本例将以手动的方式完成手机面板的循环式冷却水路创建，原始模型如图 4-109 所示。

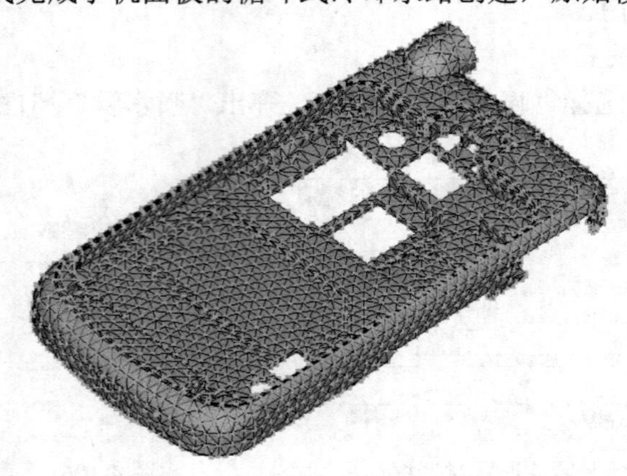

图 4-109 原始模型

具体操作步骤如下：

1）创建节点

（1）执行菜单命令“建模”→“创建节点”→“按偏移”，在手机模型边缘上选择一点，如图 4-110 箭头所示，其坐标如工程管理视窗箭头所示。在“偏移”一栏输入“0 0 -15”，单击“应用”按钮。

（2）执行菜单命令“建模”→“移动/复制”→“镜像”，将刚才创建的点对称镜像，如图 4-111 箭头所示。

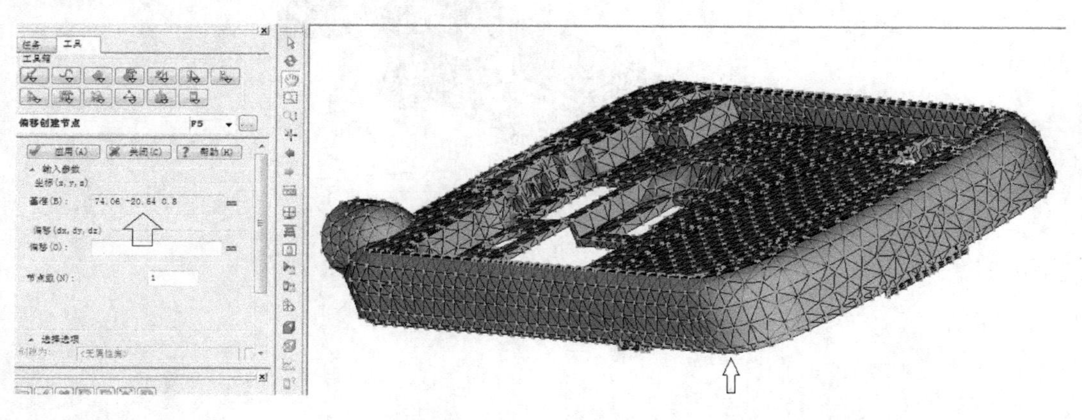

图 4-110　创建基准点

2）创建水路曲线

执行菜单命令“建模”→“创建曲线”→“直线”，点选两节点，取消选中“自动在曲线末端创建节点”复选框。单击“创建为”按钮，弹出“指定属性”对话框。在“指定属性”对话框的“新建”下拉列表框中点选“管道”，弹出“管道”属性设置对话框。在该对话框中设定管道截面形状为圆形，“直径”为 8mm。单击“应用”按钮，完成水路曲线创建，如图 4-112 所示。

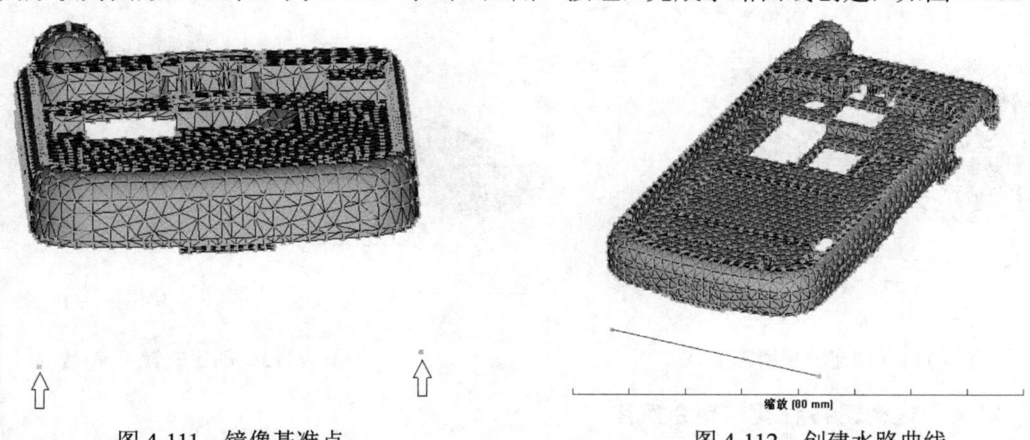

图 4-111　镜像基准点　　图 4-112　创建水路曲线

3）复制水路曲线

（1）执行菜单命令“建模”→“移动/复制”→“平移”，选择已创建的水路曲线，在矢量框内输入“-20 0 0”（沿 X 轴负方向移动 20mm），选择“复制”，“复制的数量”为 4。

（2）执行菜单命令“建模”→“移动/复制”→“平移”，选择第一条水路曲线，移动向量为“10 0 0”（沿 X 轴正方向移动 10mm），选择“移动”。

执行结果如图 4-113 所示。

4）创建软管

（1）执行菜单命令“建模”→“创建节点”→“按偏移”，选择第一条水路曲线上的 1 号点进行偏移，偏移量是（-15 15 0）；选择第二条水路曲线上的 4 号点进行偏移，偏移量是（-10 10 0）；选择第五条水路曲线上的 9 号点进行偏移，偏移量是（10 10 0），如图 4-114 所示。

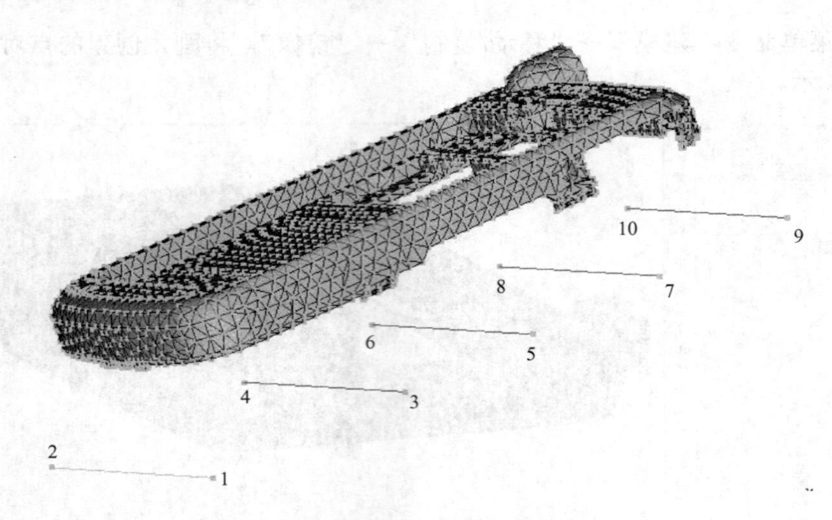

图 4-113 水路曲线复制

（2）执行菜单命令“建模”→“创建曲线”→“点创建圆弧”，点选上面第一、二条水路曲线的 1、11 和 3 号点。取消选中“自动在曲线末端创建节点”复选框。单击“创建为”后面的按钮，弹出“指定属性”对话框。在“指定属性”对话框的“新建”下拉列表框中点选“软管”，弹出“软管”属性设置对话框，设定“直径”为 8mm。单击“确定”按钮，完成软管的创建。重复上述操作，连接 4、12、6 号点和 9、13、7 号点，如图 4-115 所示。

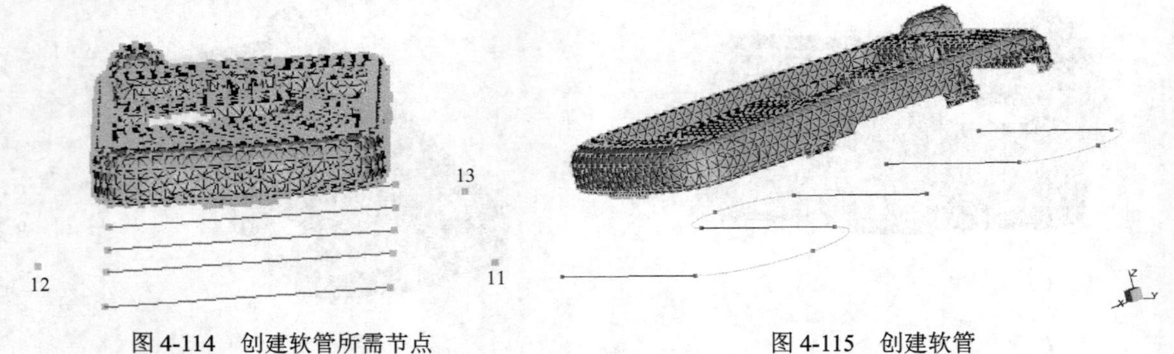

图 4-114 创建软管所需节点　　　　图 4-115 创建软管

5）定义管道的网格密度、划分网格

（1）定义管道的网格密度：选择创建的 5 条水路曲线，执行菜单命令“网格”→“定义网格密度”，弹出“定义网格密度”对话框。确定“全局网格边长”为 5mm，完成管道的网格密度定义。

（2）划分网格：执行菜单命令“网格”→“生成网格”，弹出“生成网格”对话框，单击“立即划分网格”按钮，划分网格，如图 4-116 所示。

6）设置冷却液入口

执行菜单命令“分析”→“设置冷却液入口”，弹出“设置 冷却液入口”对话框，如图 4-117 所示。双击“冷却液入口属性（默认）”，弹出“冷却液入口”属性设置对话框，如图 4-118 所示。点选左侧两个管道口为冷却液入口。单击“选择”按钮，选择“冷却介质”为水（纯），“冷却介质控制”为“指定雷诺数”，“冷却介质雷诺数”为“10000”（湍流状态），“冷却介质入口温度”为 5℃，如图 4-118 所示。结果如图 4-119 所示。

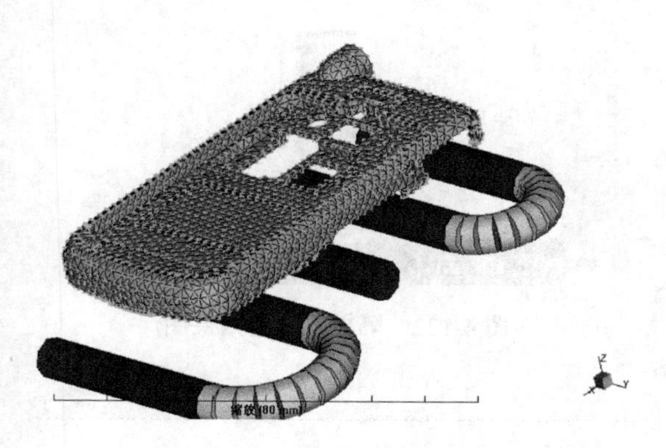

图 4-116　水道网格划分

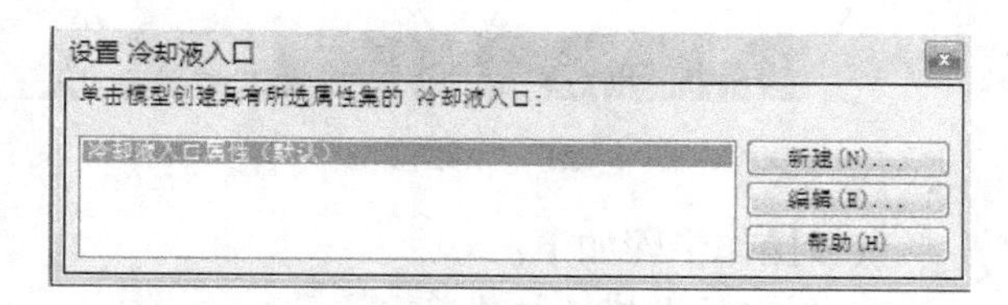

图 4-117　“设置 冷却液入口”对话框

冷却液入口
冷却介质
水（纯） #1　编辑...　选择...
冷却介质控制
指定雷诺数　冷却介质雷诺数 10000 (0:100000)
冷却介质入口温度 5　C [-120:500]
名称 冷却液入口属性（默认）
确定　取消　帮助

图 4-118　“冷却液入口”属性设置对话框

7）移动和复制冷却水路

执行菜单命令“建模”→“移动/复制”→“平移”，点选所有冷却水路元素，矢量为“0 0 40”（向 Z 轴正方向移动 40mm），点选“复制”选项，数量为 1，完成复制，如图 4-120 所示。

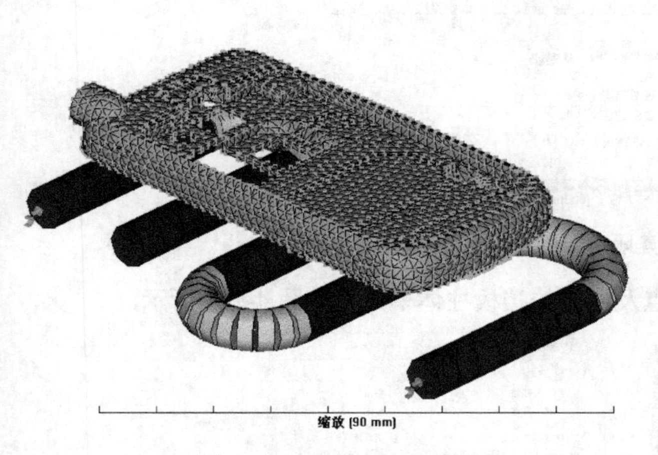

图 4-119　冷却水路进水口

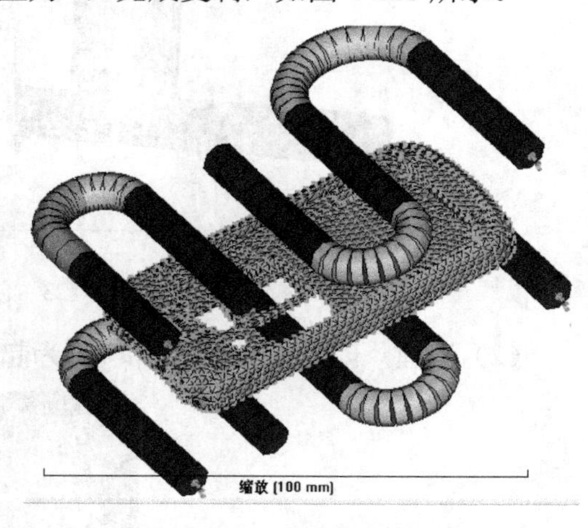

图 4-120　循环式冷却水路

至此，整个冷却水路创建完毕。

4.16　隔板式水路创建实例

本例的原始模型如图 4-121 所示，已存在两段处于断路状态的管道 N1N2、N3N4（其中 N1、N2、N3、N4 分别为管道端部对应节点）和节点 N5。创建完成的模型如图 4-122 所示。

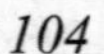

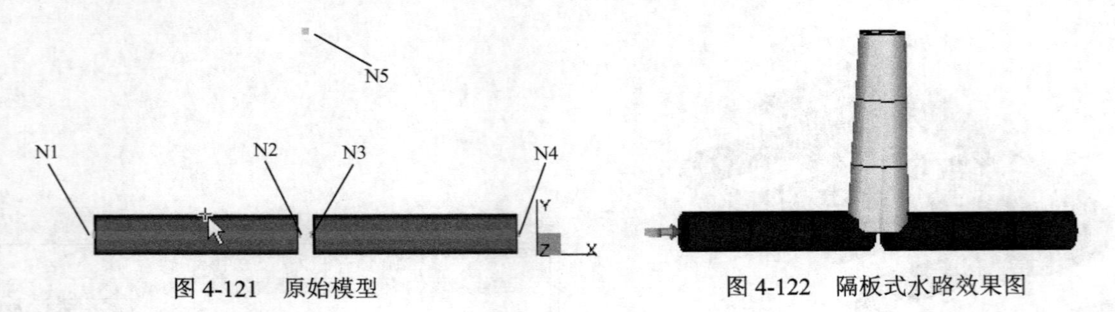

图 4-121　原始模型　　　　图 4-122　隔板式水路效果图

具体操作步骤如下：

1）创建隔水挡板柱体单元

（1）执行菜单命令“网格”→“创建柱体网格”，弹出“创建柱体单元”对话框。分别选择节点 N2 和 N5 为起点和终点。单击“创建为”后面的按钮，弹出“指定属性”对话框。在“指定属性”对话框的“新建”下拉列表框中点选“隔水板”，弹出“隔水板”属性设置对话框。在该对话框中设定“直径”为 12mm，单击“确定”按钮，完成挡板柱体单元的创建，如图 4-123 所示。

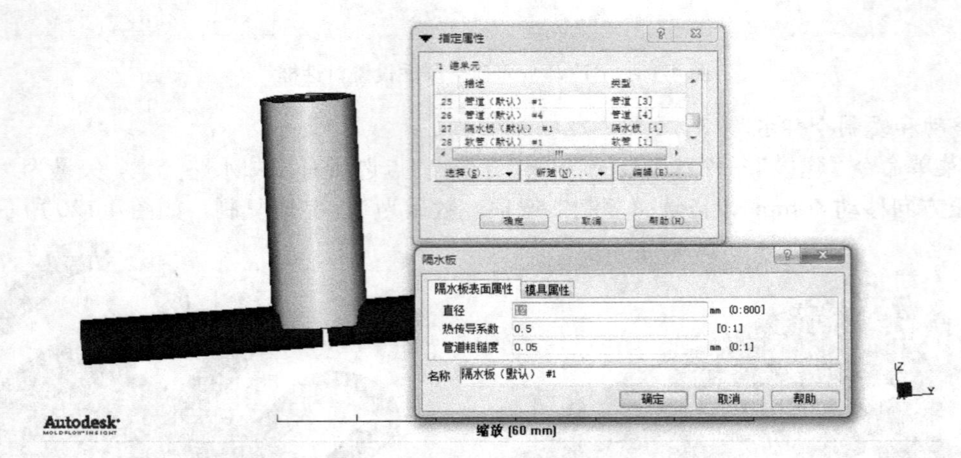

图 4-123　创建隔水挡板柱体单元 1

（2）同理，创建以节点 N3 和 N5 为起点及终点的挡板柱体单元，如图 4-124 所示。

图 4-124　创建隔水挡板柱体单元 2

2）划分挡板与水路的柱体单元网格

执行菜单命令"网格"→"网格工具"→"重新划分网格"，框选隔水板与水路的柱体单元作为"重新划分的单元"，"目标边长"设定为 5（以保证至少出现 3 个网格单元），单击"应用"按钮，完成隔水板与水路的柱体单元网格的划分，如图 4-125 所示。

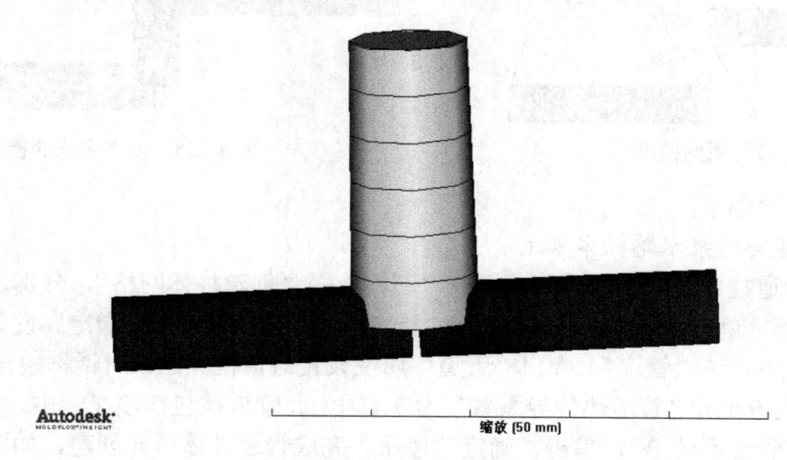

图 4-125　隔水板水路

3）设置冷却液入口

执行菜单命令"分析"→"设置冷却液入口"，弹出"设置 冷却液入口"对话框，双击"冷却液入口属性（默认）"，弹出"冷却液入口"属性设置对话框。点选左侧两个管道口为冷却液入口。单击"选择"按钮，选择"冷却介质"为水（纯），"冷却介质控制"为"指定雷诺数"，"冷却介质雷诺数"为"10000"（湍流状态），"冷却介质入口温度"为 5℃，完成冷却液入口设置，如图 4-126 所示。

图 4-126　设置冷却液入口

至此，隔板式冷却水路创建完毕。

4.17　喷泉式水路创建实例

本例的原始模型如图 4-127 所示，已存在两段处于断路状态的管道 N1N2、N3N4（其中 N1、N2、N3、N4 分别为管道端部对应节点）和节点 N5。创建完成的模型如图 4-128 所示。

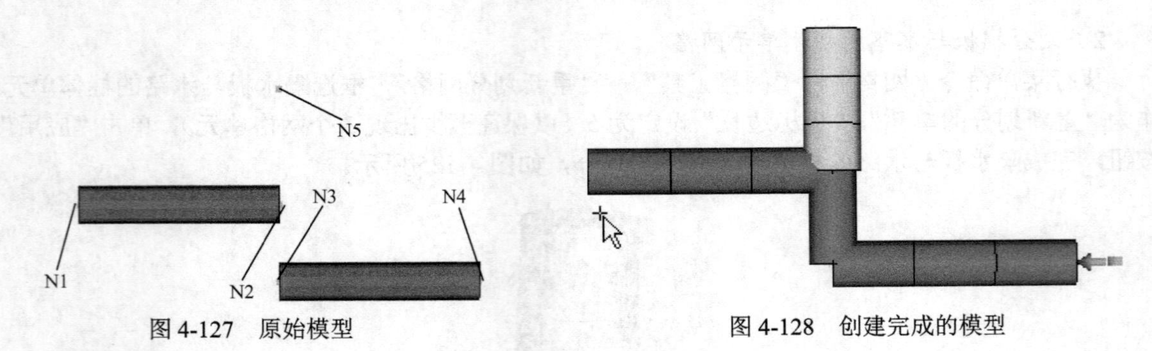

图 4-127 原始模型　　图 4-128 创建完成的模型

具体操作步骤如下：

1）创建管道与喷泉水路柱体单元

（1）创建管道柱体单元。执行菜单命令“网格”→“创建柱体网格”，分别选择节点 N3 和 N5 为起点和终点。单击“修改”按钮，弹出“指定属性”对话框。在“指定属性”对话框的“新建”下拉列表框中点选“管道”，弹出“管道”属性设置对话框。在该对话框中设定截面形状为圆形，“直径”为 6mm，“管道热传导系数”为 0（因为此管道被包在喷泉管中，“管道热传导系数”为 0 表示此管道不传热），单击“确定”按钮，完成管道柱体单元创建，如图 4-129 所示。

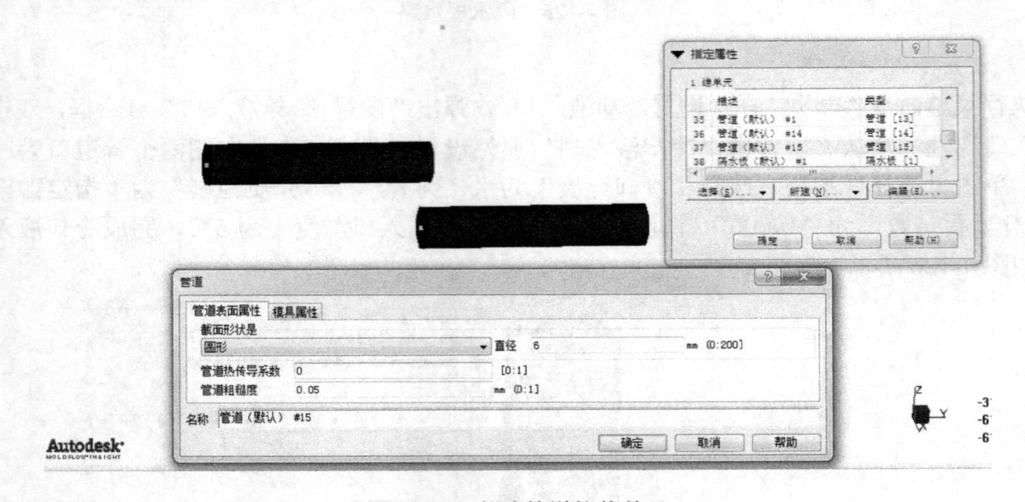

图 4-129 创建管道柱体单元

（2）创建喷泉管柱体单元。执行菜单命令“网格”→“创建柱体网格”，弹出“创建柱体单元”对话框。分别选择节点 N5 和 N2 为起点（开始坐标）和终点（结束坐标）。单击“创建为”后面的按钮，弹出“指定属性”对话框。在“指定属性”对话框的“新建”下拉列表框中点选“喷水管”，弹出“喷水管”属性设置对话框。设定“外径”尺寸为 12mm，“内径”尺寸为 8mm，单击“确定”按钮，完成喷泉管柱体单元的创建，如图 4-130 所示。

2）划分喷泉管与管道水路的柱体单元网格

执行菜单命令“网格”→“网格工具”，弹出“网格工具”对话框，选择“重新划分网格”选项，框选喷泉管与管道水路的柱体单元作为“重新划分的单元”，“目标边长”设定为 5，单击“应用”按钮，完成喷泉管与管道水路的柱体单元网格的划分，如图 4-131 所示。

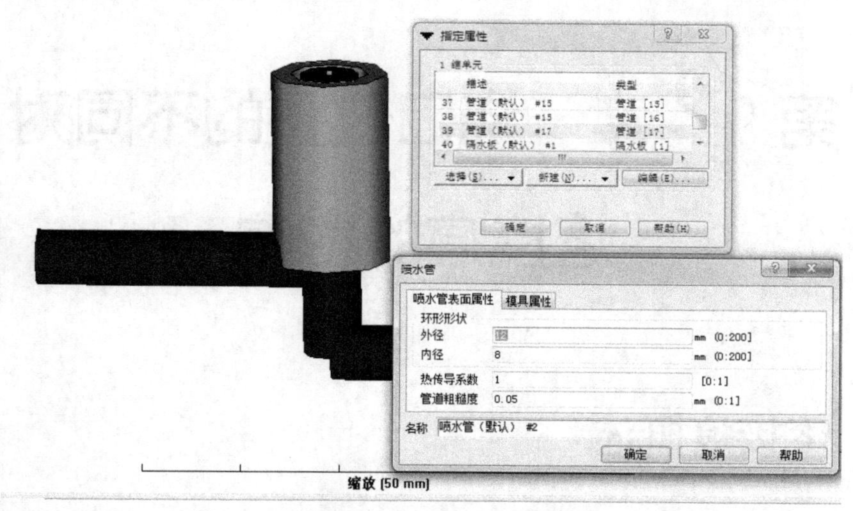

图 4-130　创建喷泉管柱体单元

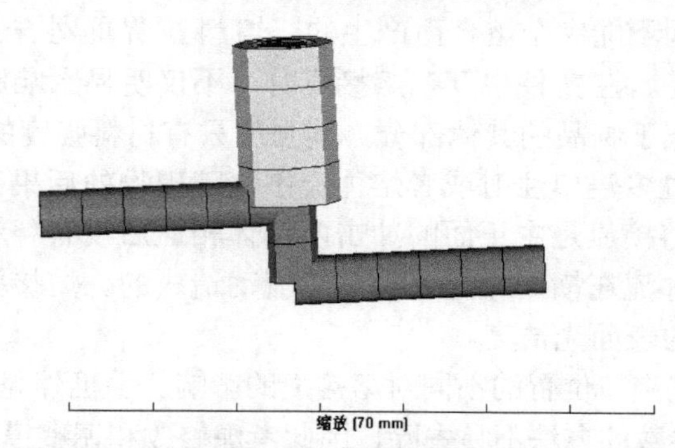

图 4-131　划分喷泉管与管道水路的柱体单元网格

3）设置冷却液入口

执行菜单命令“分析”→“设置冷却液入口”，弹出“设置 冷却液入口”对话框，双击“冷却液入口属性（默认）”，弹出“冷却液入口”属性设置对话框。点选左侧两个管道口为冷却液入口。单击“选择”按钮，选择“冷却介质”为水（纯），“冷却介质控制”为“指定雷诺数”，“冷却介质雷诺数”为“10000”（湍流状态），“冷却介质入口温度”为 5℃，完成冷却液入口设置，如图 4-132 所示。

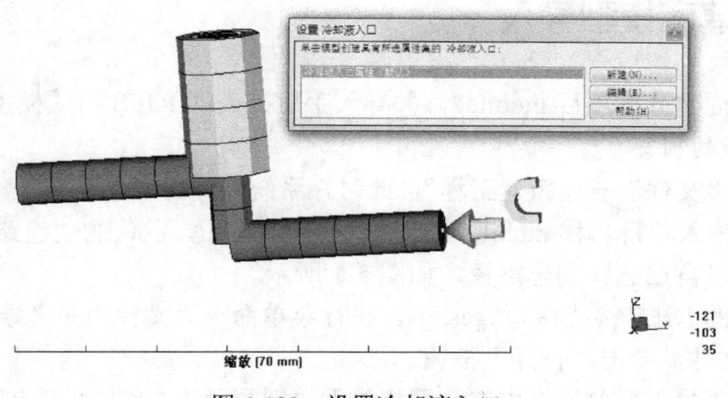

图 4-132　设置冷却液入口

至此，喷泉式冷却水路创建完毕。

第5章 浇口位置的不同对熔接痕的影响

5.1 熔接痕概述

熔接痕是熔融塑料在型腔中由于遇到嵌件、孔洞、流速不连贯的区域、充模料流中断的区域而以多股形式汇合时，因不能完全熔合而产生的。熔料在界面处未完全熔合，彼此不能熔接为一体，造成熔合印迹。注塑件中存在熔接痕时，不仅明显影响制品的表面质量，而且使得熔接痕处的力学性能远低于制品的其他部分，其强度只有材料强度的10%～90%。

这种情况的发生为通过多浇口注射或者熔体流围绕障碍物的后果。两种主要的熔接痕通常是有区别的。冷或者滞流熔接痕是由正面的冲击两熔体相遇后没有补料而形成的；热或者流动熔接痕的产生是由于两熔体流在横向相遇之后继续流动造成的。熔接痕常常会导致机械强度的下降，还会降低模塑制品的表面光洁度。

以手机外壳为例，研究浇口位置的不同对熔接痕的影响。手机外壳出现了比较严重的熔接痕缺陷，而且通过调整工艺参数的方法不易去除，因此考虑修改和调整模具的浇注系统设计方案。

本章的内容侧重于介绍利用MPI的模拟仿真，对浇注系统方案进行调整和修改，在原有浇注系统设计的基础上找到一种合理的修改方案，从而消除产品的表面缺陷。

5.2 原方案熔接痕的分析

5.2.1 项目创建和模型导入

在指定的位置创建分析项目mobile7，并导入手机外壳的IGES格式模型。

1）创建一个新的项目

执行菜单命令“文件”→“新建工程”，此时，系统会弹出“创建新工程”对话框，在“工程名称”文本框中输入项目名称mobile7，单击“确定”按钮，默认的创建路径是MPI的项目管理路径，当然也可以自己选择创建路径，如图5-1所示。

导入手机外壳的IGES格式模型iges.igs。执行菜单命令“文件”→“导入”，在弹出的对话框中选择iges.igs文件，单击“打开”按钮。

在自动弹出的“导入”对话框中选择网格类型“双层面”，单击“确定”按钮，如图5-2所示，手机外壳的模型被导入。

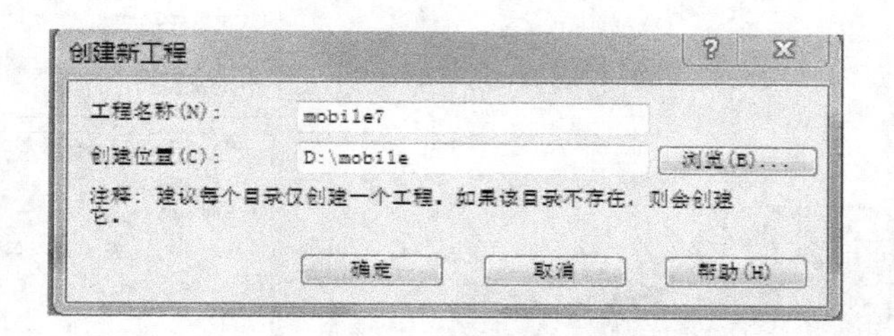

图 5-1　创建新的项目

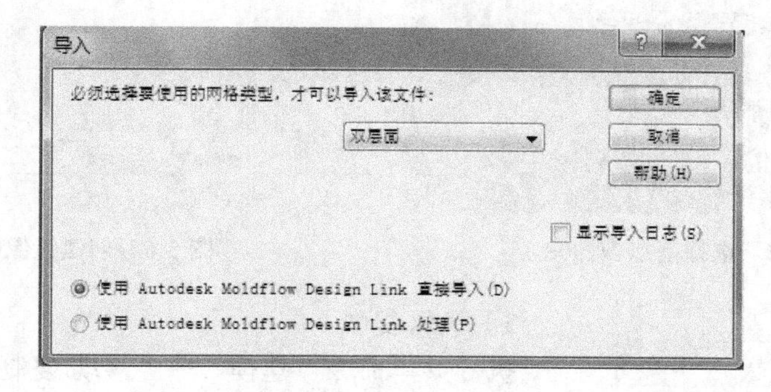

图 5-2　导入手机外壳网格类型

将分析任务 study 的名称由默认的 iges-study 改为 iges-mesh，模型导入完成，结果如图 5-3 和图 5-4 所示。

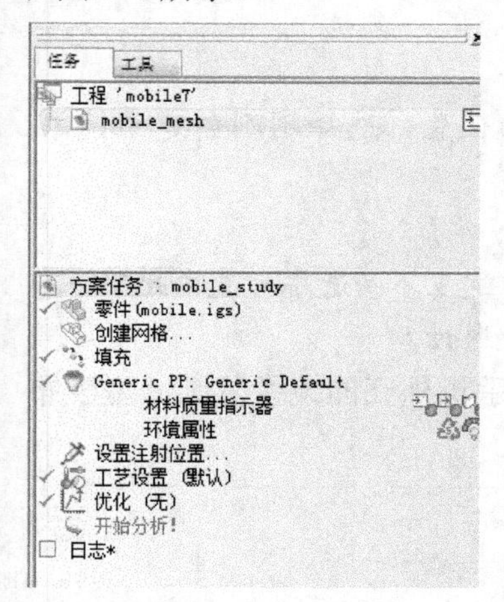

图 5-3　模型导入

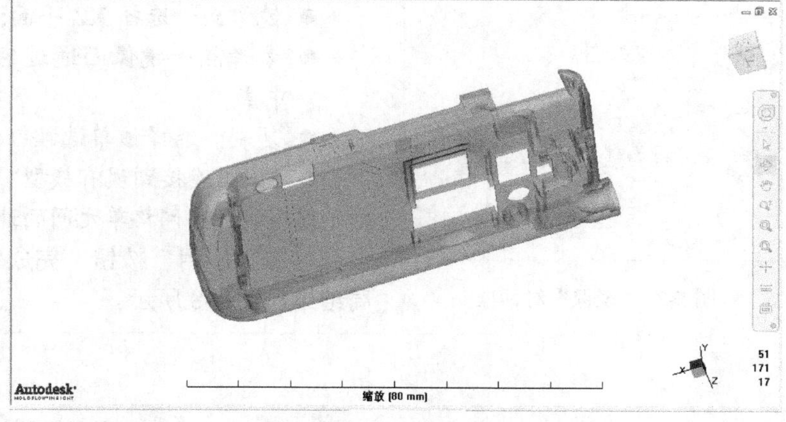

图 5-4　手机外壳未划分网格模型

在第 3 章已经介绍过，网格模型的建立和修改是一项非常复杂、耗时的工作，而且针对同一个模型，不同的使用者会得到不同的网格处理结果，因此这里就不再讲述网格的划分和修改过程，用户可以采用第 3 章手机外壳网格处理的结果。

2）型腔的镜像

手机外壳的模具型腔为一模两腔的对称设计，在生产时一次成型一对手机外壳，如图 5-5 所示。型腔布局要通过镜像复制，由左侧网格模型复制创建右侧网格模型，其操作过程如下：创建镜像中点，也就是主流道与分流道的交叉点。执行菜单命令“建模”→“创建节点”→“按偏移”，打开“偏移创建节点”对话框，基点选择 N2908 为（0 −15 0），单击“应用”按钮，如图 5-6 所示。

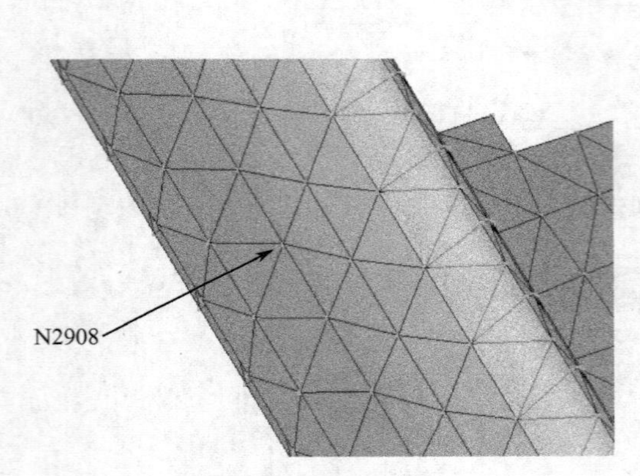

图 5-5 选择基点 N2908

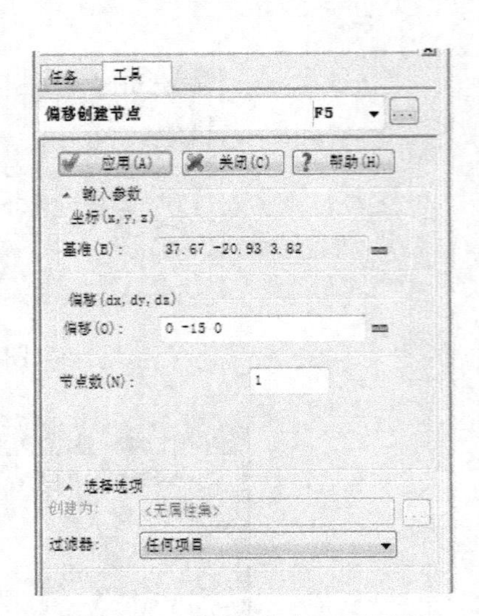

图 5-6 创建镜像中心对话框

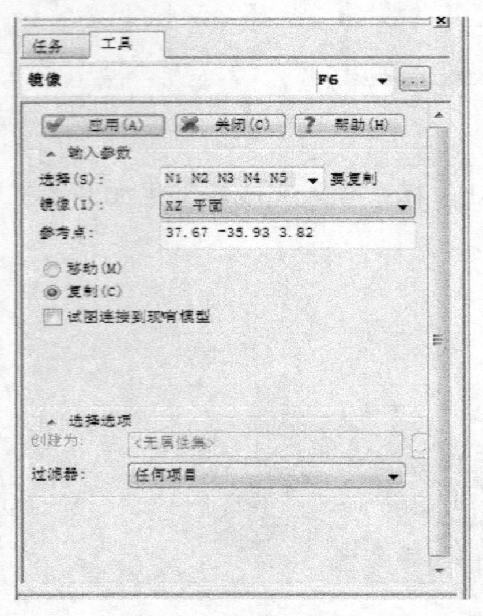

图 5-7 “镜像”对话框

3）镜像复制

执行菜单命令“建模”→“移动/复制”→“镜像”，弹出“镜像”对话框，如图 5-7 所示。

在对话框中，参数选择如下：

● 选择复制对象：选择网格模型中的全部三角形单元和节点；

● 镜像面：选择 XZ 平面；

● 参考点：镜像面通过的位置，选择刚刚创建的镜像中点；

● 复制：选择该单选按钮；

●“试图连接到现有模型”这里不必选中，选中此项将有助于建模过程中网格单元间的连通性。

单击“应用”按钮，完成手机外壳的镜像复制，型腔布局结果如图 5-8 所示。

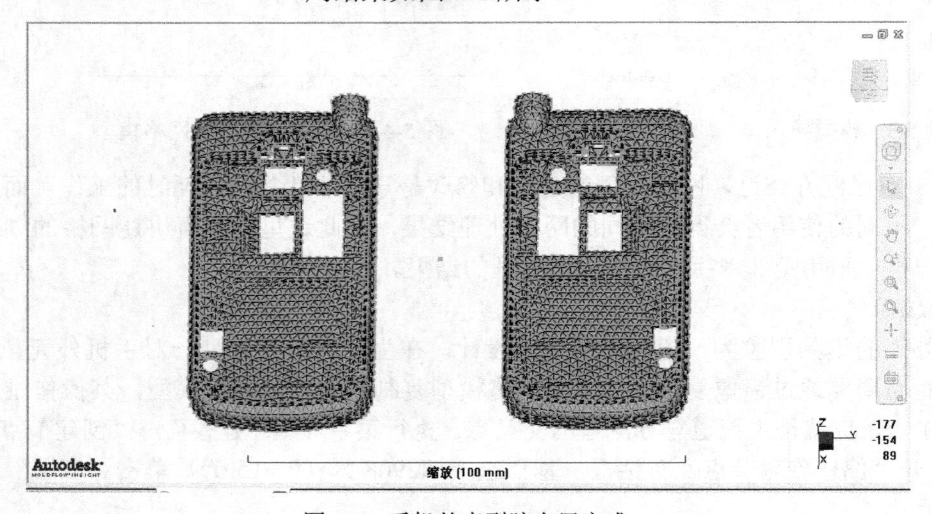

图 5-8 手机外壳型腔布局完成

4）浇注系统的创建

浇注系统的详细情况如图 5-9 所示。其中，主流道为锥形，上、下端口分别为 4mm 和 9mm，截面为圆形，长度为 60mm；分流道截面为圆形，直径为 5mm，每条分流道的长度均为 13mm；侧浇口的截面为矩形，矩形长边为 5mm，短边为 3mm，浇口长度为 2mm，如图 5-10 所示。

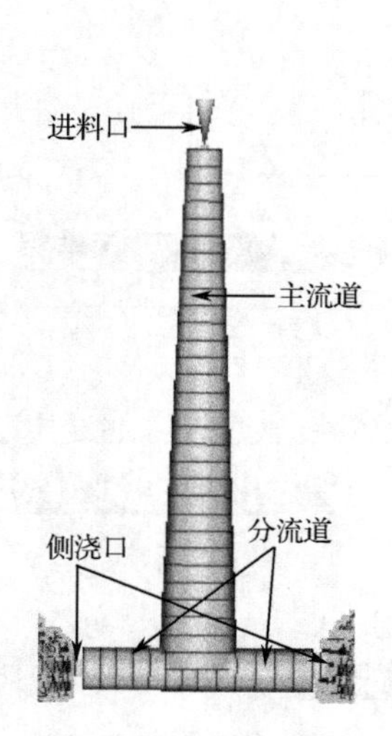

图 5-9　浇注系统示意图

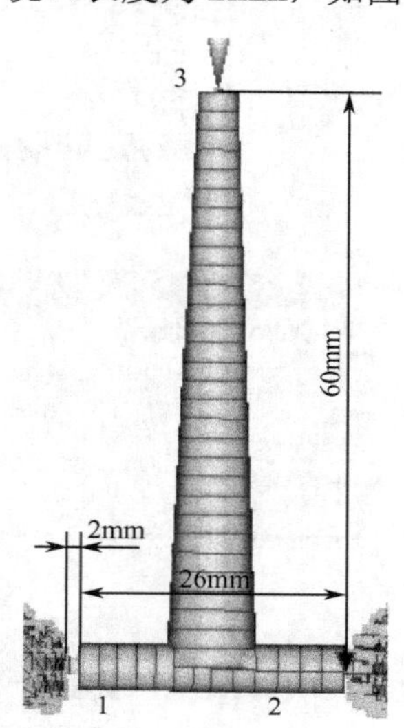

图 5-10　浇注系统长度

浇注系统的创建过程如下：

创建侧浇口中心线的端点①、②、③。执行菜单命令“建模”→“创建节点”→“按偏移”，选择刚刚创建的镜像中心点，端点①、②、③相对镜像中心点的偏置向量分别为（0 -13 0）、（0 13 0）和（0 0 -60）。

创建侧浇口的中心线。首先创建左侧浇口中心线，其端点为 N7692 和节点①。执行菜单命令“建模”→“创建曲线”→“直线”，系统弹出的对话框如图 5-11 所示。

图 5-11　创建侧浇口中心线

中心线的端点分别选择节点 N7692 和节点①，取消选中“自动在曲线末端创建节点”复选框，选择直线右击“更改属性类型”，选择“冷浇口”，设置浇口属性，弹出的对话框如图 5-12 所示。

在对话框中，相关参数选择如下：

- 截面形状：矩形；
- 形状：锥体（由端部尺寸）；
- 出现次数：1。

单击“编辑尺寸”按钮，弹出的对话框如图 5-13 所示。

矩形锥体尺寸始端宽度、高度为 2mm，末端宽度、高度为 1.4 mm，单击“确定”按钮返回图 5-12 所示对话框。单击对话框中的“模具属性”选项卡，会弹出如图 5-14 所示对话框，选择模具材料为 P20 钢。

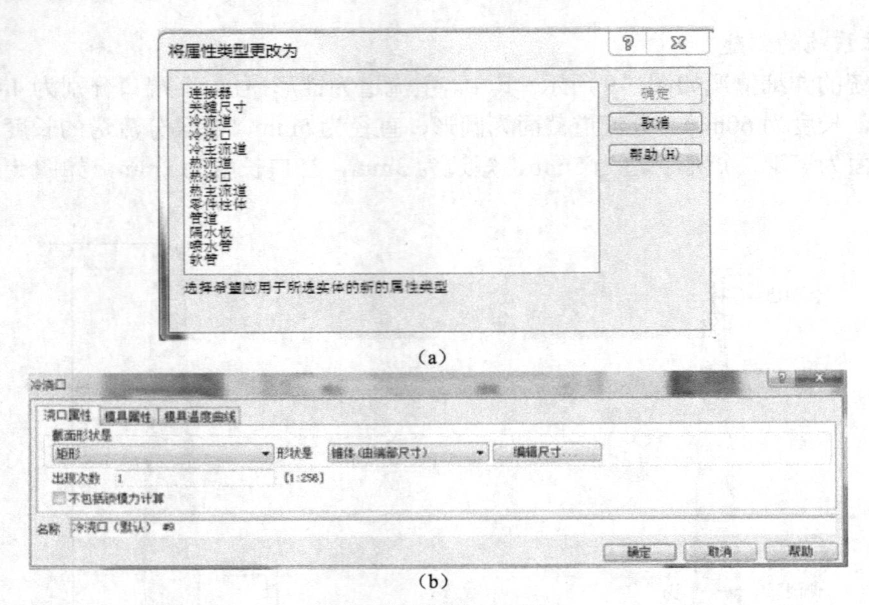

（a）

（b）

图 5-12　冷浇口属性

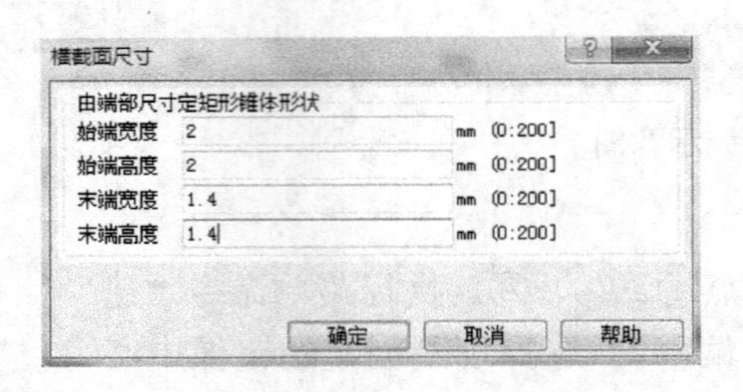

图 5-13　编辑浇口横截面尺寸

（a）

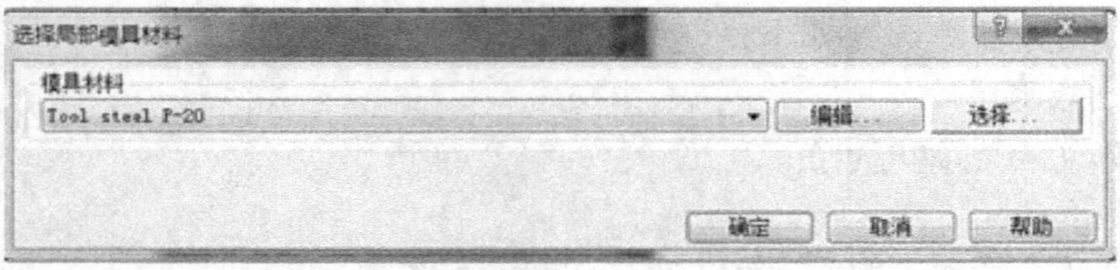

（b）

图 5-14　选择模具材料

参数设置完成，单击“确定”按钮返回图 5-11 所示对话框，单击“应用”按钮，完成侧浇口中心线的创建。用同样的方法创建另一侧浇口的中心线，其端点为 N2908 和节点②。

创建分流道的中心线。首先创建一侧的分流道中心线，其端点为节点①和镜像中心点。执行菜单命令“建模”→“创建曲线”→“直线”，系统弹出的对话框如图 5-15 所示。

中心线的端点分别选择节点①和镜像中心线，取消选中“自动在曲线末端创建节点”复选框，选择直线右击“更改属性类型”，选择设置分流道形状属性，弹出的对话框如图 5-16 所示。

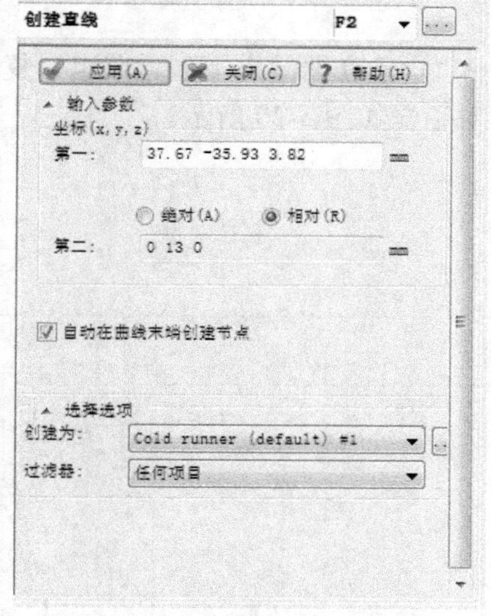

图 5-15　创建分流道中心线

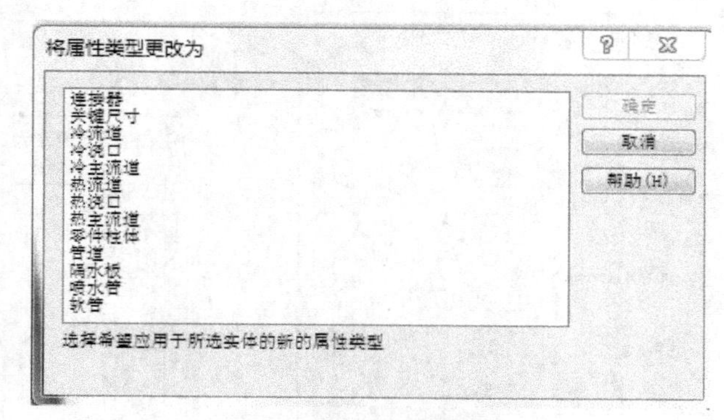

图 5-16　设置分流道属性

在列表中选择“冷流道”，如果没有该属性可通过右击“属性”新建。选择“冷流道”可以设置分流道属性，弹出的对话框如图 5-17 所示。

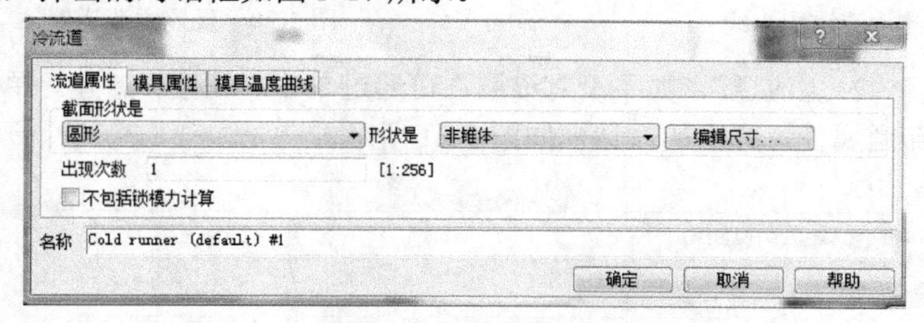

图 5-17　分流道属性

在对话框中，相关参数选择如下：

- 截面形状：圆形；
- 形状：非锥体；
- 出现次数：1。

单击“编辑尺寸”按钮，弹出的对话框如图 5-18 所示。

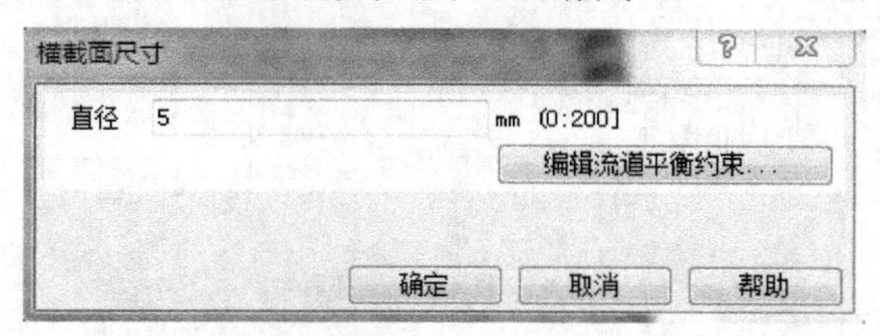

图 5-18　编辑分流道横截面尺寸

圆形截面直径为 5mm，单击“确定”按钮返回图 5-17 所示对话框。选择“模具属性”选项卡，设置模具材料为 P20 钢。参数设置完成，单击“确定”按钮返回图 5-15 所示对话框，单击

“应用”按钮，完成一侧的分流道中心线的创建。用同样的方法创建另一侧分流道的中心线，其端点为节点②和镜像中心点。

创建主流道的中心线，其端点为节点③和镜像中心点。执行菜单命令“建模”→“创建曲线”→“直线”，弹出的对话框如图 5-19 所示。

中心线的端点分别选择节点③和镜像中心点，取消选中“自动在曲线末端创建节点”复选框，右击“更改属性类型”，选择设置主流道属性，弹出的对话框如图 5-20 所示。

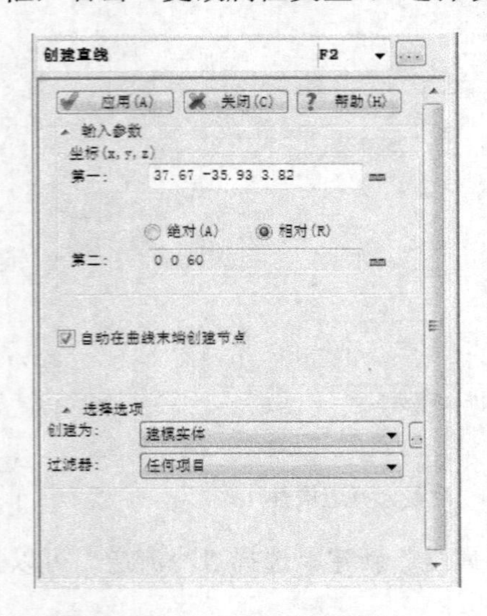

图 5-19　创建主流道中心线

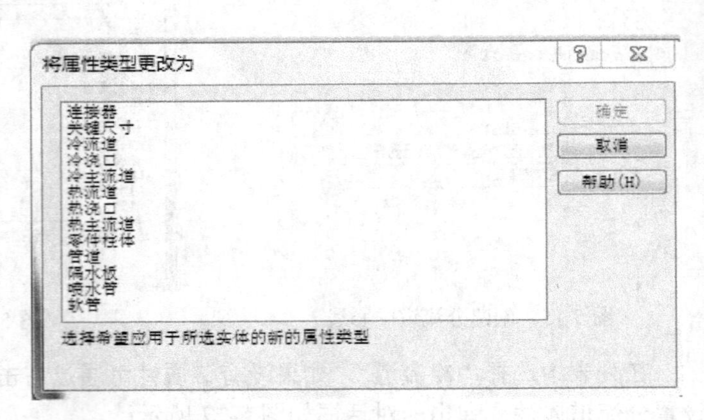

图 5-20　设置主流道属性

在列表中选择“冷主流道”，如果没有该属性可通过单击“属性”新建。单击选择“冷主浇道”可以设置主流道属性，弹出的对话框如图 5-21 所示。

图 5-21　主流道（冷竖浇道）属性

在对话框中，相关参数选择如下：

- 形状：锥体（由端部尺寸）。

单击“编辑尺寸”按钮，弹出的对话框如图 5-22 所示。

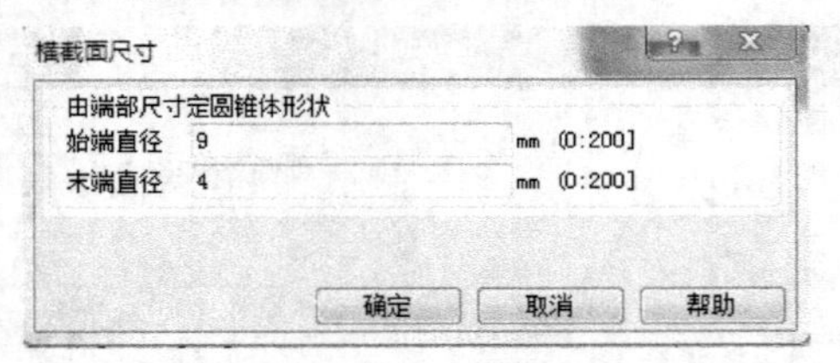

图 5-22　编辑主流道横截面尺寸

小端口直径为 4mm，大端口直径为 9mm，单击“确定”按钮返回图 5-21 所示对话框。选择“模具属性”选项卡，设置模具材料为 P20 钢，参数设置完成，单击“确定”按钮返回图 5-19

所示对话框，单击“应用”按钮，完成一侧的主流道中心线的创建。

浇注系统的杆单元划分。首先利用层管理工具，将侧浇口、分流道和主流道的中心线分别归入 Gates、Runners、Sprue3 层，然后，仅显示 Gates 层对侧浇口进行杆单元的划分，如图 5-23 所示。

执行菜单命令“网格”→“生成网格”，设置杆单元平均边长为 1mm，如图 5-24 所示，单击“立即划分网格”按钮，生成如图 5-25 所示的杆单元。

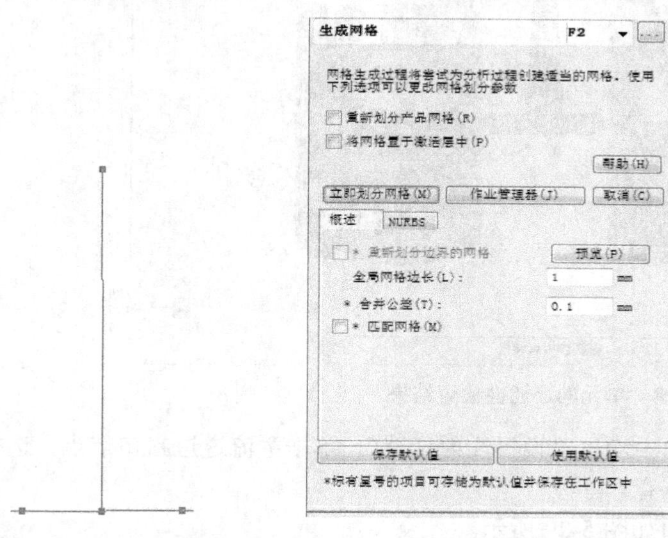

图 5-23　仅显示 Gates 层　　图 5-24　浇注系统生成网格对话框　　图 5-25　侧浇口杆单元

用同样的方法，仅显示分流道和主流道，设置杆单元大小为 1mm，生成杆单元，结果如图 5-26 所示。

网格单元的连通性检验。在完成了浇注系统的创建和杆单元划分之后，要对浇注系统杆单元与产品三角形单元的连通性进行检查，从而保证分析过程的顺利进行。显示所有产品的三角形单元及浇注系统的杆单元，执行菜单命令“网格”→“网格诊断”→“连通性诊断”，弹出如图 5-27 所示对话框。

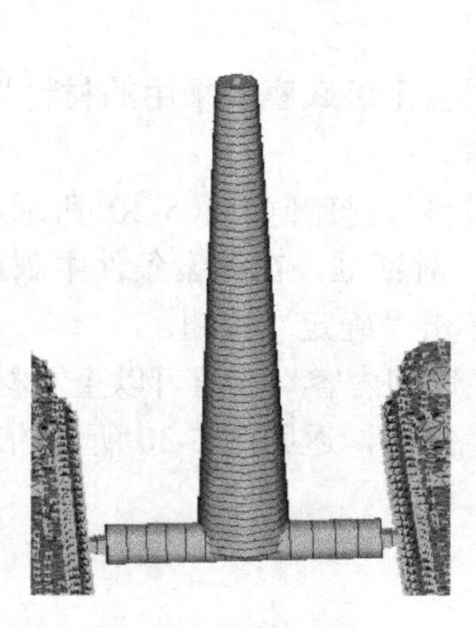

图 5-26　浇注系统创建结果

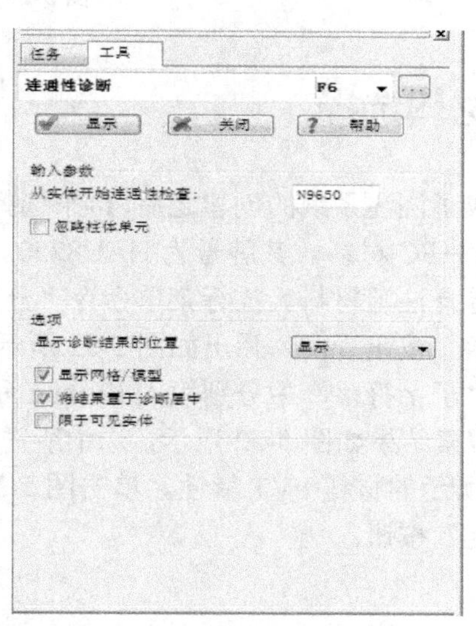

图 5-27　网格连通性诊断工具

选择任一单元作为起始单元，单击“显示”按钮，得到网格连通性诊断结果，如图 5-28 所示，所有网格均显示为蓝色，表示相互连通。

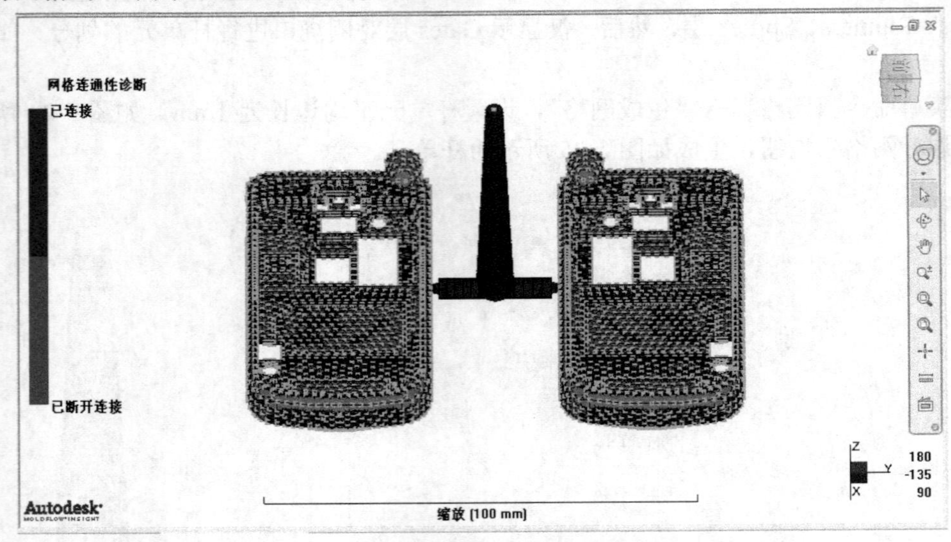

图 5-28 单元的连通性检查结果

设置进料口位置。在方案任务窗口中双击“设置注射位置”，单击主流道进料口节点，选择完成后在工具栏中单击“保存”按钮保存。

浇注系统创建完成，方案任务窗口如图 5-29 所示。

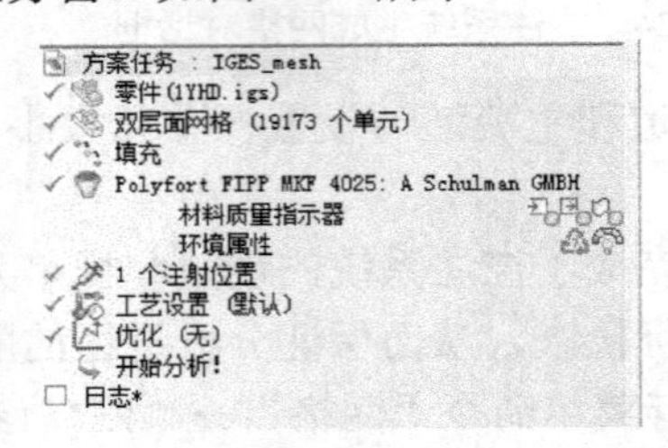

图 5-29 方案任务窗口

5.2.2 材料选择

在完成了浇注系统的创建之后，再来选择产品的注塑原料。手机底座所采用的材料为 Kumho 公司的 ABS+PC 材料，其牌号为 HAC8250。

（1）选择注塑材料。执行菜单命令“分析”→“选择材料”，打开如图 5-30 所示对话框，单击“搜索”按钮查询，弹出如图 5-31 所示的“搜索条件”对话框，在搜索条件中制造商和牌号两栏的“子字符串”中分别填入 Kumho 和 HAC 8250，单击“确定”按钮。

（2）搜索结果如图 5-32 所示，选中所需的材料，单击“详细内容”按钮可以查看材料属性，如图 5-33 所示的材料 PVT 特性。单击图 5-32 中的“选择”按钮，返回图 5-30 所示的对话框，单击“确定”按钮。

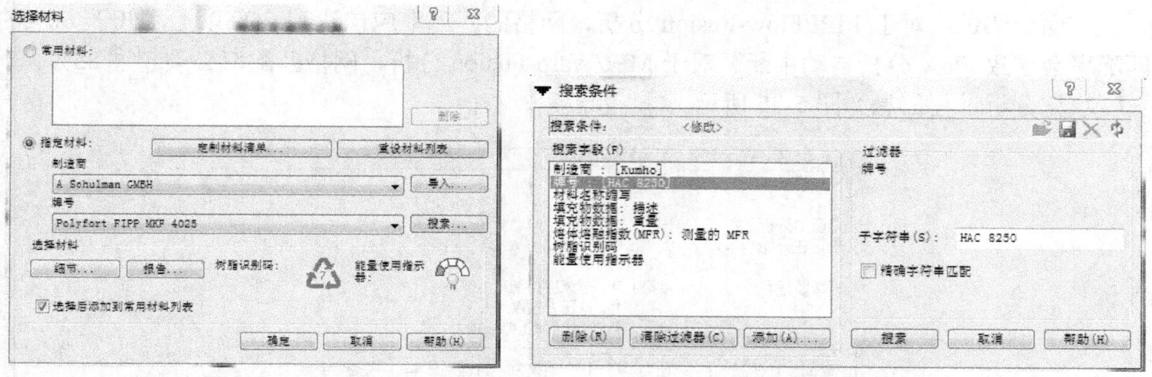

图 5-30　选择塑件材料

图 5-31　“搜索条件”对话框

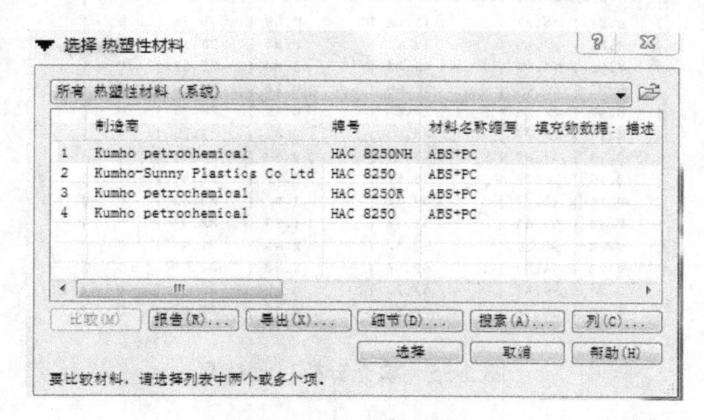

图 5-32　选择塑件材料

（3）在分析任务栏窗口中材料栏一项正确显示出所选材料为 HAC 8250：Kumho Chemicals Inc，如图 5-34 所示。

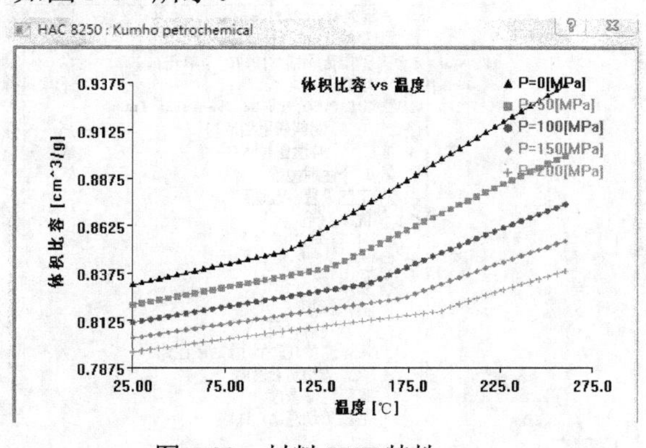

图 5-33　材料 PVT 特性

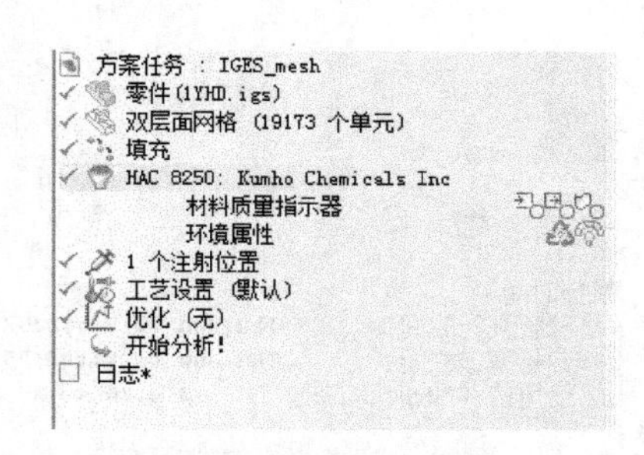

图 5-34　塑件材料选择完成

5.2.3　工艺过程参数的设定和分析计算

工艺过程参数选用默认设置。

在完成了分析前处理之后，即可进行分析计算，整个解算器的计算过程基本由 MPI 系统自动完成。双击方案任务栏窗口中的“开始分析”一项，解算器开始计算，通过分析计算的输出信息可以查看计算中的相关信息。

前面介绍过，对于 MPI/Flow-Fusion 分析，网格的匹配率应该达到 85%以上，低于 50%的匹配率会导致 Flow 分析自动中断。对于 MPI/Warp-Fusion 分析，网格匹配率必须超过 85%。

填充分析过程信息如图 5-35 所示。

网格日志　分析日志　填充　机器设置　填充-检查

填充分析

残余应力分析
分析正在开始 ....

充填阶段：　　状态：V　= 速度控制
　　　　　　　　　　P　= 压力控制
　　　　　　　　　　V/P= 速度/压力切换

时间 (s)	体积 (%)	压力 (MPa)	锁模力 (tonne)	流动速率 (cm^3/s)	状态
0.02	4.27	11.06	0.00	30.54	V
0.04	9.03	14.81	0.00	32.14	V
0.06	13.93	16.78	0.00	32.67	V
0.07	18.55	18.95	0.00	31.60	V
0.09	22.26	29.84	0.15	28.78	V
0.11	26.77	37.35	0.32	31.75	V
0.13	31.39	43.03	0.64	32.04	V
0.15	36.09	46.52	0.99	32.40	V
0.16	40.77	49.70	1.42	32.62	V
0.18	45.61	51.97	1.83	32.87	V
0.20	50.35	55.17	2.46	31.97	V
0.22	54.81	62.56	3.80	32.55	V
0.24	59.42	67.23	4.92	32.78	V
0.26	64.16	71.53	6.13	32.86	V

图 5-35　填充分析过程信息

计算时间如图 5-36 所示。

计算结束后，方案任务窗口如图 5-37 所示，填充分析结果列表显示。关注与产品熔接痕相关的结果信息。

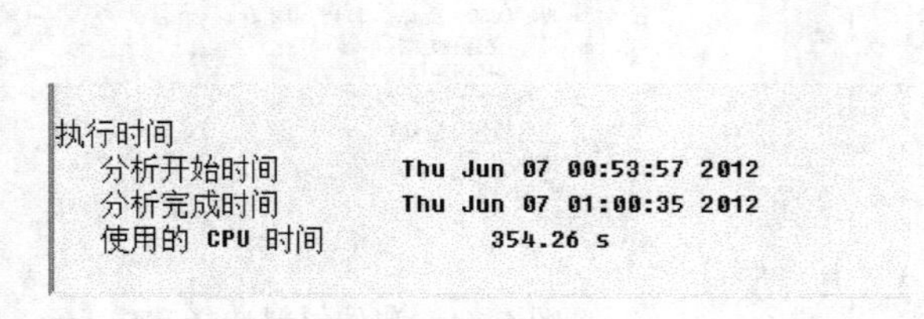
执行时间
分析开始时间　Thu Jun 07 00:53:57 2012
分析完成时间　Thu Jun 07 01:00:35 2012
使用的 CPU 时间　354.26 s

图 5-36　计算时间

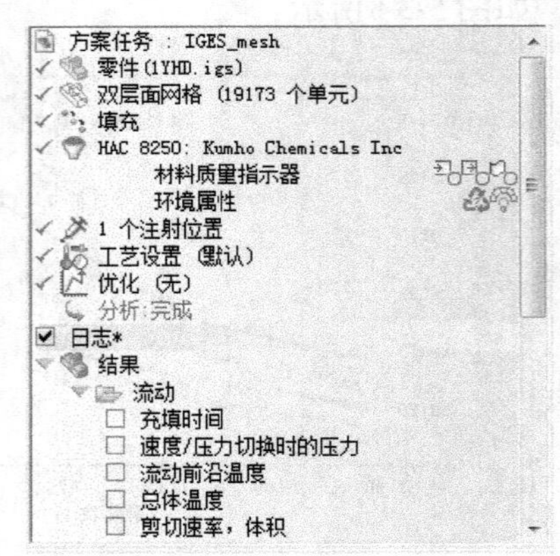

图 5-37　分析结果示意图

1）熔接痕

熔接痕容易使产品强度降低，特别是在产品可能受力的部位产生的熔接痕会造成产品结构上的缺陷。本案例中关注的熔接痕会造成产品表面质量缺陷，如图 5-38 所示。

单独显示产品的熔接痕结果不容易观察熔接痕缺陷的具体情况，将熔接痕结果叠加在填充时间的结果上不仅可以清楚地观察熔接痕，而且可以分析熔接痕产生的机理，如图 5-39 和图 5-40 所示。

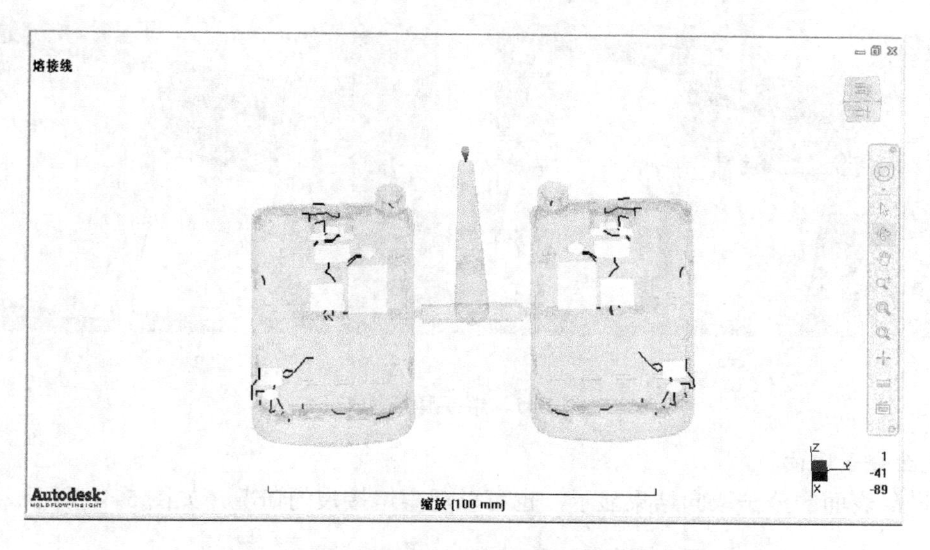

图 5-38　熔接痕

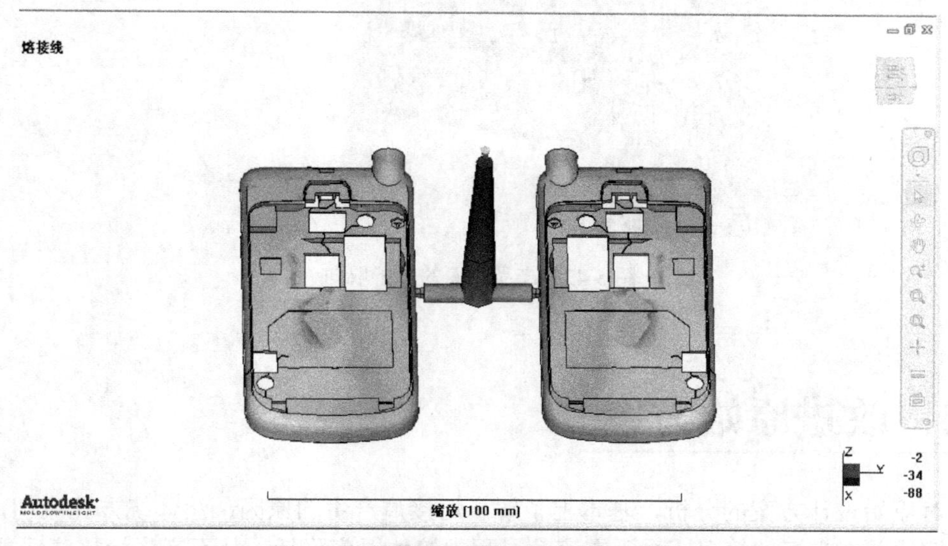

图 5-39　熔接痕与填充时间的叠加结果

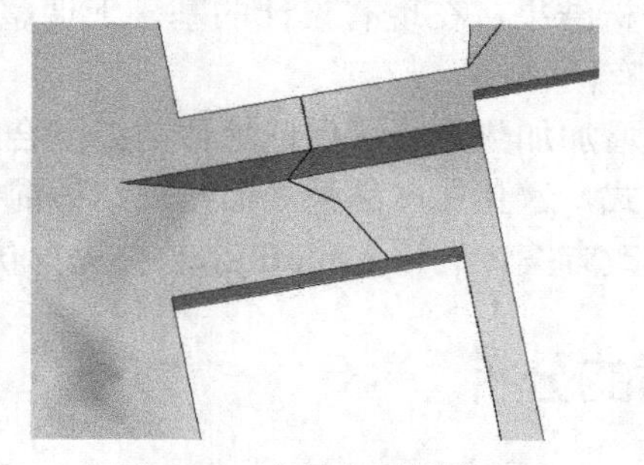

图 5-40　产品表面熔接痕

2）填充时间

通过对填充时间动态结果进行分析，可以直观地看到熔接痕产生的过程，如图 5-41 所示。

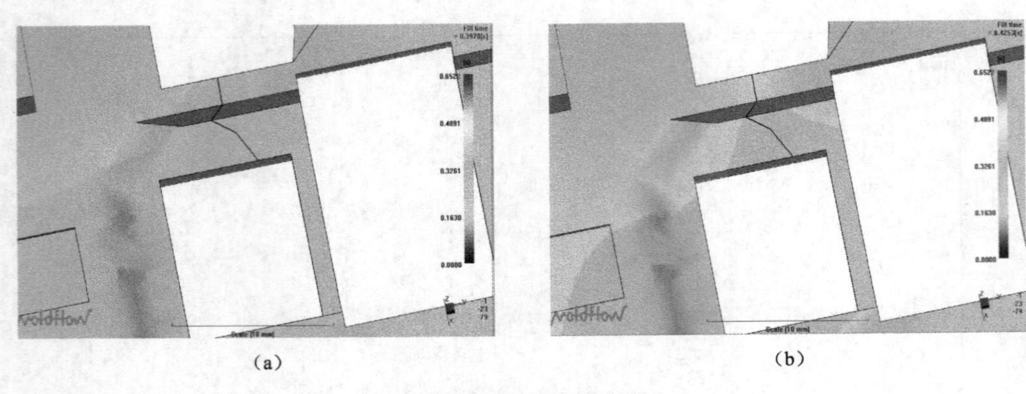

（a） （b）

图 5-41 熔接痕的生成

3）表面分子取向

通过产品表面的分子取向结果显示，也可以观察熔接痕的情况，如图 5-42 所示。

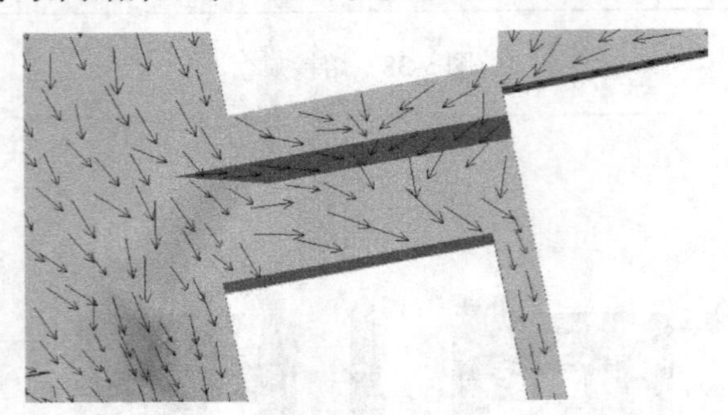

图 5-42 产品表面的分子取向

5.3 改进原始方案

通过对原始设计方案的分析，基本上了解了熔接痕产生的原因：熔体绕方孔流动，不可避免地出现熔体前锋交汇的情况，由于在流动过程中熔体温度降低，从而产生熔接痕现象。

下一步的任务就是根据分析结果，在现有设计的基础上调整和修改分析方案，从而改善缺陷情况。基本修改和调整方案有两种：

（1）在熔接痕出现的位置增加加热系统，保证熔体前锋汇合时保持一个较高的温度。

（2）改变浇口的位置和形式，避免在产品外观面出现熔体前锋汇合的情况。

下面就分别针对这两种修改方案，利用 Moldflow 软件进行仿真模拟，以观察实际的效果。

5.3.1 增加加热系统后的分析

经过上面的计算和分析，了解了熔接痕缺陷产生的原因，为改善熔接痕的情况，提出了在模具设计中添加加热系统的修改方案。希望通过加热系统，保证熔体前锋在汇合部位保持一定的温度，从而消除产品外观上的熔接痕缺陷。修改方案如图 5-43 所示。

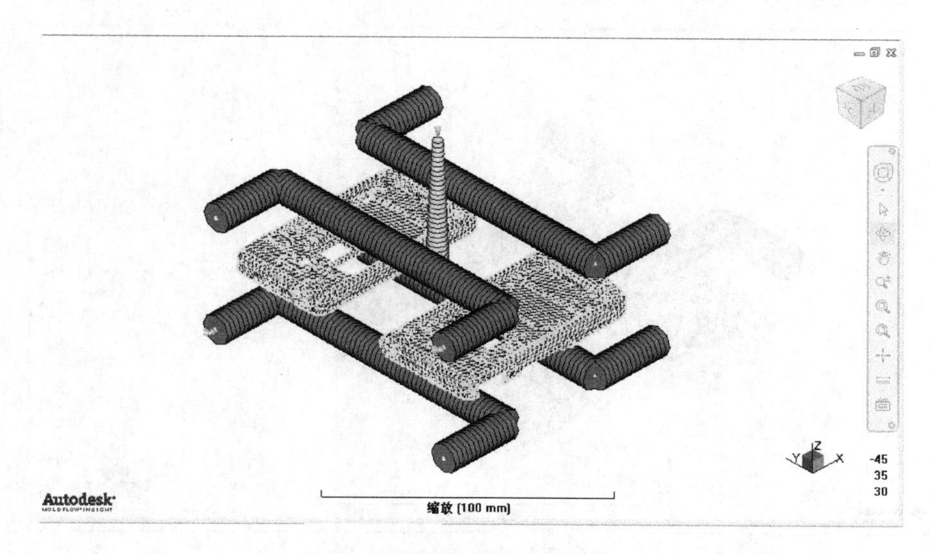

图 5-43　增加加热系统后的设计

加热管中的加热介质为高温油，温度在 90℃左右。

1）基本分析模型的复制

以原始设计方案的分析模型（iges_study（copy））为原形，复制基本的分析模型。

（1）复制基本的分析模型。在项目管理窗口中右击已经完成的原始设计方案的 Fill 分析 iges_study（copy），在弹出的快捷菜单中选择“复制”命令。

（2）分析任务重命名。将新复制的分析模型重命名为 iges_study（copy）（copy），重命名之后的项目管理窗口和分析任务窗口如图 5-44 所示。

从分析窗口可以看到，产品初步设计分析的所有模型和相关参数设置被复制，在此基础上即可添加加热系统，并进行相应的分析计算。

2）分析类型及顺序的设定

利用 MPI 中的 Cool 分析模块对添加加热系统后的设计方案进行分析。选择下拉式菜单“分析”→“设置分析序列”→“流动+冷却+保压”。这时，方案任务窗口中的显示发生变化，如图 5-45 所示。

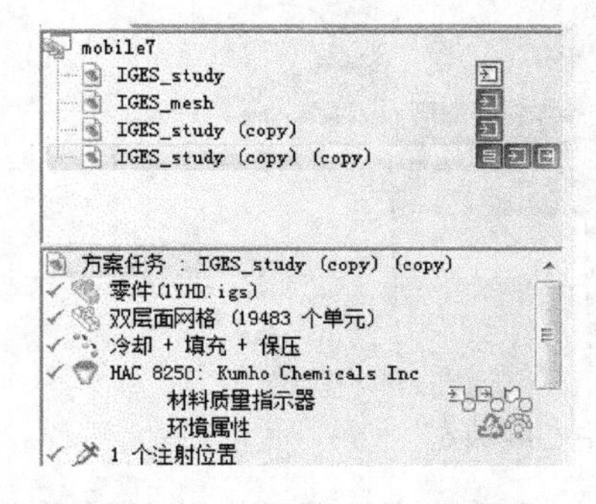

图 5-44　基本分析模型设置

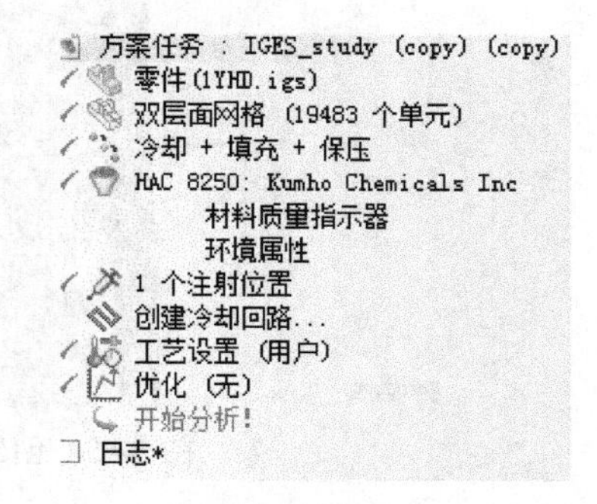

图 5-45　分析任务窗口

3）加热系统的创建

如图 5-46 所示，加热系统的创建与冷却系统的创建是一样的，其基本尺寸如图 5-47 所示，大致位置为位于产品表面熔接痕的上方，加热系统距离产品表面为 4～5mm，加热管道的直径为 12mm。

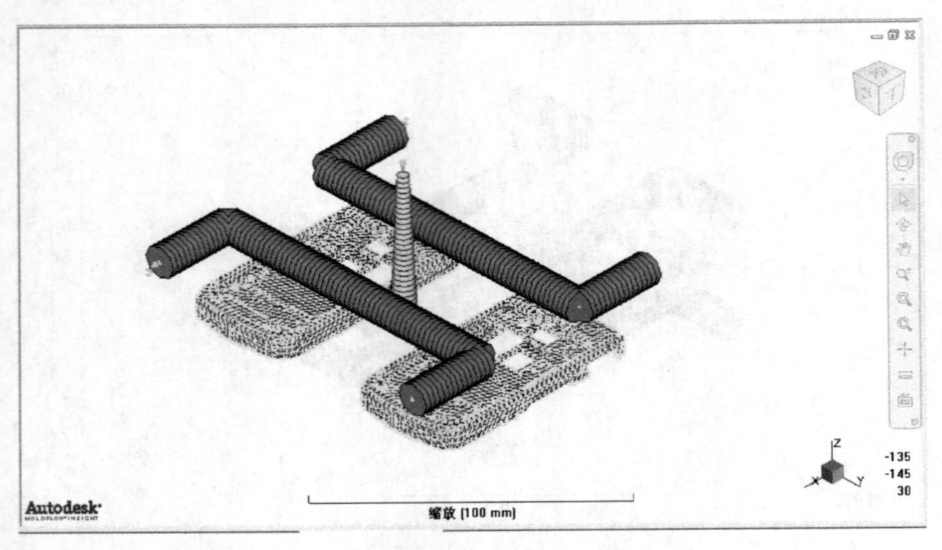

图 5-46　加热系统

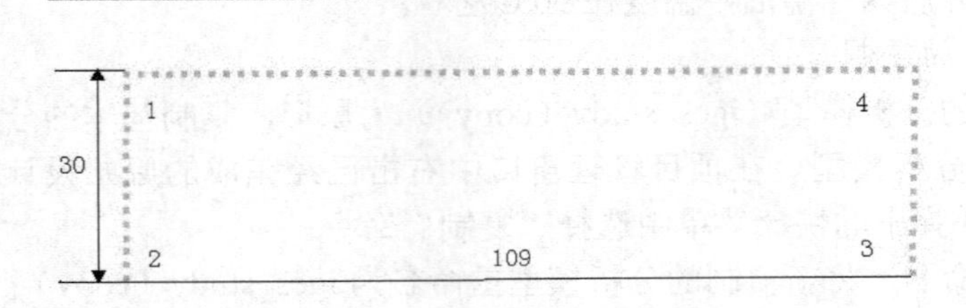

图 5-47　加热系统的尺寸

创建加热管中心线端点。执行菜单命令“建模”→“创建节点”→“按偏移”，基点选择产品网格模型上的节点 N8273，端点①相对基点 N8273 的偏置向量为（0 0 −20），如图 5-48 和图 5-49 所示。

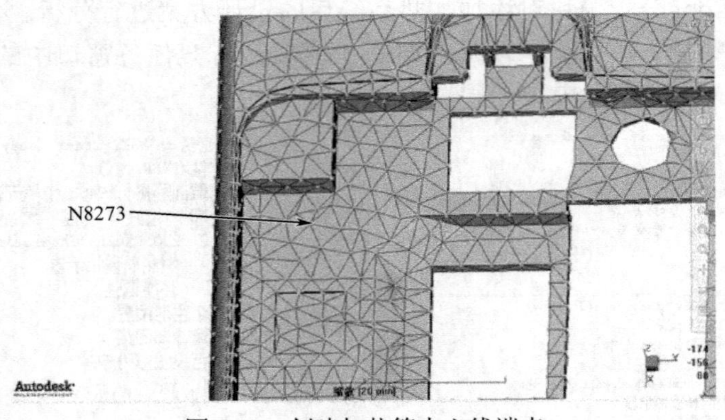

图 5-48　创建加热管中心线端点

创建端点①。在选择基点时，要保证其后创建的加热系统应该通过产品表面熔接痕的上方。端点②、③、④的创建方法相同，根据图 5-47 所示的尺寸自行创建。

创建加热系统的中心线。以①、②之间的直线段为例，执行菜单命令“建模”→“创建曲线”→“直线”，打开如图 5-50 所示对话框。

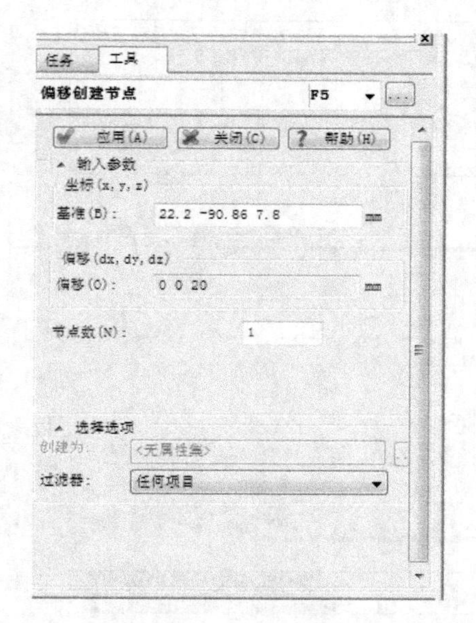

图 5-49　显示最佳浇口位置的中心节点

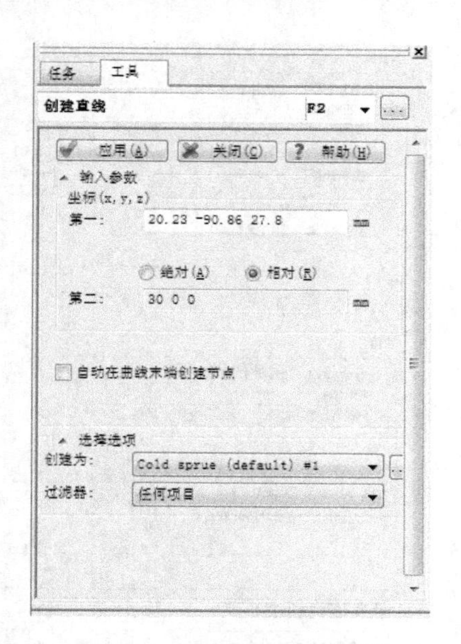

图 5-50　创建加热管中心线

选择第一端点（坐标节点①）和第二端点（坐标节点②），取消“自动在曲线末端创建节点”复选框，选择直线后右击“更改属性类型”按钮，弹出如图 5-51 所示对话框。

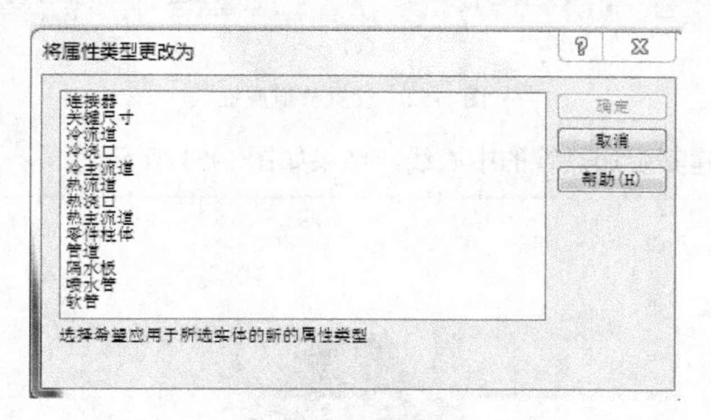

图 5-51　新建流道赋新属性

在列表中选择“管道”，或者执行菜单命令“新建”→“管道”，在弹出的对话框（如图 5-52 所示）中设置加热管各项属性及参数。设置完成后返回图 5-51 所示对话框，单击“确定”按钮，再返回图 5-50 所示对话框，单击“应用”按钮。

在图 5-52 中加热管的各项参数如下：

- 截面形状：圆形；
- 直径：12mm；
- 管道热传导系数：默认值为 1；
- 管道粗糙度：默认值为 0.05mm；
- 模具材料：Tool steel P-20。

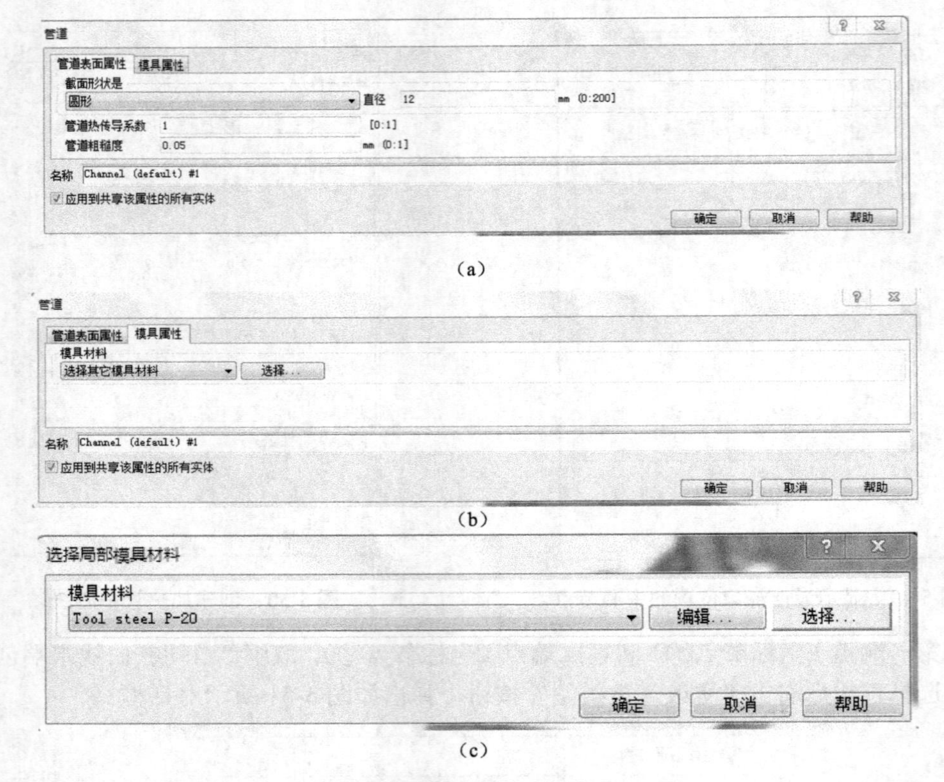

图 5-52　设置管道属性

用同样的方法创建其余加热管的中心线，结果如图 5-53 所示。

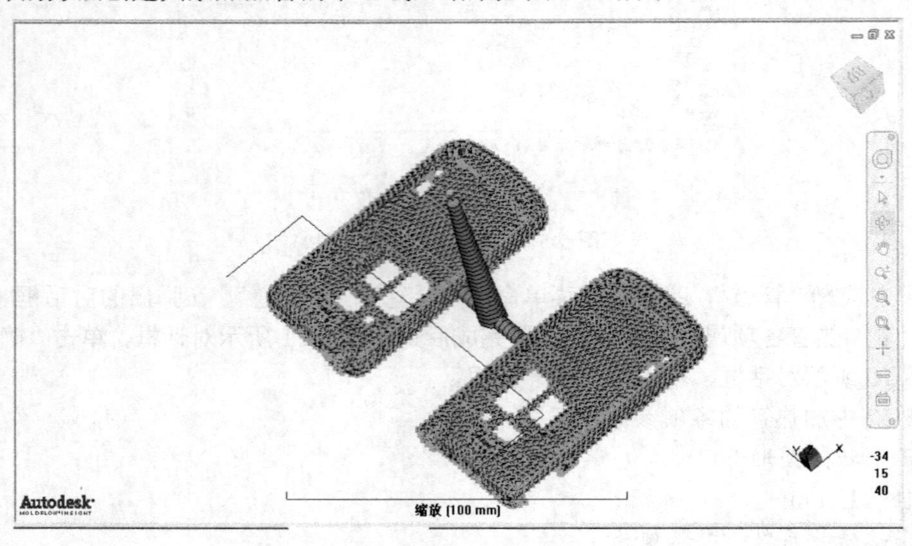

图 5-53　管道位置设定

加热管的杆单元划分。在层管理窗口中新建层 Heat channels，将新建的加热管中心线归入该层。仅显示新建层 Heat channels，执行菜单命令“网格”→“生成网格”，设置杆单元大小为 2mm，如图 5-54 所示。

单击“立即划分网格”按钮生成杆单元，结果如图 5-55 所示。

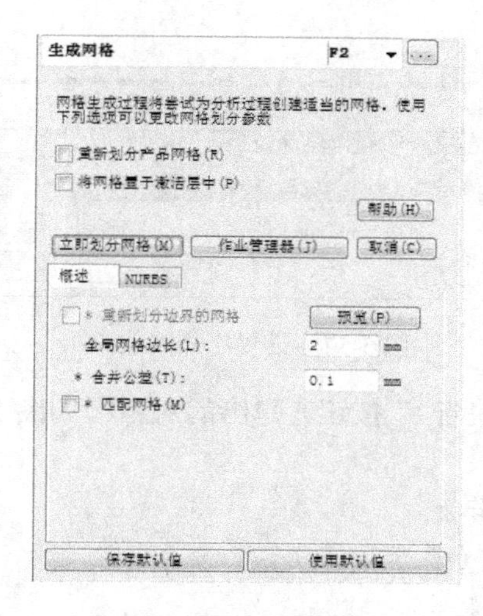

图 5-54　生成杆单元对话框

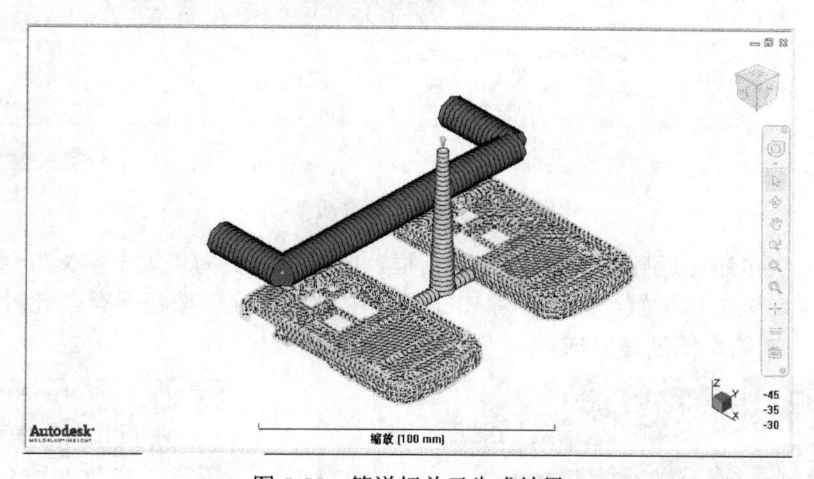

图 5-55　管道杆单元生成结果

镜像复制。执行菜单命令“建模”→“移动/复制”→“镜像”，结果如图 5-56 所示。

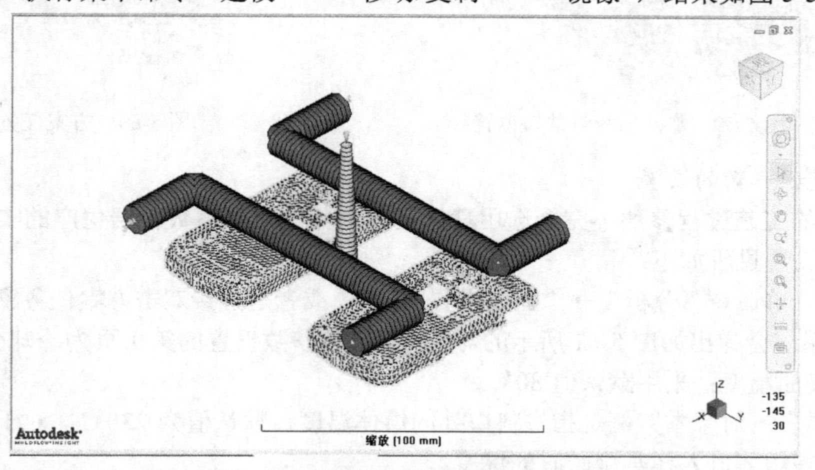

图 5-56　管道杆单元镜像生成结果

设置加热介质的进口及相关参数。在任务栏右击冷却回路，设置冷却液入口，弹出的对话框如图 5-57 所示。

设置 冷却液入口
单击模型创建具有所选属性集的 冷却液入口:
冷却液入口 属性(缺省)
新建(N)...
编辑(E)...
帮助(H)

图 5-57　设置冷却液入口

双击“冷却液入口 属性（缺省）”按钮，弹出的对话框如图 5-58 所示，有关参数设置如下：

- 冷却介质：OIL；
- 冷却介质控制：指定雷诺数；
- 冷却介质雷诺数：10000（表示湍流）；
- 冷却介质入口温度：90℃。

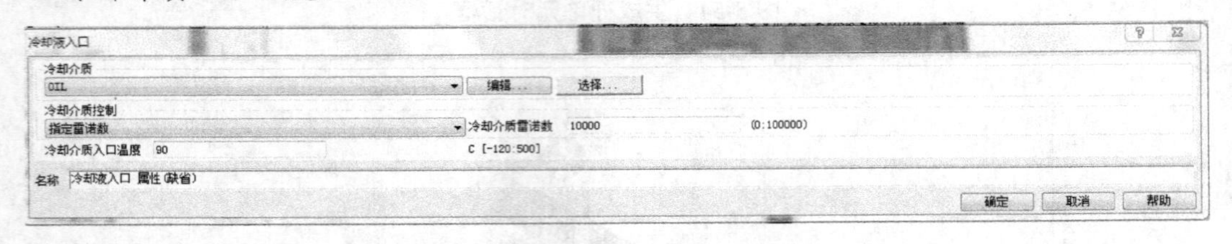

图 5-58　设置冷却介质参数

单击“确定”按钮，返回图 5-57 所示对话框，此时光标变为“大十字叉”，按照图 5-59 所示，为加热管设定进油口位置，完成后单击工具栏中的“保存”按钮保存。此时方案任务窗口如图 5-60 所示，加热系统创建完成。

图 5-59　加热系统进油口位置

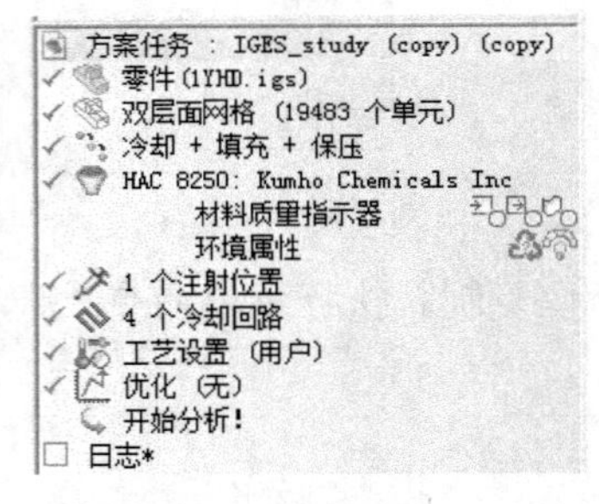

图 5-60　方案任务窗口

4）工艺过程参数的设置

修改方案的工艺过程参数不完全选用默认设置，其中一些参数根据生产的实际情况有略微的调整，参数设置过程如下：

（1）执行菜单命令“分析”→“工艺设置向导”，或者是直接双击方案任务窗口中的“工艺设置”一栏，系统会弹出如图 5-61 所示的对话框，过程参数设置的第 1 页为冷却分析参数设置。

① 模具表面温度：采用默认值 80℃。

② 熔体温度：对于本案例是指进料口处的熔体温度，默认值为 230℃；对于没有浇注系统的情况，则是指熔体进入模具型腔时的温度。

③ 开模时间：指一个产品从注塑、保压、冷却结束到下一个产品注塑开始的时间间隔，默认值为 5s。

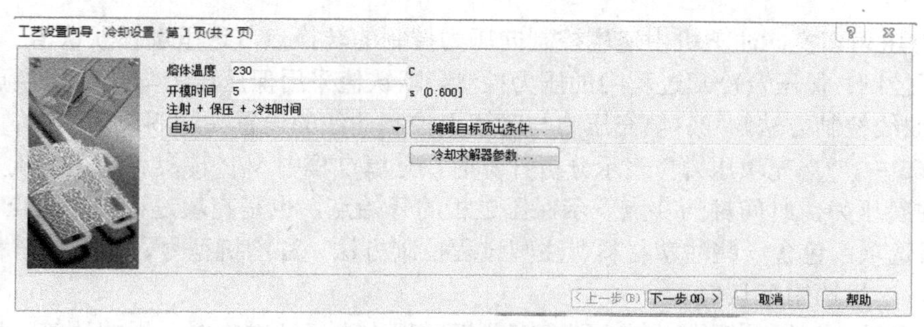

图 5-61　工艺设置向导

④ 注射+保压+冷却时间：注射、保压、冷却和开模时间组成一个完整的注塑周期。如图 5-61 所示，选择下拉菜单中的“指定”，这里设定为 20s；如果选择“自动”，则需要编辑开模时产品需要达到的标准。

⑤ 编辑目标顶出条件：单击“编辑目标顶出条件”按钮，在弹出的对话框中包括两项内容，即顶出温度和顶出温度最小零件百分比，如图 5-62 所示。

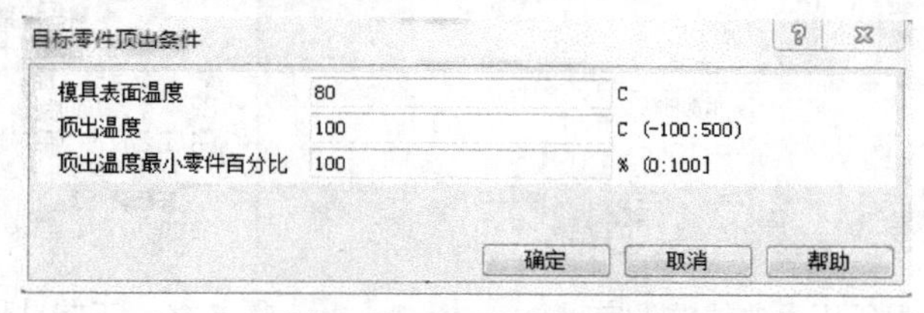

图 5-62　产品顶出条件

⑥ 冷却求解器参数：单击“冷却求解器参数”按钮，在弹出的对话框中是一些冷却分析迭代计算时的参数设置，包括模具温度收敛公差、最大模温迭代次数等，一般采用默认值即可，如图 5-63 所示。

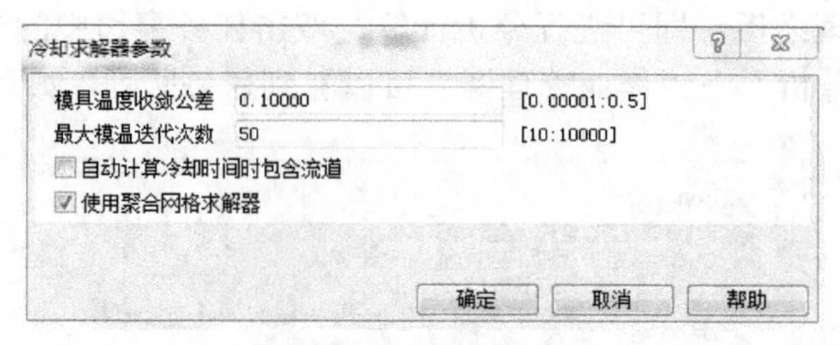

图 5-63　冷却求解器参数

（2）单击“下一步”按钮，进入第 2 页流动设置，如图 5-64 所示。

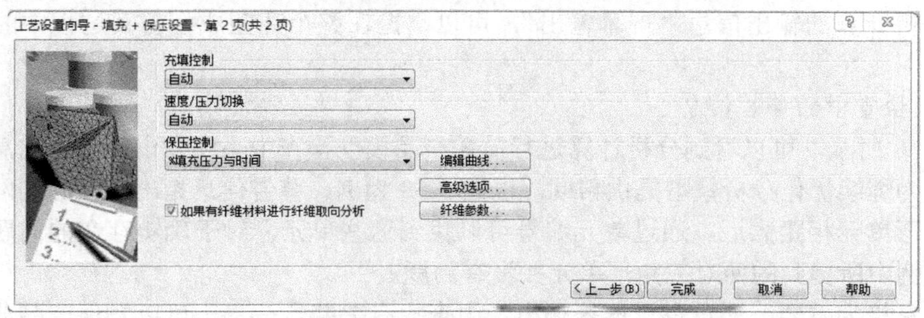

图 5-64　流动设置

① 充填控制：这里选择默认值“自动”。

② 整度/压力切换：注塑机由速度控制向压力控制的转换点，这里选择默认值“自动”。

③ 保压控制：保压及冷却过程中的压力控制，默认值采用保压压力与 V/P 转换点的填充压力相关联的曲线控制方法，“% 填充压力与时间”控制曲线的设置如图 5-65 所示。

在图 5-65 中，“%充填压力”表示分析计算时，充填过程中 V/P 转换点的充填压力，保压压力为 80% 注射压力，时间轴的 0 点表示保压过程的开始点，也是充填过程的结束点。

④ 高级选项：包含一些注塑材料、注塑过程控制方法、注塑机型号、模具材料和解算模块参数的信息，这里选用默认值。

⑤ 纤维参数：如果是纤维材料，则会在分析过程中进行纤维定向分析的计算，相关的参数选用默认值。

（3）单击“完成”按钮，结束工艺过程参数的设置，分析任务窗口显示如图 5-66 所示。

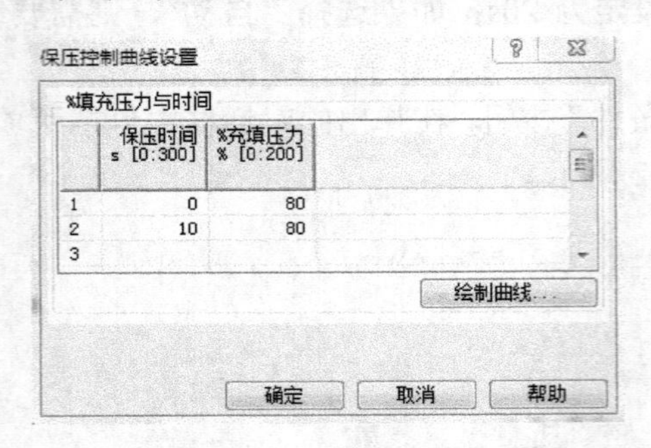

图 5-65　保压压力曲线的设定

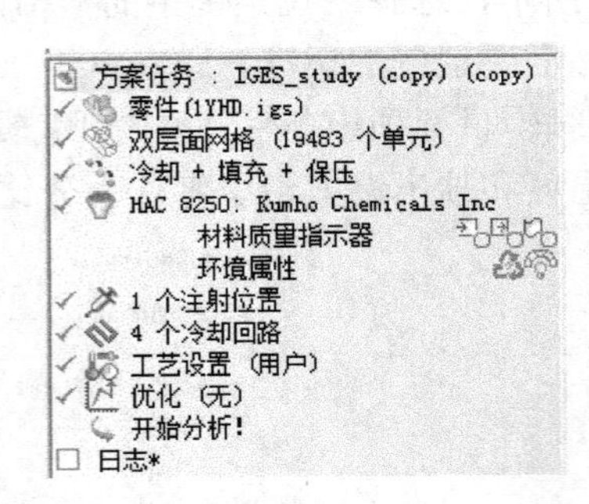

图 5-66　工艺过程参数设置完成

5.3.2　分析计算

在完成了分析前处理之后，即可进行分析计算。双击任务窗口中的“立即分析”一项，解算器开始计算，选择“分析”→“作业管理器”可以看到任务队列，如图 5-67 所示。

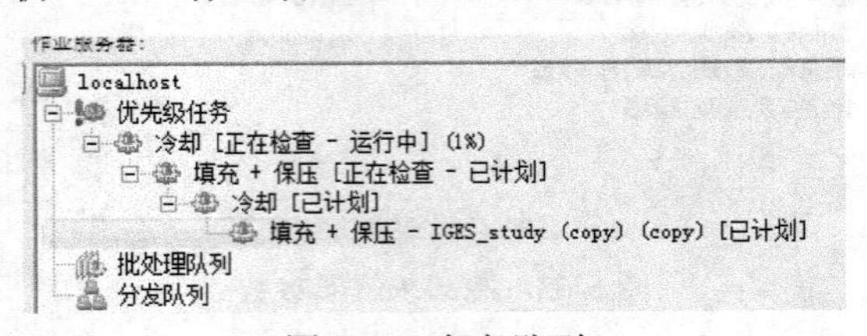

图 5-67　任务队列

通过分析计算的输出信息“屏幕输出”，可以掌握在整个注塑成型仿真过程中的一些重要信息。

1）模型检查中的警告信息

如图 5-68 所示，可以看到分析计算进行前在产品模型检查中系统发出的警告信息，这些警告信息可以为继续优化分析模型提供帮助。以图 5-68 为例，警告信息指出在产品的网格模型中有两对三角形单元相距太近，通过单元编号可以找到这些单元，对于确实存在的问题要进行修改，在本案例中所提到的两对三角形单元并没有问题。

警告信息极为重要，通过在“屏幕输出”中查找有关警告信息，可以发现产品分析模型中可能存在的问题，通过解决这些不易发现的问题，能够保证分析结果的准确性。在“屏幕输出”中还存在一类错误信息，通过错误信息可以找到计算分析失败的原因。

```
** WARNING 700940 ** Two elements are too close
                     Check element     1967 in the Part_model and element    8951 in the Part_model

** WARNING 700940 ** Two elements are too close
                     Check element     6898 in the Part_model and element    7713 in the Part_model

** WARNING 700940 ** Two elements are too close
                     Check element     7067 in the Part_model and element    6899 in the Part_model
```

图 5-68　警告信息

2）充填分析过程信息

如图 5-69 所示，V/P 转换发生在型腔 95.91% 被充满的时候，此时的充填压力在 105.59MPa 左右。由此根据保压曲线的设定，保压压力为 84.48MPa（80% Filling pressure），0.59s 的时间型腔充填完成。

3）保压分析过程信息

如图 5-70 所示，保压阶段从时间 0.59s 开始，经过 10s 的恒定保压，保压压力线性降低，在 10.51s 时压力降为 55.48MPa，保压结束。

0.51	95.91	105.59	21.26	24.88	V/P
0.51	96.38	99.61	21.40	17.07	P
0.52	97.28	84.48	19.90	7.99	P
0.54	98.50	84.48	19.88	7.93	P
0.56	99.46	84.48	21.52	5.18	P
0.59	99.83	84.48	25.59	2.36	P
0.59	100.00	84.48	26.08	2.15	已充填

图 5-69　充填分析过程信息

时间 (s)	保压 (%)	压力 (MPa)	锁模力 (tonne)	状态
0.59	0.00	84.48	26.10	P
1.00	4.13	84.48	13.37	P
1.50	9.17	84.48	6.89	P
2.00	14.21	84.48	4.61	P
2.50	19.26	84.48	3.56	P
3.00	24.30	84.48	3.15	P
3.50	29.34	84.48	2.94	P
4.00	34.38	84.48	2.80	P
4.50	39.43	84.48	2.71	P
5.00	44.47	84.48	2.63	P
5.50	49.51	84.48	2.57	P
6.00	54.55	84.48	2.52	P
6.50	59.60	84.48	2.47	P
7.00	64.64	84.48	2.43	P
7.50	69.68	84.48	2.38	P
8.00	74.72	84.48	2.33	P
8.50	79.76	84.48	2.29	P
9.00	84.81	84.48	2.24	P
9.50	89.85	84.48	2.20	P
10.00	94.89	84.48	2.16	P
10.50	99.93	84.48	2.12	P
10.51	100.00	55.48	2.12	P

图 5-70　保压分析过程信息

5.3.3　结果分析

分析计算结束，MPI 生成了流动和冷却的分析结果，方案分析任务窗口如图 5-71 所示。

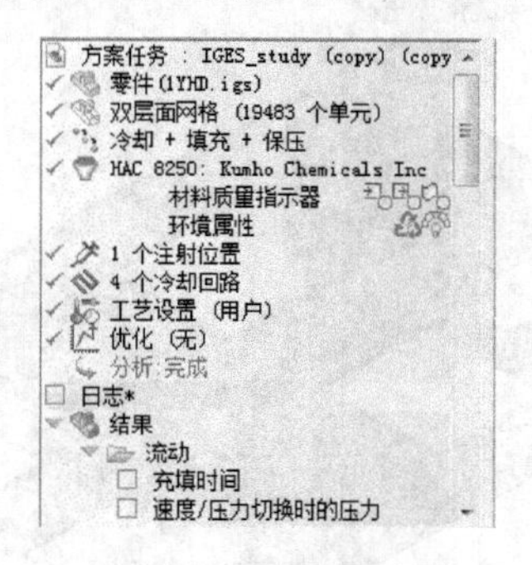

图 5-71　分析结果列表

1）熔接痕

如图 5-72 所示为产品熔接痕与充填时间的叠加结果，与图 5-39 相比，可以清楚地看到在添加了加热管后，熔接痕仍然存在，未能消除。

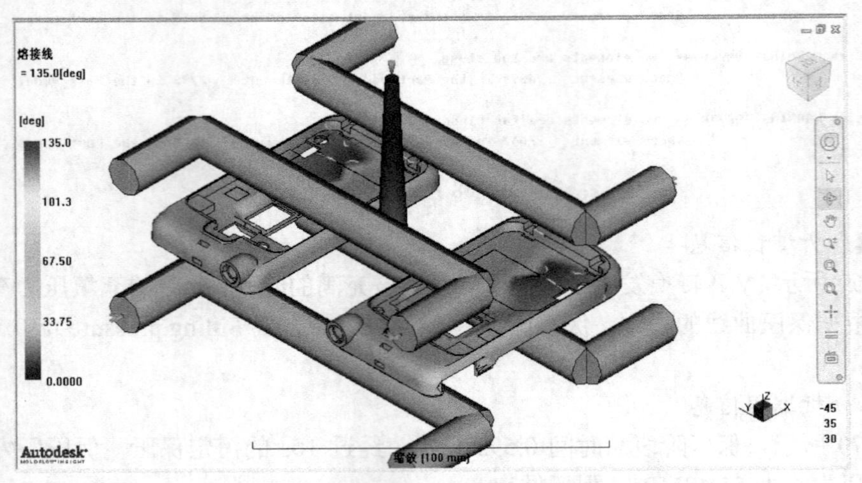

图 5-72 熔接痕与充填时间的叠加结果

2）充填时间

如图 5-73 所示，可以看到在注塑过程中区域熔体流动情况。

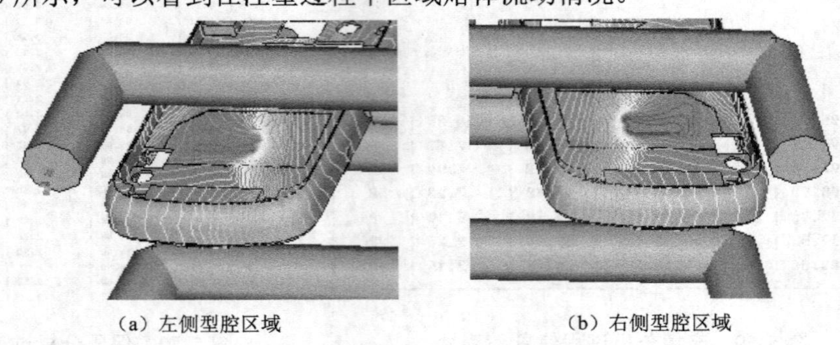

（a）左侧型腔区域 （b）右侧型腔区域

图 5-73 充填时间

3）表面分子取向

如图 5-74 所示，产品表面的分子取向依然表明该位置容易产生熔接痕现象。

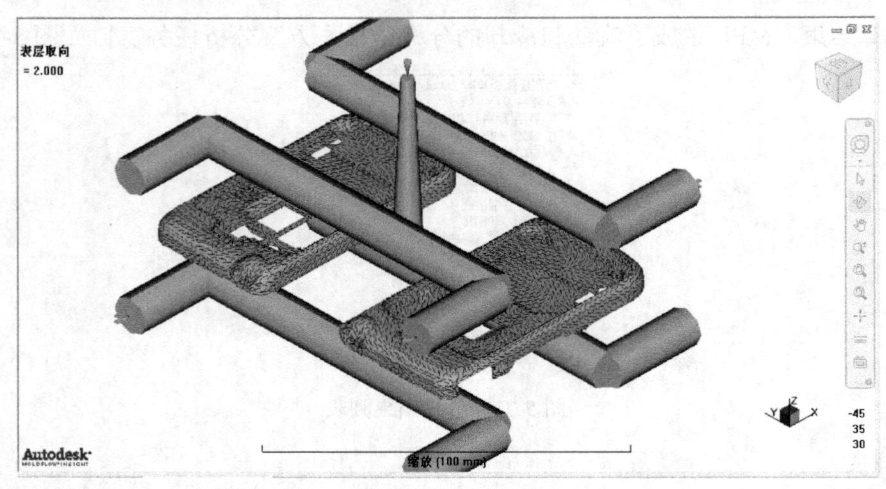

图 5-74 产品表面的分子取向

4）冷却分析结果

如图 5-75 所示，加热管通过的区域，温度变化不大，对于熔接痕的消除没有一定的作用。

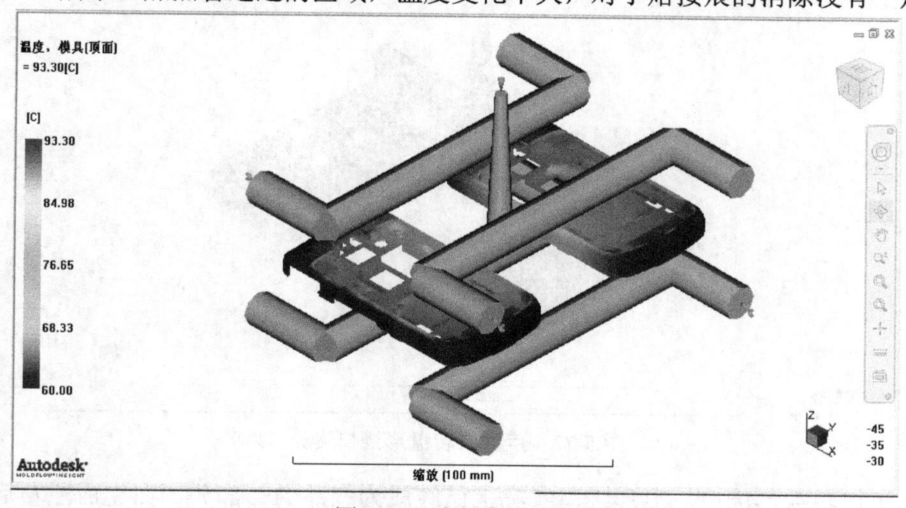

图 5-75　冷却分析结果

通过对以上模拟仿真结果的分析，可以看出增加加热系统对于熔接痕缺陷基本上没有改善作用，不能从根本上消除熔接痕。通过修改产品浇口的位置和形式能够从根本上消除产品表面的熔接痕缺陷。

5.4　对浇口位置和形式改变后的分析

在分析提出的设计方案中，始终采用的是侧浇口的形式，对于手机底座上的圆孔形状的结构，在熔体充模的过程中必然会出现熔体前锋绕过圆孔后汇合的情况，从而不可避免地出现熔接痕缺陷，如图 5-76 所示。

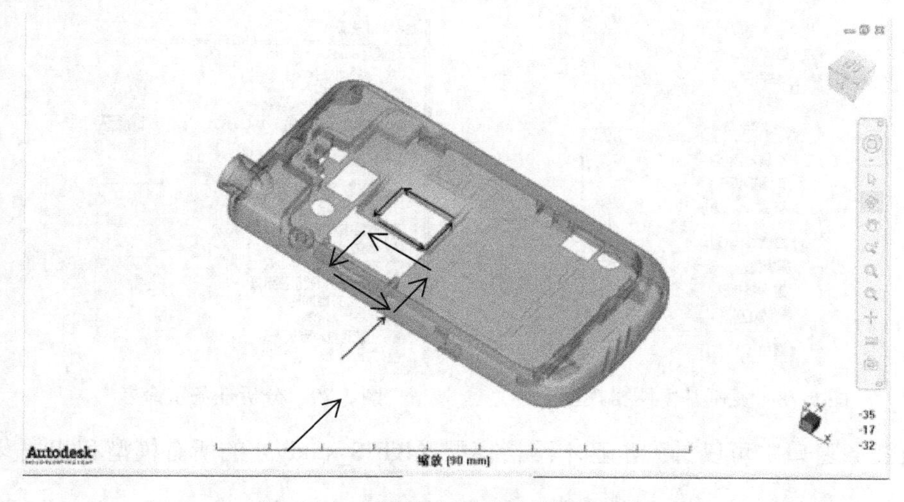

图 5-76　侧浇口方案中熔体流动方向

在分析了熔接痕产生的原因之后，为了能够从根本上解决产品表面的熔接痕问题，采用点浇口转盘形浇口，从而避免熔体前锋在产品表面交汇的情况，如图 5-77 所示。

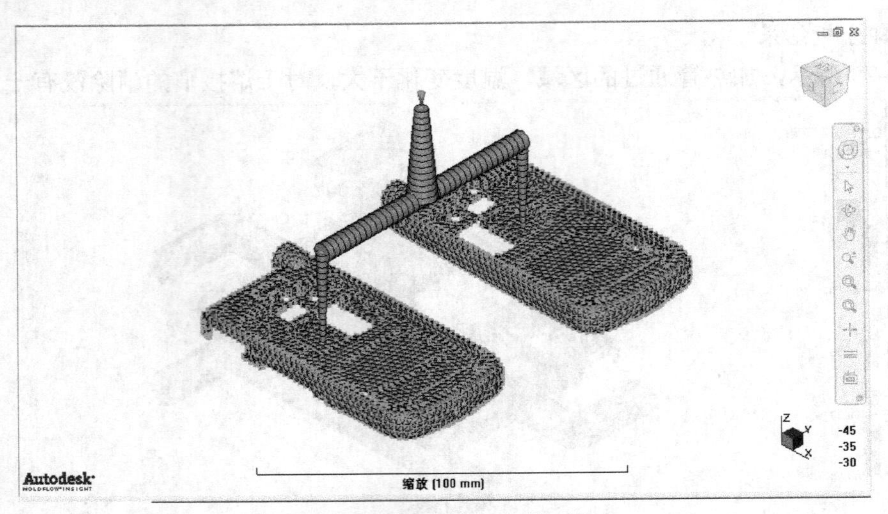

图 5-77　点浇口转盘形浇口设计

采用点浇口转盘形浇口，盘形浇口实际上已经成为产品的一部分，在完成注塑后需要将其从手机外壳上冲切掉。在建立产品的网格模型时，盘形浇口作为产品的一部分利用三角形单元创建。下面具体介绍浇口形式的分析过程。

5.4.1　分析前处理

将浇口形式由侧浇口调整为采用点浇口转盘形浇口，分析前处理主要包括以下内容：

1）基本网格模型的复制

以项目 IGES_study 为原型，进行产品基本网格模型的复制。在项目管理窗口中右击模型 IGES_study，在弹出的快捷菜单中选择“重复”命令，如图 5-78 所示。

分析任务重命名。将新复制的网格模型重命名为 IGES_study new，重命名之后的项目管理窗口和方案任务窗口如图 5-79 所示。

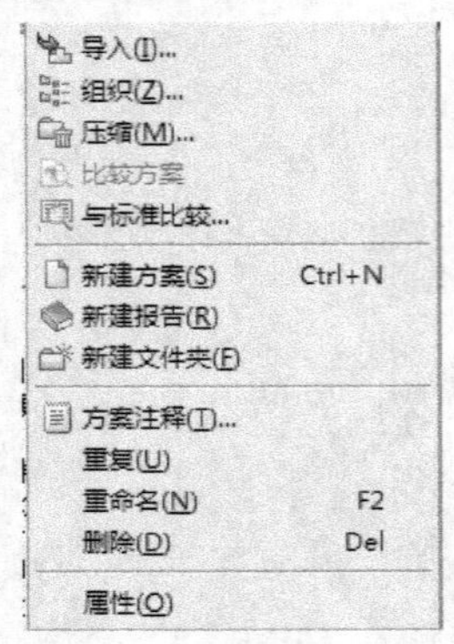

图 5-78　复制基本网格模型

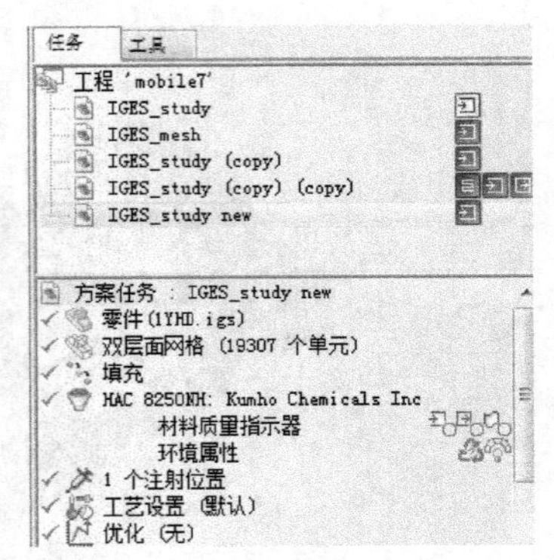

图 5-79　分析任务重命名

从分析任务窗口中可以看到，基本网格模型（IGES_study）的所有模型和相关参数设计被复制。

2）盘形浇口的创建

盘形浇口在 MPI 中被作为产品的一部分，用三角形网格单元表示，其创建方法有两种：一种是建立产品 3D 造型时将盘形浇口作为产品的一部分，然后导出 STL 格式文件，在此基础上直接划分网格；另一种是在 MPI 系统中，利用原始设计的基本网络模型，直接创建三角形网络单元来表示盘形浇口。为了简便起见，采用第二种方法，创建过程如下：

针对手机外壳上如图 5-80 所示位置处，删除圆孔孔壁四周的三角形网络。如图 5-81 所示，选中孔壁四周的所有网格，右击选择删除三角形单元。

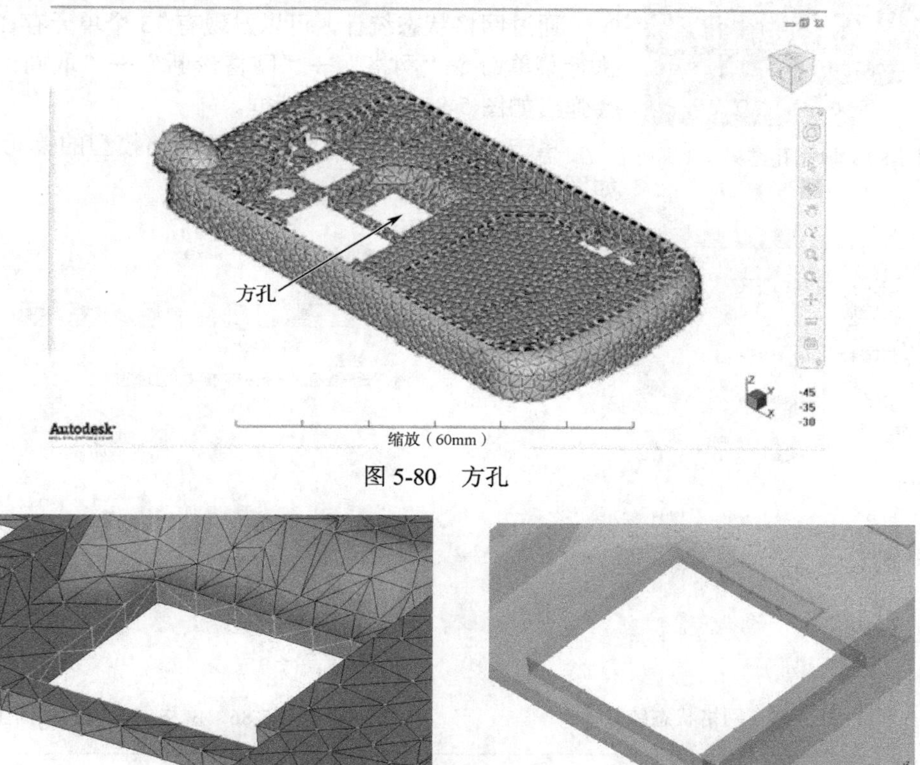

图 5-80　方孔

（a）　（b）

图 5-81　删除方孔孔壁处的三角形单元

利用三角形单元填补方孔空洞。执行菜单命令“网格”→“网格工具”→“边工具”→“填充孔”，系统会弹出“填充孔”对话框，如图 5-82 所示。选择方孔侧壁上的任意一点，单击“搜索”按钮，系统会自动搜索方孔侧壁，如图 5-83 所示。

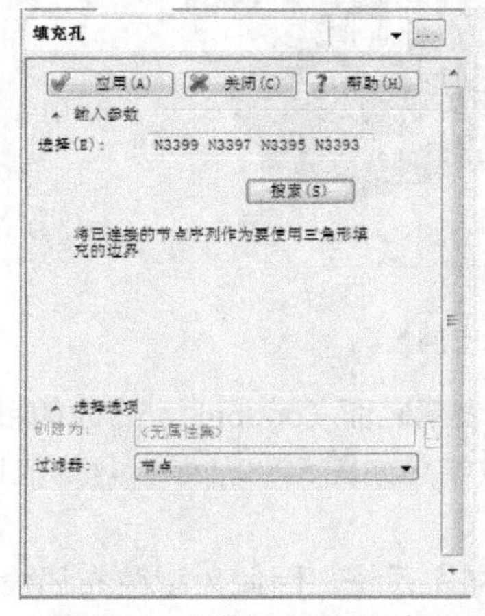

图 5-82　“填充孔”对话框

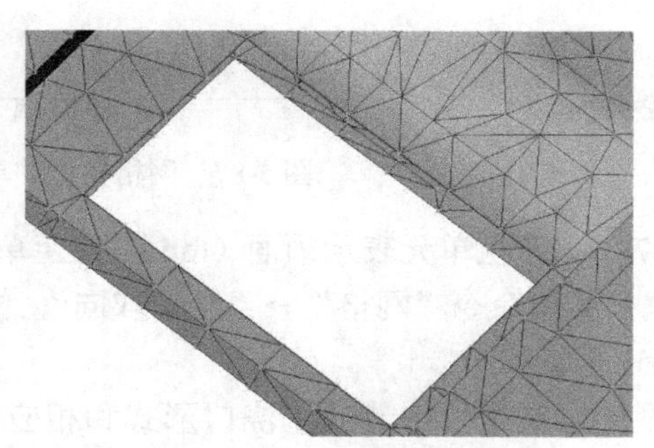

图 5-83　方孔侧壁的自动搜索

图 5-84 填充孔结果

单击“应用”按钮，填充孔结果如图 5-84 所示。

用同样的方法对圆孔下侧孔洞进行修补。完成了盘形浇口的创建后，需要对产品网格状态进行分析。执行菜单命令“网格”→“网格统计”，网格状态统计如图 5-85 所示。

通过网格状态统计，可以发现有 13 个单元存在定向问题，执行菜单命令“网格”→“网格诊断”→“取向诊断”，系统会弹出如图 5-86 所示的对话框。

单击“显示”按钮，将会显示网格模型的单元定向情况，如图 5-87 所示。

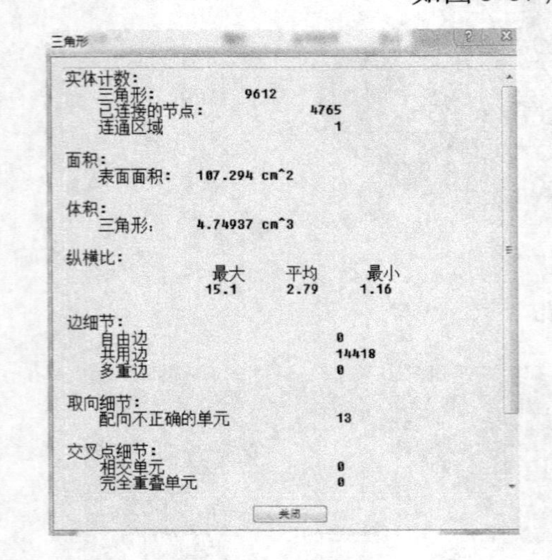

图 5-85 网格状态统计

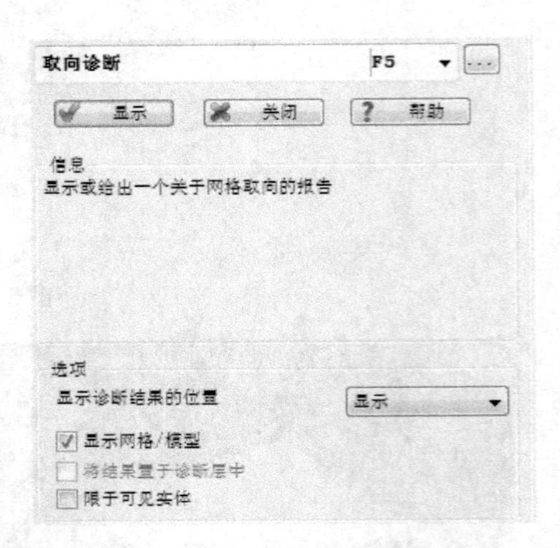

图 5-86 网格单元取向诊断工具

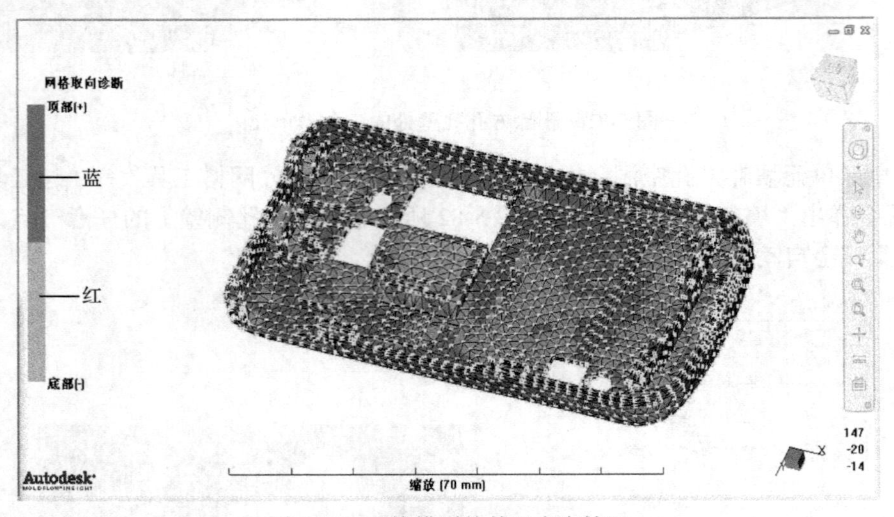

图 5-87 网格模型的单元定向情况

在图 5-87 中，蓝色单元表示顶面（top），红色单元表示底面（bottom），修改的目标就是消除红色单元。执行菜单命令“网格”→“全部取向”，修改结果如图 5-88 所示。盘形浇口创建完成。

3）型腔的复制布局

由于在设计方案中仅仅修改了浇口形式和相应的浇注系统，因此，型腔布局没有变化，镜像复制结果如图 5-89 所示。

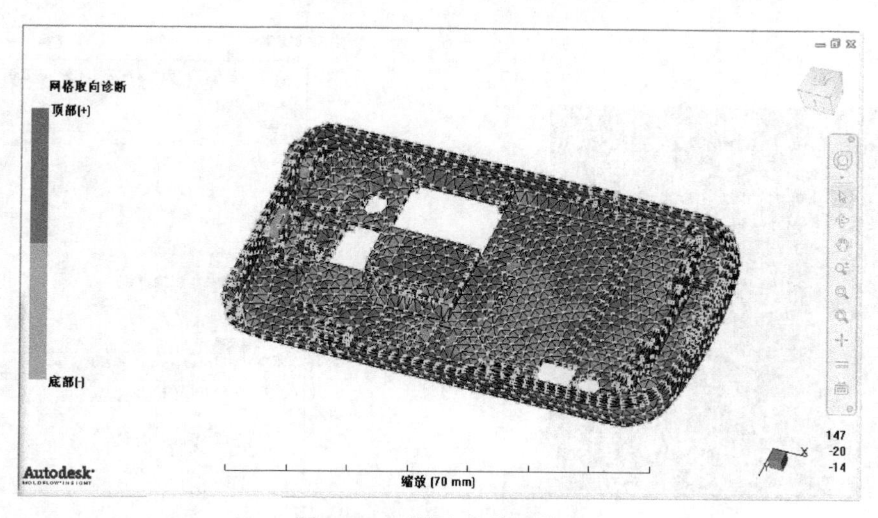

图 5-88　网格取向修改结果

4）点浇口浇注系统的创建

浇注系统的详细情况如图 5-90 所示。其中，主流道为圆锥形，上、下端口分别为 4mm 和 9mm，截面为圆形，长度为 30mm；分流道截面为圆形，直径为 6mm；与盘形浇口直接相连的浇口为圆锥形，小端口直径为 1.5mm，锥角为 2º，长度为 30mm。

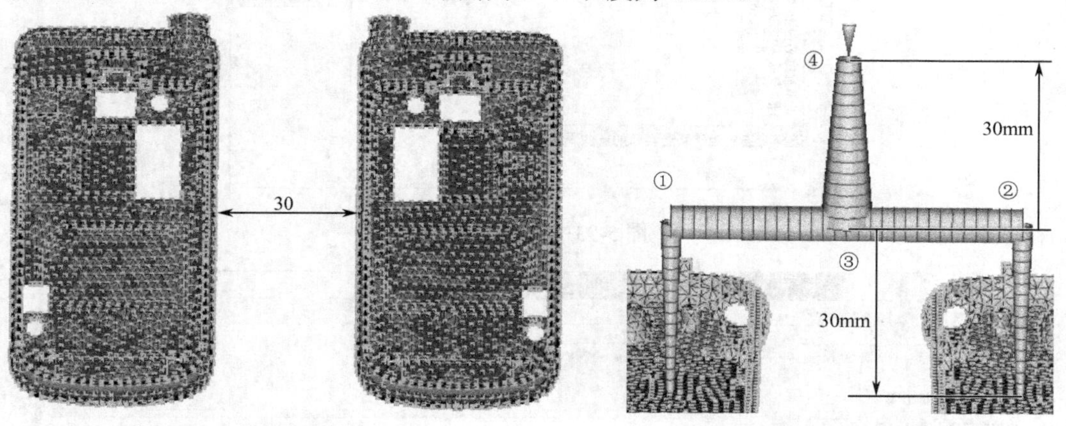

图 5-89　镜像复制结果　　图 5-90　点浇口转盘形浇口浇注系统

浇注系统的创建过程如下：

创建流道中心线的端点①、②、③、④。执行菜单命令“建模”→“创建节点”→“按偏移”，基点选择盘形浇口的中点，如图 5-91 所示的 N9608，端点①、②相对盘形浇口中点的偏置向量为（0 0 30），端点③为端点①、②的中点，端点④相对端点③的偏置向量为（0 0 30）。

创建与盘形浇口相连的圆锥形浇口的中心线。首先创建左侧浇口中心线，其端点为 N9608 和节点①，执行菜单命令“建模”→“创建曲线”→“直线”，弹出的对话框如图 5-92 所示。

中心线的端点分别选择节点 N9608 和节点①，取消选中“自动在曲线末端创建节点”复选框，选择直线，右击选择更改属性类型，选择冷浇口，设置点浇口属性，弹出的对话框如图 5-93 所示。

选择直线，右击选择属性，可以设置浇口属性，弹出的对话框如图 5-94 所示。

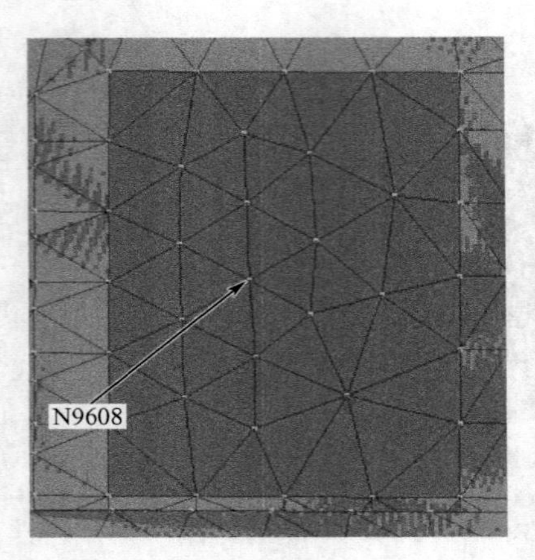

图 5-91 基点为盘形浇口中点 N9608

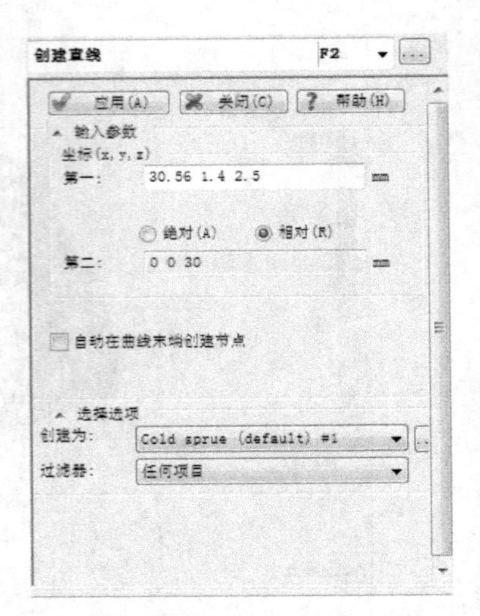

图 5-92 创建浇口中心线

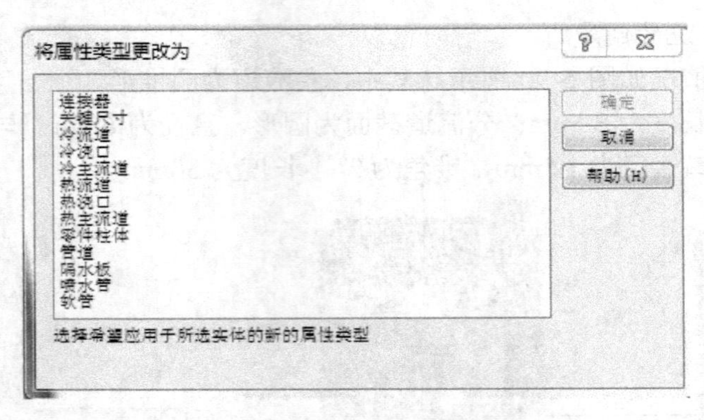

图 5-93 设置浇口属性

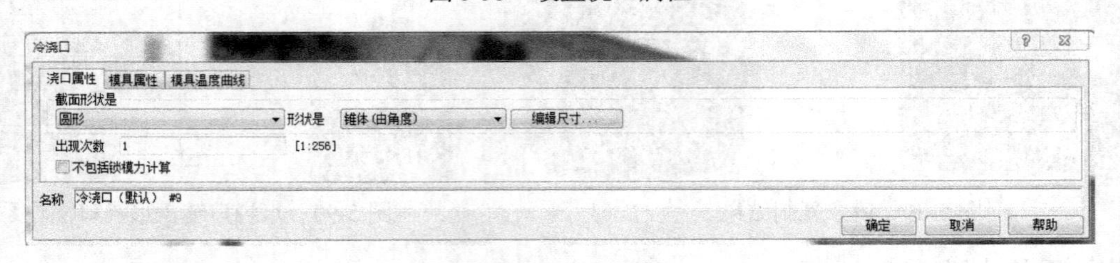

图 5-94 浇口属性

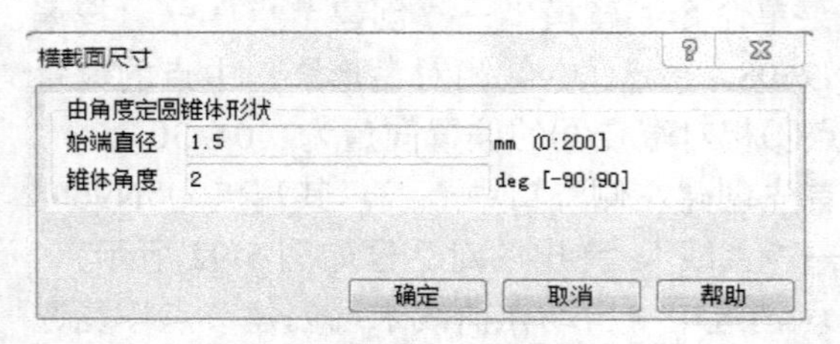

图 5-95 编辑浇口横截面尺寸

在对话框中，相关参数选择如下：

- 截面形状：圆形；
- 形状：锥体（由角度）；
- 出现次数：1。

单击“编辑尺寸”按钮，弹出的对话框如图 5-95 所示。

始端直径为 1.5mm，锥体角度为 2°，单击“确定”按钮返回图 5-94 所示对话框。单击对话框中的“模具属性”选项卡，选择模具材料为 P20 钢。参数设置完成，单击“确定”按钮返回图 5-92 所示对话框。单击“应用”按钮，完成浇口中心线的创建。用同样的方法创建另一浇口的中心线，其端点为 N4790 和节点②。

创建分流道的中心线。首先创建一侧的分流道中心线，其端点为节点①和节点③。执行菜单命令“建模”→“创建曲线”→“直线”，弹出的对话框如图 5-96 所示。

中心线的端点分别选择节点①和节点③，取消选中“自动在曲线末端创建节点”复选框，选择直线，右击选择更改属性类型，选择冷流道属性，弹出的对话框如图 5-97 所示。

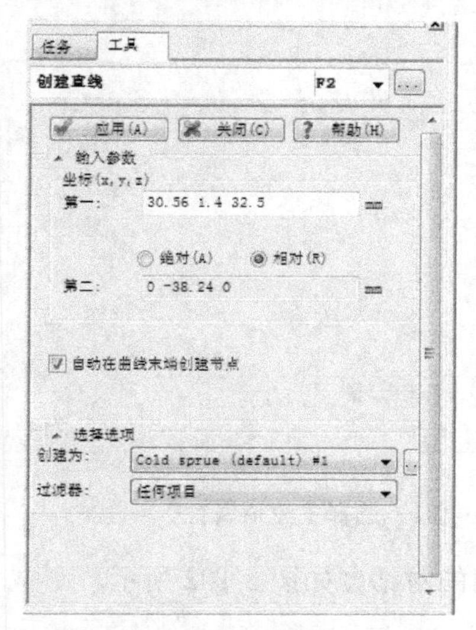

图 5-96　创建分流道中心线

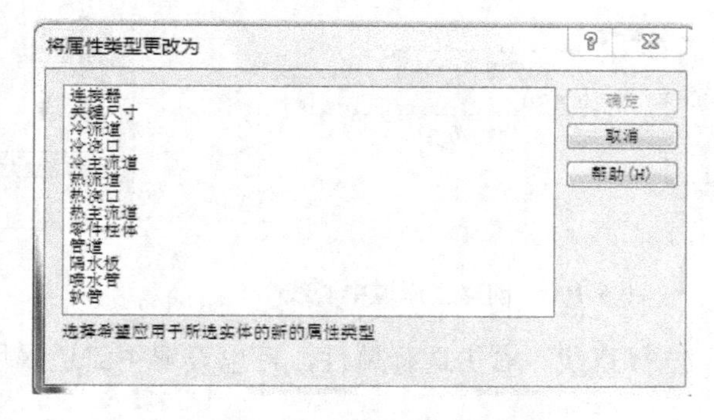

图 5-97　设置分流道属性

选择直线，右击选择属性，可以设置冷流道属性，弹出的对话框如图 5-98 所示。

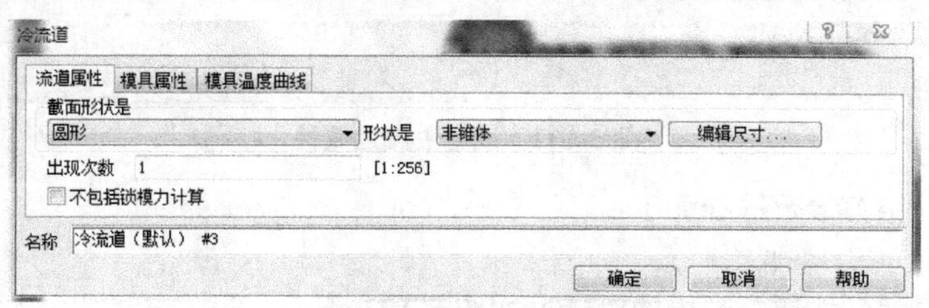

图 5-98　设置冷流道属性

在对话框中，相关参数选择如下：

- 截面形状：圆形；
- 形状：非锥体；
- 出现次数：1。

单击“编辑尺寸”按钮，弹出的对话框如图 5-99 所示。

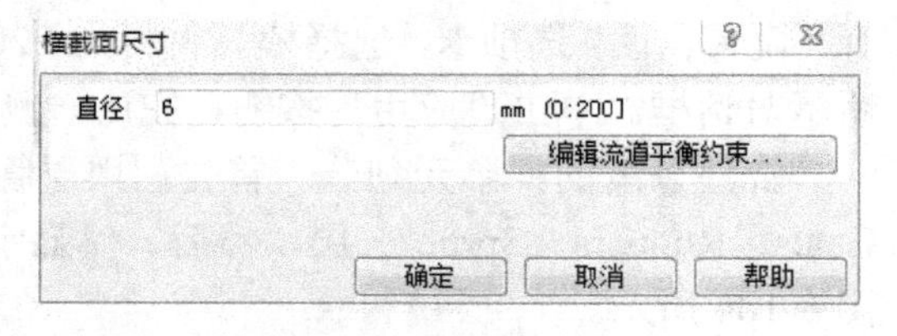

图 5-99　编辑分流道横截面尺寸

圆形截面直径为 6mm，单击“确定”按钮返回图 5-98 所示对话框。选择“模具属性”选项卡，选择模具材料为 P20 钢。参数设置完成，单击“确定”按钮返回图 5-96 所示对话框。单击“应用”按钮，完成一侧的分流道中心线的创建。用同样的方法创建另一侧分流道的中心线，其端点为节点②和节点③。

创建主流道的中心线。其端点为节点③和节点④。执行菜单命令“建模”→“创建曲线”→“直线”，弹出的对话框如图 5-100 所示。

中心线的端点分别选择节点④和节点③，取消选中“自动在曲线末端创建节点”复选框，选择直线，右击选择更改属性类型，选择主流道属性，弹出的对话框如图 5-101 所示。

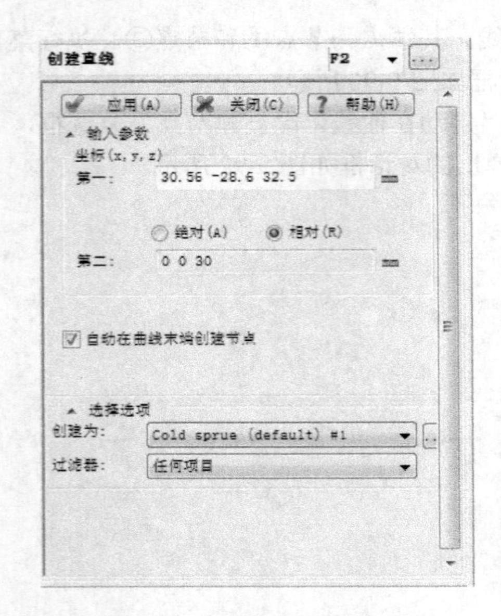

图 5-100　创建主流道中心线

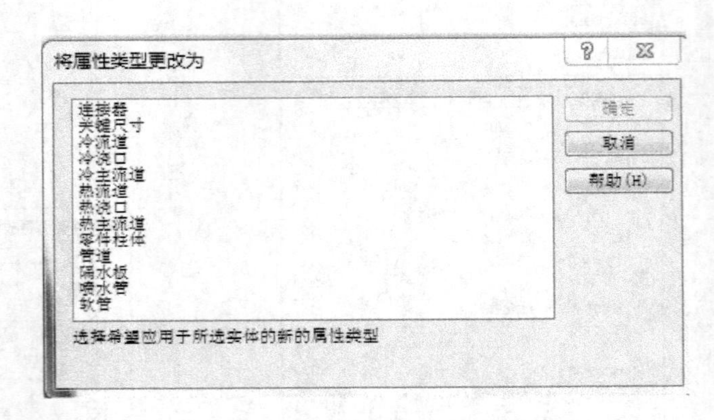

图 5-101　选择主流道属性

选择直线，右击选择属性，可以设置主流道属性，弹出的对话框如图 5-102 所示。

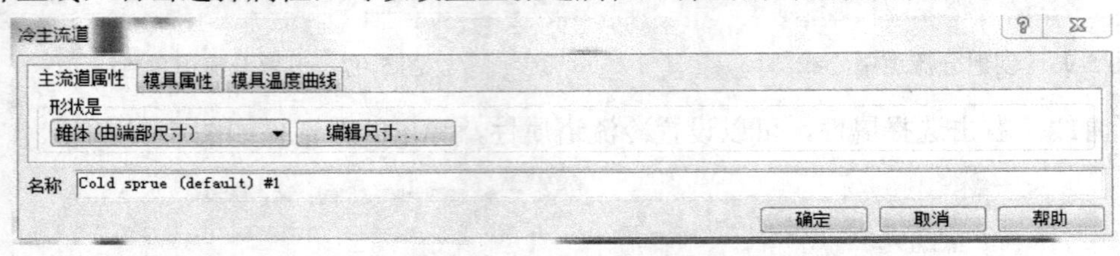

图 5-102　设置主流道属性

在对话框中，相关参数选择如下：

● 形状：锥体（由端部尺寸）。

单击“编辑尺寸”按钮，弹出的对话框如图 5-103 所示。

小端口直径为 4mm，大端口直径为 9mm，单击“确定”按钮返回图 5-102 所示对话框。选择“模具属性”选项卡，选择模具材料为 P20 钢。参数设置完成，单击“确定”按钮返回图 5-100 所示对话框。单击“应用”按钮，完成一侧的主流道中心线的创建。

浇注系统的杆单元划分。首先利用层管理工具将浇口、分流道和主流道的中心线分别归入 Gates、Runners、Sprue 三层，然后，仅显示浇注系统这三层对浇注系统进行杆单元的划分，如图 5-104 所示。

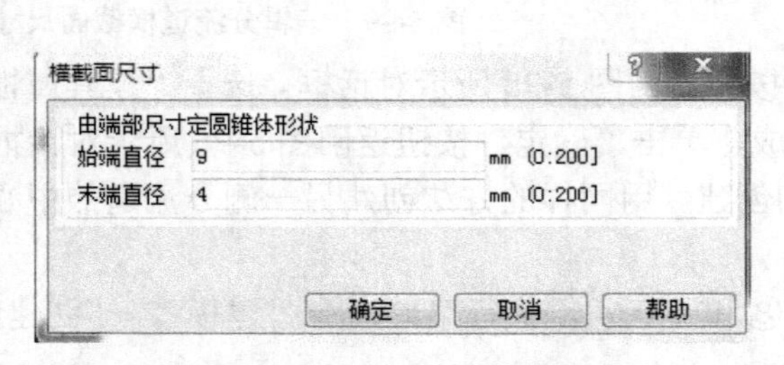

图 5-103　设置主流道横截面尺寸

图 5-104　仅显示浇注系统

执行菜单命令“网格”→“生成网格”，设置杆平均边长单元大小为 2mm，如图 5-105 所示，单击“立即划分网格”按钮，生成如图 5-106 所示的杆单元。

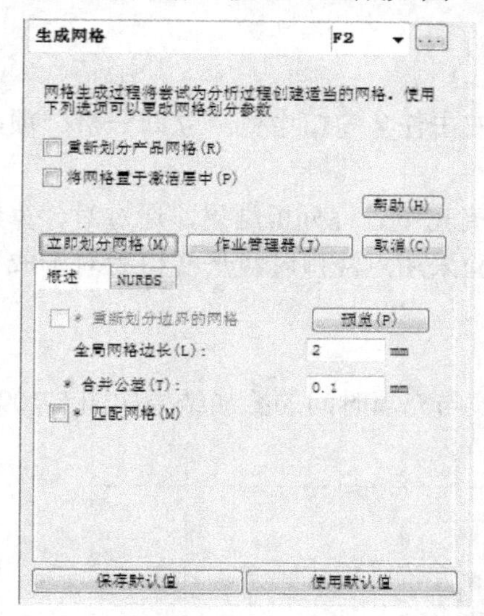

图 5-105 “生成网格”对话框

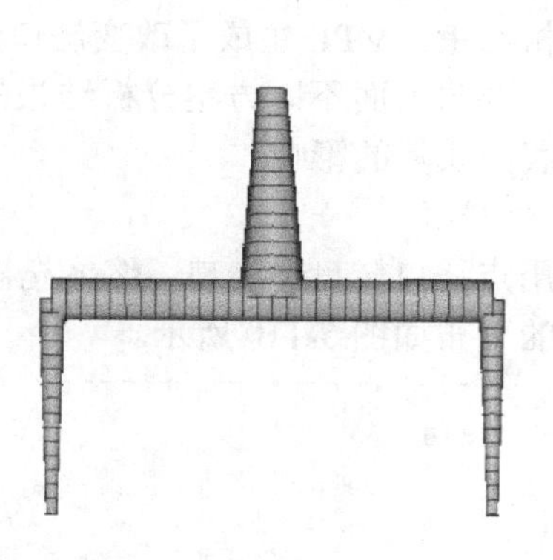

图 5-106 浇注系统杆单元

网格单元的连通性检验。在完成了浇注系统的创建和单元划分之后，要对浇注系统杆单元与产品的三角形的连通性进行检查，从而保证分析过程的顺利进行。显示所有产品的三角形单元及浇注系统的单元，执行菜单命令“网格”→“网格诊断”→“连通性诊断”，弹出如图 5-107 所示对话框。

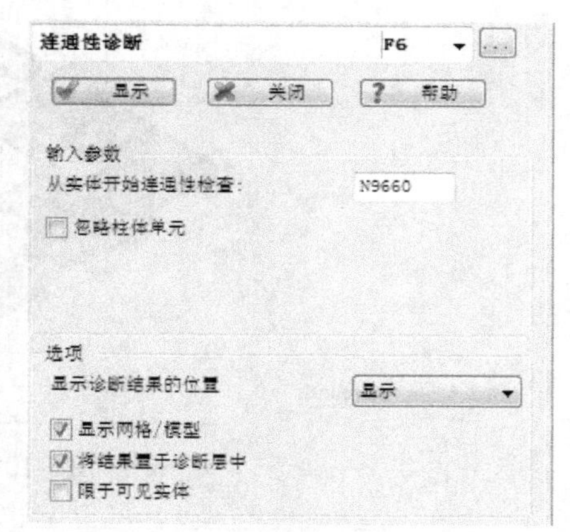

图 5-107 网格连通性诊断工具

选择任一单元作为起始单元，单击“显示”按钮，得到网格连通性诊断结果，如图 5-108 所示。所有网格均显示为蓝色，表示相互连通。

设置浇口位置。在方案任务窗口中双击“设置注射位置”，单击进料口节点，选择完成后单击工具栏中的“保存”按钮保存。浇注系统创建完成。

材料选择及工艺过程参数的设定。工艺过程参数的设置采用默认值。

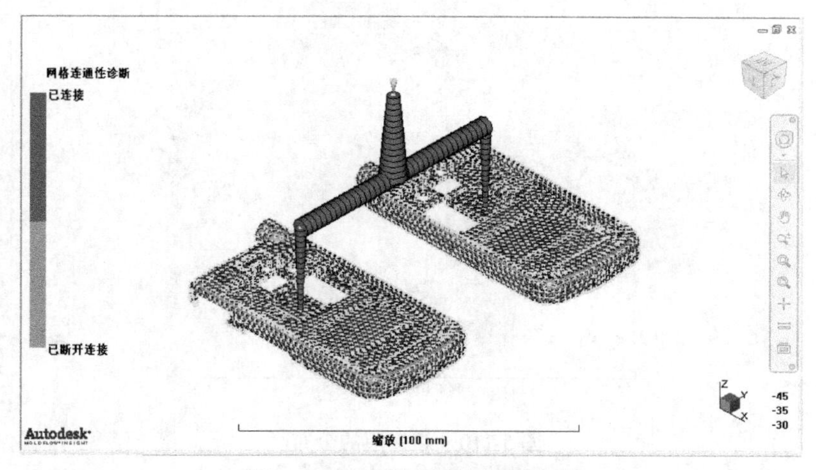

图 5-108 网格连通性检查结果

5.4.2 分析计算和结果分析

在完成了分析前处理之后，即可进行分析计算。双击任务窗口中的“立即分析”项，解算器开始计算，整个计算过程由系统自动完成。

分析结束，MPI 生成了改变浇口形式后的手机外壳充填过程分析结果，通过对计算结果的分析，以及与前面不同方案分析结果的比较，可以检验采用点浇口转盘形浇口后对于成型过程和产品表面质量的影响。

1）熔接痕

采用点浇口转盘形浇口，熔体充模完成后的熔接痕与充填时间的叠加结果如图 5-109 所示，熔接痕的分布如图 5-110 所示。

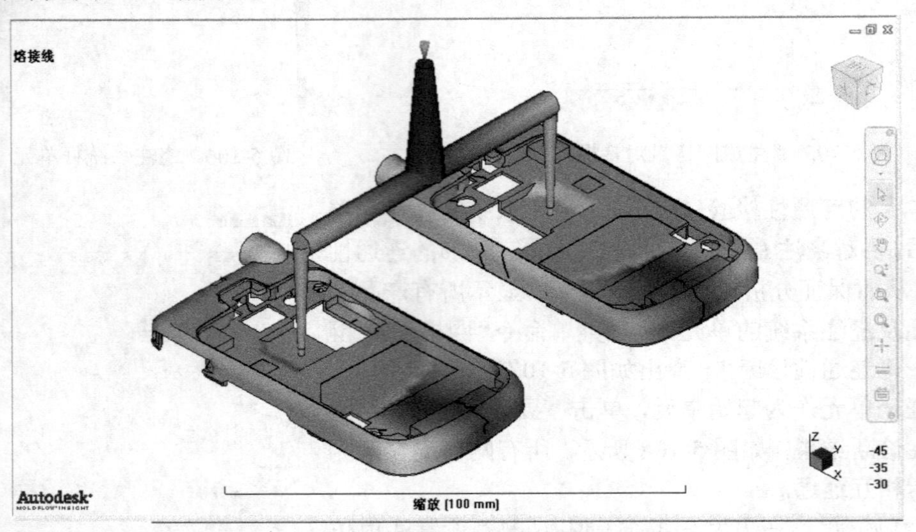

图 5-109　熔接痕与充填时间的叠加结果

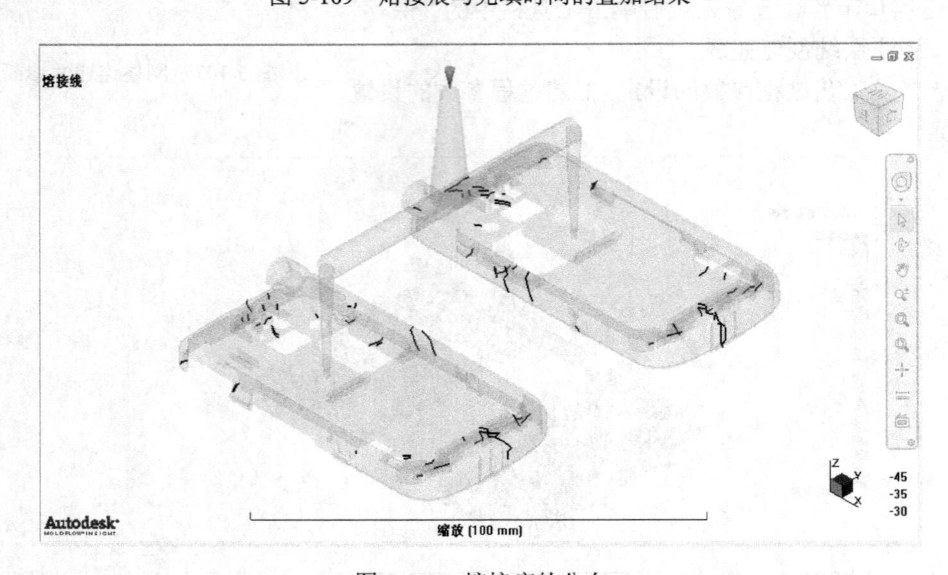

图 5-110　熔接痕的分布

将图 5-110 所示的结果与原始设计方案的分析结果，即图 5-38 相比较，可以发现，采用点浇口转盘形浇口之后产品表面基本消除了较大的熔接痕。

2）表面分子取向

采用点浇口转盘形浇口之后，熔体从盘形浇口中心向四周发散式流动，最终充满型腔，熔体前锋在产品表面没有交汇的现象，因此从根本上消除了熔接痕缺陷。

手机外壳的表面分子取向如图 5-111 所示。

图 5-111　手机外壳的表面分子取向

经过对方案的调整和修改，以及 MPI 的辅助成型分析，最终在保持原有设计的基础上，通过改变产品的浇口位置和形式，从根本上解决了较大熔接痕缺陷的问题。

第6章 阀式顺序浇注系统的设计

6.1 阀浇口简介

如图 6-1 所示，针阀式喷嘴具有在制品上不留下进浇口残痕，进浇口处痕迹平滑；能使用较大直径的浇口，可使型腔充填加快，并进一步降低注射压力，减小产品变形，可防止开模时出现牵丝现象及流涎现象；当注塑机螺杆后退时，可有效防止从模腔中反吸物料；能配合顺序控制以减少制品熔接痕等优点。

图 6-1 针阀式喷嘴

阀浇口是通过使用销钉正向关闭浇口的热流道浇口，阀销借助液压缸或气动缸打开和关闭。可以对阀浇口控制器编程，根据需要打开和关闭浇口，从而控制型腔腔内塑料熔体的流动。在周期的填充和保压阶段，可以多次打开和关闭浇口。

阀浇口是热流道组成的常见形式。阀浇口创建正向关闭，以便能够按需打开和关闭阀浇口，从而控制塑料流动的前沿和保压。阀浇口的一个常见用途是消除熔接痕，它有时也称为“顺序浇口”。第一个浇口打开，第二个浇口不打开，直到第一个浇口中的流动前沿通过第二个浇口的位置为止。当第二个浇口打开时，不形成任何熔接痕。

使用阀浇口的原因如表 6-1 所示。

表 6-1 使用阀浇口的原因

原　因	描　述
顺序浇口	使用顺序浇口时，在无法使用一个浇口充填且不能具有由两个流动前沿聚合生成的熔接线的大型零件上使用阀浇口。第一个浇口打开且当流动前沿通过第二个浇口的位置时，第二个浇口将打开。根据具体情况，第一个浇口可能会关闭或保持打开状态。此过程将继续，直到所有浇口均打开且零件充填为止
不留浇口痕迹	有时，之所以使用阀浇口，是因为残留在零件上的痕迹很难检测。此时浇口应看起来像顶针标记。与潜伏式浇口留下的典型浇口标记或其他类型的热流道标记相比，这种标记可能更容易被人接受
保压控制	由于阀浇口具有正向关闭功能，因此保压结束将由阀浇口关闭的时间控制。这样有助于处理器更高效地控制过程
平衡	某些系列的工具使用阀浇口作为一种平衡方式。如果每个零件均使用阀浇口充填，则打开和关闭阀浇口可实现平衡。通常不建议采用这种使用阀浇口的方法，它并不是最佳平衡方法

阀浇口的控制类型如表 6-2 所示。

表 6-2　阀浇口的控制类型

控制类型	描　述
时间	允许输入时间值，此值从注射开始（阀浇口将在此时打开或关闭）起测量，这是最常用的方法
流动前沿	指定在零件中的流动前沿到达指定位置后要打开阀浇口，随后在指定时间打开或关闭该浇口。此方法用于模拟和设置顺序浇口。至少有一个浇口必须使用时间作为控件，并且初始状态为打开
压力	指定在指定位置的压力达到一定级别时要打开或关闭的阀浇口，随后在指定压力下打开或关闭它
%体积	指定在型腔填充体积达到指定百分比时要打开或关闭的阀浇口，随后在特定体积时打开或关闭它
螺杆位置	指定在达到指定的螺杆位移时要打开或关闭的阀浇口，随后在指定螺杆位移处打开或关闭它

在本章中，将提供一个需要 3 个浇口进浇的盒形件模型（A 零件）。要求为尽量保证主要平面不存在熔接痕，所以将使用阀浇口。使用“流道系统向导”创建流道系统，然后需要进一步编辑流道和浇口的属性。需要修改浇口，使其转换为阀浇口，这需要使浇口中的最后一个单元成为阀浇口控制器，每个浇口都具有不同的控制器，可提供最大的灵活性。模拟分析一：中心浇口的控制方式为“时间”，初始状态将为“打开”，外部两个浇口的控制方式为“时间”，初始状态为“打开”；模拟分析二：中心浇口的控制方式为“时间”，初始状态将为“打开”，外部两个浇口的控制方式为“流动前沿”。

6.2　阀浇口操作

A 零件（如图 6-2 所示）主要平面上不能有熔接痕，必须平衡充填模式，充填的压力小于 100MPa。阀浇口将用于防止在竖直流道之间形成熔接痕，需要 3 个浇口位置以保持流动长度较短且均匀，以便创建平衡的充填且压力将低于 100MPa。此零件为双层面模型，但对于 3D 网格类型，针对阀浇口进行建模和运行分析的过程是相同的。

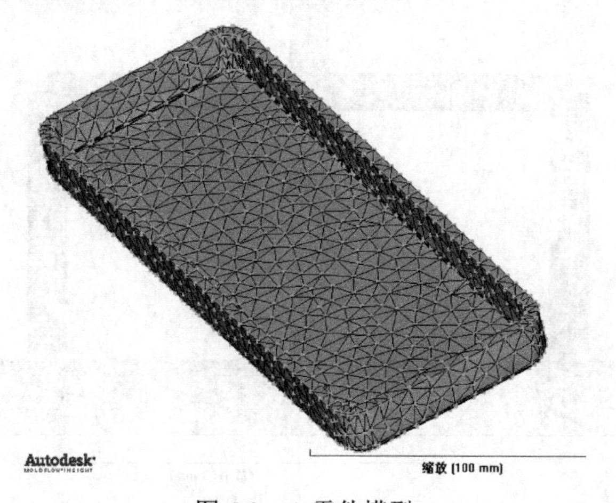

图 6-2　A 零件模型

（1）新建工程。工程名为“阀式顺序浇注系统的设计”，右击新建的工程，再单击“导入”将 A 零件导入。

（2）网格划分。双击任务栏下“方案任务”中的“网格划分”命令，进行网格划分，网格的大小可以根据实际情况进行更改。网格尺寸越小，分析结果越精确，分析时间越长。

（3）创建浇注系统。浇注系统的引导线和尺寸如图 6-3 所示，按照此图创建出流道系统的引导线，将热主流道的中心坐标的 X 坐标和 Y 坐标都设置为 0，直接划分网格（网格大小为 2mm），如图 6-4 所示。热主流道、热流道和热浇口的形状、参数如表 6-3 所示。

表 6-3　浇注系统的形状、参数

名　称	形　状	参　数
热主流道	圆形	入口直径为 3mm，拔模角度为 0°，长度为 25mm
热流道（横）	圆形	直径为 6mm
热流道（竖）	环形	内径为 1.5mm，外径为 8mm，拔模角度为 0°
热浇口	圆形	直径为 1.5mm，长度为 2mm

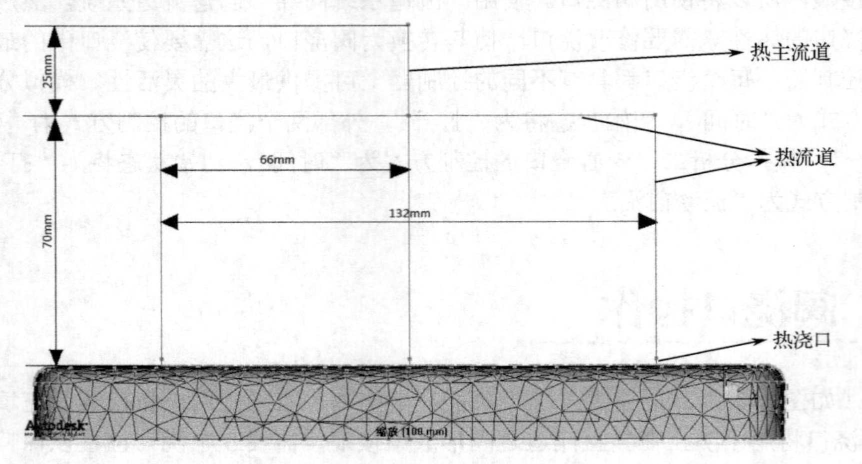

图 6-3　浇注系统的引导线和尺寸

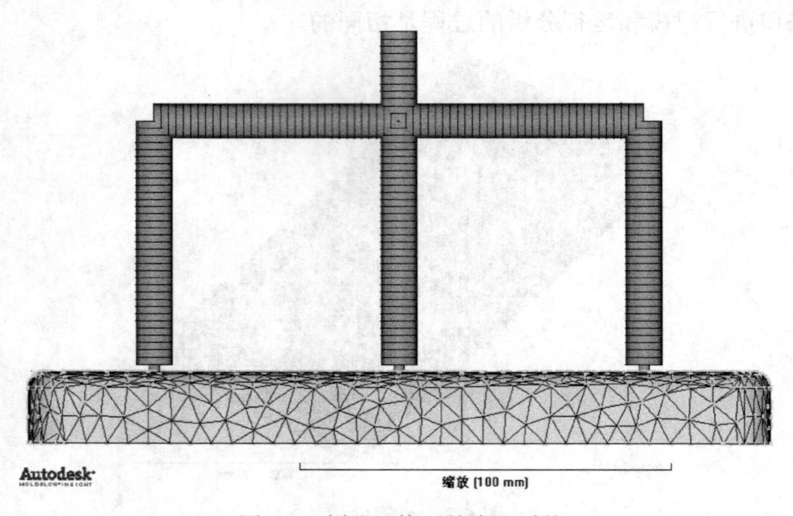

图 6-4　划分网格后的浇注系统

（4）热流道浇注系统网格参数的更改。执行菜单命令“建模”→“流道系统向导”，如图 6-5 所示，弹出如图 6-6 所示对话框，主流道的位置（X，Y）为（0，0）（此坐标应该为主流道中心的实际坐标），勾选“使用热流道系统”，“顶部流道平面 Z”为 70mm。单击“下一步”按钮，弹出如图 6-7 所示对话框，主流道入口直径为 3mm，长度为 25mm，拔模角度为 0°；流道直径为 8mm，竖直流道底部直径为 8mm，拔模角度为 0°。单击“下一步”按钮，弹出如图 6-8 所示对话框，顶部浇口始端直径为 1.5mm，末端直径为 1.5mm，长度为 2mm。单击“完成”按钮，更改尺寸参数后的浇注系统的外形如图 6-9 所示。

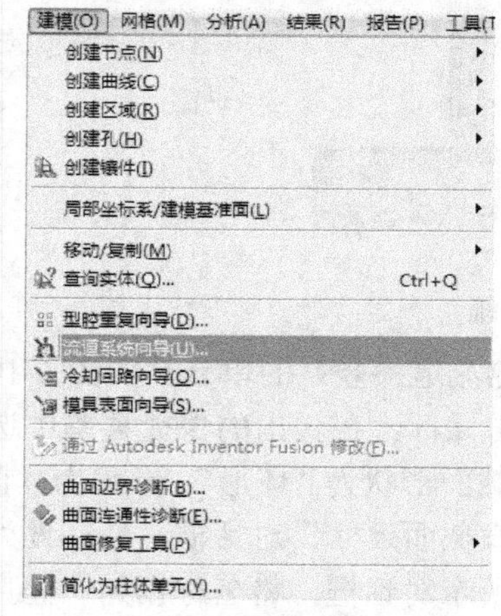

图 6-5　流道系统向导

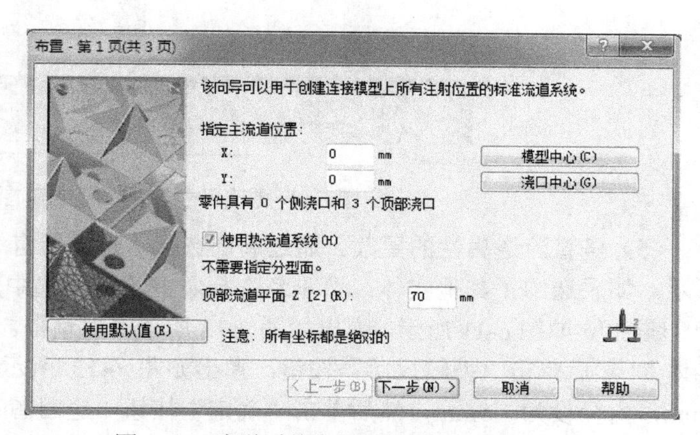

图 6-6　“流道系统向导”设置第 1 页的页面

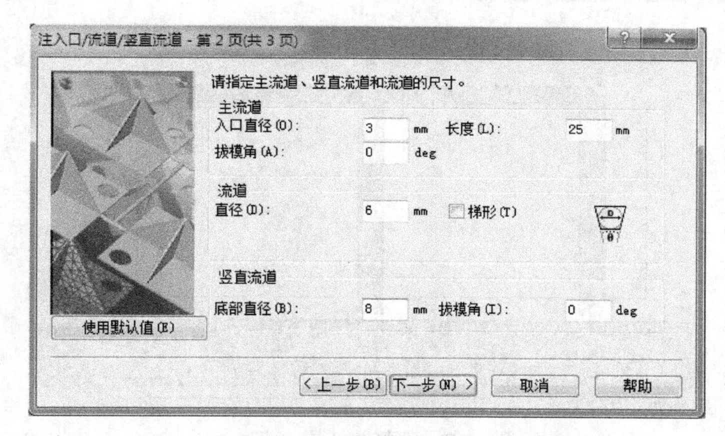

图 6-7　“流道系统向导”设置第 2 页的页面

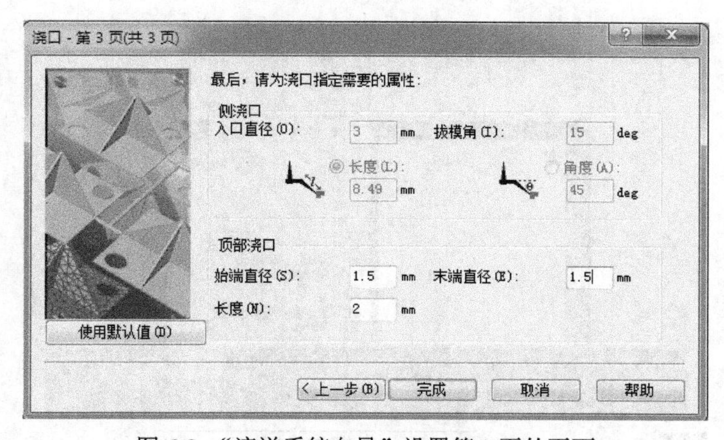

图 6-8　“流道系统向导”设置第 3 页的页面

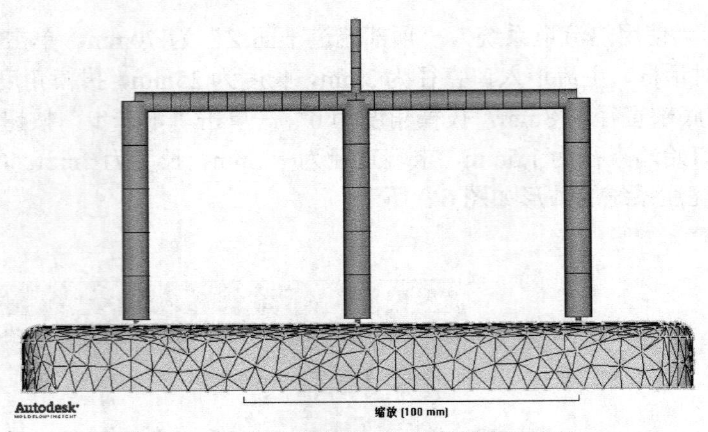

图 6-9 更改尺寸参数后的热流道浇注系统

（5）竖直流道属性的更改。通过局部选择，选择所有 3 个热流道（竖）的单元，如图 6-10 所示，如果选中了其他实体，请重新选择竖直流道。选中后右击鼠标，在弹出的快捷菜单中选择“属性”，如图 6-11 所示，弹出如图 6-12 所示的对话框。选择截面形状为“环形”，形状为“非锥体”，然后单击“编辑尺寸”按钮，弹出如图 6-13 所示的“横截面尺寸”对话框，外径设为 8mm，内径设为 1.5mm，然后单击“确定”按钮，返回图 6-12 所示对话框，将名称设为“竖直流道 8mm*1.5mm”，单击“确定”按钮。

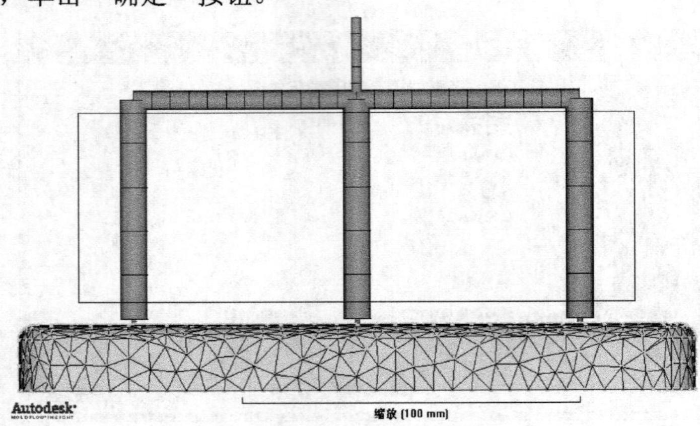

图 6-10 选择热流道（竖）

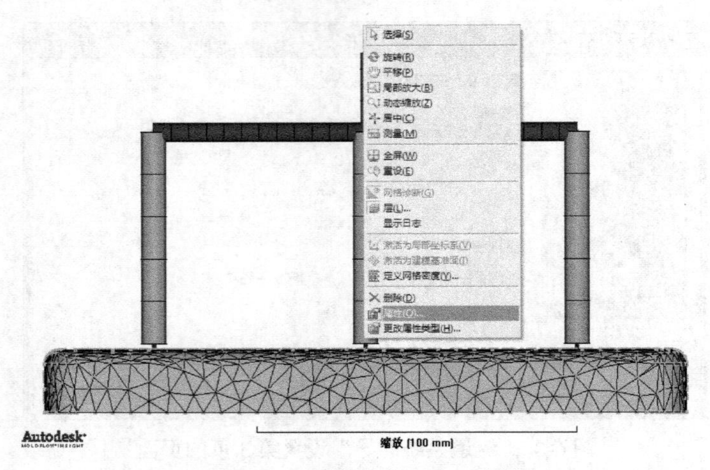

图 6-11 更改热流道（竖）属性

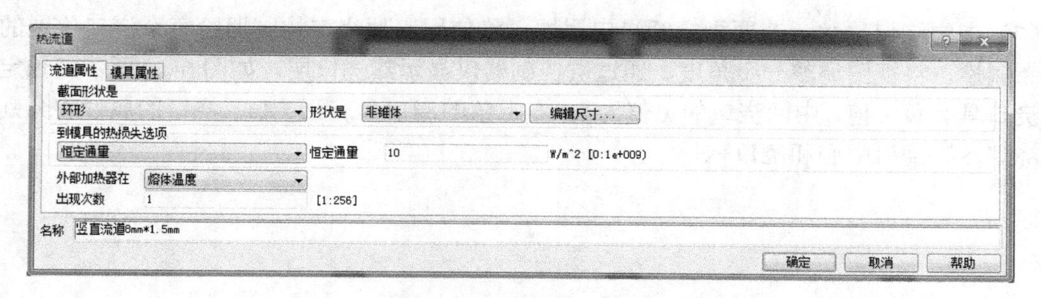

图 6-12　热流道属性对话框

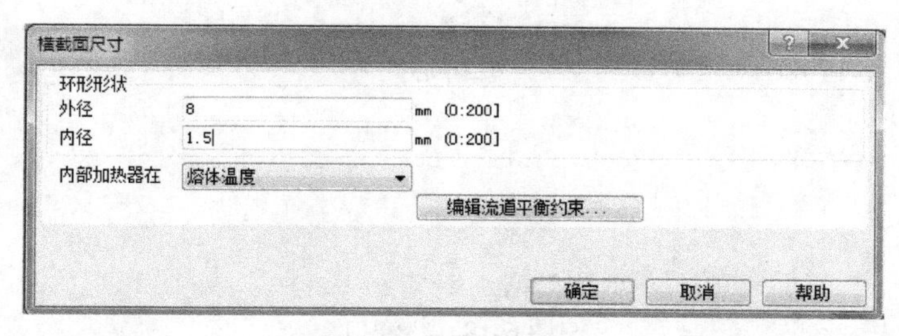

图 6-13　横截面尺寸

（6）将浇口移到浇口层。在层网格中单击“新建层”，如图 6-14 所示，然后输入“热浇口”作为新层的名称。紧接着执行菜单命令“编辑”→“选择方式”→“属性”，如图 6-15 所示，弹出如图 6-16 所示对话框。依次单击“按实体类型”→“柱体单元”和“曲线”，在“按属性”一栏选择“热浇口（默认）”，单击“确定”按钮，然后单击“指定层”，如图 6-17 所示。

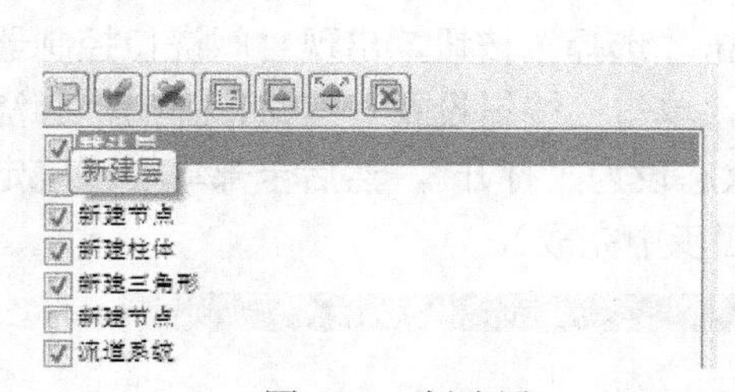

图 6-14　创建层

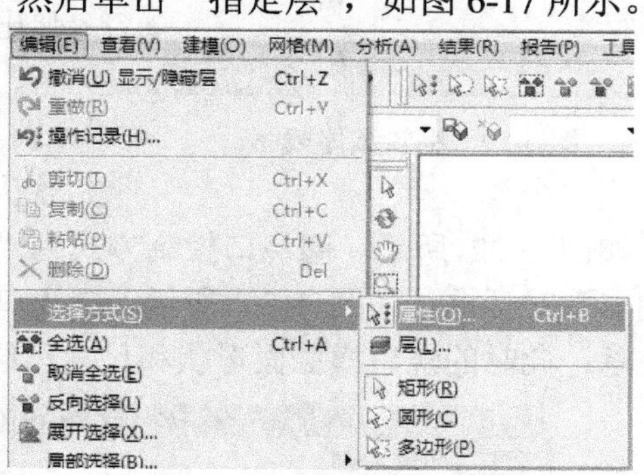

图 6-15　通过属性选择

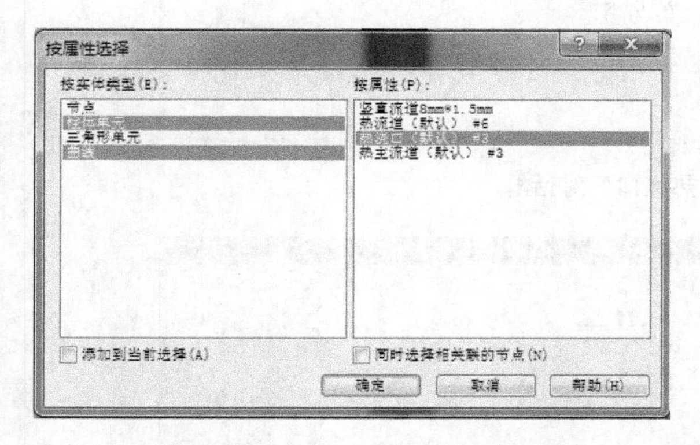

图 6-16　“按属性选择”对话框

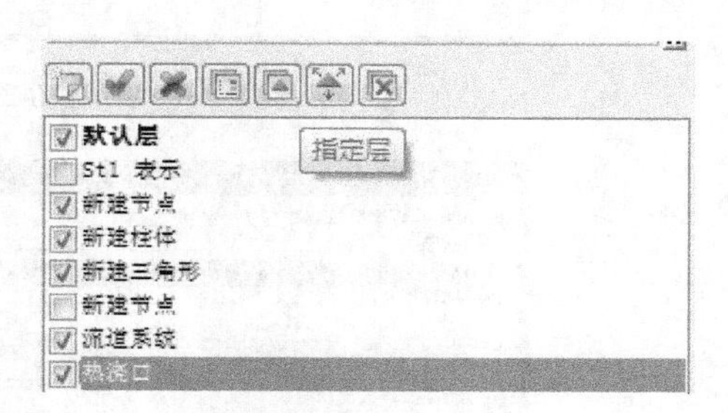

图 6-17　指定层

（7）指定浇口属性。若要指定阀浇口属性，将使用其他浇口控制器给每个浇口位置的单元指定新属性。将视图调整一个角度，通过层控制器仅显示热浇口层，如图 6-18 所示，预定左下角的浇口具有负 x 值，中间浇口的 x 值为 0，右上角的浇口具有正 x 值。浇口的属性将分别被称为：浇口-x、浇口中心和浇口+x。

浇口+x

浇口中心

浇口-x

图 6-18　热浇口

为浇口-x 设置阀浇口属性。选择左下方浇口的底部单元（一个单元即可），右击，在弹出的快捷菜单中选择“属性”，弹出如图 6-19 所示对话框。选择“仅编辑所选单元的属性”单选按钮，单击“确定”按钮，弹出如图 6-20 所示对话框。选择“阀浇口控制”选项卡，如图 6-21 所示，“名称”一栏改为“浇口-x”，在“阀浇口控制器”一栏单击下拉，出现“阀浇口控制器默认”，单击“选择”按钮，出现“阀浇口控制器”对话框，如图 6-22 所示。阀浇口控制方式为“时间”，单击“编辑设置”按钮，弹出“阀浇口时间控制器”对话框，如图 6-23 所示，阀浇口初始状态设为“打开”，然后全部单击“确定”按钮（注意：此时的浇口横截面形状和尺寸已经在第四步中完成）。

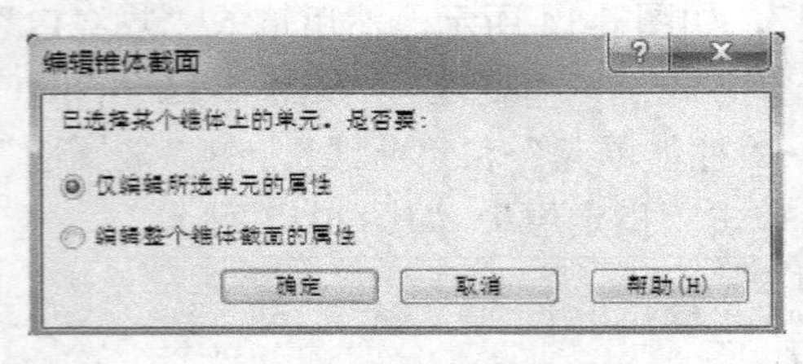

图 6-19　编辑锥体截面

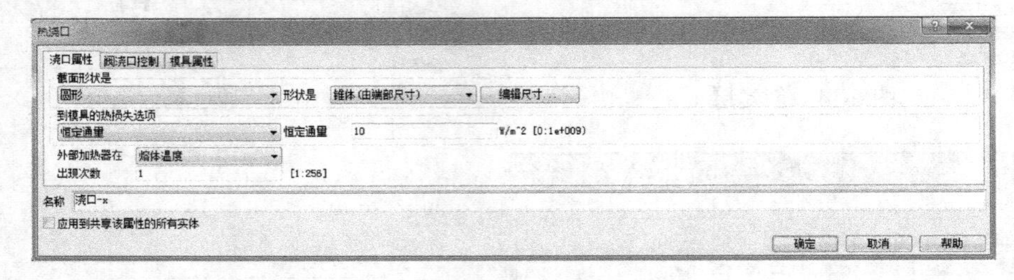

图 6-20　“热浇口”对话框

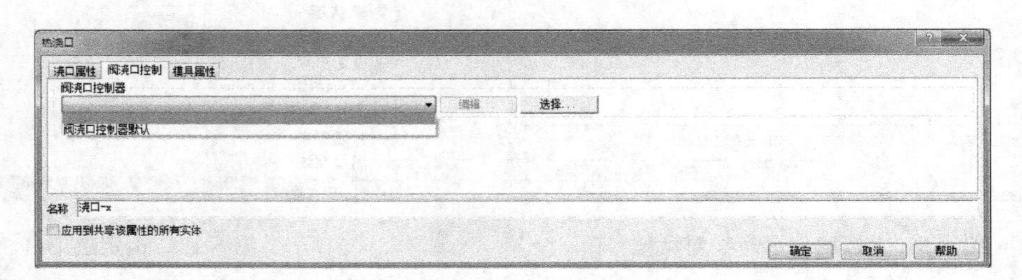

图 6-21　阀浇口控制

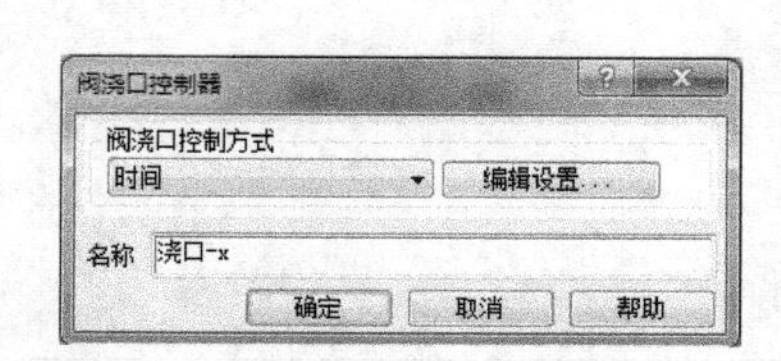

图 6-22 “阀浇口控制器”对话框

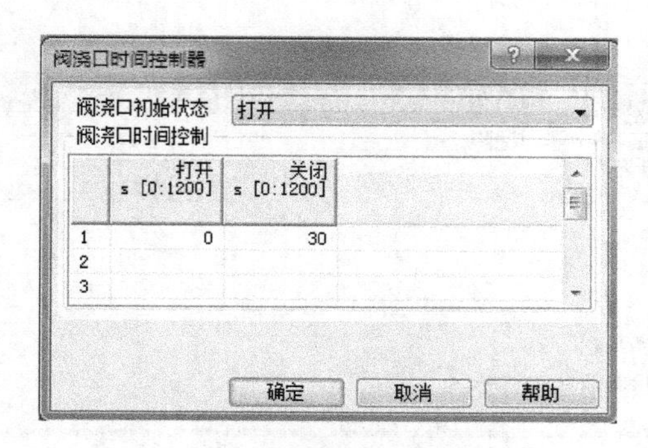

图 6-23 “阀浇口时间控制器”对话框

对浇口中心设置阀浇口属性。其步骤与对浇口-x 属性的更改一样，只是名称需要更改。

对浇口+x 设置阀浇口属性。其步骤与对浇口-x 属性的更改一样，只是名称需要更改。

（8）检验阀浇口控制器是否正确指定。执行菜单命令“编辑”→“选择方式”→“属性”，如图 6-24 所示，打开如图 6-25 所示对话框。在“按实体类型”栏中选择“柱体单元”，在“按属性”栏中选择“热浇口（默认）#3”（这一选择根据自己在设置过程中的情况而定），单击“确定”按钮。只选择 6 个单元（每个浇口上的前两个单元），如图 6-26 所示。选中剩余的 6 个单元后，右击，选择“属性”→“阀控制”，确保阀浇口控制器有一个空白字段（如图 6-27 所示），这将确保未指定阀浇口控制器（具有阀浇口控制器的每个浇口只需要一个单元），然后取消指定控制器，如果有必要单击“确定”按钮（在一个浇口中具有多个浇口控制器不是问题，除非控制类型为“流动前沿”。如果在浇口处的一个以上单元具有流动前沿控制，该浇口将不会打开）。

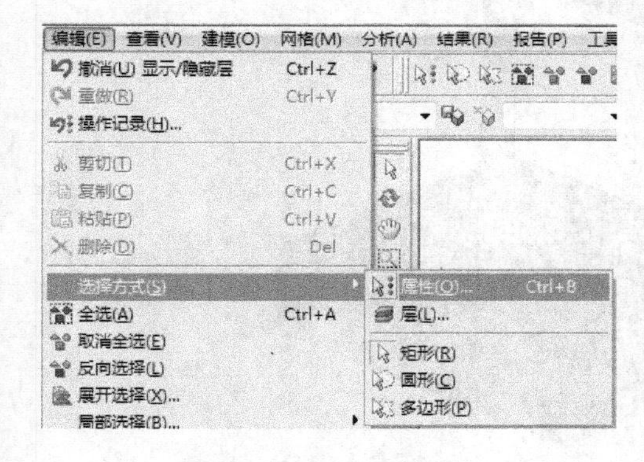

图 6-24 通过属性选择

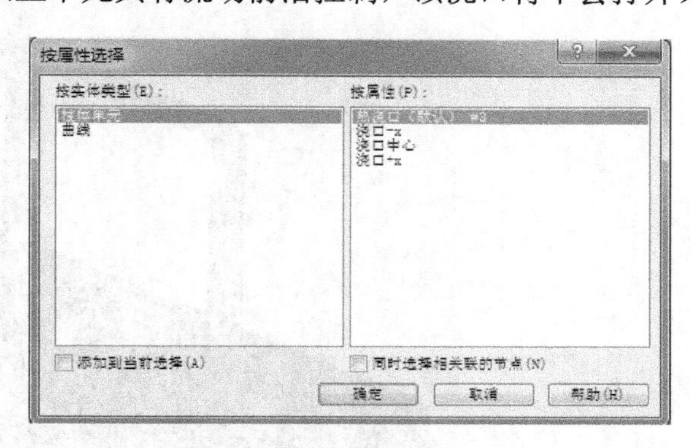

图 6-25 按属性选择

图 6-26 浇口属性检查

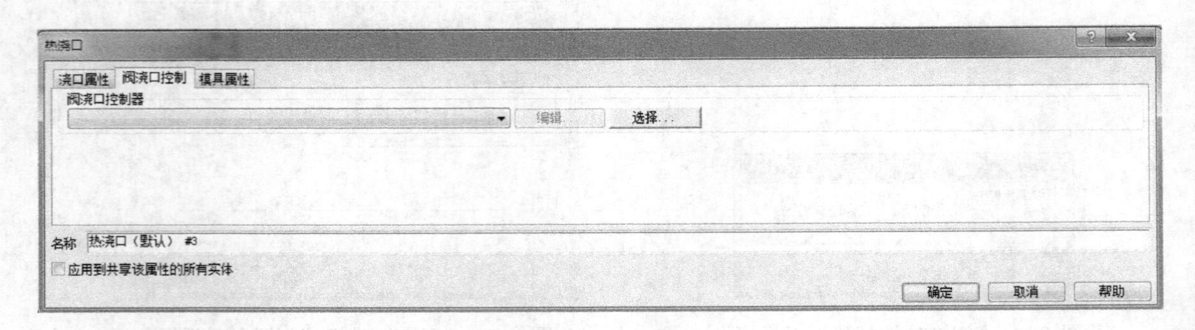

图 6-27 热浇口

浇口-x、浇口中心和浇口+x 的检查与上面相同，请以此方法进行检查，看是否跟自己设置的情况一致。

6.3 第一种工艺参数运行分析

（1）启用“新建三角形”、“流道系统”和“热浇口”层，其他层都不显示，如图 6-28 所示。

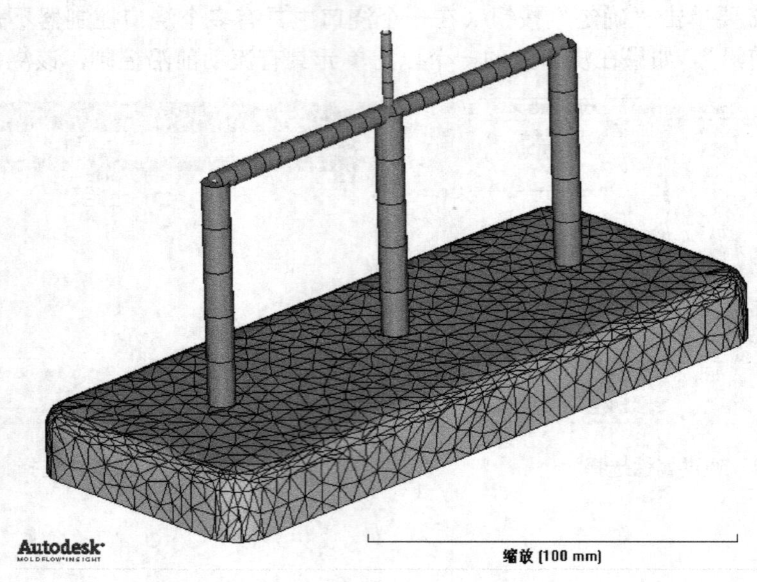

图 6-28 分析模型

（2）在方案任务当中的分析类型为“快速充填”，如图 6-29 所示。材料选择 ABS 材料，双击方案任务下的材料，如图 6-30 所示，弹出如图 6-31 所示对话框，单击“搜索”按钮，弹出如图 6-32 所示对话框。单击左侧的“材料名称缩写”，在“子字符串”文本框中输入“ABS”，单击“搜索”按钮，弹出如图 6-33 所示对话框，选择第一项材料，单击“选择”按钮，全部确定即可。选择注射位置，成型工艺设置中模具温度和熔体温度保持默认，充填控制为“注射时间”，时间为 2s，然后单击“保存”→“启动分析”。

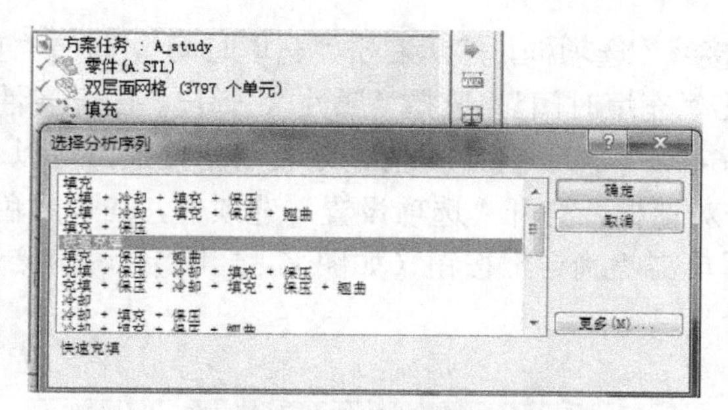

图 6-29　确定分析类型

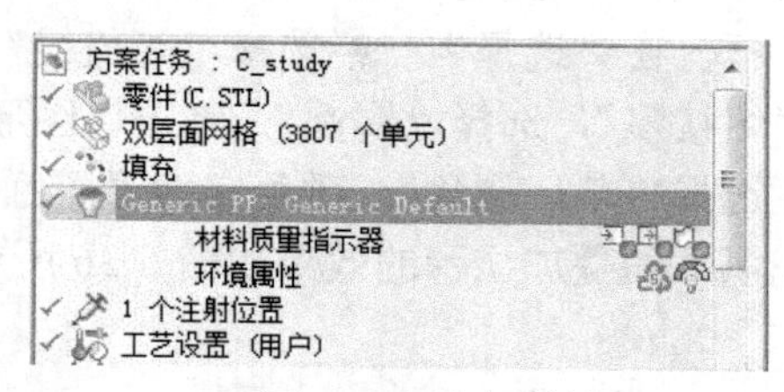

图 6-30　选择材料

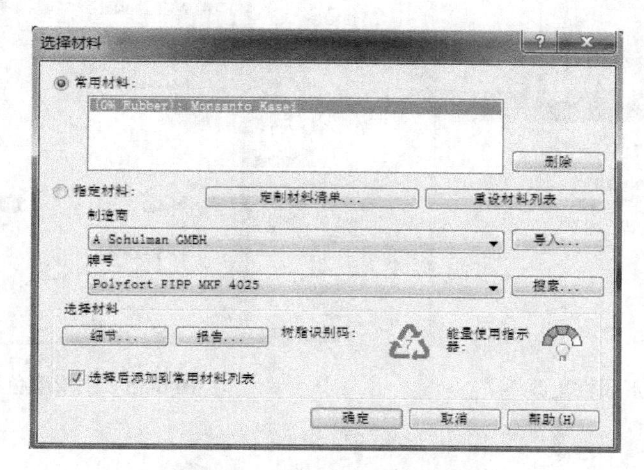

图 6-31　“选择材料”对话框

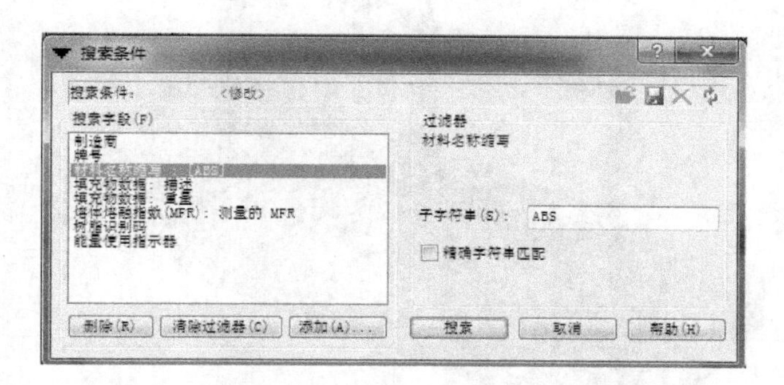

图 6-32　“搜索条件”对话框

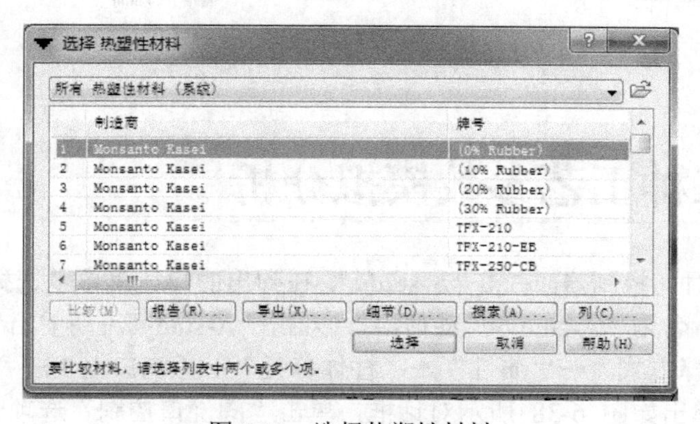

图 6-33　选择热塑性材料

（3）查看充填时间和熔接痕结果。单击“熔接线”选项框，然后右击“充填时间”，选择“重叠”。如果为了更清晰地查看分析结果，可以右击“充填时间”，选择“属性”，弹出“图形属性”对话框，在“选择”一栏选择“等值线”（如图 6-34 所示）。为了更清晰地看清熔接痕，可以右击“熔接痕”，选择“属性”，弹出“图形属性”对话框，打开“选项设置”选项卡，在“颜色”一栏选择“单一颜色”，颜色定为“黑色”，最后单击“确定”按钮（如图 6-35 所示）。熔接痕和充填时间叠加显示的效果如图 6-36 所示。

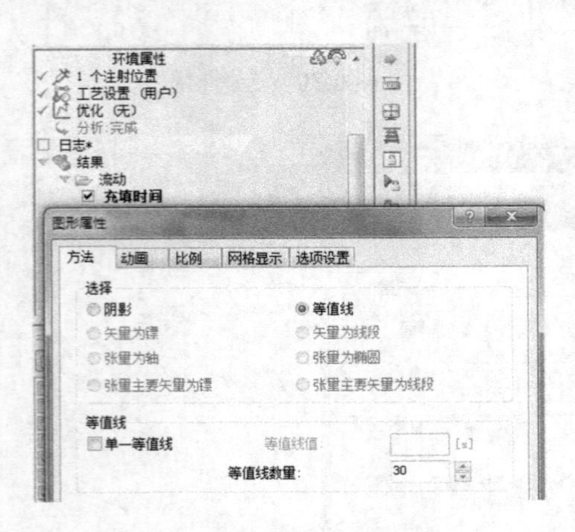

图 6-34　图形属性更改

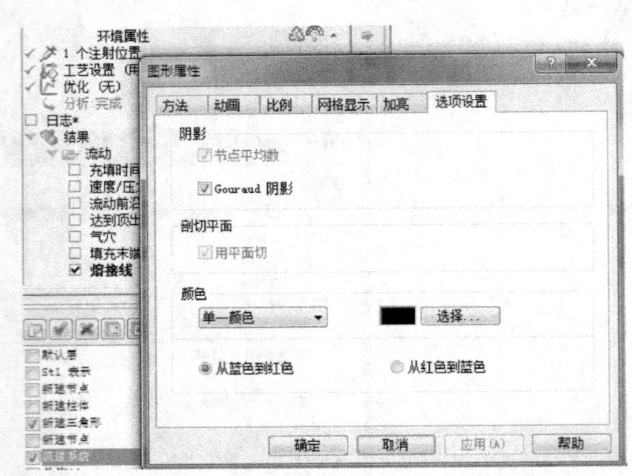

图 6-35　图形颜色设置

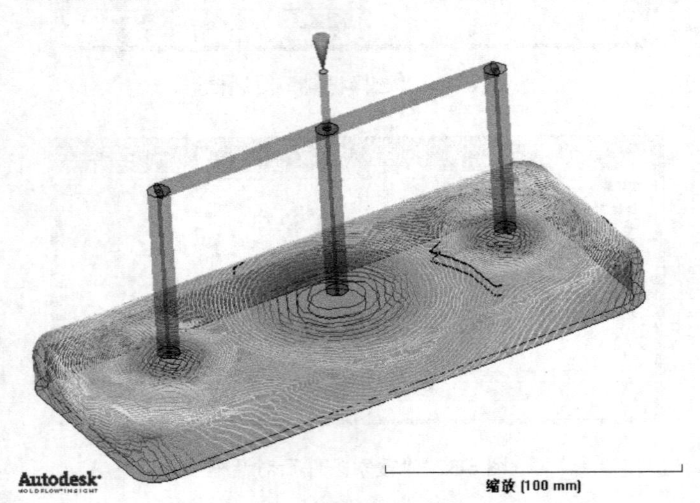

图 6-36　熔接痕和充填时间叠加显示的效果

6.4　第二种工艺参数模拟分析

（1）调整阀浇口时间控制器。右击“A-study”，在弹出的快捷菜单中选择“重复”（如图 6-37 所示），然后将其重命名为“A-study 流动前沿”，双击“A-study 流动前沿”进入该项目。依次选择“编辑”→“选择方式”→“属性”→“柱体单元”→“浇口-x”→“确定”。然后右击鼠标，选择“属性”，弹出如图 6-38 所示对话框，单击“阀浇口控制”选项卡，确保“浇口-x”

阀浇口控制器已定义。单击“编辑”按钮，在弹出的对话框中将阀浇口控制方式设为“流动前沿”，单击“编辑设置”按钮，在弹出的对话框中将触发器位置设为“浇口”，延迟时间为 0.25s，然后单击“确定”按钮，如图 6-39 所示。

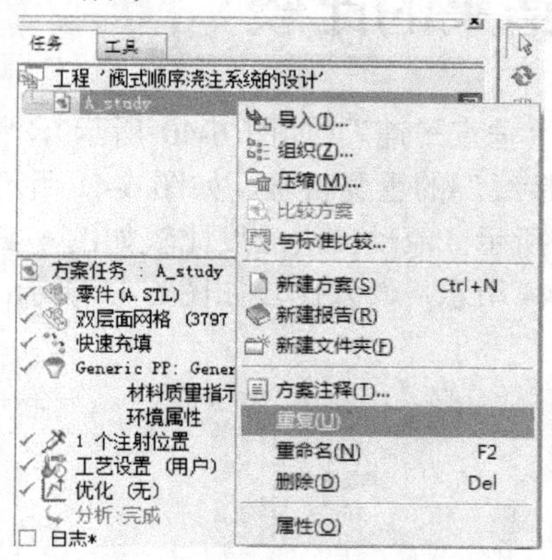

图 6-37　重复

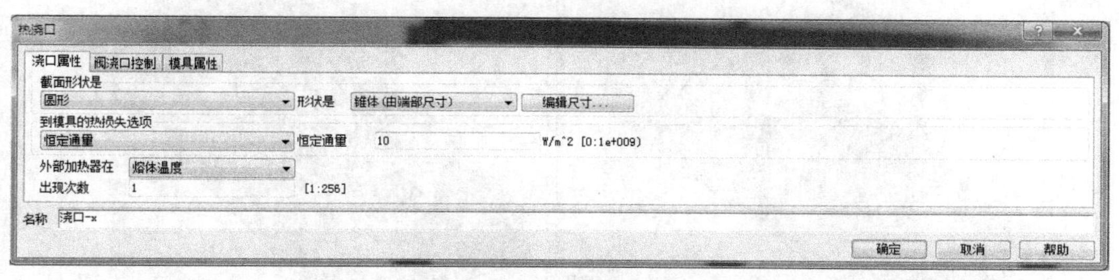

图 6-38　热浇口

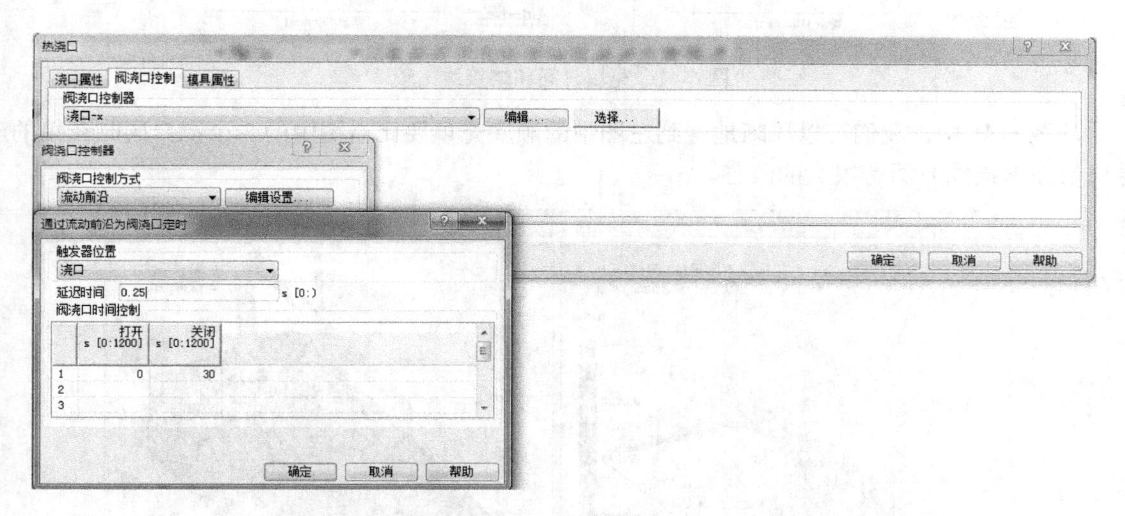

图 6-39　属性设置

（2）浇口中心的属性不用更改。

（3）浇口+x 的属性更改方法与浇口−x 相同。

（4）单击“保存”，启动分析。

（5）分析结果中的“充填时间”和“熔接线”的属性更改与上述相同。

6.5 两种分析结果的比较

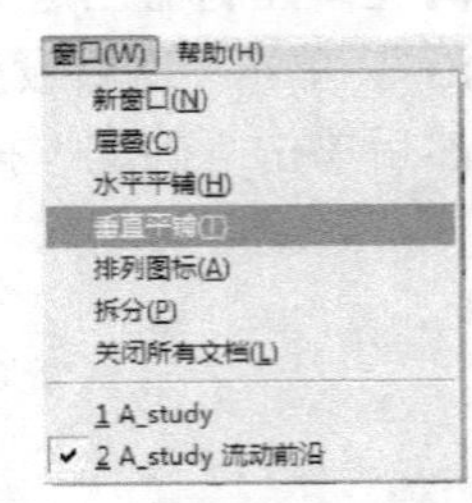

图 6-40 垂直平铺

执行菜单命令“窗口”→“垂直平铺”（如图 6-40 所示），将两个视图中展现出“充填时间”和“熔接线”的重叠状态，如图 6-41 所示；速度/压力切换时的压力比较如图 6-42 所示；流动前沿温度比较如图 6-43 所示；达到顶出温度的时间比较如图 6-44 所示；气穴比较如图 6-45 所示；充填末端压力比较如图 6-46 所示。

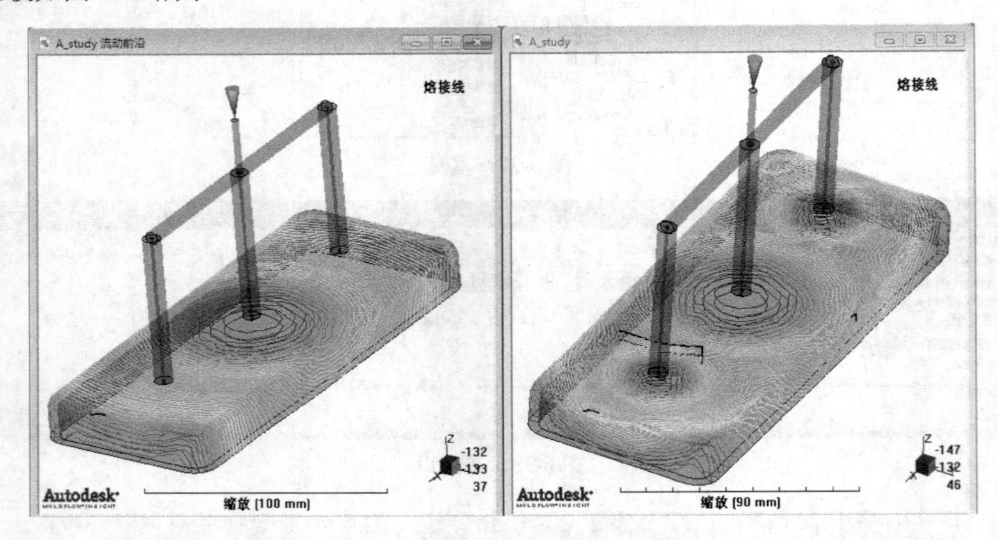

图 6-41 充填时间和熔接线比较

从图 6-41 中，我们可以清晰地看到左图中的顺序充填要比右图中的 3 个浇口同时充填的产品质量在熔接线方面有很大的改善。

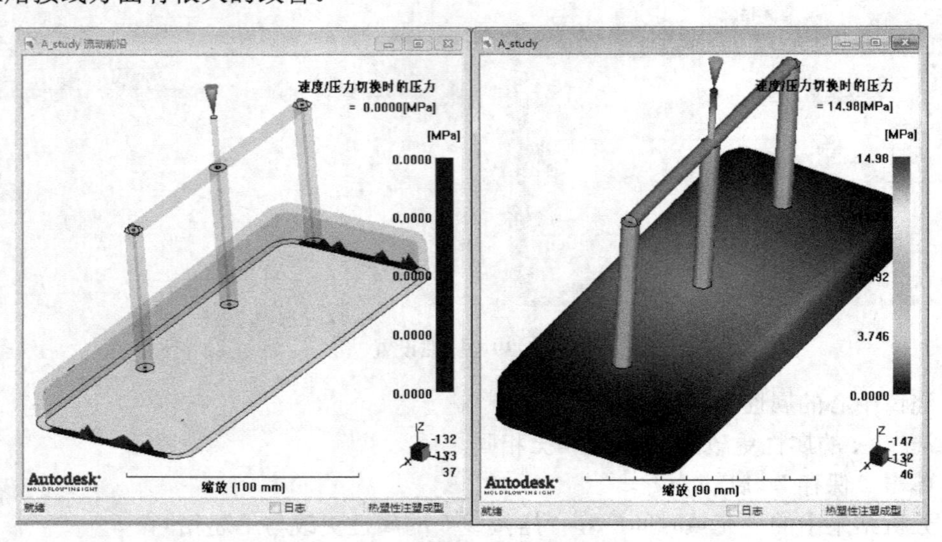

图 6-42 速度/压力切换时的压力比较

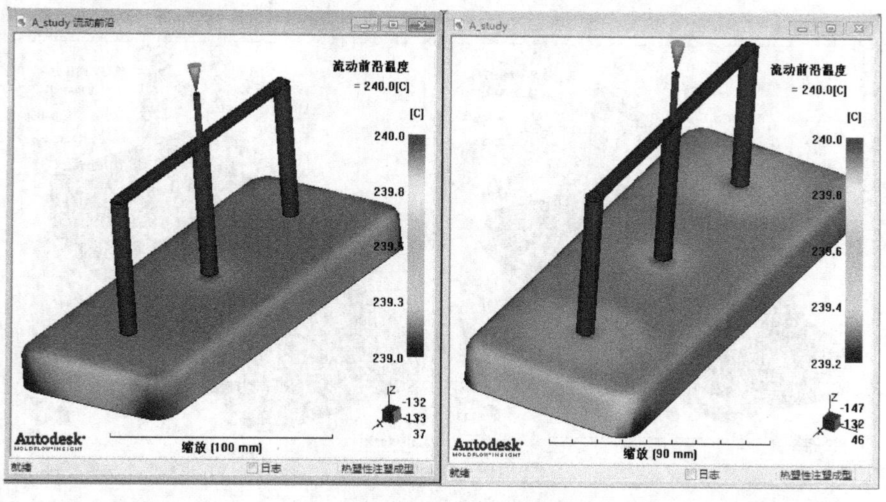

图 6-43　流动前沿温度比较

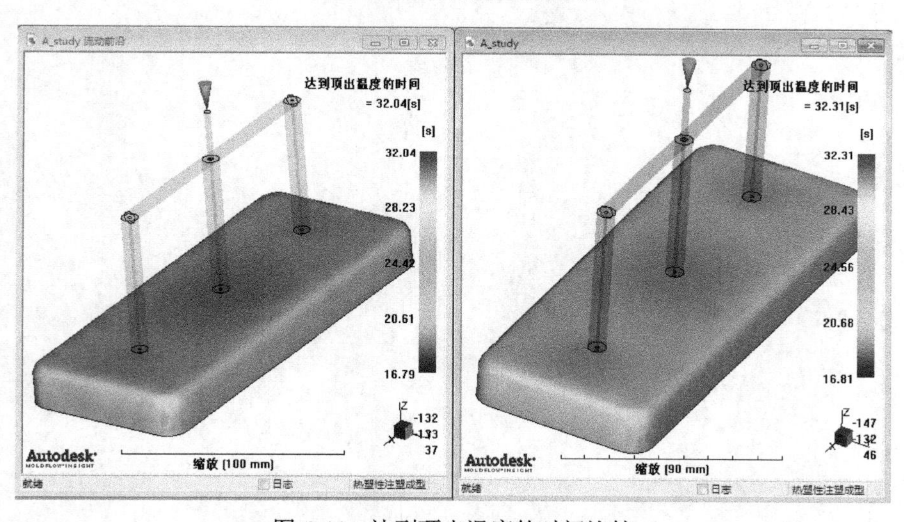

图 6-44　达到顶出温度的时间比较

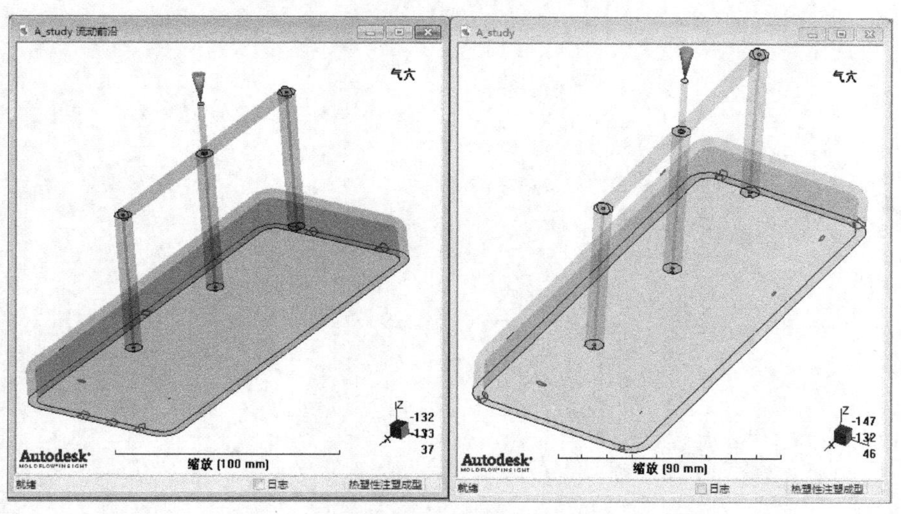

图 6-45　气穴比较

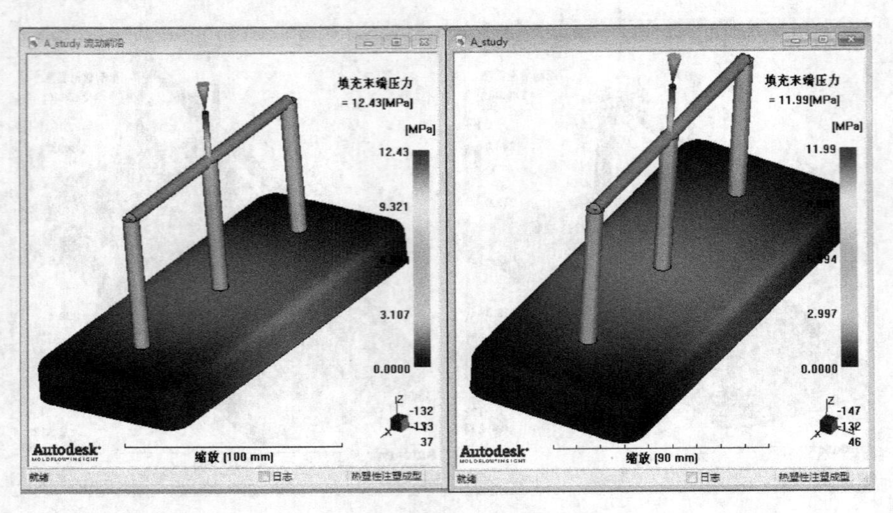

图 6-46　充填末端压力比较

第7章 浇注系统的平衡设计

7.1 平衡设计概述

为了提高生产效率，降低成本，小型（包括部分中型）塑件往往采取一模多腔的结构形式。在这种结构形式中，浇注系统的设计应使所有的型腔能同时得到塑料熔体均匀的充填。换句话说，应尽量采用从主流道到各个型腔分流道的形状及截面尺寸相同的设计，即型腔平衡式布置的形式。倘若根据某种需要设计成型腔非平衡式布置的形式，则需要通过调节浇口或分流道尺寸，使各浇口的流量及成型工艺条件达到一致，这就是浇注系统的平衡，也称浇口的平衡，如图 7-1 所示。

图 7-1 浇注系统的平衡

在一模多腔或组合型腔的注塑模成型生产过程中，熔体在浇注系统中流动的平衡性是十分重要的。如果注塑熔体能够同时到达并充满模具的各个型腔，则称该浇注系统是平衡的。平衡的浇注系统不仅可以保证良好的产品质量，而且可以保证不同型腔内产品质量的一致性。

浇口平衡计算的思路是通过多型腔模具各个浇口的 BGV（Balanced Gate Value）值进行判断或计算，浇口平衡时，BGV 值应符合下述要求：相同塑件的多型腔，各浇口计算出的 BGV 值必须相等；不同塑件的多型腔，各浇口计算出的 BGV 值必须与其塑件型腔的充填量成正比。

型腔浇口的 BGV 值为

$$\mathrm{BGV}=\frac{A_g}{\sqrt{L_r}L_g} \tag{7.1}$$

式中 A_g——浇口的截面积（mm^2）；

L_r——从主中心至浇口的分流道的长（mm）；

L_g——浇口的长度（mm）。

相同塑件多型腔成型的 BGV 值可用下式表示：

$$\mathrm{BGV}_a=\mathrm{BGV}_b \tag{7.2}$$

不同塑件多型腔成型的 BGV 值可用下式表示：

$$\frac{W_a}{W_b}=\frac{\mathrm{BGV}_a}{\mathrm{BGV}_b}=\frac{A_{ga}\sqrt{L_{rb}}L_{gb}}{A_{gb}\sqrt{L_{ra}}L_{ga}} \tag{7.3}$$

式中 W_a、W_b——分别为型腔 a、b 的充填量（熔体质量或体积）；

A_{ga}、A_{gb}——分别为型腔 a、b 的浇口截面积（mm^2）；

L_{ra}、L_{rb}——分别为从主流道中心到型腔 a、b 的流动通道的长度（mm）；

L_{ga}、L_{gb}——分别为型腔 a、b 的浇口长度（mm）。

在一般多型腔注射模浇注系统设计中，通常采用矩形或圆形点浇口，浇口截面积 A_g 与分流道截面积 A_r 的比值应取：

$$A_g : A_r = 0.07 \sim 0.09 \tag{7.4}$$

矩形浇口的截面宽度 b 为其厚度 t 的 3 倍，即 $b=3t$，各浇口的长度相等。在上述前提下，进行浇口的平衡计算。

目前，在实际的注射模设计与生产中，常采用试模的方法来达到浇口的平衡。

（1）将各浇口的长度、宽度和厚度加工成对应相等的尺寸。

（2）试模后检验每个型腔的塑件质量，检查晚充满的型腔其塑件是否产生补缩不足的缺陷。

（3）将晚充满塑件有补缩不足缺陷型腔的浇口宽度略微修大。尽可能不改变浇口厚度，因为浇口厚度改变对压力损失较为敏感，浇口冷却固化的时间也就不一。

（4）用同样的工艺方法重复上述步骤直至塑件质量满意为止。

Moldflow 软件提供了有效的流道平衡分析模块。将平衡流道分析模块与充填等基本模块结合使用，可以优化浇注系统参数，并使优化后的系统达到以下一些基本要求：

- 保证各型腔的充填在时间上保持一致；
- 保证均衡的保压；
- 保持一个合理的型腔压力；
- 优化流道的容积，节省塑料熔体材料。

对于组合型腔的模具，由于各型腔几何形状和容积不同，浇注系统的平衡与否除了要考虑型腔和流道的布局方式外，还要考虑流道截面尺寸的设计。合理的流道尺寸能够保证熔体在模具型腔内流动的平衡性。如图 7-2 所示，A 零件和 B 零件在模具中组合充填，流道直径分别为 ϕ3.9mm 和 ϕ5.3mm。该浇注系统的设计，可以基本保证熔体流道的平衡性。

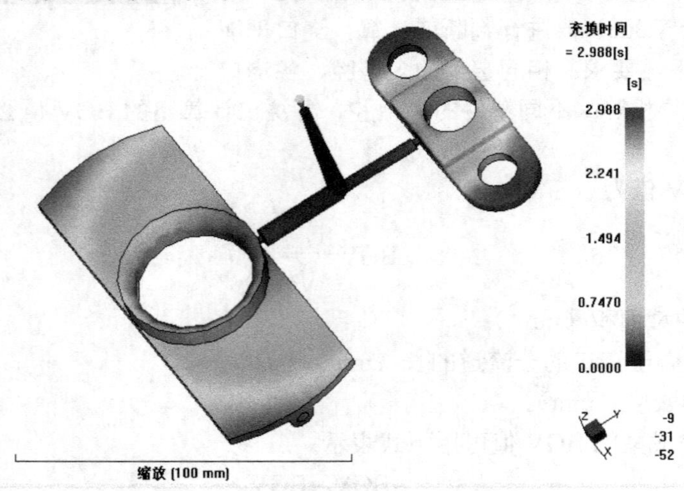

图 7-2　A 零件和 B 零件组合型腔模具的流道尺寸

流道平衡（Runner Balance）分析仅仅针对 Midplane（中面网格）和 Fusion（表面网格）两类网格模型，平衡分析调整的是分流道的尺寸。在流道平衡分析中，系统通过在给定的约束条件下调整流道的尺寸，保证熔体在模具型腔内流动的平衡性。本章给出的实例是 A 零件和 B 零件的组合型腔模具，如图 7-3（a）、（b）和图 7-4 所示。

利用 Moldflow 中的流道平衡进行分析的目的是分别确定 A 零件和 B 零件分流道的截面尺寸，从而保证能够基本上在同一时刻充满型腔，实现熔体的平衡流动。

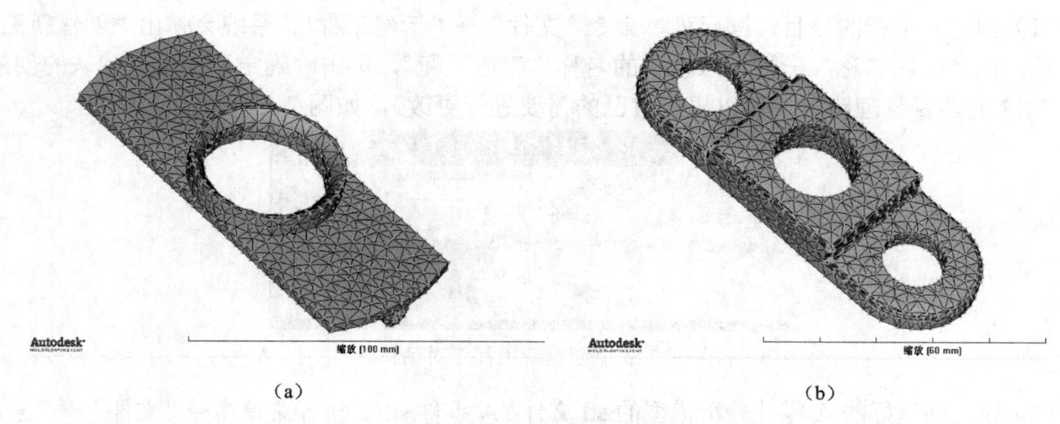

(a)　　　　(b)

图 7-3　A 零件和 B 零件

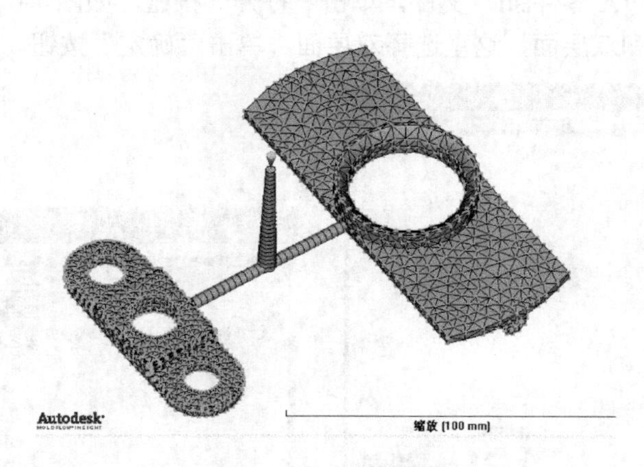

图 7-4　组合型腔布局

分析步骤如下：

（1）利用浇口位置分析找出 A 零件和 B 零件的最佳浇口位置。

（2）初步创建完整的浇注系统进行充填分析，以获得平衡流道分析所需的一些约束条件。

（3）设定约束条件，在初步模型充填分析的基础上进行流道平衡分析，从而得到优化的流道设计。

（4）根据流动优化分析的结果，调整和修改设计方案，并对最后的方案进行分析验证。

7.2　A 零件的浇口位置分析

给出的 A 零件和 B 零件模型为对称产品，但是由于模型的中部都存在孔，因此在进行组合型腔布局设计之前，需要利用浇口位置分析找出 A 零件和 B 零件的最佳浇口位置，初步保证熔体在单独腔体内合理的流动和充填过程。

7.2.1　分析前处理

1）项目创建和模型导入

在指定的位置创建分析项目，并导入 A 零件分析模型。

（1）创建一个新的项目。执行菜单命令“文件”→“新建工程”，系统会弹出“创建新工程”对话框，在“工程名称”一栏填入项目的名称“流道平衡”，单击“确定”按钮，默认的创建路径是 MPI 的项目管理路径（可以根据自己的需要进行更改），如图 7-5 所示。

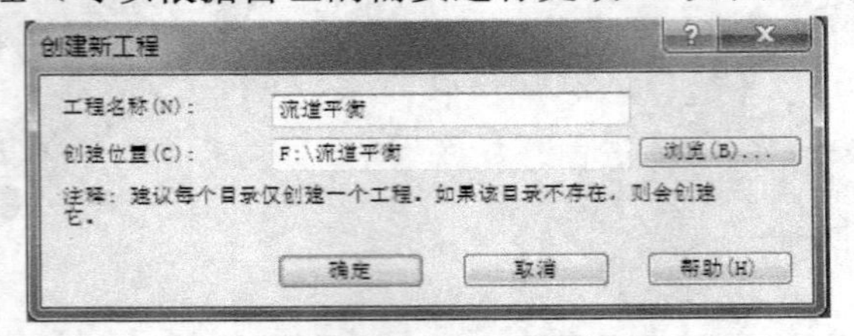

图 7-5　“创建新工程”对话框

（2）导入创建好的 A 零件分析模型的 stl 文件“A 零件.stl”。执行菜单命令“文件”→“导入”，在弹出的对话框中选择“A 零件.stl”文件，单击“打开”按钮，如图 7-6（a）所示。注意在流道平衡中只能选择中性面和双层面，这里选择双层面，单击“确定”按钮，如图 7-6（b）所示。

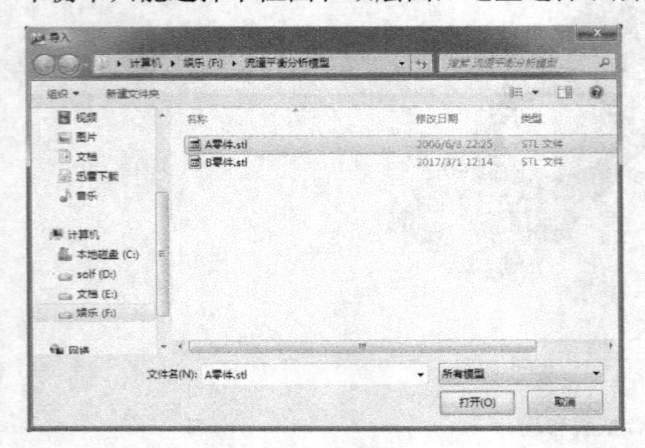

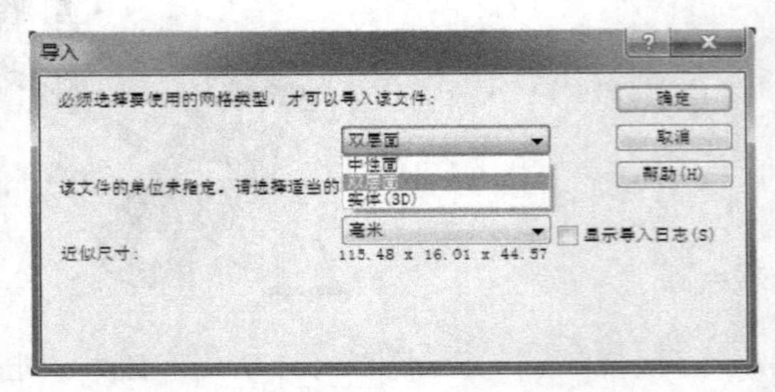

（a）　　　　　　　　　　　　（b）

图 7-6　选择分析模型和网格类型

（3）A 零件的基本模型被导入后，划分网格，全局网格边长为 2mm，结果如图 7-7 所示。

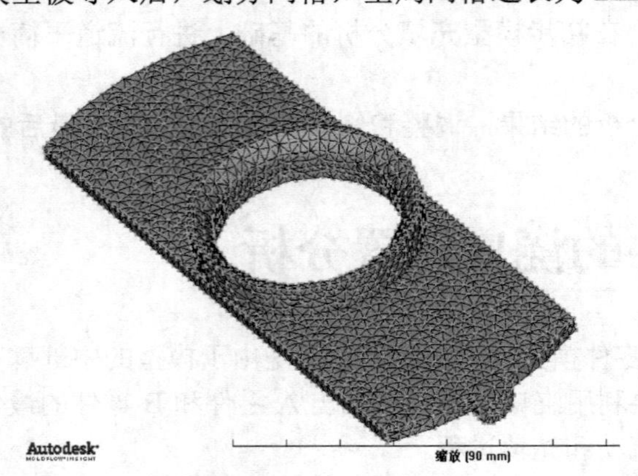

图 7-7　A 零件的模型

2）网格模型信息查看

查看网格模型信息。执行菜单命令“网格”→“网格统计”，网格信息如图 7-8 所示。如果存在网格缺陷，需要对 STL 模型进行网格划分和缺陷修改。

3）分析类型的设定

双击任务栏中的“填充”命令，选择分析序列为“浇口位置”，单击“确定”按钮，如图 7-9 所示。

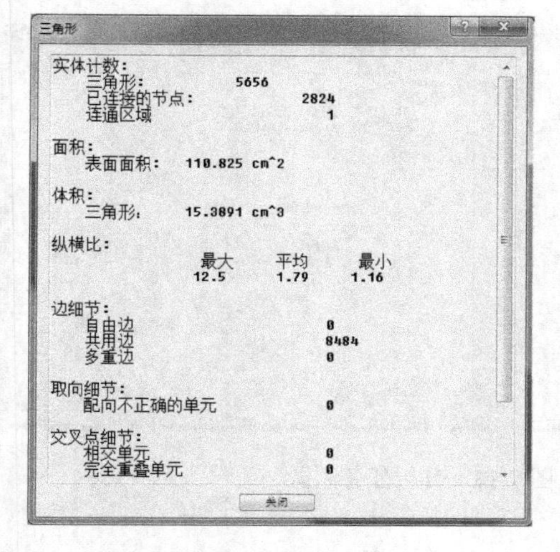

图 7-8　网格信息

图 7-9　分析序列的选择

4）材料的选择

A 零件采用的材料为 Monsanto Kasei 公司的 0% Rubber（材料可以通过双击“默认的材料”→“搜索”进行更改。同时通过右击任务栏中的材料可以查看材料属性，如图 7-10 所示。

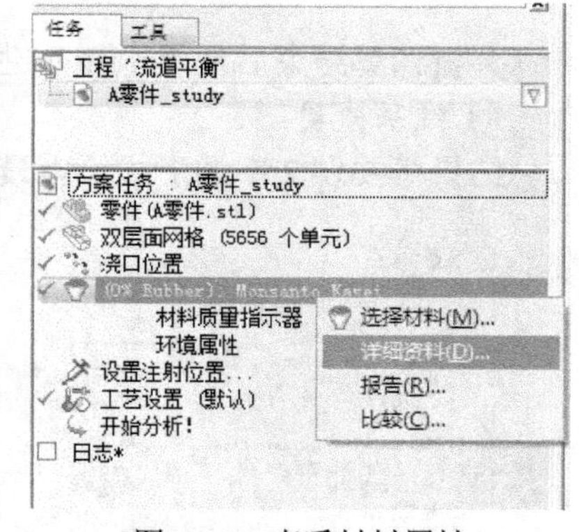

图 7-10　查看材料属性

5）工艺过程参数的设定

双击任务栏中的“工艺设置”，工艺过程参数选用默认设置，如图 7-11 所示。

- 注塑机：默认注射成型机；
- 模具表面温度：默认值为 50℃；
- 熔体温度：默认值为 230℃。

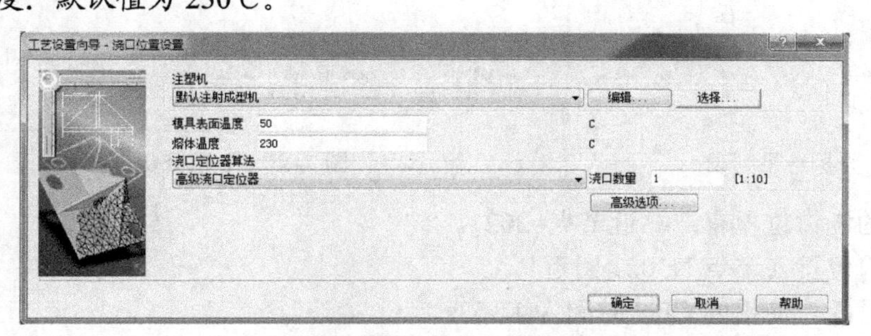

图 7-11　默认的工艺过程参数

7.2.2　分析计算

在完成了分析前处理之后，即可进行分析计算，整个解算器的计算过程基本由 Moldflow 系统自动完成。双击任务栏窗口中的“立即分析！”一项，解算器开始计算，任务栏窗口显示如图 7-12 所示。

执行菜单命令“分析”→“作业管理器”，可以看到任务队列及分析进程，如图 7-13 所示。

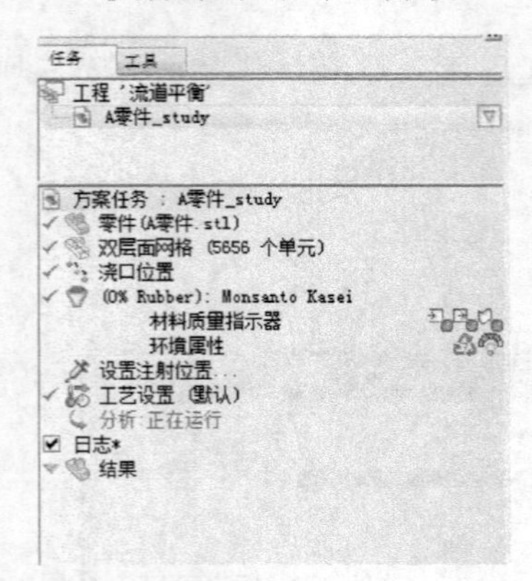

图 7-12　分析计算开始

图 7-13　分析任务列队

7.2.3　结果分析

分析计算结束后，Moldflow 生成最佳浇口位置的分析结果，分析任务窗口如图 7-14 所示。

1）结果概要

结果概要以文字的形式给出最佳浇口位置的分析结果，如图 7-15 所示。

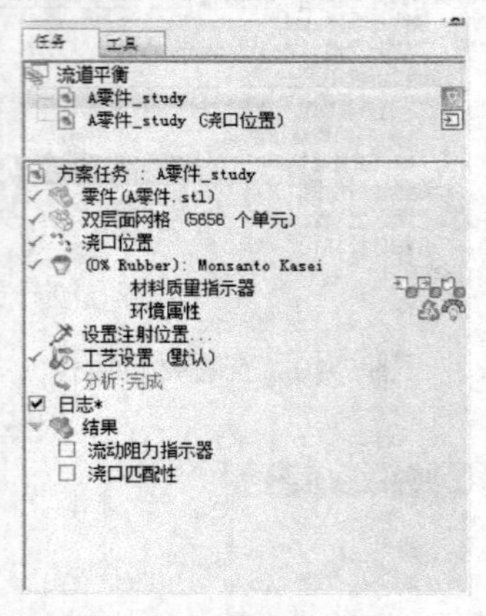

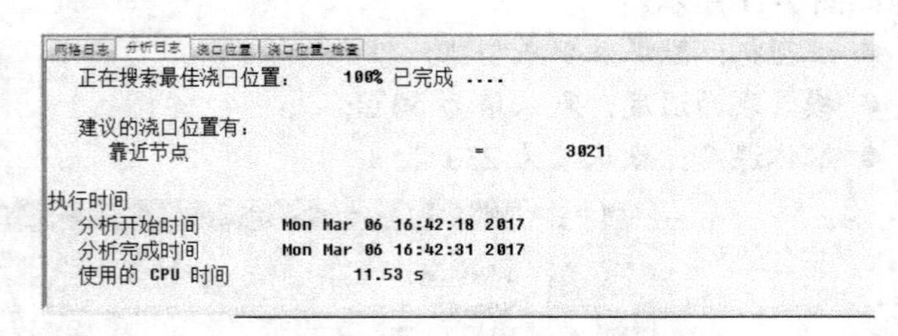

图 7-14　分析结果列表

图 7-15　结果概要

（1）建议的浇口位置有：靠近节点=3021。

推荐的浇口位置在节点 N3021 附近。

（2）执行时间。使用的 CPU 时间为 11.53s。

在 A 零件的网格模型中可以找到最佳浇口位置区域中心所在的节点，如图 7-16 所示，节点 N3021 在 A 零件的中间孔内侧。

2）最佳浇口位置

最佳浇口位置的图形显示结果如图 7-17 所示（图中圆圈处）。

结果显示中红色的区域是最佳的浇口位置区域（最好），蓝色的区域是最不合理的浇口位置区域（最差），绿色的区域则介于两者之间。

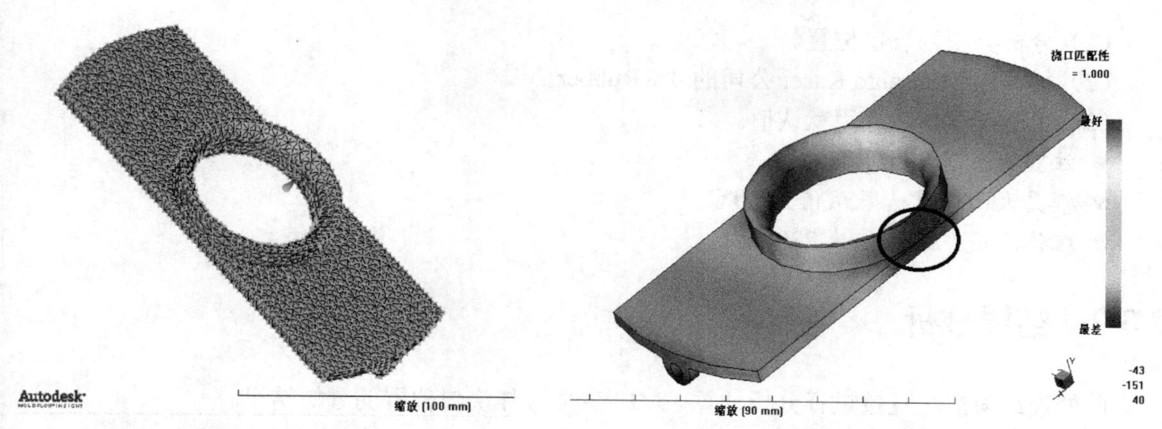

图 7-16　最佳浇口位置的中心节点　　　　图 7-17　最佳浇口位置的图形显示结果

考虑到模具设计的合理性及熔体在型腔内流动的平衡性，将浇口位置设定在图 7-17 中 A 零件外部的红色区域内（图中圆圈处）。

7.3　B 零件的浇口位置分析

在确定了 A 零件的浇口位置之后，接下来分析 B 零件合理的浇口位置。

7.3.1　分析前处理

B 零件分析前处理的操作步骤和参数位置与 A 零件的浇口位置分析基本一致。

1）模型导入

在项目管理窗口中导入 B 零件的基本分析模型。

（1）在项目管理窗口中，导入创建好的 B 零件分析模型的“B 零件.stl”。在弹出的对话框中选择“B 零件.stl”文件，单击“打开”按钮，依然选择“双层面”，如图 7-18 所示。

（2）B 零件的基本分析模型被导入划分网格后，如图 7-19 所示。

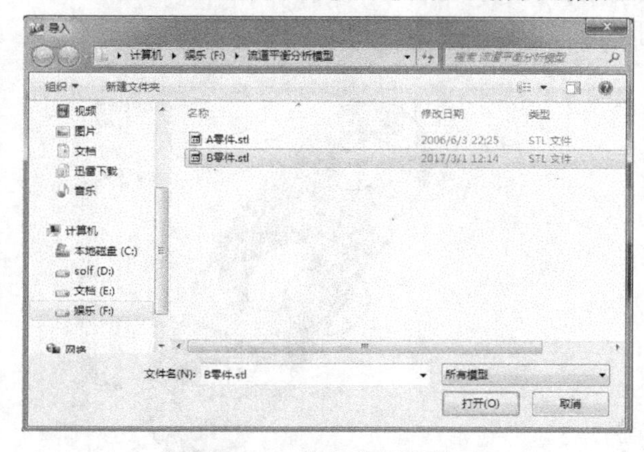

图 7-18　导入分析模型

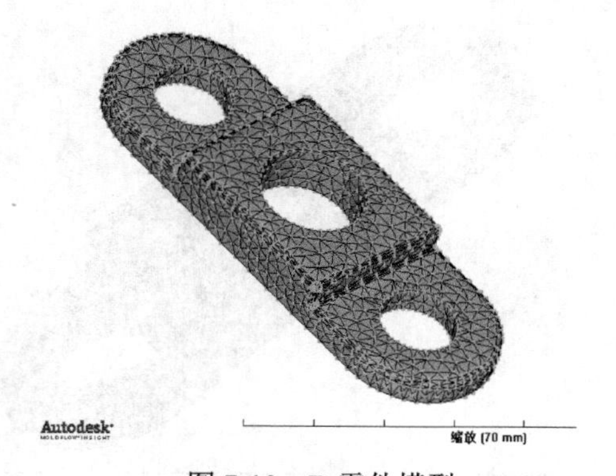

图 7-19　B 零件模型

2）其他参数设定

B 零件分析模型的其他参数设置与 A 零件的前处理方法一致。

（1）分析类型为浇口位置。

（2）材料为 Monsanto Kasei 公司的 0% Rubber。

（3）工艺过程参数选用默认值。

- 注塑机：默认注射成型机。
- 模具表面温度：默认值为 50℃。
- 熔体温度：默认值为 230℃。

7.3.2 结果分析

前处理结束后，直接进行分析计算，MPI 生成最佳浇口位置的分析结果。

1）结果概要

结果概要以文字的形式给出最佳浇口位置的分析结果，如图 7-20 所示。

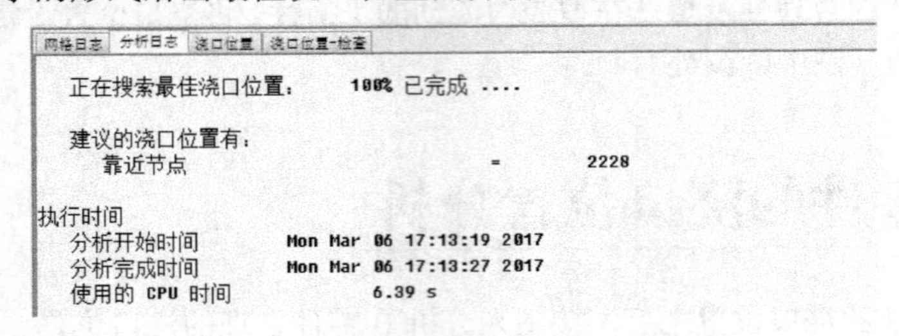

图 7-20　结果概要

从结果概要中可以看到：

（1）建议的浇口位置有：靠近节点=2228。

推荐的浇口位置在节点 N2228 附近。

（2）执行时间。使用的 CPU 时间为 6.39s。

在 B 零件的网格模型中可以找到最佳浇口位置区域中心所在的节点 N2228，如图 7-21 所示。

2）最佳浇口位置

最佳浇口位置的图形显示结果如图 7-22 所示（图中圆圈处）。

与 A 零件结果类似，结果显示红色区域是最佳浇口位置区域（最好），蓝色区域是最不合理的浇口位置区域（最差），绿色的区域则介于两者之间。

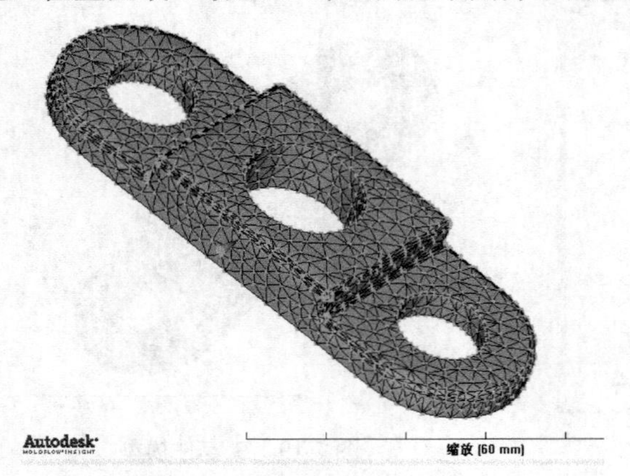

图 7-21　最佳浇口区域的中心节点

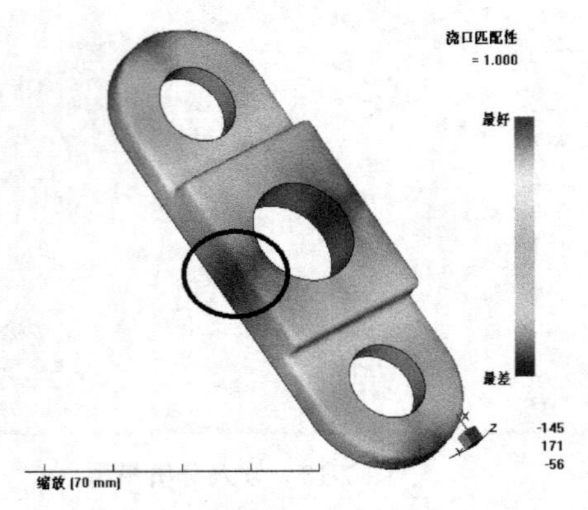

图 7-22　最佳浇口位置的图形显示结果

同样考虑到模具设计的合理性及熔体在型腔内流动的平衡性，将浇口位置设定在图 7-22 中的圈选区域。

7.4　组合型腔的充填分析

A-B 零件组合型腔浇注系统的平衡设计，需要在初步设计的基础上进行。也就是说，首先给出一个初步的设计方案，在对初步设计进行分析的基础上，寻找设计中存在的问题（流道不平衡达到什么程度），从而进行设计方案的调整和修改。而且，经过对初步设计方案的分析，可以为进一步的流道平衡分析提供必要的分析参数及约束条件（平衡压力等）。

A-B 零件组合型腔模具的初步设计方案如图 7-23 所示，设计 A 零件和 B 零件的流道直径均为 4mm。

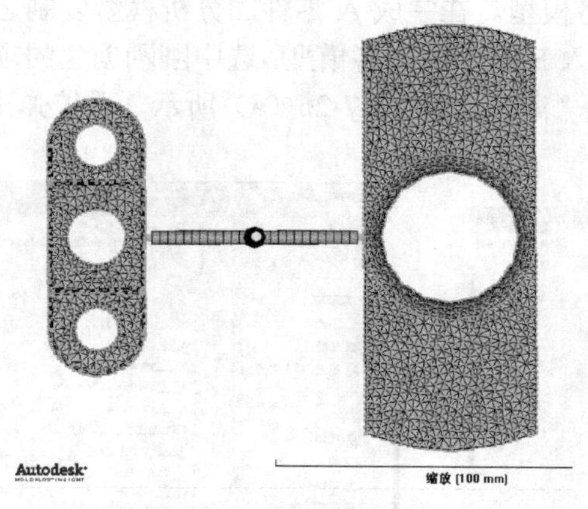

图 7-23　初步设计方案

7.4.1　分析前处理

组合型腔的充填分析是在 A 零件和 B 零件的最佳浇口位置分析的基础上进行的，主要包括以下内容：

- 从最佳浇口位置分析中导入基本网格模型；
- 组合型腔的布局；
- 分析类型的设定；
- 浇注系统的建立；
- 工艺过程参数的设置。

1）基本网格模型的复制导入

在 A 零件和 B 零件最佳浇口位置分析的基础上，复制网格模型。

（1）基本分析模型的复制。在项目管理窗口中右击已经完成的 A 零件最佳浇口分析 A 零件_study（浇口位置），在弹出的快捷菜单中选择“复制”命令，复制完成的项目管理窗口显示如图 7-24 所示。

（2）分析任务重命名。将新复制的分析模型重命名为“A-B 零件的初始分析”，重命名之后的项目管理窗口、分析窗口如图 7-25 所示。

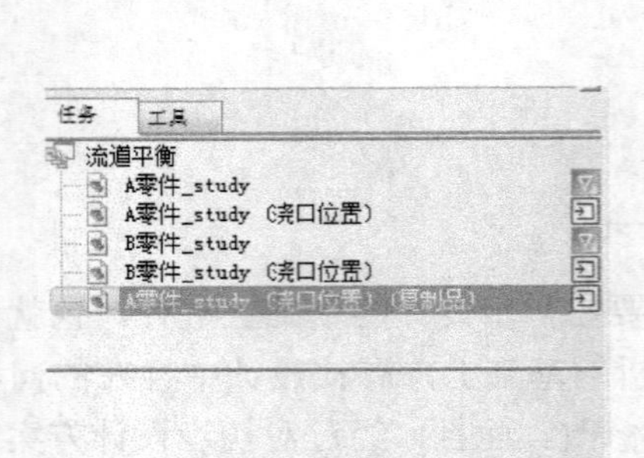

图 7-24　基本分析模型复制完成

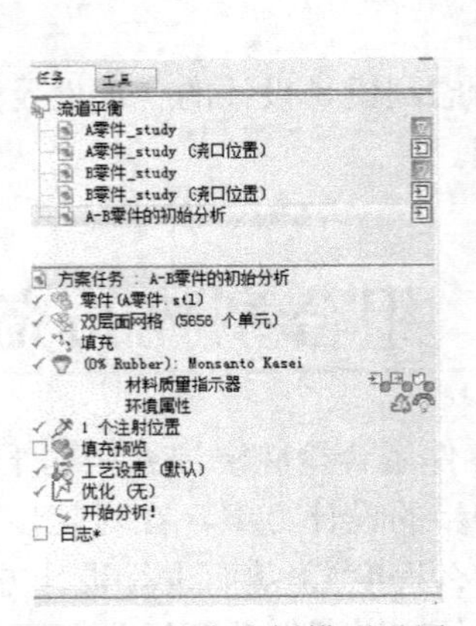

图 7-25　基本分析模型设置

从分析任务窗口中可以看到，A 零件最佳浇口位置分析的所有模型相关参数设置被复制。

（3）导入 B 零件的网格模型。在完成 A 零件的分析模型复制之后，需要在分析项目“A-B 零件的初始分析”中再次导入 B 零件的网格模型：选中刚刚创建的项目“A-B 零件的初始分析”，再执行菜单命令“文件”→“添加”，如图 7-26（a）所示，系统弹出如图 7-26（b）所示的添加模型对话框。

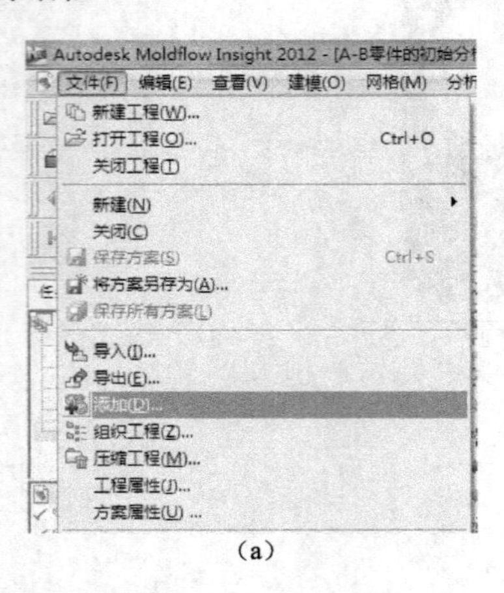

（a）

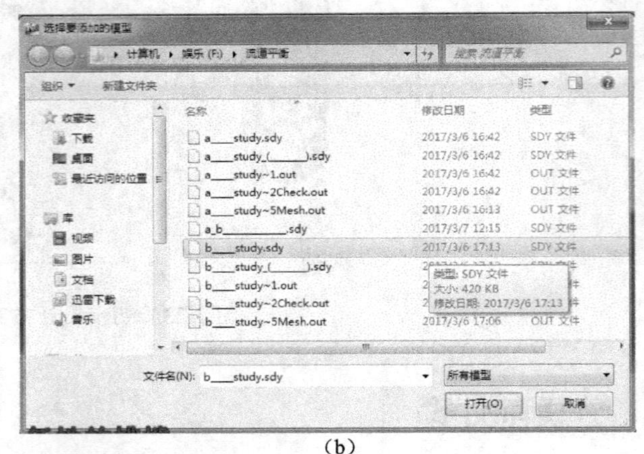

（b）

图 7-26　添加模型

在对话框中选择当前分析项目文件夹，然后选择 7.3 节中刚刚完成的 B 零件最佳浇口位置分析“b_____study_(________)”，单击“打开”按钮，则 B 零件的网格模型被导入，模型显示窗口变化如图 7-27（a）、（b）所示。

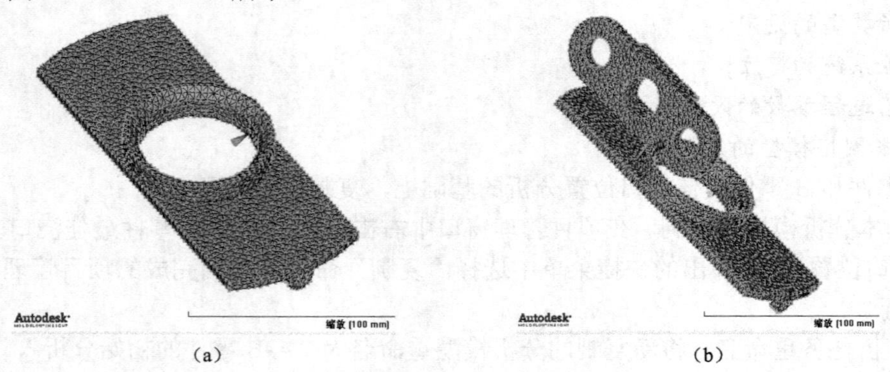

（a）　　（b）

图 7-27　导入 B 模型

添加 B 零件之前的层管理窗口如图 7-28（a）所示，添加后的层管理窗口如图 7-28（b）所示。为了有效地区分 A 零件和 B 零件模型，划分网格重命名层管理窗口如图 7-28（c）所示。

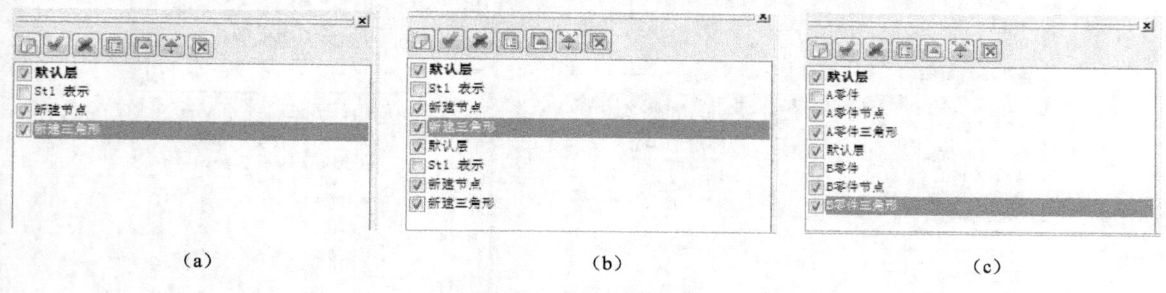

（a）　（b）　（c）

图 7-28　层管理窗口

2）组合型腔的布局

A 零件和 B 零件的网格模型复制导入后，要通过 Moldflow 系统中的建模功能，将 A 零件和 B 零件的网格模型进行合理的布置。

A 零件和 B 零件导入后初始的基本位置关系如图 7-27（b）所示。在进行位置布置的时候应该尽量参考 Moldflow 系统中的坐标，而且零件的分型面尽量在同一个平面上。

（1）执行菜单命令“建模”→“移动/复制”→“旋转”，将 A 零件以 X 轴为中心旋转-90°（可以通过层管理先隐藏 B 零件），如图 7-29（a）、（b）所示。

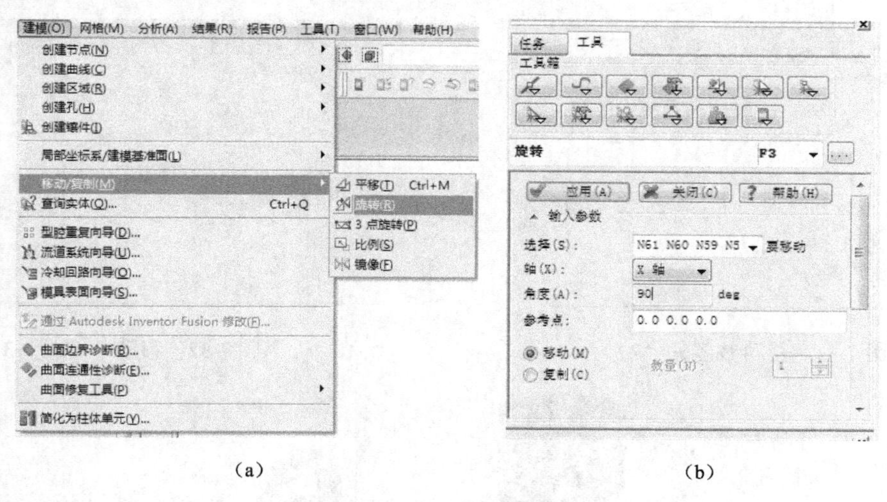

（a）　（b）

图 7-29　旋转 A 零件

（2）选择 B 零件的节点和三角模型，平移（-37.21　0　0），如图 7-30（a）、（b）所示。

（3）选择 B 零件的节点和三角模型，平移（0　0　-3.97），如图 7-31 所示。

（4）选择 B 零件的节点和三角模型，平移（0　80　0），如图 7-32 所示。最终得到如图 7-33 所示的组合型腔布局。

3）分析类型的设定

将产品的注塑成型分析类型设置为填充。填充分析的目的是初步模拟熔体在组合型腔内的流动过程，为进一步的流道平衡分析收集参数。

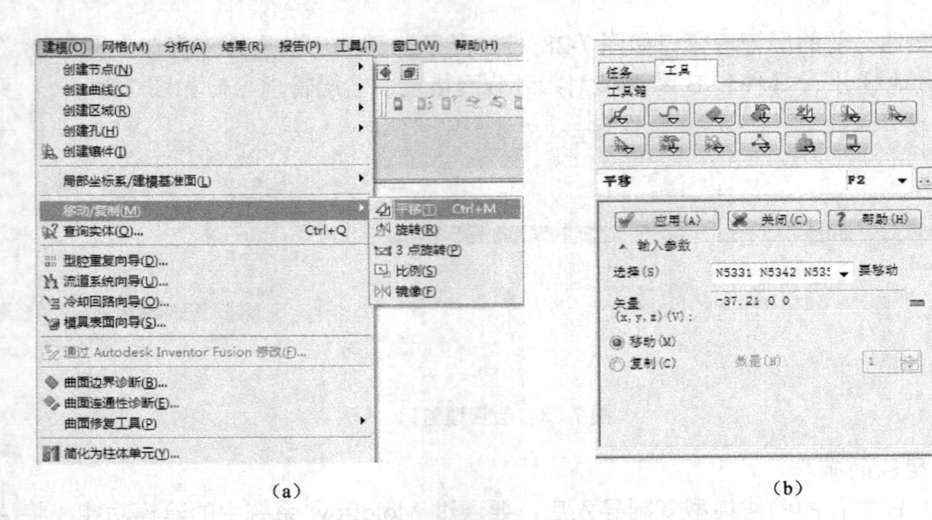

图 7-30　移动 B 零件（1）

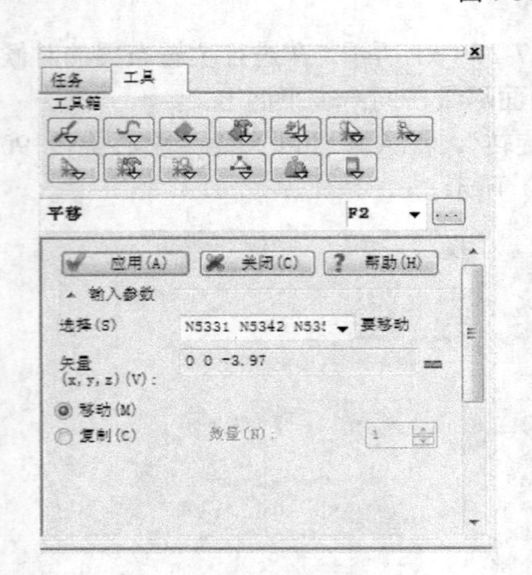

图 7-31　移动 B 零件（2）

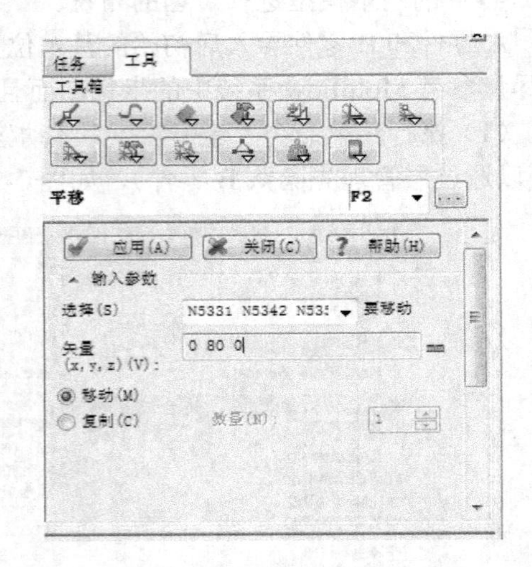

图 7-32　移动 B 零件（3）

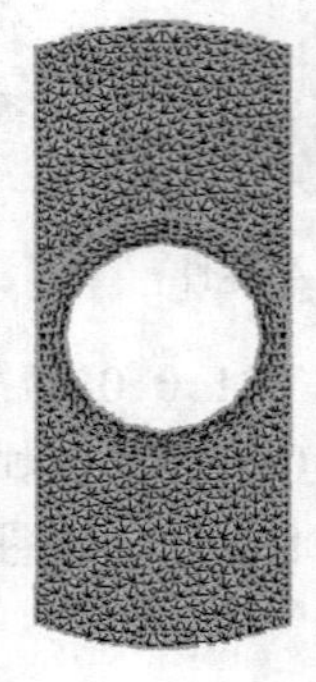

图 7-33　组合型腔布局

4）浇注系统的建立

A 零件和 B 零件组合型腔模具系统由主流道、分流道及侧浇口组成，如图 7-34 所示。

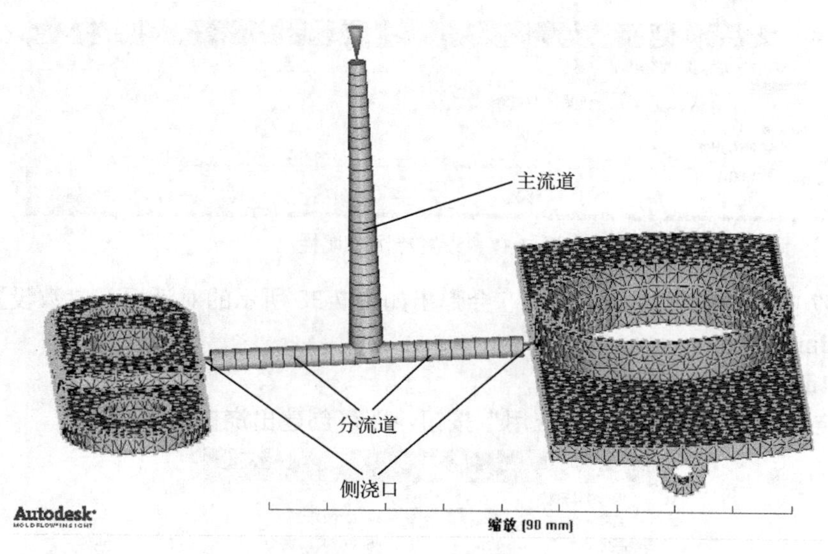

图 7-34　浇注系统

（1）创建 A 零件的侧浇口中心线。根据 7.3 节的分析结果，选择 A 零件的浇口位置，一般浇口位置选择在图 7-17 的标注区域内，尽可能地在对称面和分型面上面。当选中一个合适的进浇点后，首先创建浇口中心线另外一个点，执行菜单命令“建模”→“创建节点”→“按偏移”，基准点为进浇点，偏移矢量为（0 2 0），创建结果如图 7-35 所示。

利用进浇点、新建点创建中心曲线。执行菜单命令“建模”→“创建曲线”→“直线”，如图 7-36 所示，分别选择进浇点和新建点 1，单击“修改”按钮，设置浇口属性。在弹出的对话框中创建新的曲线属性，单击“新建”→“冷浇口”命令。

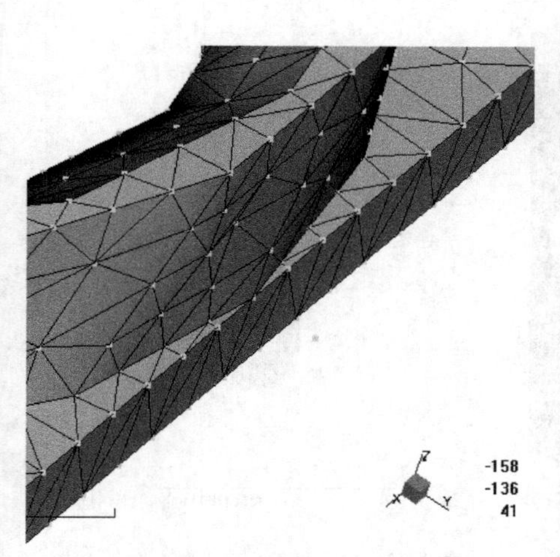

图 7-35　A 零件浇口中心线节点

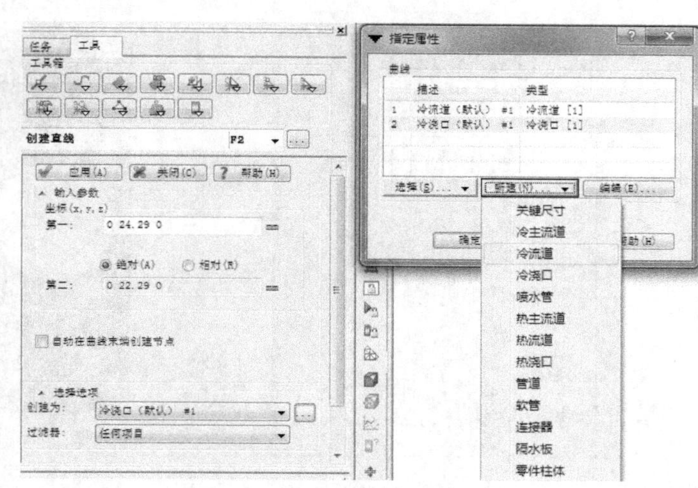

图 7-36　创建浇口中心线

弹出如图 7-37 所示的对话框，设置冷浇口属性。

其中参数设置如下：

- 截面形状：矩形；
- 形状：非锥体；
- 出现次数：1。

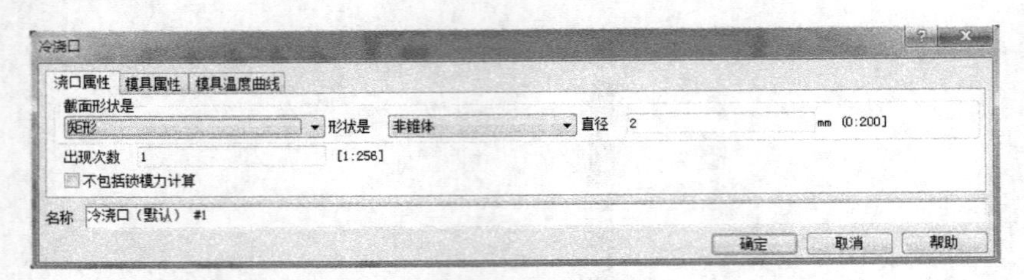

图 7-37 设置冷浇口属性

单击图 7-37 中的“编辑尺寸”按钮，会弹出如图 7-38 所示的对话框，参数设置如下：

- 宽度：2mm;
- 高度：1mm。

单击“确定”按钮，最后单击“应用”按钮，即可创建出浇口的中心线。

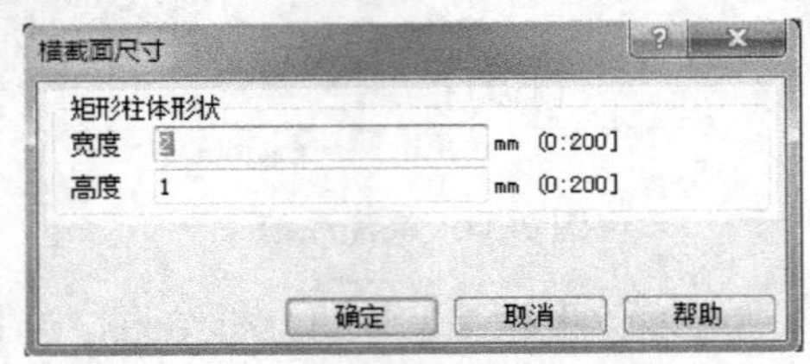

图 7-38 浇口横截面尺寸对话框

（2）创建 B 零件的侧浇口中心线，方法与 A 零件的一致。

（3）创建分流道节点。当浇口中心线创建好以后可以通过另一个中心浇口的偏置点来创建分流道末端的点：执行菜单命令“建模”→“创建节点”→“在坐标之间”，选择两个偏置点，单击“应用”按钮，如图 7-39（a）、（b）所示。

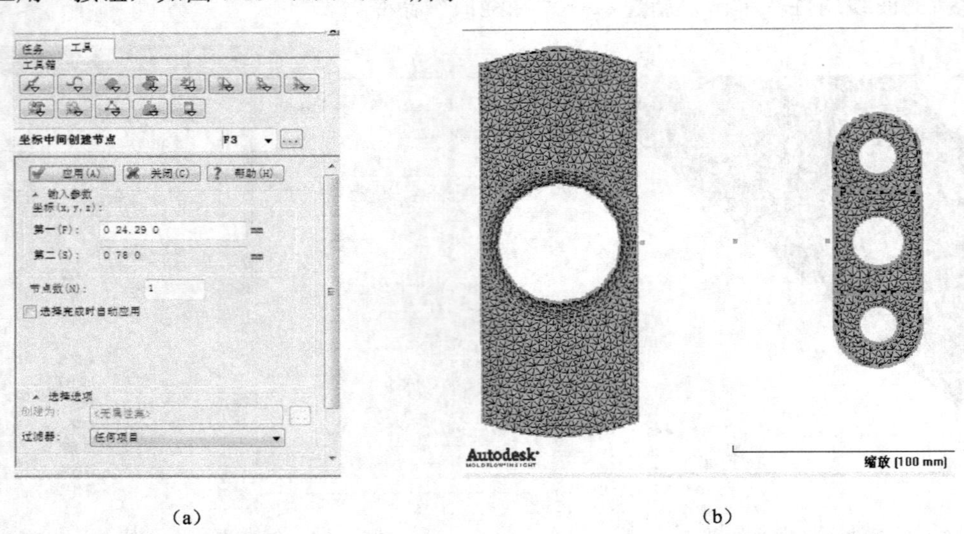

（a） （b）

图 7-39 创建分流道节点

（4）创建分流道中心线。执行菜单命令“建模”→“创建曲线”→“直线”，如图 7-40 所示，取消选中“自动在曲线末端创建节点”复选框，单击“修改”按钮，设置冷流道形状，弹出对话框，单击“新建”→“冷流道”命令。

选择属性冷流道（默认）#1，单击“编辑”按钮编辑其属性，参数设置与浇口设置基本一致，仅仅是形状采用直径为 4mm 的圆形，如图 7-41 所示。

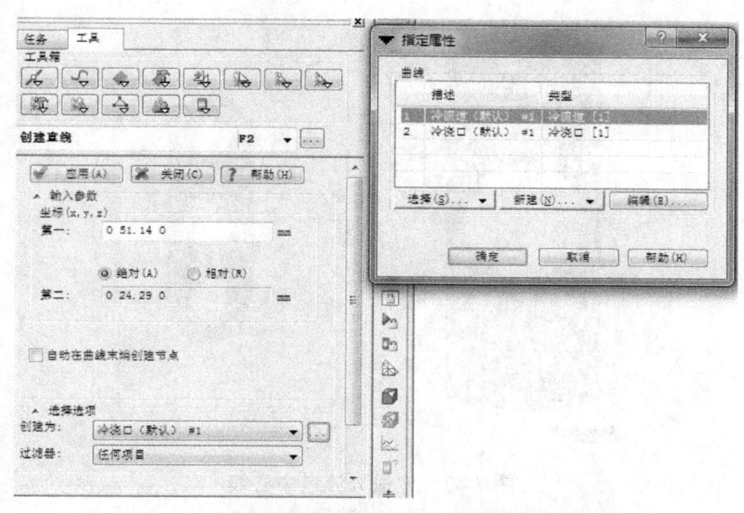

图 7-40 创建分流道中心线及设定分流道属性

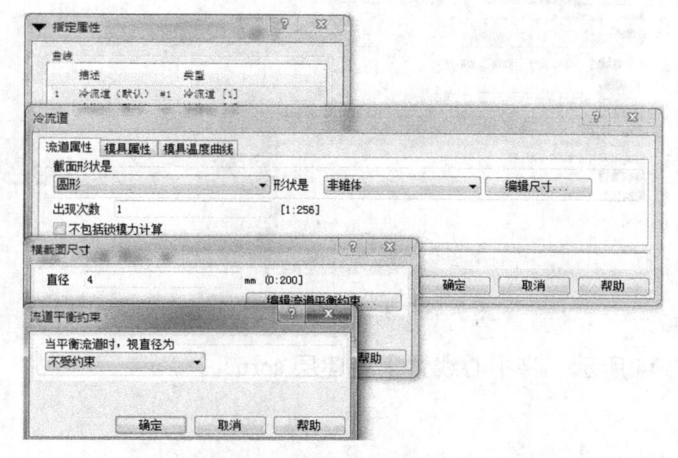

图 7-41 分流道截面尺寸设定

单击“编辑流道平衡约束”按钮编辑流道平衡约束，选择约束力方法为“不受约束”，如图 7-41 所示。流道平衡分析计算过程中，Moldflow 会根据约束条件调整流道的直径尺寸：

- 固定——流道平衡分析过程中不能调整流道尺寸；
- 不受约束——流道平衡分析中系统自动确定流道尺寸，用户没有约束；
- 受约束——需要用户给出流道直径允许变化的范围。

设置完成后，返回图 7-40 所示对话框，单击“应用”按钮生成中心线。用同样的方法创建 B 零件的分流道中心线，创建结果如图 7-42 所示，将分流道中心线置于新建层 runner 中。

（5）创建主流道中心线。主流道中心线的创建方法与分流道相同，只是在属性设置时有所差别。

主流道的长度为 55mm，形状是锥体（由端部尺寸），始端直径是 3mm，末端直径是 6mm，中心线属性为冷主流道，参数如图 7-43 所示。

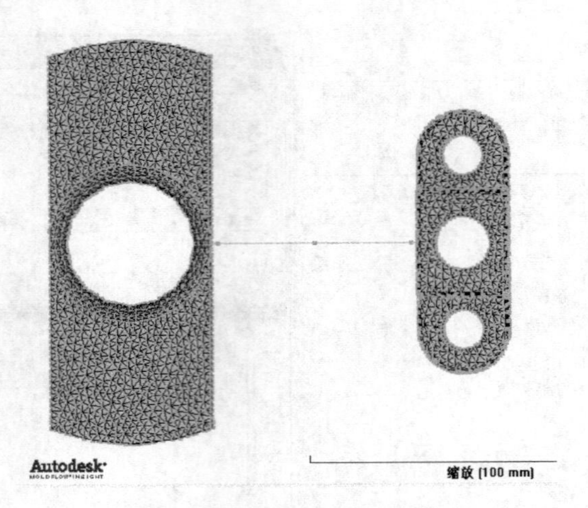

图 7-42 生成分流道中心线

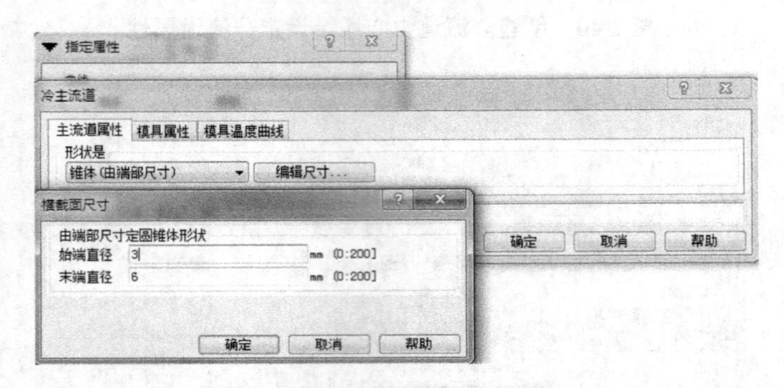

图 7-43 主流道中心线的创建

创建结果如图 7-44 所示，将中心线置于新建层 sprue 中。

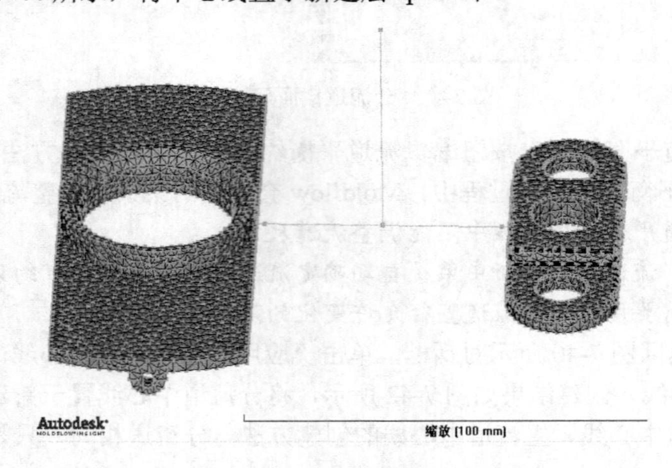

图 7-44 生成主流道中心线

（6）杆单元的划分。在层管理窗口中仅仅显示 gate 层，对侧浇口进行网格划分，如图 7-45（a）所示，执行菜单命令“网格”→“生成网格”，设置“全局网格边长”为 2mm，如图 7-45（b）所示，单击“立即划分网格”按钮。

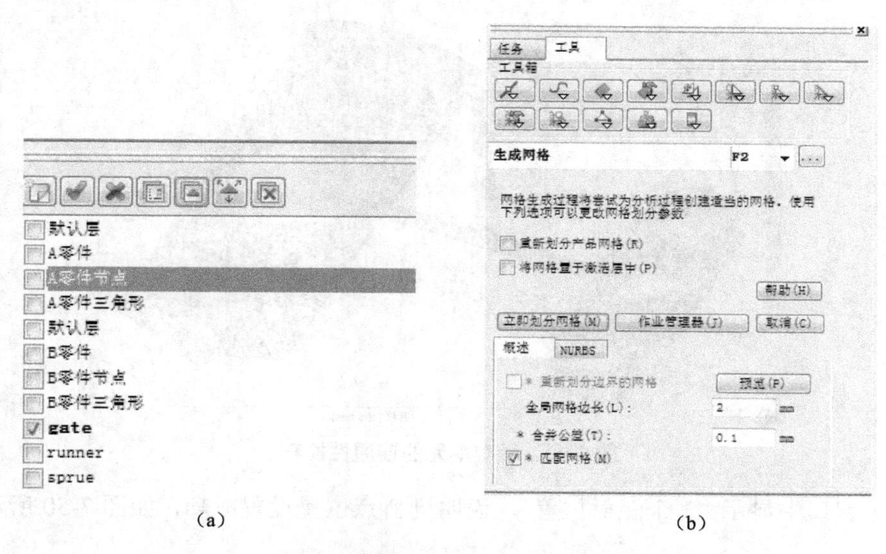

图7-45　浇口杆单元大小的设置

用同样的方法对分流道和主流道进行杆单元划分，杆单元大小为2mm，最终结果如图7-46所示。

（7）浇注系统与产品网格模型的连通性检查。层管理窗口中显示A零件和B零件所有三角形单元及浇注系统杆单元，执行菜单命令“网格”→“网格诊断”→“连通性诊断”，系统弹出如图7-47所示对话框。

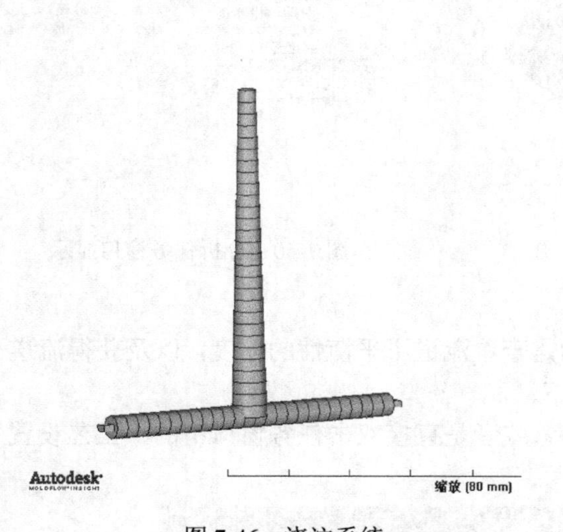

图7-46　浇注系统

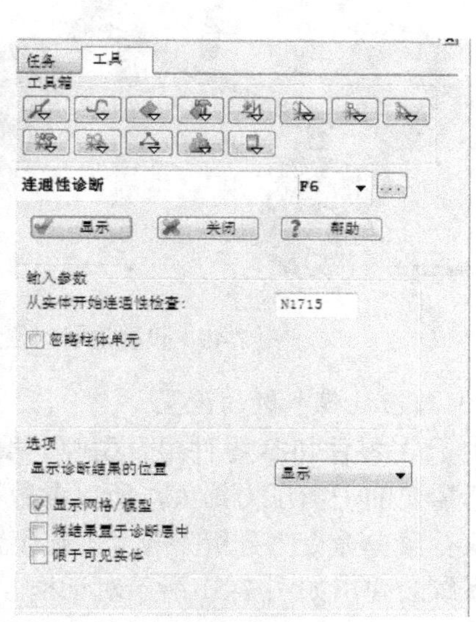

图7-47　网格连通性诊断工具

在“从实体开始连通性检查”栏选择任一单元作为起始单元，单击“显示”按钮，得到网格连通性诊断结果，如图7-48所示。所有网格均显示蓝色，表示相互连通。

浇注系统创建完成之后，必须进行网格模型的连通性检查。如果浇注系统与产品网格模型有不连通的现象，一般是由于浇口位置与产品网格模型连接处存在多余节点造成的。

（8）设置进料点位置。在完成了浇注系统各部分的建模和杆单元划分之后，要设置进料点的位置，一般设置在主流道的始端。在分析任务窗口中双击“设定注射位置”，选择主流道的始端为进料点的位置，如图7-49所示，选择完成后单击工具栏中的“保存”按钮。

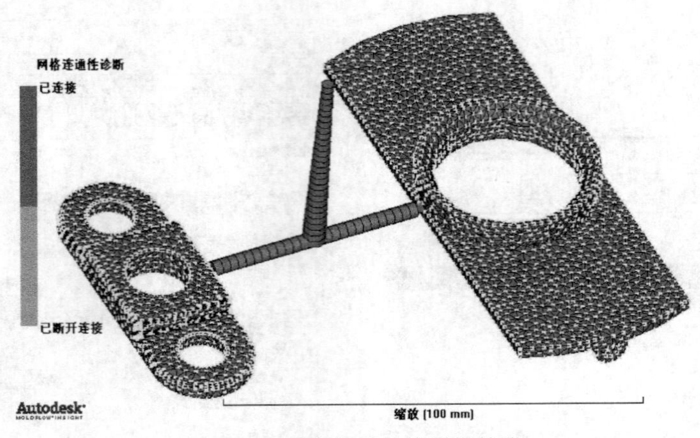

图 7-48　所有单元的连通性检查

分析任务窗口中显示“1 个注射位置”，说明进料点位置设置成功，如图 7-50 所示，浇注系统创建完成。

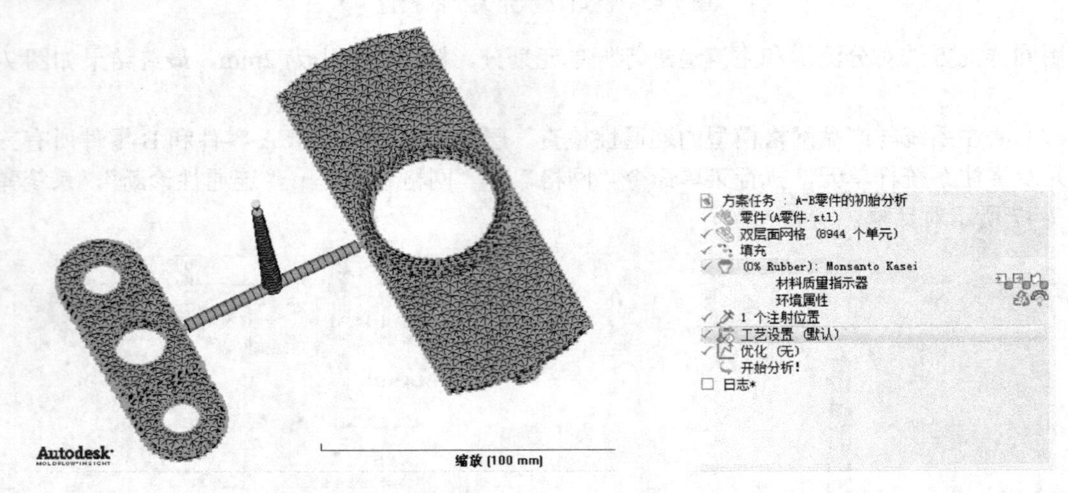

图 7-49　设置进料点位置　　　　图 7-50　分析任务窗口显示

5）工艺过程参数的设置

由于 A 零件和 B 零件组合型腔充填的目的是查看流道不平衡性的程度，以及获得流道平衡分析所需要的平衡压力约束，所以参数设置如下：

执行菜单命令“分析”→“工艺设置向导”，或者是直接双击任务窗口中的“工艺设置”一栏，系统会弹出如图 7-51 所示对话框。

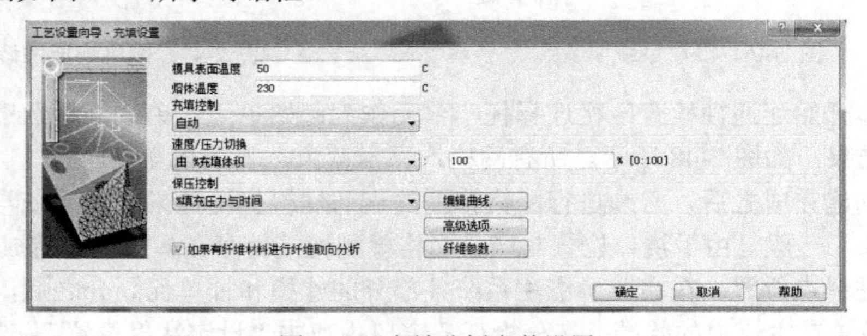

图 7-51　充填分析参数设置

（1）模具表面温度，采用默认值 50℃。

（2）熔体温度，采用默认值 230℃，该温度是指熔体进入模具型腔时的温度。

（3）充填控制，采用系统自动控制，当然用户也可以根据实际情况给出其他控制方法和参数。

（4）速度/压力切换，注塑机螺杆由速度控制向压力控制的转换点，即 V/P 转换点，为了获得进一步流道平衡分析的平衡压力约束参数，这里选用“由%充填体积”，指定填充比为 100%。

（5）保压控制，保压及冷却过程中的压力控制，本案例采用默认设置。

（6）高级选项，这里包含一些注塑材料、注塑过程控制方法、注塑机型号、模具材料、解算模块参数的信息，本案例选用默认值。

（7）纤维参数，如果是纤维材料，则会在分析过程中进行纤维定向分析的计算，相关的参数选用默认值。

单击“确定”按钮，结束工艺参数的设置，分析任务窗口显示如图 7-52 所示。

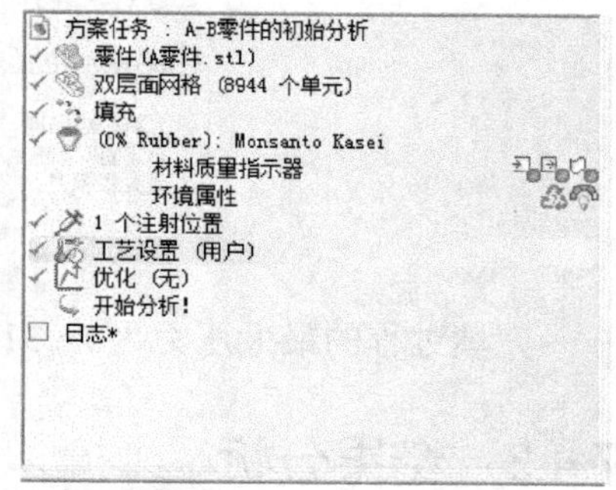

图 7-52 工艺过程参数设置完成

7.4.2 分析计算

在完成了 A-B 零件组合型腔的分析前处理之后，即进行分析计算，双击任务窗口中的“立即分析！”一项，解算器开始计算。

在分析计算过程产生的输出信息中，充填分析过程信息如图 7-53 所示。

网格日志 | 分析日志 | 填充 | 填充-检查

时间 (s)	体积 (%)	压力 (MPa)	锁模力 (tonne)	流动速率 (cm^3/s)	状态
0.14	3.45	10.04	0.00	8.12	V
0.27	6.88	16.53	0.10	8.83	V
0.41	10.96	17.28	0.11	8.93	V
0.54	14.91	17.75	0.12	8.95	V
0.68	19.04	18.17	0.13	8.96	V
0.81	22.96	18.50	0.14	8.97	V
0.95	26.96	18.81	0.15	8.98	V
1.09	31.29	19.26	0.16	8.97	V
1.23	35.39	19.41	0.17	8.99	V
1.37	39.40	19.53	0.17	8.99	V
1.50	43.48	19.64	0.18	9.00	V
1.63	47.36	19.89	0.20	9.00	V
1.77	51.37	19.93	0.20	9.00	V
1.90	55.34	20.00	0.22	9.00	V
2.03	59.16	20.15	0.25	9.00	V
2.18	63.33	20.29	0.28	9.00	V
2.31	67.09	20.41	0.31	9.00	V
2.44	70.67	24.36	1.54	8.77	V
2.58	74.56	25.11	2.29	9.00	V
2.71	78.37	24.69	2.28	9.00	V
2.85	82.47	24.53	2.27	9.00	V
2.98	86.45	24.46	2.28	9.00	V
3.12	90.27	24.74	2.43	9.00	V
3.25	94.24	24.85	2.55	9.00	V
3.39	98.14	25.30	2.76	9.00	V
3.45	100.00	25.71	3.32	8.95	已充填

图 7-53 充填分析过程信息

在图 7-53 中可以发现，在充模的最后阶段，压力在短时间内发生了较大的变化，由 20.41MPa 上升到 24.36MPa 以上，这是流道出现不平衡的一个现象。

如图 7-53 和图 7-54 所示，V/P 转换点与参数设置相符，发生在 100%填充率时，两个型腔在 3.4512s 左右充满型腔。

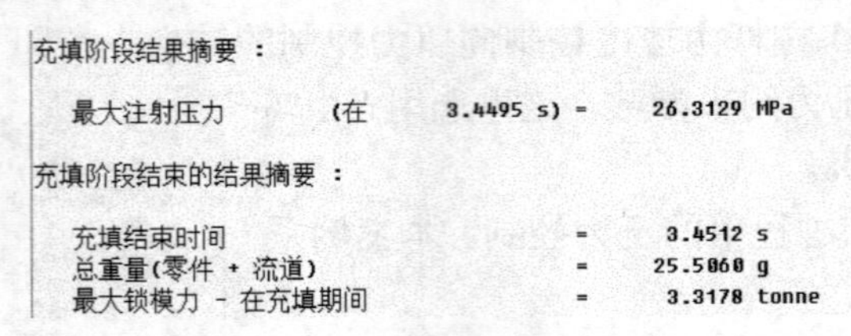
充填阶段结果摘要 :

最大注射压力 (在 3.4495 s) = 26.3129 MPa

充填阶段结束的结果摘要 :

充填结束时间 = 3.4512 s
总重量(零件 + 流道) = 25.5060 g
最大锁模力 - 在充填期间 = 3.3178 tonne

图 7-54　充填分析的部分结果

充填过程的最大压力为 26.3129MPa，A-B 零件包括浇注系统在内的重量是 25.5060g。

7.4.3　结果分析

在分析结果中，关注 A-B 零件组合型腔内的充填情况（是否平衡）、充填过程中的压力变化情况及充填完成后的产品表面质量。

1）充填时间

从充填时间可以最容易、直观地看出熔体流动是否平衡，如图 7-55 所示，A 零件在 3.451s 完成充填，而 B 零件在 2.410s 完成充填，流动的不平衡性达到了 40%，这样不平衡的流动会造成两个型腔的压力分布不均匀，对产品质量产生较大的影响。

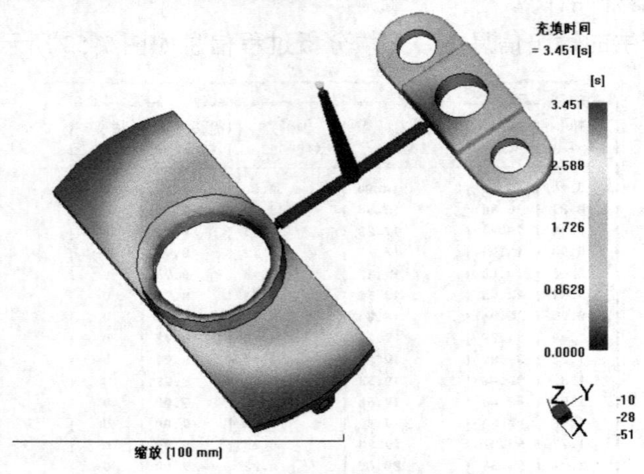

图 7-55　充填时间

2）速度/压力切换时的压力

速度/压力切换时型腔内的压力分布如图 7-56 所示。

V/P 转换点浇口位置压力为 26.3129MPa，为了获得流道平衡分析所需的压力约束条件，在工艺过程参数的设置中，将速度/压力转换点设置在型腔 100%被充满的时刻，由于流动的不平衡性，这里的压力值比实际情况要高一些。

另外，从图 7-56 中可以清楚地看到，B 零件由于过早被充满，因此在充填结束时，型腔压力较高，这样很容易造成过保压的情况，从而使产品质量出现缺陷。

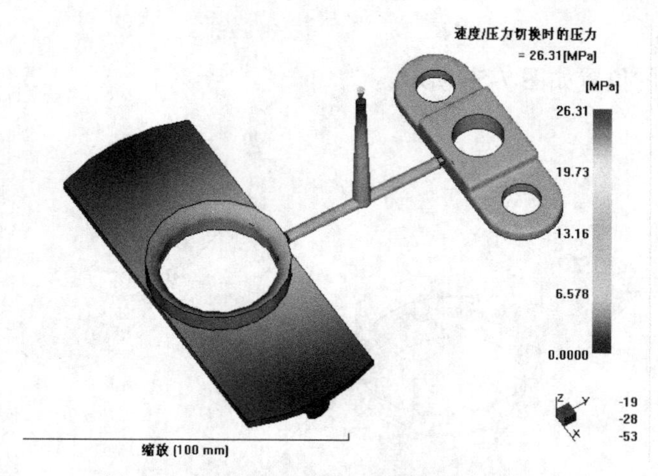

图 7-56　速度/压力切换时型腔内的压力分布

3）注射位置处压力：XY 图

注射位置压力变化曲线如图 7-57 所示，它表达了浇口处压力在整个熔体充填过程中的变化。

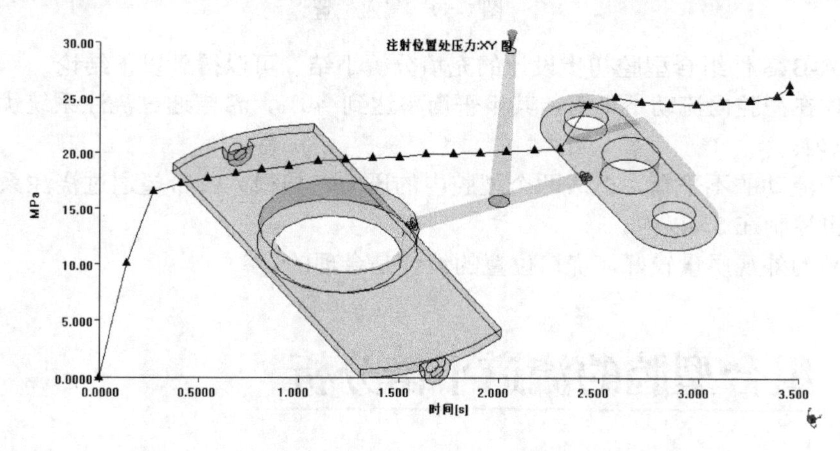

图 7-57　注射位置压力变化曲线

4）熔接线

为了清楚地观察熔接痕现象，给出了熔接痕与充填时间的叠加效果，如图 7-58 所示。

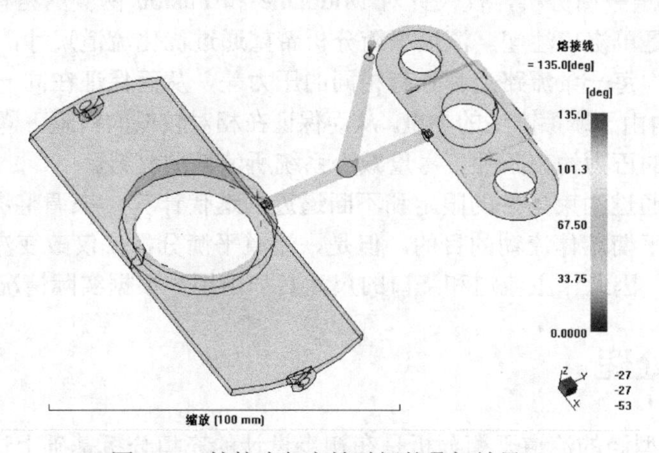

图 7-58　熔接痕与充填时间的叠加效果

5）气穴

产品中出现气穴的位置如图 7-59 所示。

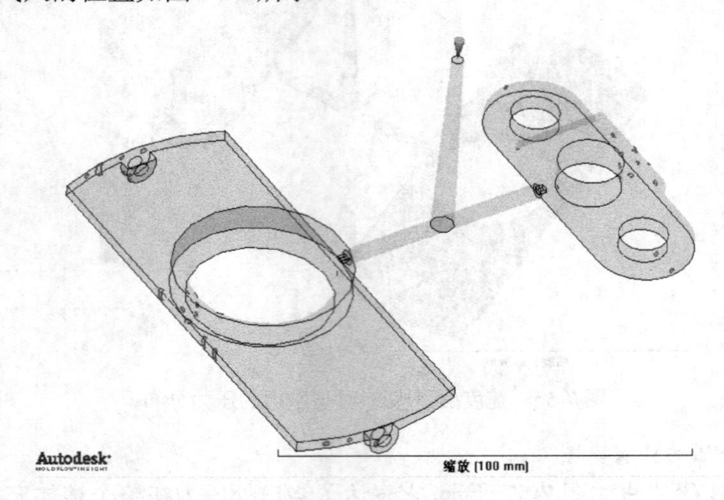

图 7-59　气穴位置

经过对 A-B 零件组合型腔初步设计的充填分析小结，可以得到以下结论：

（1）熔体在型腔内流动不平衡，其不平衡率达到 40%，希望通过浇注系统优化将不平衡率控制在 5%以内。

（2）由于流动的不平衡，造成两个型腔内的压力差异很大，希望通过浇注系统优化将压力的不平衡率也控制在 5%以内。

（3）产品的外观质量较好，浇口位置的设计是合理的。

7.5　组合型腔的流道平衡分析

根据产品初步设计的充填分析结果，将对产品的浇注进行流道平衡（Runner Balance）分析，目的是希望改善熔体在型腔内流动的不平衡性，降低两个型腔内的压力差，防止过保压等由于流动不平衡造成的情况出现。

Moldflow 的流道平衡分析，仅仅针对 Midplane 和 Fusion 两类网格模型，而且要求被分析产品的每个型腔都是单浇口注塑。流道平衡分析希望通过优化流道尺寸，达到以下一些目的：

（1）充填过程中每一条流路上都具有相同的压力差，从而保证在同一时刻充满各个型腔。

（2）减少流道内由于摩擦产生的热量，从而保证在相对较低的料温下降低产品的内应力水平。

（3）根据给出的压力约束条件，尽量减少系统所消耗的材料。

流道平衡分析通过约束条件的限定和不断逼近的迭代计算，来调整浇注系统中分流道的截面直径，从而达到平衡熔体流动的目的。但是，流道平衡分析仅仅改变流道的尺寸，而对主流道和浇口不做调整。因此，主流道和浇口的尺寸必须由用户根据实际情况和经验给出。

7.5.1　分析前处理

A-B 零件组合型腔的流道平衡分析是在初步设计的充填分析基础上进行的，因此分析前处理要相对简化许多，主要包括以下内容：

- 从充填分析（A-B 零件的初始分析）中复制基本分析模型；
- 设定分析模型；
- 设定平衡约束条件；
- 设定流道的尺寸约束条件。

1）复制基本分析模型

以初步设计的充填分析（A-B 零件的初始分析）为原型，进行基本分析模型的复制。在项目管理窗口中右击已经完成的初步成型分析“A-B 零件的初始分析”，在弹出的快捷菜单中选择“重复”命令，如图 7-60 所示。

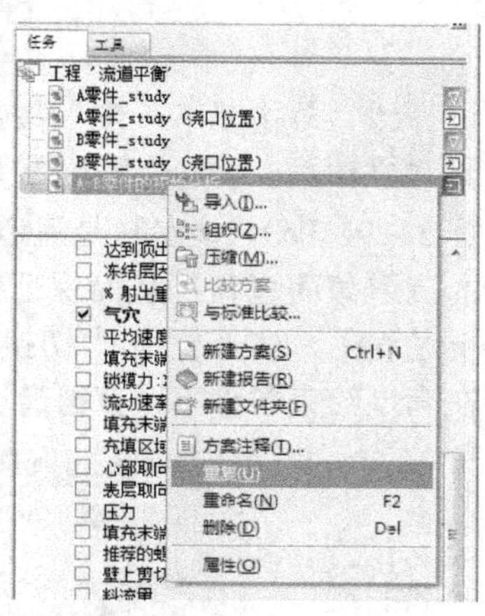

图 7-60　复制基本分析模型

复制完成的项目管理窗口显示如图 7-61 所示。

2）设定分析模型

（1）分析任务重命名。将新复制的分析模型重命名为“A-B 零件的平衡分析 5%”，重命名之后的项目管理窗口和分析任务窗口如图 7-62 所示，这里 5%指的是迭代计算的收敛精度。

（2）从分析任务窗口中可以看到，初步充填分析（A-B 零件的初始分析）的所有模型和相关参数设置被复制。

将分析类型设置为流道平衡分析，执行菜单命令“分析”→“设置分析序列”→“流道平衡”，完成后分析任务窗口如图 7-63 所示。

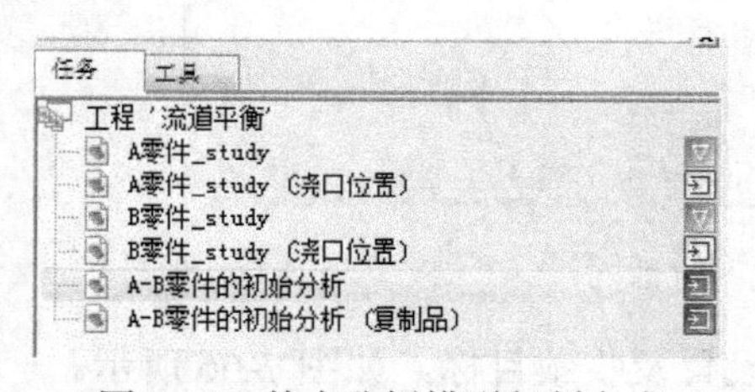

图 7-61　基本分析模型复制完成

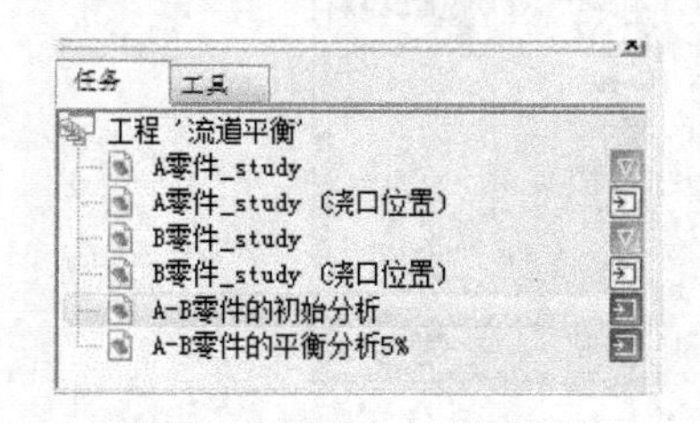

图 7-62　基本分析模型设置

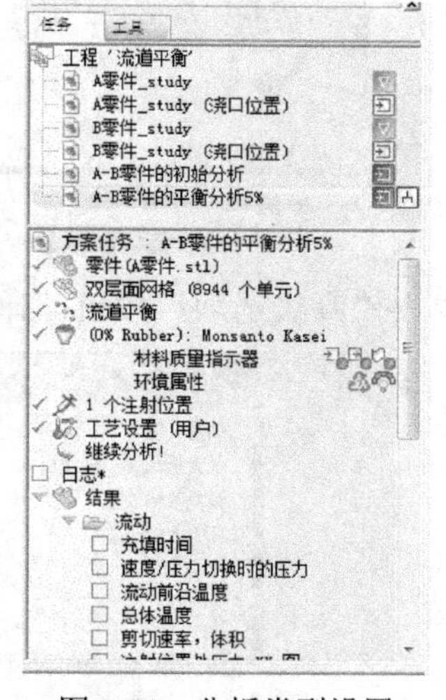

图 7-63　分析类型设置

3）设定平衡约束条件

在流道平衡分析中，最为重要的环节就是平衡约束条件的设置。由于流道平衡分析属于数值计算中的迭代分析计算，因此平衡约束条件的设置直接决定了分析计算能否最终收敛并得到合理的计算结果，而且约束条件还影响计算的精度和速度。

平衡约束条件设置如下：

（1）执行菜单命令“分析”→“工艺设置向导”，或者直接双击任务窗口中的“工艺设置”一栏，系统会弹出“充填设置”对话框，其参数设置保持默认值不变，如图 7-64 所示。

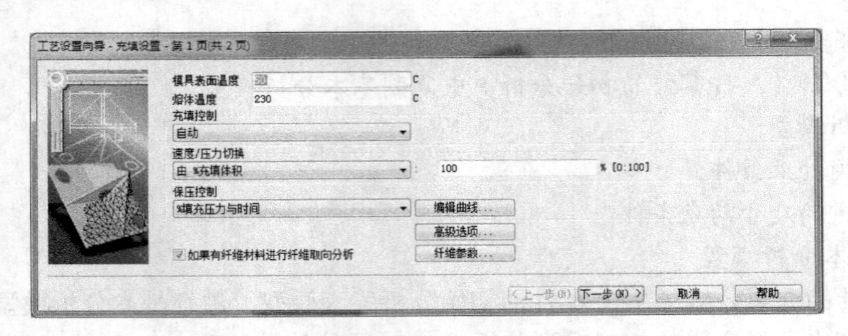

图 7-64　“充填设置”对话框

（2）单击“下一步”按钮，进入“流道平衡设置”对话框，如图 7-65 所示。目标压力设定为 22MPa（一般设置为初始分析中最大压力的 85%，然后取整，初始分析中最大压力为 26.3129MPa），该参数是流道平衡分析进行迭代计算的压力目标值，迭代分析的目标是获得合理的流道截面直径，从而保证在充填结束时进料点的压力值接近目标压力。在初步设计的充填分析过程中，将速度/压力切换设置为“由%充填体积”，数值设为 100%。流道平衡分析的目的是在满足约束条件下，获得最小的流道截面直径，过高的目标压力会造成优化后的流道直径过小。

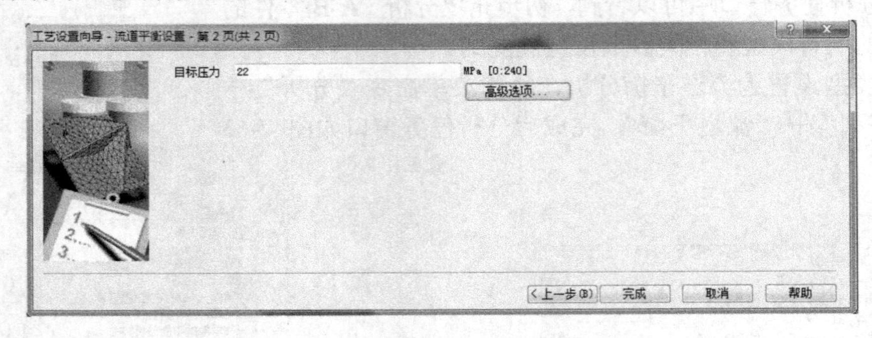

图 7-65　“流道平衡设置”对话框

（3）单击“高级选项”按钮，弹出迭代计算参数设置及收敛目标，如图 7-66 所示。

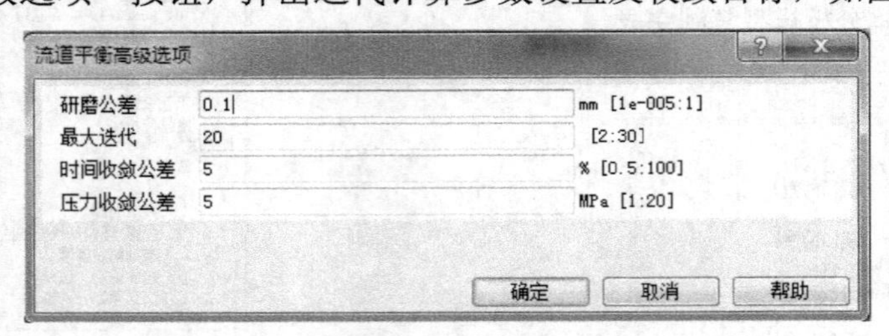

图 7-66　流道平衡高级选项——迭代计算参数

研磨公差——迭代计算中流道截面直径的改变步长，即每步迭代计算改变的流道直径值，从而逼近最佳结果，该参数设定为 0.1mm。该参数值的设定会影响整个计算过程的精度和时间。

最大迭代——设定为 20 步，迭代计算是一个逐步收敛的过程。迭代计算能否收敛取决于很多因素，调高该参数可能会对计算过程的收敛有所帮助，但是如果其他参数设定不合理，计算过程本身出现发散的情况，即使调整该参数也没有意义。

时间收敛公差——设定为 5%，该参数是迭代计算在各型腔充填时间不平衡性方面的收敛标准，即当充填时间的不平衡度达到 5%以内时计算达到收敛目标。提高时间收敛公差能够增加计算的精确性，但同时也会增加计算的时间，并可能导致迭代计算的失败。

压力收敛公差——设定为 5MPa，该参数是迭代计算所得的填充结束时进料位置压力的收敛标准，即填充压力与目标压力在 5MPa 偏差范围时认为计算达到收敛。

（4）单击“确定”按钮，完成平衡约束条件的设定。

4）设定流道的尺寸约束条件

流道尺寸的约束形式有 3 种：

- 固定——流道平衡分析过程中不能调整流道尺寸；
- 不受约束——流道平衡分析中系统自动确定流道尺寸，用户没有约束；
- 受约束——需要用户给出流道直径允许变化的范围。

以上 3 种约束形式可以组合使用，例如，浇注系统中某条流道的尺寸根据实际情况不宜再进行调整，就可以将约束设定为“固定”；而对于浇注系统中的某条流道，用户希望在某个范围内进行调整，就可以将约束设定为“受约束”，并给出上下范围；对于初步的流道分析，建议用户用“不受约束”的约束方式，从而获得一个初步的流道尺寸作为进一步流道平衡分析的基础，同时也可以避免在第一次的流动平衡分析中给出不合理的流道约束而造成分析的失败。

在本案例中，对于流道尺寸的约束全部采用“不受约束”的方法，为了确保设定的正确性，在分析计算之前，再检查确认一遍：选中所有的分流道杆单元，右击，并在弹出的快捷菜单中选中“属性”命令，系统会弹出流道属性对话框，在对话框中单击“编辑尺寸”按钮，在弹出的对话框中单击“编辑流道平衡约束”按钮，查看约束条件按钮，如图 7-67 所示。

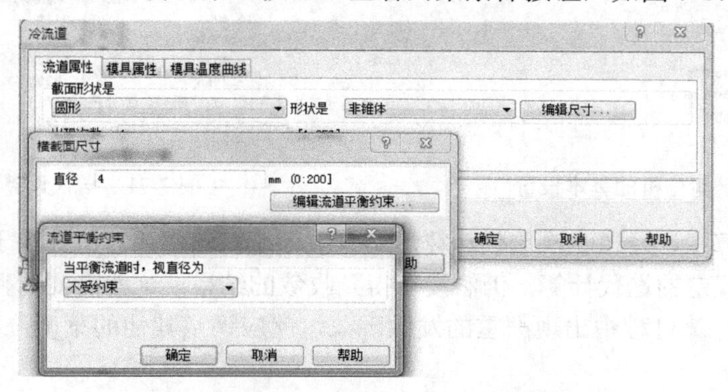

图 7-67　流道属性和约束条件

7.5.2　分析计算

在完成了分析前处理之后，即可进行分析计算，双击任务窗口中的“立即分析！”一项，解算器开始计算。由于基本分析模型是从已经完成的充填分析中复制而来，而且流道平衡分析中的流动分析过程参数设置没有变化，所以系统直接继承了前面的充填分析结果，可看到分析任务窗口如图 7-68 所示。

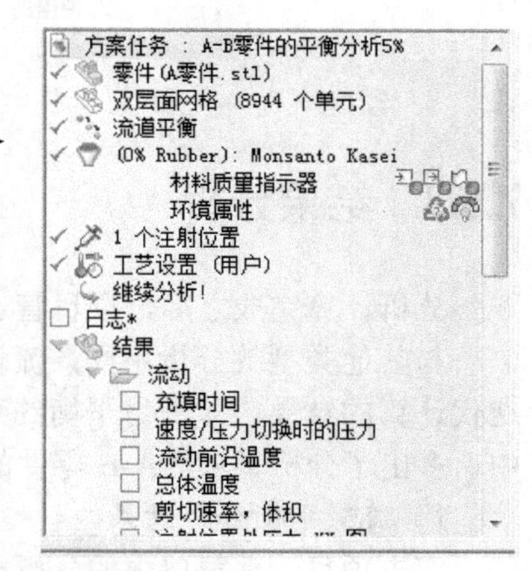

图 7-68　任务分析窗口

分析计算直接进入到流道平衡分析的迭代过程，执行菜单命令“分析”→“作业管理器”可以看到任务队列，如图 7-69 所示。

如图 7-70 所示，可以看到流道平衡分析的一些基本信息，包括平衡分析的目标压力、迭代计算的步长、最大的迭代限制及迭代收敛范围等。

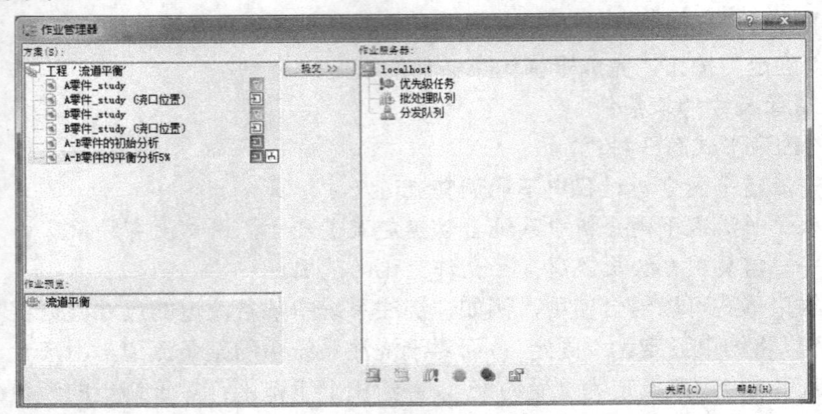

图 7-69　查看任务列队

迭代计算过程。如图 7-71 所示，迭代计算过程在“屏幕输出”中清楚地显示，从中可以看到每次迭代计算的结果，以及最终迭代计算所得到的逼近结果，具体到本案例，系统经过 4 次计算，达到收敛的范围。

分析开始时间	Wed Mar 08 16:52:42 2017
平衡目标压力	22.0000 MPa
研磨公差	0.1000 mm
最大迭代限制	20
时间收敛公差	5.0000 %
压力收敛公差	5.0000 MPa
截面收敛公差	0.7000

图 7-70　流道平衡分析的基本设置

迭代	时间不平衡 (%)	压力不平衡 (MPa)	截面不平衡
0	30.0951	4.3130	2.0432
1	19.8014	0.8920	0.3385
2	9.3639	1.0340	0.2915
3	2.2966	1.1230	0.2191
理想的平衡完成：允许研磨公差和压力控制			
4	2.2966	1.1230	0.2191

图 7-71　迭代计算过程

在本案例的计算中，经过 3 次迭代计算达到收敛精度，迭代计算次数少于设定的 20 次。在有的情况下，经过规定的迭代计算，仍然没有得到收敛的结果，这就需要调整迭代计算的次数。当然，如果发现在计算过程中出现严重的发散现象，就应调整其他的平衡分析约束条件，以获得合理的计算结果。

计算时间。如图 7-72 所示，流道平衡分析所消耗的计算时间是相对较长的。

执行时间

分析开始时间	Wed Mar 08 16:52:42 2017
分析完成时间	Wed Mar 08 17:01:01 2017
使用的 CPU 时间	5.72 s

图 7-72　计算时间

7.5.3　结果分析

分析计算完成之后，项目管理窗口如图 7-73 所示。

与其他类型的分析不同，流道平衡分析完成后，系统自动给出了达到收敛要求的最后一次迭代计算的结果，即满足平衡约束条件、经过流道尺寸调整的填充结果，因此在项目管理窗口中，多出了分析子项“A-B 零件的平衡分析 5%（流道平衡）”，如图 7-73 所示。

1）流道平衡分析结果

双击项目管理窗口中的分析子项“A-B 零件的平衡分析 5%（流道平衡）”，可以查看流道平衡分析结果，如图 7-74 所示。

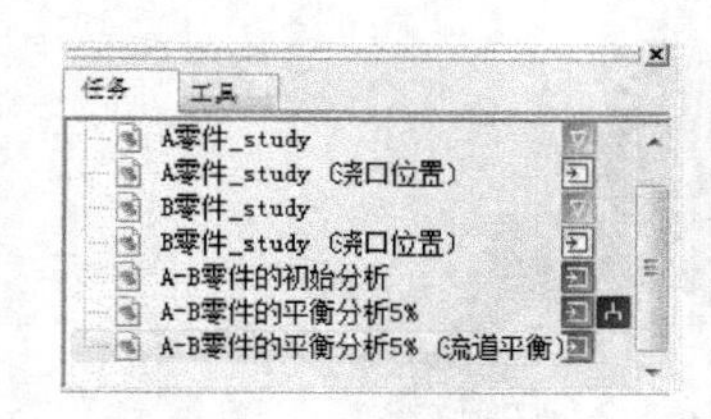

图 7-73　项目管理窗口

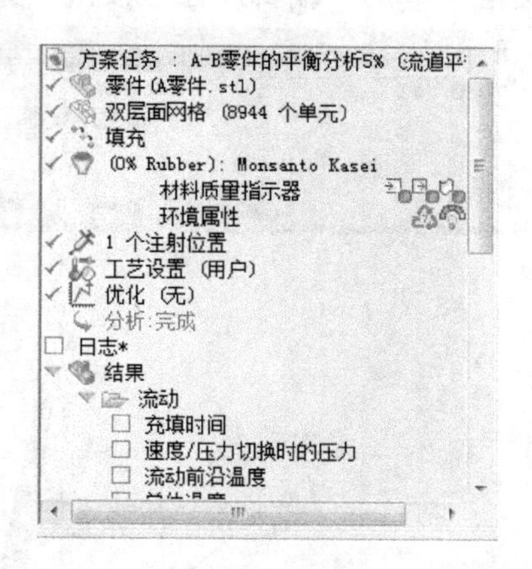

图 7-74　流道平衡分析结果

在分析结果中包括两个内容，分别是 A-B 零件组合型腔初步设计的充填分析结果和流道尺寸的优化结果。

流道尺寸的优化结果如图 7-75 所示。

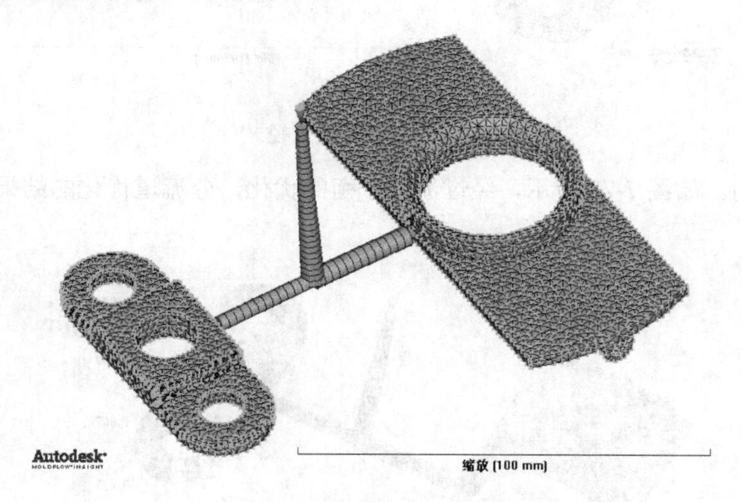

图 7-75　流道尺寸的优化结果

2）优化后的充填分析结果

在完成了流道的平衡优化后，系统给出了最终的迭代计算结果，即优化后的 A-B 零件组合型腔充填分析结果。

（1）优化后的流道截面尺寸。分别选中各分流道杆单元，右击，在弹出的快捷菜单中选择“属性”命令，系统会弹出如图 7-76 所示的流道属性对话框。

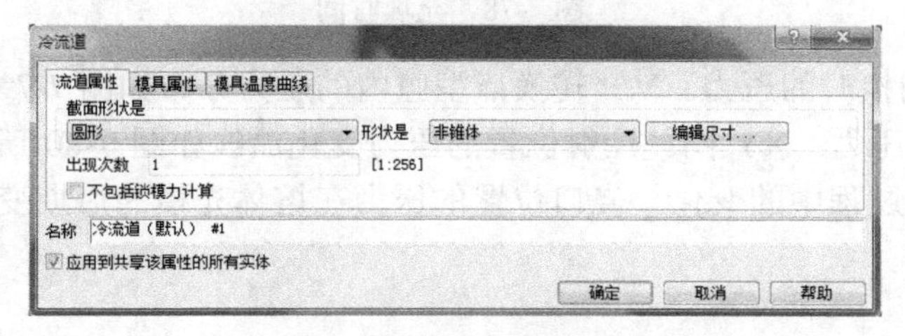

图 7-76　流道属性对话框

在对话框中单击“编辑尺寸”按钮，查看优化后的流道截面直径，如图 7-77 所示。

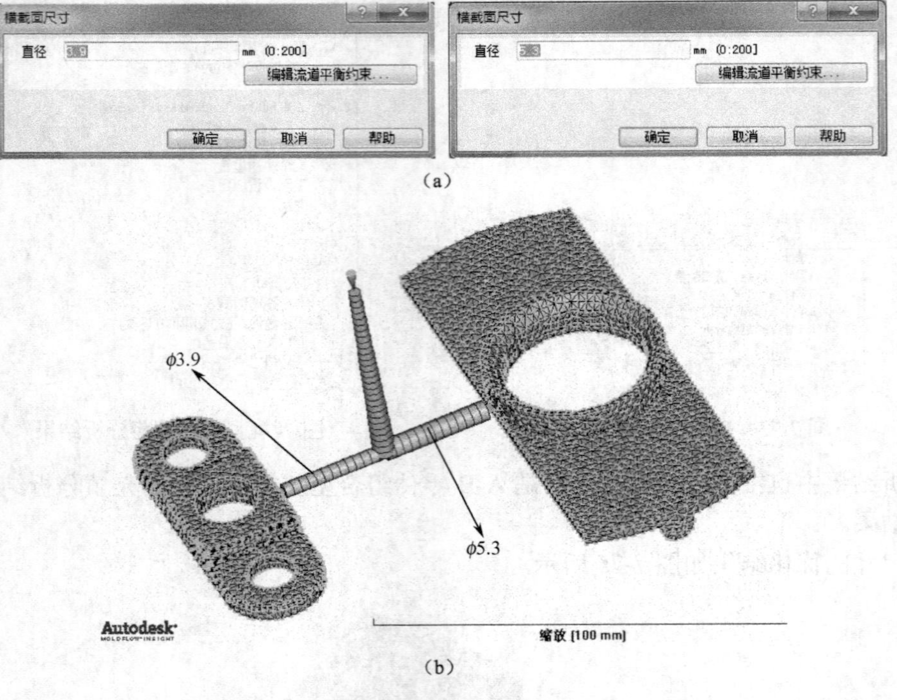

图 7-77 分流道直径

（2）充填时间。如图 7-78 所示，经过流道平衡的优化，分流道优化的结果在充填时间上是比较理想的。

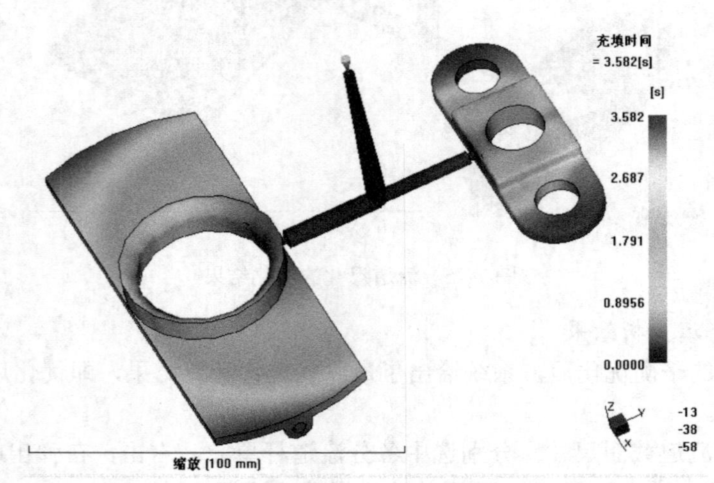

图 7-78 充填时间

（3）速度/压力切换时的压力。V/P 转换点型腔内的压力分布如图 7-79 所示。

（4）注射位置处压力：XY 图。注射位置的压力变化曲线如图 7-80 所示，它表达了浇口处压力在整个熔体充填过程中的变化。浇口位置的压力在熔体充模的后期变化非常平缓，这是流动平衡优化的结果。

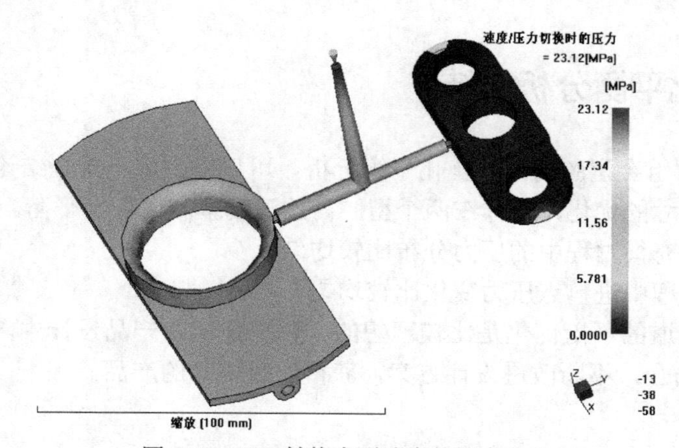

图 7-79　V/P 转换点型腔内的压力分布

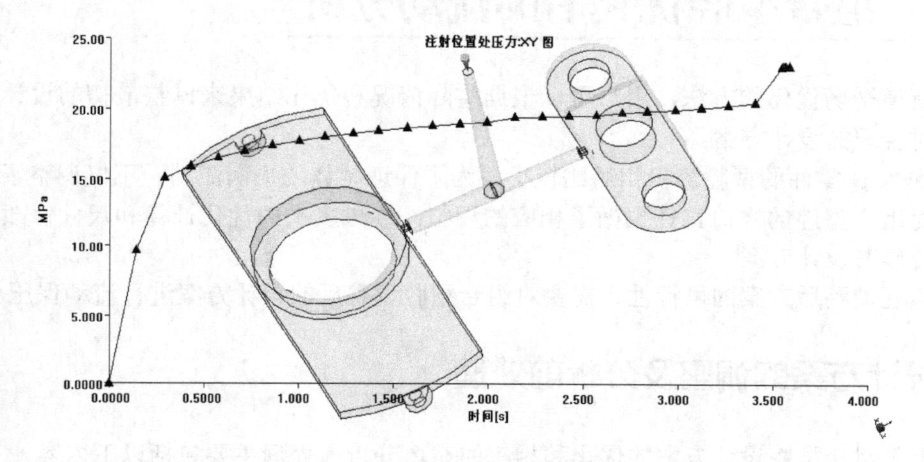

图 7-80　注射位置的压力变化曲线

与图 7-57（优化前的浇口位置压力曲线）相比较，可以发现，浇口位置的压力在熔体充模的后期变化非常均匀，这是流动平衡优化的结果。

（5）熔接线。如图 7-81 所示，熔接线的情况依然比较理想。

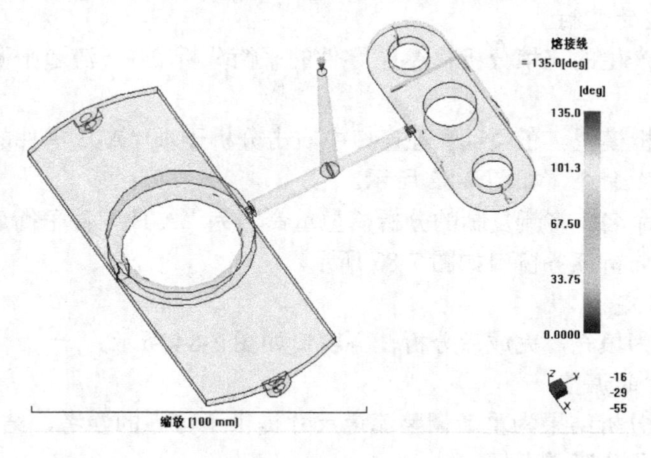

图 7-81　熔接线

7.5.4 流道优化平衡分析小结

经过对 A-B 零件组合型腔的流道优化平衡分析，可以得到以下一些结论：

（1）经过流道尺寸的优化，熔体在两个型腔内的流动基本达到了平衡。

（2）两个型腔在充模过程中的压力分布比较均匀。

（3）整个注塑过程中进料点压力变化比较均匀。

从结果上看，流道的平衡优化是比较理想的。用户在实际产品设计中，应该将实际经验与 Moldflow 的应用相结合，不断改进设计方案，获得质量可靠的产品。

7.6 组合型腔优化后的流动分析

利用流道平衡优化的方法，用户可以根据实际情况和优化结果来调整最初的设计方案，从而获得相对合理的设计方案。

考虑到 A-B 零件的型腔容积相对比较小，为了保证熔体的平衡流动，不仅调整了流道的尺寸，而且对组合型腔的浇口直径也做了相应的调整。经过多次的优化计算和尺寸修改，最终得到了比较合理的设计方案。

为了验证调整后方案的可行性，需要对组合型腔调整后的设计方案进行流动保压分析。

7.6.1 设计方案的调整及分析前处理

A-B 零件组合型腔设计方案的优化和相应的充填分析前处理主要包括以下内容：

- 从充填分析“A-B 零件的平衡分析 5%（流道平衡）”中复制基本分析模型；
- 设定分析类型；
- 调整浇注系统的尺寸；
- 修改工艺过程参数。

1）基本分析模型的复制

以流道平衡分析产生的充填分析“A-B 零件的平衡分析 5%（流道平衡）”为原型，进行基本分析模型的复制。

（1）复制基本分析模型。在项目管理窗口中右击分析子项“A-B 零件的平衡分析 5%（流道平衡）”，选择“重复”命令，如图 7-82 所示。

（2）分析任务重命名。将新复制的分析模型重命名为“A-B 零件平衡后的分析”，重命名之后的项目管理窗口和分析任务窗口如图 7-83 所示。

2）分析类型的设定

将分析类型设置为填充，完成后分析任务窗口如图 7-84 所示。

3）浇注系统尺寸的调整

流道平衡优化的分析结果为重新调整流道尺寸提供了可靠的参考，结合实际情况，调整了浇口截面直径的尺寸及分流道直径。

（1）保持组合型腔的浇口形状，调整浇口尺寸，如图 7-85 所示。

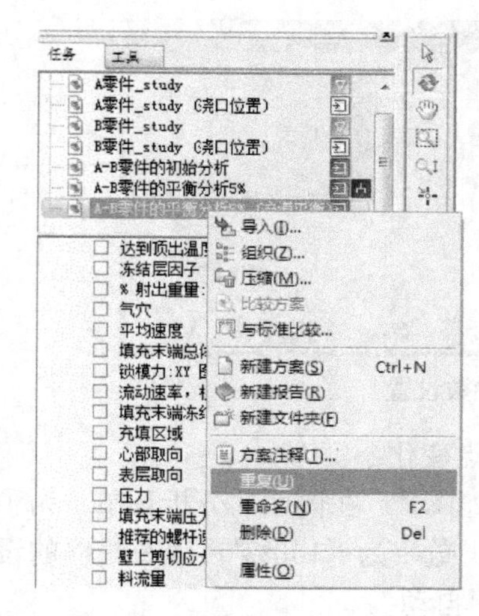

图 7-82　复制基本分析模型

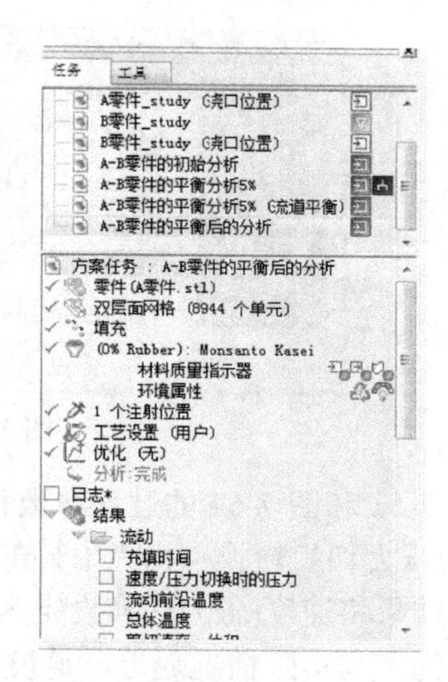

图 7-83　基本分析模型设置

（2）在网格模型显示窗口选中通向 A-B 零件分流道杆单元（如图 7-86 所示），右击，在弹出的快捷菜单中选择“属性”命令，在弹出的对话框（如图 7-87 所示）中单击“编辑尺寸”按钮，对杆单元直径进行设置，如图 7-88 所示。

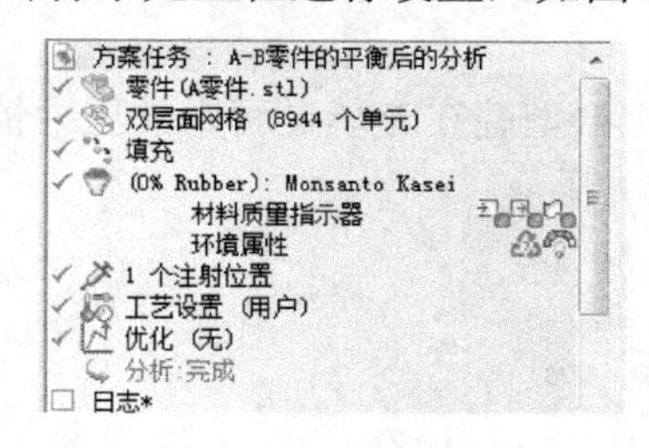

图 7-84　分析类型设置

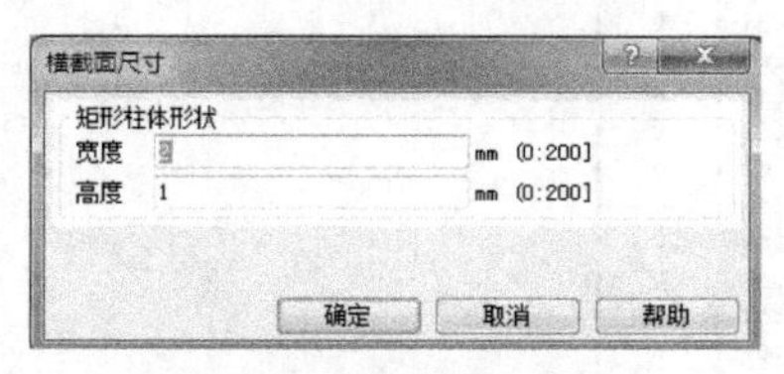

图 7-85　调整浇口尺寸

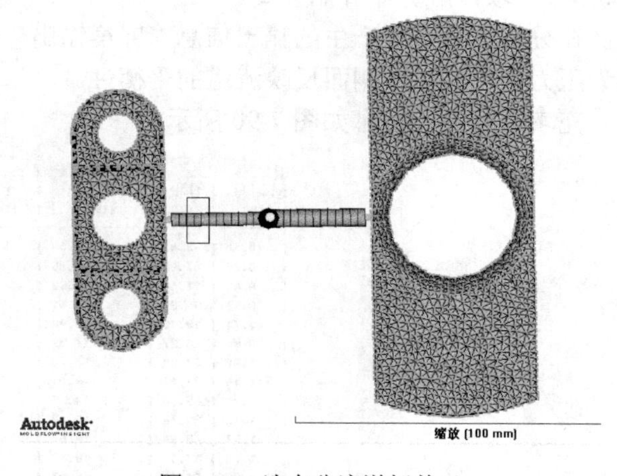

图 7-86　选中分流道杆单元

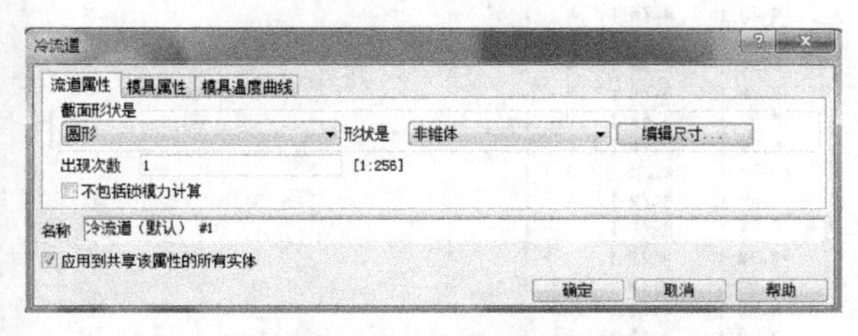

图 7-87　分流道杆单元属性

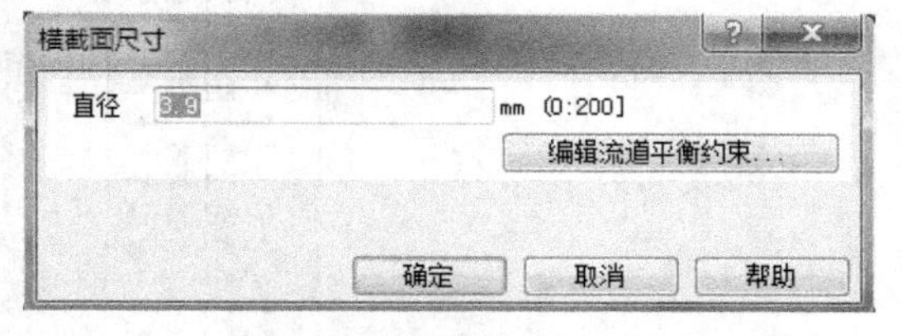

图 7-88　设置杆单元直径

（3）用同样方法调整其他分流道直径。

4）工艺过程参数的调整

与流道平衡优化分析不同，在对调整后的设计方案进行最终的充填分析时，工艺过程参数设置如图 7-89 所示。

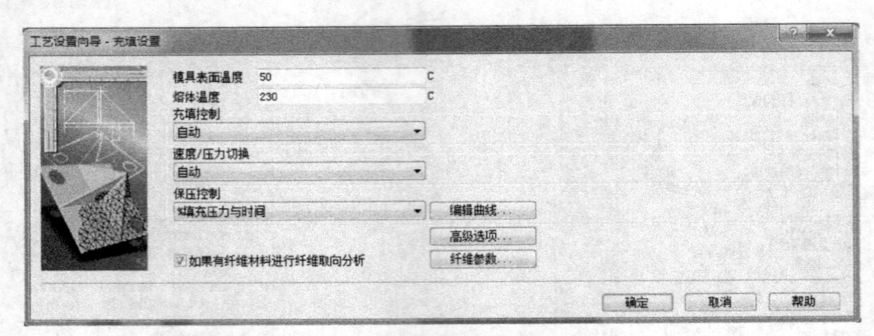

图 7-89　充填分析过程参数设置

与图 7-51 和图 7-64 的过程参数相比较，有如下两点变化：

速度/压力切换转换点由“由%充填体积”设定为“自动”。在前面的分析环节，为了得到优化分析的结果将速度/压力切换设定为“由%充填体积”，数字为“100%”；而在最终的设计方案验证时，为了与实际情况逼近，速度/压力切换设定为“自动”。

7.6.2 分析计算

在完成了 A-B 零件组合型腔设计方案的调整和分析前处理之后，双击任务窗口中的“立即分析！”一项，解算器开始计算。

在分析计算过程产生的输出信息“屏幕输出”中，关心组合型腔在充填过程中的压力情况，因为压力变化可以从侧面反映流道的平衡性。

充填分析过程信息如图 7-90 所示。

填充-检查　分析日志　填充　机器设置　网格日志

时间 (s)	体积 (%)	压力 (MPa)	锁模力 (tonne)	流动速率 (cm^3/s)	状态
0.14	3.40	9.64	0.00	8.22	V
0.29	7.25	15.05	0.10	8.49	V
0.43	11.14	15.88	0.11	8.61	V
0.57	15.20	16.51	0.13	8.62	V
0.71	19.13	16.98	0.14	8.65	V
0.86	23.27	17.39	0.16	8.67	V
1.00	27.31	17.73	0.18	8.67	V
1.14	31.17	18.01	0.19	8.68	V
1.28	35.38	18.27	0.21	8.68	V
1.42	39.14	18.47	0.23	8.69	V
1.57	43.44	18.67	0.25	8.69	V
1.70	47.17	18.82	0.27	8.69	V
1.85	51.34	18.97	0.29	8.69	V
1.99	55.37	19.10	0.31	8.70	V
2.13	59.53	19.44	0.33	8.70	V
2.28	63.61	19.49	0.35	8.70	V
2.42	67.58	19.55	0.37	8.70	V
2.57	71.74	19.61	0.40	8.70	V
2.70	75.53	19.80	0.49	8.69	V
2.83	79.23	19.90	0.55	8.70	V
2.98	83.43	20.00	0.62	8.70	V
3.12	87.24	20.14	0.69	8.70	V
3.26	91.23	20.33	0.81	8.70	V
3.40	95.21	20.54	0.93	8.70	V
3.54	98.81	23.05	4.06	8.70	V
3.55	99.05	23.12	4.34	8.69	V/P
3.56	99.33	23.12	4.50	8.66	P
3.58	99.89	23.12	4.67	8.94	P
3.58	100.00	23.12	4.69	8.94	已充填

充填阶段结果摘要：

最大注射压力　　(在　3.5608 s) =　23.1227 MPa

图 7-90　充填分析过程信息

从图7-90中可以发现，在充填过程中，压力的变化比较平稳，从侧面说明流道相对平衡。速度/压力转换发生在型腔98.81%被充满的时候，此时的填充压力在23MPa左右。在3.58s左右完成组合型腔的充填。

7.6.3 结果分析

在分析结果中，关注熔体在组合型腔内的充填情况（是否平衡）、充填过程中的压力变化情况及充填完成后的产品表面质量。

1）充填时间

从充填时间中可以最容易、直观地看出熔体流道是否平衡，如图7-91所示，组合型腔在3.582s同时完成了填充。

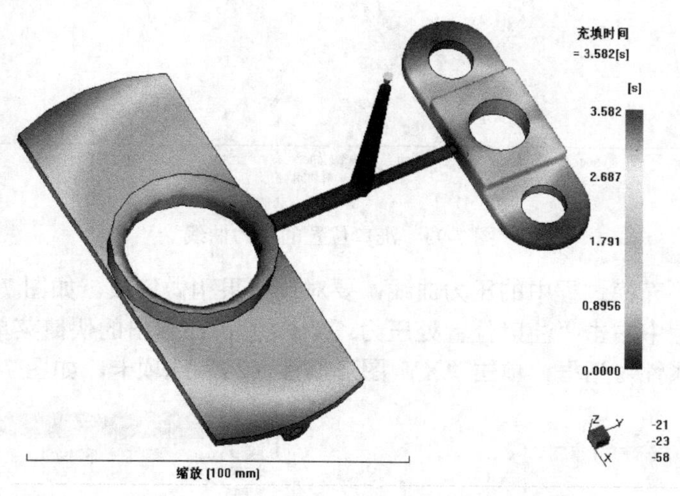

图7-91 充填时间

2）转换点压力

V/P转换点型腔内的压力分布如图7-92所示。

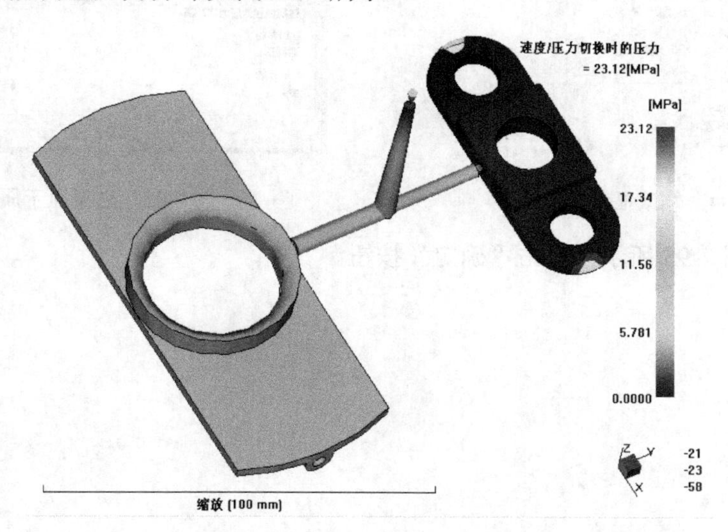

图7-92 V/P转换点型腔内的压力分布

速度/压力切换时的压力为 23.12MPa，另外，从图 7-92 中可以清楚地看出，由于流动平衡，型腔的压力也比较均匀。

3）注射位置处压力：XY 图

浇口位置的压力曲线如图 7-93 所示，它表达了浇口处压力在整个熔体充填过程中的变化。

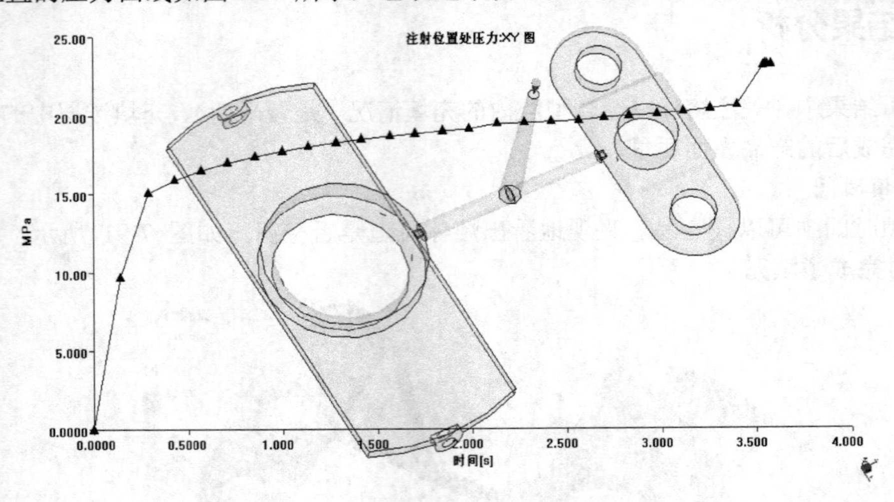

图 7-93　浇口位置的压力曲线

为了清楚地看到充模过程中的压力曲线，要对该结果稍做修改。如图 7-94 所示，在分析任务窗口的结果显示栏中右击“注射位置处压力：XY 图”，在弹出的快捷菜单中选择“属性”命令，弹出结果显示属性对话框，单击“XY 图形属性（2）”选项卡，如图 7-95 所示。

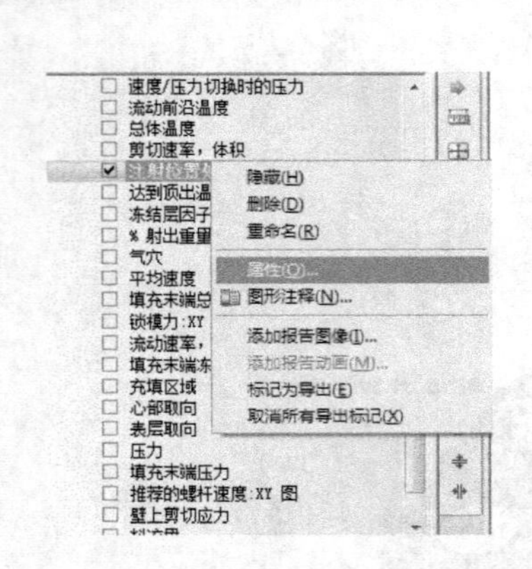

图 7-94　修改显示结果

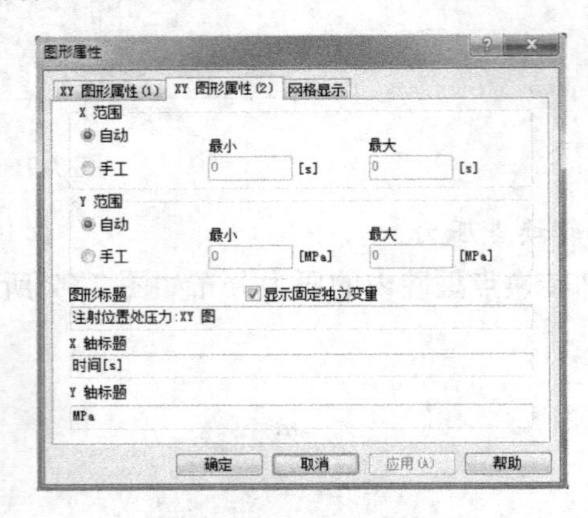

图 7-95　结果显示属性

参数设置如图 7-95 所示，单击“确定”按钮。

第8章 充填、冷却与翘曲分析

8.1 充填分析简介

注射成型的充填过程指的是塑料充模的过程。塑化好的熔体被柱塞或螺杆推挤至料筒的前端，经喷嘴及模具浇注系统进入并填满型腔，这一阶段称为充填（Fill）。

充填阶段从熔体进入模腔开始，当熔体达到模具模腔的末端，模具模腔体积被填满时就完成了充填。Moldflow 的充填分析模拟计算出从注塑开始到模腔被填满整个过程的充填行为。

浇注系统的性能直接影响制品的充填行为，进行充填分析的最终目的是为了获得最佳浇注系统设计，用户通过对不同浇注系统流动行为的分析比较，选择最佳的浇口位置、浇口数目和最佳的浇注系统布局等。

充填分析要得到一个合理的充填结果，才能保证后序的分析在实现制件充填的基础上进行。制品的充填要避免出现短射及流动不平衡等成型问题，同时尽可能采用较低的注塑压力、锁模力，以降低制品生产对注塑机的参数要求。

进行充填分析，用户根据经验或实际情况需要设置熔体开始注射到填满整个模腔过程中，熔体、模具和注塑机等相关的工艺参数。它的分析结果包括充填时间、压力、流动前沿温度、分子趋向、剪切速率、气穴、熔接痕等。

8.2 充填分析工艺条件设置

正确的注射成型工艺过程可以保证塑料熔体良好塑化、顺利充模、冷却与定型，从而生产出合格的塑料制件，而温度、压力和时间是影响注射成型工艺的重要参数。

料筒温度的选择与塑料的品种、特性有关，不同的塑料都具有特定的黏流态温度或熔点，为了保证塑料熔体的正常流动，不使物料发生过热分解，料筒最适合的温度范围应在黏流态或熔点温度和热分解温度之间。对于平均分子量偏高、温度分布范围较窄的塑料，都应选择较高的料筒温度，如玻璃纤维增强塑料。

模具温度对熔体的充模流动能力、塑件的冷却速度和成型后的塑件性能等有着直接的影响。模具温度选择取决于塑料的分子结构特点、塑件的结构及性能要求和其他成型工艺条件（熔体温度、注射速度、注射压力和模塑周期等）。

模具温度的控制可以采用定温的冷却介质或制冷装置来进行，在需要提高模具温度的情况下，可用加热装置对模具加热来保持模具的温度。在注射过程中，对塑料熔体来说，都是冷却的过程。为了使塑料成型和顺利脱模，模具的温度应低于塑料的玻璃化温度或工业上常用的热变形温度。

在满足注射过程要求的温度下，采用尽可能低的模具温度，以加快冷却速度，缩短冷却时间，还可以把模具温度保持在比热变形温度稍低的状态下，使塑件在比较高的温度下脱模，然后自然冷却，可以缩短塑件在模内的冷却时间。

1．注射成型过程中的压力

注射成型过程中的压力包括塑化压力、注射压力和保压压力3种，它们直接影响塑料的塑化和塑件质量。

（1）塑化压力。塑化压力又称螺杆背压，它是指采用螺杆式注射机注射时，螺杆头部熔料在螺杆转动时所受到的压力。这种压力的大小是可以通过液压系统中的溢流阀来调整的。

（2）注射压力。指柱塞或螺杆轴向移动时其头部对塑料熔体所施加的压力。在注射机上常用压力表指示出注射压力的大小，一般在40～130MPa之间，压力的大小可通过注射机的控制系统来调整。注射压力的作用是克服塑料熔体从料筒流向型腔的流动阻力，给予熔体一定的充型速率以便充满模具型腔。

（3）保压压力。型腔充满后，继续对模内熔料施加的压力称为保压压力。保压压力的作用是使熔料在压力下固化，并在收缩时进行补缩，从而获得健全的塑件。保压压力等于或小于注射时所用的注射压力。如果注射和压实时的压力相等，则往往可以使塑件的收缩率减小，并且它们的尺寸稳定性较好，但这种方法的缺点是会造成脱模时的残余压力过大和成型周期过长。而对结晶性塑料来说，使用这种方法成型周期不一定增长，因为压实压力大时可以提高塑料的熔点（如对于聚甲醛，如果压力加大到50MPa，则其熔点可提高90℃，脱模可以提前）。

保压压力大小也会对成型过程产生影响，保压压力太高，易产生溢料、溢边，增加塑件的内应力；保压压力太低，会造成成型不足。

2．成型周期

完成一次注射成型过程所需的时间称为成型周期。它包括合模时间、注射时间、保压时间、模内冷却时间和其他时间等。

（1）合模时间。合模时间是指注射之前模具闭合的时间。合模时间太长，则模具温度过低，熔料在料筒中停留时间过长；合模时间太短，模具温度相对较高。

（2）注射时间。注射时间是指注射开始到塑料熔体充满模具型腔的时间（柱塞或螺杆前进时间）。在生产中，小型塑件注射时间一般为3～5s，大型塑件注射时间可达几十秒。注射时间中的充模时间与充模速度成反比；注射时间缩短、充模速度提高，取向下降、剪切速率增加，绝大多数塑料的表观黏度均下降，对剪切速率敏感的塑料尤其这样。

（3）保压时间。保压时间是指型腔充满后继续施加压力的时间（柱塞或螺杆停留在前进位置的时间），一般为20～25s，特厚塑件可高达5～10min。保压时间过短，塑件不紧密，易产主凹痕，塑件尺寸不稳定等；保压时间过长，则会加大塑件的内应力，产生变形、开裂，脱模困难。保压时间的长短不仅与塑件的结构尺寸有关，而且还与料温、模温及主流道和浇口的大小有关。

在Moldflow系统中，对注塑成型工艺的三大影响因素，以及它们之间的相互关系都有很好的表示和控制方法，在分析仿真过程中基本上能够很好地进行设置。

3．充填分析工艺条件

在充填分析前，用户需要设置充填分析工艺条件。执行菜单命令“分析”→“工艺设置向导”，或双击任务视窗的“工艺设置（默认）”按钮，弹出“工艺设置向导-充填设置”对话框，如图8-1所示。

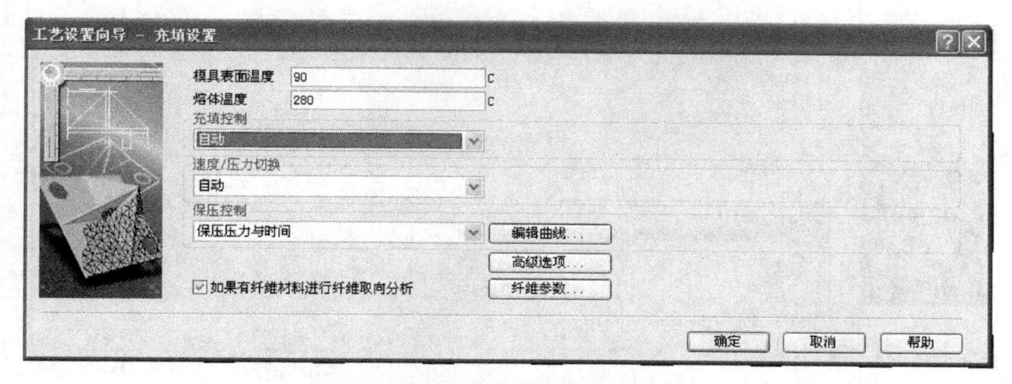

图 8-1 “工艺设置向导-充填设置”对话框

在该对话框中，需要设定“模具表面温度”、“熔体温度”、“充填控制”、“速度/压力切换”、“保压控制”等内容。下面分别进行介绍。

（1）模具表面温度：在塑料接触模具的位置处，在塑料和金属的临界面的模具温度。

（2）熔体温度：聚合物开始流入模具时的温度。

（3）充填控制：熔体从进入型腔开始，到充满型腔这个过程的控制方式。

在“充填控制”下拉菜单中共有 6 个选项：自动、注射时间、流动速率、相对螺杆速度曲线、绝对螺杆速度曲线、原有螺杆速度曲线（旧版本）。

例如，在图 8-1 所示的对话框中选择“充填控制”方式“注射时间”时，右边就会弹出一个文本框，如图 8-2 所示。需要用户输入注射时间，表示在注射时间为该值时进行控制；另外，“流动速率”控制方式也较为常用。通常采用“自动”的控制方式。

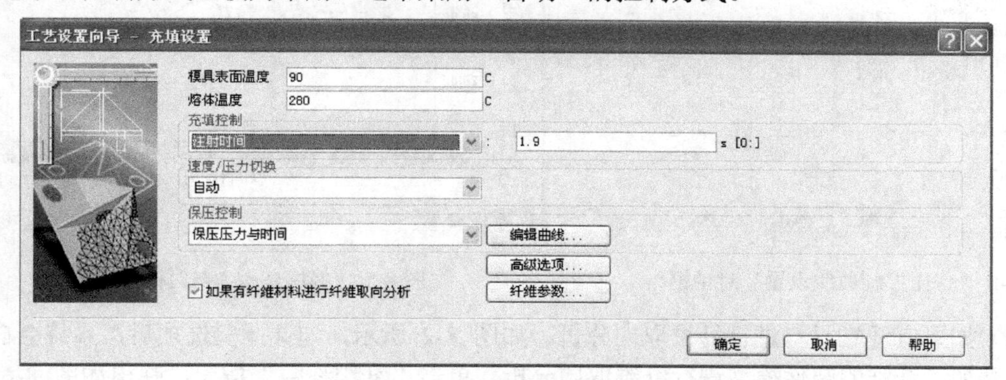

图 8-2 “充填控制”方式设置

（4）速度/压力切换：注射机从速度控制切换到压力控制时所依据的条件。在下拉列表中选择所需的切换方法，然后指定切换点。在典型的成型机上，标准设置是 99%的充填体积。如果发生切换的时间较早，则应查找短射，或者检查在设置速度/压力切换点时是否考虑了材料的可压缩性。在该下拉菜单中共有 9 个选项，分别为自动、由%充填体积、由螺杆位置、由注射压力、由液压压力、由锁模力、由压力控制点、由注射时间、由任一条件满足时，如图 8-3 所示。例如，选择“由液压压力”时，右侧则会弹出一个文本框，需要输入相应的数值或者进行相关参数的编辑。其中，“由任一条件满足时”仅对中性面网格模型有效。

速度/压力切换对注射过程有很大的影响，如果发生切换的时间比预期的早，则应查看是否存在短射，或者检查在设置速度/压力切换点时是否考虑了材料的可压缩性。

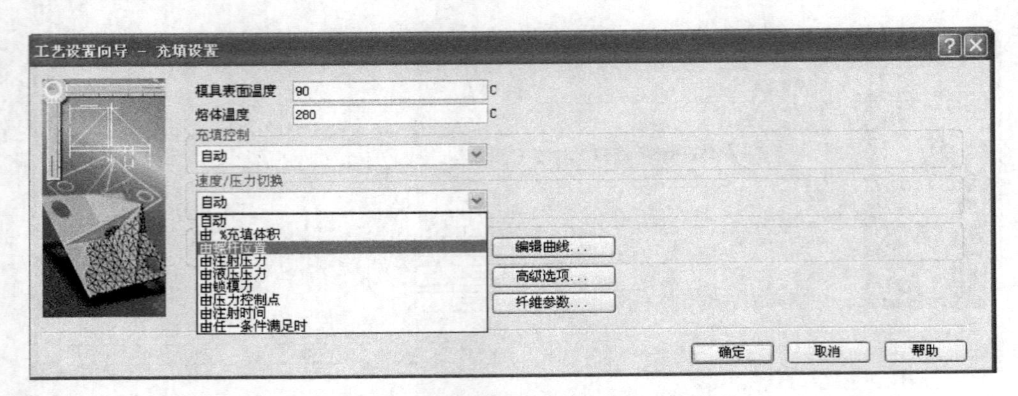

图 8-3　设定“速度/压力切换”的下拉菜单

（5）保压控制：指定控制成型工艺加压阶段的方法，其内容包括保压时间和保压压力值两方面。

进行分析时，可对选定方式的参数进行修改。单击右侧的“编辑曲线”按钮，弹出“保压控制曲线设置”对话框，如图 8-4 所示。

单击“绘制曲线”按钮，会出现如图 8-5 所示的曲线。

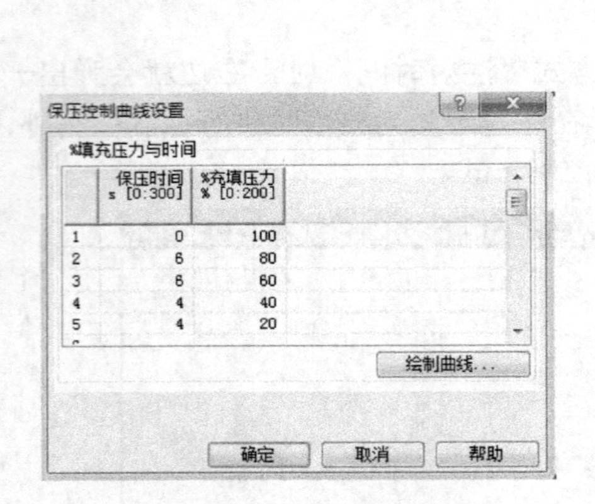

	保压时间 s [0:300]	%充填压力 % [0:200]
1	0	100
2	6	80
3	6	60
4	4	40
5	4	20

图 8-4　“保压控制曲线设置”对话框

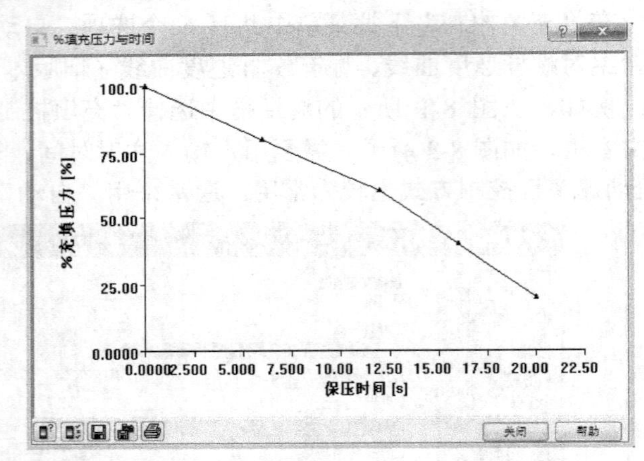

图 8-5　“%填充压力与时间”曲线

（6）如果有纤维材料进行纤维取向分析：如图 8-2 所示，勾选此复选项后，系统会自动对材料中添加了纤维的塑件模型进行纤维取向分析。单击“纤维参数”按钮，弹出如图 8-6 所示的对话框，用户可以设置相关参数。

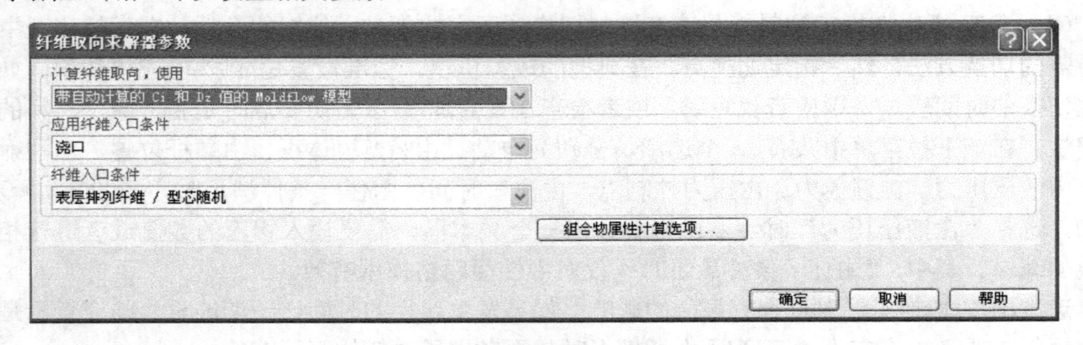

图 8-6　“纤维取向求解器参数”对话框

8.3　注射工艺条件高级选项设置

在图 8-1 中，单击“高级选项”按钮，弹出“填充+保压分析高级选项”对话框，如图 8-7 所示。

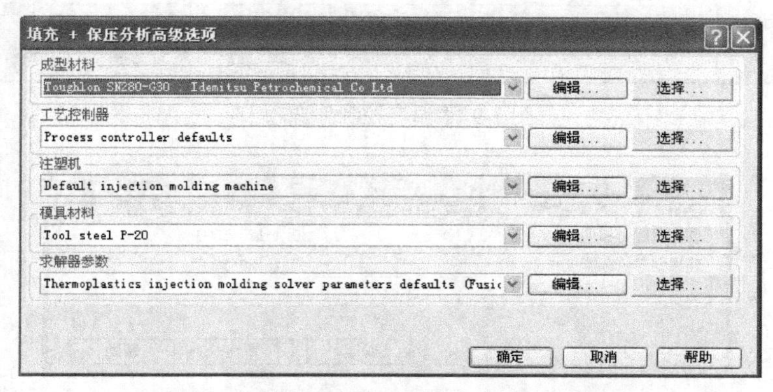

图 8-7 “填充+保压分析高级选项”对话框

1．成型材料

单击“编辑”按钮，弹出材料属性对话框，可以编辑材料的属性。执行“选择”命令，出现材料库对话框，可以从中选择任意一种材料。

2．工艺控制器

单击“编辑”按钮，弹出“工艺控制器”对话框，如图 8-8 所示。

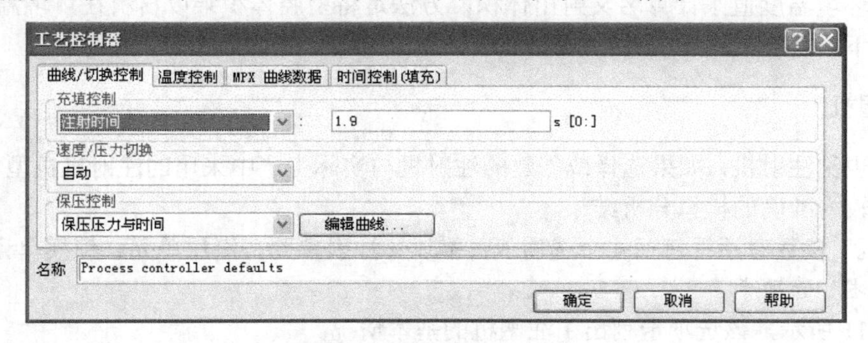

图 8-8 “工艺控制器”对话框

如图 8-8 所示的对话框中的第一个选项卡“曲线/切换控制”的设置与图 8-1 相同，用户可以在这个对话框中任意修改控制方式。

单击“温度控制”选项卡，系统会切换到如图 8-9 所示的对话框。

（1）模具温度控制：指定模具动、定模的温度。默认选项为“均匀”，用于指定模具的动、定模使用相同的温度值。可以使用的另一个选项为“型腔和型芯不同”，用于设置型腔和型芯使用不同的温度，可以用来模拟型腔沿厚度方向的不均匀冷却的流动分析。单击右边的“编辑模具温度”按钮，弹出“型腔/型芯模具温度设置”对话框，如图 8-10 所示。

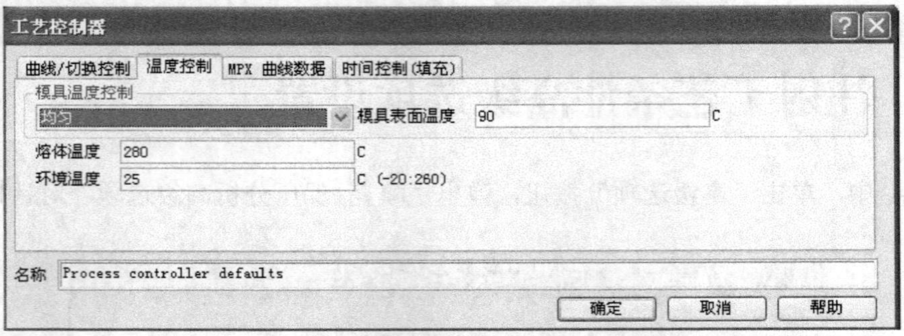

工艺控制器

曲线/切换控制　温度控制　MPX 曲线数据　时间控制(填充)

模具温度控制

均匀　模具表面温度 90 C

熔体温度 280 C

环境温度 25 C (-20:260)

名称 Process controller defaults

确定　取消　帮助

图 8-9 “温度控制”选项卡

型腔/型芯模具温度设置

理想型腔侧模温 70 C (-120:500)

理想型芯侧模温 70 C (-120:500)

确定　取消　帮助

图 8-10 “型腔/型芯模具温度设置”对话框

（2）模具表面温度：指定如何定义模型表面上所选区域的模具表面温度。

（3）熔体温度：熔化的塑料或熔体开始向型腔流动时的温度。如果模型具有流道系统，则熔体温度指熔体进入流道系统时的温度；如果模型没有流道系统，则熔体温度指熔体离开浇口时的温度。如果有输入框，则输入所需的熔体温度。需要注意的是，熔体温度不能低于转变温度。

（4）环境温度：环境温度应设置为发生注塑成型之处的平均环境温度。环境温度的默认值为 25℃（77°F），可以将此值更改为与所在场所的环境温度一致，新值将用于整个分析序列。程序将使用该环境温度值来计算名义射出体积，方法是将型腔体积乘以材料在环境温度下的密度与熔体温度下的密度之比。

3．注塑机

注塑机也称注射机，如果选择或创建的注射机与实际生产中采用的注射机机型、参数一致，则可以获得较为准确的模拟分析结果。

“注塑机”参数对话框包括 4 个选项卡：描述、注射单元、液压单元、锁模单元。

1）“描述”选项卡

如图 8-11 所示，该选项卡列出了注塑机的基本情况。

2）“注射单元”选项卡

“注射单元”选项卡如图 8-12 所示。

（1）最大注塑机注射行程：指定允许在注塑机上使用的最大注射行程。

（2）最大注塑机注射速率：指定允许在注塑机上使用的最大注射速率。

（3）注塑机螺杆直径：指定成型机上注射成型螺杆的尺寸。

（4）充填控制：包括 3 个复选项，分别为“行程与螺杆速度”、“螺杆速度与时间”、“行程与时间”。

（5）螺杆速度控制段：指定控制螺杆速度的步骤数。其中，“恒定”是指为整个充填阶段设置一恒定的螺杆速度；“线性”是指设置一个在充填阶段随时间线性增加的螺杆速度。

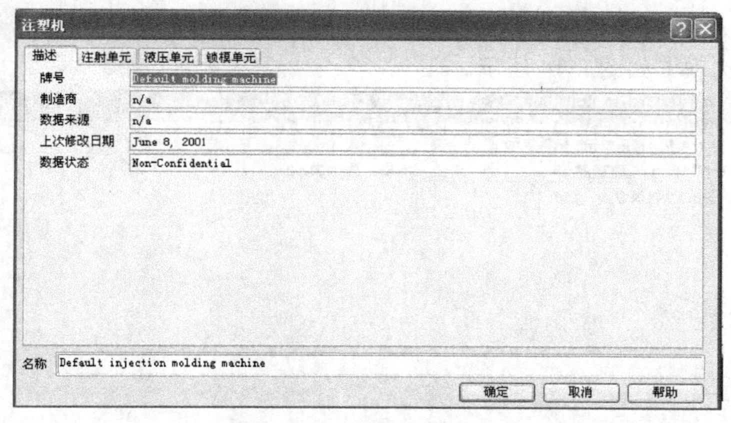

图 8-11 “描述”选项卡

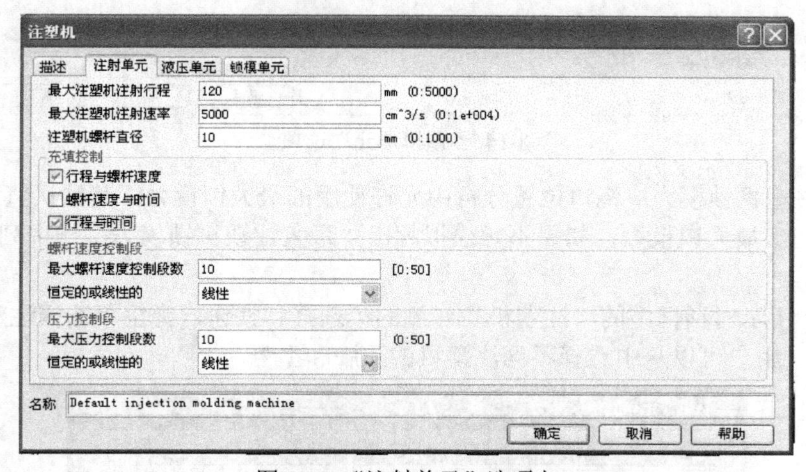

图 8-12 “注射单元”选项卡

（6）压力控制段：包括“最大压力控制段数”和“恒定的或线性的”（默认为线性的）两个选项。

3）“液压单元”选项卡

“液压单元”选项卡如图 8-13 所示。

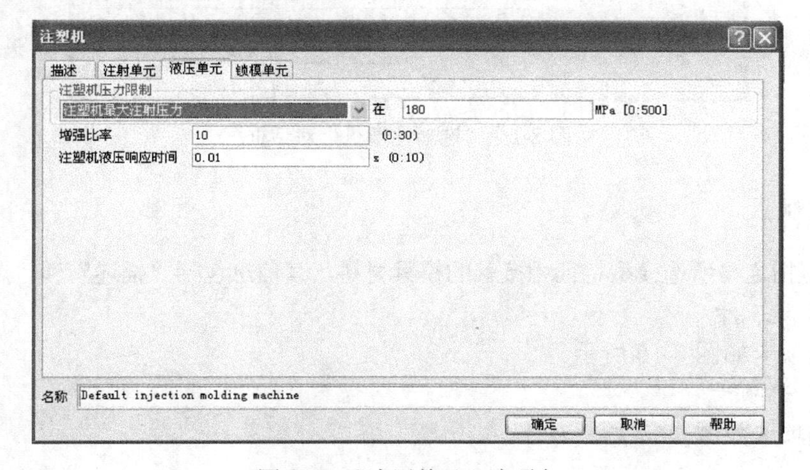

图 8-13 “液压单元”选项卡

4）“锁模单元”选项卡

“锁模单元”选项卡如图 8-14 所示。

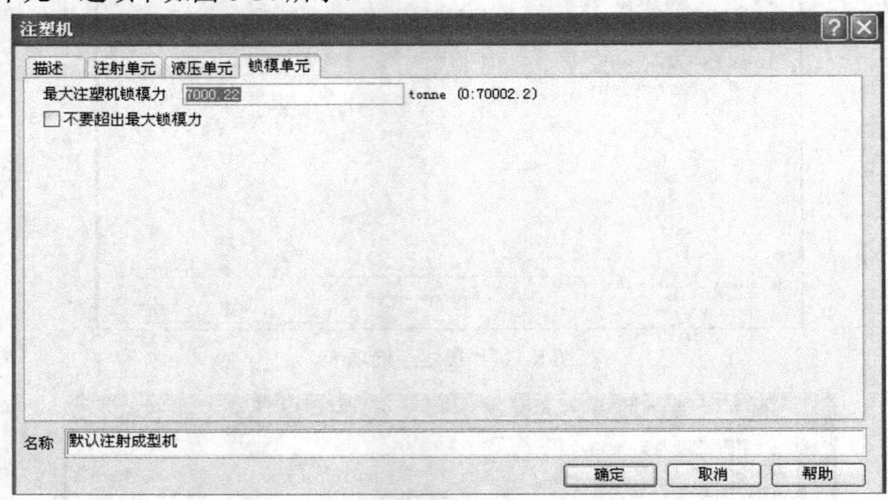

图 8-14 “锁模单元”选项卡

（1）最大注塑机锁模力：浇口位置分析中允许使用的最大锁模力，其默认值为 7000.22t。

（2）不要超出最大锁模力：如果不想模拟超出“最大注塑机锁模力”框中列出的锁模力，则选中该复选框。

单击图 8-7 所示对话框中的“注塑机”右侧的“选择”按钮，弹出“选择注塑机”对话框，如图 8-15 所示。用户可以从中选择不同注塑机的品牌和型号。

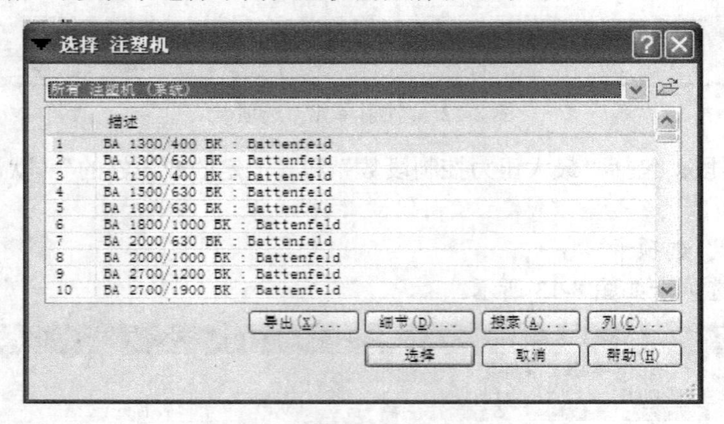

图 8-15 “选择注塑机”对话框

4．模具材料

模具材料是指定与所选模型特征相接触的模具材料，其信息包括“描述”和“属性”两部分。

1）“描述”选项卡

“描述”选项卡如图 8-16 所示。

2）“属性”选项卡

“属性”选项卡如图 8-17 所示。

模具材料

描述 属性

牌号 TOOL STEEL P-20
制造商 Unknown
数据来源 OTHER
上次修改日期 SEP-17-2001
数据状态 Non-Confidential

名称 工具钢 P-20

确定 取消 帮助

图 8-16 “描述”选项卡

模具材料

描述 属性

模具密度 7.8 g/cm^3 (0:30)
模具比热 460 J/kg-C (0:2000)
模具热传导率 29 W/m-C (0:1000)
模具机械属性
弹性模量(E) 200000 MPa (0:3e+006)
泊松比(v) 0.33 [0:1)
模具热膨胀系数 1.2e-005 1/C (0:10)

名称 工具钢 P-20

确定 取消 帮助

图 8-17 “属性”选项卡

单击图 8-7 所示对话框中的“模具材料”右侧的“选择”按钮，弹出“选择 模具材料”对话框，用户可以从中选择其他的模具材料，如图 8-18 所示。

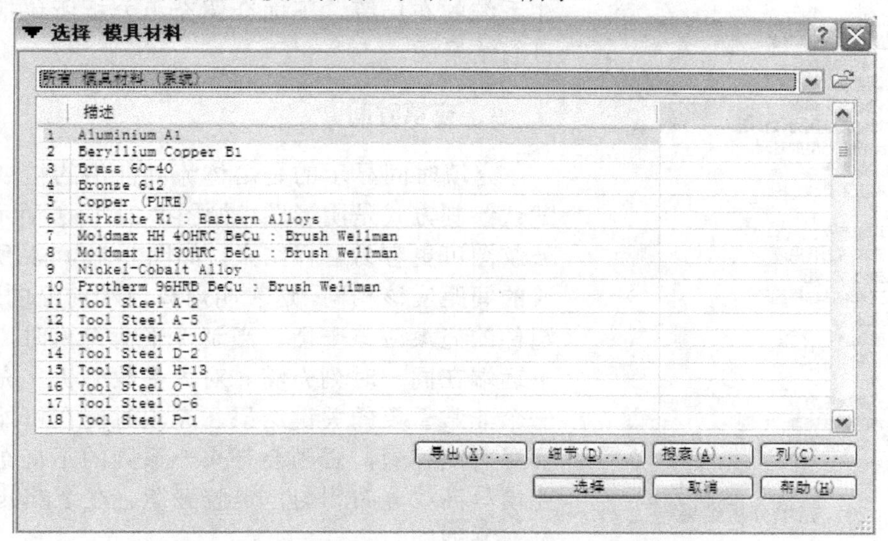

图 8-18 “选择 模具材料”对话框

5．求解器参数

单击图 8-7 所示对话框“求解器参数”右侧的“编辑”按钮，弹出“热塑性塑料注射成型求解器参数（双层面）”对话框，其中列出了详细的求解参数，如图 8-19 所示。

热塑性塑料注射成型求解器参数(双层面)

网格/边界 | 中间结果输出 | 收敛 | 纤维分析 | 重新启动 | 型芯偏移

厚度上的层数 12 层

模具-熔体热传导系数(HTC)选项

默认 编辑默认 HTC 值...

名称 热塑性塑料注射成型求解器参数默认(双层面)

确定 取消 帮助

图 8-19 “热塑性塑料注射成型求解器参数（双层面）”对话框

8.4 充填分析结果

充填分析完成之后，充填分析结果会以文字、图形、动画等方式在结果列表中显示出来，同时在任务视窗面板中也会分类显示，如图 8-20 所示。充填分析结果主要项目包括充填时间、压力、流动前沿温度、分子取向、剪切速率、气穴、熔接痕等，该结果主要用于查看塑件的充填行为，并为设计优化的浇注系统提供依据。通过对不同浇注系统流动性的分析比较，可以有针对性地设计浇口位置、浇口数目及浇注系统的布局等。下面介绍充填分析所包括的主要项目的结果图。

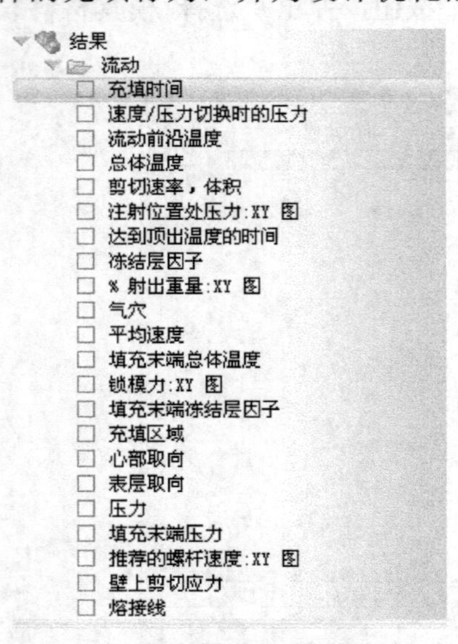

图 8-20 充填分析结果

1. 充填时间

充填时间显示的是熔体流动前沿的扩展情况，其默认绘制方式是阴影图，如图 8-21（a）所示；但使用云纹图可更容易解释结果，如图 8-21（b）所示。等值线的间距应该相同，这表明熔体流动前沿的速度相等。塑件的充填应该平衡。当制件平衡充模时，制件的各个远端在同一时刻充满。对大多数分析，充填时间是一个非常重要的关键结果。充填时间在可能的情况下要尽可能缩短，否则会带来一系列的不良结果。图中充填等高线分布均匀，走胶平衡。在 1.842s 时胶料完全充满型腔。

单击如图 8-22 所示的动画演示工具栏上的“播放”按钮，系统会动态播放充填时间的动画，可以比较直观地查看该塑件模型的瞬时充填情况。

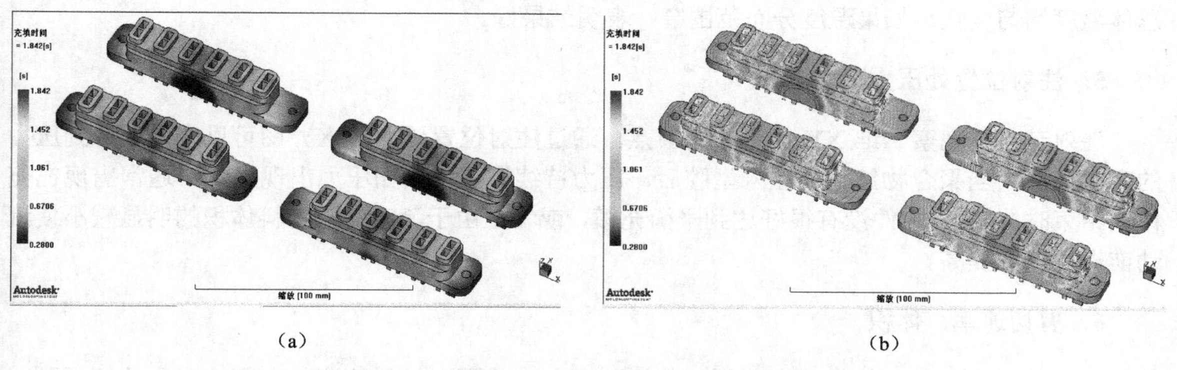

(a)　　(b)

图 8-21　电刷盒注射成型流动模拟充填时间显示图

2．速度/压力切换时的压力

图 8-22　动画演示工具栏

速度/压力切换时的压力属于单组数据，该压力图同样是观察制件的压力分布是否平衡的有效工具。通常，速度/压力切换时的压力在整个注塑成型周期中是最高的，此时压力的大小和分布可通过该压力图进行观察。同时，也可以看到在控制转换时制件充填了多少，未充填部分以灰色表示。

在典型的成型机上，标准设置是 99% 的填充体积。如果发生切换的时间较早，则应查找短射，或者检查在设置速度/压力切换点时是否考虑了材料的可压缩性。

3．流动前沿温度

流动前沿温度由充填分析生成，显示的是流动前沿到达位于塑料横截面中心的指定点时聚合物的温度。因为它代表的是截面中心的温度，因此其变化不大。使用一系列颜色来指明以蓝色表示的最低温度区域到以红色表示的最高温度区域的范围。颜色代表每个点被填满时的材料温度。该结果显示充填期间流动前沿的温度变化。流动前沿温度图可与熔接线图结合使用。熔接线形成时熔体的温度高，则熔接线的质量就好。而在一个截面内熔接线首先形成的地方是截面的中心，因此，如果流动前沿的温度高，熔接线强度通常都高。

在充填阶段，流动前沿温度下降幅度不应超过 2～5℃。较大幅度的变化通常表示注射时间过短，或存在迟滞区域。如果零件薄壁区域中的流动前沿温度过低，则迟滞可能导致短射。在流动前沿温度上升数摄氏度的区域中，可能出现材料降解和表面缺陷。将充填阶段中流动前沿的温度变化降到最低，控制在 2～5℃之内。温度变化越小，产生的问题就越少。

4．总体温度

在充填过程中熔体温度不仅随时间和位置变化，而且沿厚度方向也发生变化，无法用单一的温度分布来描述成型过程中物料的温度变化。采用熔体总体温度来描述温度变化的综合效应。它是温度沿厚度方向的速度加权平均，具有明确的物理意义，表征了一点的能量输送情况。

在连续流动的区域，熔体总体温度较高，在滞留带区域或流动停止区域，熔体总体温度下降很快。熔体总体温度分布中的热斑区显示了该区域的剪切热过高，如果熔体总体温度接近或超过聚合物的降解温度，材料降解就会导致塑件变脆、黑斑等成型缺陷，因此必须修改热斑区的制件设计或工艺条件。同时，温差的存在会引起塑件的收缩和翘曲，因此希望塑件中的熔体总体温度均匀一致。如果温度分布范围窄，表明结果好。

5．注射位置处压力：XY 图

注射节点是观察二维 XY 图的常用节点。通过注射位置压力的 XY 图可以容易地看到压力的变化情况。当聚合物熔体被注入型腔后，压力持续增高。假如压力出现尖峰（通常出现在充模快结束时），表明制件没有很好达到平衡充模，或者是由于流动前沿物料体积的明显减小使流动前沿的速度提高。

6．剪切速率，体积

体积剪切速率代表的是整个截面的剪切速率，由截面内材料的流速和剪切应力计算得到，可以把它直接与材料数据库中的材料极限值进行比较。

剪切速率用于衡量塑料层滑过彼此的速度。如果速度过快，聚合物链就会断裂，而材料会降解。体积剪切速率不应超过材料数据库中为该材料推荐的最大值。超过此值很可能会导致聚合物降解。与温度相同，剪切速率也随厚度而变化。体积剪切速率概述了填充阶段的剪切速率分布情况。与总体温度相反，体积剪切速率不是剪切速率在厚度上的平均值或加权平均值。平均值或加权平均值并不适合，因为剪切速率在零件厚度上的变化非常大。

在显示该结果图时，最好关掉节点平均值。通常，可能有一些小单元具有很高的剪切速率，因此，关掉节点平均值可以看得更清楚。

7．壁上剪切应力

壁上剪切应力是冻结/熔化界面处的每单元面积上的剪切力，与每个位置的压力梯度成比例（如果聚合物横截面完全熔化，则冻结/熔化界面位于模具壁上）。使用黏性流配置物时，横截面中心处的剪切应力为零，并线性增加到冻结/熔化界面处的应力值。因此，壁上剪切应力可能在横截面的任意部分达到其最大值。

剪切应力应小于材料数据库中为该材料所推荐的最大值。剪切应力可以与存储在材料数据库中的值进行直接比较。超过此限制的区域可能因应力而出现在顶出或工作时开裂等问题。热固性材料在材料数据库中没有推荐的最大剪切应力值。

8．填充末端压力

填充末端压力属于单组数据，该压力图是观察制件的压力分布是否平衡的有效工具。因为充模结束时的压力对平衡非常敏感，因此，如果此时的压力图分布平衡，则制件就很好地实现了平衡充模。此时的压力平衡和流道尺寸、进胶点位的关系最为密切，可以从这两个角度进行调整。充模结束时的压力分布是关键数据，它分布更均匀，更符合我们的期望值。

9．压力

有几种不同的压力图，每种以不同的方式显示制件的压力分布。所有压力图显示的都是制件某个位置（一个节点）或某一时刻的压力。

使用的最大压力应低于注射机的压力极限，很多注射机的压力极限为 140MPa。模具的设计压力极限最好为 100MPa 左右。如果所用注塑机的压力极限高于 140MPa，则设计极限可相应增大。模具的设计压力极限应大约为注射机极限的 80%。假如分析没有包括浇注系统，则设计压力极限应为注射机极限的 50%。

与充填时间一样，压力分布也应该平衡。压力图和充填时间图看起来应该十分相似，如果相似，则充填时制件内就只有很少或没有潜流。

压力是一个中间结果，每一个节点在分析时间内的每一时刻的压力值都被记录了下来。因此，可以通过动画观察压力随时间变化的情况。压力分布应该平衡，或者在保压阶段应保证均匀的压力分布和几乎无过保压。压力要低于注射机极限压力的 80%，才能保护维持注射机的使用寿命。

10．锁模力：XY 图

该 XY 图表示锁模力随时间而变化的情况。计算锁模力时把 XY 平面作为分型面，锁模力要根据每个单元在 XY 平面上的投影面积和单元内的压力进行计算。当使用表面模型时，考虑的是相互匹配的单元组，因此锁模力没有重复计算。但是，如果制品的几何结构在 XY 平面上的投影有重叠，则锁模力的预测将会偏大。可以设置属性，将投影发生重叠的单元排除在锁模力的计算之外，从而解决该问题。锁模力对充模是否平衡、保压压力和速度/压力控制转换时间等非常敏感。对这些参数稍加调整，就会使锁模力发生较大的变化。锁模力其实是一个残余预紧力的问题，符合螺栓强度计算的原理。

11．气穴

由于转换流动前沿或型腔壁困住的空气泡或其他气体泡，会导致塑料零件的表面产生瑕疵。通过更改浇口位置和零件的厚度来防止产生气穴。气孔应该放置在气穴位置。

气穴定义在节点位置，当材料从各方向流向同一节点时就会形成气穴。气穴将显示在其真正出现的位置，但当气穴位于分型面时，气体可以排出。与熔接线一样，气穴对网格密度很敏感。制件上的气穴应该消除。可使用几种方法做到这一点，如改变制件的壁厚、浇口位置和注射时间都有助于消除气穴。气穴的分布和熔接痕是相似的，要结合流动前沿温度观察才能辨别气穴位置优劣。

12．熔接线

当两股聚合物熔体的流动前沿汇集到一起，或一股塑料熔体流动前沿分开后又合到一起时，就会产生熔接线。有时，当有明显的流速差时，也会形成熔接线。厚壁处的材料流得快，薄壁处的材料流得慢，在厚、薄交界处就可能形成熔接线。熔接线对网格密度非常敏感。由于网格划分的原因，有时熔接线可能显现在并不存在的地方，或有时在真正有熔接线的地方没有显示。为确定熔接线是否存在，可与充填时间一起显示。同时熔接线也可与温度图和压力图一起显示，以判断它们的相对质量。减少浇口的数量可以消除一些熔接线，改变浇口位置或改变制件的壁厚可以改变熔接线的位置。

8.5　充填分析应用实例

本节将以一个操作实例来演示充填分析的过程，并对分析结果进行解释。本例的原始模型如图 8-23 所示，该模型为电刷盒。本例采用一模四腔的设计方案，重点介绍充填分析，浇注系统已经创建完毕，如图 8-24 所示。采用扇形浇口，主流道为圆锥形，两端直径分别为 4mm 和 10mm。分流道为圆形，直径为 6mm。浇口形状为扇形，始端宽度为 6 mm，始端高度为 2 mm，末端宽度为 3 mm，末端高度为 4 mm。

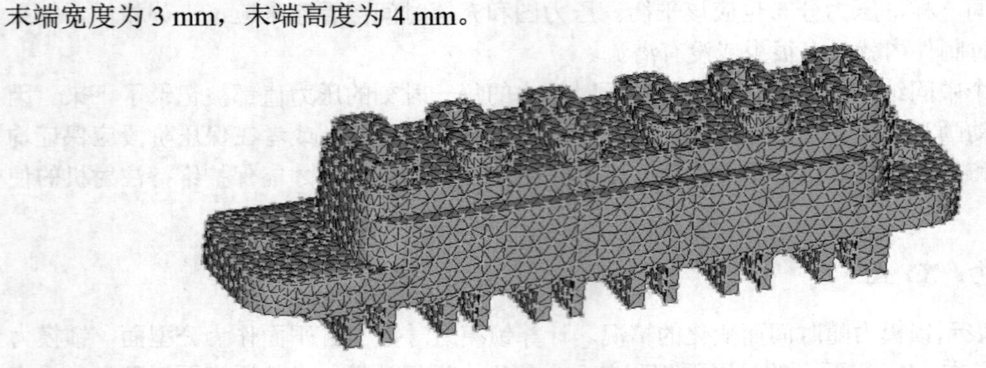

图 8-23　电刷盒原始模型

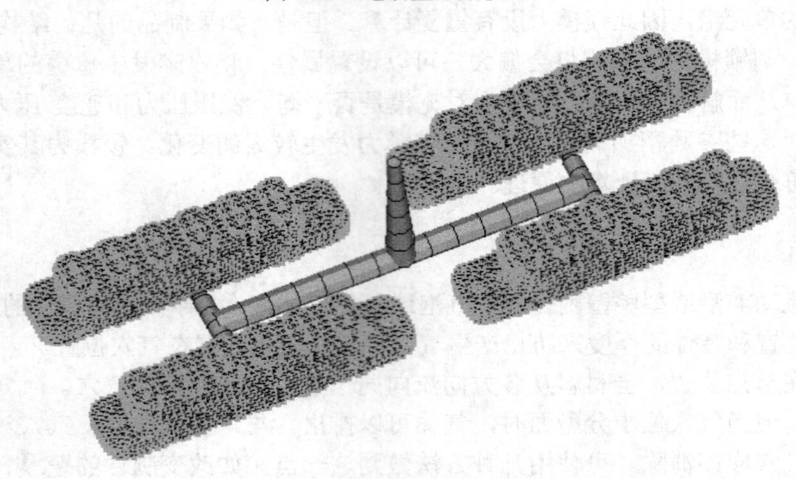

图 8-24　网格模型和浇注系统

8.5.1　电刷盒充填分析前处理过程

1．打开工程

（1）打开 Moldflow 软件。

（2）执行“打开工程”命令，选择打开的对话框中的文件，单击“打开”按钮，在工程管理视窗中显示名为“sss”的工程。

（3）双击“sss”工程图标，在模型显示窗口中显示电刷盒模型及浇注系统，如图 8-24 所示。

2．选择分析类型

双击任务视窗中的“填充”按钮，弹出“选择分析序列”对话框，如图 8-25 所示。由于系统默认的分析类型为“填充”，所以可以不选择。

3．选择材料

选择的材料为“Techno ASA AX23”。

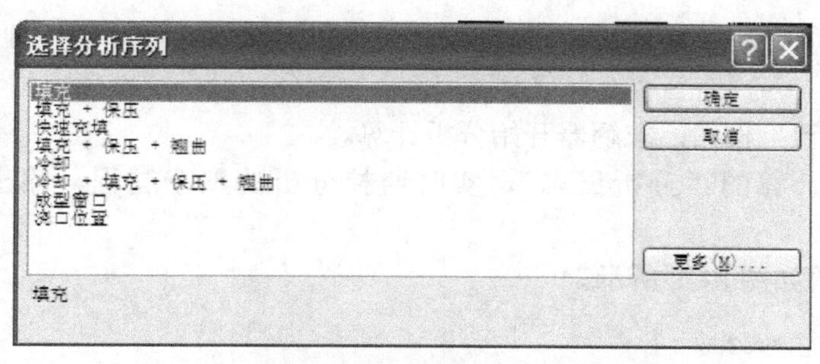

图 8-25　“选择分析序列”对话框

4．设置注射位置

双击任务视窗中的“设置注射位置”按钮，单击主流道入口点，设置注射位置，如图 8-26 所示。

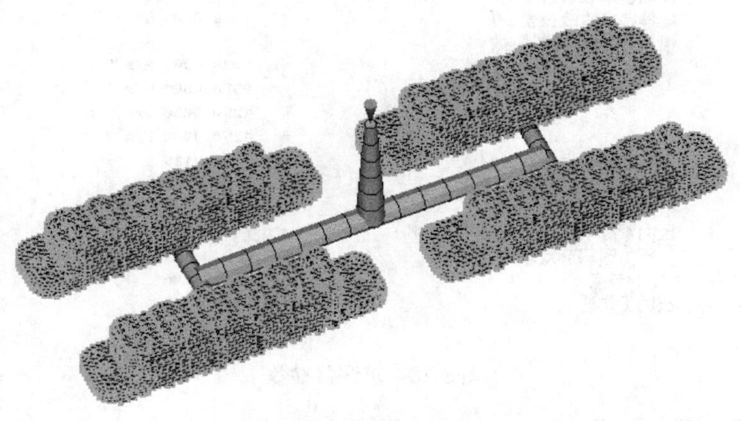

图 8-26　设置注射位置

5．工艺参数设置

双击任务视窗中的“工艺设置（默认）”按钮，弹出“工艺设置向导-充填设置”对话框，如图 8-27 所示。所有参数均采用默认值，“模具表面温度”为 60℃，“熔体温度”为 230℃。单击“确定”按钮，完成充填工艺参数的设置。

图 8-27　“工艺设置向导-充填设置”对话框

6. 进行分析

双击“开始分析!”按钮，求解器开始分析计算。

可以通过分析计算的“分析日志”，实时监控分析的整个过程，输出的信息包括以下内容：

（1）求解器参数如图 8-28 所示。

```
求解器参数 :

  厚度上的计算层数                          =        12
  充填阶段的中间结果输出选项
    恒定间隔的结果数                        =        20
    恒定间隔的动态结果数                    =         0
  保压阶段的中间结果输出选项
    恒定间隔的结果数                        =        20
    恒定间隔的动态结果数                    =         0
  流动速率收敛公差                          =    0.5000 %
  熔体温度收敛公差                          =    0.0200 C
  模具-熔体热传导系数
                    填充                    =  5000.0000 W/m^2-C
                    保压                    =  2500.0000 W/m^2-C
                    分离, 型腔侧            =  1250.0000 W/m^2-C
                    分离, 型芯侧            =  1250.0000 W/m^2-C
  流动速率迭代的最大数量                    =       125
  熔体温度迭代的最大数量                    =       200
  节点增长机制                              = 多个
  压力跟踪采样率                            =        10 Hz
    压力跟踪节点总数                        =         1
       节点       1                         =     23706
  压力工作选项                              =         1
```

图 8-28　求解器参数

（2）材料数据如图 8-29 所示。

```
材料数据 :

  树脂    : Techno ASA AX23 : Techno Polymer
  ---------
  pvT 模型:     两域修正 Tait
                系数: b5 =    374.1500 K
                              b6 =  2.5270E-07 K/Pa
                              液体阶段              固体阶段
                              --------------------------------
                              b1m =       0.0010  b1s =       0.0010 m^3/kg
                              b2m =   6.8130E-07  b2s =   3.4060E-07 m^3/kg-K
                              b3m =   1.5670E+08  b3s =   1.9075E+08 Pa
                              b4m =       0.0046  b4s =       0.0040 1/K
                                                  b7  =       0.0000 m^3/kg
                                                  b8  =       0.0000 1/K
                                                  b9  =       0.0000 1/Pa

  比热:         表格化数据:
                          温度                  比热
                          T (K)                 Cp (J/kg-K)
                          -----------           -------------
                          323.1500              1380.0000
                          343.1500              1470.0000
                          353.1500              1521.0000
                          363.1500              1585.0000
```

图 8-29　材料数据

（3）工艺设置如图 8-30 所示。

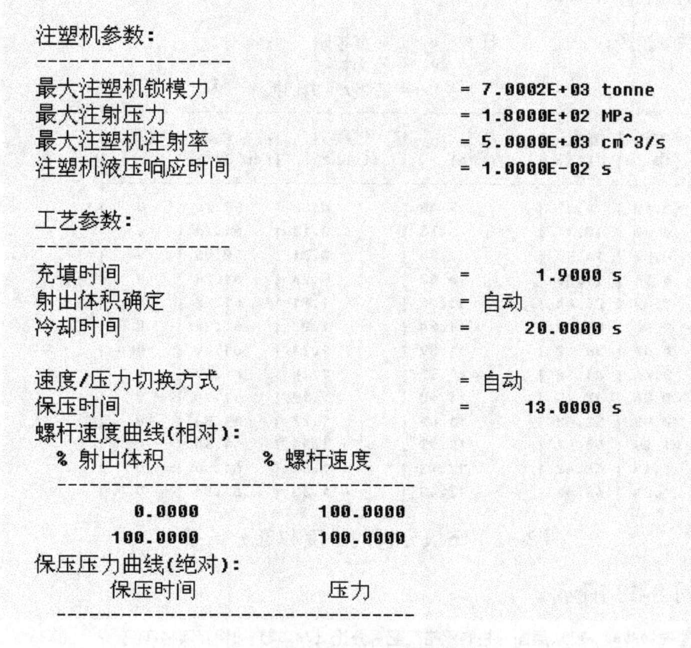

```
工艺设置 :

  注塑机参数:
  -------------------
  最大注塑机锁模力                         = 7.0002E+03 tonne
  最大注射压力                             = 1.8000E+02 MPa
  最大注塑机注射率                         = 5.0000E+03 cm^3/s
  注塑机液压响应时间                       = 1.0000E-02 s

  工艺参数:
  -------------------
  充填时间                                 =       1.9000 s
  射出体积确定                             = 自动
  冷却时间                                 =      20.0000 s

  速度/压力切换方式                        = 自动
  保压时间                                 =      13.0000 s
  螺杆速度曲线(相对):
    % 射出体积        % 螺杆速度
    ---------------------------------
         0.0000          100.0000
       100.0000          100.0000
  保压压力曲线(绝对):
          保压时间            压力
    ---------------------------------
```

图 8-30　工艺设置

（4）模型细节如图 8-31 所示。

```
模型细节 :

  网格类型                                = 双层面

  网格匹配百分比                          =  78.5 %

  相互网格匹配百分比                      =  78.0 %
  节点总数                                =       23909
  注射位置节点总数                        =           1
     注射位置节点标签是:

                                                          23706
  单元总数                                =       47562
    零件单元数                            =       47512
    主流道/流道/浇口单元数                =          50
    管道单元数                            =           0
    连接器单元数                          =           0
  分型面法线                       (dx) =      0.0000
                                   (dy) =      0.0000
                                   (dz) =      1.0000
  三角形单元的平均纵横比                  =      2.1165
  三角形单元的最大纵横比                  =     13.8394
  具有最大纵横比的单元数                  =       38838
  三角形单元的最小纵横比                  =      1.1562
  具有最小纵横比的单元数                  =       10164
  总体积                                  =    117.0447 cm^3
```

图 8-31　模型细节

（5）充填分析的进度和部分结果如图 8-32 所示。在分析计算的过程中，分析日志显示充填时间、体积、压力、锁模力、流动速率和状态信息。

填充分析

残余应力分析
分析正在开始 ....

充填阶段: 状态: V = 速度控制
P = 压力控制
V/P= 速度/压力切换

时间 (s)	体积 (%)	压力 (MPa)	锁模力 (tonne)	流动速率 (cm^3/s)	状态
0.10	4.32	5.48	0.02	58.74	V
0.20	10.17	6.76	0.13	61.06	V
0.29	14.59	9.34	0.71	50.96	V
0.38	19.89	10.62	0.93	61.24	V
0.48	25.44	11.00	1.01	61.28	V
0.57	30.73	11.24	1.07	61.34	V
0.67	36.40	11.39	1.11	61.49	V
0.76	41.58	11.53	1.14	61.49	V
0.86	47.15	11.68	1.19	61.50	V
0.95	52.63	11.85	1.27	61.53	V
1.05	58.07	11.95	1.31	61.56	V
1.14	63.42	12.03	1.34	61.56	V
1.24	68.69	12.13	1.38	61.56	V

图 8-32 充填分析的进度和部分结果

（6）警告信息如图 8-33 所示。

** 警告 98988 ** 双层面网格的网格匹配百分比 (78.5%) 和相互网格匹配
百分比 (78.0%) 低于
推荐的最小值 85%。 这可能会影响
结果的精确性。 若要识别零件的匹配很差的区域，
请使用“网格 ”菜单中的“双层面网格匹配诊断 ”。
若要改进网格匹配，请在
原始 CAD 模型中使用“匹配节点 ”网格工具
重新划分零件的网格，或删除精细的详细资料，例如圆角。

图 8-33 警告信息

在“分析日志”中经常会出现网格模型或参数设置的“警告”和“错误”信息，读者可以根据这些信息，对塑件模型和相关参数设置进行相应的修改和完善，从而得到更接近实际生产情况的分析结果。

8.5.2 初始充填分析结果

主要的充填分析结果介绍如下。

1．充填时间

如图 8-34 所示为熔体充满型腔时的结果显示，其中红色显示区域（图中圆圈处）为塑件的最后充填处，从图 8-34 可以看出时间为 1.807s。

执行菜单命令“结果”→“检查结果”（或者单击工具栏按钮），单击塑件模型上的任意位置，可以显示熔体充填该位置的时间。按住“Ctrl”键，同时单击选择模型上的多个位置点，可以显示多个位置的充填时间，方便进行比较，由此可以判断熔体充填是否平衡。如果熔体流到这些位置的时间比较接近，说明塑件模型能够平衡充填。如图 8-35 所示为塑件 4 个模型的对称位置的红色区域的充填时间，从图中可以看出熔体在 4 个方向上是同时充填到模腔末端的。

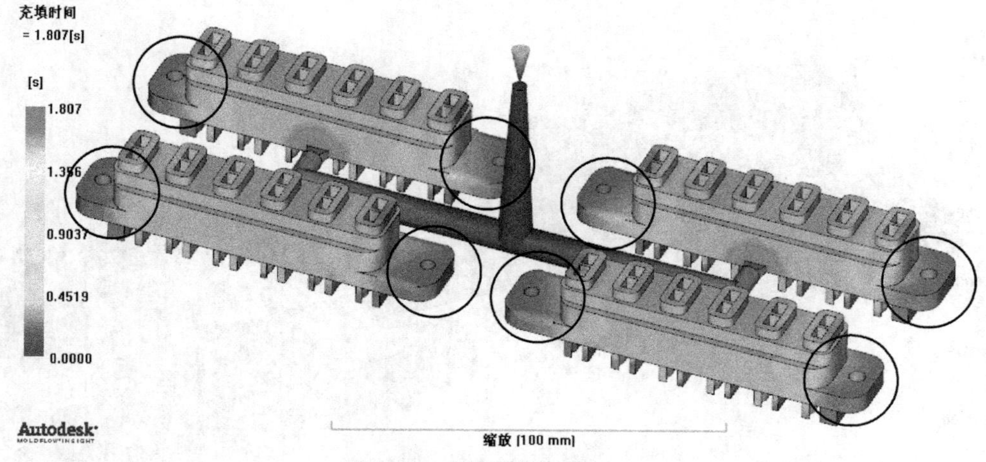

图 8-34　充填时间结果（1）

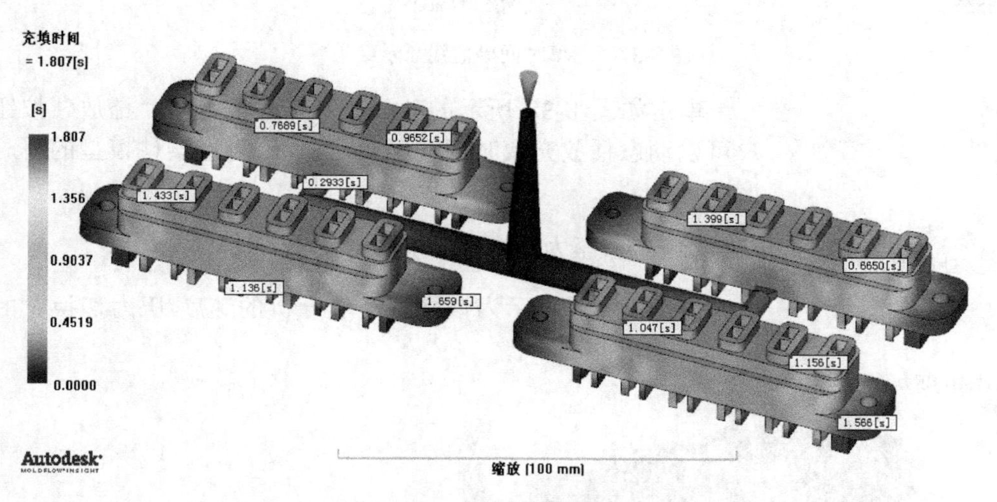

图 8-35　充填时间结果（2）

执行菜单命令“结果”→“绘图属性”，弹出如图 8-36 所示的对话框。选中“方法”选项卡中的“等值线”单选钮，单击“确定”按钮，充填时间结果图就会采用等值线的方式显示，显示结果如图 8-37 所示。

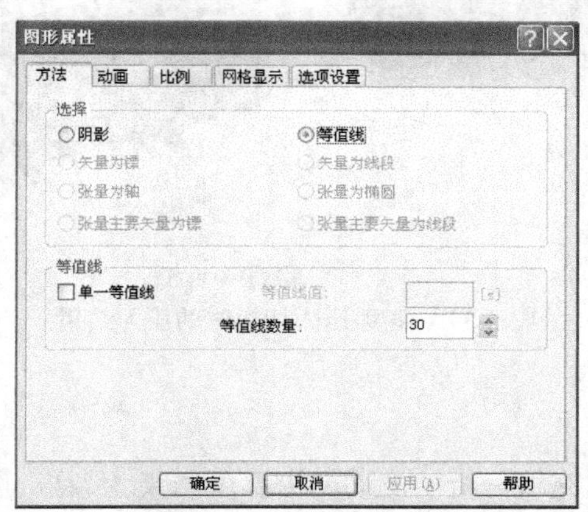

图 8-36　“图形属性”对话框

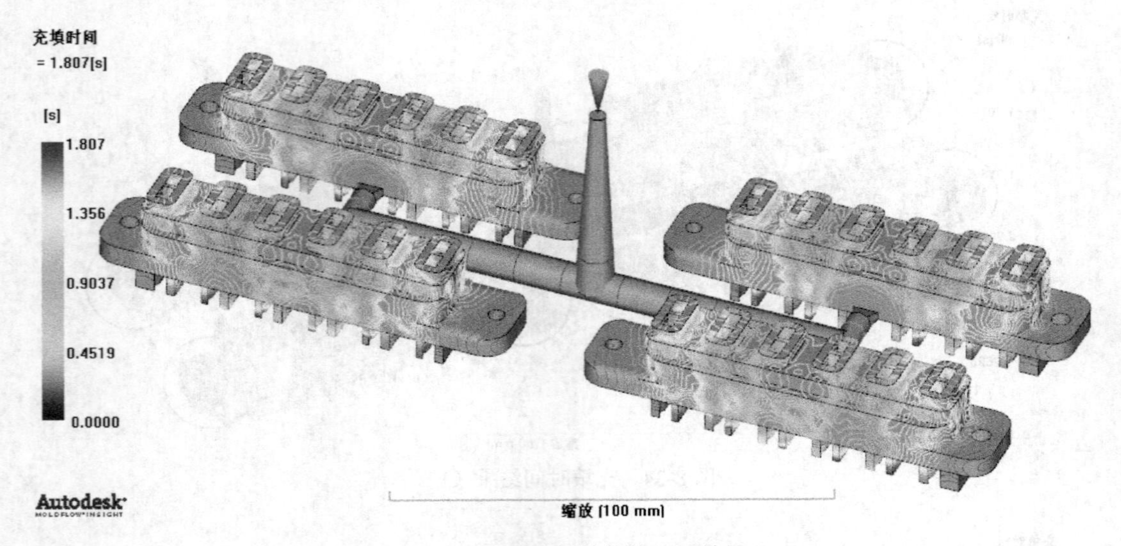

图 8-37 充填时间等值线显示结果

图 8-38 动画演示工具栏

单击如图 8-38 所示的动画演示工具栏上的“播放”按钮，用户可以动态播放充填时间的动画，直观地查看塑件模型的瞬时充填情况。

2．速度/压力切换时的压力

如图 8-39 所示为该模型充填分析的速度/压力切换时的压力结果。

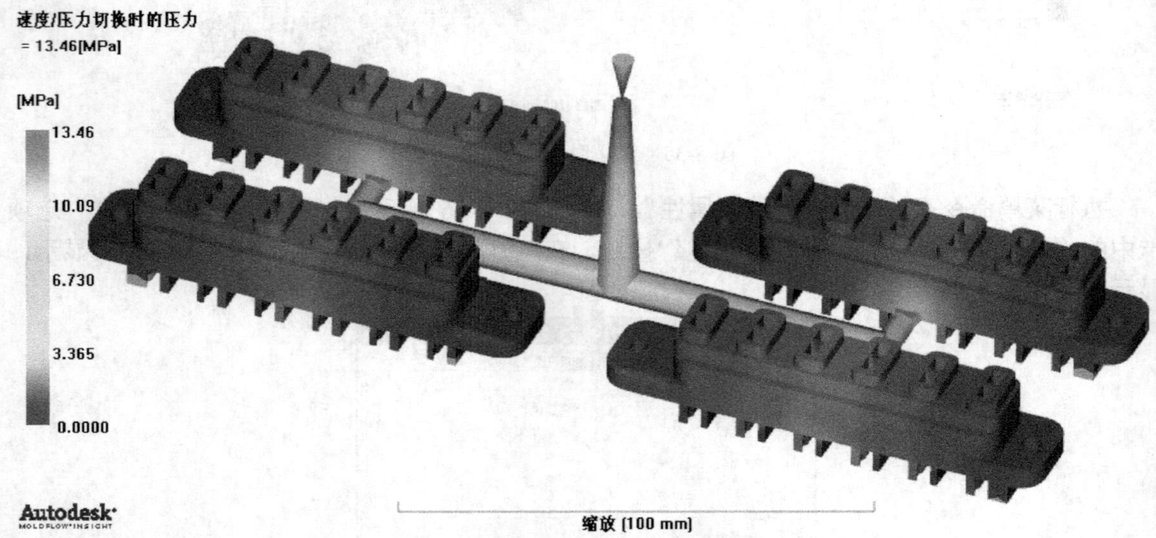

图 8-39 速度/压力切换时的压力结果

3．流动前沿温度

如图 8-40 所示为该模型充填分析的流动前沿温度结果。

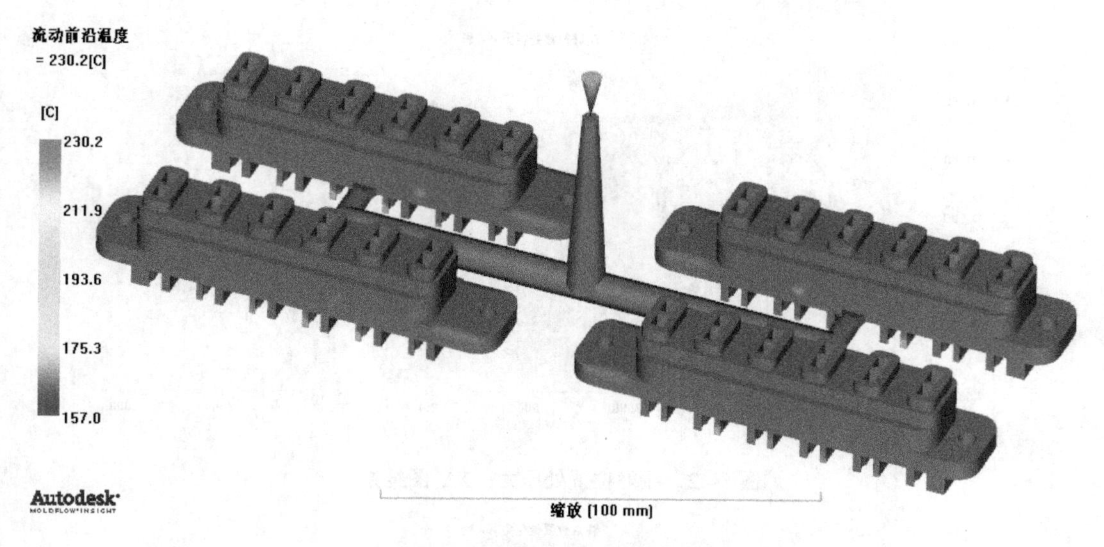

图 8-40 流动前沿温度结果

4．总体温度

如图 8-41 所示为该模型的总体温度结果。在图 8-41 中可以查看塑件在充填过程中温度较高的区域，从图中可以看出，该模型的最高温度为 232.1℃。

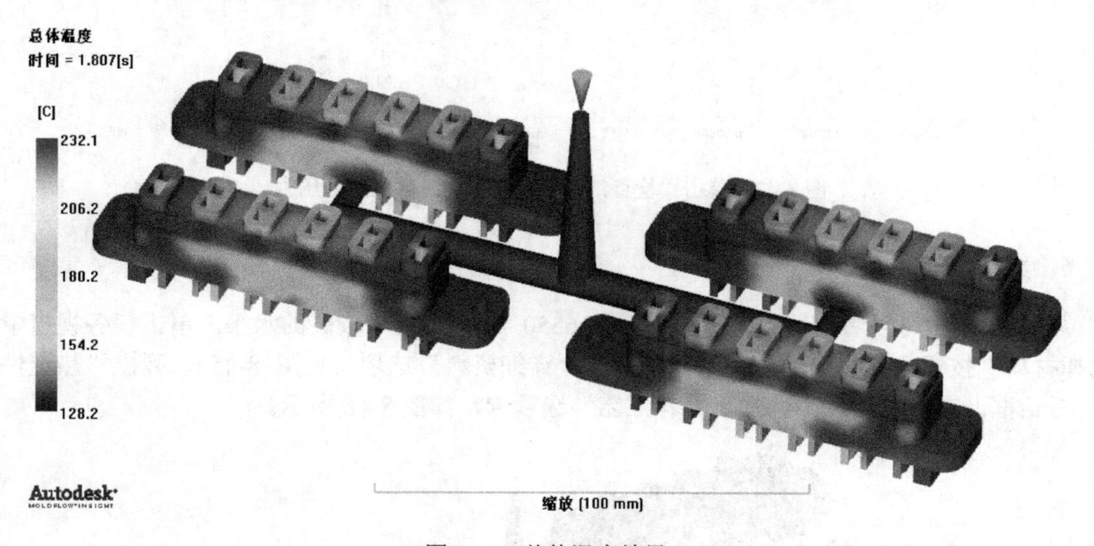

图 8-41 总体温度结果

如果最高温度接近或超过塑件材料的降解温度，或者出现局部过热的情况，则要求用户重新设计浇注系统、冷却系统及成型工艺参数等。

5．注射位置处压力：XY 图

如图 8-42 所示为该模型的注射位置处压力：XY 图结果。执行菜单命令“结果”→“检查结果”（或者单击工具栏上的 检查 按钮），可以单击曲线尖峰的位置，就会显示注射时需要的最大的注射压力值，如图 8-43 所示。

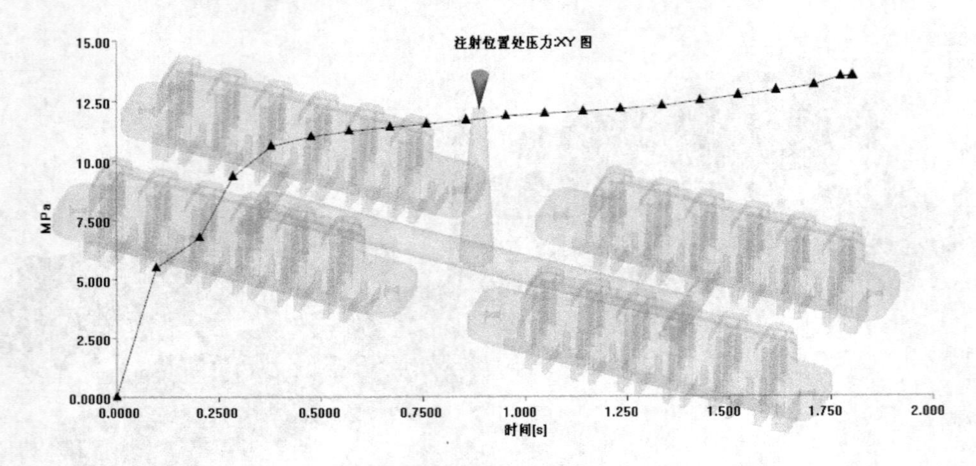

图 8-42 注射位置处压力：XY 图结果

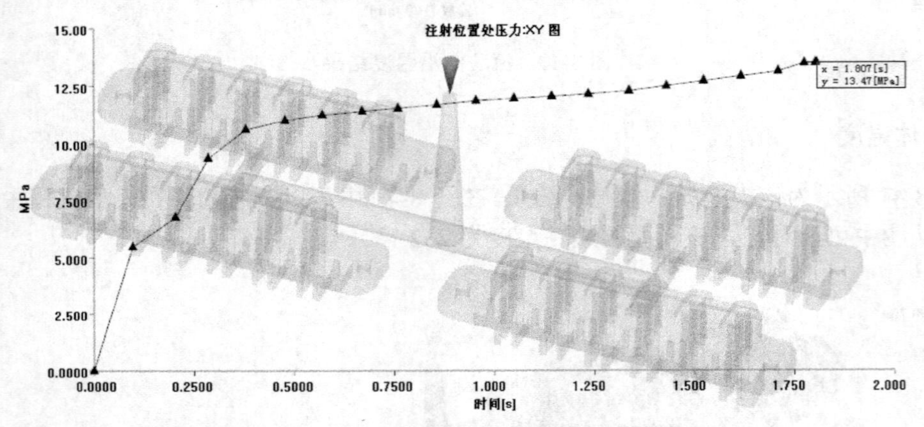

图 8-43 单击“检查结果”后出现的注射位置处压力

6．剪切速率

从图 8-44 中可以看出：剪切速率为 0～36550（1/s），处于较高的水平。单击任务视窗中的“选择材料”按钮，在弹出的下拉菜单中选择“详细资料”选项（见图 8-45），弹出“热塑性材料”对话框，在该对话框中选择“推荐工艺”选项卡，如图 8-46 所示。

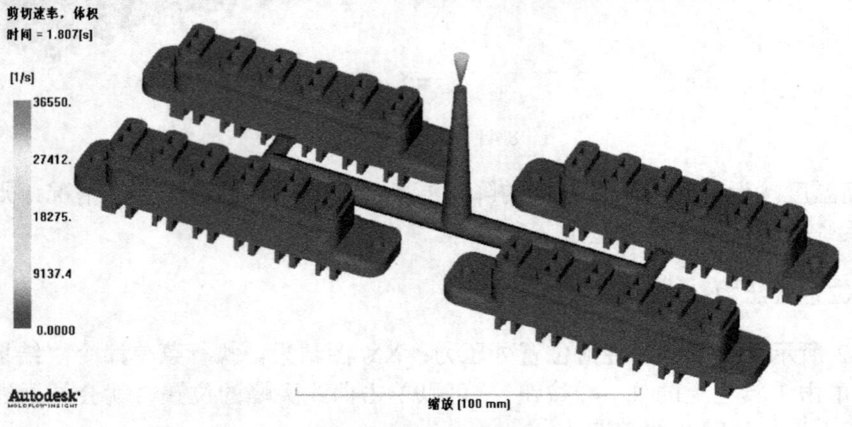

图 8-44 剪切速率结果

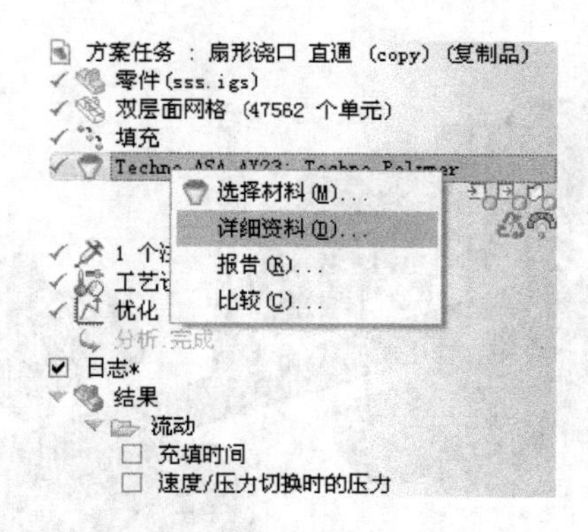

图 8-45 “选择材料”的菜单

热塑性材料

描述 | 推荐工艺 | 流变属性 | 热属性 | pvT 属性 | 机械属性 | 收缩属性 | 填充物属性 | 光学属性 | 环境影响 | 质量指示器

参数	值	单位
模具表面温度	60	C
熔体温度	230	C
模具温度范围(推荐)		
最小值	40	C
最大值	70	C
熔体温度范围(推荐)		
最小值	180	C
最大值	260	C
绝对最大熔体温度	270	C
顶出温度	90	C
最大剪切应力	0.3	MPa
最大剪切速率	50000	1/s

查看顶出温度的测试信息...

名称 Techno ASA AX23 : Techno Polymer

确定　帮助

图 8-46 “推荐工艺”选项卡

在图 8-46 所示的对话框中，可以看出材料的最大剪切速率为 50000（1/s），与图 8-44 所示的预测值很接近。虽然本例的体积剪切速率没有超过材料的许可值，但显然是太高了，可以通过延长充填时间、增大浇口尺寸等方式进行改善。

7. 壁上剪切应力

从图 8-46 所示的“推荐工艺”选项卡中可以得知该材料的最大剪切应力为 0.3MPa。

如图 8-47 所示为该模型型腔壁上剪切应力结果。从图中可以看出，该模型的最大剪切应力为 1.078MPa，超过了数据库中规定的材料极限。

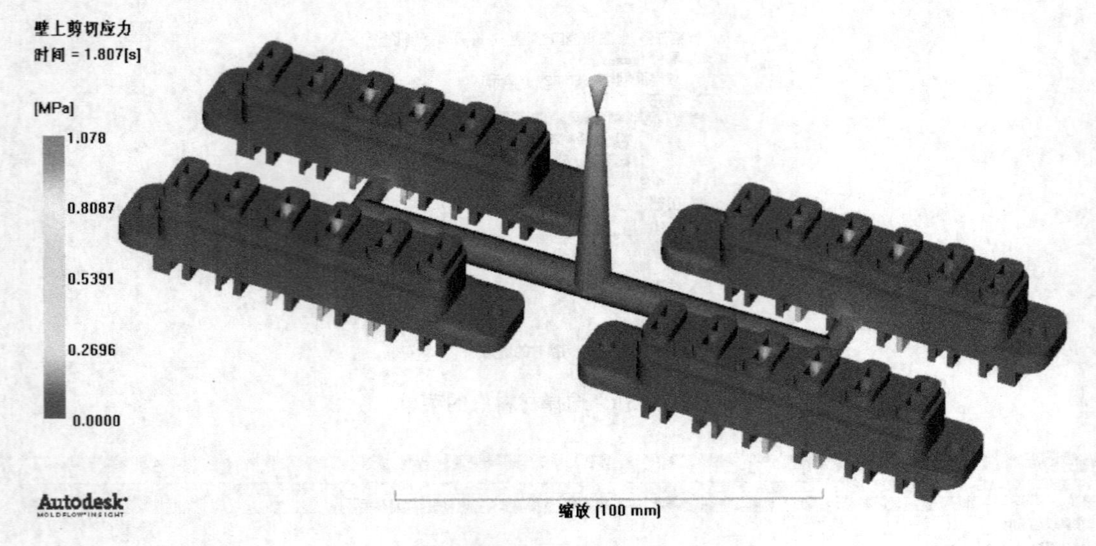

图 8-47 壁上剪切应力结果

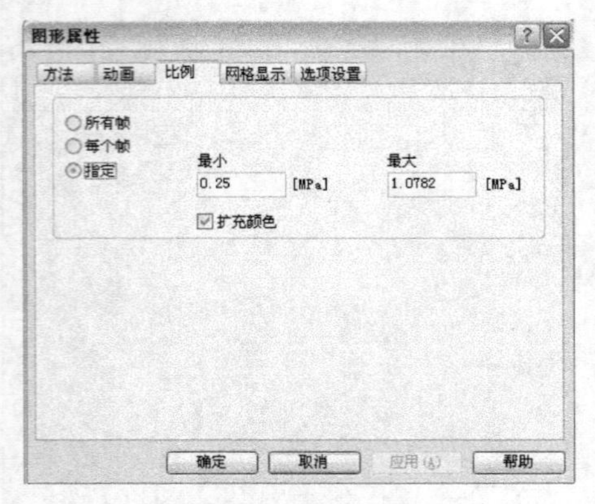

图 8-48 “图形属性”对话框

执行菜单命令“结果”→“绘图属性”，弹出“图形属性”对话框，如图 8-48 所示。在“比例”选项卡中选择“指定”单选钮，在“最小”文本框中输入材料极限应力值 0.25MPa，单击“确定”按钮。单击动画工具栏上的按钮，直到模型上出现红色为止，红色区域就是最大应力的位置。

如图 8-49 所示为该模型的最大剪切应力位置结果。从图中可以看出，该模型的最大剪切应力 1.078MPa，且发生在 1.807s 时。

8. 填充末端压力

如图 8-50 所示为该模型的填充末端压力结果。从图中可以看出，进料口处的最大压力为 13.47MPa，型腔内的最大压力为 6.733MPa。模型上的压力分布相对平衡。

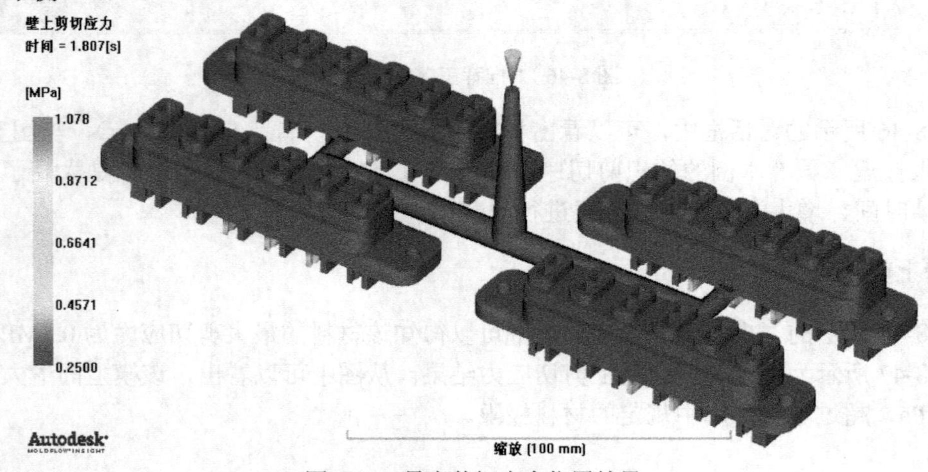

图 8-49 最大剪切应力位置结果

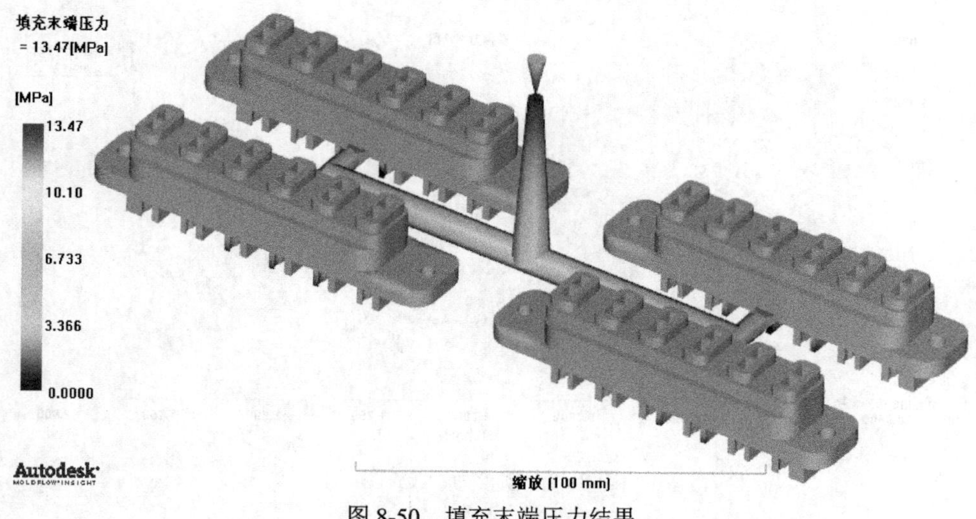

图 8-50　填充末端压力结果

9．压力

如图 8-51 所示为该模型的压力结果。从图中可以看出，该模型在充填完毕后的最大注射压力为 13.47MPa。

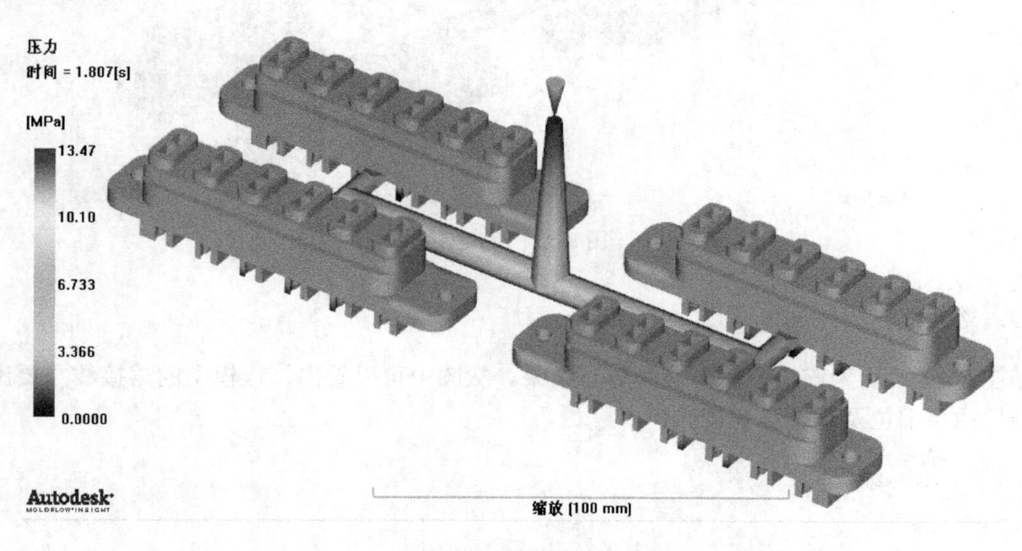

图 8-51　压力结果

10．锁模力：XY 图

如图 8-52 所示为该模型的锁模力：XY 图。从图中可以看出，模型充填时的锁模力最大值为 5.762t。

11．气穴

如图 8-53 所示为气穴结果。从图中可以看出，模型的气穴主要分布在塑料插件顶部小孔周围，在实际注射成型时可以通过成型杆和模具模板之间的间隙排除。

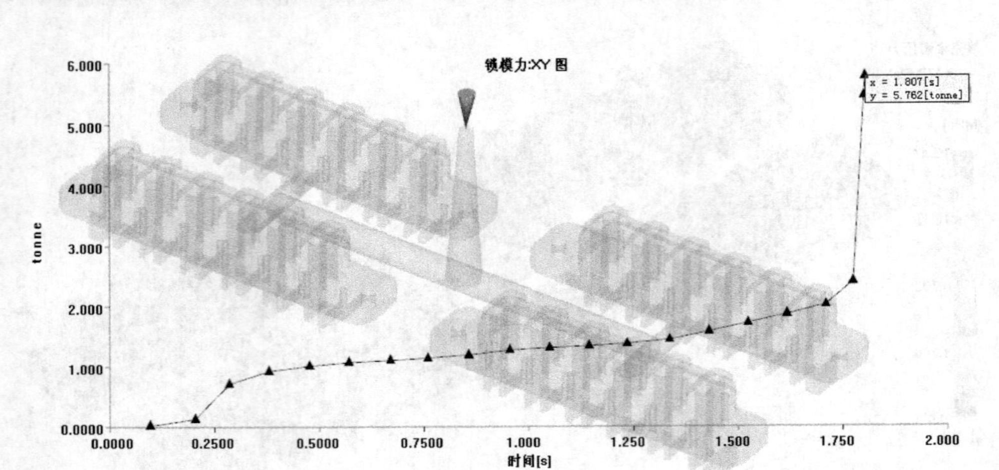

图 8-52　锁模力：XY 图

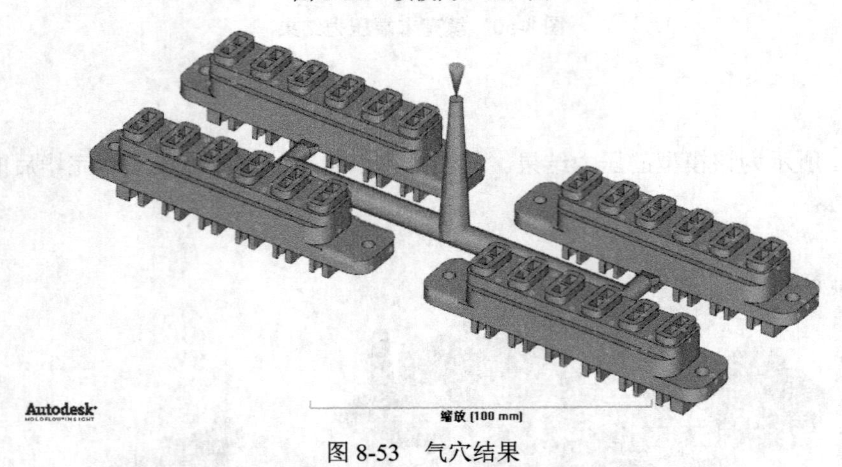

图 8-53　气穴结果

12．熔接线

如图 8-54 所示为该模型的熔接线分布结果。从图中可以看出，该模型的熔接线主要出现在塑料插件插头部位及顶部小孔周围。

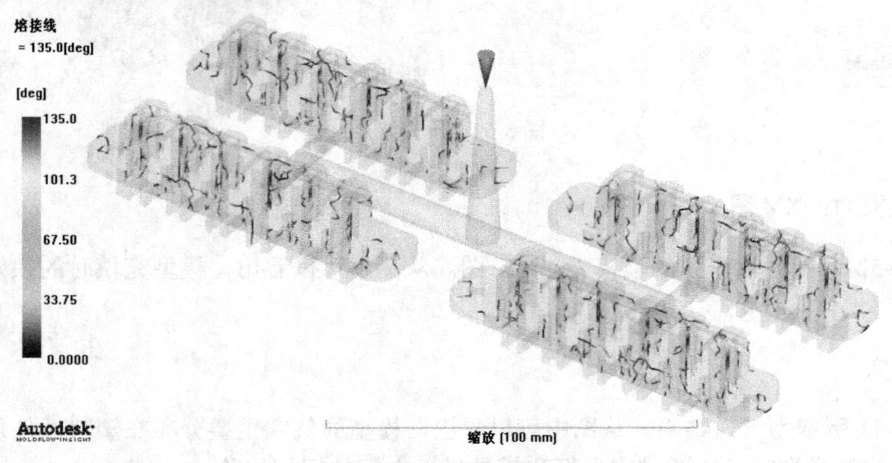

图 8-54　熔接线分布结果

8.6 流动分析简介

流动分析主要用于预测充填和保压阶段模具内聚合物的流动。该分析序列可用于确定型腔是否能完全充填。流动分析是“填充+保压分析”的组合，即该序列包括充填分析及后续的保压分析。保压分析使用充填阶段计算的许多结果，可更准确地预测保压阶段聚合物的行为。填充+保压分析包括注射成型过程的充填和保压两个阶段，而保压阶段分为压实阶段和倒流阶段。

熔体在模具中冷却收缩时，继续保持施压状态的柱塞或螺杆迫使浇口附近的熔料不断补充入模具中，使型腔中的塑料能成型出形状完整而致密的塑件，这一阶段称为保压。保压结束后，柱塞或螺杆后退，解除对型腔中熔体施压，这时型腔中的熔体压力将比浇口前方的高，如果浇口尚未冻结，就会发生型腔中熔体通过浇口流向浇注系统的倒流现象，使塑件产生收缩、变形及质地疏松等缺陷。如果保压前浇口已经冻结，倒流现象就不存在。

1．保压分析

保压分析可以预测保压阶段模具内的热塑性聚合物的流动。此分析作为填充+保压分析序列的第二部分运行，可用来确定型腔是否能完全充填。保压分析将计算从模型中流动前沿在到达速度/压力切换点时已充填过的位置漫延出的流动前沿。该分析一直持续到延伸的流动前沿填充完模型中的最后一个位置为止。在运行填充+保压分析之前，应密切注意模型中高曲率区域周围的网格边长，确保在这些区域中的网格不会过于粗糙。建议在划分网格时使用较短的边长，以使网格能够正确地接近各个角。

2．保压曲线

合理地设定保压曲线可提高成品零件的质量。热塑性塑料保压的效力会在很大程度上影响翘曲和收缩，并会对缺陷（如缩痕）的发生率产生重大影响。保压分析的主要输出是体积收缩率，而体积收缩率的分布和收缩量对零件质量起着关键作用。

执行保压分析之前，应完成以下操作：优化零件的充填，确定流道尺寸并且使其平衡，最好也运行冷却分析。除充填分析中的输入外，要运行保压分析还需要以下 3 个输入：

- 保压时间；
- 保压压力；
- 冷却时间。

1）确定合适的保压压力

保压压力用于填满零件，它通常与充填压力有关。大概的准则是，保压压力应为充填压力的 80%左右；但是，保压压力也可能与其存在很大差异。保压压力通常介于充填压力的 20%～100%之间，并且可以更高或更低。保压压力的一个重要问题是不能过高以至于超过注塑机的锁模限制。

下面的公式可用于估算应使用的最大压力：

$$P_{\max} = \frac{\text{销模力（t）}}{\text{模型的总投影面积（cm}^2\text{）}} \times 100 \times 0.8\text{Mpa}$$

该公式可用于确定压力的前提是，假定整个零件的压力梯度恒定，这样才能使用注塑机容量的 80%。这是一种保守方法，但却是良好的开端。

2）确定合适的保压时间

可反复检查零件重量并延长保压时间以确定浇口冻结的时间。零件重量不再增加时表明发生浇口冻结。例如，先设置 2s 的保压时间，然后在第二次分析时将保压时间设置为 4s。如果零件重量增加，则浇口在 2s 之后冻结。重复分析，增加保压时间，直到零件重量保持稳定为止。

3）优化保压曲线

应该对零件的充填和冷却过程进行优化来创建保压曲线。由于零件的冷却方式会影响保压，所以保压曲线应该以冷却+填充+保压分析序列为基础，这样可以兼顾填充+保压结果中模具冷却的影响。

零件的尺寸和所用材料的类型将决定收缩率的范围。零件越大，可接受收缩率的范围通常越大。因为翘曲由收缩率变化引起，所以零件的体积收缩率会影响零件翘曲的可能性及尺寸的稳定性。如果零件收缩均匀，则其尺寸会发生变化，但注射成型的塑料不会均匀收缩。当体积收缩率最小时，翘曲量将会降低。整个零件中体积收缩率范围对翘曲的影响将超过收缩量对翘曲的影响。

需要控制型腔内的压力来获得均匀的体积收缩率。体积收缩率是塑料冻结时在其上施加的压力的函数，压力越高，收缩率越低。通常情况下，整个零件的收缩率变化范围很广，原因是压力梯度大。由于塑料黏度很高，所以最终的压力梯度将造成充填末端附近区域与浇口周围区域具有不等的压力。因此，充填末端的收缩率通常高于浇口周围区域。如果在周期的保压阶段逐渐降低压力，就能控制收缩量。可以在充填末端区域冻结后降低压力，这时离浇口更近的区域仍然在冷却。冻结前沿从充填末端向浇口移动，使浇口附近的压力降低，从而导致浇口附近的收缩率与充填末端的收缩率相近。

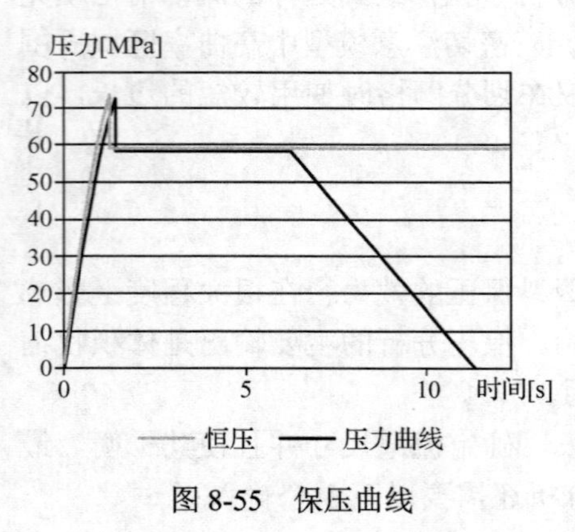

图 8-55 保压曲线

保压曲线是指在保持恒压一段时间后保压压力随时间的线性衰减，如图 8-55 所示。如果应用适当，保压曲线可使零件的体积收缩率更为均匀。曲线通过调平零件中的压力分布来改善收缩率分布。这是因为施加给零件的压力越低，收缩率就越高。事实上，设计保压曲线是为了在充填末端获得可接受的体积收缩率，并使整个零件具有相同的收缩程度。使用保压曲线的重要原因是，它能在区域收缩率变化引起翘曲时降低零件收缩率。优化保压曲线的过程可总结为，通过逐渐降低压力，可在充填末端获得可接受的体积收缩率，从而使整个零件具有相同的收缩水平。

8.7 流动分析工艺参数设置

在进行流动分析前，用户需要进行流动分析工艺参数的设置。对于流动分析，用户应根据经验或实际需要设置模具表面温度、熔体温度、冷却时间等相关工艺参数。

执行菜单命令“分析”→“设置分析序列”→“填充+保压”，再选择下拉菜单“分析”→“工艺设置向导”或双击任务视窗中的“工艺设置（默认）”按钮，弹出“工艺设置向导-填充+保压设置”对话框，如图 8-56 所示。

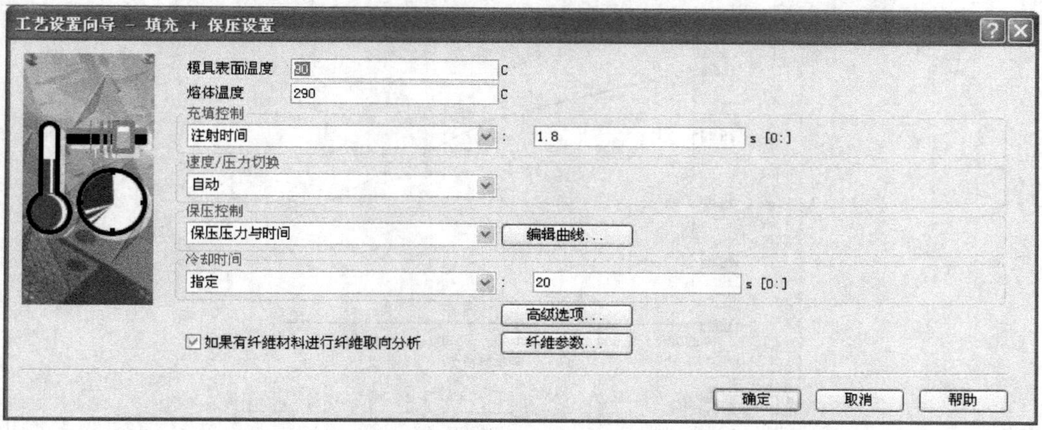

图 8-56 “工艺设置向导-填充+保压设置”对话框

该对话框中的“模具表面温度”、“熔体温度”、“充填控制”、“速度/压力切换”的设置方法和“充填分析”对话框中的设置方法相同。流动分析最重要的参数设置是“保压控制”。下面对“保压控制”下拉菜单中的各项进行说明。

（1）%充填压力与时间：以充填压力与时间的百分比函数形式控制成型周期的保压阶段。

（2）保压压力与时间：以注射压力与时间的函数形式控制成型周期的保压阶段。

（3）液压压力与时间：以液压压力与时间的函数形式控制成型周期的保压阶段。

（4）%最大注射压力与时间：以最大压力与时间的百分比函数形式控制成型周期的保压阶段。

系统默认的保压控制方式为“%充填压力与时间”，“保压压力与时间”控制方式也较为常见。

在进行分析时，单击图 8-56 右侧的“编辑曲线”按钮，系统弹出“保压控制曲线设置”对话框，可以对选定方式参数进行更改设置，如图 8-57 所示。“保压时间”表示持续时间；“%充填压力”表示充填压力的百分比，用来设定保压压力。保压压力的默认值通常为充填压力的 80%，这个值是可以更改的，而用户可以根据需要输入需要的曲点。

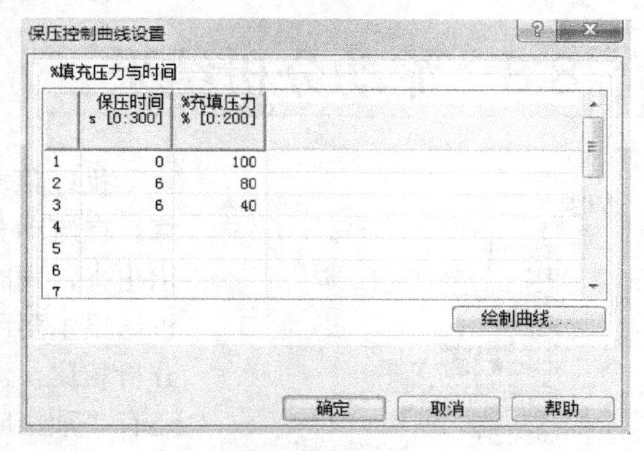

图 8-57 “保压控制曲线设置”对话框

在系统默认的保压控制方式下，单击“绘制曲线”按钮，会弹出如图 8-58 所示的“%填充压力与时间”曲线图，该曲线图表示在保压的初始时刻，保压压力为充填压力的 100%；在接下来的 6s 时间内，保压压力保持在充填压力的 80%，在接下来的 6～12s 时间内，保压压力保持在充填压力的 40%。

保压曲线对于翘曲分析及收缩不均等由于保压不足而引起的塑件缺陷是很重要的，可以通过调整保压曲线来消除塑件缺陷和改善塑件质量。

如图 8-56 所示的对话框中另一个需要设置的重要参数是“冷却时间”。“冷却时间”的下拉菜单有两个选项。

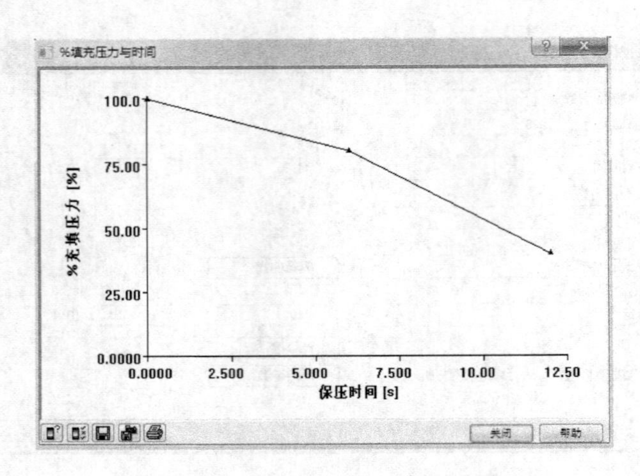

图 8-58 “%填充压力与时间”曲线图

（1）指定：用户在文本框中输入数值指定冷却时间。

（2）自动：单击右侧的“编辑目标顶出条件”按钮，系统会弹出“目标零件顶出条件”对话框，如图 8-59 所示。该对话框中包含 3 个选项，分别是“模具表面温度”、“顶出温度”和“顶出温度最小零件百分比”，在对应的文本框中可以输入数值对参数进行设置。

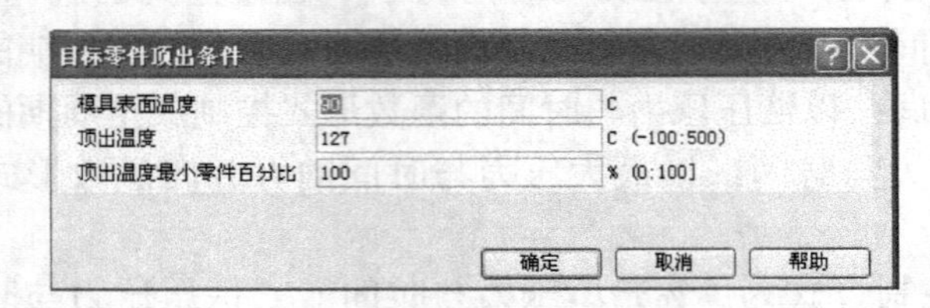

图 8-59 “目标零件顶出条件”对话框

8.8 流动分析结果

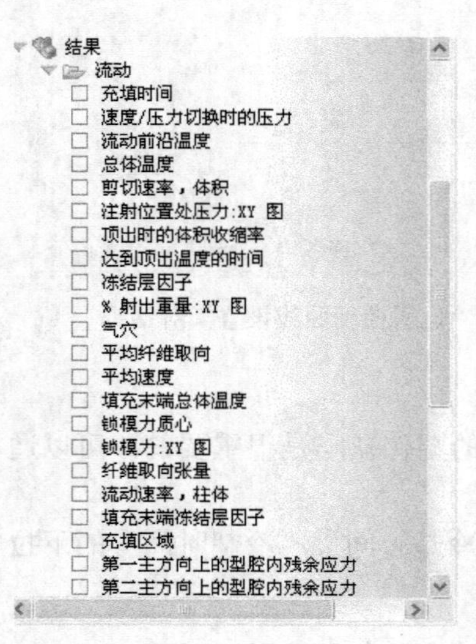

图 8-60 流动分析结果信息

执行菜单命令“分析”→“开始分析!”，程序开始分析计算。在流动分析完成后，结果会以文字、图形、动画等方式显示出来，同时在左边的任务视窗面板中也会分类显示。流动分析结果主要用于得到最佳的保压设置，如图 8-60 所示。与充填分析相比，流动分析结果中除了包括充填分析的所有结果外，还有“顶出时的体积收缩率”、“冻结层因子”、“锁模力质心”、“缩痕指数”和“体积收缩率”等。

1. 顶出时的体积收缩率

顶出时的体积收缩率是单组数据结果，是指从冷却阶段结束到零件冷却至环境参考温度（默认值为 25℃/77℉）时局部体积的减小量。在型腔得到充填后，会根据当前 PVT 状态和参考状态（压力 *P* 为零，温度 *T* 为指定的环境温度）之间的差异开始计算体积收缩率，整个型腔的收缩率应该均匀，但通常难以实现，可调整保压曲线使收缩率均匀一些，达到收缩平衡才是我们的期望。

2．冻结层因子

冻结层因子用于观察塑件和浇口冻结的时间。此结果的值范围为 0～1，值越高表示冻结层越厚、流阻越大及聚合物熔体或流动层越薄。当温度降至转换温度（Ttrans）以下时，即认为聚合物已冻结。冻结层因子的值为“1”（100%），表示截面已经完成冻结，如果塑件上靠近浇口的一些区域冻结得早就会使远离浇口的区域有高的收缩率。冻结层因子结果是中间结果，该结果的默认动画贯穿整个时间。此结果的默认范围是整个结果范围的最小值到最大值。在充填期间，由于来自上游的热熔体会平衡模壁的热损失，因此在具有连续流的区域，冻结层应保持厚度恒定。当流动停止时，厚度方向上的热损失占主导地位，从而导致快速增加冻结层的厚度。

冻结层厚度对流阻具有非常显著的影响。黏度随温度的降低以指数形式增大。流动层厚度也会随冻结层厚度的增加而减小。

冻结时间是指充填结束到型腔中的聚合物降至顶出温度所需的时间。在图 8-61 中单击动画演示工具栏中的“播放”按钮，以动画的形式演示塑件模型和浇口中的冷凝层随时间变化的过程，从而找出浇口的冻结时间，作为修改保压时间的参考。

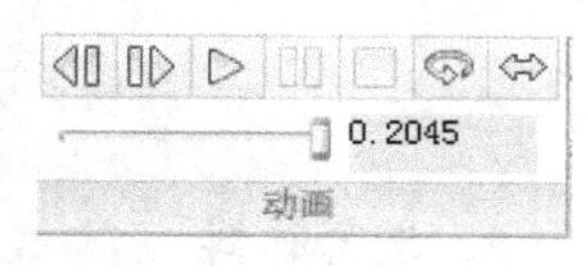

图 8-61　动画演示工具栏

3．缩痕指数

缩痕指数给出了制件上产生缩痕的相对可能性，其值越高，表明缩痕或缩孔出现的可能性越大。计算缩痕指数时将同时使用体积收缩率和制件壁厚的值。在比较不同的方案时，缩痕指数图是非常有用的相对工具。

4．体积收缩率

体积收缩是由于温度从熔体温度下降为环境温度而产生的聚合物收缩。体积收缩过大会造成零件翘曲、缩痕、关键尺寸过小和内部缩孔。壁厚过大和保压不足都是造成零件高体积收缩的原因，体积收缩率显示塑件每个区域的体积收缩百分数，塑件可能产生缩痕的区域可以用体积收缩率来确定。为了减小翘曲变形，塑件的体积收缩率必须均匀一致，并且低于材料允许的最大值。

8.9　流动分析应用实例

还是以电刷盒为例，来演示流动分析的过程，并对分析结果进行解释。

8.9.1　初始流动分析方案

1．打开工程

（1）启动 Moldflow 软件。

（2）单击“工程”图标，在打开的对话框中选择文件，单击“打开”按钮，在工程管理视窗中显示名为“dianshuahe”的工程。

（3）双击“dianshuahe”工程图标，在模型显示窗口中显示电刷盒模型及浇注系统。

2．选择分析序列

双击任务视窗中的“充填”按钮，系统会弹出“选择分析序列”对话框，如图 8-62 所示。选择“填充+保压”，单击“确定”按钮。

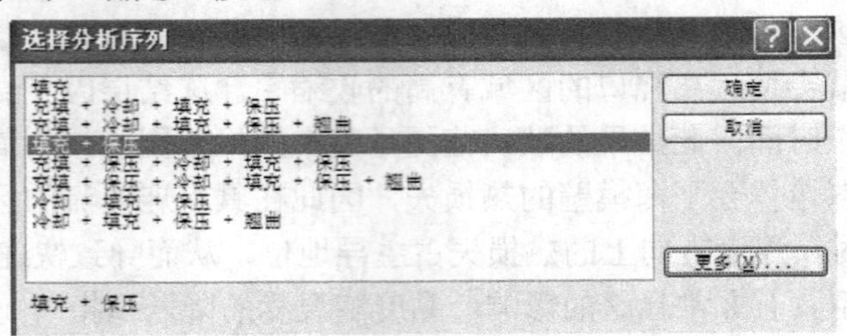

图 8-62 “选择分析序列”对话框

3．选择材料

选择的材料为 Dow Chemical USA 公司生产的 Emerge PC+ABS 7550。

（1）执行菜单命令“分析”→“选择材料”，或者双击任务视窗中的“材料”图标，系统弹出“选择材料”对话框，如图 8-63 所示。

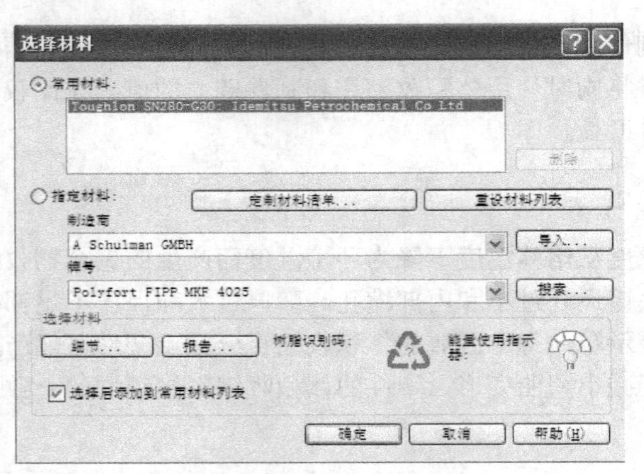

图 8-63 “选择材料”对话框

（2）单击“搜索”按钮，系统会弹出“搜索条件”对话框，如图 8-64 所示。

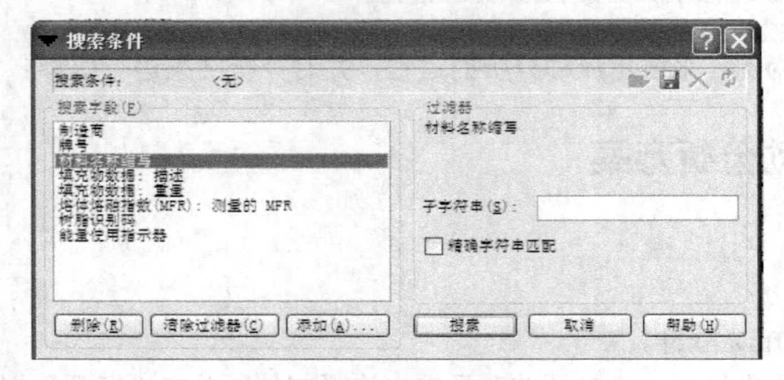

图 8-64 “搜索条件”对话框

（3）单击“搜索条件”对话框中的“材料名称缩写”项使其处于激活状态，如图 8-64 所示。
（4）在“子字符串”文本框中输入“PC”，如图 8-65 所示。

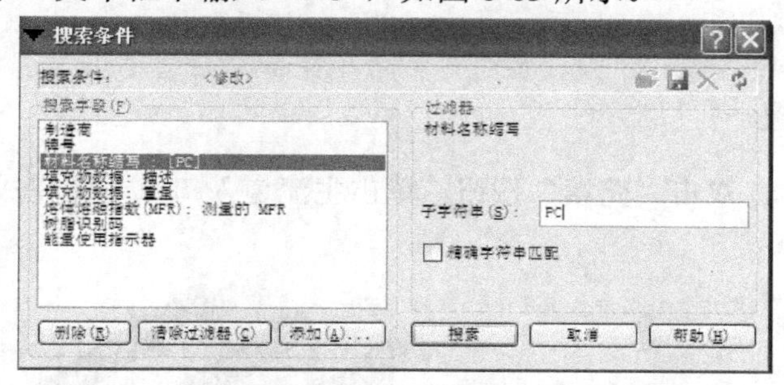

图 8-65　在“子字符串”文本框中输入“PC”

（5）单击“搜索”按钮，即弹出“选择 热塑性材料”对话框，如图 8-66 所示。

图 8-66　“选择 热塑性材料”对话框

（6）单击“制造商”按钮，会以字母的顺序排列制造商的名称从而方便查找。
（7）单击选择热塑性材料下拉菜单中的 Dow Chemical USA 生产的 Emerge PC+ABS 7550。
（8）单击“细节”按钮，即可查看材料的详细信息，如图 8-67 所示。

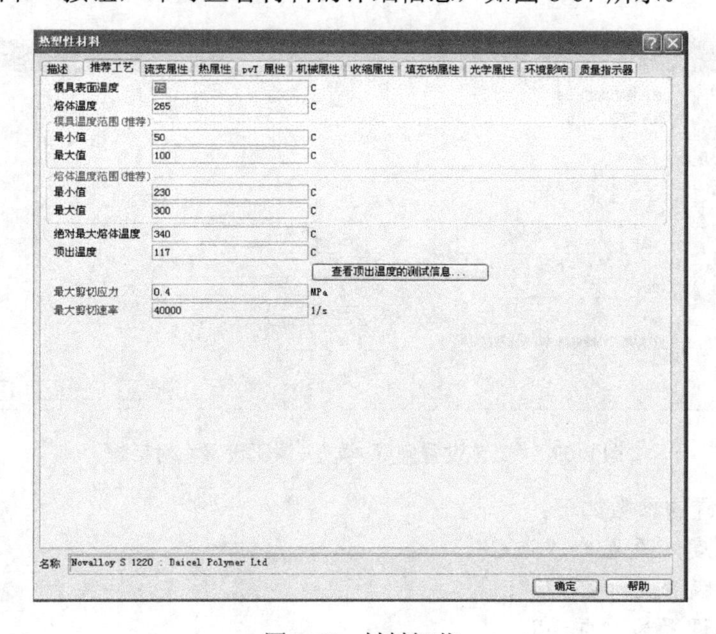

图 8-67　材料细节

（9）单击“确定”按钮，回到如图 8-66 所示的“选择 热塑性材料”对话框，单击“选择”按钮，返回“选择材料”对话框。

（10）单击“确定”按钮，选择该材料。

4. 设置注射点位置

在方案任务视窗中，双击“充填”按钮，单击主流道入口点，即完成注射点位置的确定，如图 8-68 所示。

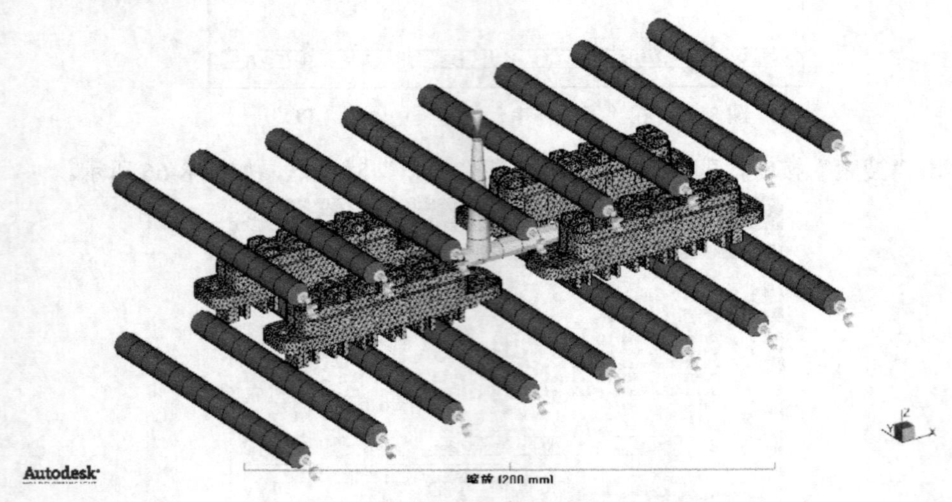

图 8-68　注射点位置设置

5. 设置工艺参数

（1）选择“工艺设置”命令，系统会弹出“工艺设置向导-填充+保压设置”对话框，如图 8-69 所示。

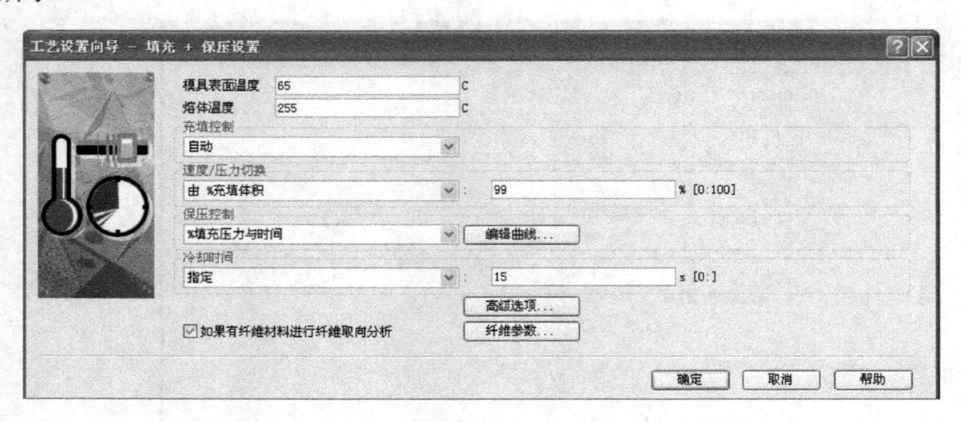

图 8-69　“工艺设置向导-填充+保压设置”对话框

对话框中需设置的参数如下：

- 模具表面温度：设置为“65℃”；
- 熔体温度：设置为“255℃”；
- 充填控制：设置为“自动”；
- 速度/压力切换：设置为“由%充填体积”，并将其参数设置为“99%”；

● 保压控制：设置为“%填充压力与时间”；

● 冷却时间：设置为“指定”，并将其参数设置为“15s”。

（2）在图 8-69 中，单击“保压控制”右边的“编辑曲线”按钮，系统会弹出“保压控制曲线设置”对话框，采用的控制曲线设置结果如图 8-70 所示。单击“绘制曲线”按钮，即可切换成坐标曲线形式，如图 8-71 所示。

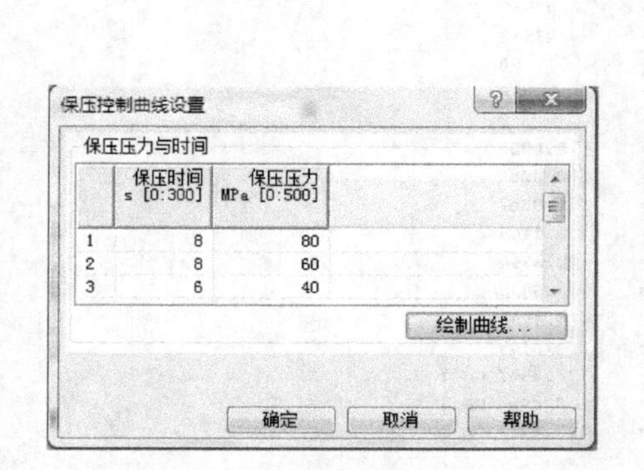

图 8-70　“保压控制曲线设置”对话框

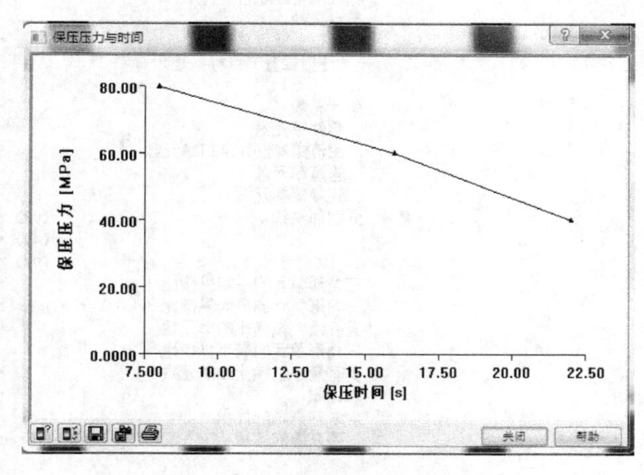

图 8-71　“保压压力与时间”曲线

（3）单击“确定”按钮，关闭“工艺设置向导-填充+保压设置”对话框。

6. 进行分析

执行菜单命令“分析”→“开始分析！”，程序开始分析计算。

在分析计算过程中，分析日志显示充填时间、压力等信息，运行完成后输出的信息包括以下几种。

（1）成型工艺参数设置，如图 8-72 所示。

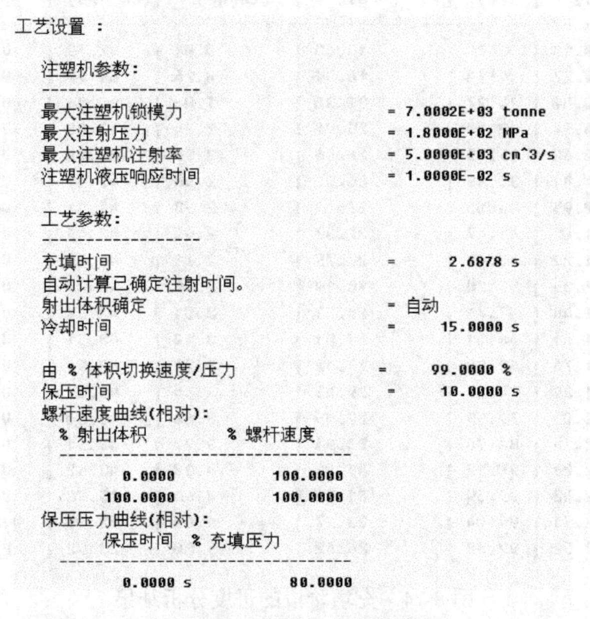

```
工艺设置 :

  注塑机参数:
  -------------------
  最大注塑机锁模力                  = 7.0002E+03 tonne
  最大注射压力                      = 1.8000E+02 MPa
  最大注塑机注射率                  = 5.0000E+03 cm^3/s
  注塑机液压响应时间                = 1.0000E-02 s

  工艺参数:
  -------------------
  充填时间                          =      2.6878 s
  自动计算已确定注射时间。
  射出体积确定                      = 自动
  冷却时间                          =     15.0000 s

  由 % 体积切换速度/压力            =     99.0000 %
  保压时间                          =     10.0000 s
  螺杆速度曲线(相对):
    % 射出体积          % 螺杆速度
  ----------------------------------
        0.0000           100.0000
      100.0000           100.0000
  保压压力曲线(相对):
        保压时间   % 充填压力
  ----------------------------------
        0.0000 s          80.0000
```

图 8-72　成型工艺参数设置

（2）模型细节信息，如图 8-73 所示。

```
模型细节 :

  网格类型                                  = 双层面

  网格匹配百分比                            =  78.5 %

  相互网格匹配百分比                        =  78.0 %
  节点总数                                  =      23909
  注射位置节点总数                          =          1
     注射位置节点标签是:
                                                            23706
  单元总数                                  =      47562
    零件单元数                              =      47512
    主流道/流道/浇口单元数                  =         50
    管道单元数                              =          0
    连接器单元数                            =          0
  分型面法线                           (dx) =     0.0000
                                       (dy) =     0.0000
                                       (dz) =     1.0000
  三角形单元的平均纵横比                    =     2.1165
  三角形单元的最大纵横比                    =    13.8394
  具有最大纵横比的单元数                    =      38838
  三角形单元的最小纵横比                    =     1.1562
  具有最小纵横比的单元数                    =      10164
  总体积                                    =   117.0447 cm^3
    最初充填的体积                          =     0.0000 cm^3
    要充填的体积                            =   117.0447 cm^3
```

图 8-73　模型细节信息

（3）充填阶段的进度分析结果，如图 8-74 所示。从图中可以看出，充填时间为 2.52s，在型腔 99%被充满的时候 V/P 发生切换，此时的压力为 33.27MPa，根据保压曲线的设置，保压压力为 26.62MPa。

充填阶段:　　　状态: V = 速度控制
　　　　　　　　　　　P = 压力控制
　　　　　　　　　　　V/P= 速度/压力切换

时间 (s)	体积 (%)	压力 (MPa)	锁模力 (tonne)	流动速率 (cm^3/s)	状态
0.13	3.68	13.63	0.01	42.79	V
0.27	9.14	16.39	0.26	41.99	V
0.40	14.27	20.20	1.04	40.36	V
0.54	19.48	25.90	2.24	43.33	V
0.68	25.19	26.56	2.39	43.38	V
0.81	30.49	26.90	2.48	43.49	V
0.95	36.03	27.10	2.53	43.51	V
1.08	41.47	27.37	2.60	43.46	V
1.22	47.05	27.75	2.71	43.48	V
1.35	52.28	28.19	2.89	43.48	V
1.48	57.71	28.53	3.01	43.50	V
1.61	63.01	28.81	3.10	43.51	V
1.76	68.98	29.12	3.21	43.51	V
1.89	74.26	29.45	3.34	43.51	V
2.02	79.55	29.95	3.63	43.50	V
2.16	84.96	30.51	3.97	43.51	V
2.28	90.12	31.03	4.30	43.52	V
2.42	95.69	31.56	4.68	43.53	V
2.51	99.04	33.27	6.60	43.06	V/P
2.52	99.38	26.62	5.80	23.52	P

图 8-74　充填阶段的进度分析结果

（4）保压分析过程信息，如图 8-75 所示，保压阶段从 2.72s 开始，直到 27.51s 时保压结束。

保压阶段：

时间 (s)	保压 (%)	压力 (MPa)	锁模力 (tonne)	状态
2.72	0.85	26.62	19.48	P
3.88	5.48	26.62	20.32	P
5.13	10.48	26.62	18.81	P
6.38	15.48	26.62	17.14	P
7.63	20.48	26.62	15.21	P
9.13	26.48	26.62	12.97	P
10.38	31.48	26.62	11.19	P
11.63	36.48	26.62	8.91	P
12.51				压力已释放
12.52	40.05	0.00	6.44	P
12.71	40.82	0.00	2.78	P
14.92	49.64	0.00	0.00	P
17.42	59.64	0.00	0.00	P
19.92	69.64	0.00	0.00	P
22.42	79.64	0.00	0.00	P
24.92	89.64	0.00	0.00	P
27.42	99.64	0.00	0.00	P
27.51	100.00	0.00	0.00	P

图 8-75　保压分析过程信息

（5）推荐的螺杆速度曲线结果，如图 8-76 所示。该结果可以保证熔体流动前沿流速一致，利用给出的优化螺杆推进曲线，可以减少翘曲现象和塑件不均匀的表面应力问题。

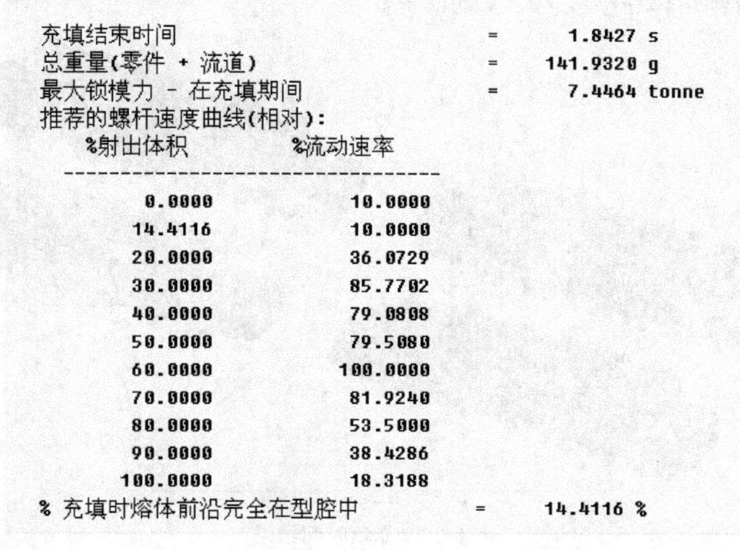

充填阶段结束的结果摘要 ：

充填结束时间 = 1.8427 s
总重量(零件 + 流道) = 141.9320 g
最大锁模力 - 在充填期间 = 7.4464 tonne
推荐的螺杆速度曲线(相对)：

%射出体积	%流动速率
0.0000	10.0000
14.4116	10.0000
20.0000	36.0729
30.0000	85.7702
40.0000	79.0808
50.0000	79.5080
60.0000	100.0000
70.0000	81.9240
80.0000	53.5000
90.0000	38.4286
100.0000	18.3188

% 充填时熔体前沿完全在型腔中 = 14.4116 %

图 8-76　推荐的螺杆速度曲线结果

如图 8-77 所示，有相应的“推荐的螺杆速度：XY 图”。

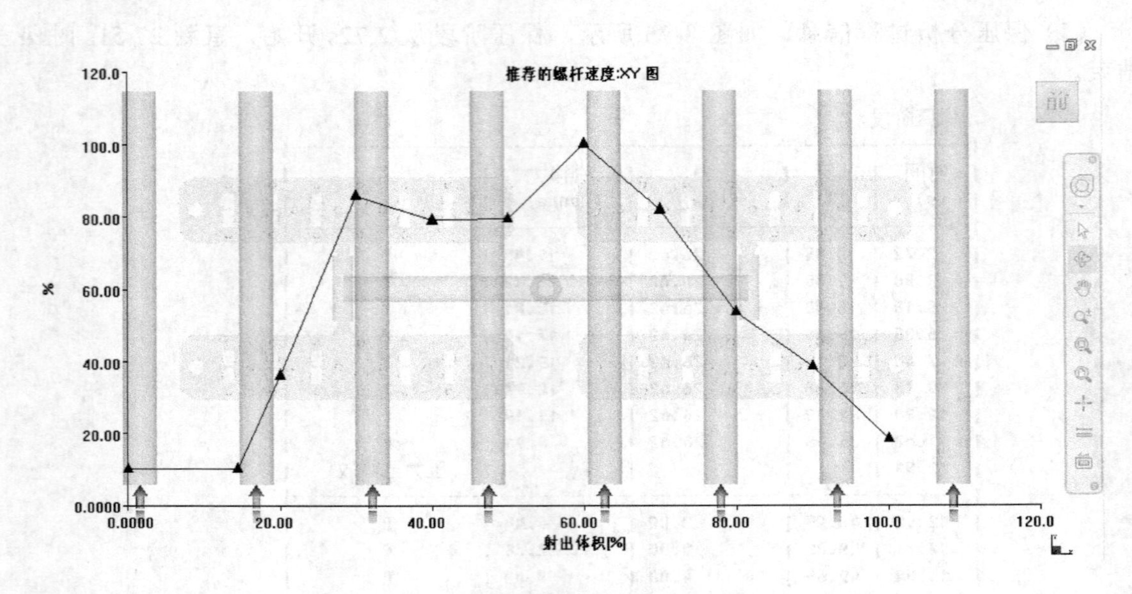

图 8-77 推荐的螺杆速度：XY 图

8.9.2 初始流动分析结果

1. 充填时间

充填时间显示的是熔体流动前沿的扩展情况，其默认绘制方式是阴影图。塑件的充填应该平衡。当制件平衡充模时，制件的各个远端在同一时刻充满。

图 8-78 所示为熔体充满型腔时的结果，从图中可以看出，充填时间为 1.842s。在动态显示中，可以清晰地看到熔体在型腔内的流动情况。

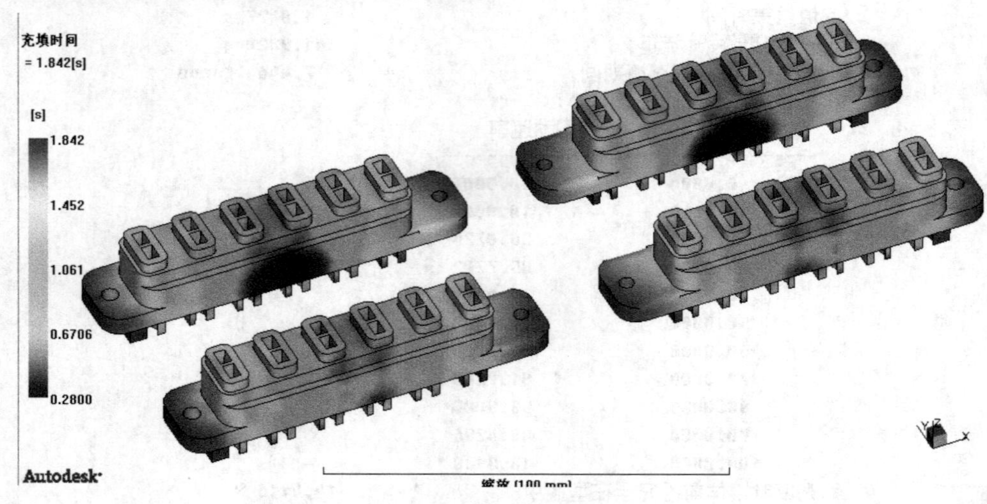

图 8-78 充填时间结果

充填时间结果图也可以使用绘制等值线图的方式，如图 8-79 所示，且等值线的间距应该相等，这表明熔体流动前沿的速度相等，充填时间相等，对大多数分析，充填时间是一个非常重要的关键结果。充填时间在可能的情况下要尽可能缩短，否则会带来一系列的不良结果。

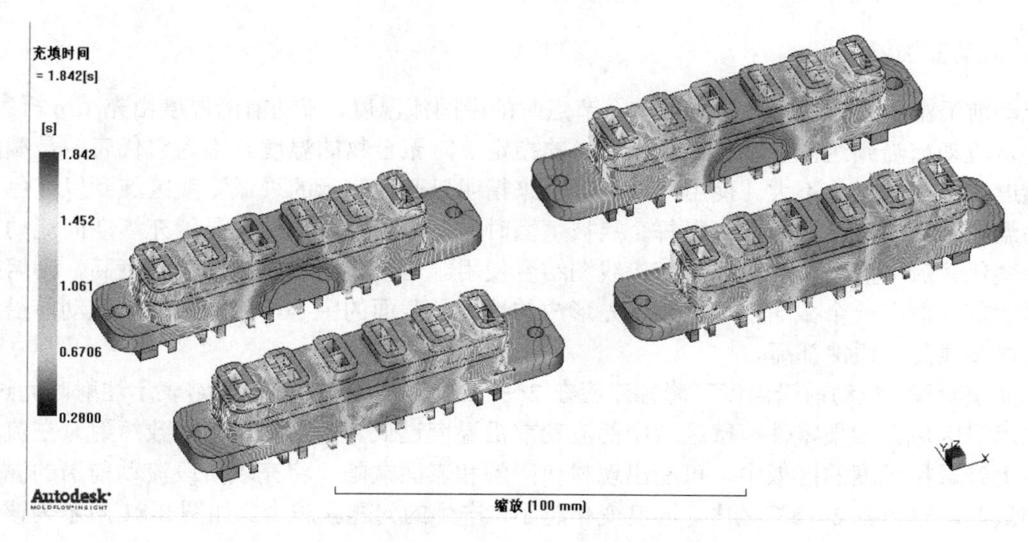

图 8-79　充填时间等值线显示结果

2．速度/压力切换时的压力

速度/压力切换时的压力属于单组数据，该压力图同样是观察制件的压力分布是否平衡的有效工具。通常，速度/压力切换时的压力在整个注塑成型周期中是最高的，此时压力的大小和分布可通过该压力图进行观察。同时，也可以看到在控制转换时制件充填了多少，未充填部分以灰色表示。

在典型的成型机上，标准设置是 99%的充填体积。如果发生切换的时间较早，则应查找短射，或者检查在设置速度/压力切换点时是否考虑了材料的可压缩性。

如图 8-80 所示为该模型流动分析的速度/压力切换时的压力结果。通常，速度/压力切换时的压力在整个注塑成型周期中是最高的，此时压力的大小和分布可通过该压力图进行观察。

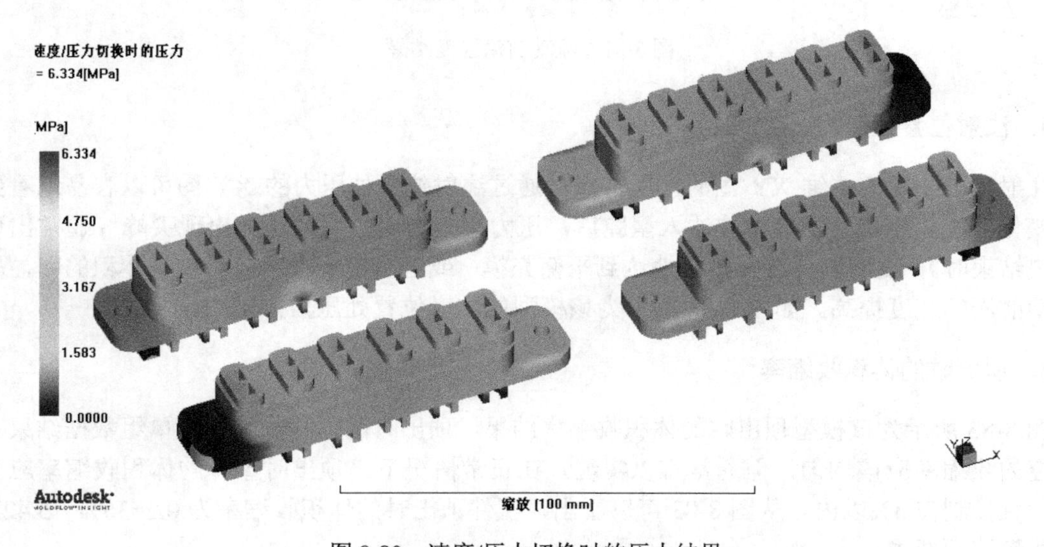

图 8-80　速度/压力切换时的压力结果

3．流动前沿温度

流动前沿温度是聚合物熔体充填一个节点时的中间流温度。流动前沿温度由充填分析生成，显示的是流动前沿到达位于塑料横截面中心的指定点时聚合物的温度。因为它代表的是截面中心的温度，因此其变化不大。使用一系列颜色来指明以蓝色表示的最低温度区域到以红色表示的最高温度区域的范围。颜色代表每个点被填满时的材料温度。该结果显示充填期间流动前沿的温度变化。流动前沿温度图可与熔接线图结合使用。熔接线形成时熔体的温度高，则熔接线的质量就好。而在一个截面内熔接线首先形成的地方是截面的中心，因此，如果流动前沿的温度高，熔接线强度通常都高。

在充填阶段，流动前沿温度下降幅度应在 2～5℃。较大幅度的变化通常表示注射时间过短，或存在迟滞区域。如果零件薄壁区域中的流动前沿温度过低，则迟滞可能导致短射。在流动前沿温度上升数摄氏度的区域中，可能出现材料降解和表面缺陷。将充填阶段流动前沿的温度变化降到最低，控制在 2～5℃之内。温度变化越小，产生的问题就越少。如图 8-81 所示为该模型流动分析流动前沿温度结果。

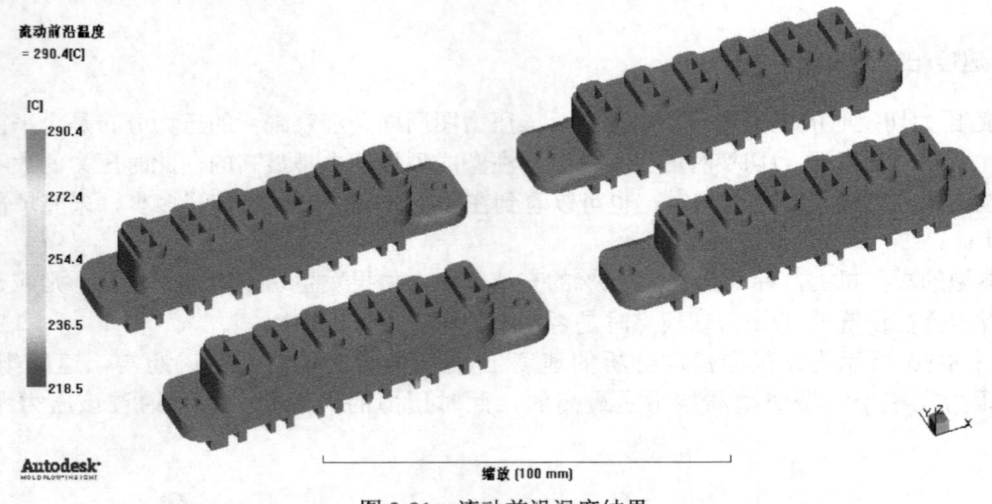

图 8-81　流动前沿温度结果

4．注射位置处压力：XY 图

注射节点是观察二维 XY 图的常用节点。通过注射位置处压力的 XY 图可以容易地看到压力的变化情况。当聚合物熔体被注入型腔后，压力持续增高。假如压力出现尖峰（通常出现在充模快结束时），表明制件没有很好地达到平衡充模，或者是由于流动前沿物料体积的明显减小使流动前沿的速度提高。如图 8-82 所示为该模型的注射位置处压力：XY 图。

5．顶出时的体积收缩率

图 8-83 所示为该模型顶出时的体积收缩率结果。顶出时的体积收缩率是单组数据结果。整个型腔的收缩率应该均匀，但通常难以实现，在正常情况下，顶出时塑件的体积收缩率应分布均匀，且控制在 3%以内。从图 8-83 可以看出，塑件顶出时的体积收缩率为 0.2536%～5.425%，没有达到这项要求。

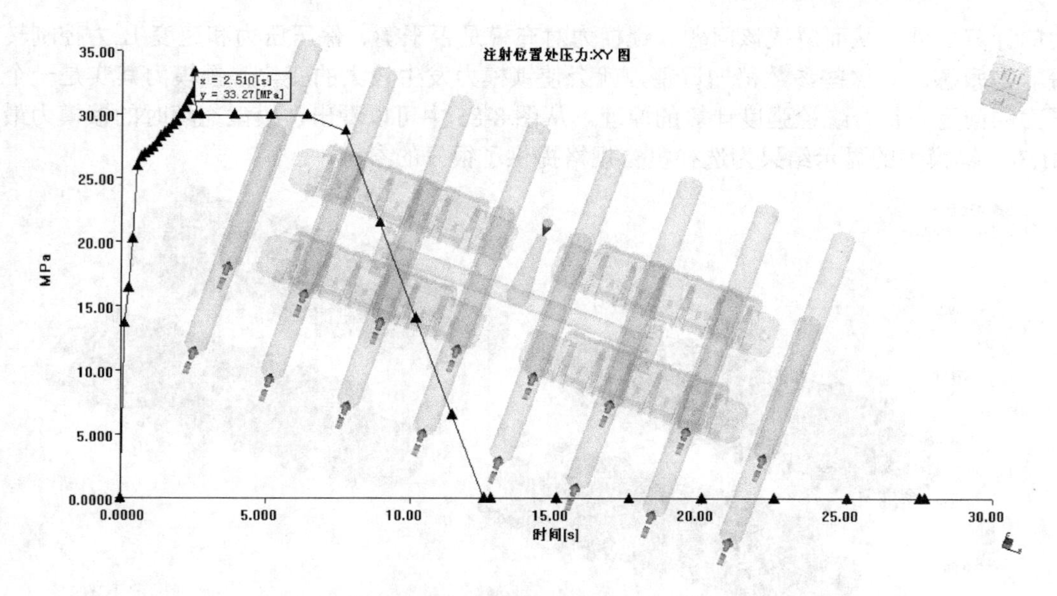

图 8-82　注射位置处压力：XY 图

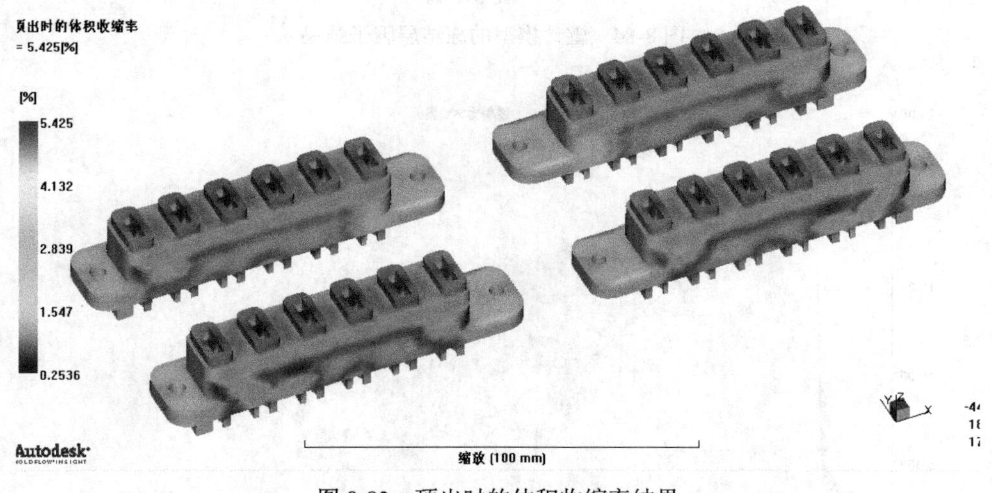

图 8-83　顶出时的体积收缩率结果

6．冻结层因子

冻结层因子用于查看制品和浇口凝固的先后顺序及凝固时间，因此可以根据显示结果设置保压。如图 8-84 所示为该模型浇口的冻结层因子结果。通过单击动画演示按钮，以动画的形式演示塑件模型和浇口中的冷凝层随时间变化的过程，从而找出浇口的冻结时间，作为修改保压时间的参考。

7．锁模力：XY 图

锁模力：XY 图表示锁模力随时间而变化的情况。计算锁模力时把 XY 平面作为分型面，锁模力要根据每个单元在 XY 平面上的投影面积和单元内的压力进行计算。当使用表面模型时，考虑的是相互匹配的单元组，因此锁模力没有重复计算。但是，如果制品的几何结构在 XY 平面上的投影有重叠，锁模力的预测将会偏大。可以设置属性，将投影发生重叠的单元排除在锁模力的计算之外，从而解决该问题。锁模力对充模是否平衡、保压压力和速度/压力控制转换时间等非常敏感。对这些参数稍加调整，就会使锁模力发生较大的变化。锁模力其实是一个残余预紧力的问题，符合螺栓强度计算的原理。从图 8-85 中可以看出，模型充填时的锁模力最大值为 21.3t，锁模力的显示结果为选择机台规格提供了很好的参考。

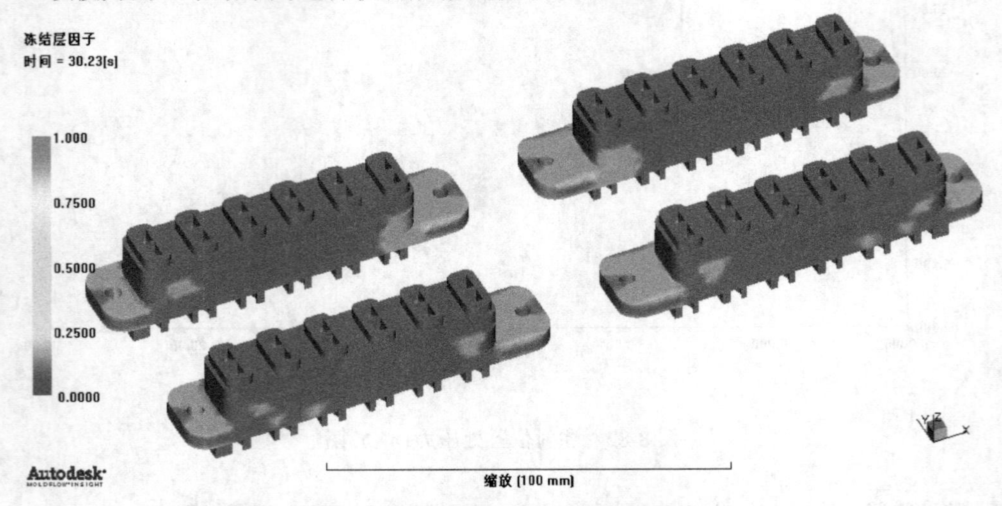

图 8-84　塑件模型的冻结层因子结果

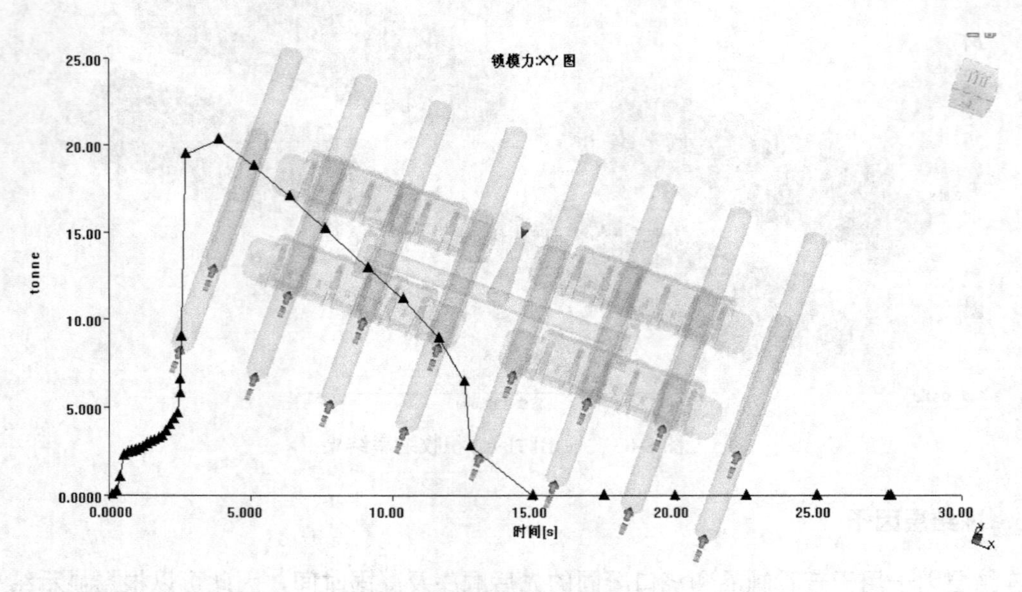

图 8-85　锁模力：XY 图

8．压力

有几种不同的压力图，每种以不同的方式显示制件的压力分布。所有压力图显示的都是制件某个位置（一个节点）或某一时刻的压力。

使用的最大压力应低于注射机的压力极限，很多注射机的压力极限为 140MPa。模具的设计压力极限最好为 100MPa 左右。如果所用注塑机的压力极限高于 140MPa，则设计极限可相应增大。模具的设计压力极限应大约为注射机极限的 80%。假如分析没有包括浇注系统，则设计压力极限应为注射机极限的 50%。

8.10 冷却分析简介

当浇口内的塑料已经冻结后，继续保压已不起作用，因此可以卸除柱塞或螺杆对料筒内塑料熔体的压力，并为下一次注射重新进行塑化。同时通入冷却水、油或空气等冷却介质，对模具进行进一步的冷却，这一阶段称为浇口冻结后的冷却。实际上，冷却过程从塑料注入型腔就开始了，它包括从充模完成、保压到脱模前的这一段时间。

如果冷却过急或模具与熔体接触的各个部分温度不同，或者冷却不均匀，就会导致收缩不均匀，所得塑件就会产生内应力。即使冷却均匀，塑料熔体在冷却的过程中通过玻璃化温度的速率还可能快于分子构象转变的速率，这样，塑件中也可能出现因分子构象不均匀所引起的内应力。

为了调节型腔的温度，需在模具内开设冷却系统，通过模温调节机调节冷却介质的温度。在模具中设置温度调节系统的目的，就是要通过控制模具温度，使模塑成型具有良好的产品质量和较高的生产率。模具温度的调节是指对模具进行冷却或加热，必要时两者兼有，从而达到控制模温的目的。

1）模具温度对塑料制件质量的影响

模具温度及其波动对塑料制件的收缩率、尺寸稳定性、力学性能、变形、应力开裂和表面质量等均有影响。模具温度过低，熔体流动性差，制件轮廓不清晰，甚至充不满型腔或形成熔接痕，制件表面不光泽，缺陷多，力学性能低。对于热固性塑料，模温过低造成固化程度不足，降低塑件的物理、化学和力学性能；对于热塑性塑料，注射成型时在模温过低且充模速度又不高的情况下，制件内应力增大，易引起翘曲变形或应力开裂，尤其是黏度大的工程塑料。模温过高，成型收缩率大，脱模和脱模后制件变形大，易造成溢料和黏模。模具温度波动较大时，型芯和型腔温差大，制件收缩不均匀，导致制件翘曲变形，影响制件的形状及尺寸精度。

2）模具温度对模塑成型周期的影响

缩短模塑成型周期就是提高模塑效率。缩短模塑成型周期关键在于缩短冷却硬化时间，而缩短冷却时间，可通过调节塑料和模具的温差实现。因而在保证制件质量和成型工艺顺利进行的前提下，降低模具温度有利于缩短冷却时间，提高生产效率。

模具冷却装置的设计与使用的冷却介质、冷却方法有关。模具可以用水、压缩空气和冷凝水冷却，但用水冷却最为普遍，因为水的热容量大，传热系数大，成本低廉。所谓水冷，即在模具型腔周围和型芯内开设冷却水回路，使水或者冷凝水在其中循环，带走热量，维持所需的温度。冷却回路的设计应做到回路系统内流动的介质能充分吸收成型塑件所传导的热量，使模具成型表面的温度稳定地保持在所需的温度范围内，而且要做到使冷却介质在回路系统内流动畅通，无滞留部位。

在进行模具的冷却系统设计时，需要确定以下设计参数：冷却管道位置、冷却管道尺寸、冷却管道类型、冷却管道的布局与连接、冷却管道长度、冷却介质的流动速率。

8.11 冷却分析工艺条件设置

冷却分析用来判断冷却系统的冷却效果，用户可根据模拟结果的冷却时间来确定成型周期，也可通过冷却分析来优化冷却管的布局和冷却系统的设置，缩短成型周期，提高生产率，降低生产成本。在冷却分析前，用户需要设置冷却分析工艺参数。对于冷却分析，用户除了需要设置模具表面温度和熔体温度外，还需要设置开模时间等参数。

双击任务视窗中的“充填”按钮，系统会弹出“选择分析序列”对话框，如图 8-86 所示。选择“冷却”，单击“确定”按钮。

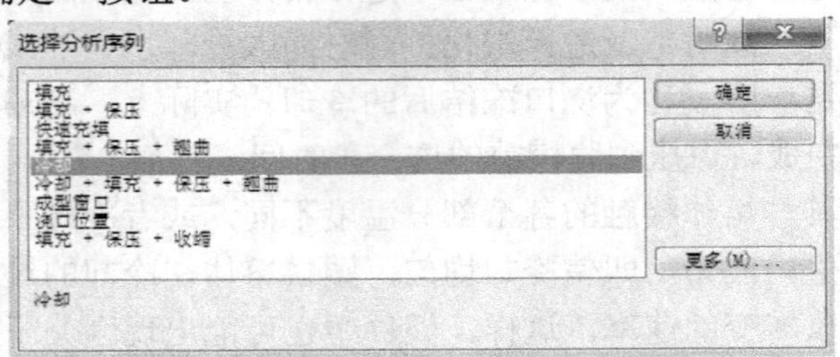

图 8-86　“选择分析序列”对话框

双击任务视窗中的“工艺设置”按钮，或执行菜单命令“分析”→“工艺设置向导”，弹出“工艺设置向导-冷却设置”对话框，如图 8-87 所示。

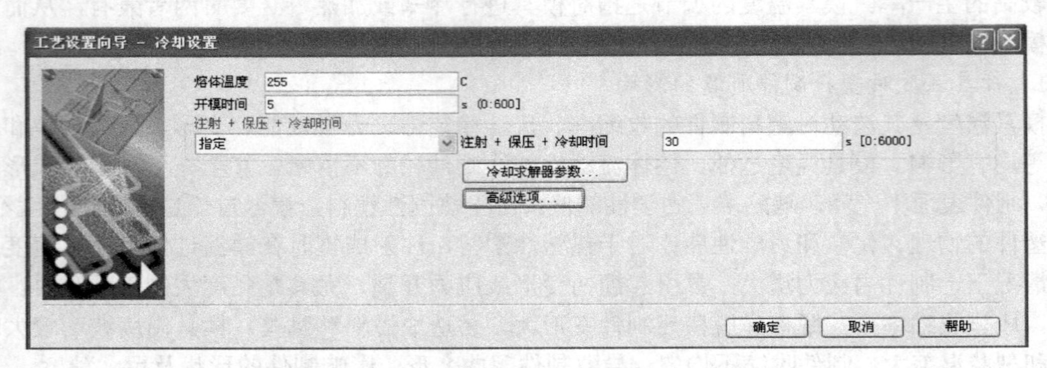

图 8-87　“工艺设置向导-冷却设置”对话框

该对话框中的“熔体温度”的设置方法与充填分析一致。

“开模时间”是指从打开模具以顶出成型零件开始，到关闭模具以便螺杆能够开始前移以进行注射为止的时间。在这段时间中，塑件和模具之间没有热传递，但是在模具与冷却水道之间有热传递，通常采用默认设置。

冷却分析最重要的参数设置为“注射+保压+冷却时间”，冷却分析中使用这个值来定义模具和塑料熔体的接触时间，以及塑件的成型周期减去模具开模的时间。充填、保压和冷却的时间各为多少并不重要，冷却分析只需要用户定义这 3 个时间的总和。在该下拉菜单中共有两个选项。

1．指定

选择“指定”，用户需要在右侧的文本框中设定时间值，冷却分析根据这个时间来分析冷却分析的结果。

单击“冷却求解器参数”按钮，弹出如图 8-88 所示的对话框。

（1）模具温度收敛公差：收敛公差用来表示从一次迭代到下一次迭代期间函数值变化的百分比，也可用于确定解的收敛时间。通常不需要改变默认值。

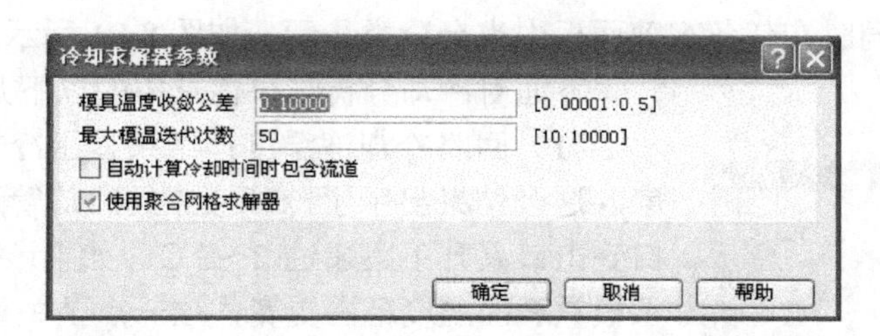

图 8-88 “冷却求解器参数”对话框

（2）最大模温迭代次数：系统求解模具温度联立方程需要的迭代次数。直到迭代次数超过了设定值或者系统计算出错，否则系统会继续进行迭代计算。为待尝试的分析选择最大模具温度迭代次数。通常不需要改变默认值。

2．自动

系统自动计算“注射+保压+冷却时间”，单击右侧的“编辑顶出条件”按钮，弹出“目标零件顶出条件”对话框，其中包含“模具表面温度”、“顶出温度”和“顶出温度最小零件百分比”3 个选项，在其右侧的相应文本框中对参数进行设置，如图 8-89 所示。

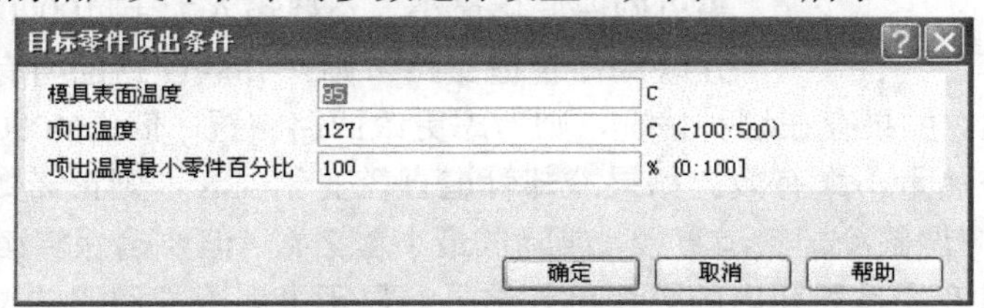

图 8-89 “目标零件顶出条件”对话框

在图 8-87 中单击“高级选项”按钮，弹出“冷却分析高级选项”对话框，其中包括“成型材料”、“工艺控制器”、“模具材料”、“求解器参数”相关选项的详细设置，如图 8-90 所示。

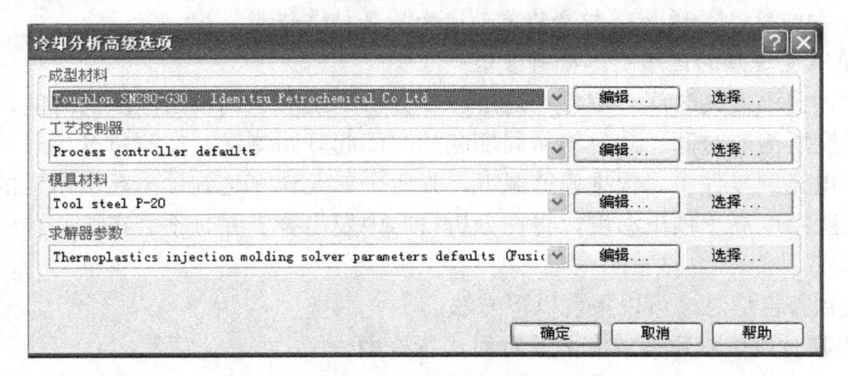

图 8-90 “冷却分析高级选项”对话框

8.12 冷却分析结果

执行菜单命令“分析”→“开始分析!”，求解器开始分析计算。在分析计算过程中，分析日志中显示了充填时间、压力等信息。在完成冷却分析后，冷却分析结果会以文字、图形、动画等方式显示出来，同时在任务视窗面板中也会分类显示，如图 8-91 所示。

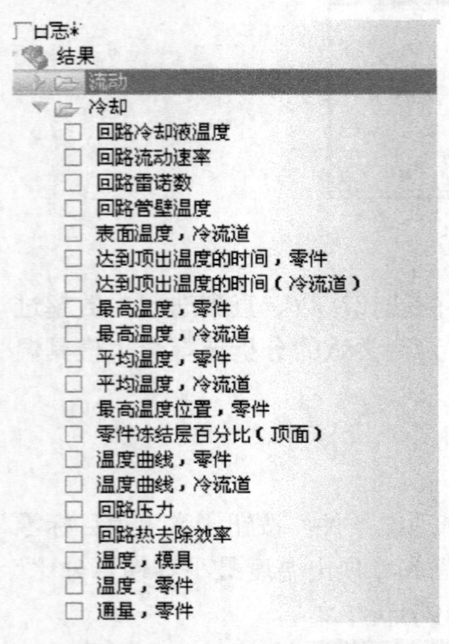

图 8-91　冷却分析结果信息

下面对冷却分析结果信息中的以下几项进行简单介绍。

（1）回路冷却液温度：结果显示冷却回路内冷却液的温度。这个结果显示了冷却液流经冷却管道时的温度变化，入口到出口温升不应超过 2～3℃。如果该值比较高，则可能表示模具表面温度范围更宽，这一点至关重要。

（2）回路流动速率：结果显示冷却回路内冷却液的流动速率。将此结果与回路雷诺数结果结合使用，可确定是否能达到获得湍流冷却液流动所需的流动速率。在排热时，流动速率本身并不是主要因素，但它应该是达到必需雷诺数所需的最小值。串联回路的流动速率是恒定的，但并联回路不是。

（3）回路雷诺数：显示冷却回路中冷却液的雷诺数。达到湍流后，流动速率的增加对排热的速率影响甚微；因此，流动速率应该设置为以最小的变化达到理想的雷诺数。如果输入最小雷诺数，请使用 10000 作为最小值，然后检查该结果以确保变化最小。不要输入大于 10000 的雷诺数。如果有并联冷却管道回路，则在并联回路的所有分支中可能很难实现最小的雷诺数变化。如果存在这种情况，则考虑更改回路布置。低于 4000 的雷诺数可能是层流，这对于散除型腔热量不太有效。如果冷却管道直径变化很大，则雷诺数可能会产生极度变化。在这种情况下，应调整冷却管道直径，或降低最小雷诺数（但要确保雷诺数始终大于 4000）。

（4）回路管壁温度：是周期内的平均单元结果，显示金属冷却回路的温度。温度应该均匀分布在冷却回路上。温度将在回路接近零件处增加，并且这些较热的区域也会加热冷却液。温度不应该超过入口温度 5℃。如果这些区域的回路温度过高，应考虑以下解决方案。

- 增加冷却液的流动速率；
- 增大冷却回路，并增加冷却液的流动速率来保持雷诺数；
- 在管壁温度过热的区域增加冷却管道。

（5）达到顶出温度的时间，零件：通过冷却分析产生的达到顶出温度的时间，零件结果显示达到顶出温度所需的时间，此时间从周期起始时间起开始测量。在测量开始时，假设材料在其熔体温度下填充到零件中。根据模壁温度，为每个单元计算达到顶出温度所需的时间。如果特定单元的模壁温度高于顶出温度，将在分析日志中发出警告并且不会在这些单元上写入任何结果。

为避免收到警告信息，可以采取以下方法：

- 增加周期时间，以便可以有更多时间进行冷却；
- 如果已设计冷却回路，则降低冷却液温度；
- 将冷却回路放置在单元未冻结的区域中。

（6）最高温度，零件：基于周期平均模具表面温度（“温度，零件（顶面）”和“温度，零件（底面）”结果）并且在冷却时间结束时计算的“最高温度，零件”结果显示了零件中的最高温度。使用“最高温度，零件”结果图来检查冷却结束时聚合物熔体温度是否低于材料的顶出温度，只有这样零件才能被成功顶出。

（7）平均温度，零件：是在冷却时间结束时计算的温度曲线在整个零件厚度中的平均温度。该曲线以周期（包括开、合模时间）的平均模具表面温度为基础。平均温度应该大约为优化模具的目标模具温度和顶出温度的一半。零件不同区域的平均温度的变化应很小。平均温度高的区域可能为零件的较厚区域或冷却效果不佳的区域。考虑在这些区域附近添加冷却管道。

（8）温度曲线，零件：在冷却分析结束时生成，显示了零件从顶面到底面的温度分布。该结果可与“填充末端冻结层因子”结果结合使用。单击下拉菜单“结果”选项卡→“图形”面板→“新建图”，然后以“XY 图”形式创建“温度曲线，零件”结果。显示图形并在零件上单击光标后，将在图上对所选单元曲线进行更新。周期时间很长时，整个厚度的温度变化不大。当所选的单元位于零件的最热区域时，表明周期时间最佳。X 轴上零值处对应的温度最高时，曲线上的最高温度接近顶出温度。

8.13　冷却分析应用实例

还是以电刷盒模型为例，来演示冷却分析的过程，并对分析结果进行解释。

8.13.1　初始冷却分析方案

1．打开工程

（1）启动 Moldflow 软件。

（2）双击“打开工程”按钮，在打开的对话框中选择“电刷盒”文件，单击“打开”按钮，在工程管理视窗中显示名为“电刷盒”的工程。

（3）双击“电刷盒”工程图标，在模型显示窗口中显示电刷盒模型。

2．选择分析序列

双击任务视窗中的“充填”按钮，打开如图 8-92 所示的对话框。选择“冷却”，单击“确定”按钮，任务视窗如图 8-93 所示。

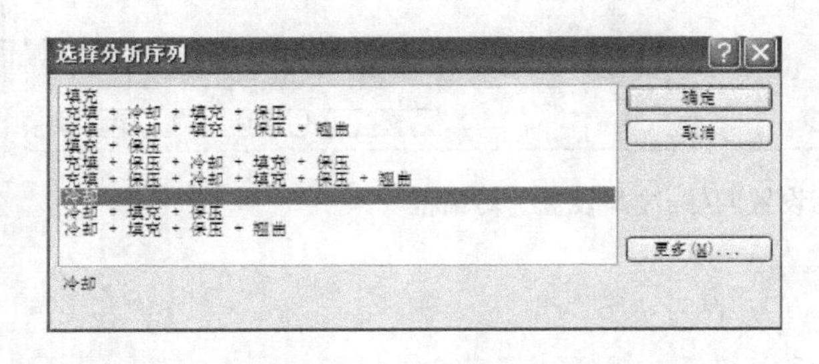

图 8-92　“选择分析序列”对话框

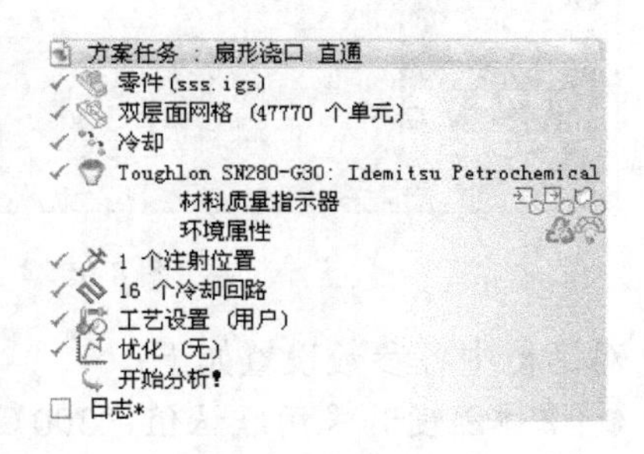

图 8-93　任务视窗

3．选择材料

选择的材料为 Toughlon SN280-G30：Idemitsu Petrochemical Co Ltd。

4．设置注射位置

在图 8-94 中双击任务视窗中的“设置注射位置”按钮，单击主流道入口点，完成注射位置的设定。

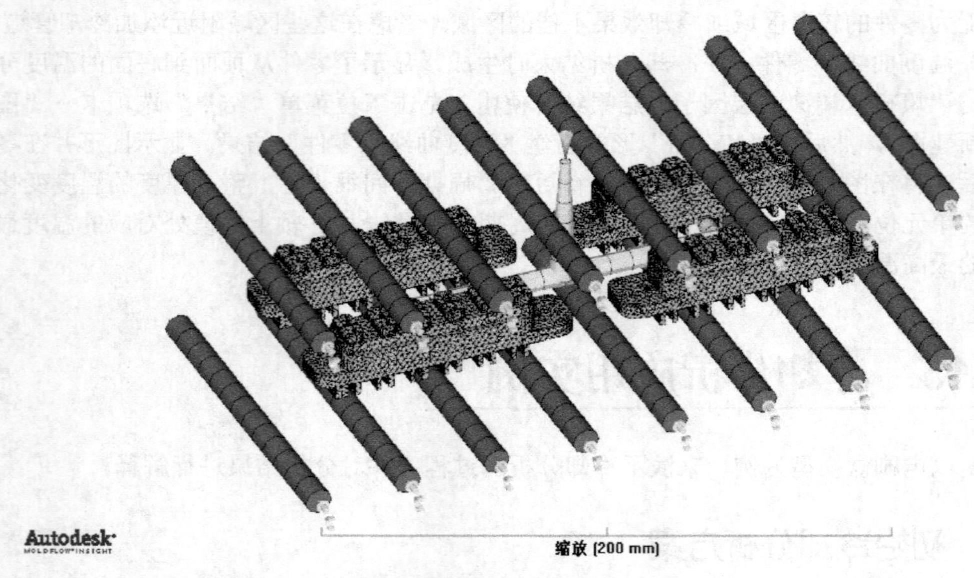

图 8-94　设置注射点位置

5. 设置工艺参数

（1）双击任务视窗中的“工艺设置（默认）”按钮，弹出“工艺设置向导-冷却设置”对话框，如图 8-95 所示。

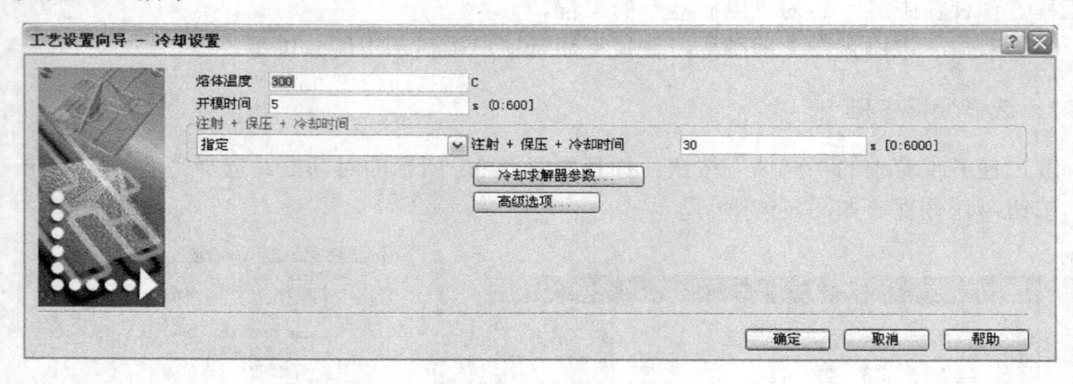

图 8-95　“工艺设置向导-冷却设置”对话框

对话框中各参数设置如下：

- 熔体温度：采用默认值“300℃”；
- 注射+保压+冷却时间：采用默认值“30s”。

（2）单击“确定”按钮，完成冷却工艺参数设置。

6. 进行分析

执行菜单命令“分析”→“开始分析！”，求解器开始分析计算。

通过分析计算的分析日志，可以看到冷却分析过程信息，包括：冷却管道温差、塑件温度、推荐冷却时间、警告信息等。

（1）警告信息如图 8-96 所示。警告信息的内容为 47556～47574 的长径比很差。警告信息对冷却分析结果不影响。

```
** 警告 701360 ** 柱体单元    47556 具有非常差的长径比
** 警告 701360 ** 柱体单元    47564 具有非常差的长径比
** 警告 701360 ** 柱体单元    47565 具有非常差的长径比
** 警告 701360 ** 柱体单元    47573 具有非常差的长径比
** 警告 701360 ** 柱体单元    47574 具有非常差的长径比
** 错误 701380 ** 模型中已发出警告。
                  网格质量可能很差。
```

图 8-96　警告信息

（2）冷却过程信息如图 8-97 所示。

现在开始任务: Input mold model
当前时间是: Thu Apr 26 10:23:21 2012
正在执行冷却网格分析

进水口节点	流动速率进/出 (lit/min)	雷诺数范围	压力降超回路 (MPa)	泵送功率超过回路 (kW)
23750	4.23	10000.0 - 10000.0	0.0008	5.516E-05
23819	4.23	10000.0 - 10000.0	0.0008	5.516E-05
23833	4.23	10000.0 - 10000.0	0.0008	5.516E-05
23847	4.23	10000.0 - 10000.0	0.0008	5.516E-05
23861	4.23	10000.0 - 10000.0	0.0008	5.516E-05
23875	4.23	10000.0 - 10000.0	0.0008	5.516E-05
23889	4.23	10000.0 - 10000.0	0.0008	5.516E-05
23777	4.23	10000.0 - 10000.0	0.0008	5.516E-05
23805	4.23	10000.0 - 10000.0	0.0008	5.516E-05
23973	4.23	10000.0 - 10000.0	0.0008	5.516E-05
23959	4.23	10000.0 - 10000.0	0.0008	5.516E-05
23945	4.23	10000.0 - 10000.0	0.0008	5.516E-05

图 8-97　冷却过程信息

（3）型腔温度结果信息及计算时间如图 8-98 所示。

```
======================================
型腔表面温度 - 最大值                    =  79.9110 C
型腔表面温度 - 最小值                    =  29.7280 C
型腔表面温度 - 平均值                    =  45.7170 C
平均模具外部温度                         =  25.8290 C
周期时间                                 =  35.0000 s

执行时间
   分析开始时间        Thu Apr 26 10:14:15 2012
   分析完成时间        Thu Apr 26 13:54:11 2012
   使用的 CPU 时间          3460.13 s
```

图 8-98　型腔温度结果信息及计算时间

8.13.2　初始冷却分析结果

1）回路冷却液温度

如图 8-99 所示为回路冷却液温度结果。从图中可以看出，冷却介质温差为 0.07℃，符合要求。

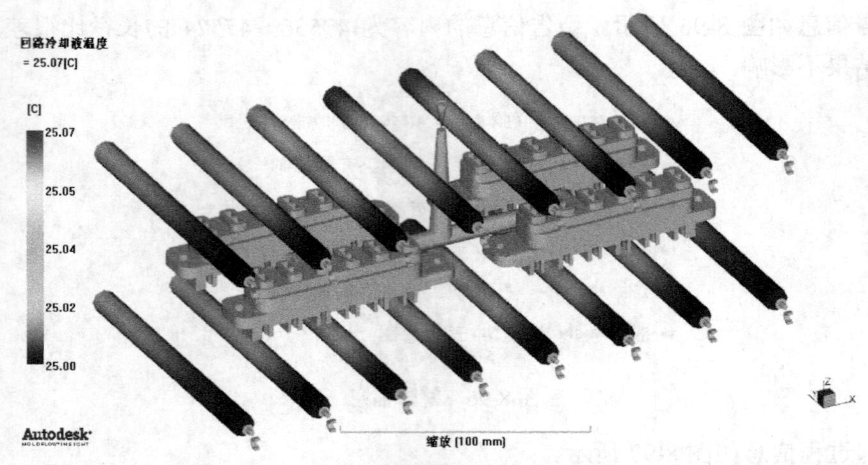

图 8-99 回路冷却液温度结果

2）回路流动速率

如图 8-100 所示为回路流动速率结果。从图中可以看出，本实例的回路流动速率为 4.234L/min。

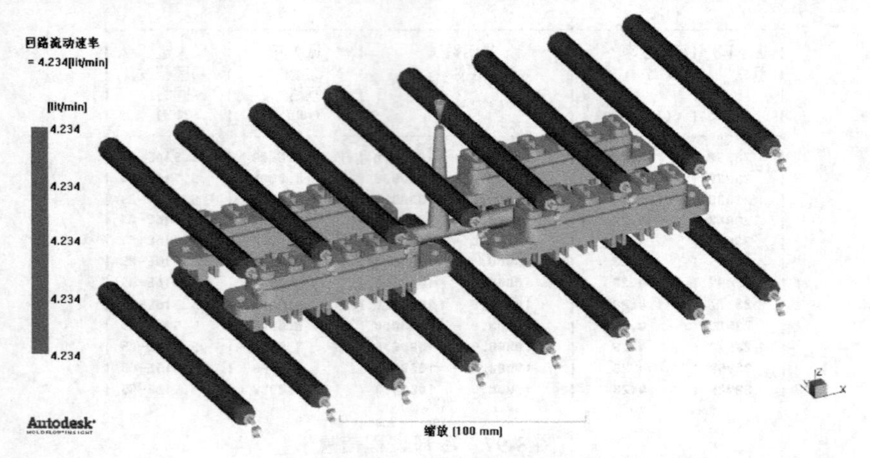

图 8-100 回路流动速率结果

3）回路雷诺数

如图 8-101 所示为回路雷诺数结果。从图中可以看出，回路雷诺数为 10000。

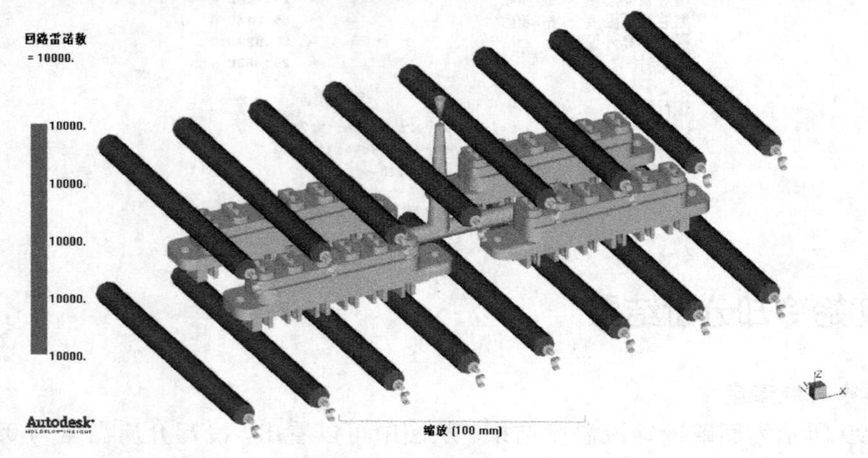

图 8-101 回路雷诺数结果

4）回路管壁温度

如图 8-102 所示为回路管壁温度结果。从图中可以看出，本实例分析的回路管壁温度比冷却液入口温度高，为2.15℃，小于5℃，符合要求。

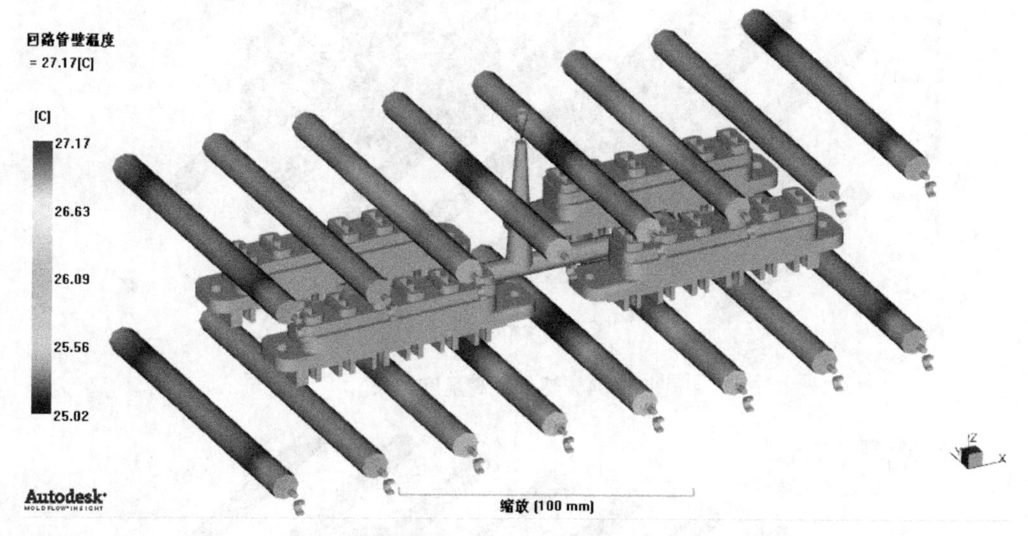

图 8-102　回路管壁温度结果

5）达到顶出温度的塑件时间

如图 8-103 所示为达到顶出温度的塑件时间结果。从图中可以看出，本实例分析的达到顶出温度的塑件时间为 56.53s。

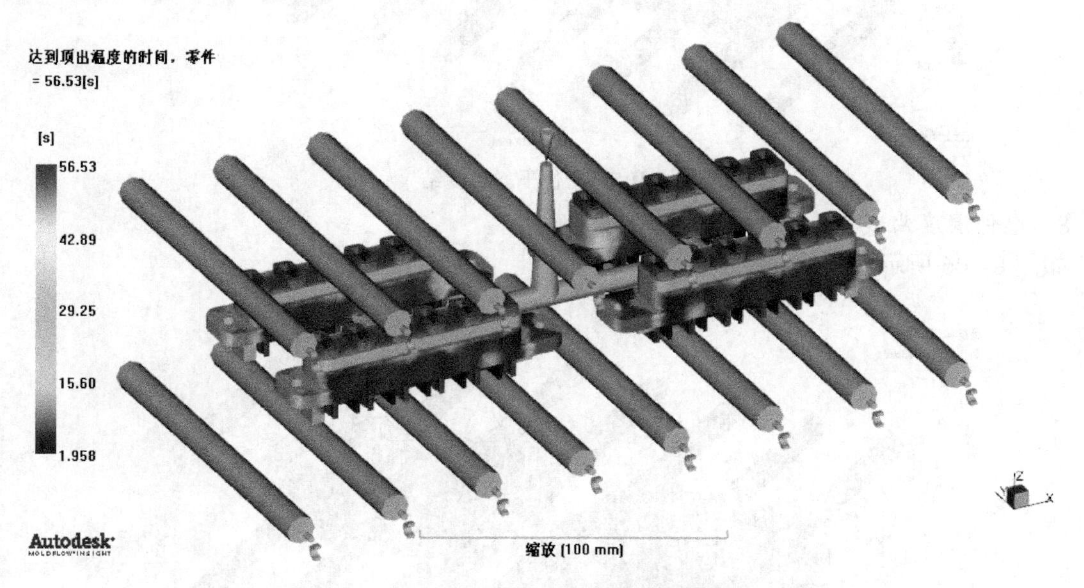

图 8-103　达到顶出温度的塑件时间结果

6）塑件最高温度

如图 8-104 所示为塑件最高温度结果。从图中可以看出，塑件最高温度为 195.7℃。

7）塑件平均温度

如图 8-105 所示为塑件平均温度结果。从图中可以看出，塑件平均温度为 143.1℃。

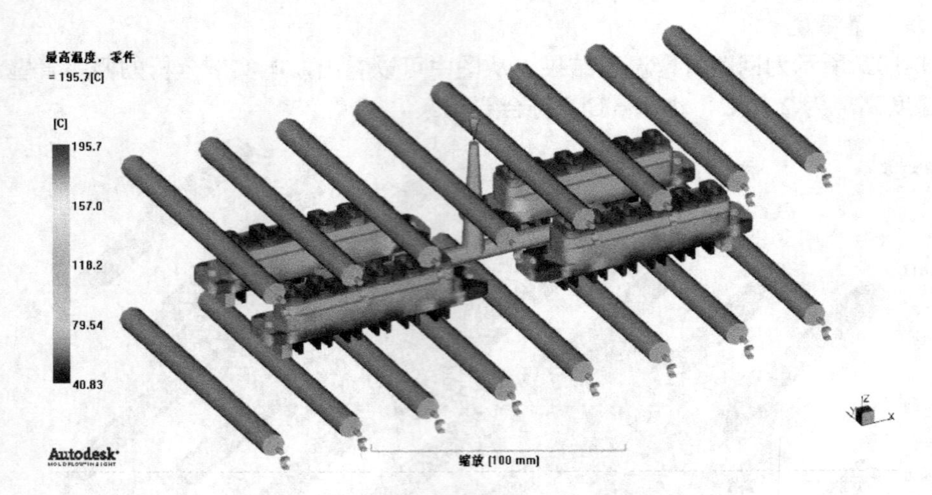

图 8-104 塑件最高温度结果

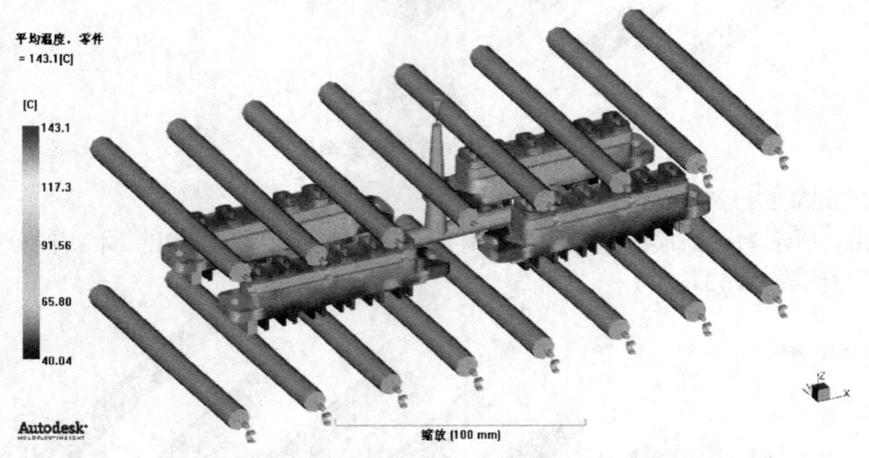

图 8-105 塑件平均温度结果

8）塑件温度曲线

如图 8-106 所示为塑件温度曲线结果。

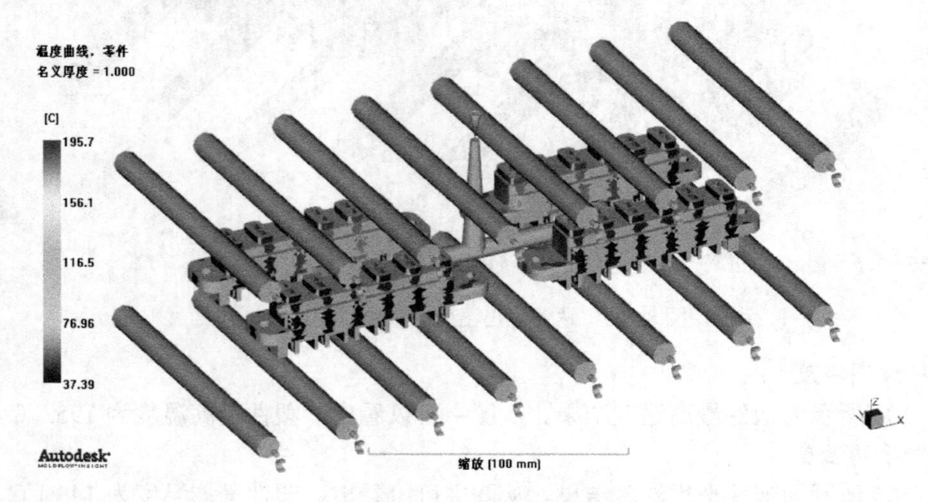

图 8-106 塑件温度曲线结果

9）塑件最高温度位置

如图 8-107（a）所示为塑件上表面最高温度位置结果，图 8-107（b）所示为塑件下表面最高温度位置结果。从图中可以看出，塑件最高温度位置位于塑件的侧边及下表面。

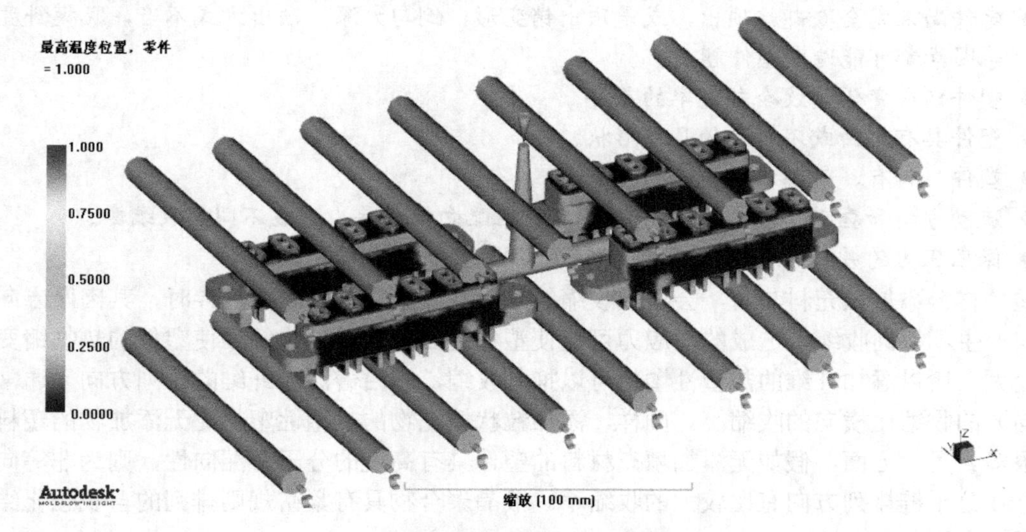

（a）塑件上表面最高温度位置结果

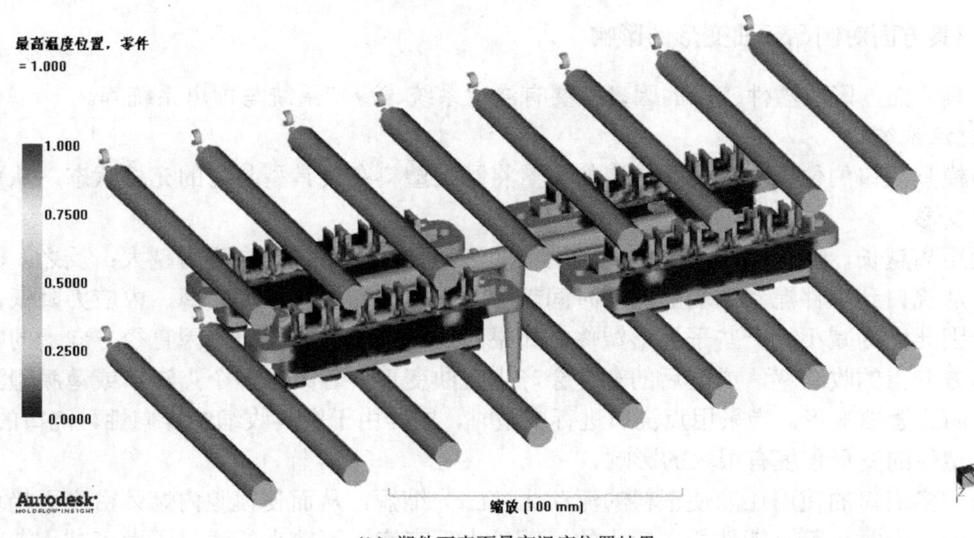

（b）塑件下表面最高温度位置结果

图 8-107　塑件最高温度位置结果

8.14　翘曲分析

翘曲（warpage）是塑件未按照设计的形状成型，却发生表面的扭曲，塑件翘曲是由于成型塑件的不均匀收缩造成的。它是塑件常见缺陷之一。假如整个塑件有均匀的收缩率，塑件就不会翘曲，而仅仅会缩小尺寸；然而，由于分子链/纤维配向性、模具冷却、塑件设计、模具设计及成型条件等诸多因素的交互影响，要能达到低收缩或均匀收缩是一件非常复杂的工作。

塑件因收缩不均而产生翘曲，收缩率变化的原因包括：

- 塑件内部温度不均匀。
- 塑件凝固时，沿着肉厚方向的压力差异和冷却速率差异。
- 塑件尚未完全冷却就顶出，或是顶出销变形，倒勾太深，顶出方式不当，脱模斜度不当等因素都可能造成塑件翘曲。
- 塑件肉厚变化导致冷却速率的差异。
- 塑件具有弯曲或不对称的几何形状。
- 塑件材料有、无添加填充料的差异。
- 流动方向和垂直于流动方向的分子链/纤维配向性差异，造成不同的收缩率。
- 保压压力的差异（如浇口处过度保压，远离浇口处却保压不足）。

塑件材料添加填充料与否，会造成收缩的差异。当塑件具有收缩差异时，其肉厚方向与流动方向产生不等向收缩，造成的内应力可能使塑件翘曲。由于强化纤维使塑件的热收缩变小和模数变大，所以添加纤维的热塑性塑料可以抑制收缩，它沿着添加纤维的排列方向（通常是流动方向）的收缩比横向的收缩小。同样，添加粒状填充物的热塑性塑料比无添加物的塑料收缩率小很多。另一方面，假如无添加填充材料的塑件具有高度的分子链配向性，则为非等向性收缩，它在分子链排列方向有比较大的收缩率。液晶聚合物具有紧密规则排列的自我强化结构，其收缩倾向于非等向性。

1．模具方面对制品翘曲变形的影响

在模具方面，影响塑件变形的因素主要有浇注系统、冷却系统与顶出系统等。

1）浇注系统

注塑模具浇口的位置、形式和浇口的数量将影响塑料在模具型腔内的充填状态，从而导致塑件产生变形。

流动距离越长，由冻结层与中心流动层之间流动和补缩引起的内应力越大；反之，流动距离越短，从浇口到制件流动末端的流动时间越短，充模时冻结层厚度减薄，内应力降低，翘曲变形也会因此大为减小。一些平板形塑件，如果只使用一个中心浇口，因直径方向上的收缩率大于圆周方向上的收缩率，成型后的塑件会产生扭曲变形；若改用多个点浇口或薄膜型浇口，则可有效防止翘曲变形。当采用点浇口进行成型时，同样由于塑料收缩的异向性，浇口的位置、数量都对塑件的变形程度有很大的影响。

另外，多浇口的使用还能使塑料的流动比（L/t）缩短，从而使模腔内熔体密度更趋均匀，收缩更均匀。同时，整个塑件能在较小的注塑压力下充满。而较小的注射压力可减小塑料的分子取向倾向，降低其内应力，因而可减小塑件的变形。

2）冷却系统

在注射过程中，塑件冷却速度的不均匀也将造成塑件收缩的不均匀，这种收缩差别导致弯曲力矩的产生而使塑件发生翘曲。

图 8-108　温差引起的收缩导致零部件弯曲

如果在注射成型平板形塑件时所用的模具型腔、型芯的温度相差过大，由于贴近冷模腔面的熔体很快冷却下来，而贴近热模腔面的料层则会继续收缩，收缩不均匀将使塑件翘曲，如图 8-108 所示。因此，注塑模的冷却应当注意型腔、型芯的温度趋于平衡，两者的温差不能太大。

除了考虑塑件内、外表面的温度趋于平衡外，还应考虑塑件各侧的温度一致，即模具冷却时要尽量保持型腔、型芯各处温度均匀一致，使塑件各处的冷却速度均衡，从而使各处的收缩更趋均匀，有效地防止变形的产生。因此，模具上冷却水孔的布置至关重要。在管壁至型腔表面距离确定后，应尽可能使冷却水孔之间的距离小，才能保证型腔壁的温度均匀一致。同时，由于冷却介质的温度随冷却水道长度的增加而上升，使模具的型腔、型芯沿水道产生温差，因此，要求每个冷却回路的水道长度小于 2m。在大型模具中应设置数条冷却回路，一条回路的进口位于另一条回路的出口附近。对于长条形塑件，应采用直通型水道。

3）顶出系统

顶出系统的设计也直接影响塑件的变形。如果顶出系统布置不平衡，将造成顶出力的不平衡而使塑件变形。因此，在设计顶出系统时应力求与脱模阻力相平衡。另外，顶出杆的截面积不能太小，以防塑件单位面积受力过大（尤其在脱模温度太高时）而使塑件产生变形。顶杆的布置应尽量靠近脱模阻力大的部位。在不影响塑件质量（包括使用要求、尺寸精度与外观等）的前提下，应尽可能多设顶杆以减小塑件的总体变形。

用软质塑料（如 TPU）来生产深腔薄壁的塑件时，由于脱模阻力较大，而材料又较软，如果完全采用单一的机械顶出方式，将使塑件产生变形，甚至顶穿或产生折叠而造成塑件报废，如改用多元件联合或气（液）压与机械式顶出相结合的方式效果会更好。

2. 塑化阶段对制品翘曲变形的影响

塑化阶段即由玻璃态料粒转化为黏流态熔体的过程。在这个过程中，聚合物的温度在轴向、径向（相对螺杆而言）温差会使塑料产生应力；另外，注射机的注射压力、速率等参数会极大地影响充填时分子的取向程度，进而引起翘曲变形。

3. 充填及冷却阶段对制品翘曲变形的影响

熔融态的塑料在注射压力的作用下充入模具型腔并在型腔内冷却、凝固。此过程是注射成型的关键环节。在这个过程中，温度、压力、速度三者相互耦合作用，对塑件的质量和生产效率均有极大的影响。较高的压力和流速会产生高剪切速率，从而引起平行于流动方向和垂直于流动方向的分子取向的差异，同时产生"冻结效应"。"冻结效应"将产生冻结应力，形成塑件的内应力。温度对翘曲变形的影响体现在以下几个方面：

- 塑件上、下表面温差会引起热应力和热变形；
- 塑件不同区域之间的温差将引起不同区域间的不均匀收缩；
- 不同的温度状态会影响塑件的收缩率。

保压时间对翘曲变形的影响体现在：延长保压时间，可以减小塑件的收缩。保压时间的长短应以凝固的时间为准，如果保压时间比浇口凝固的时间短，则型腔内的熔体向浇口回流，因而保压不足会使塑件出现较大的收缩。

保压压力对翘曲变形的影响体现在：增加保压压力，可以减少塑件严重的收缩。充足的压力是塑件收缩的有效补缩的关键。提高保压压力可以有效改善塑件收缩严重的问题。保压压力既不能太高也不能太低，保压压力太低会造成保压压力不足，使塑件发生短射和较大的收缩问题；保压压力太大，则会产生过保压的情况，使塑件脱模后的残余应力较大。

模具温度对翘曲变形的影响体现在：模具温度过高时，成型收缩率较大，塑件脱模后变形较大，且容易出现溢料、黏模等现象；模具温度过低时，模具型腔内熔体流动性差，容易使塑件出现短射、机械强度降低等现象。

4．脱模阶段对制品翘曲变形的影响

塑件在脱离型腔并冷却至室温的过程中多为玻璃态聚合物。脱模力不平衡、推出机构运动不平稳或脱模顶出面积不当很容易使制品变形。同时，在充模和冷却阶段“冻结”在塑件内的应力由于失去外界的约束，将会以“变形”的形式释放出来，从而导致翘曲变形。

5．注塑制品的收缩对翘曲变形的影响

注塑制品翘曲变形的直接原因在于塑件的不均匀收缩。如果在模具设计阶段不考虑充填过程中收缩的影响，则制品的几何形状会与设计要求相差很大，严重的变形会导致制品报废。除充填阶段会引起变形外，模具上、下壁面的温差也将引起塑件上、下表面收缩的差异，从而产生翘曲变形。对翘曲分析而言，收缩本身并不重要，重要的是收缩上的差异。在注塑成型过程中，熔融塑料在注射充模阶段由于聚合物分子沿流动方向的排列使塑料在流动方向上的收缩率比垂直方向的收缩率大，而使注塑件产生翘曲变形（即各向异性）。一般均匀收缩只引起塑料件体积上的变化，只有不均匀收缩才会引起翘曲变形。结晶型塑料在流动方向与垂直方向上的收缩率之差较非结晶型塑料大，而且其收缩率也较非结晶型塑料大，结晶型塑料大的收缩与其收缩的异向性叠加后导致影响结晶型塑料件翘曲变形的倾向较非结晶型塑料大得多。

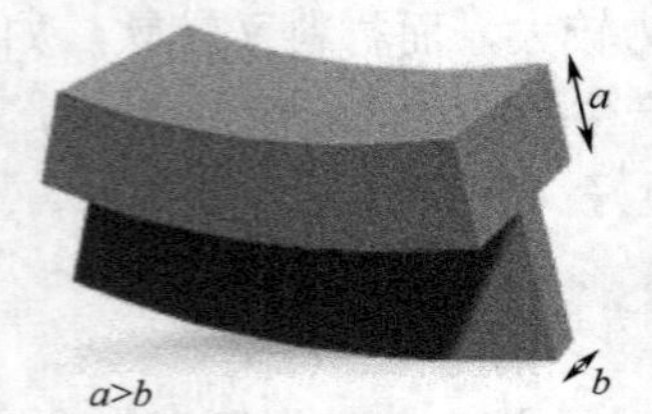

图 8-109　收缩不均导致零部件弯曲

图 8-109 显示了连接到厚顶部的薄加强筋。通常，顶部的冷却速率低于较薄部位的冷却速率。顶部的晶体成分将增加，因此收缩程度将更大，从而导致图示的翘曲。

6．残余热应力对制品翘曲变形的影响

在注射成型过程中，残余热应力是引起翘曲变形的一个重要因素，而且对注塑制品的质量有较大的影响。

7．金属嵌件对制品翘曲变形的影响

对嵌放嵌件的注塑制品，由于塑料的收缩率远比金属的大，所以容易导致扭曲变形（有的甚至开裂）；为减少这种情况，可先将金属件预热（一般不低于100℃），再投入生产。

8．取向效应对制品翘曲变形的影响

取向效应导致材料平行方向与垂直方向上的收缩量变化。该类型收缩产生的翘曲与收缩不均产生的翘曲相似。图 8-110（a）显示了平行收缩大于垂直收缩时发生的翘曲。另一方面，如果垂直收缩大于平行收缩，则将产生凸起，如图 8-110（b）所示。

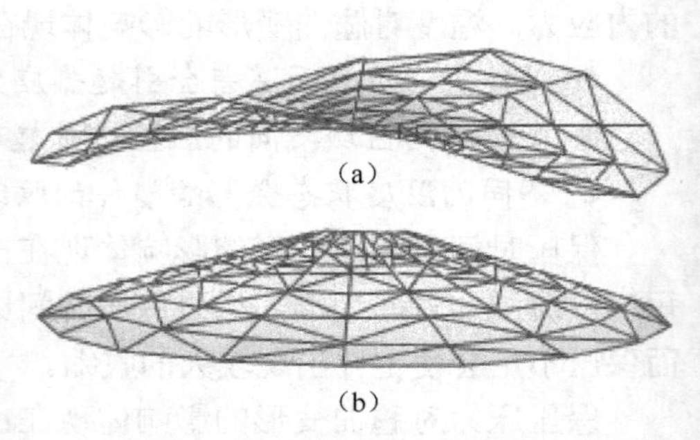

图 8-110　取向效应对制品翘曲变形的影响

8.15 翘曲分析工艺参数设置

翘曲分析的目的是预测产品成型后的翘曲程度，分析翘曲产生的原因。Autodesk Moldflow 2012 的翘曲分析中，有 3 种包含翘曲分析的分析序列供选择。

- 冷却+充填+保压+翘曲（Cool+Fill+Pack+Wrap）;
- 充填+冷却+充填+保压+翘曲（Fill+ Cool+Fill+Pack+Wrap）;
- 充填+保压+冷却+充填+保压+翘曲（Fill+Pack+Cool+Fill+Pack+Wrap）。

在冷却+充填+保压+翘曲中，假设在第一次迭代时整个制品处于熔体高温状态并瞬时充满型腔。在充填+冷却+充填+保压+翘曲和充填+保压+冷却+充填+保压+翘曲中，假设进行第一次迭代时初始模具温度是均匀的。通常在初始条件中，假设塑料熔体温度是均匀的比假设模具温度是均匀的能够做出更准确的翘曲预测。因此，首选的分析序列是“冷却+充填+保压+翘曲”。另外，翘曲的分析序列还有充填+保压+翘曲，一般不推荐使用。但是，设计师也常使用充填+保压+翘曲分析序列来检查塑件设计是否是翘曲产生的主要原因。

进行翘曲分析工艺参数的设置，在充填、流动、冷却分析工艺参数的基础上，即用户根据经验或实际情况需要设置熔体开始注射到填满整个型腔过程中，熔体、模具和注塑机等相关的工艺参数。

1．双层面网格模型翘曲分析成型工艺参数设置

双层面网格模型翘曲分析成型工艺参数设置，如图 8-111 所示。

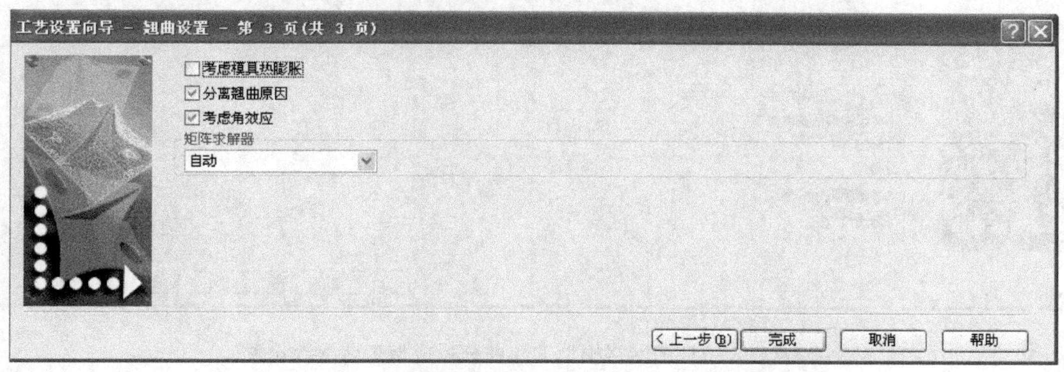

图 8-111 双层面网格模型翘曲分析成型工艺参数设置

（1）考虑模具热膨胀：在注射成型期间，模具会随着温度的升高而膨胀，从而导致型腔变得大于初始尺寸。型腔膨胀可帮助补偿冷却过程中的零件收缩，这可使实际收缩小于预期。如果希望在翘曲分析中考虑模具热膨胀对零件翘曲和/或模内应力产生的影响，则选中此复选框。

（2）分离翘曲原因：如果希望正在设置的翘曲分析输出有关引起翘曲的最主要原因的信息，则选中该选项。如果正在设置翘曲分析并选中了此选项，则分析日志将包括形成翘曲的各种可能原因（冷却不均、收缩不均和取向效应）的灵敏度因子。

（3）考虑角效应：由于模具的限制会使塑件锐角区域的厚度方向比平面方式的收缩更大，如果希望在翘曲分析中计算并考虑由模具抑制条件引起的收缩不均，则选择此选项。

（4）矩阵求解器：选择翘曲分析中要使用的等式求解器，如图 8-112 所示。其下拉菜单中包括 4 个选项：自动、直接求解器、AMG（Algebraic Multi-Grid）求解器、SSORCG 求解器。如果设置为“自动”，分析将自动使用适合模型大小的矩阵求解器，对于中性面模型，将使用与所选翘曲分析类型选项相适合的矩阵求解器。

图 8-112 矩阵求解器

对于小型模型，可以使用“直接求解器”选项。

对于大型模型，使用迭代矩阵求解器可减少分析时间和内存要求，从而提高求解器的性能，“AMG 求解器”为首选项，除非内存要求变成限制因子，可以覆盖自动选择。直接求解器是适用于小型到中型模型的简单矩阵求解器。直接求解器对于大型模型而言效率较低，而且需要大量内存（磁盘交换空间），AMG（代数多重栅格）迭代求解器对大型模型非常有效。选择此选项可以显著减少分析时间，但与“SSORCG 求解器”选项相比，它需要更大的内存。对于中性面模型，AMG 求解器不支持将翘曲分析类型设置为“自动”或“挫曲”。

对于大型模型，SSORCG（对称逐次超松弛共轭梯度）迭代求解器（以前称为“迭代求解器”）要比 AMG 求解器效率低，但需要的内存较小。对于中性面模型，SSORCG 求解器不支持将翘曲分析类型设置为“自动”或“挫曲”。

2. 中性面网格模型翘曲分析成型工艺参数设置

中性面网格模型翘曲分析成型工艺参数设置如图 8-113 所示。

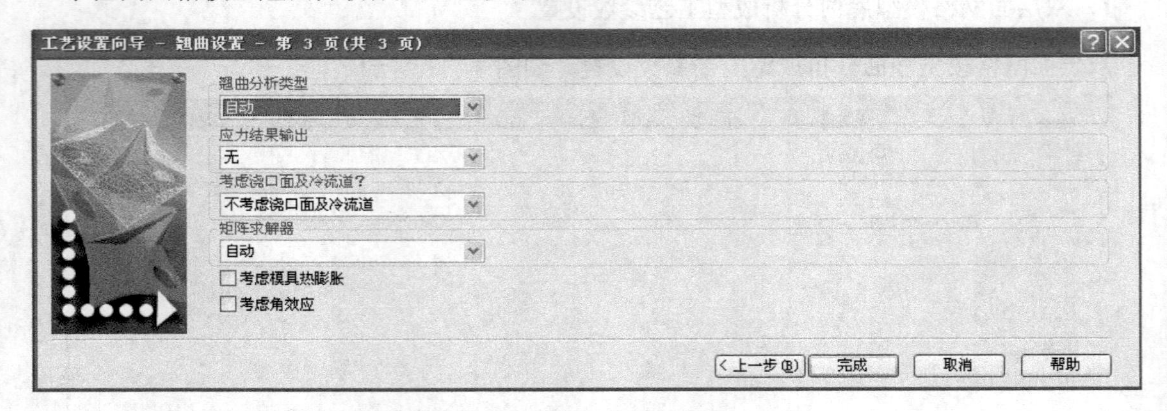

图 8-113 中性面网格模型的翘曲分析成型工艺参数设置

1）翘曲分析类型

对于中性面网格模型，翘曲分析类型有 4 种，如图 8-114 所示。

（1）自动：首先进行挫曲分析，如果特征值$\lambda<1.5$，制品的形变不稳定，自动进行大变形分析；如果特征值$\lambda>1.5$，则塑件无挫曲，就转为进行小变形分析。

（2）小变形：用于分析线性翘曲问题，分析结果能够显示总变形量和 X、Y、Z 方向的变形量，并可以进行导致翘曲变形因素的分析。

（3）大变形：用于分析非线性翘曲问题，分析结果能够显示总变形量和 X、Y、Z 方向的变形量。

（4）挫曲：用于确定翘曲的类型是稳定的（临界载荷系数＞1）还是非稳定的（临界载荷系数<1）。

2）应力结果输出

输出塑件成型后的内部应力分布，其下拉菜单如图 8-115 所示，包括无、主残余应力、最大剪切应力、Mises-Hencky 应力、所有应力结果。

3）考虑浇口面及冷流道

指定在翘曲分析过程中是否考虑冷流道和/或浇口表面单元（如果它们存在于模型中）。其下拉菜单如图 8-116 所示，包括 3 个选项。

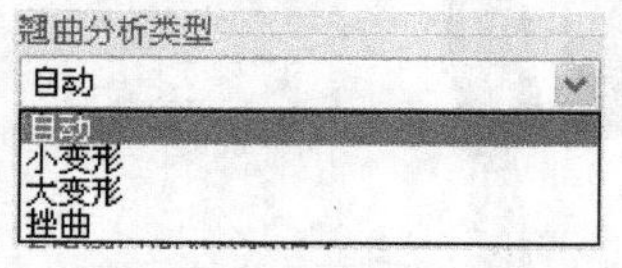

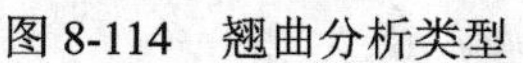
图 8-114　翘曲分析类型

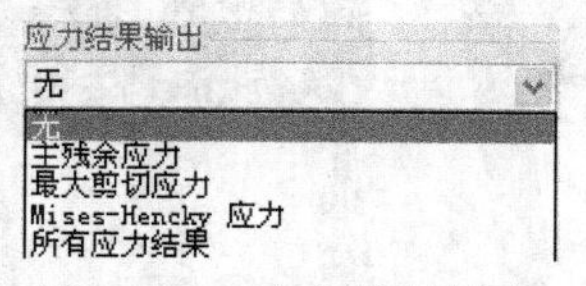

图 8-115　应力结果输出

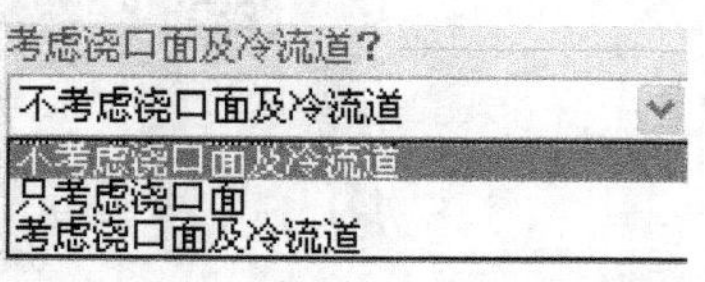

图 8-116　考虑浇口面及冷流道

- 不考虑浇口面及冷流道；
- 只考虑浇口面；
- 考虑浇口面及冷流道。

分析计算结束后，会生成相应的文字、图形和动画效果，这将成为研究模拟翘曲分析的最主要工具，如图 8-117 所示。

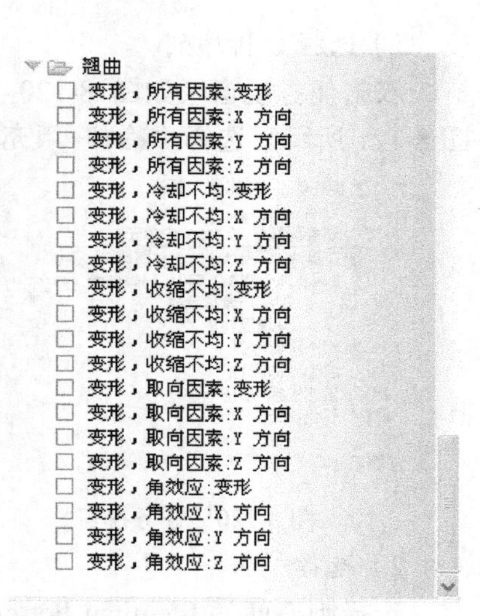

图 8-117　翘曲分析结果列表

Moldflow 软件翘曲分析结果分为 4 个方面，包括所有因素变形、冷却不均匀引起的变形、收缩因素引起的变形、取向因素引起的变形。每个方面又分为总变形量和 X、Y、Z 各个方向上的变形量。一般来说，翘曲变形发生在 Z 方向，而 X、Y 方向上的变形被视为收缩，故由 Z 方向上的变形量可以知道翘曲分析结果。

3．翘曲分析应用实例

还是以电刷盒为例，如图 8-118 所示，通过翘曲分析，对分析结果进行解释。网格模型、浇注系统及冷却系统如图 8-119 所示，通过手动创建浇注系统，采用一模四腔，主流道为圆锥形，分流道为圆柱形，浇口为扇形浇口。

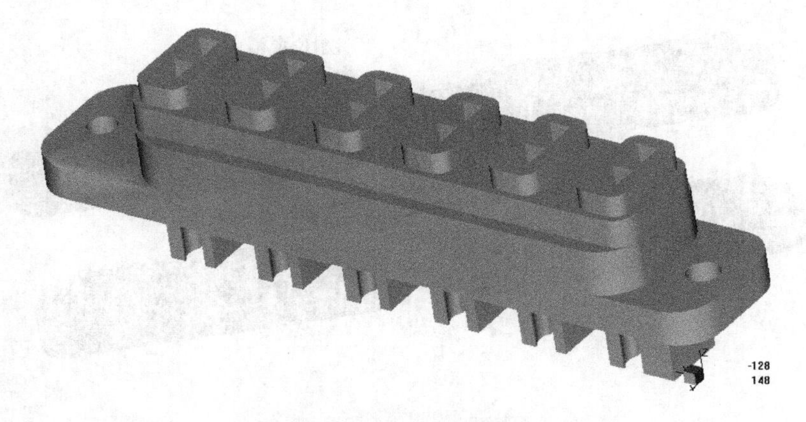
图 8-118　电刷盒模型

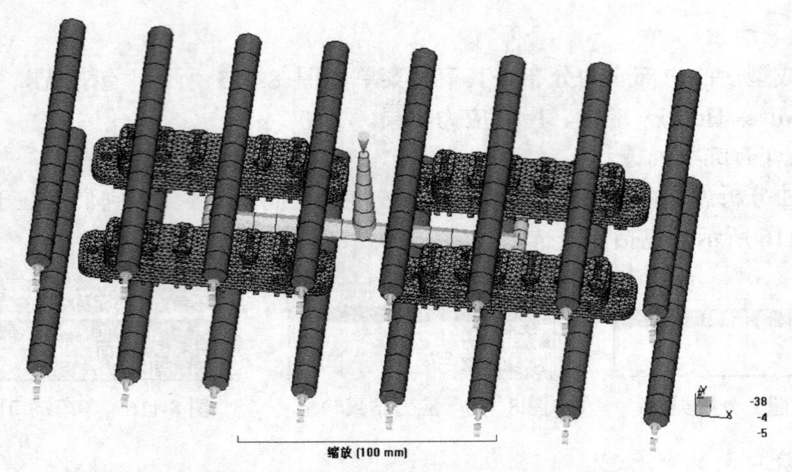

图 8-119　网格模型、浇注系统及冷却系统

1）选择分析序列

双击任务视窗（如图 8-120 所示）中的“充填”按钮，出现“选择分析序列”对话框，如图 8-121 所示。选择“冷却+填充+保压+翘曲”，单击“确定”按钮。

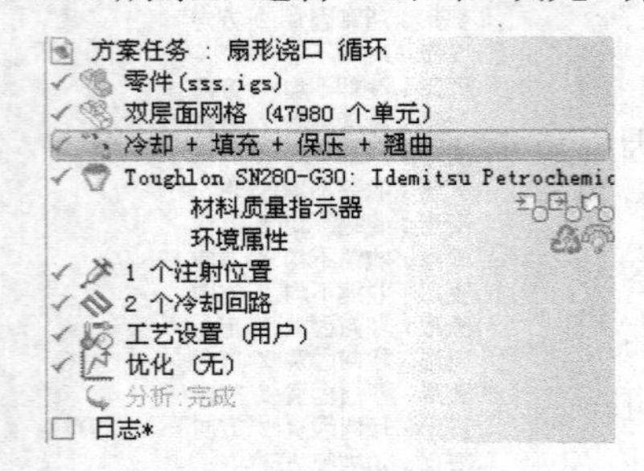

图 8-120　任务视窗

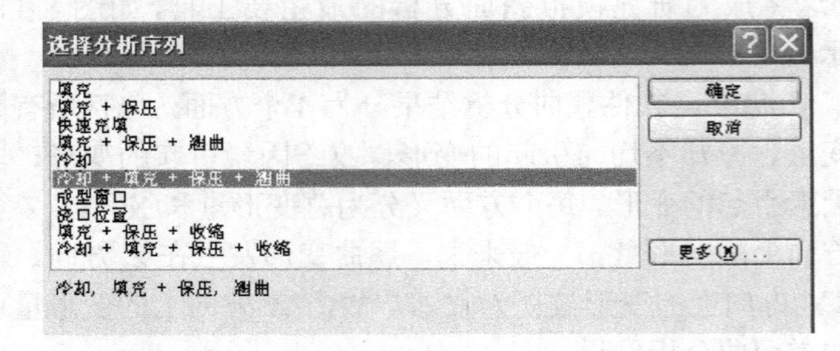

图 8-121　“选择分析序列”对话框

2）选择材料

选择制造商为 Idemitsu Petrochemical Co Ltd，牌号为 Please use the Idemitsu Kosan Co Ltd supplier database。

3）设置注射位置

双击任务视窗中的“设置注射位置”，单击主流道入口点，完成注射位置的设定，如图 8-122 所示。

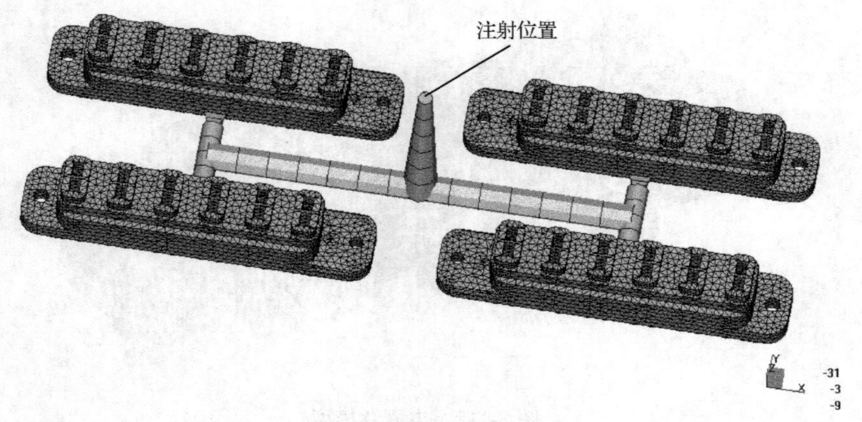

图 8-122　注射位置设置

4）设置工艺参数

双击任务视窗内的“工艺设置（默认）”按钮，出现“工艺设置向导-冷却设置”对话框，如图 8-123 所示。

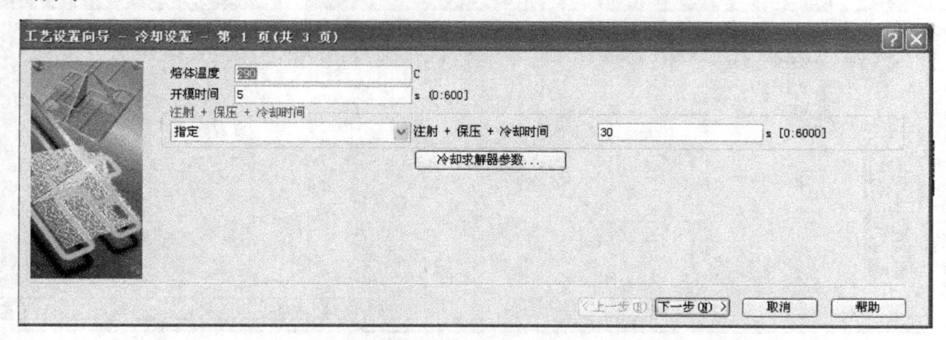

图 8-123　“工艺设置向导-冷却设置”对话框

“熔体温度”设定为“290℃”，“开模时间”设定为“5s”，“注射+保压+冷却时间”设为“指定”，数值参数设为“30s”。

单击“下一步”按钮，弹出如图 8-124 所示对话框。“充填控制”设为“注射时间”，参数设为“1.8s”；“速度/压力切换”设为“由%充填体积”，参数设为“99%”，表示进行 V/P 切换的条件是当型腔充满 99%时；“保压控制”设为“%填充压力与时间”。

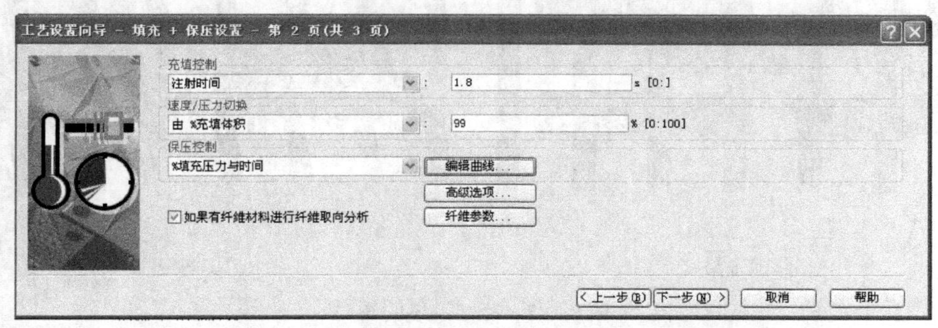

图 8-124　“工艺设置向导-填充+保压设置-第 2 页”对话框

单击“编辑曲线”按钮，出现“保压控制曲线设置”对话框，如图 8-125 所示，单击“绘制曲线”按钮，出现如图 8-126 所示曲线图。

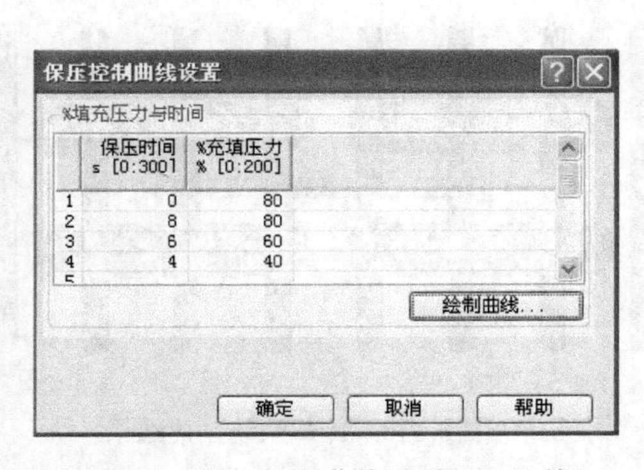

图 8-125　“保压控制曲线设置”　对话框

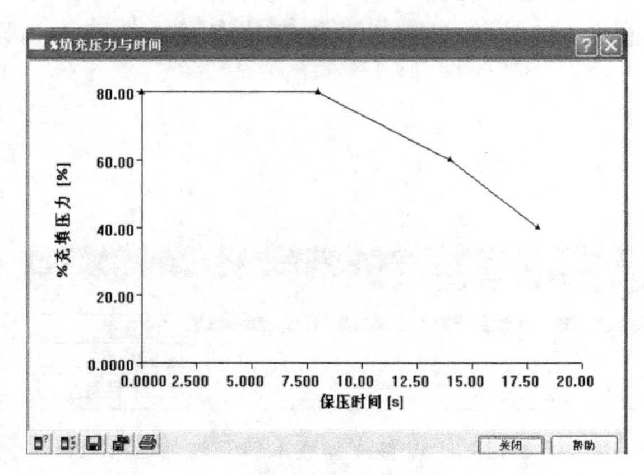

图 8-126　保压压力和时间曲线

单击“下一步”按钮，出现如图 8-127 所示对话框。选择“分离翘曲原因”和“考虑角效应”复选框，“矩阵求解器”设为“自动”。

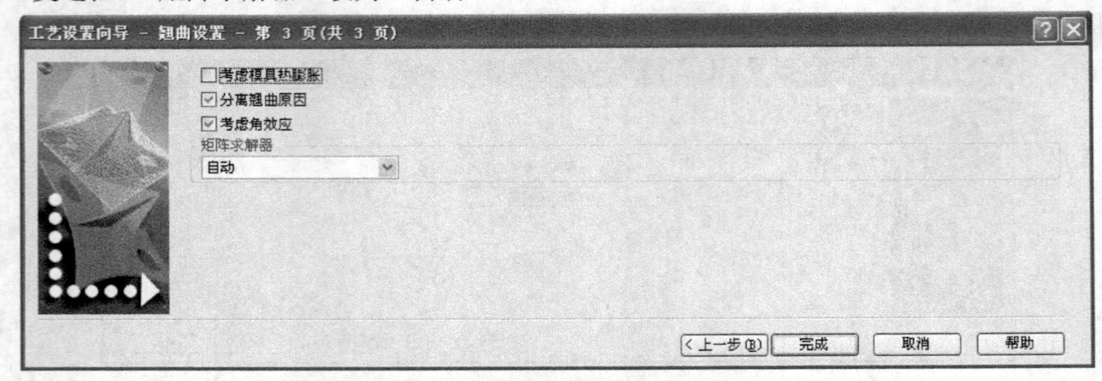

图 8-127 “工艺设置向导-翘曲设置-第 3 页”对话框

单击“完成”按钮，工艺设置完成。

5）创建冷却系统

冷却系统的布局如图 8-128 所示。

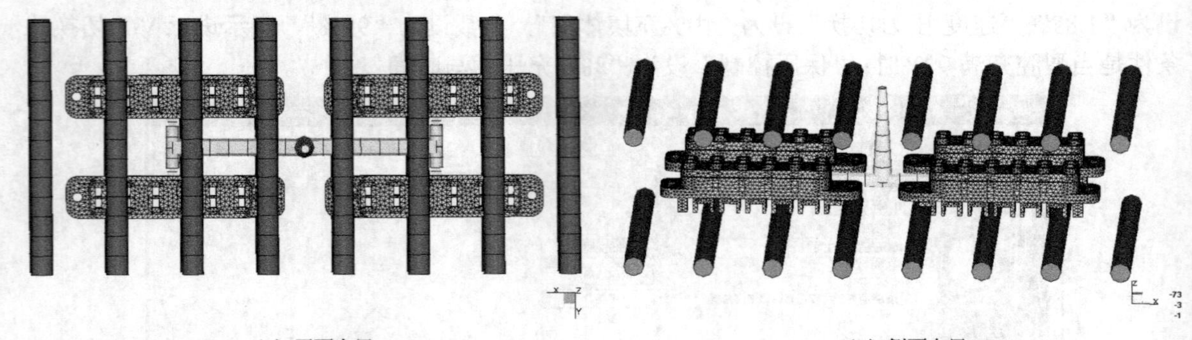

（a）正面布局　　（b）侧面布局

图 8-128 冷却系统的布局

冷却水道直径设为 10mm。冷却水道采用手动创建，单元的划分采用柱体单元。

6）设置冷却液入口

右击任务视窗中的“创建冷却回路”，出现“设置冷却液入口”对话框，如图 8-129 所示，在图 8-128 中选取冷却液入口节点，冷却液入口设置完成，如图 8-130 所示。

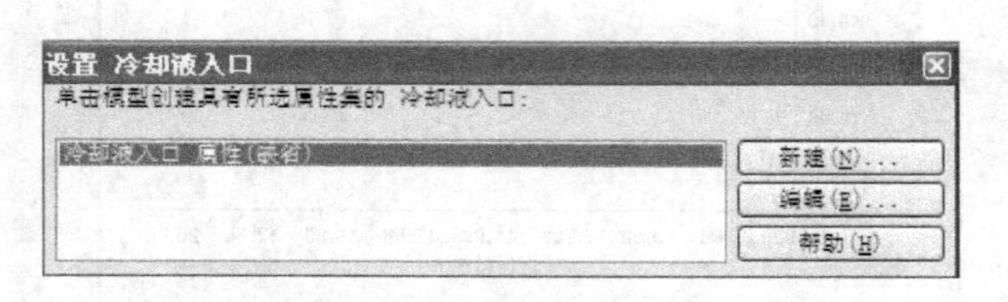

图 8-129 “设置冷却液入口”对话框

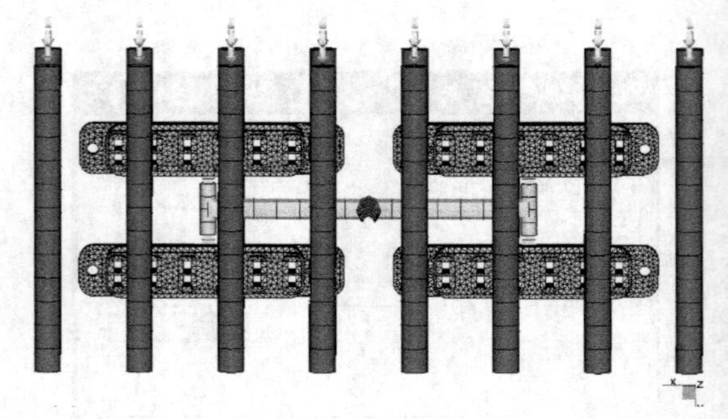

图 8-130 冷却系统创建结果

7）开始分析

双击任务视窗中的“开始分析！”，求解器开始分析计算。

执行菜单命令“分析”→“作业管理器”，如图 8-131 所示，可以看到任务及进程。

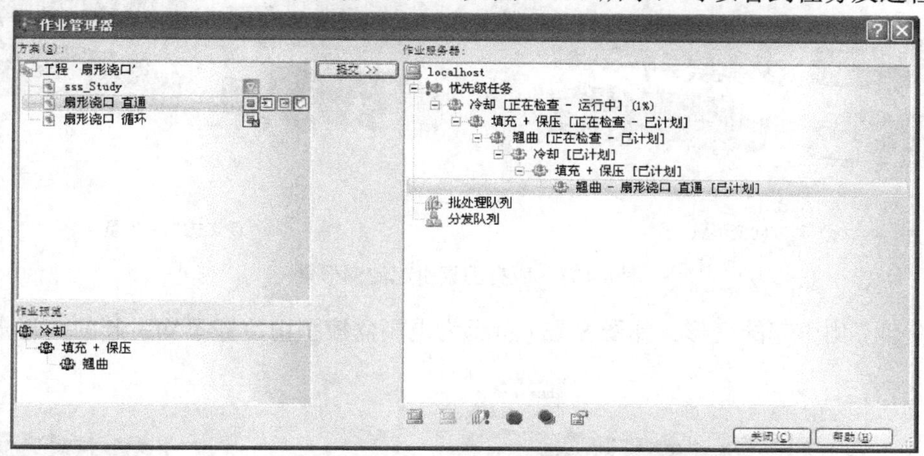

图 8-131　“作业管理器”对话框

8）翘曲分析结果

取消选中层管理窗口中的“冷却管道”复选框，关闭冷却系统，可以更清晰地看到结果。放大图形的显示比例，可以更直观地查看翘曲变形的情况，具体操作步骤如下：

执行菜单命令“结果”→“图形属性”，打开“图形属性”对话框，单击“变形”选项卡，将“比例因子”参数设为“8”，单击“确定”按钮，图形放大完成，如图 8-132 所示。

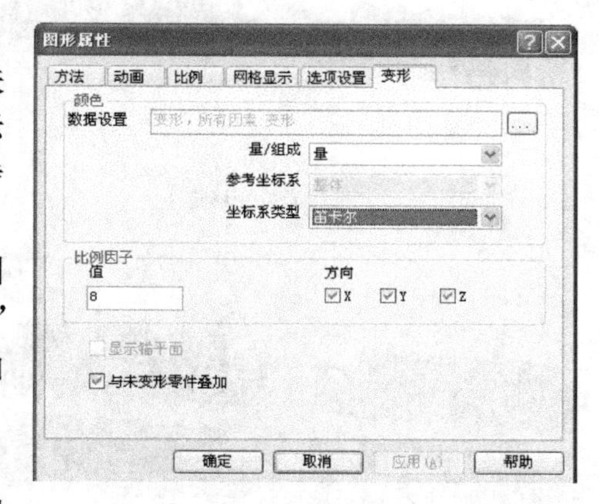

图 8-132　“图形属性”对话框

以下具体对翘曲分析结果图进行分析。

（1）所有因素引起的变形。如图 8-133 所示为电刷盒模型在各种因素影响下的总变形量结果。

由图 8-133 得出，所有因素影响下的塑件总变形量为 0.1050mm，X、Y、Z 三个方向的总变形量分别为 0.0871mm、0.0539mm、0.0553mm。

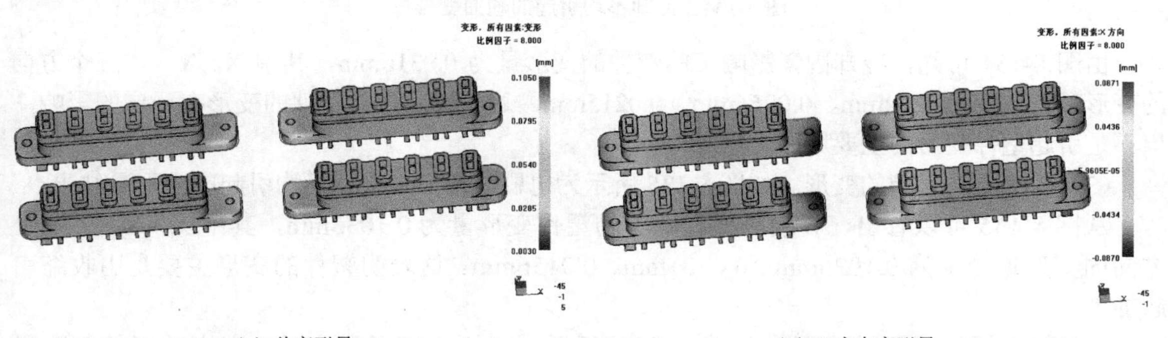

（a）总变形量　　（b）X 方向变形量

图 8-133　所有因素引起的变形量

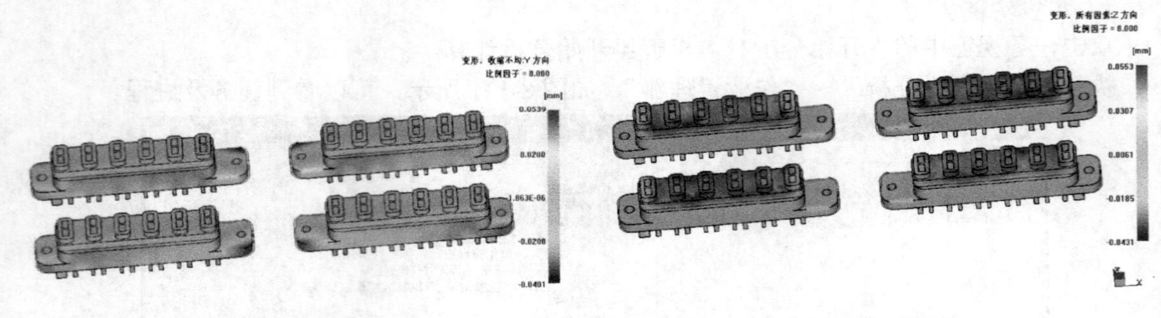

（c）Y 方向变形量　　　　（d）Z 方向变形量

图 8-133　所有因素引起的变形量

（2）冷却不均引起的变形。如图 8-134 所示为电刷盒模型由冷却不均引起的变形量结果。

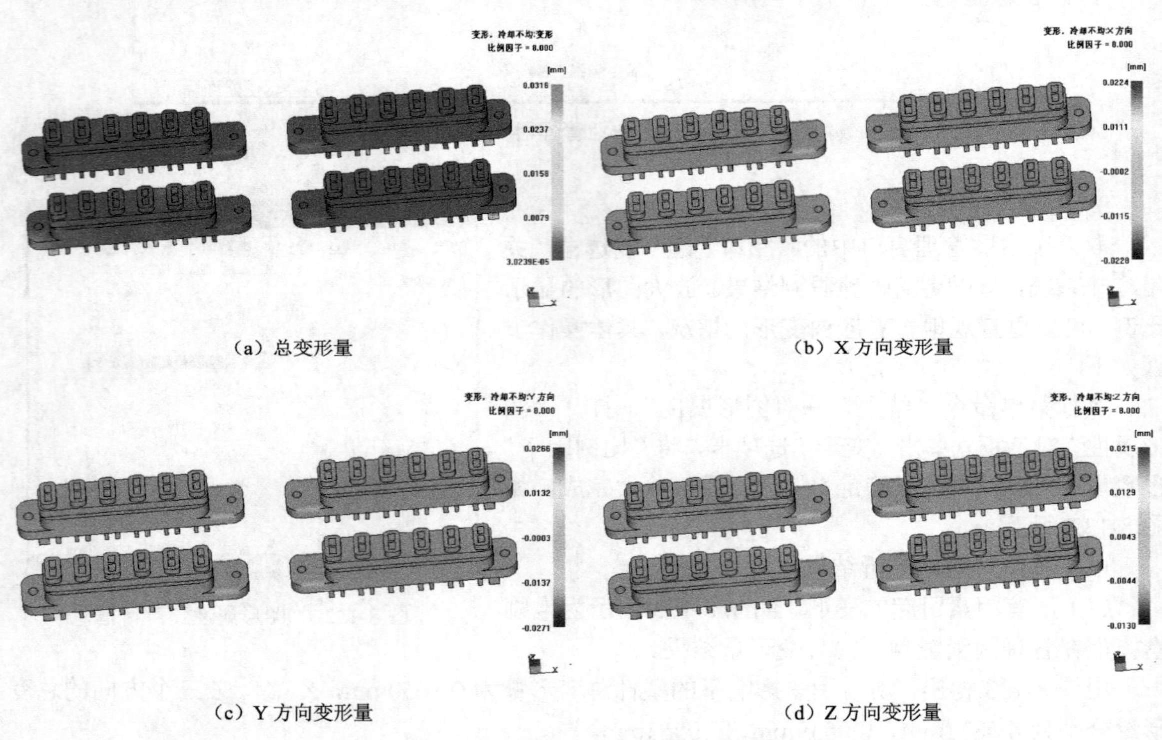

（a）总变形量　　　　（b）X 方向变形量

（c）Y 方向变形量　　　　（d）Z 方向变形量

图 8-134　冷却不均引起的翘曲变形量

由图 8-134 可知，冷却因素影响下的塑件的变形量为 0.0316mm，其中 X、Y、Z 三个方向的变形量分别为 0.0224mm、0.0266mm、0.0215mm。这表明冷却对塑件的变形有一定的影响，但不是引起塑件变形的主要原因。

（3）收缩不均引起的变形。如图 8-135 所示为电刷盒模型由收缩不均引起的变形量结果。

从图 8-135 可以看出，收缩因素影响下的塑件变形量为 0.1035mm，其中 X、Y、Z 三个方向的变形量分别为 0.1026mm、0.0401mm、0.0456mm。这表明塑件的变形主要是由收缩引起的。

（4）取向因素引起的变形。如图 8-136 所示为电刷盒模型在分子取向影响下的变形量结果。

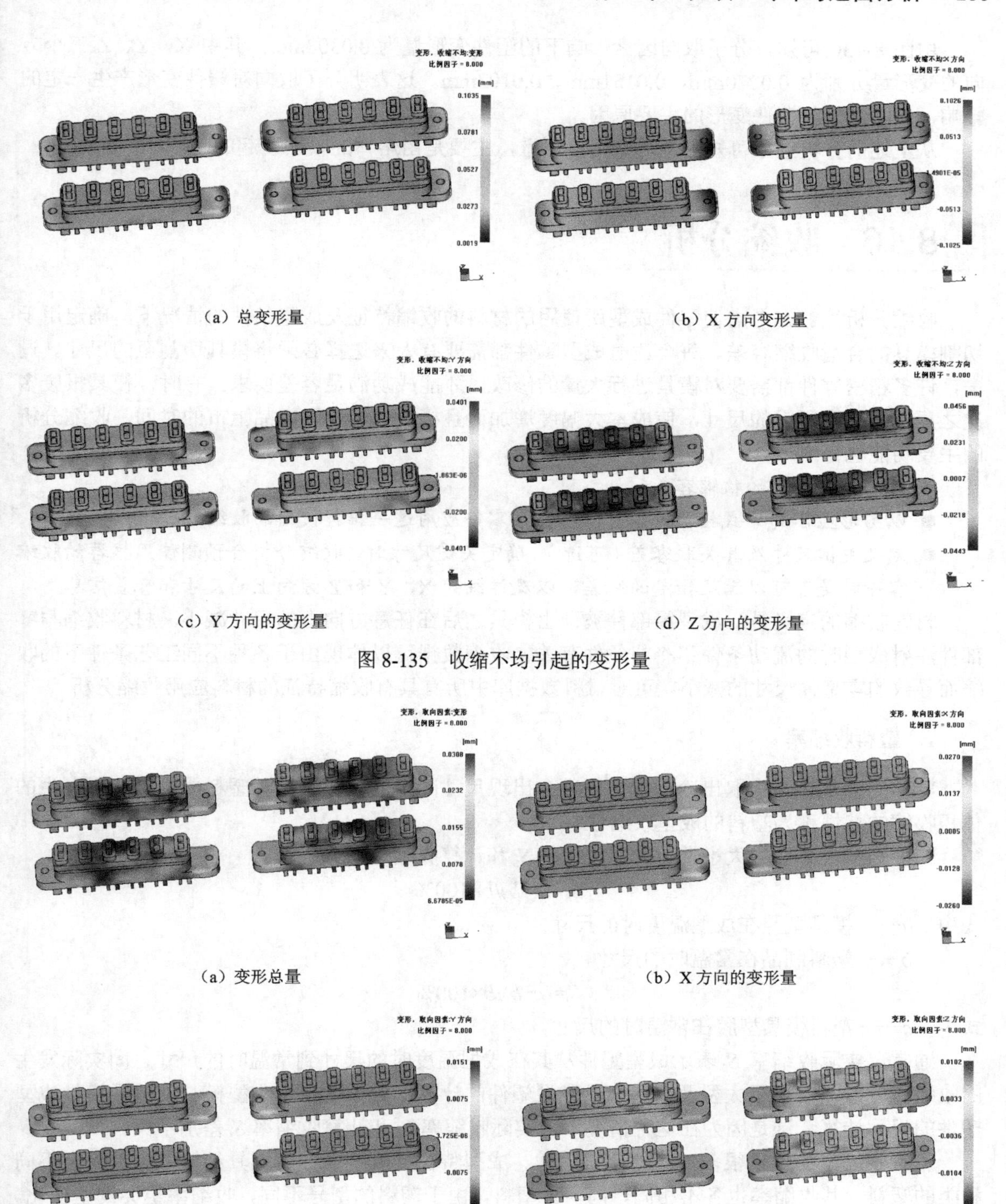

图 8-135　收缩不均引起的变形量

图 8-136　分子取向引起的变形量

由图 8-136 可知，分子取向因素影响下的塑件变形量为 0.0308mm，其中 X、Y、Z 三个方向的变形量分别为 0.0270mm、0.0151mm、0.0102mm。这表明分子取向对塑件变形产生一定的影响，但不是引起塑件变形的主要原因。

从上述的分析结果可知，塑件变形较严重，主要是由熔体的收缩引起的。

8.16 收缩分析

收缩分析能够在考虑使零件成型所使用的材料的收缩特征及成型条件的情况下，确定用于切割模具的合适收缩容差。每个注射成型零件都需要有人来选择必须将模具切割至的尺寸。过去，许多精密零件都需要对模具进行大量的修改，才能成功满足容差要求。有时，模具报废多次之后才能达到所需的尺寸，使成本大幅度增加而且极大地延长了产品上市的时间。收缩分析的主要功能包括：

- 计算推荐使用的收缩容差；
- 以图形显示的方式指示是否可以对整个零件应用这一推荐使用的收缩容差值；
- 定义关键尺寸及其关联容差（可选），确定关键尺寸时，收缩分析会预测使用推荐的收缩容差时是否可以满足指定的容差，以及详细的 X、Y 和 Z 方向上的尺寸和容差信息。

材料收缩的定义是：成型零部件被顶出模具之后在任意方向上的尺寸减小。材料收缩与零部件注射成型时的流动条件和冷却条件有关。收缩数据可以体现由于各种不同工艺条件下的收缩而导致的零部件尺寸的减小。可对材料数据库中所有具有收缩特征的材料应用收缩分析。

1. 塑料收缩率

塑料制件从模具中取出冷却后一般都会出现尺寸减小的现象，这种塑料成型冷却后发生的体积收缩的特性称为塑料的成型收缩性。

一般塑料收缩性的大小常用实际收缩率 S_s 和计算收缩率 S_j 来表征。

$$S_s=(a-b)/b\times100\%$$

式中 a——模具型腔在成型温度时的尺寸；

b——塑料制品在常温时的尺寸。

$$S_j=(c-b)/b\times100\%$$

式中 c——塑料模具型腔在常温时的尺寸。

通常，实际收缩率 S_s 表示成型塑件从其在成型温度时的尺寸到常温时的尺寸之间实际发生的收缩百分数，常用于大型及精密模具成型塑件的计算。S_j 则常用于小型模具及普通模具成型塑件的尺寸计算，这是因为在这种情况下，实际收缩率 S_s 和计算收缩率 S_j 差别不大。

影响收缩率的因素很多，诸如塑料品种、成型特征、成型条件及模具结构等。首先，不同种类的塑料，其收缩率也各不相同，同一种塑料，由于塑料的型号不同，收缩率也会发生变化。其次，收缩率与所成型塑件的形状、内部结构的复杂程度、是否有嵌件等都有很大关系。再者，成型工艺条件也会影响塑件的收缩率，例如，成型时如果料温过高，则塑件的收缩率增大；成型压力增大，塑件的收缩率减小。总之，影响塑料成型收缩性的因素很复杂，要想改善塑料的成型收缩性，不仅在选择原材料时需要慎重，而且在确定模具设计、成型工艺等多方面因素时都需认真考虑，才能使生产出来的产品质量更高、性能更好。

2．收缩分析方法

1）收缩分析所支持的网格类型

收缩分析能对中性面模型和双层面模型网格进行分析。网格质量与填充+保压、冷却等的要求相同。

2）收缩分析所支持的分析流程

收缩分析提供了 3 种分析类型：

- 填充+保压+收缩；
- 填充+冷却+保压+收缩；
- 填充+冷却+填充+保压+收缩。

其中，“填充+冷却+填充+保压+收缩”在进行冷却分析时假设熔体的前沿温度不变，而“填充+冷却+保压+收缩”在进行流动分析时假设模壁温度不变。

3）收缩分析材料的选择

进行收缩分析时，需要选择已进行了收缩实验的材料，即材料属性必须包含“收缩属性”，如图 8-137 所示。

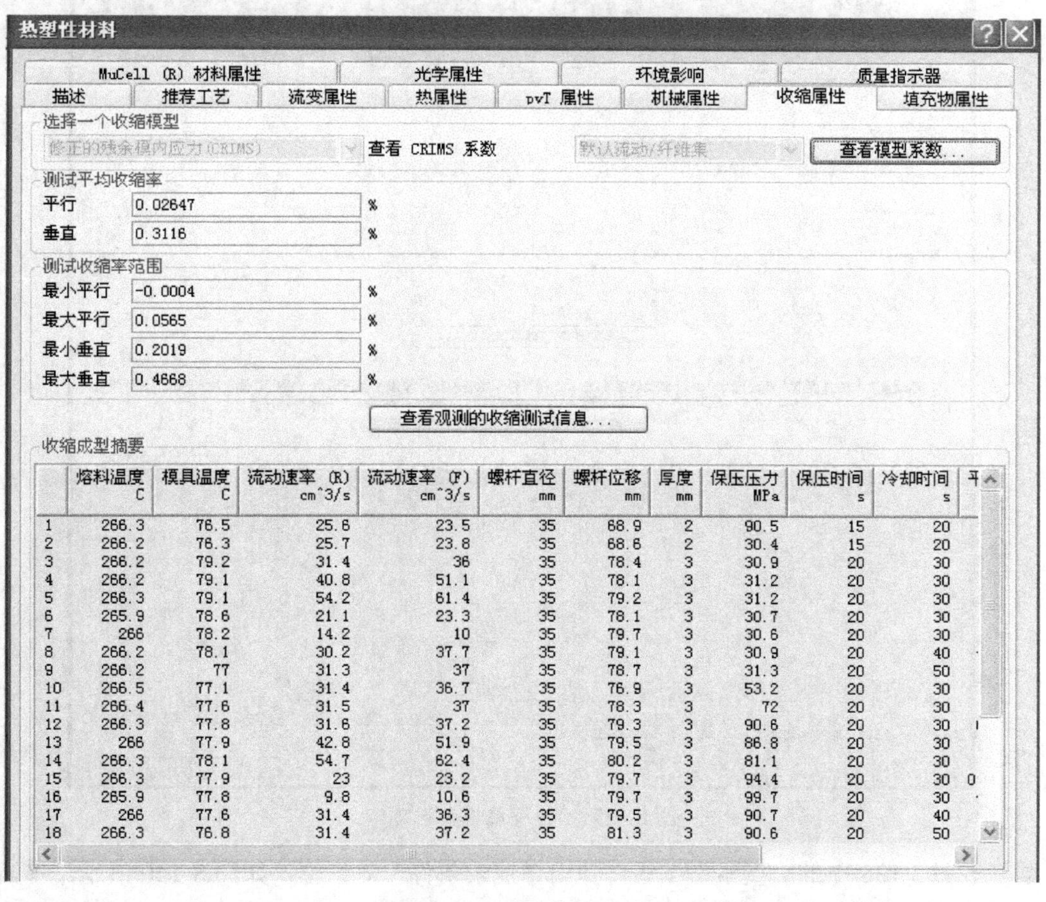

	熔料温度 C	模具温度 C	流动速率 (R) cm^3/s	流动速率 (F) cm^3/s	螺杆直径 mm	螺杆位移 mm	厚度 mm	保压压力 MPa	保压时间 s	冷却时间 s
1	266.3	76.5	25.6	23.5	35	68.9	2	90.5	15	20
2	266.2	76.3	25.7	23.8	35	68.6	2	30.4	15	20
3	266.2	79.2	31.4	36	35	78.4	3	30.9	20	30
4	266.2	79.1	40.8	51.1	35	78.1	3	31.2	20	30
5	266.3	79.1	54.2	61.4	35	79.2	3	31.2	20	30
6	265.9	78.6	21.1	23.3	35	78.1	3	30.7	20	30
7	266	78.2	14.2	10	35	79.7	3	30.6	20	30
8	266.2	78.1	30.2	37.7	35	79.1	3	30.9	20	40
9	266.2	77	31.3	37	35	78.7	3	31.3	20	50
10	266.5	77.1	31.4	36.7	35	76.9	3	53.2	20	30
11	266.4	77.6	31.5	37	35	78.3	3	72	20	30
12	266.3	77.8	31.6	37.2	35	79.3	3	90.6	20	30
13	266	77.9	42.8	51.9	35	79.5	3	86.8	20	30
14	266.3	78.1	54.7	62.4	35	80.2	3	81.1	20	30
15	266.3	77.9	23	23.2	35	79.7	3	94.4	20	30
16	265.9	77.8	9.8	10.6	35	79.7	3	99.7	20	30
17	266	77.6	31.4	36.3	35	79.5	3	90.7	20	40
18	266.3	76.8	31.4	37.2	35	81.3	3	90.6	20	50

图 8-137 “收缩属性”选项卡

双击任务视窗中的“选择材料”，或执行菜单命令“分析”→“选择材料”，弹出“选择材料”对话框，如图 8-138 所示。

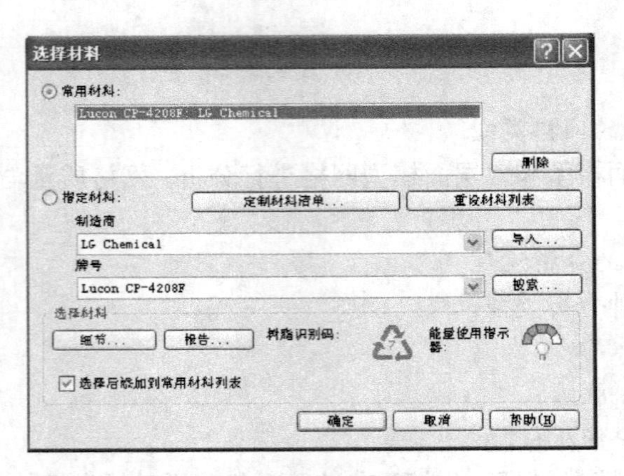

图 8-138 “选择材料”对话框

单击“细节”按钮，打开“热塑性材料”对话框，选择“收缩属性”选项卡，如图 8-139 所示。由图可知，收缩属性数据为空，说明此材料并未进行过收缩实验，不能进行收缩分析。单击“确定”按钮退出。

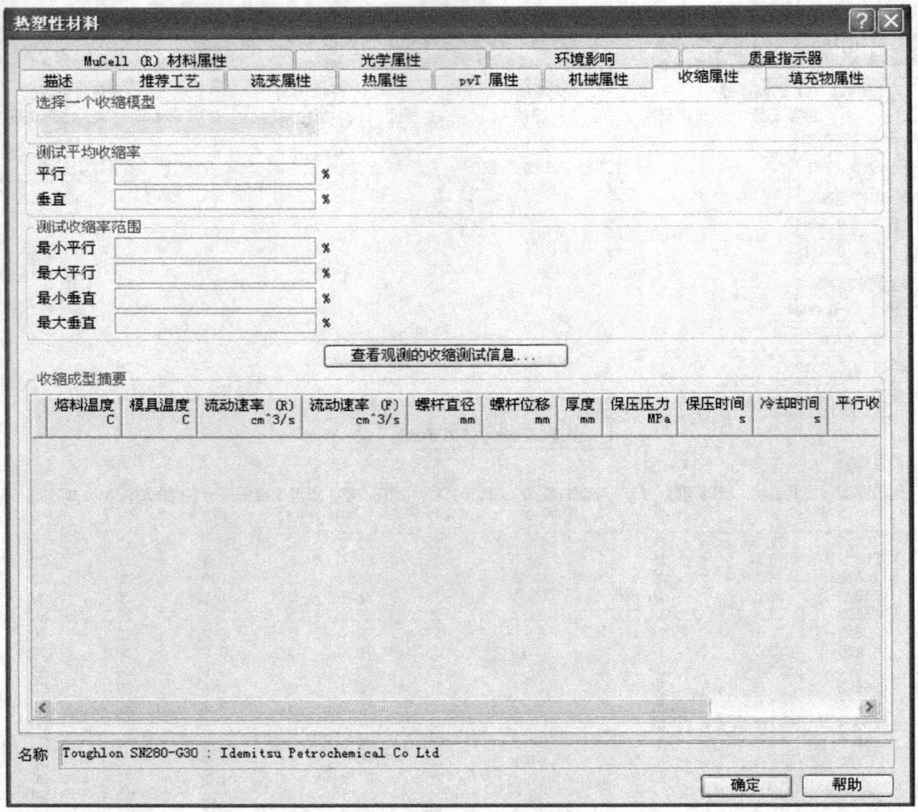

图 8-139 “收缩属性”选项卡

再单击图 8-138 中的“搜索”按钮，弹出“搜索条件”对话框，如图 8-140 所示。单击“添加”按钮，弹出“增加搜索范围”对话框。

选择要搜索材料的某方面属性，如“收缩成型摘要”，包括体积收缩率、保压压力、垂直收缩、平行收缩、模具温度、流动速率、熔料温度，根据需要，选中其中一项，如图 8-141（a）、（b）所示。

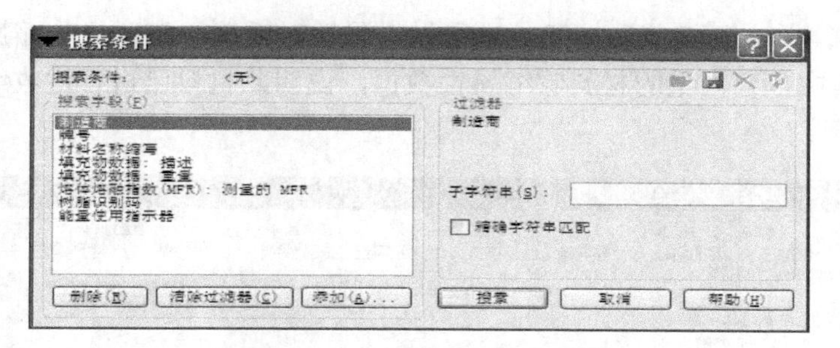

图 8-140 “搜索条件”对话框

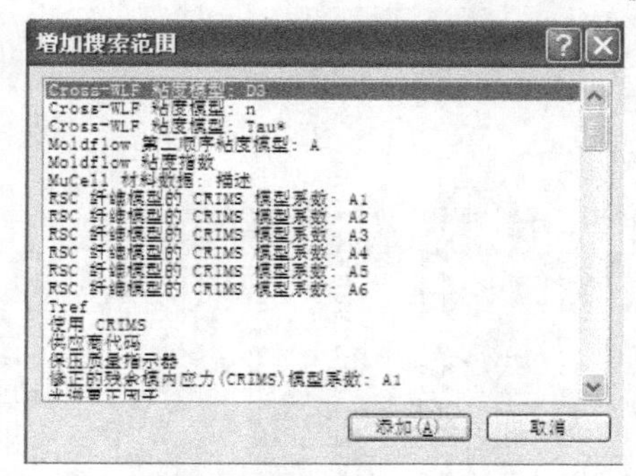

（a）添加搜索文件

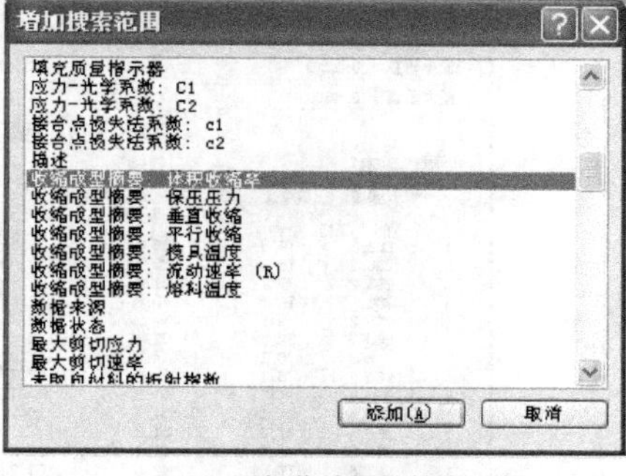

（b）添加收缩属性搜索文件

图 8-141 “增加搜索范围”对话框

单击“添加”按钮，出现如图 8-142 所示对话框（红色字“修改”表示搜索区域已经被修改），在过滤器中输入想要搜索的材料的最小和最大收缩率。

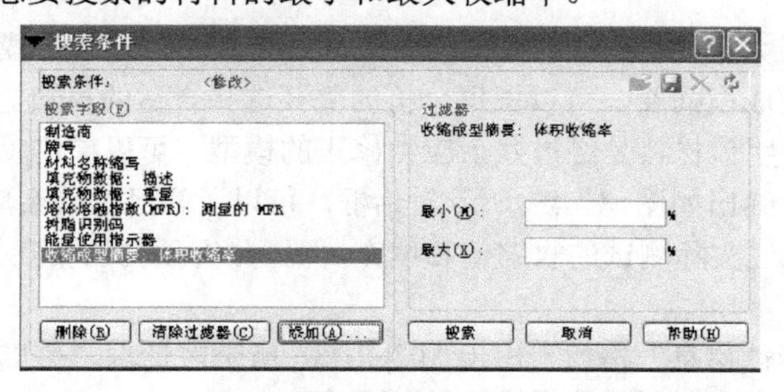

图 8-142 “搜索条件”对话框

单击“搜索”按钮，出现如图 8-143 所示对话框，列表中的材料即为满足条件的材料。

图 8-143 “选择 热塑性材料”对话框

选择所需材料，单击“细节”按钮，弹出材料属性对话框。打开“收缩属性”选项卡，如图 8-144 所示，其中包含大量的材料收缩属性数据，说明此材料已进行过收缩实验，可以进行收缩分析。

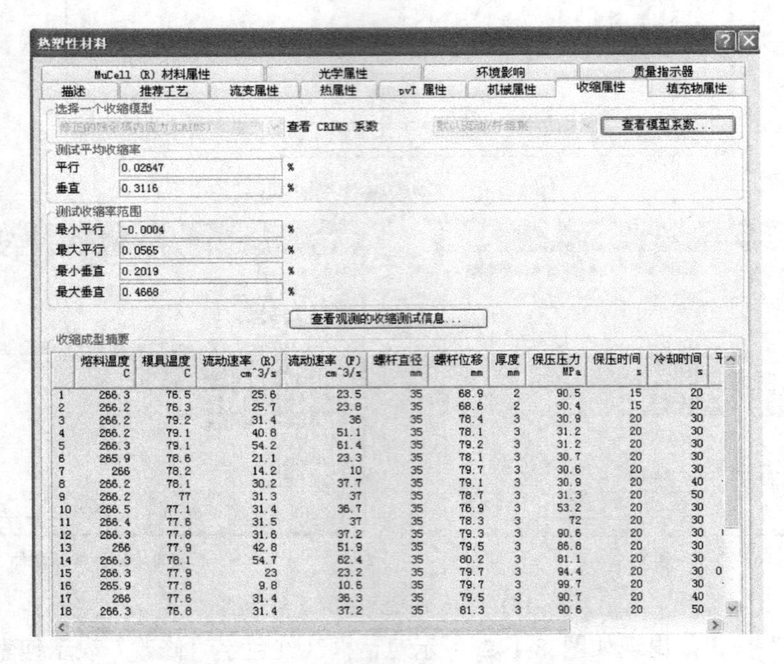

	熔料温度 C	模具温度 C	流动速率 (R) cm^3/s	流动速率 (F) cm^3/s	螺杆直径 mm	螺杆位移 mm	厚度 mm	保压压力 MPa	保压时间 s	冷却时间 s
1	266.3	76.5	25.6	23.5	35	68.9	2	90.5	15	20
2	266.2	76.3	25.7	23.8	35	68.6	2	30.4	15	20
3	266.2	79.2	31.4	36	35	78.4	3	30.9	20	30
4	266.2	79.1	40.8	51.1	35	78.1	3	31.2	20	30
5	266.3	79.1	54.2	61.4	35	79.2	3	31.2	20	30
6	265.9	78.6	21.1	23.3	35	78.1	3	30.7	20	30
7	266	78.2	14.2	10	35	79.7	3	30.6	20	30
8	266.2	78.1	30.2	37.7	35	79.1	3	30.9	20	40
9	266.2	77	31.3	37	35	78.7	3	31.3	20	50
10	266.5	77.1	31.4	36.7	35	76.9	3	53.2	20	30
11	266.4	77.6	31.5	37	35	78.3	3	72	20	30
12	266.3	77.8	31.6	37.2	35	79.3	3	90.6	20	30
13	266	77.9	42.8	51.9	35	79.5	3	86.8	20	30
14	266.3	78.1	54.7	62.4	35	80.2	3	81.1	20	30
15	266.3	77.9	23	23.2	35	79.7	3	94.4	20	30
16	265.9	77.8	9.8	10.6	35	79.7	3	99.7	20	30
17	266	77.6	31.4	36.3	35	79.5	3	90.7	20	40
18	266.3	76.8	31.4	37.2	35	81.3	3	90.6	20	50

图 8-144　“收缩属性”选项卡

材料属性中包含了大量的材料数据，对于收缩属性，其中包含收缩模型、测试平均收缩率、测试收缩率范围和收缩成型摘要，可以根据分析的需要选择合适的材料。

（1）收缩模型：表明该材料是经过残余应力修正的模型，可以单击“查看模型系数”按钮，进行模型系数的查询，弹出如图 8-145 所示对话框，可以了解经过残余应力修正的模型的各项系数。由于此模型是通过实际测试的收缩值和填充+保压分析预测的相互关联获得的，因此它是最准确的。

单击“查看应力测试信息”按钮，出现如图 8-146 所示对话框，可以了解实验的相关数据。

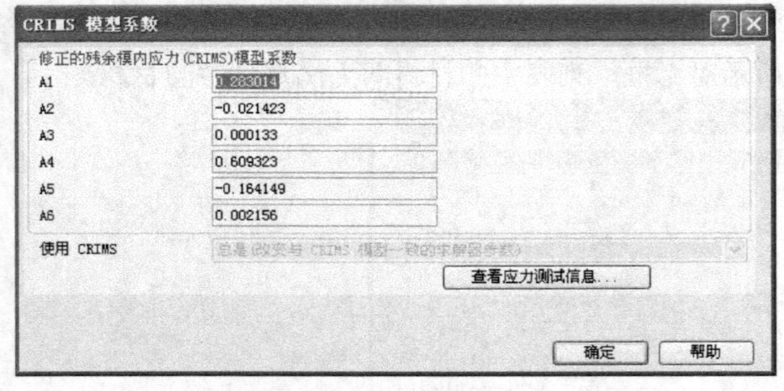

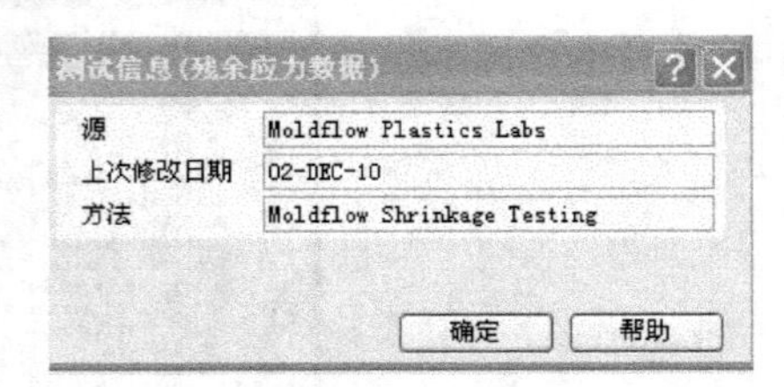

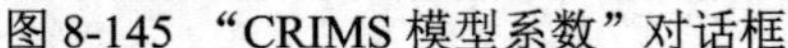

图 8-145　“CRIMS 模型系数”对话框　　　图 8-146　“测试信息（残余应力数据）”对话框

（2）测试平均收缩率：是指实验测试出来的材料收缩率，包含平行方向和垂直方向的收缩率。

（3）测试收缩率范围：是指此材料的最小和最大收缩率，也包含平行方向和垂直方向的收缩率。

（4）收缩成型摘要：在一系列注射成型条件下测量的平行于和垂直于流动方向的面内收缩。其中包含材料的很多信息（见图 8-147（a）），单击某一选项，则数据可以按照所选择的类型从小到大或从大到小重新进行排列，如图 8-147（b）所示。

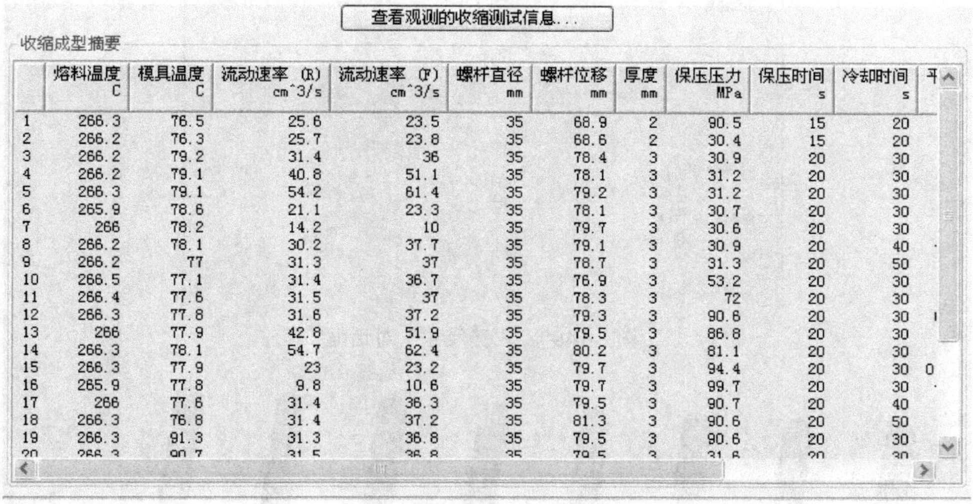

查看观测的收缩测试信息...

收缩成型摘要

	熔料温度 C	模具温度 C	流动速率 (R) cm^3/s	流动速率 (F) cm^3/s	螺杆直径 mm	螺杆位移 mm	厚度 mm	保压压力 MPa	保压时间 s	冷却时间 s	平
1	266.3	76.5	25.6	23.5	35	68.9	2	90.5	15	20	
2	266.2	76.3	25.7	23.8	35	68.6	2	30.4	15	20	
3	266.2	79.2	31.4	36	35	78.4	3	30.9	20	30	
4	266.2	79.1	40.8	51.1	35	78.1	3	31.2	20	30	
5	266.3	79.1	54.2	61.4	35	79.2	3	31.2	20	30	
6	265.9	78.6	21.1	23.3	35	78.1	3	30.7	20	30	
7	266	78.2	14.2	10	35	79.7	3	30.6	20	30	
8	266.2	78.1	30.2	37.7	35	79.1	3	30.9	20	40	
9	266.2	77	31.3	37	35	78.7	3	31.3	20	50	
10	266.5	77.1	31.4	36.7	35	76.9	3	53.2	20	30	
11	266.4	77.6	31.5	37	35	78.3	3	72	20	30	
12	266.3	77.8	31.6	37.2	35	79.3	3	90.6	20	30	
13	266	77.9	42.8	51.9	35	79.5	3	86.8	20	30	
14	266.3	78.1	54.7	62.4	35	80.2	3	81.1	20	30	
15	266.3	77.9	23	23.2	35	79.7	3	94.4	20	30	0
16	265.9	77.8	9.8	10.6	35	79.7	3	99.7	20	30	
17	266	77.6	31.4	36.3	35	79.5	3	90.7	20	40	
18	266.3	76.8	31.4	37.2	35	81.3	3	90.6	20	50	
19	266.3	91.3	31.3	36.8	35	79.5	3	90.6	20	30	
20	266.3	90.7	31.5	36.8	35	79.5	3	31.6	20	30	

（a）收缩模型信息摘要

查看观测的收缩测试信息...

收缩成型摘要

	熔料温度 C	模具温度 C	流动速率 (R) cm^3/s	流动速率 (F) cm^3/s	螺杆直径 mm	螺杆位移 mm	厚度 mm	保压压力 MPa	保压时间 s	冷却时间 s	平
1	255.4	75.4	31.5	35.6	35	75.7	3	31.2	20	30	
2	255.8	75.1	31.2	36.5	35	74.9	3	90.5	20	30	
3	265.9	78.6	21.1	23.3	35	78.1	3	30.7	20	30	
4	265.9	77.8	9.8	10.6	35	79.7	3	99.7	20	30	
5	266	78.2	14.2	10	35	79.7	3	30.6	20	30	
6	266	77.9	42.8	51.9	35	79.5	3	86.8	20	30	
7	266	77.6	31.4	36.3	35	79.5	3	90.7	20	40	
8	266.2	76.3	25.7	23.8	35	68.6	2	30.4	15	20	
9	266.2	79.2	31.4	36	35	78.4	3	30.9	20	30	
10	266.2	79.1	40.8	51.1	35	78.1	3	31.2	20	30	
11	266.2	78.1	30.2	37.7	35	79.1	3	30.9	20	40	
12	266.2	77	31.3	37	35	78.7	3	31.3	20	50	
13	266.3	76.5	25.6	23.5	35	68.9	2	90.5	15	20	
14	266.3	79.1	54.2	61.4	35	79.2	3	31.2	20	30	
15	266.3	77.8	31.6	37.2	35	79.3	3	90.6	20	30	
16	266.3	78.1	54.7	62.4	35	80.2	3	81.1	20	30	
17	266.3	77.9	23	23.2	35	79.7	3	94.4	20	30	0
18	266.3	76.8	31.4	37.2	35	81.3	3	90.6	20	50	
19	266.3	91.3	31.3	36.8	35	79.5	3	90.6	20	30	
20	266.3	90.7	31.5	36.8	35	79.5	3	31.6	20	30	

（b）“收缩成型摘要”选择类型重排列结果

图 8-147　收缩成型摘要

单击“确定”按钮，完成材料选择。如果需要对某个尺寸定义公差大小，其命令为“分析”菜单下的“设置关键尺寸”，首先选择代表尺寸的两个节点，然后定义上、下偏差即可，如图 8-148 所示。

3．收缩分析应用实例

还是以电刷盒为例，演示其收缩分析。电刷盒浇注系统及冷却系统的设定如图 8-149 所示。

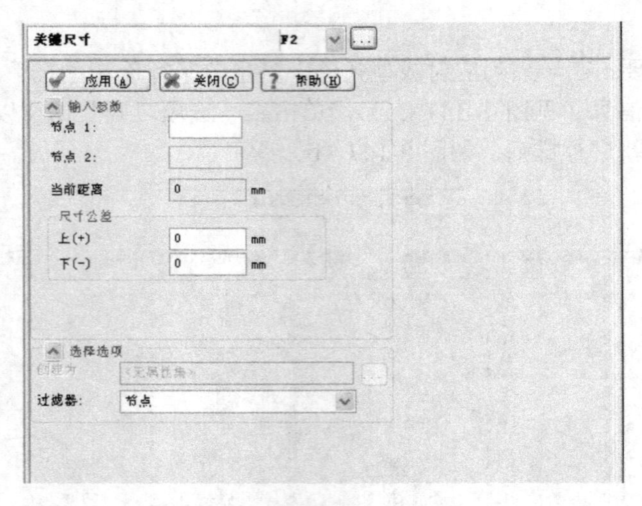

图 8-148 “关键尺寸”对话框

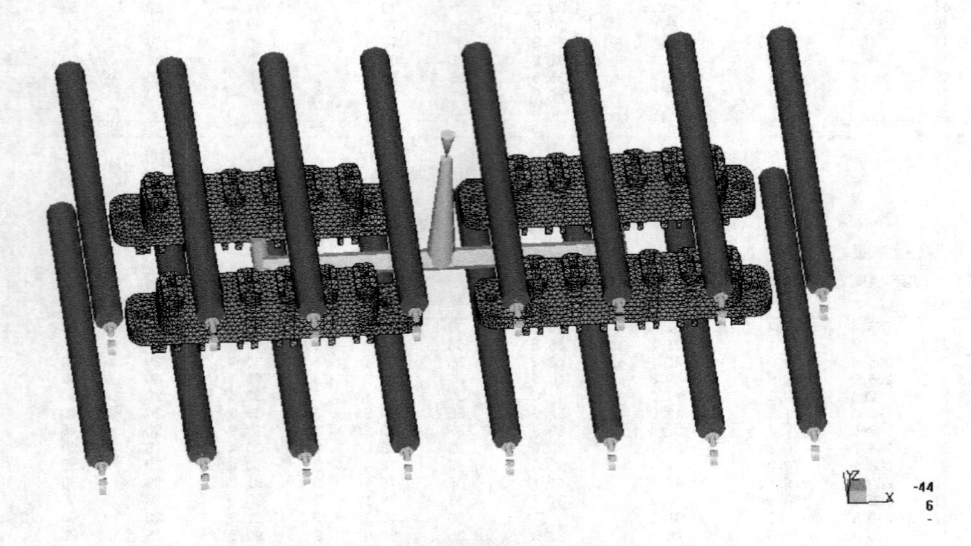

图 8-149 电刷盒浇注系统及冷却系统图

1）选择分析类型

双击任务视窗中的“充填”按钮，弹出“选择分析序列”对话框，选择“填充+保压+收缩”（本实例是要进行收缩分析），如图 8-150 所示，然后单击“确定”按钮。

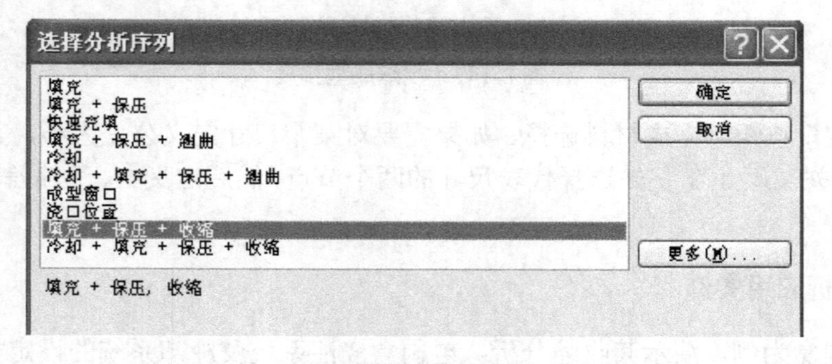

图 8-150 “选择分析序列”对话框

2）选择材料

双击任务视窗中的“选择材料”，出现如图 8-151 所示对话框。

单击“搜索”按钮，出现如图 8-152 所示对话框。

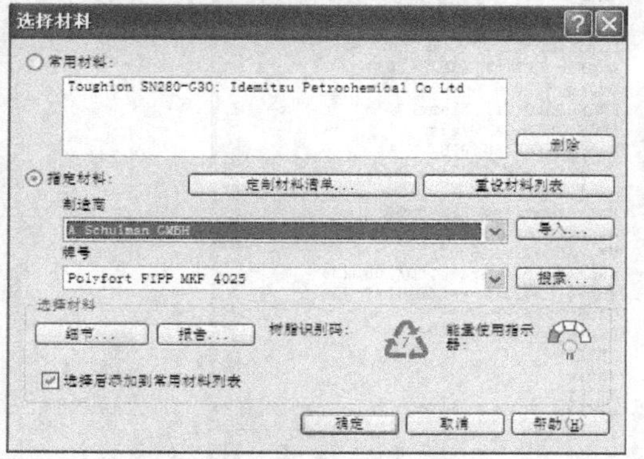

图 8-151　“选择材料”对话框

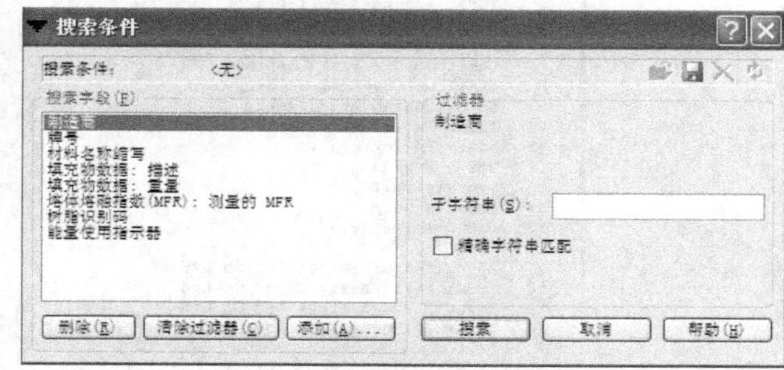

图 8-152　“搜索条件”对话框

单击“添加”按钮，在对话框中寻找有收缩属性的类型，其中包括体积收缩率、保压压力、保压时间、冷却时间、垂直收缩和平行收缩等，根据需要，选中其中一项，如图 8-153（a）、（b）所示。

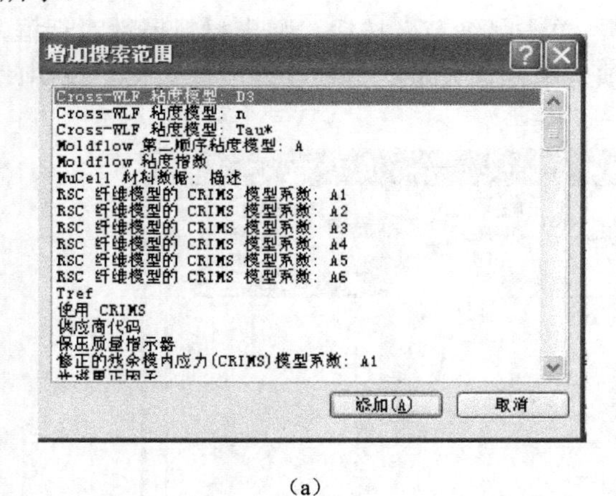

（a）

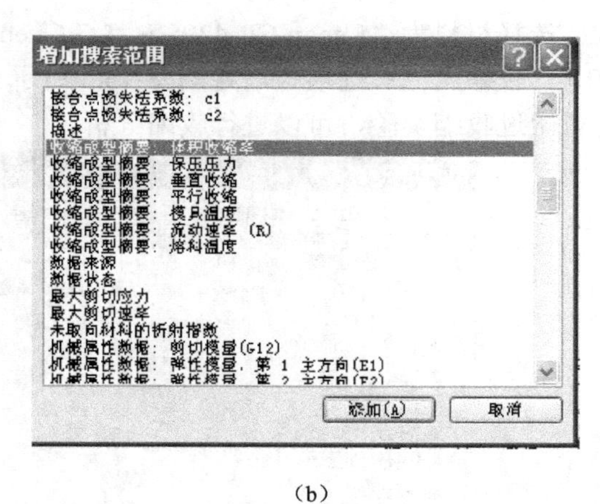

（b）

图 8-153　“增加搜索范围”对话框

单击“添加”按钮，弹出如图 8-154 所示对话框，单击“搜索”按钮，弹出如图 8-155 所示对话框，显示满足所设置的收缩率范围的材料。

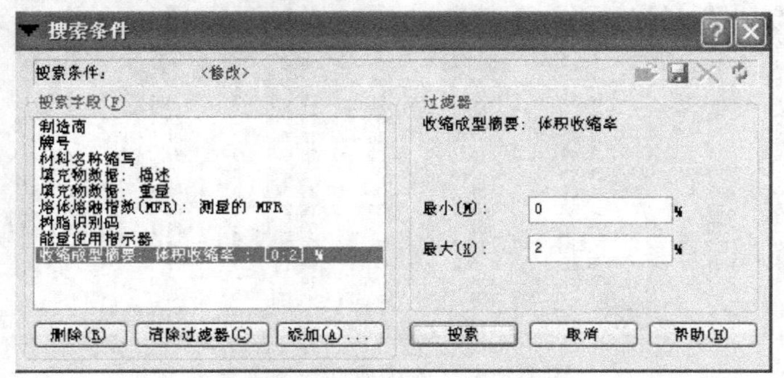

图 8-154　“搜索条件”对话框

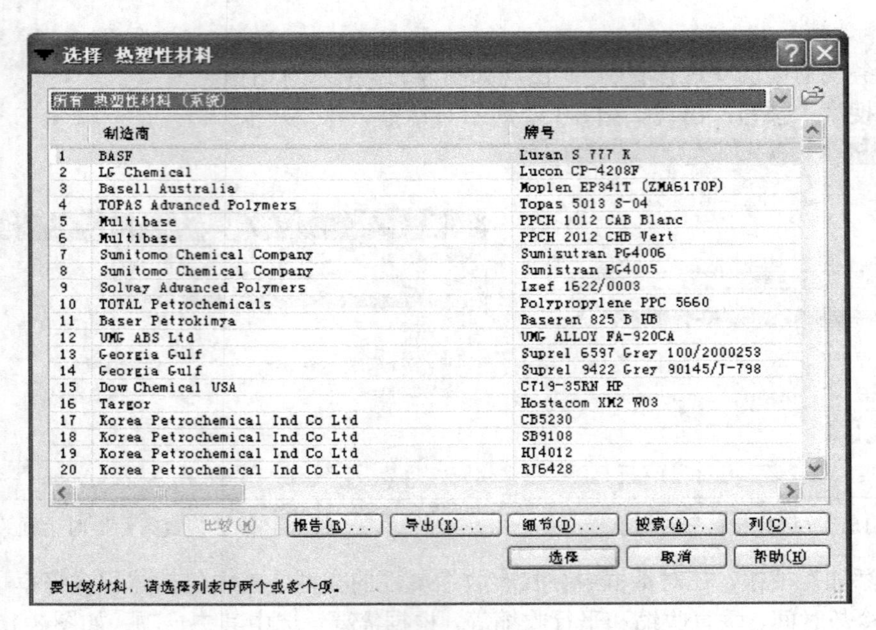

图 8-155 “选择热塑性材料”对话框

选择材料为“Lucon CP-4208F：LG Chemical”，单击“细节”按钮，弹出材料属性对话框，打开“收缩属性”选项卡，如图 8-156 所示。选项卡中包含大量的材料收缩属性数据，说明此材料做过收缩实验，可以进行收缩分析。

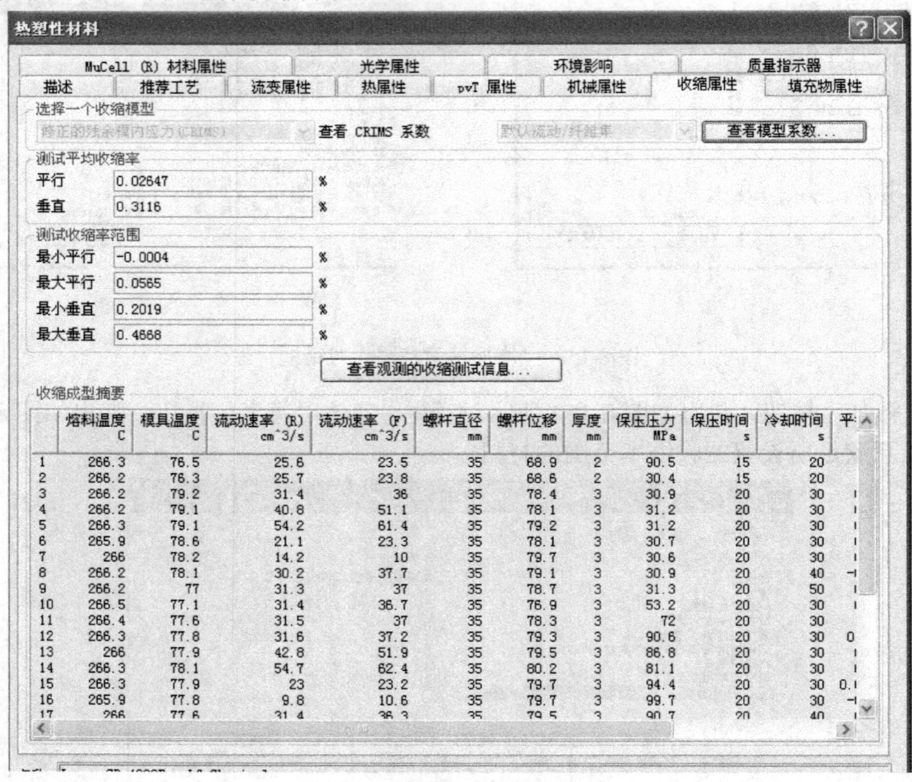

图 8-156 “收缩属性”选项卡

3）设置工艺参数

双击任务视窗中的“工艺设置（默认）”，弹出“工艺设置向导-填充+保压设置”对话框，所有参数均采用默认值。

4）分析计算

分析前处理结束后，分析任务视窗如图 8-157 所示。此时即可进行分析计算，双击任务视窗中的“开始分析！”按钮，求解器开始分析计算，整个求解器的计算过程基本由系统自动完成。

执行菜单命令“分析”→“任务管理器”，弹出如图 8-158 所示对话框，可以看到任务队列及计算进程。

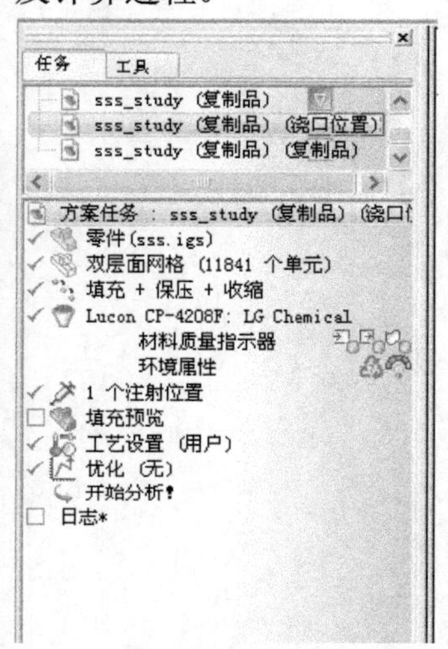

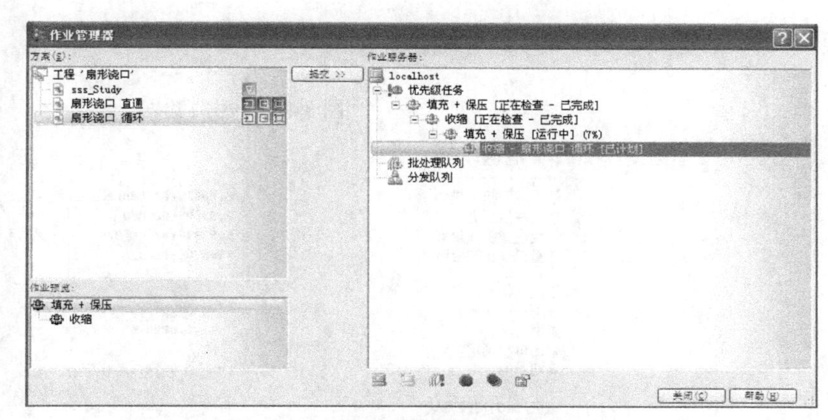

图 8-157　任务视窗　　　　图 8-158　“作业管理器”对话框

通过分析计算的分析日志，可以实时监控分析的整个过程。求解器参数如图 8-159 所示，材料数据如图 8-160 所示，注塑机参数如图 8-161 所示，模型细节如图 8-162 所示。

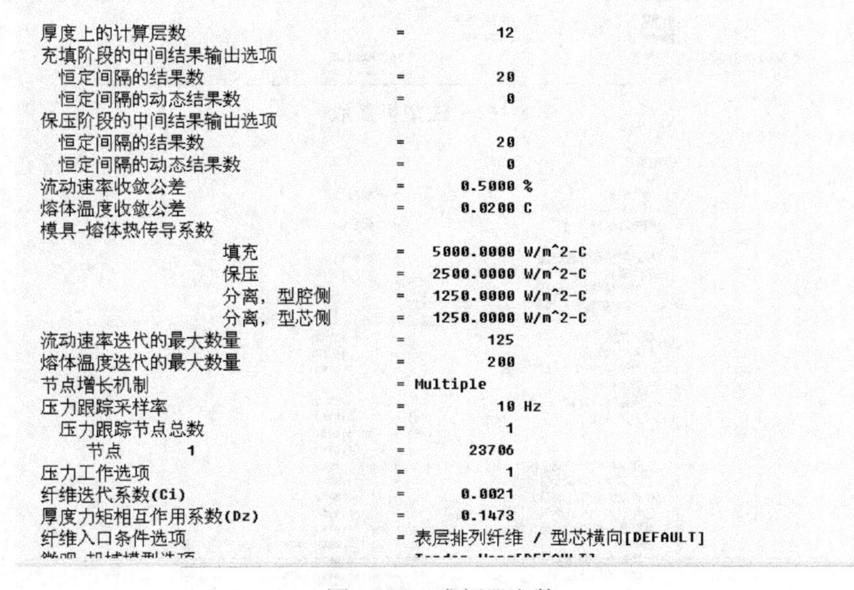

图 8-159　求解器参数

```
材料数据 :

  树脂   : Toughlon SN280-G30 : Idemitsu Petrochemical Co Ltd
  ---------
  pvT 模型:     两域修正 Tait
           系数: b5 =     416.2300 K
                          b6 =  3.3370E-07 K/Pa
                          液体阶段              固体阶段
                          --------------------------------
                          b1m =        0.0007  b1s =        0.0007 m^3/kg
                          b2m =   2.7890E-07  b2s =   1.1210E-07 m^3/kg-K
                          b3m =   3.3282E+08  b3s =   4.7768E+08 Pa
                          b4m =        0.0038  b4s =        0.0028 1/K
                                               b7  =        0.0000 m^3/kg
                                               b8  =        0.0000 1/K
                                               b9  =        0.0000 1/Pa

  比热(Cp)                              =    2080.0000 J/kg-C

  热传导率                              =       0.1870 W/m-C

  粘度模型:                Cross-WLF
                          系数: n     =       0.4118
                                TAUS  =   1.6089E+04 Pa
                                D1    =   3.1200E+11 Pa-s
                                D2    =     417.1500 K
```

图 8-160　材料数据

```
注塑机参数:
--------------------
最大注塑机锁模力                        = 7.0002E+03 tonne
最大注射压力                            = 1.8000E+02 MPa
最大注塑机注射率                        = 5.0000E+03 cm^3/s
注塑机液压响应时间                      = 1.0000E-02 s

工艺参数:
--------------------
充填时间                                =       1.8000 s
射出体积确定                            = 自动
周期时间                                  =      35.0000 s

速度/压力切换方式                       = 自动
保压时间                                =      14.0000 s
螺杆速度曲线(相对):
  % 射出体积           % 螺杆速度
  ----------------------------------
       0.0000           100.0000
     100.0000           100.0000
保压压力曲线(绝对):
       保压时间              压力
  ----------------------------------
      14.0000 s           15.7000 MPa
      14.2000 s            0.0000 MPa
环境温度                                =      25.0000 C
```

图 8-161　注塑机参数

```
模型细节 :

  网格类型                              = 双层面

  网格匹配百分比                        =  78.5 %

  相互网格匹配百分比                    =  78.0 %
  节点总数                              =       23909
  注射位置节点总数                      =           1
     注射位置节点标签是:
                                                            23706
  单元总数                              =       47562
    零件单元数                          =       47512
    主流道/流道/浇口单元数              =          50
    管道单元数                          =           0
    连接器单元数                        =           0
  分型面法线                       (dx) =      0.0000
                                   (dy) =      0.0000
                                   (dz) =      1.0000
  三角形单元的平均纵横比                =      2.1165
  三角形单元的最大纵横比                =     13.8394
  具有最大纵横比的单元数                =       38838
  三角形单元的最小纵横比                =      1.1562
  具有最小纵横比的单元数                =       10164
  总体积                                =    117.0447 cm^3
    最初充填的体积                      =      0.0000 cm^3
    要充填的体积                        =    117.0447 cm^3
```

图 8-162　模型细节

5）流动收缩分析结果解读

流动收缩分析完成后，分析结果会以文字、图形、动画等方式显示出来，同时在任务视窗中也会分类显示，如图 8-163 所示。

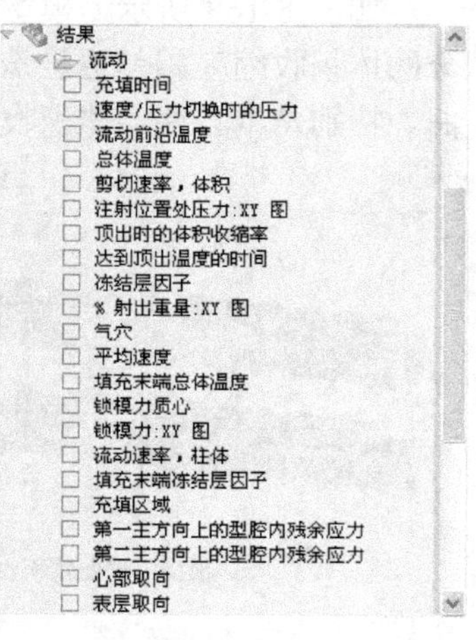

图 8-163　分析结果

6）对分析日志的分析结果进行解读

在分析日志中经常会出现网络模型或参数设置的“警告”和“错误”信息，用户可以根据这些信息，对塑件模型和相关参数设置进行相应的修改和完善，从而使分析结果更为可靠，更接近实际生产情况。

如图 8-164 所示为收缩分析结果中的一个“警告”信息，警告该模型双层面网格的网格匹配和相互网格匹配百分比较低，这可能会影响结果的精确性。若要识别零件的匹配很差的区域，请使用“网格”菜单中的“双层面网格匹配诊断”。若要改进网格匹配，请在原始 CAD 模型中使用“匹配节点”网格工具重新划分零件的网格。

** 警告 98988 ** 双层面网格的网格匹配百分比 (78.5%) 和相互网格匹配
百分比 (78.0%) 低于
推荐的最小值 85%。

图 8-164　收缩分析结果

7）对流动收缩分析分析结果进行解读

（1）充填时间和流动前沿温度。如图 8-165 所示为模型的充填时间结果，如图 8-166 所示为模型的流动前沿温度结果。流动前沿的温度与选择的材料相关。

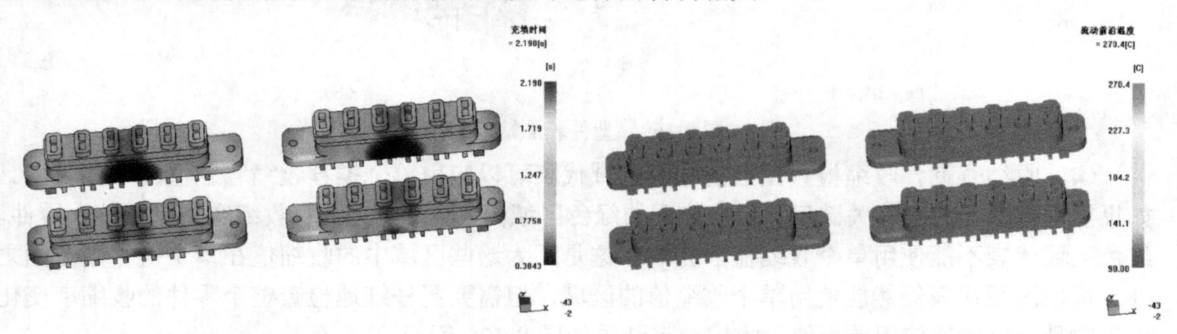

图 8-165　充填时间结果　　　　图 8-166　流动前沿温度结果

（2）体积收缩率。如图 8-167 所示为模型顶出时的体积收缩率结果。由体积收缩绘图图示及结果查询工具查询的结果可以看到，此塑件的凸起与左右平台在注射时体积收缩率相差较大，接近 4%。

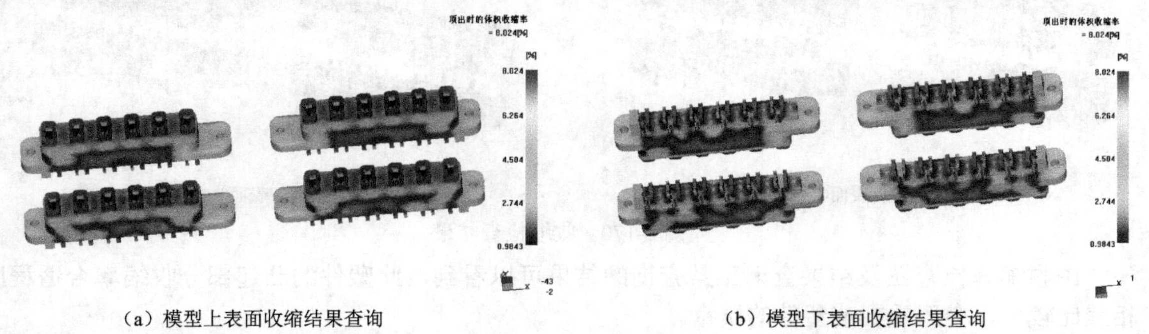

（a）模型上表面收缩结果查询　　　　（b）模型下表面收缩结果查询

图 8-167　顶出时的体积收缩率结果

如图 8-168 所示为模型的体积收缩率结果。图中显示，在冷却达到 31.98s 时，塑件各个部分的体积收缩率相差更悬殊，最大达到 9.36%。注塑件各部分收缩率相差太大，会引起塑件翘曲。特别是本塑件，体积收缩率相差太大，会严重影响塑件的外观形状尺寸。

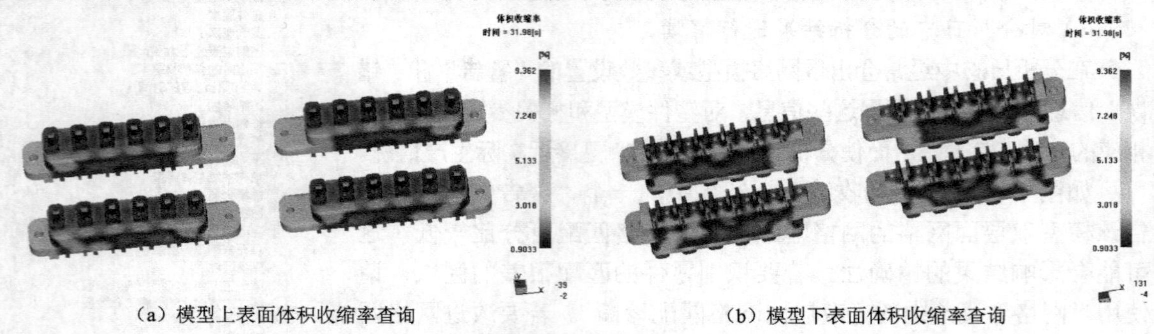

（a）模型上表面体积收缩率查询　　（b）模型下表面体积收缩率查询

图 8-168　体积收缩率结果

（3）塑件表面缺陷。如图 8-169 所示为塑件的表面缺陷结果。熔接线和气穴缺陷都集中在塑件凸起区域。该处气穴可通过设置小型芯来解决。

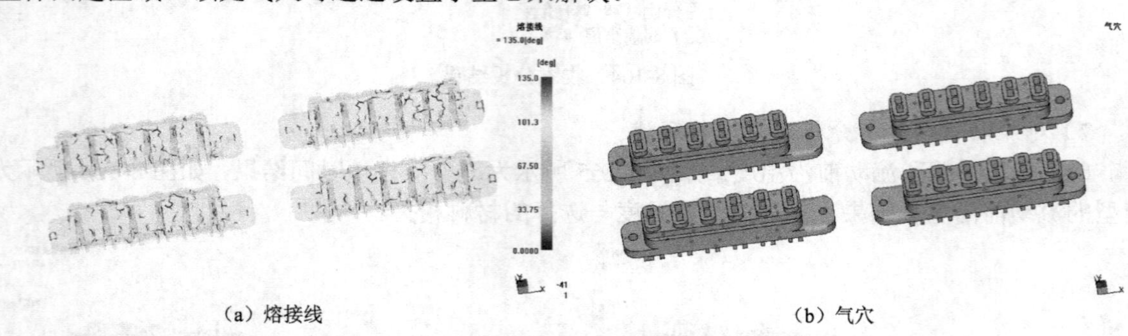

（a）熔接线　　（b）气穴

图 8-169　塑件表面缺陷结果

（4）收缩查询。收缩检查图上的绿色区域代表可以应用单个推荐收缩容差值的零件区域。如果零件模型上的所有关键尺寸都在该图的绿色区域内，则可将总推荐收缩容差用于整个零件。红色区域代表不能使用单个收缩值的区域。这是因为这些区域中的收缩值在单个值有效范围之外。黄色区域代表仍然能使用单个收缩值的区域，但需要更仔细地检查整个零件的收缩率变化以确定是否可确信使用单个值。收缩检查结果如图 8-170 所示。

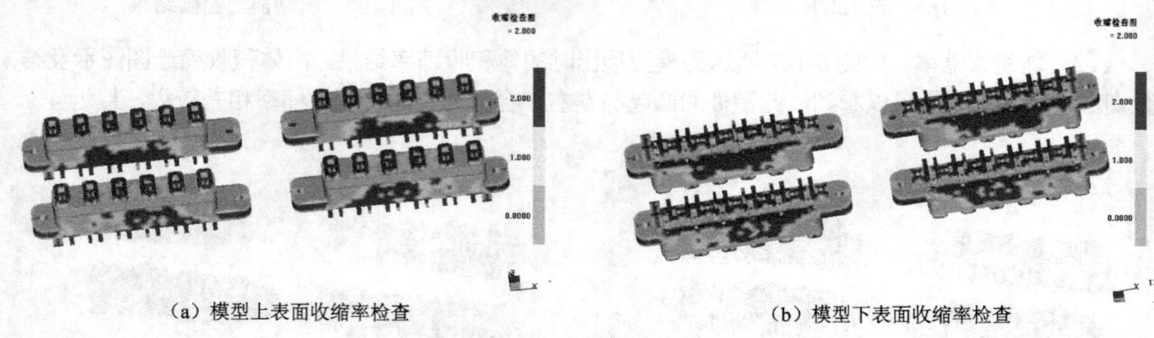

（a）模型上表面收缩率检查　　（b）模型下表面收缩率检查

图 8-170　收缩检查结果

由收缩率检查图及结果查询工具查询的结果可以看到，此塑件的凸起部分收缩率合适程度相差比较大，会严重影响塑件的质量。

第9章　Moldflow案例分析

9.1　录音机前面板案例分析

录音机前面板塑件如图9-1所示。

图9-1　录音机前面板塑件

录音机前面板塑件主要缺陷有：流道太多，尺寸较大，废料率高，所需冷却时间长。解决上述问题主要采用下面的优化方案：

（1）优化浇注系统，确定最佳浇口位置和流道尺寸，缩短注塑循环时间，节省材料。

（2）优化冷却系统，缩短注塑循环时间；确定最佳成型工艺条件；以此过程为基础，制定设计同类产品的标准程序。

塑件材料采用LG Chemical 401AF（HIPS），其基本属性如下：

- 热传导系数：0.15W/m/℃
- 推荐注射温度：200.0℃
- 比热：1507.0J/kg/℃
- 推荐模具温度：50.0℃
- 熔体密度：1045.2kg/m^3
- 许可剪切应力：0.30MPa
- 顶出温度：75.0℃
- 许可剪切速率：40000s^{-1}

成型工艺条件如下：

- 模具温度：50.0℃
- 熔体温度：200.0℃
- 注射时间：2.0s
- 冷却水温度：30℃
- 冷却时间：30.0s
- 开模时间：12.0s
- 保压曲线：

压力[MPa]	时间[s]
40.0	0.0
40.0	4.0
0.0	4.0
0.0	30.0

9.1.1 方案一（原始浇注系统）

采用如图 9-2 所示的浇注系统，所有的流道尺寸相同。圆圈处的浇口为侧浇口，其余为点浇口。该浇注系统的缺点是：流道太厚、太多。

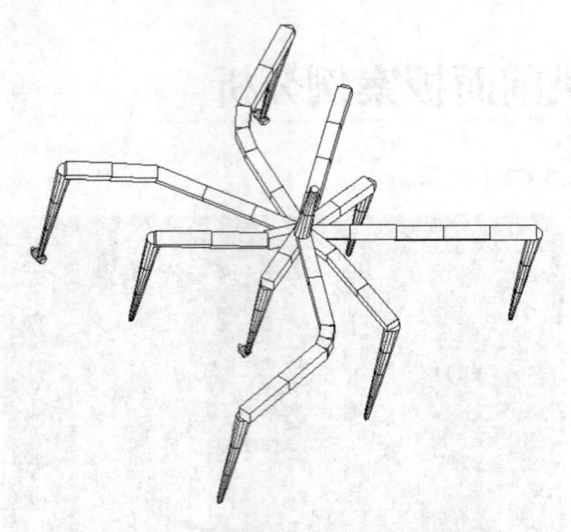

图 9-2 方案一浇注系统（原始浇注系统）

（1）充填过程如图 9-3 所示。

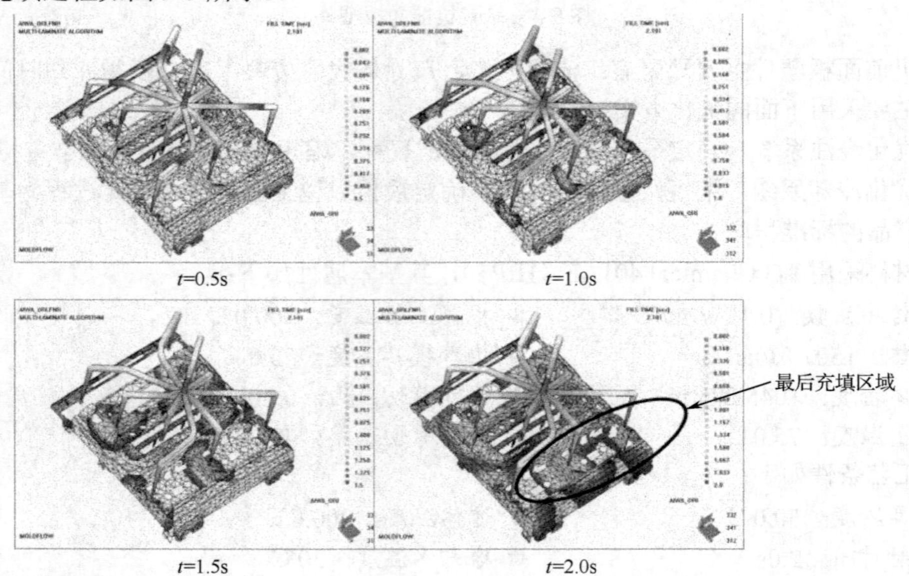

图 9-3 充填过程

可以看出：流动不平衡，在制品底部表现尤为明显。

（2）压力分布如图 9-4 所示。

在充填末端压力最大（图中圆圈处），大约为 48MPa。

（3）注射压力曲线和锁模力曲线如图 9-5 所示。

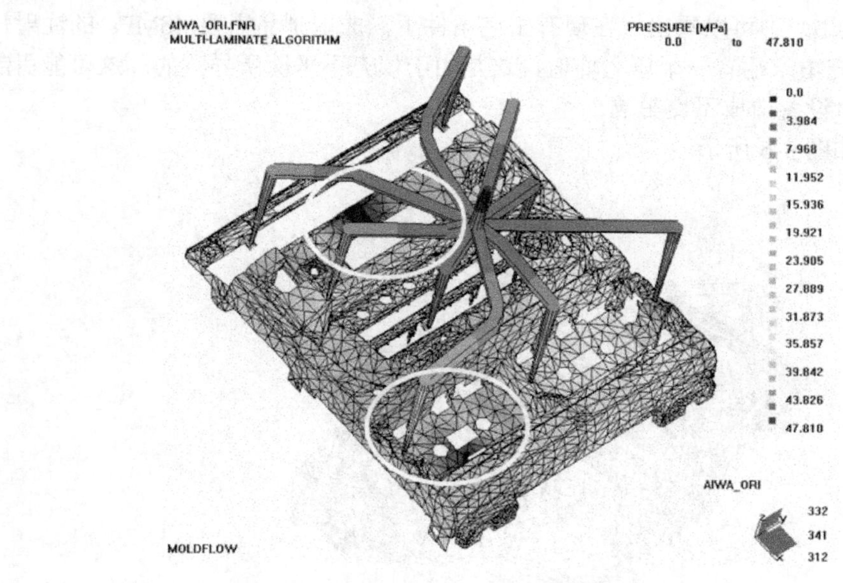

图 9-4 压力分布

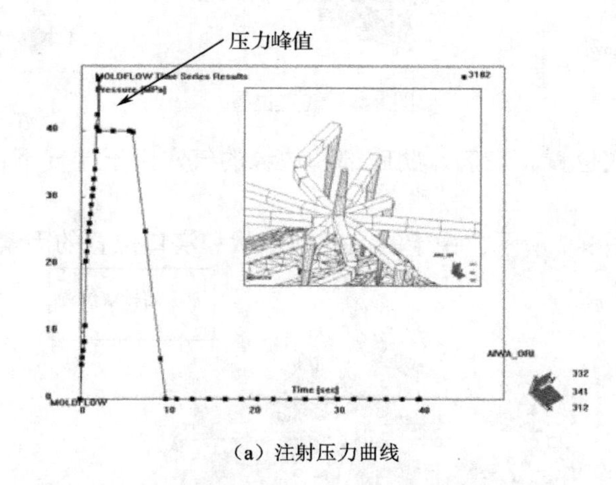

（a）注射压力曲线

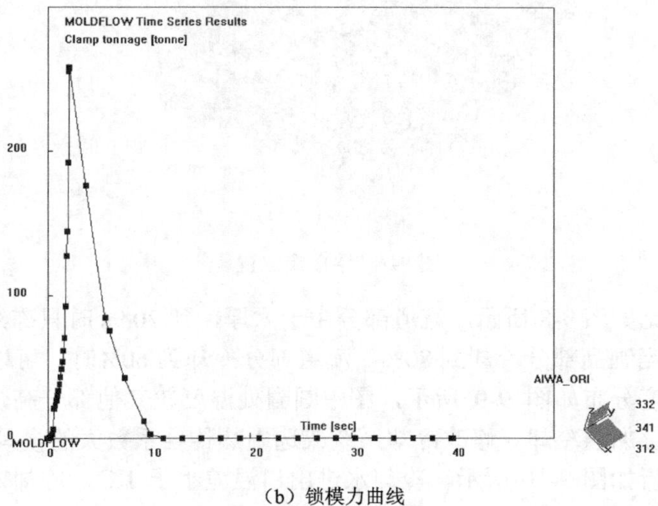

（b）锁模力曲线

图 9-5 注射压力曲线和锁模力曲线

从图 9-5（a）、（b）中可以看出，在现有工艺条件下，成型制品需要 48MPa 的注射压力和 255t 的锁模力。在充填末端有一个压力峰值，这是由于填充不平衡所导致的。这可能引起对注塑机的瞬时冲击，对设备造成不良影响。

（4）气穴位置如图 9-6 所示。

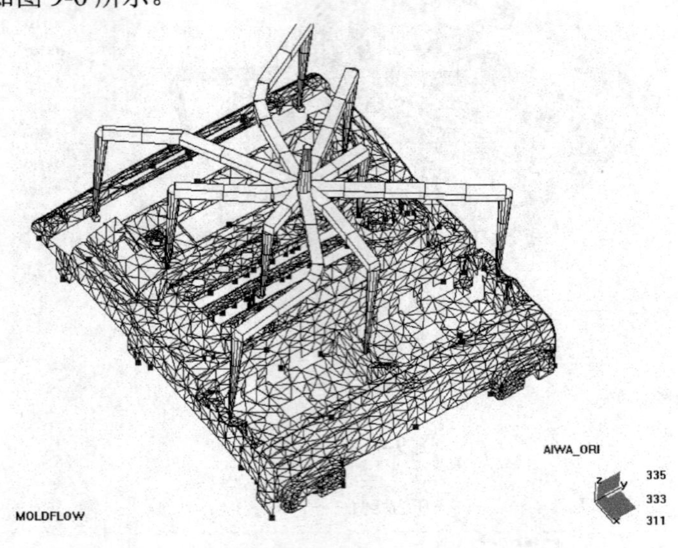

图 9-6 气穴位置

图中方点部位为气穴位置。在筋、肋底部和边缘的气穴由于排气不良，将导致充填不满和烧焦。

（5）熔接痕位置如图 9-7 所示。由于制品几何形状和浇口位置的因素，产生了许多熔接痕。

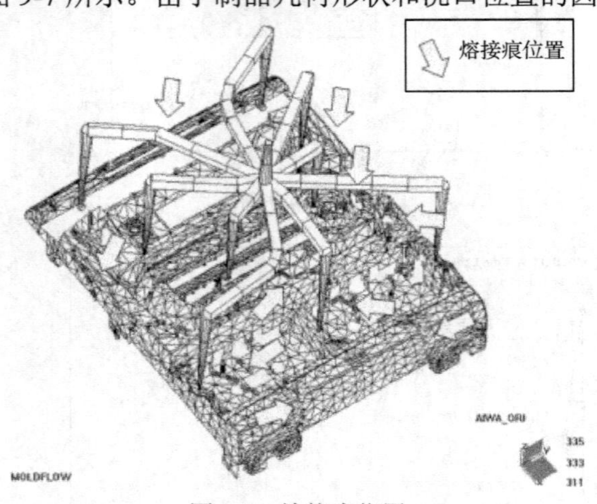

图 9-7 熔接痕位置

（6）冷冻层百分比如图 9-8 所示，流道部分由于太厚，到 20.9s 时只冻结了 35%，到 30s 时冻结了 45%。通常，当制品部分冷却到 80%，流道部分冷却到 60%时，可以顶出制品。

（7）制品表面温度分布如图 9-9 所示，图中圆圈处温度较其他部分高，为了得到更均匀的冷却，需要在上述部位加强冷却（修改冷却系统或选用热传导系数大的模具材料）。

（8）冷却水道分析如图 9-10 所示，冷却水进出口温差小于 1℃，冷却效率高。要达到这个效果，需要 25kPa 的压力和 5L/min 的体积流率。

Time = 20.90 sec

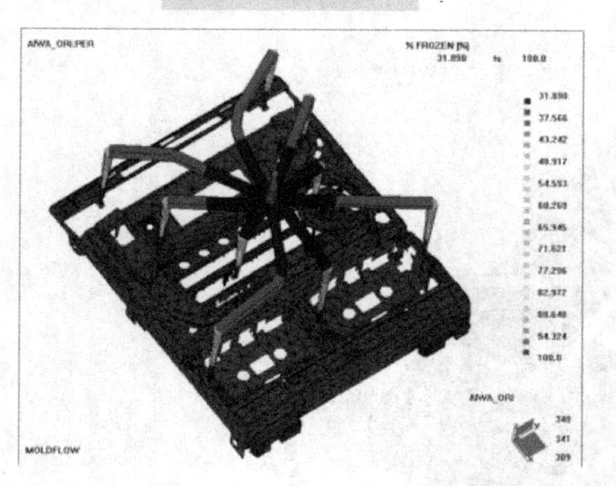

Time = 30 sec

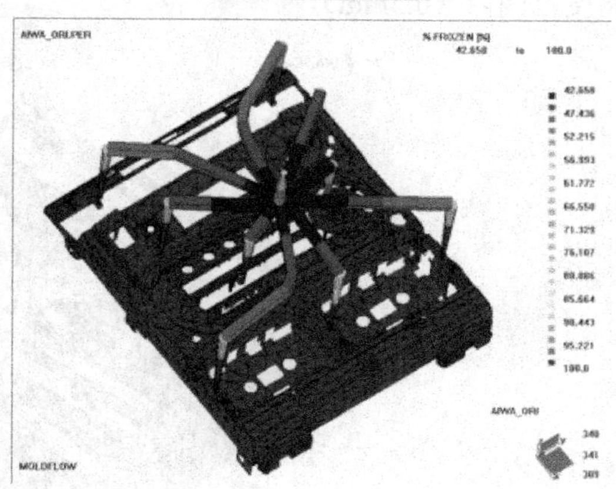

图 9-8　冷冻层百分比

定模侧温度分布

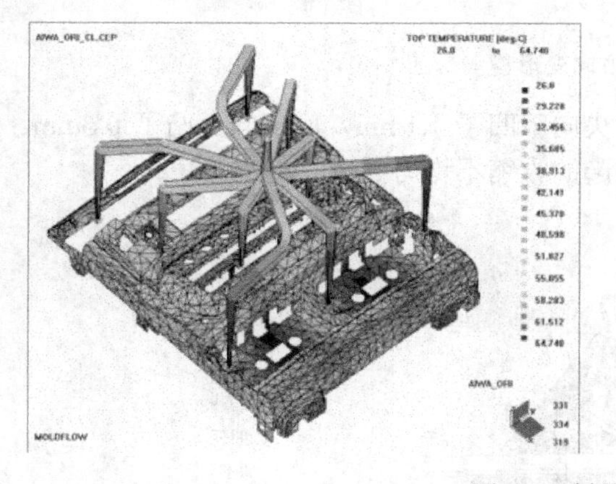

动模侧温度分布

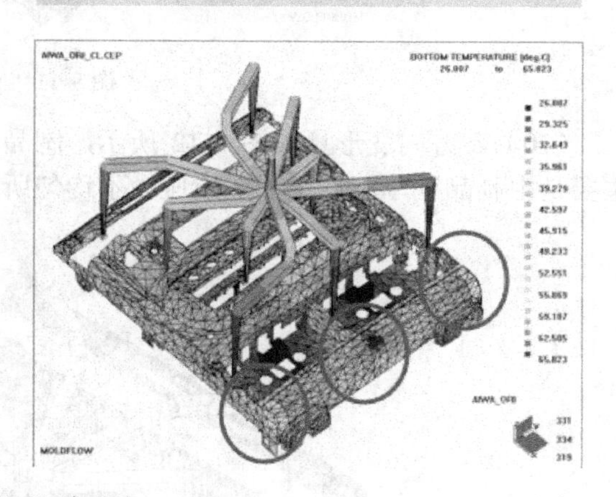

图 9-9　制品表面温度分布

冷却水温度分布

冷却水压力分布

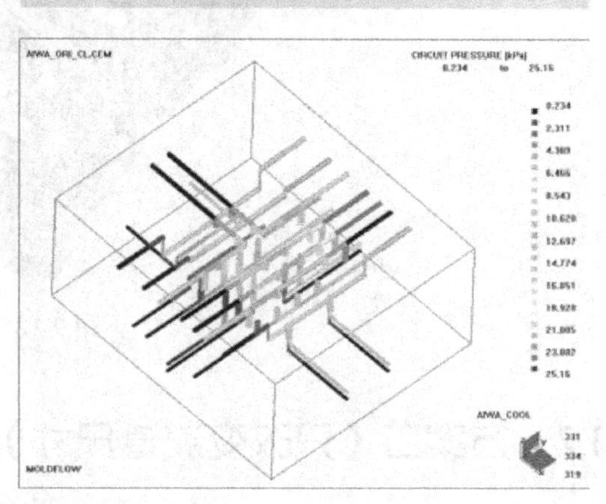

图 9-10　冷却水道分析

（9）Y 方向变形量如图 9-11 所示，产品底部（箭头所指处）向里收缩了约 0.35mm，在设计精度范围内（0.5mm）。

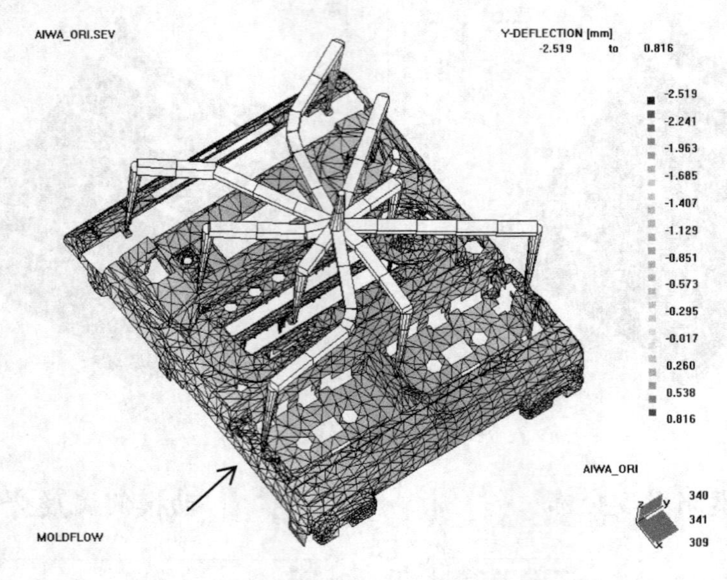

图 9-11　Y 方向变形量

（10）Z 方向变形量如图 9-12 所示，制品中央向下凹了 1.1mm，底部向上凸了 0.6mm。这主要是由制品壁厚不均匀和保压压力不均匀所引起的收缩不均匀导致的。

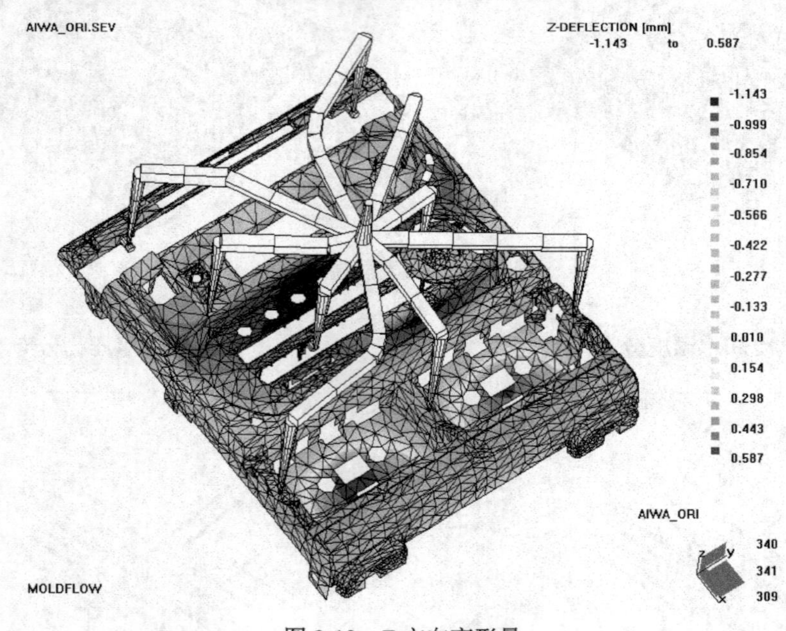

图 9-12　Z 方向变形量

9.1.2　方案二（只改变流道尺寸）

浇注系统如图 9-13 所示，保留原有浇注系统分布位置，减小流道尺寸，希望达到节省材料、缩短冷却时间的目的。

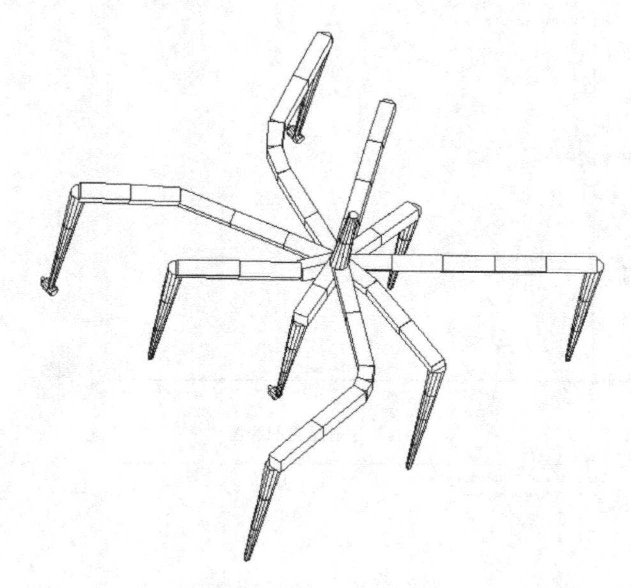

图 9-13 方案二浇注系统

（1）充填情况。充填不平衡，由于没有改变浇口位置和流道分布，充填情况与原始方案很接近。制品中央部分将过保压。压力、温度、熔接痕、气穴、变形量等均与原始方案很接近，如图 9-14 所示。

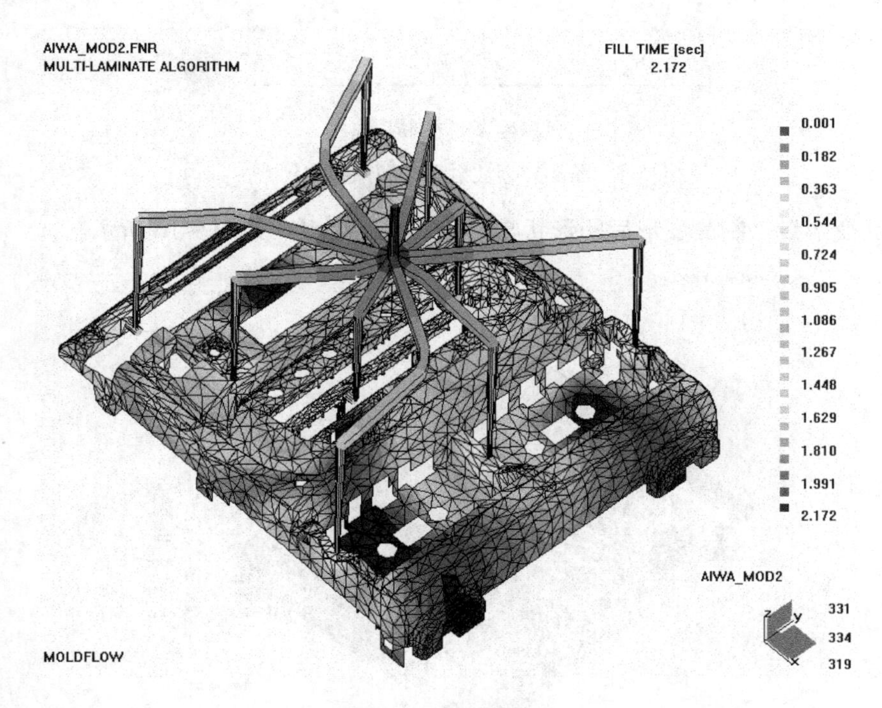

图 9-14 充填情况

（2）注射压力和锁模力。如图 9-15 所示，注射压力和锁模力分别比原始方案增加了 10MPa 和 100t（因减小了流道尺寸）。

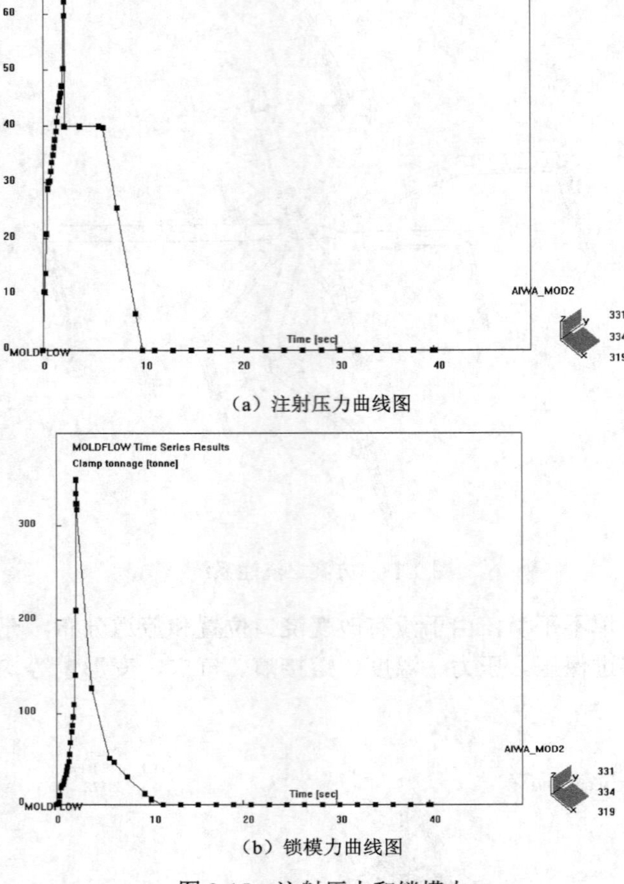

（a）注射压力曲线图

（b）锁模力曲线图

图 9-15　注射压力和锁模力

（3）制品变形量。制品变形后的形状与原始方案很接近，如图 9-16 所示。

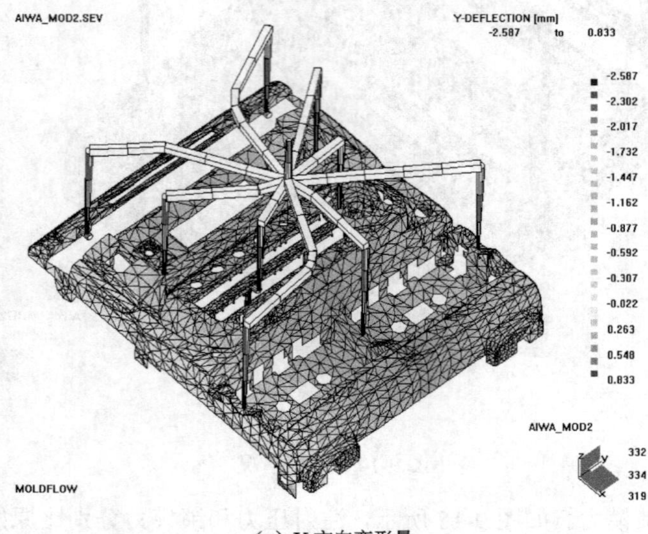

（a）Y 方向变形量

图 9-16　变形量

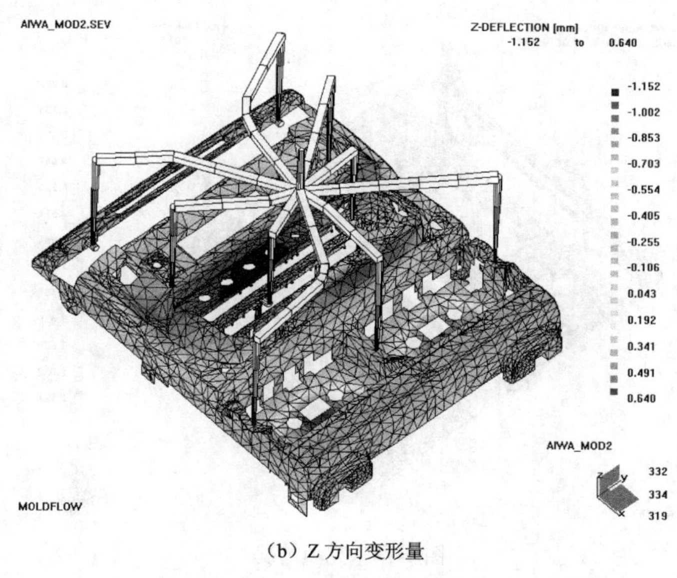

（b）Z 方向变形量

图 9-16　变形量（续）

9.1.3　方案三（改变浇注系统）

如图 9-17 所示，简化了流道分布并减小了流道尺寸。

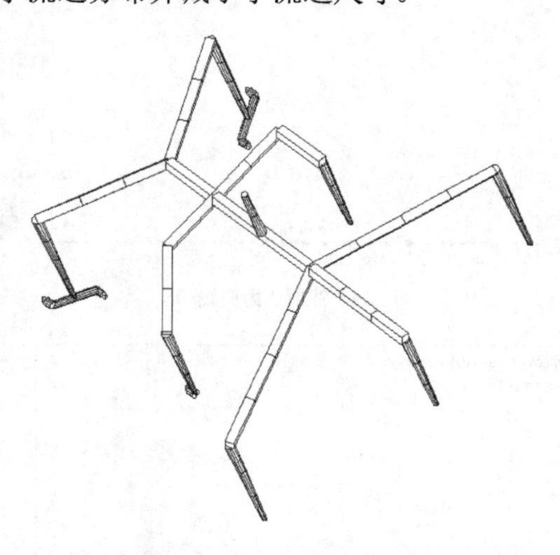

图 9-17　方案三（改变浇注系统）

（1）充填情况。如图 9-18 所示，充填仍然不均匀，但比方案一、二有了改善。因为充填更均匀，注射压力和锁模力将减小。

（2）注射压力和锁模力。如图 9-19 所示，最大锁模力为 298t，比方案二低（355t）（因为填充更均匀）。

（3）冻结情况。如图 9-20 所示，在同一时间（20.9s），按方案三生产的制品已全部冻结，流道冻结了 60%，比原始方案（40s）缩短了 19s；而原始方案却只有 35%。因此，在 21～24s 时可开模。

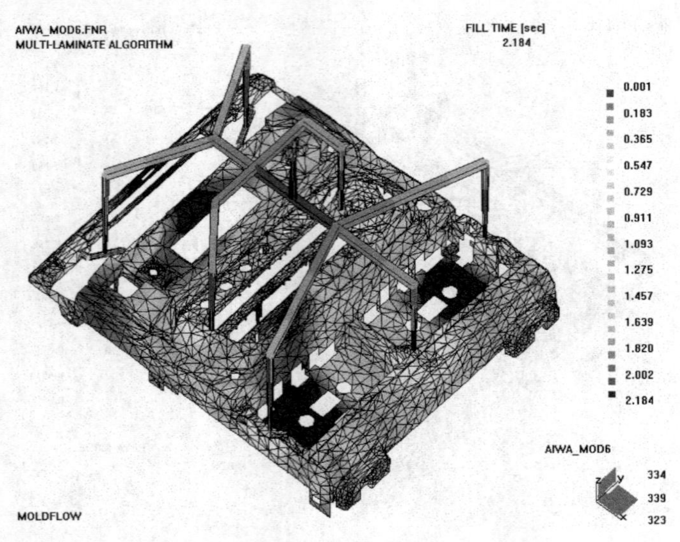

图 9-18　充填情况

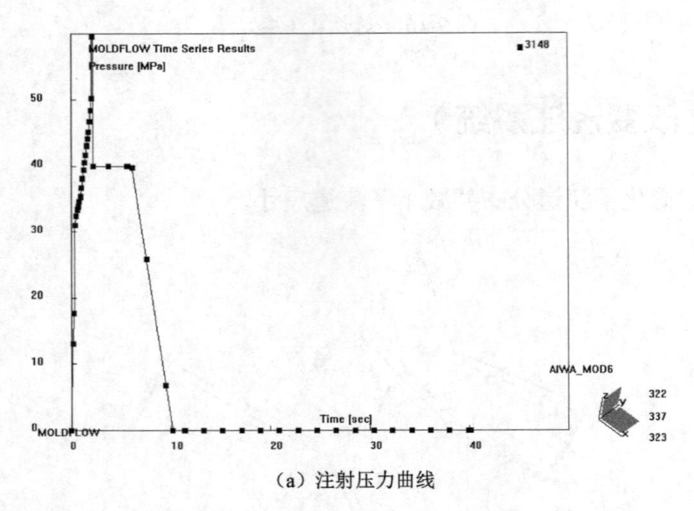

（a）注射压力曲线

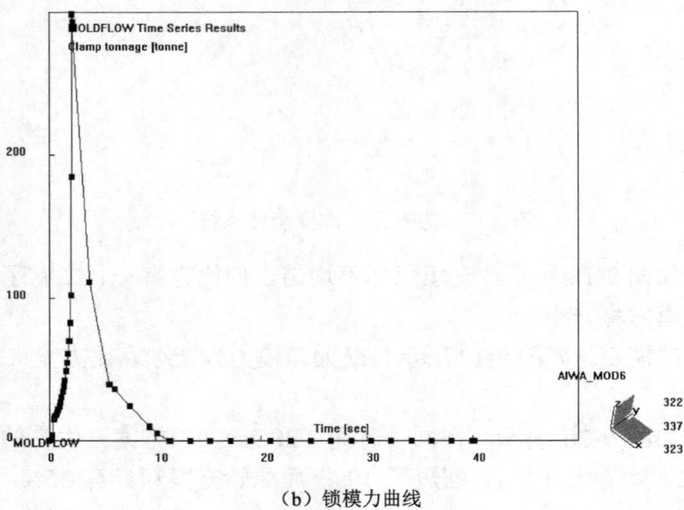

（b）锁模力曲线

图 9-19　注射压力和锁模力

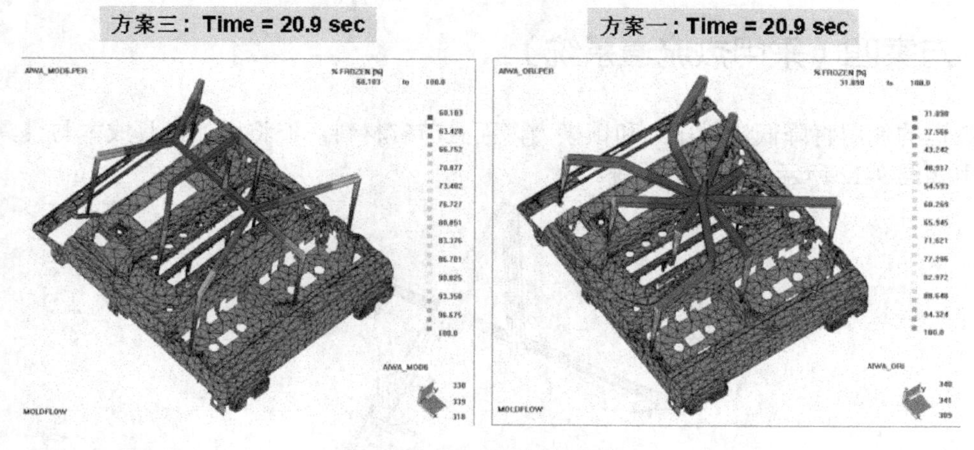

图 9-20　冻结情况

（4）变形情况。如图 9-21 所示，制品变形后的形状与原始方案很接近，但变形量减小了 10%。

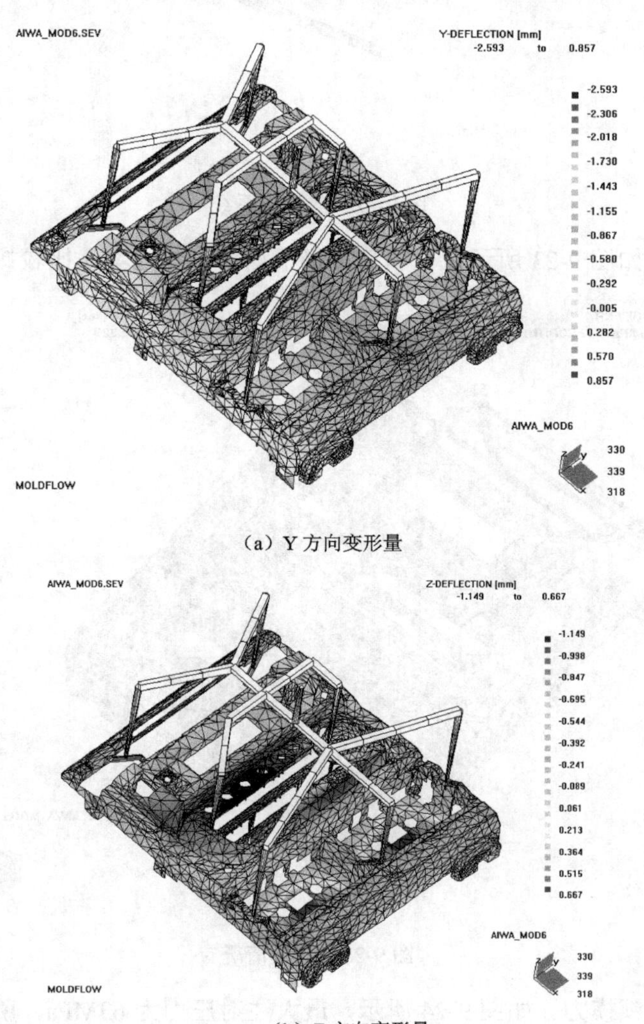

（a）Y 方向变形量

（b）Z 方向变形量

图 9-21　变形情况

9.1.4 方案四（采用热流道系统）

热流道的使用将降低注射压力和锁模力，而且节省材料，但将增加模具成本与模具维护费用。采用如图 9-22 所示的热流道系统。

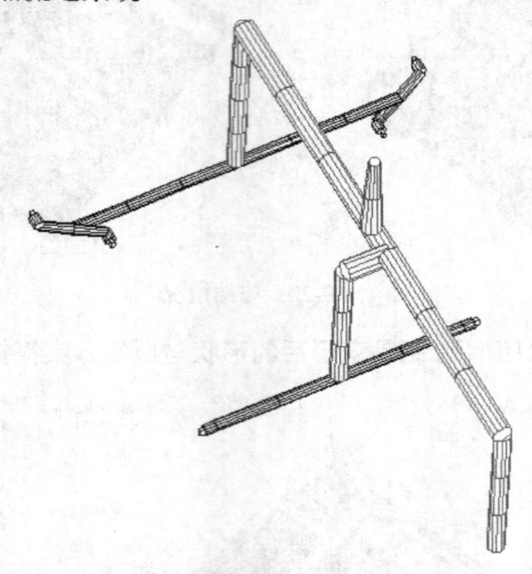

图 9-22 热流道系统

（1）充填情况。如图 9-23 所示，充填情况仍不均匀，与方案一比较接近。

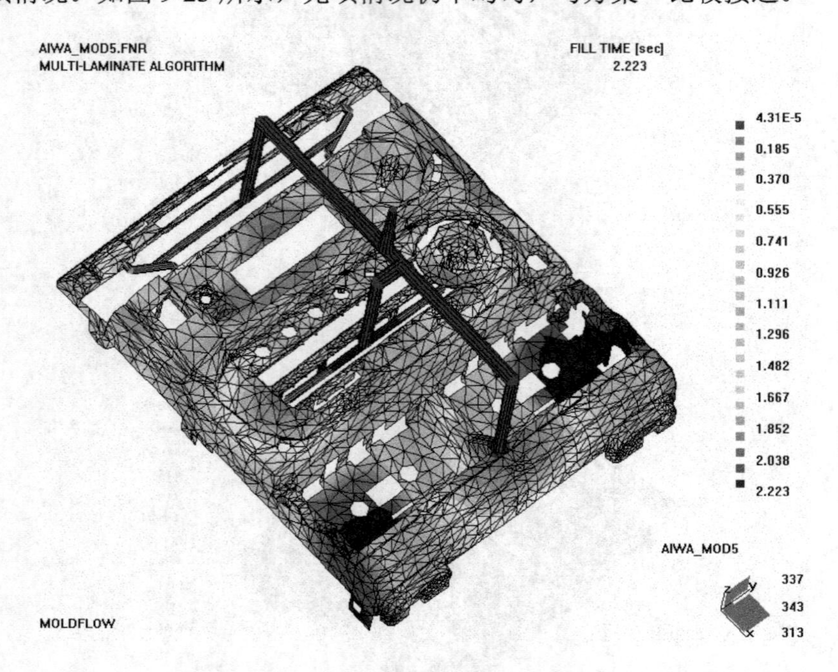

图 9-23 充填情况

（2）注射压力与锁模力。如图 9-24 所示，最大注射压力为 63MPa，所需锁模力为 276t，比原始方案（255t）大。这是减少了浇口数目所导致的。

（3）变形情况。如图 9-25 所示，制品变形后的形状和变形量都与原始方案很接近。

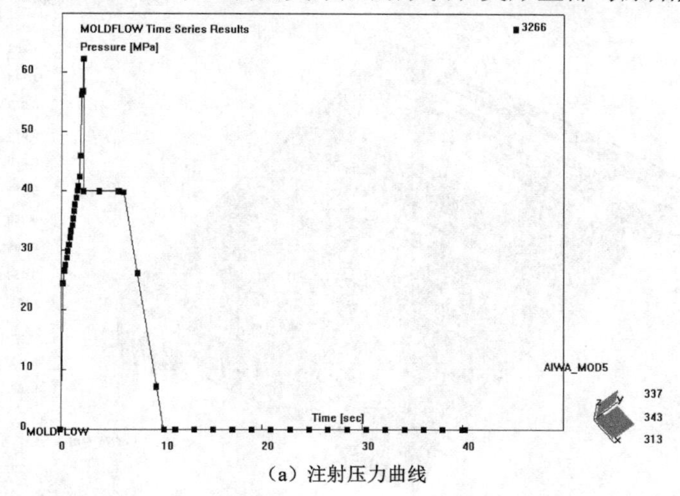

（a）注射压力曲线

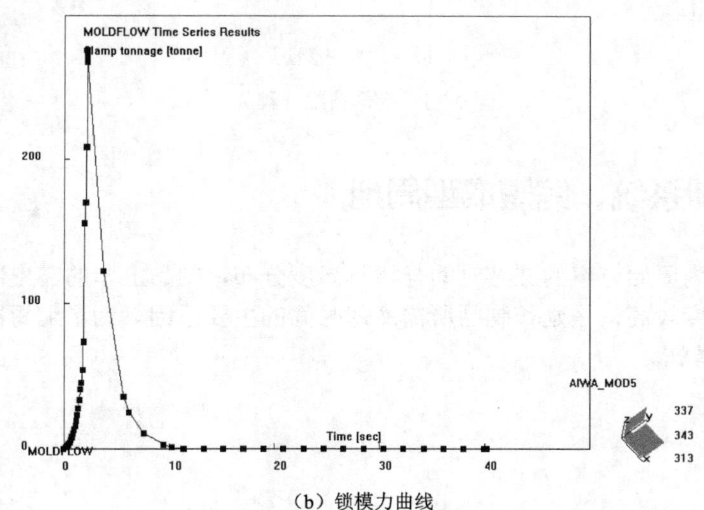

（b）锁模力曲线

图 9-24　注射压力与锁模力

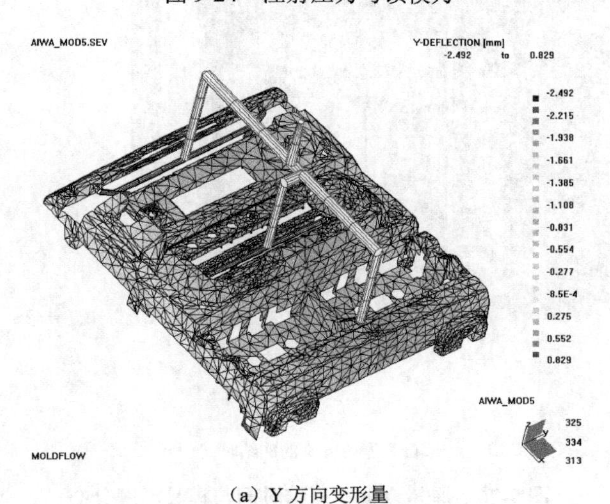

（a）Y 方向变形量

图 9-25　变形情况

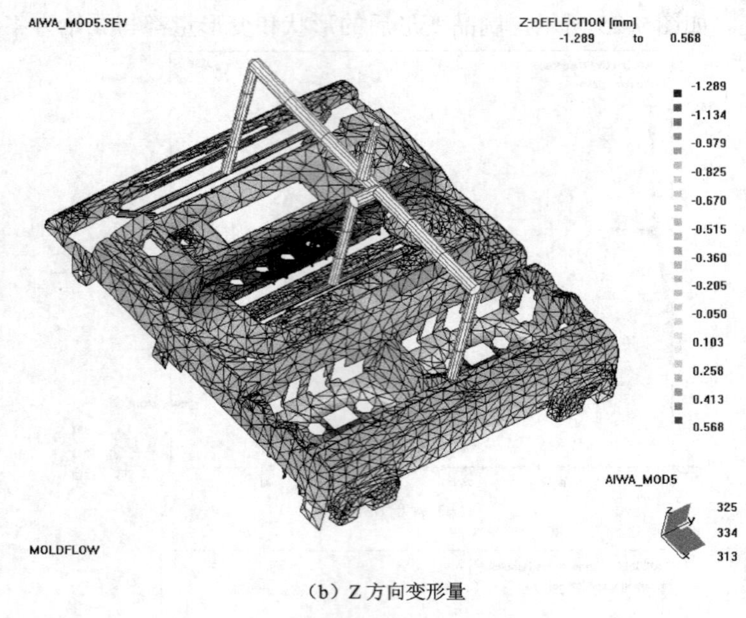

（b）Z 方向变形量

图 9-25　变形情况（续）

9.1.5　优化冷却系统，缩短成型周期

如图 9-26 所示为原始方案的冻结时间与模具温度分布，制品上厚的突出部分的冻结时间达 33s，因这些部位温度较高，是延长制品所需冷却时间的主要原因。为了缩短冷却时间，必须在上述部位增加冷却措施。

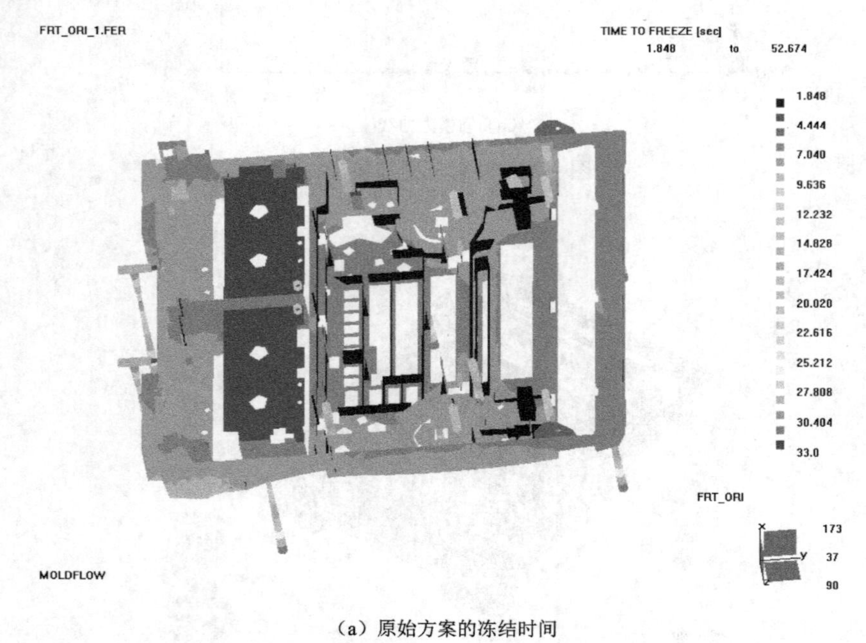

（a）原始方案的冻结时间

图 9-26　原始方案的冻结时间与模具温度分布

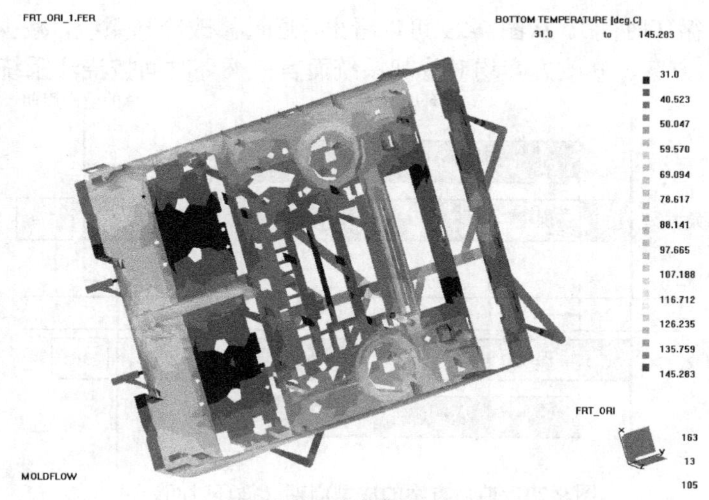

（b）原始方案的模具温度分布

图 9-26 原始方案的冻结时间与模具温度分布（续）

对冷却系统进行修改，修改后的冷却系统如图 9-27 所示。

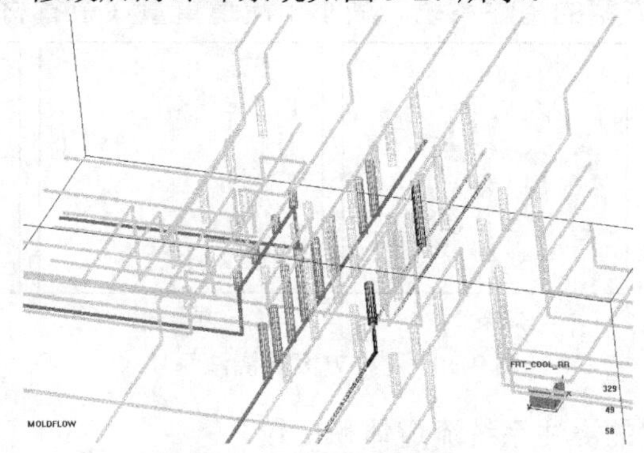

图 9-27 修改后的冷却系统

（1）实际冷却时间（修改方案）。如图 9-28 所示，修改后，只需要 22s 就可以冷却了。

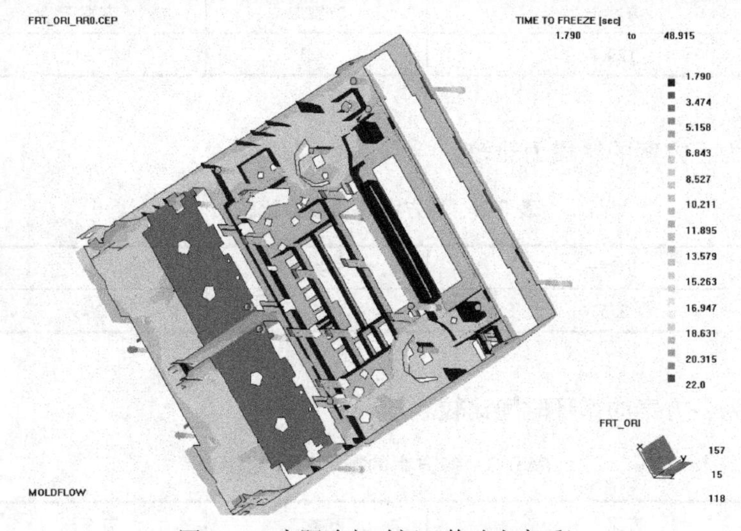

图 9-28 实际冷却时间（修改方案后）

（2）成型周期（循环时间）。从图 9-29 可以看出，通过修改冷却系统，减少了 11s（47s−36s）冷却时间（此处原始方案、修改方案均对冷却系统而言；循环时间按浇注系统方案三计算）。

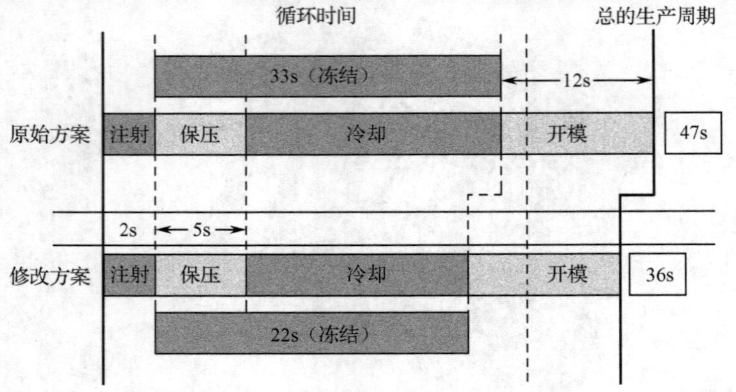

图 9-29　前后方案的成型周期（循环时间）

总结：

1）简化了浇注系统

如图 9-30 所示是 4 种方案的浇注系统。减小了流道重量（节省材料），更容易加工。

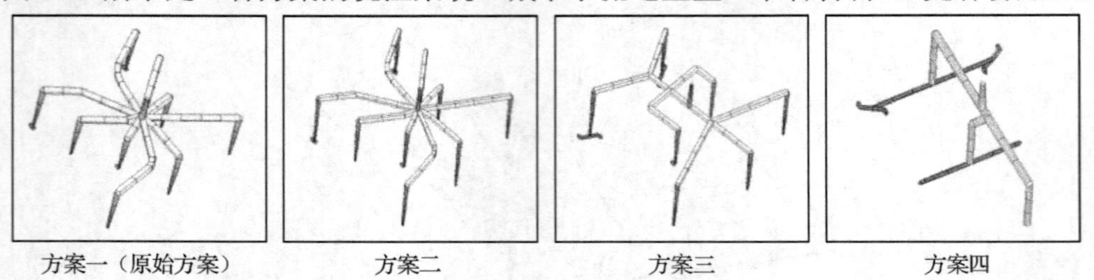

方案一（原始方案）　方案二　方案三　方案四

图 9-30　4 种方案的浇注系统

如表 9-1 所示为各方案的浇注系统流道体积比较。

表 9-1　各方案的浇注系统流道体积比较

方　案	方案一	方案二	方案三	方案四
流道体积（cm^3）	129.4	64.3	52.1	7.5

2）锁模力比较

如表 9-2 所示为各方案的锁模力比较。

表 9-2　各方案的锁模力比较

方　案	方案一	方案二	方案三	方案四
锁模力（t）	255	355	298	276

3）循环时间

如表 9-3 所示为各方案的循环时间比较。

表 9-3　各方案的循环时间比较

方　案	方案一	方案二	方案三	方案四
循环时间（s）	54	43	36	30

图 9-31 所示为优化前后的浇注系统。从上述表格和图可得出结论：

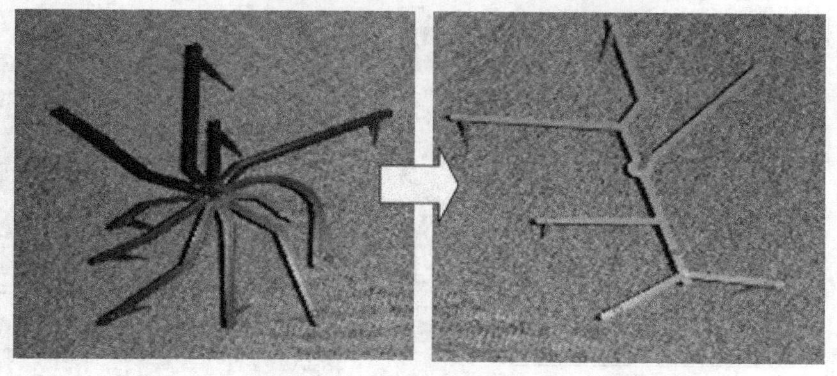

图 9-31 优化前后的浇注系统

- 不推荐使用热流道。原因是模具成本上升，充填依然不均匀。
- 变形量在设计精度范围内。
- 通过修改浇注系统和冷却系统，可缩短生产周期。

9.2 变形案例分析

（1）本案例的分析塑件如图 9-32 所示，原始方案（方案一）的浇口已经在图中标示出来了。

（2）方案一塑件的充填分析如图 9-33 所示。

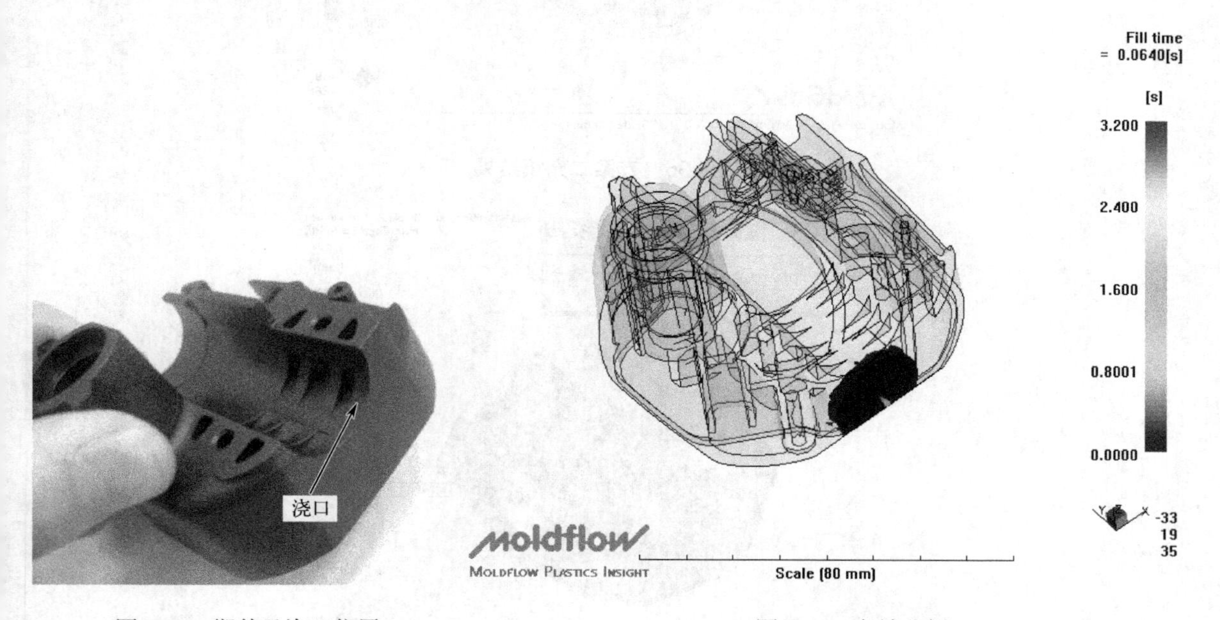

图 9-32 塑件及浇口位置　　图 9-33 充填分析

（3）如图 9-34 所示，可以看出塑件的变形范围为-0.266～0.308mm，实际产品变形为 1.8mm，如图 9-35 所示。

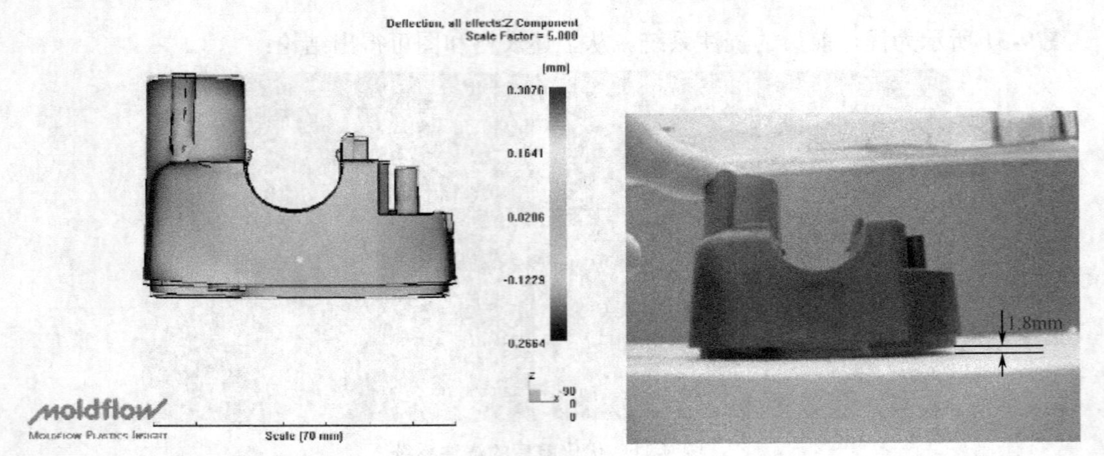

图 9-34　方案一变形情况　　图 9-35　方案一实际变形

（4）方案二充填结果如图 9-36 所示，其对应的变形范围为-0.241～0.273mm，如图 9-37 所示。

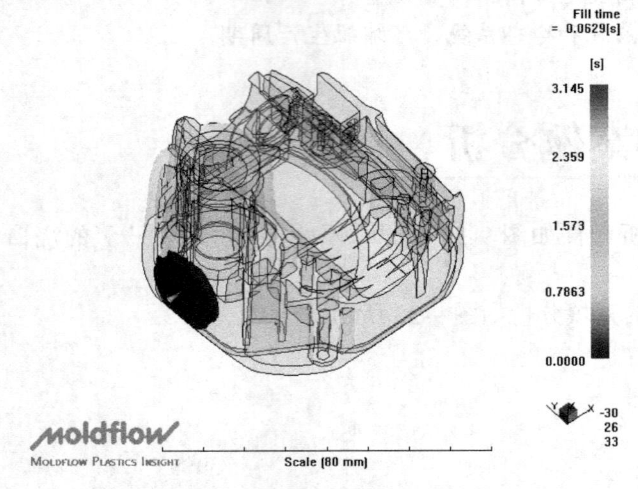

图 9-36　方案二充填结果

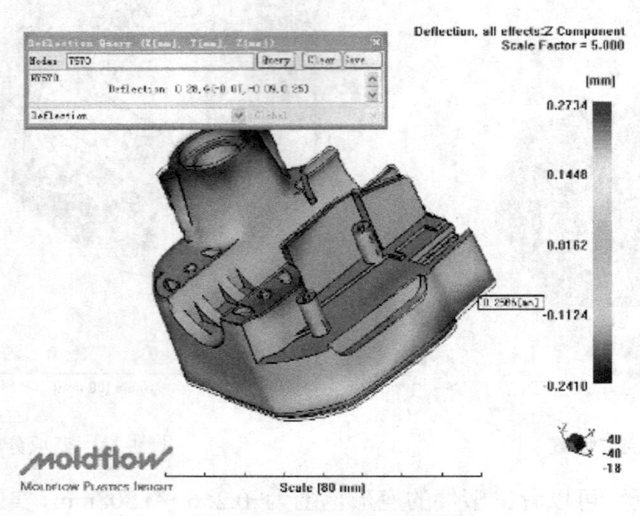

图 9-37　方案二变形情况

（5）方案三充填结果如图 9-38 所示，产生的气泡分析结果如图 9-39 所示，变形情况如图 9-40 所示。

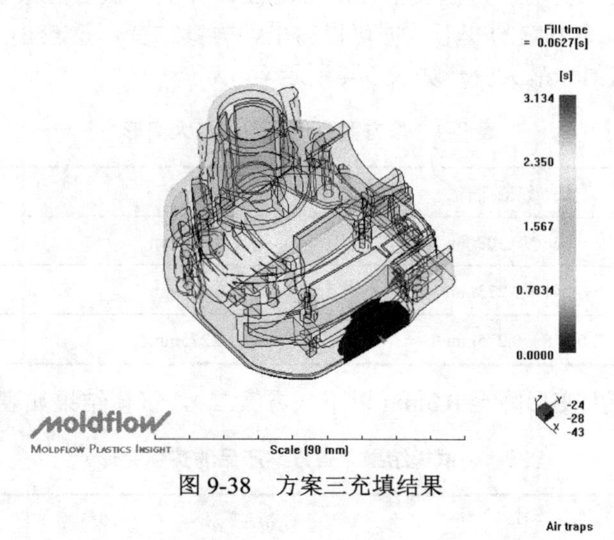

图 9-38 方案三充填结果

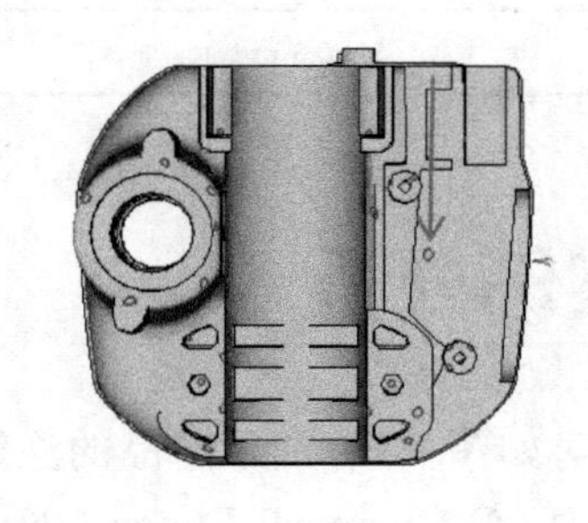

图 9-39 气泡分析结果

在如图 9-39 所示气泡位置应该设置排气装置。

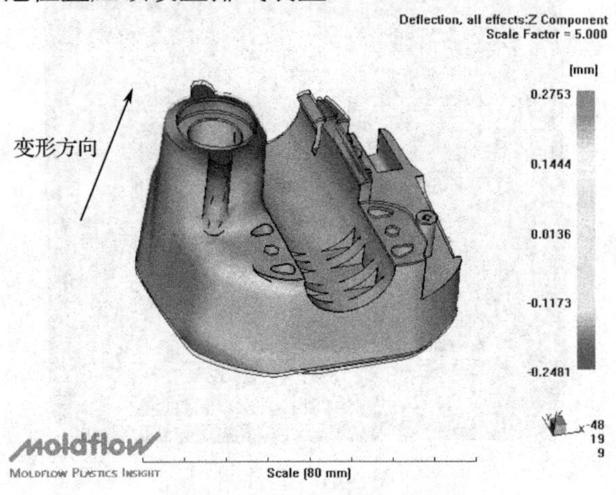

图 9-40 方案三变形情况

方案三主要变形方向如图 9-40 所示，变形范围为-0.248～0.275mm。

总结：各方案的最大变形位置都发生在底部端面，如能降低各方案的最大变形量，就能够降低产品的变形；从 3 个方案的变形数据可以得出，方案二变形量较小，推荐使用方案二的进浇方式。各方案变形范围和最大变形如表 9-4 所示。

表 9-4 各方案变形范围和最大变形

	变 形 范 围	最 大 变 形	幅 度
方案一	-0.266～0.308mm	0.308mm	—
方案二	-0.241～0.273mm	0.273mm	↓11.4%
方案三	-0.248～0.275mm	0.275mm	↓10.7%

最终测得产品的最大变形降至 0.3mm 以下（方案二），试模结果如表 9-5 所示。

表 9-5 试模结果（各方案产品的实际变形）

	产品的实际变形	改善幅度
原始方案	1.8mm	—
方案二（改善方案）	0.3mm	83%

9.3 热流道充填案例分析

（1）本案例应用 Moldflow 分析对如图 9-41 所示产品的注塑工艺、充填、熔接线等进行调整。分析所用材料：PC+ABS（型号为 LG Chemical Lupoy GN-5001RF）。方案要求为一点热流道进浇。材料黏度曲线和材料 PVT 曲线如图 9-42 和图 9-43 所示。

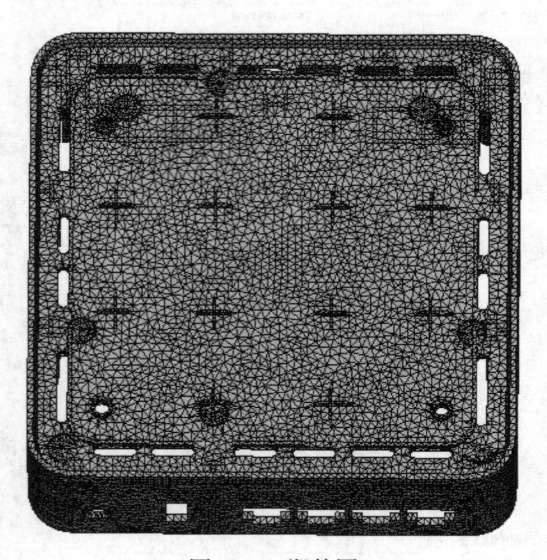

图 9-41 塑件图

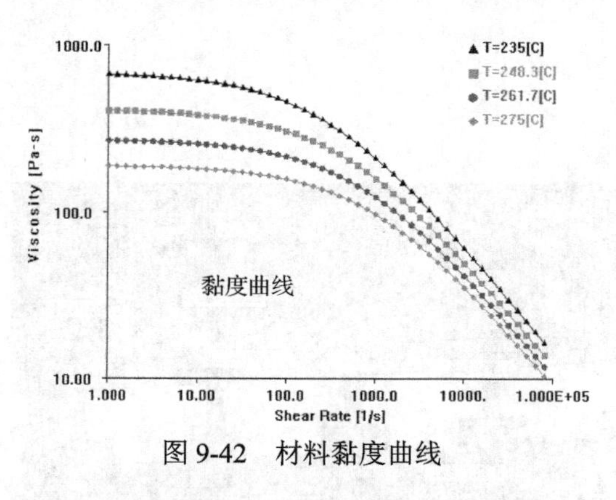

图 9-42　材料黏度曲线

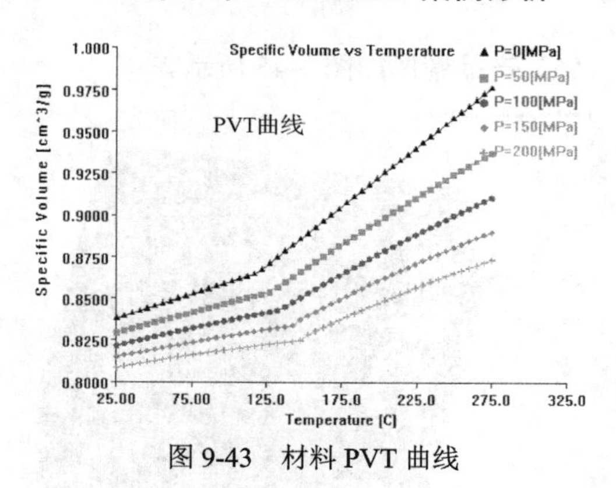

图 9-43　材料 PVT 曲线

（2）产品信息与加工描述如表 9-6 所示。

表 9-6　产品信息与加工描述

产品名称	FRONT_HOUSING
CAD 文件版本	FRONT_HOUSING.stp
产品体积	73.5cm^3
壁厚	1.8～2.5mm
加工描述	一模一穴

（3）成型设置如表 9-7 所示。

表 9-7　成型设置

材　　料	PC+ABS（型号 LG Chemical Lupoy GN-5001RF）
材料是否在材料库中	在
注射时间	1.73s
熔料温度	255℃
模具温度	65℃
压力切换点	99%
保压压力	99%filling pressure
投影面积	877cm^2

（4）产品网格质量统计如图 9-44 所示。从统计结果可以看出，各项指标合格。

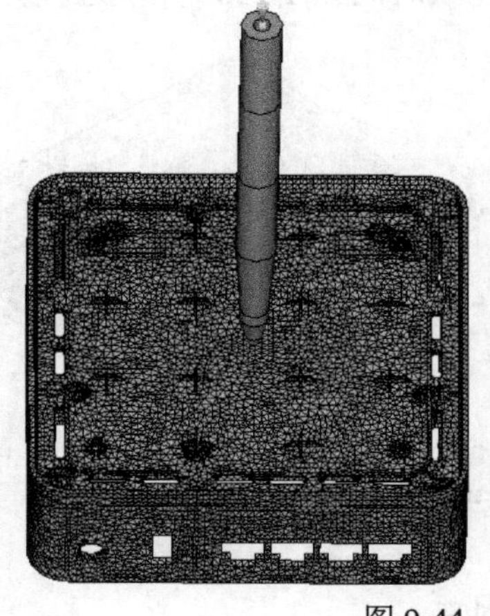

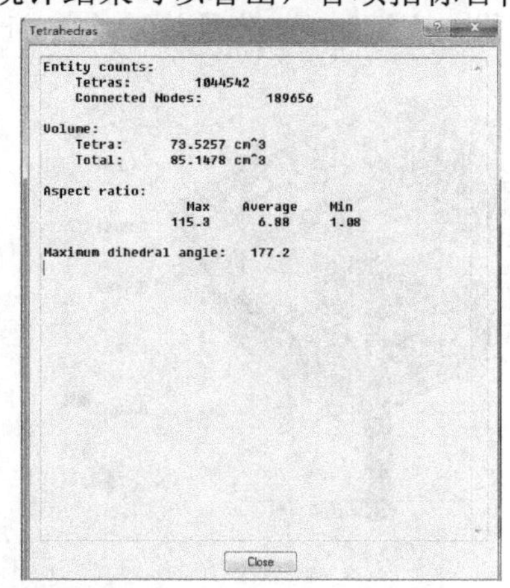

图 9-44　产品网格质量统计

（5）产品壁厚如图 9-45 所示。

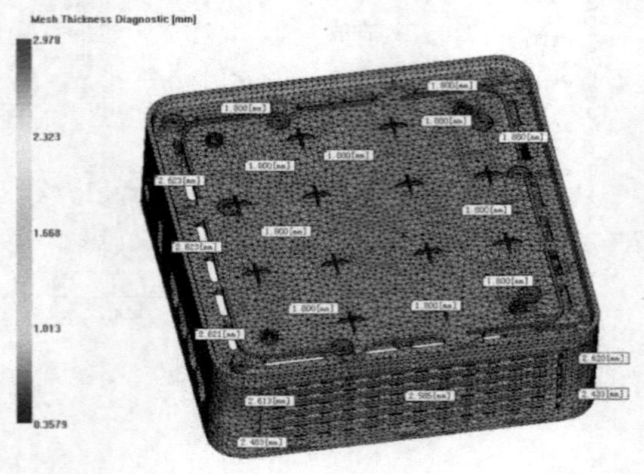

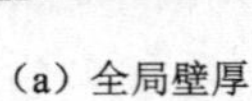

（a）全局壁厚

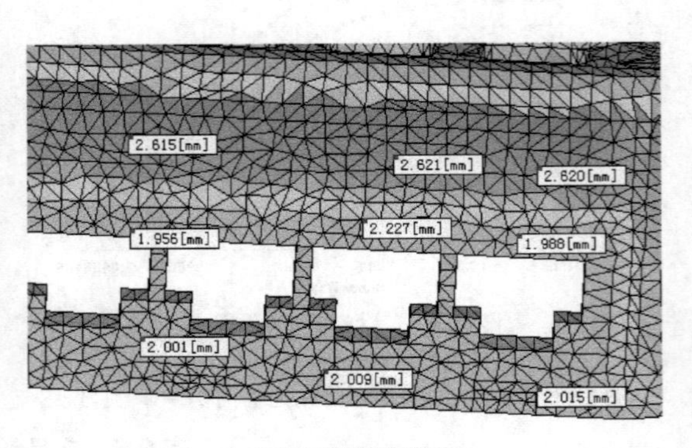

（b）局部视图壁厚

图 9-45　产品壁厚

从图 9-45 中可以看出，1.8mm、2.6mm 处的壁厚较为均匀，但是在其局部视图中，壁厚不均匀。

（6）浇口位置如图 9-46 所示，一模一穴，采用一点热流道系统。流道及浇口如图 9-47 所示。

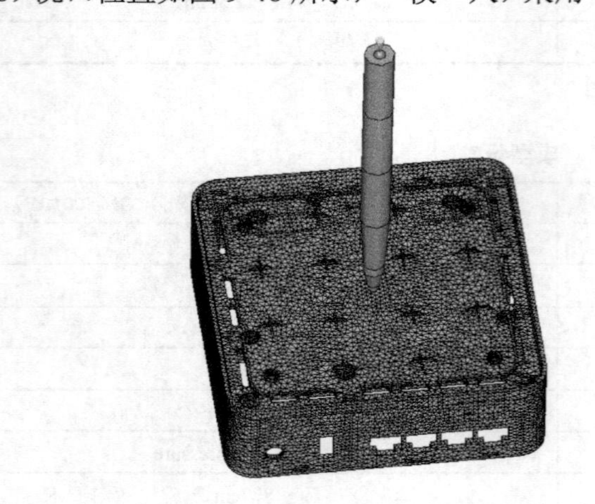

图 9-46　浇口位置

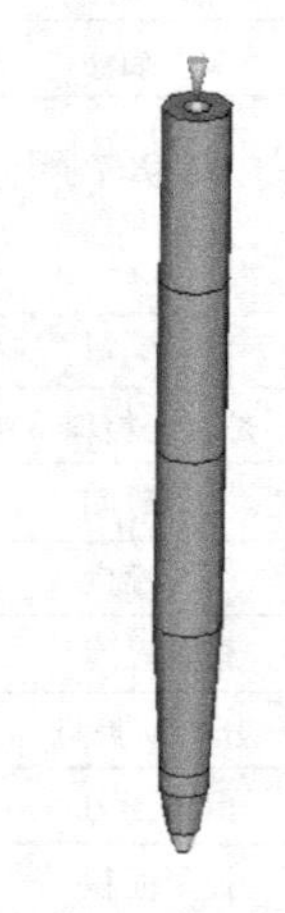

图 9-47　流道及浇口

（7）分析结果—充填时间，产品流动均匀，产品充填时间为 1.29s，充填过程如图 9-48 所示。

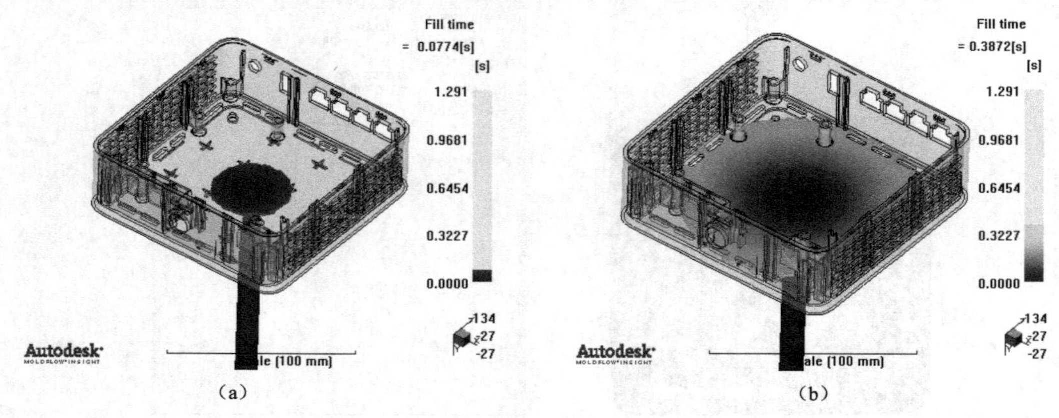

（a）　　（b）

图 9-48　充填过程

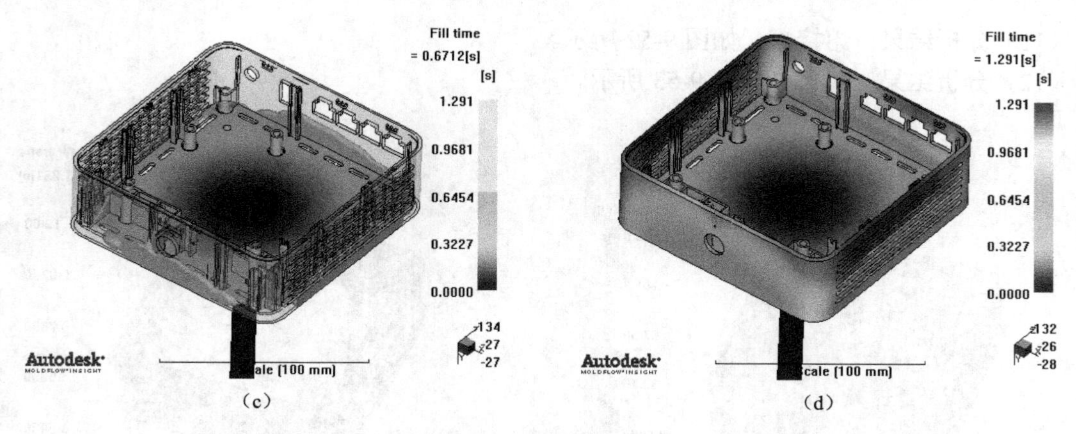

图 9-48 充填过程（续）

（8）分析结果—保压切换时的压力，保压切换时的压力为 49.69MPa，如图 9-49 所示。

（9）分析结果—压力曲线，产品最大压力为 40MPa，如图 9-50 所示。

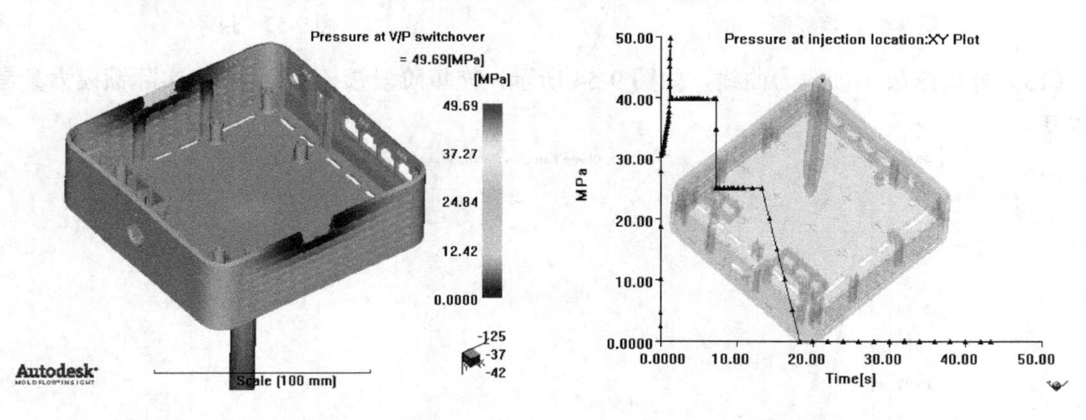

图 9-49 保压切换时的压力　　图 9-50 压力曲线

（10）分析结果—达到顶出时的时间，如图 9-51 所示。

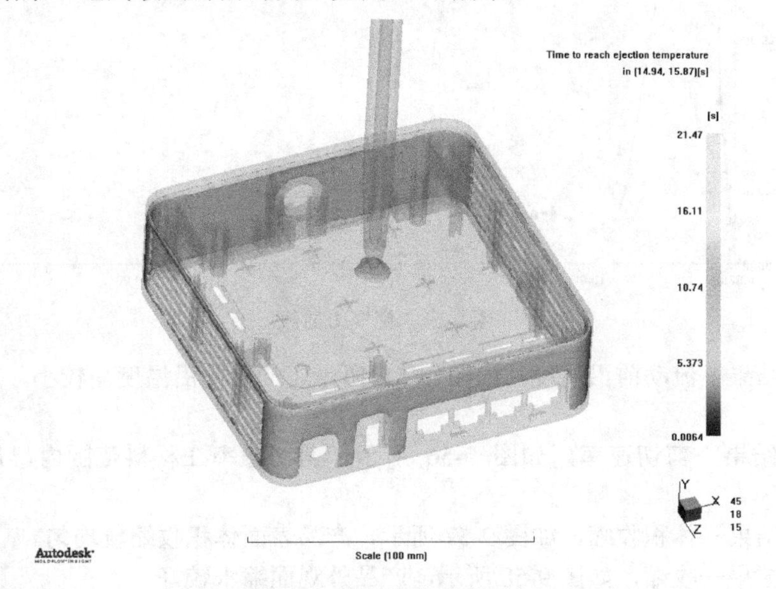

图 9-51 达到顶出时的时间

（11）分析结果—熔接痕，如图 9-52 所示。

（12）分析结果—包风，如图 9-53 所示。

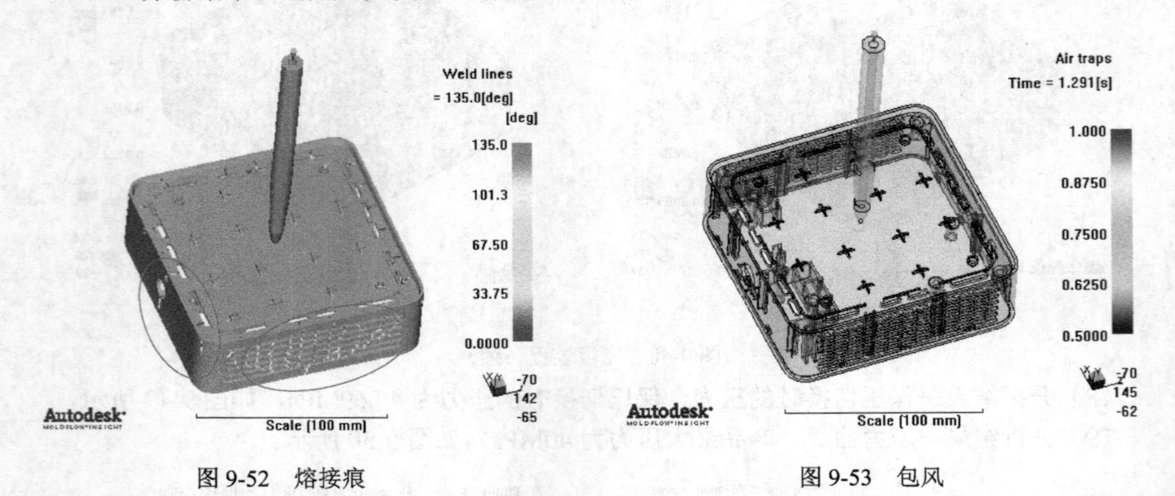

图 9-52　熔接痕　　　　图 9-53　包风

（13）分析结果—锁模力曲线，如图 9-54 所示，充填阶段锁模力为 40t，实际锁模力参考模具尺寸。

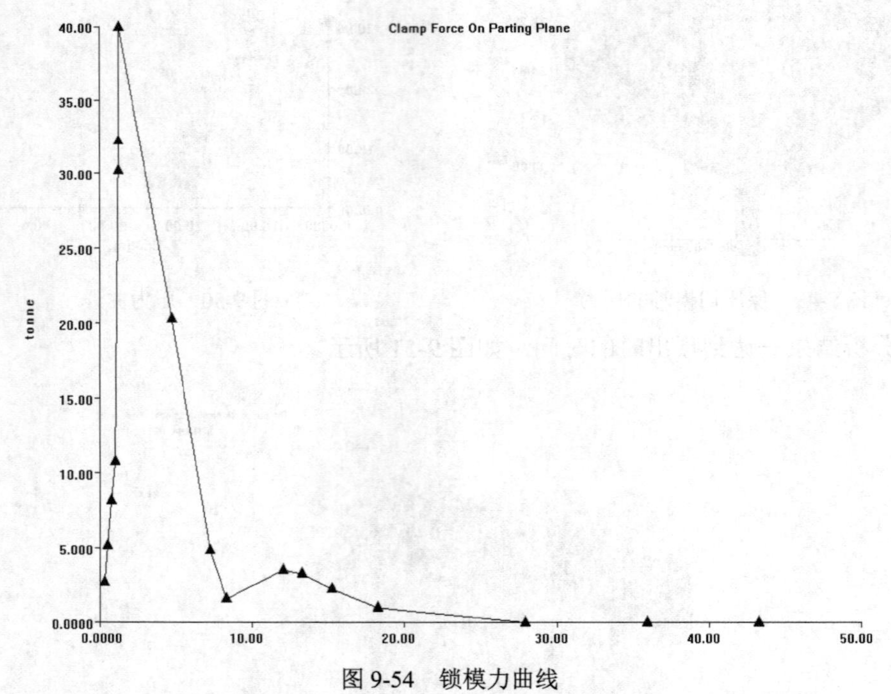

图 9-54　锁模力曲线

（14）分析结果—流动前沿温度，如图 9-55 所示，产品前沿温度差较小，产品表面温度差较好。

（15）分析结果—剪切速率，如图 9-56 所示，剪切速率在材料范围内，最大剪切速率为 $28524s^{-1}$。

（16）分析结果—体积收缩，如图 9-57 所示，产品表面体积收缩较均匀。

（17）分析结果—收缩，如图 9-58 所示，产品外观面缩水较好。

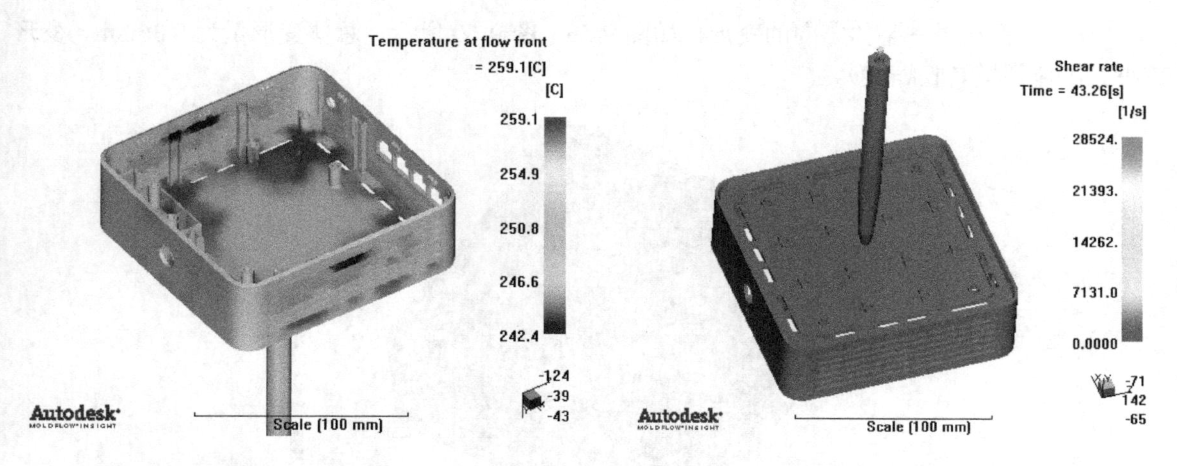

图 9-55 流动前沿温度

图 9-56 剪切速率

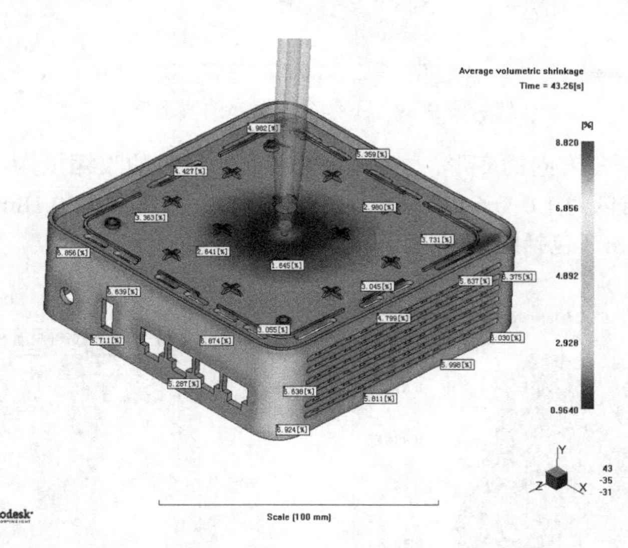

图 9-57 体积收缩

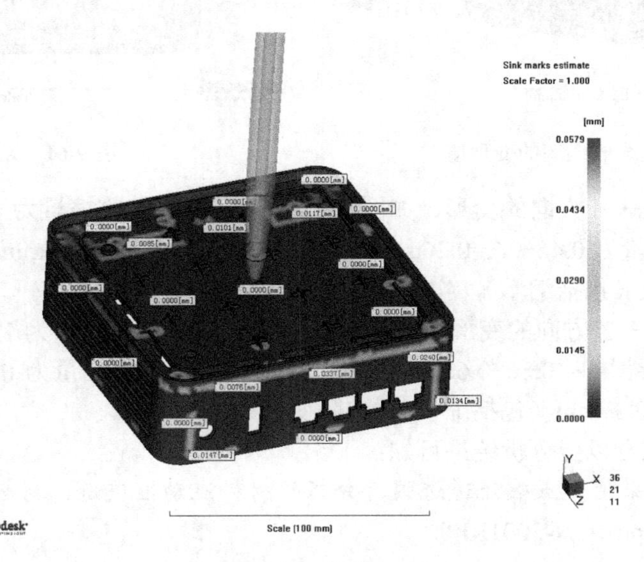

图 9-58 收缩

（18）分析结果—整体方向的变形，如图 9-59、图 9-60 所示，总体变形量为 0.36mm，变形较小（不包括模具收缩值）。

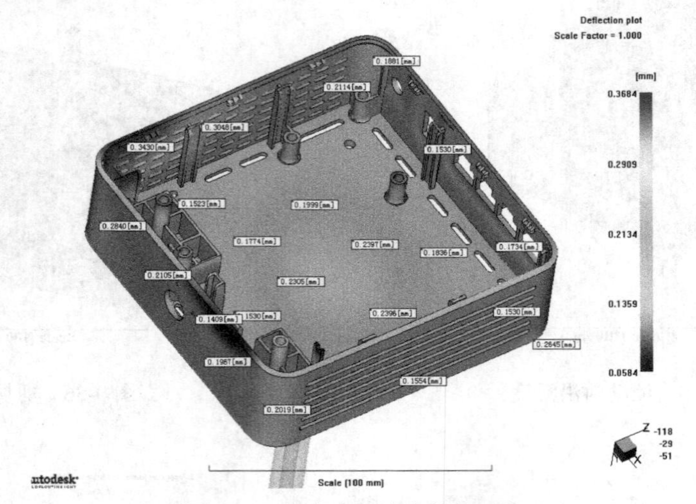

图 9-59　不包含收缩率的变形值

（19）分析结果—X 方向的变形，如图 9-61 所示，模具的收缩量为 128×0.005=0.64mm，塑件在 X 方向总的收缩量为 1.0−0.64=0.36mm，塑件单边的收缩量为 0.18mm，所以 X 方向最大变形量为−0.49～0.51 mm（包括缩水），实际变形为±0.18mm。

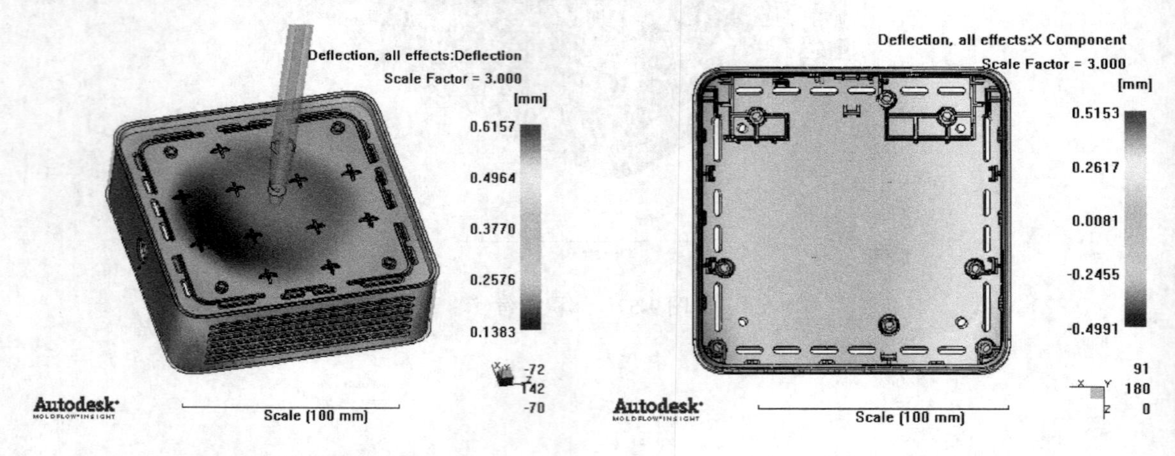

图 9-60　包含收缩率的变形值　　　图 9-61　X 方向的变形

（20）分析结果—Y 方向的变形，如图 9-62 所示，模具的收缩量为 41×0.005=0.2mm，塑件在 Y 方向总的收缩量为 0.46−0.2=0.26mm，塑件单边的收缩量为 0.13mm，所以 Y 方向最大变形量为−0.25～0.21mm（包括缩水），实际变形为±0.13mm。

（21）分析结果—Z 方向的变形，如图 9-63 所示，模具的收缩量为 125×0.005=0.625mm，塑件在 Z 方向总的收缩量为 0.86−0.625=0.235mm，塑件单边的收缩量为 0.12mm，所以 Z 方向最大变形量为−0.49～0.37mm（包括缩水），实际变形为±0.12mm。

（22）总结。综合以上分析结果可知：

- 本进胶方案采用一点热流道进胶，分析的材料流动性较好，材料选择为 PC+ABS（LG Chemical Lupoy GN-5001RF）；

● 注塑时间为 1.29s，最大注塑压力为 49.7MPa，压力较好；

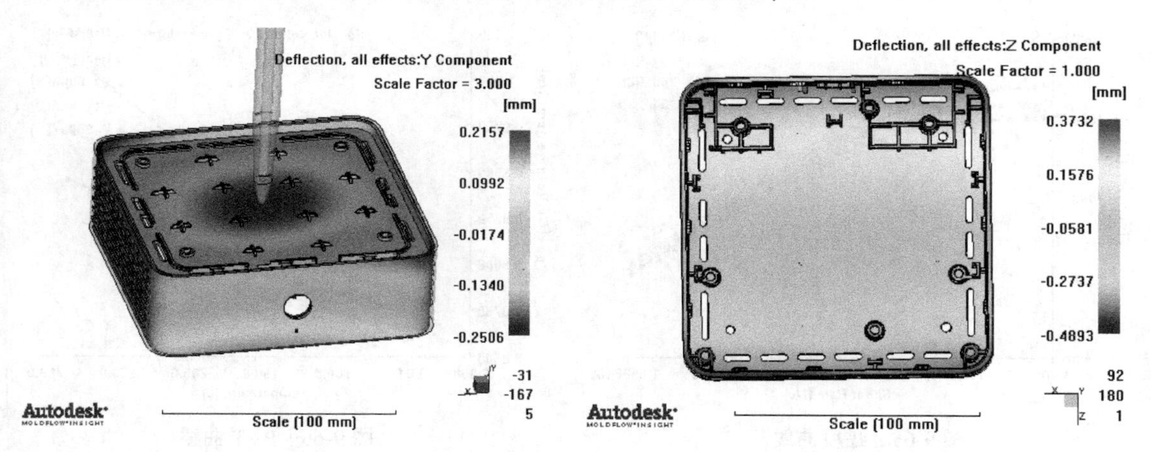

图 9-62 Y 方向的变形　　图 9-63 Z 方向的变形

● 产品充填较平衡，有较多熔接线；
● 产品壁厚较均匀，为 1.8mm，外观面壁厚不均匀；
● 波前温度差较大，产品外观面体积收缩不均匀，需增加保压效果；
● 产品锁模力吨位为 32t，保压时最大锁模力为 40t，锁模力还需参考模具尺寸和锁模力分析值；
● 产品 X、Y、Z 方向变形量分别为：±0.18mm、±0.13mm、±0.12mm，变形较小。

结论：

● 产品变形较小；
● 其他分析结果较好，见表 9-8。

表 9-8 实验数据

充 填 时 间	所需最大注塑压力	最大体积收缩率	波前温度范围	熔接线
1.29s	49.7MPa	7.0 %	242.4～259.1℃	较多

9.4 案例分析四

（1）产品外形如图 9-64 所示，本产品应用 Moldflow 分析对产品注塑工艺、充填、熔接线等进行调整，分析所用材料：PC+ABS Bayblend T65 XF，分析方案要求一点进浇。

图 9-64 塑件图

（2）本次分析所采用的塑料材料的黏度曲线、PVT 曲线如图 9-65、图 9-66 所示。

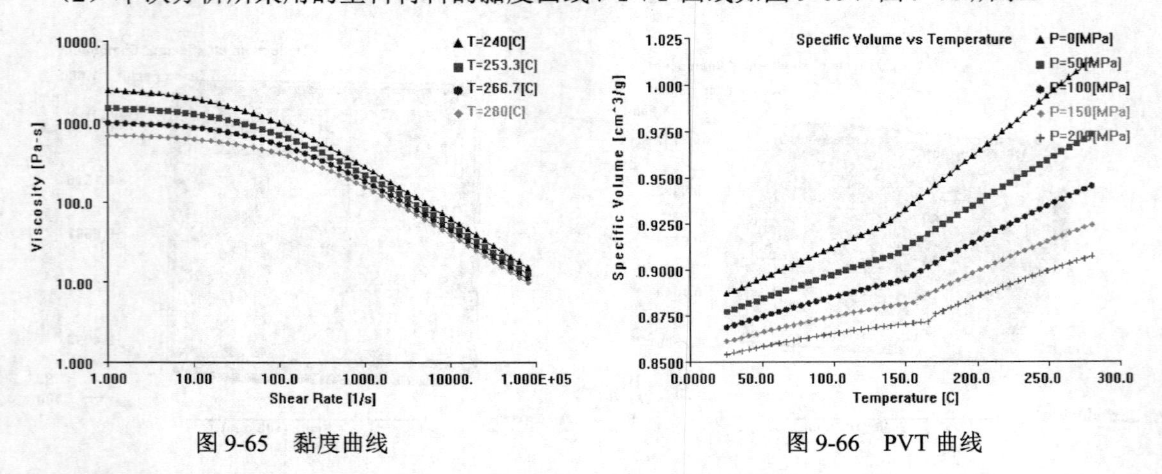

图 9-65　黏度曲线　　　　图 9-66　PVT 曲线

（3）产品信息与加工描述如表 9-9 所示。

表 9-9　产品信息与加工描述

产 品 名 称	3392318800_Front_COVER
CAD 文件版本	3392318800_Front_COVER.stp
产品体积	$369.2268cm^3$
壁厚	2.86mm
加工描述	一模一穴

（4）成型设置如表 9-10 所示。

表 9-10　成型设置

材　　料	PC+ABS Bayblend T65 XF
材料是否在材料库中	N/A
注射时间	2.21s
熔料温度	260℃
模具温度	85℃
压力切换点	99%
保压压力	99 %filling pressure
投影面积	$777.0806cm^2$

（5）产品网格统计，统计结果如图 9-67、图 9-68 所示。从统计结果可以看出，各项指标合格。

（6）产品壁厚如图 9-69 所示，从图中可以看出，壁厚较均匀，为 2.86mm。

（7）浇口位置如图 9-70 所示，一模一穴，采用一点冷流道模具。浇口外形如图 9-71 所示，冷流道浇口尺寸为 5mm。

图 9-67　塑件图

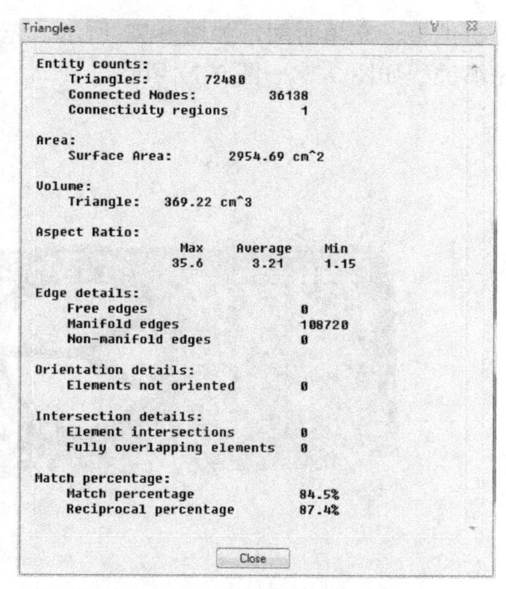

图 9-68　网格统计图

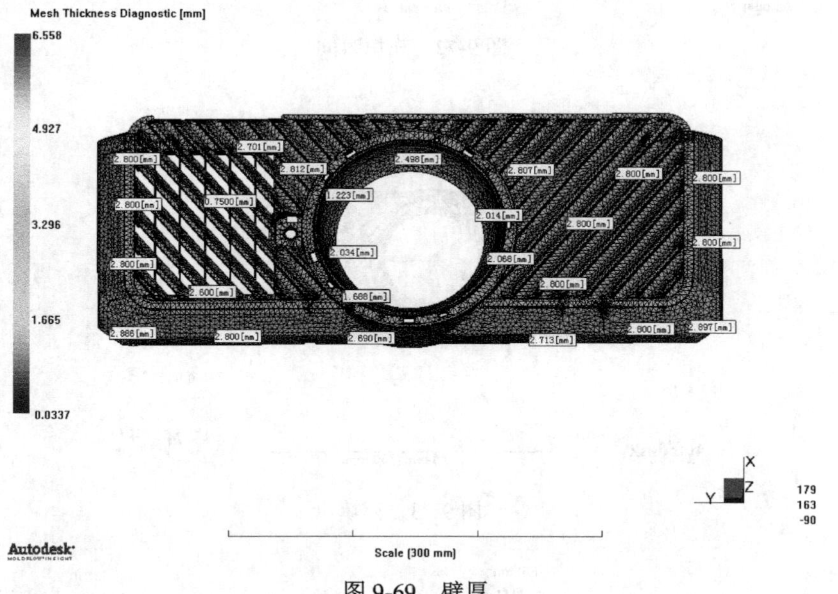

图 9-69　壁厚

图 9-70　浇口位置

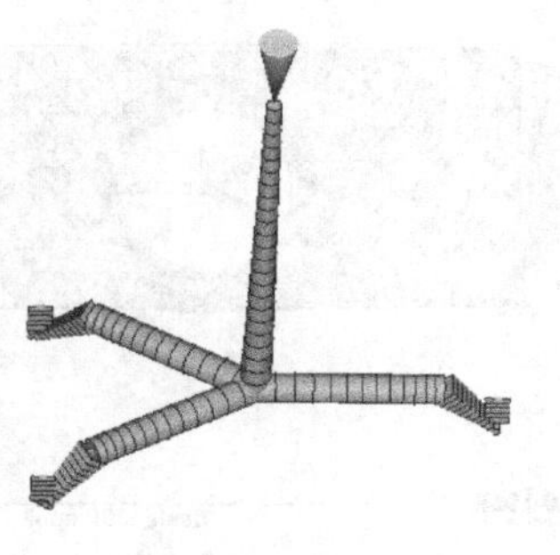

图 9-71　浇口外形

（8）分析结果—充填时间，如图 9-72 所示，充填时间为 2.89s，从图 9-73 可以看出产品流动均匀。充填过程如图 9-74～图 9-77 所示。

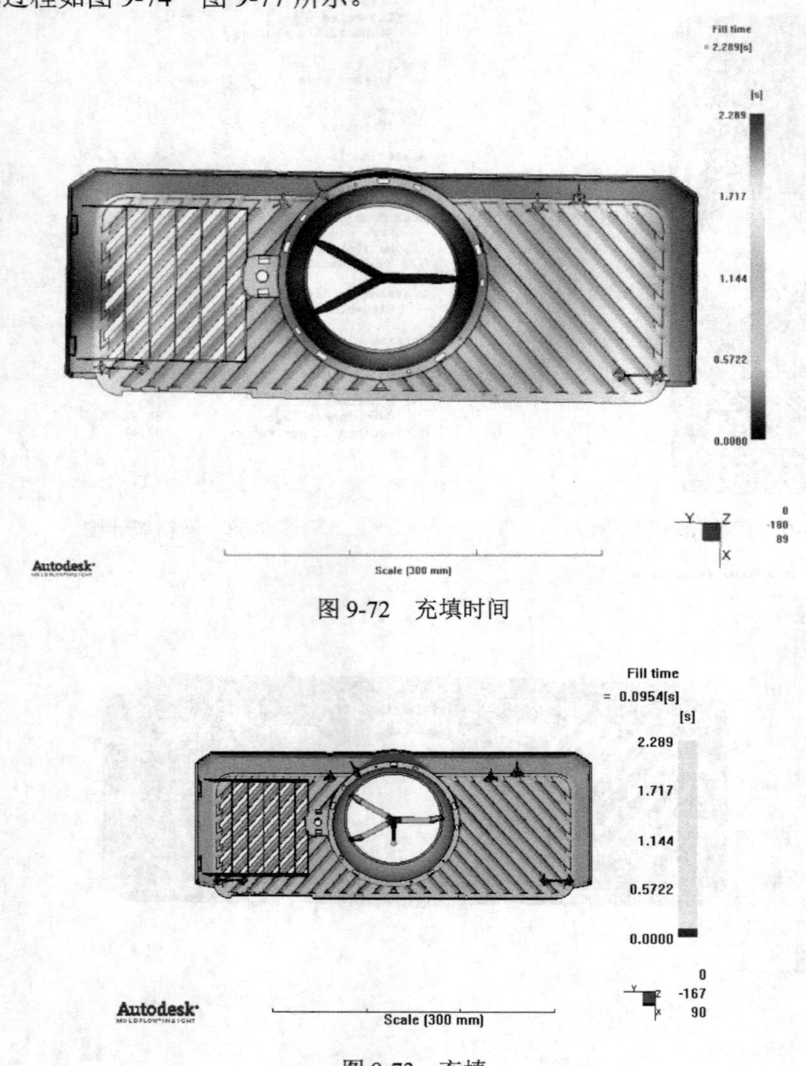

图 9-72　充填时间

图 9-73　充填

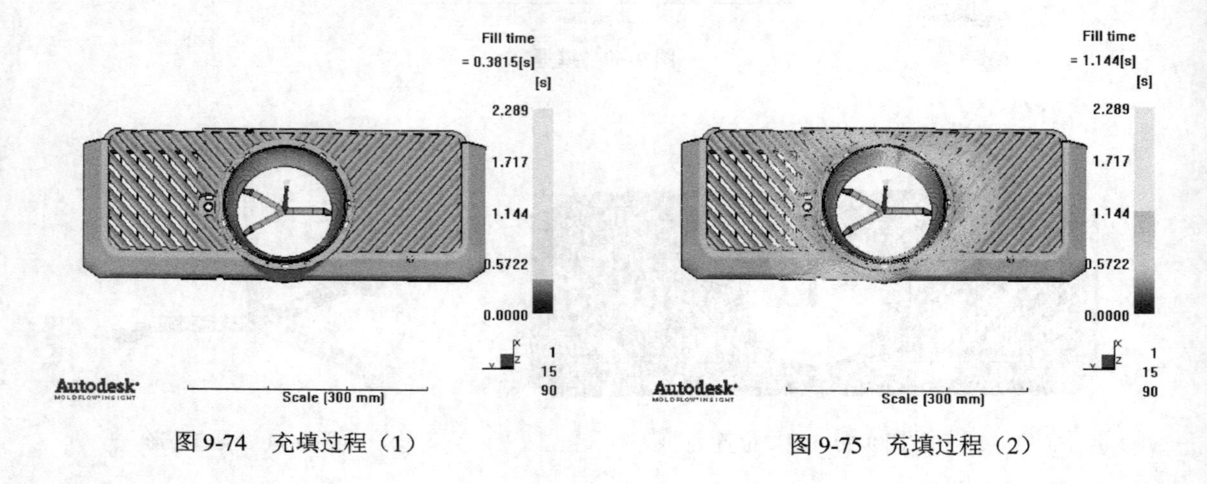

图 9-74　充填过程（1）

图 9-75　充填过程（2）

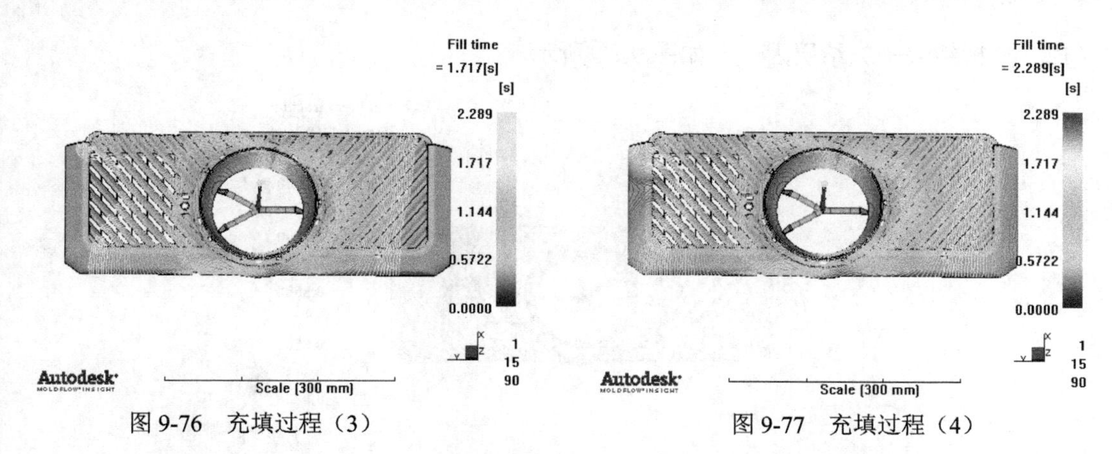

图 9-76 充填过程（3） 图 9-77 充填过程（4）

（9）分析结果—保压切换时的压力，如图 9-78 所示，保压切换时的压力为 119.7MPa。

（10）分析结果—压力曲线，如图 9-79 所示，产品最大压力为 119.7MPa。

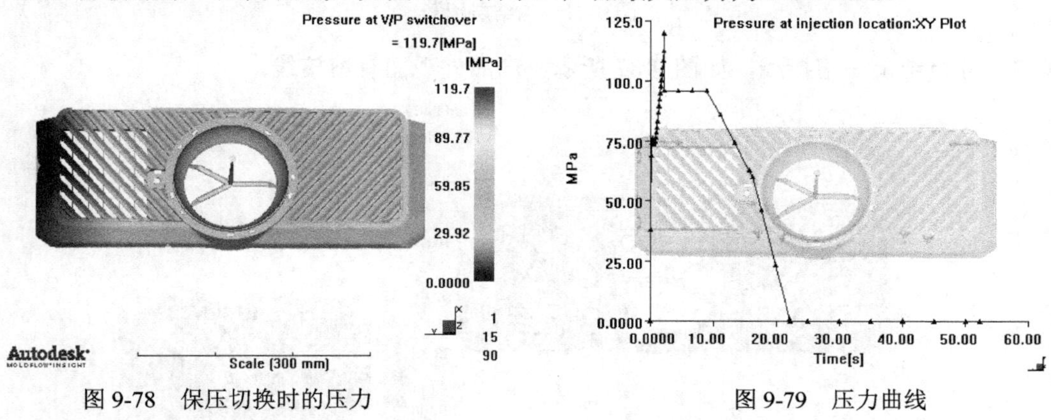

图 9-78 保压切换时的压力 图 9-79 压力曲线

（11）分析结果—达到顶出时的时间，如图 9-80 所示，顶出时间为 140.5s。

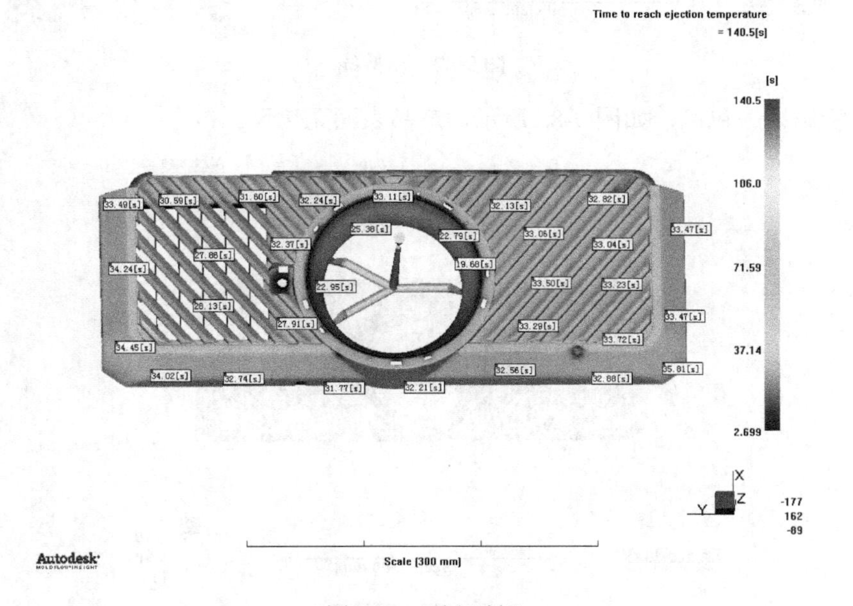

图 9-80 顶出时间

（12）分析结果—冻结层因子，如图 9-81 所示。

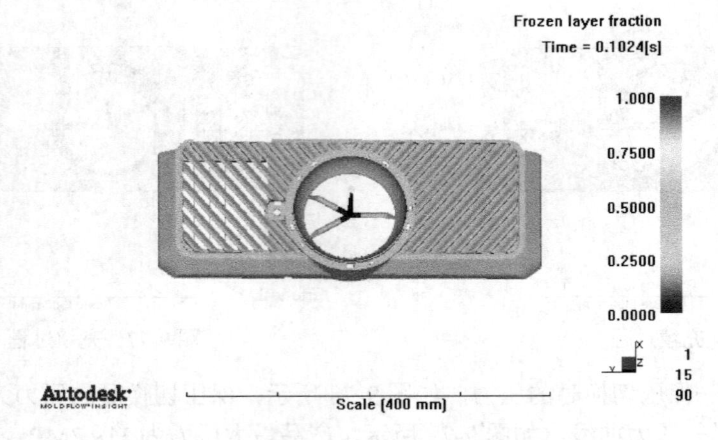

图 9-81 冻结层因子

（13）分析结果—熔接线，如图 9-82 所示，产品外观面有熔接线。

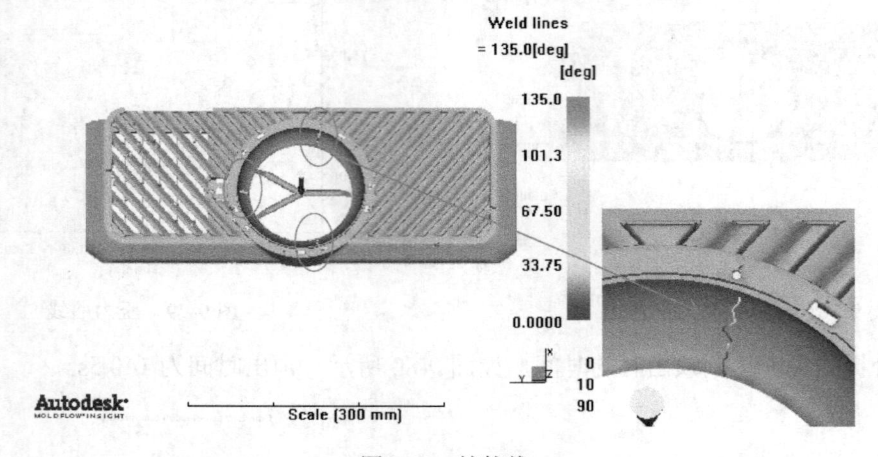

图 9-82 熔接线

（14）分析结果—包风，如图 9-83 所示，产品表面无包风。

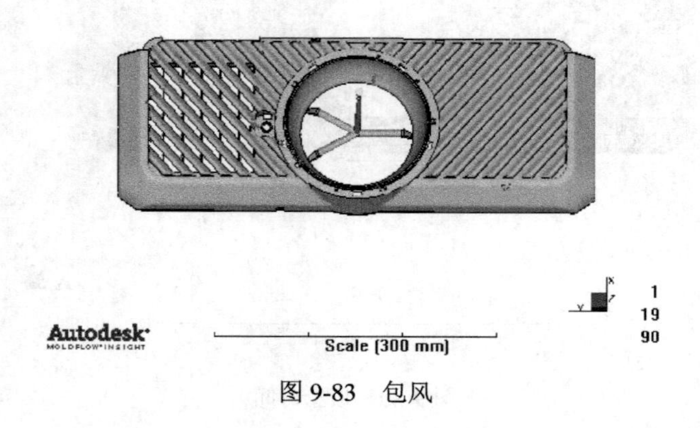

图 9-83 包风

（15）分析结果—锁模力曲线，如图 9-84 所示，充填阶段锁模力为 542t，实际锁模力参考模具尺寸。

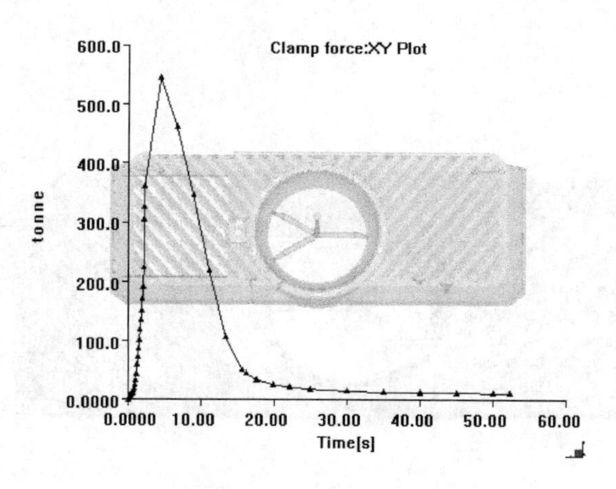

图 9-84 锁模力曲线

（16）分析结果—流动前沿温度，如图 9-85 所示，产品前沿温度差较小，产品表面温度差较好。

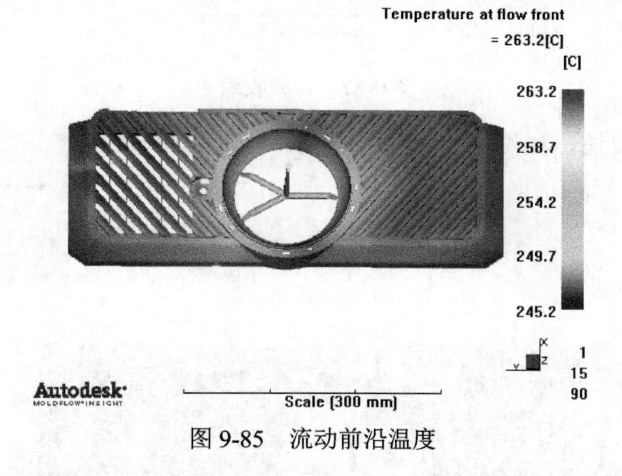

图 9-85 流动前沿温度

（17）分析结果—剪切速率，如图 9-86 所示，剪切速率在材料范围内，最大剪切速率为 35876s^{-1}。

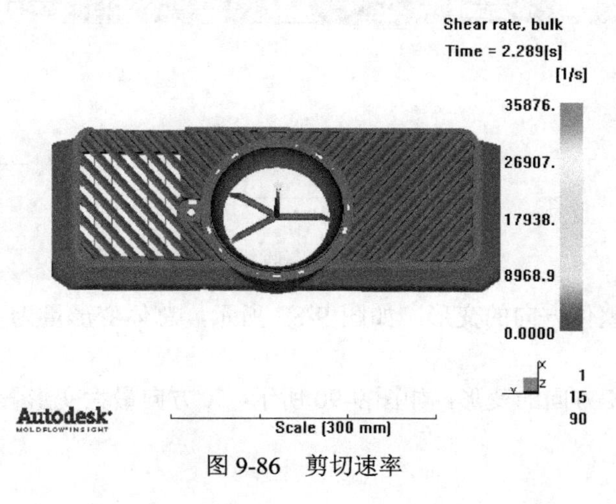

图 9-86 剪切速率

（18）分析结果—体积收缩，体积收缩范围如图 9-87 所示，产品表面体积收缩较小。

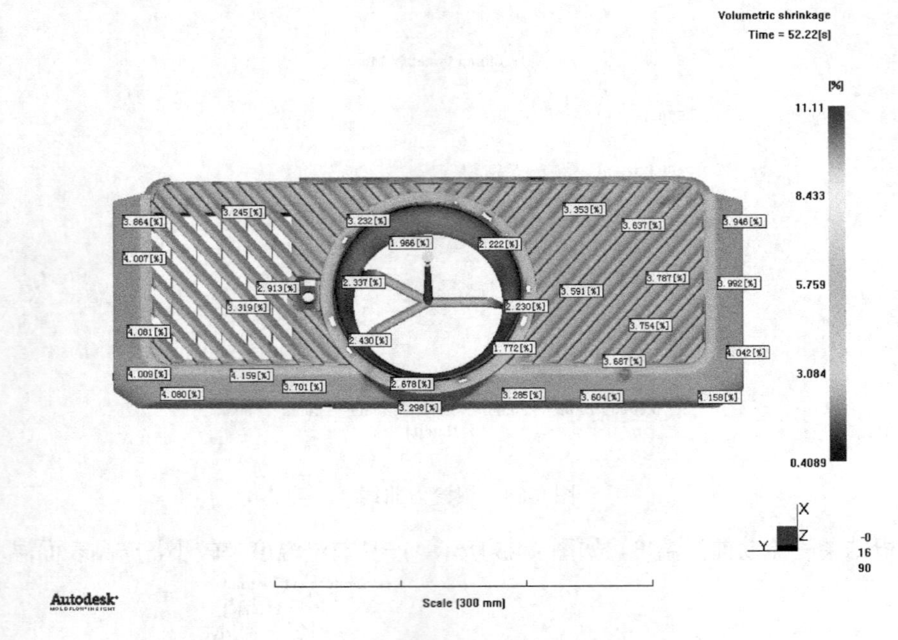

图 9-87　体积收缩

（19）分析结果—收缩，如图 9-88 所示，产品外观面缩水较好。

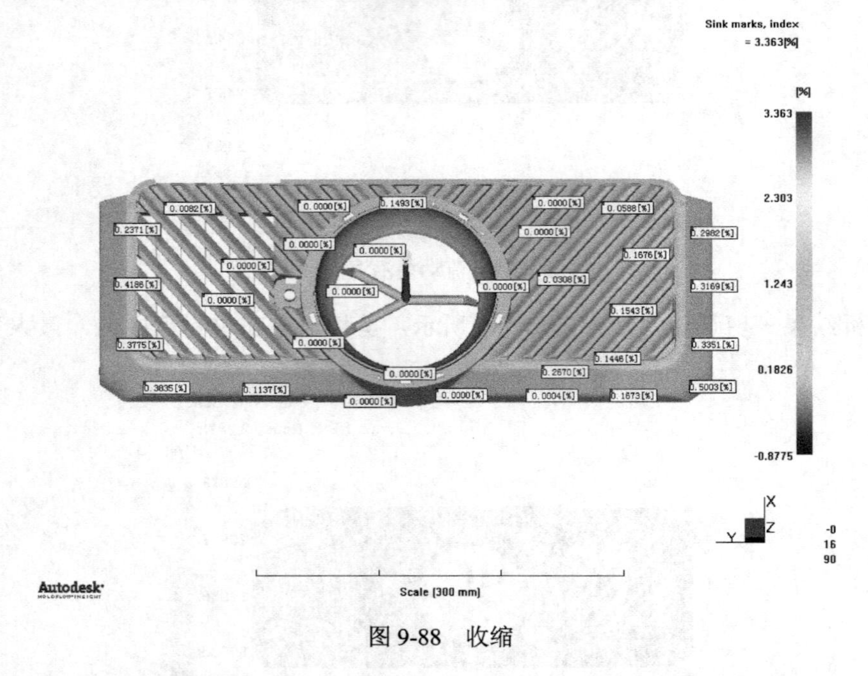

图 9-88　收缩

（20）分析结果—整体方向的变形，如图 9-89 所示，总体变形量为 2.2mm，变形较小（包括模具收缩值）。

（21）分析结果—X 方向的变形，如图 9-90 所示，X 方向最大变形量为-0.92～0.99 mm（包括缩水），变形较好。

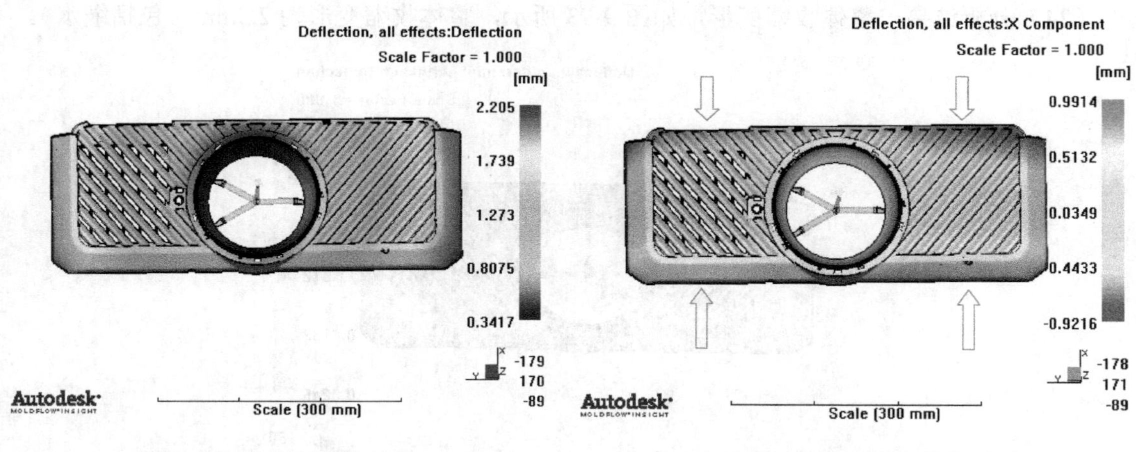

图 9-89 整体方向的变形　　　　图 9-90 X 方向的变形

（22）分析结果—Y 方向的变形，如图 9-91 所示，Y 方向最大变形量为-1.96～2.18mm（包括模具缩水）。

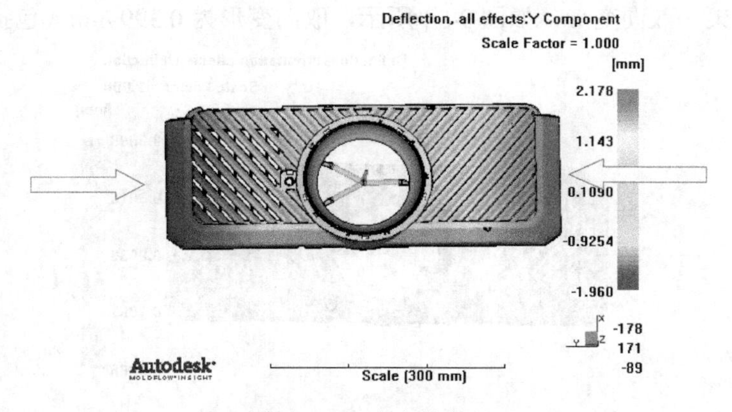

图 9-91 Y 方向的变形

（23）分析结果—Z 方向的变形，如图 9-92 所示，Z 方向最大变形量为-0.36～0.69mm，变形较小。

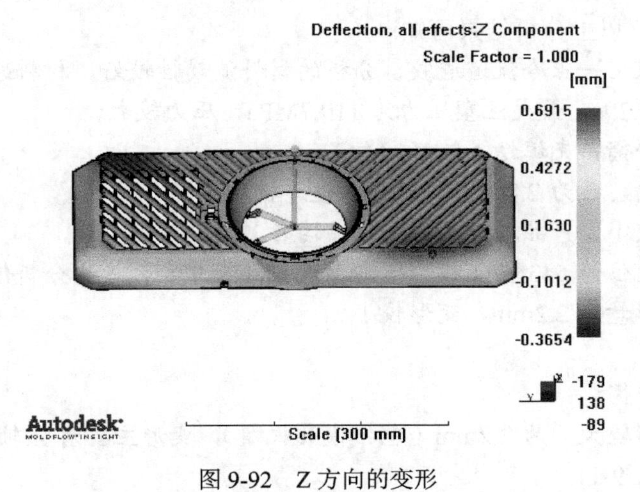

图 9-92 Z 方向的变形

（24）分析结果—整体收缩变形，如图 9-93 所示，整体收缩变形为 2.3mm（包括缩水）。

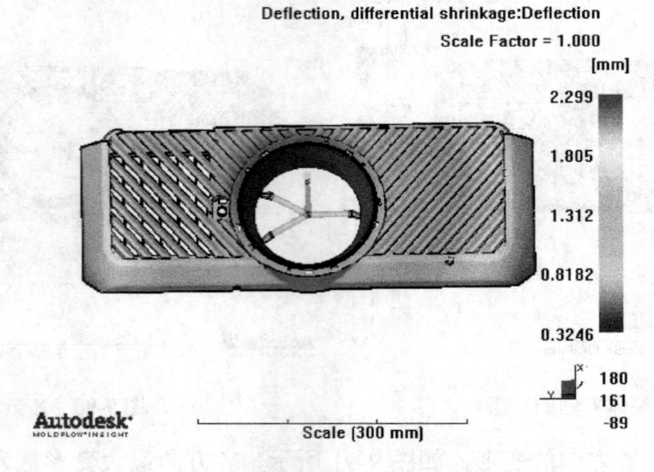

图 9-93　整体收缩变形

（25）分析结果—取向变形，如图 9-94 所示，取向变形为 0.399 mm（包括缩水）。

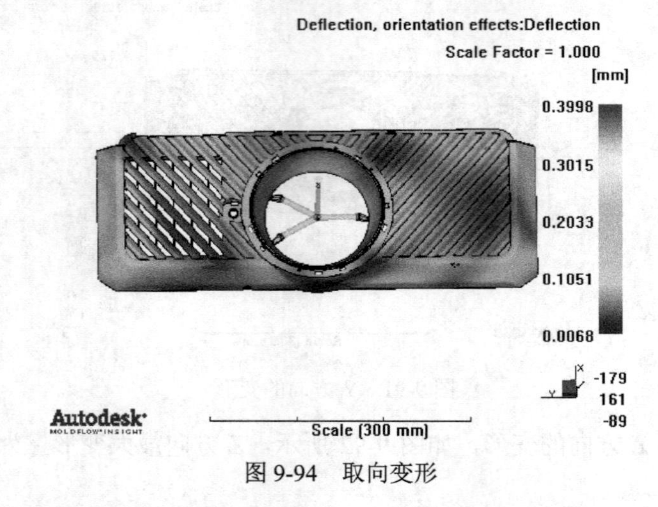

图 9-94　取向变形

（26）小结。综合以上分析结果可知：

- 本进胶方案采用一点冷流道进胶，分析的材料流动性较好，材料选择为 PA66 GF50；
- 注塑时间为 2.29s，最大注塑压力为 119.7MPa，压力较大；
- 产品流动较平衡，充填结果较好；
- 产品壁厚较均匀，为 2.86mm，外观面壁厚较均匀；
- 波前温度差较小，产品外观面体积收缩均匀，缩水较好；
- 产品锁模力吨位为 543t，锁模力还需参考模具尺寸和锁模力分析值；
- 产品整体变形量为 2.2mm，变形较小。

结论：

- 产品流动较平衡；
- 产品整体变形较大，为 2.2mm（包括模具收缩），变形主要看 Z 轴。
- 实验数据见表 9-11。

表 9-11　实验数据

充填时间	所需最大注塑压力	最大体积收缩率	波前温度范围	熔接线
2.29s	119.7MPa	7.0 %	245.2～263.2℃	有

9.5　案例分析五

（1）塑件如图 9-95 所示，通过应用 Moldflow 分析对产品注塑工艺、充填、熔接线等进行调整。分析所用材料为 PC MN-3600H，分析方案要求 4 点针阀进胶。

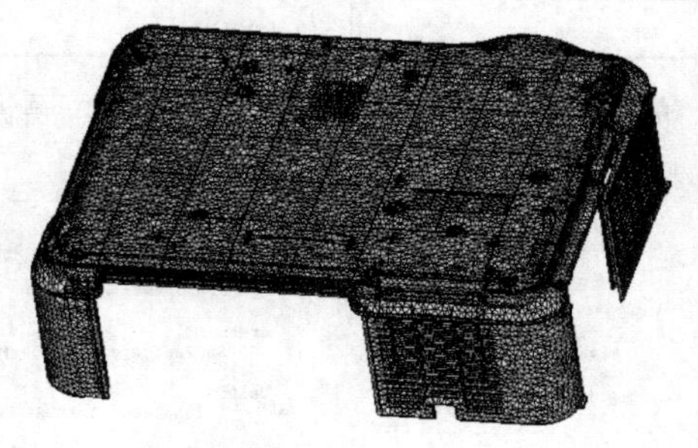

图 9-95　塑件图

（2）本次分析所采用的塑料材料的黏度曲线、PVT 曲线如图 9-96、图 9-97 所示。

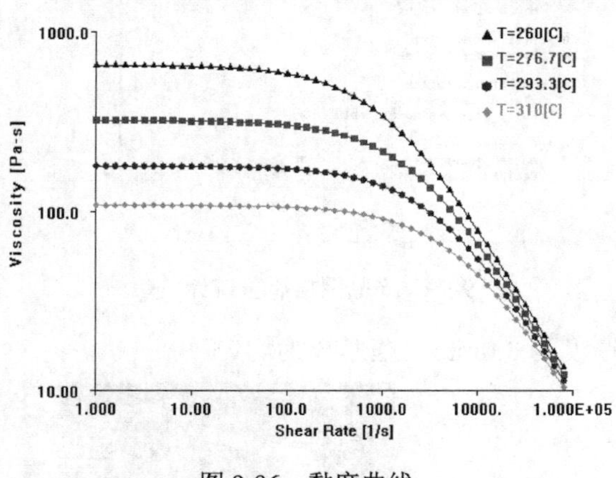

图 9-96　黏度曲线

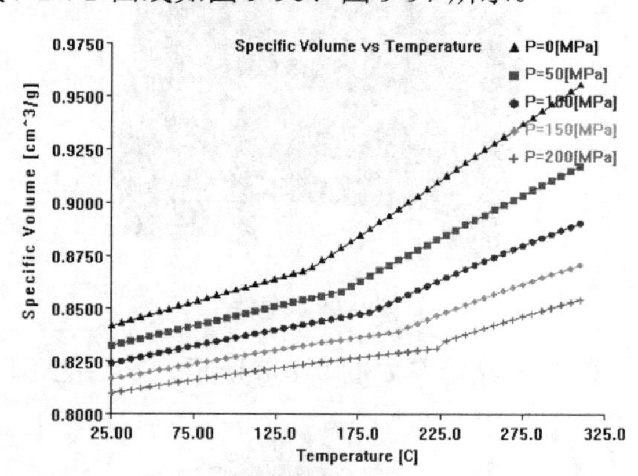

图 9-97　PVT 曲线

（3）产品信息与加工描述如表 9-12 所示。

表 9-12　产品信息与加工描述

产品名称	H6T-BOTTOM
CAD 文件版本	H6T-BOTTOM.stp
产品体积	1279.3061cm^3
壁厚	3.0mm
加工描述	一模一穴

（4）成型设置如表 9-13 所示。

表 9-13 成型设置

材 料	PC MN-3600H
材料是否在材料库中	N/A
注射时间	2.83s
熔料温度	280℃
模具温度	75℃
压力切换点	99%
保压压力	99%filling pressure
投影面积	2033.3327cm^2

（5）产品网格质量统计，如图 9-98、图 9-99 所示，统计结果说明，其各项指标合格。

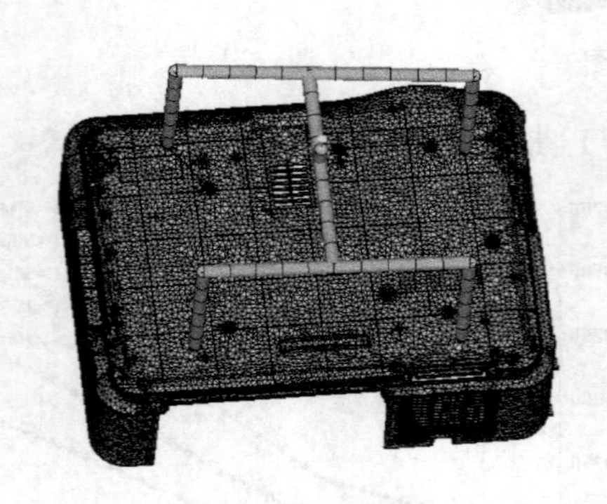

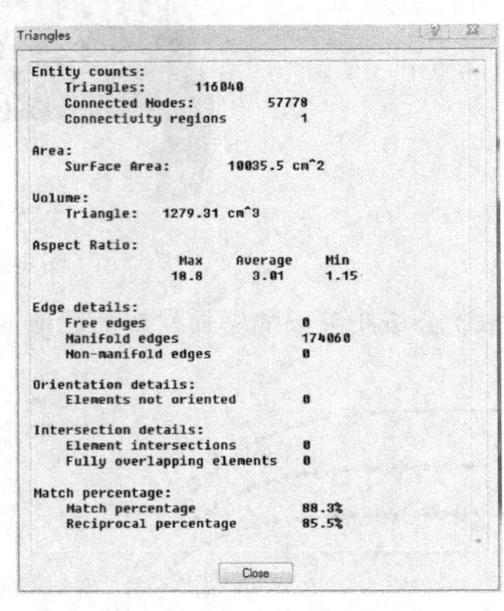

图 9-98 塑件　　　　图 9-99 产品网格质量统计

（6）产品壁厚如图 9-100 所示，产品的平均厚度为 3.0mm，壁厚较为均匀。

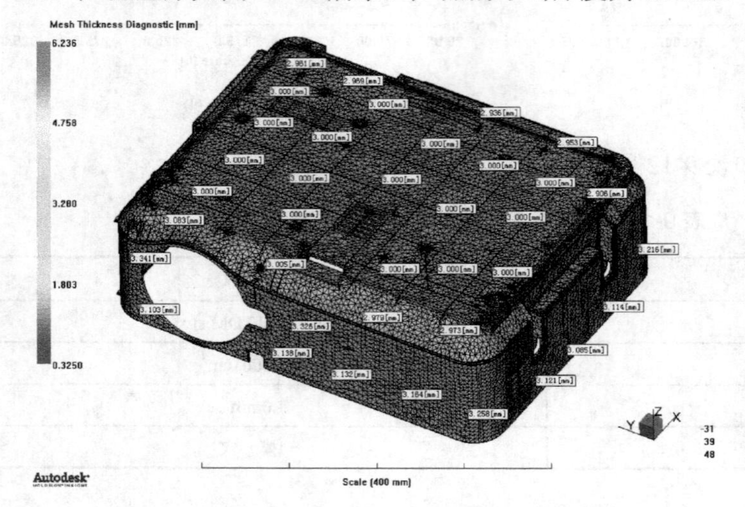

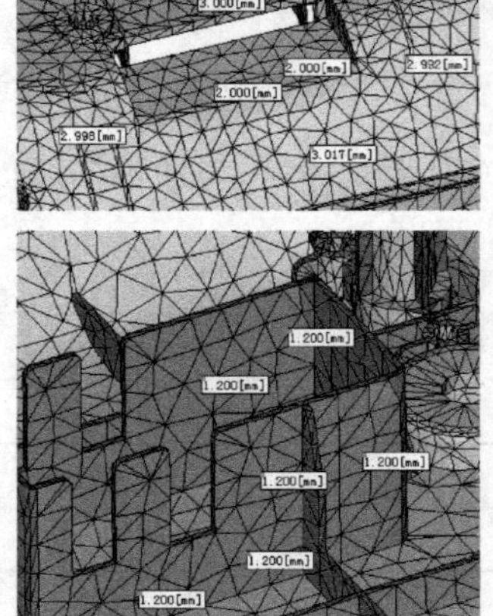

图 9-100 壁厚

（7）塑件的进浇位置如图 9-101 所示，浇注系统如图 9-102 所示，采用顺序阀式浇口，浇口尺寸为 4mm，流道为 16mm。

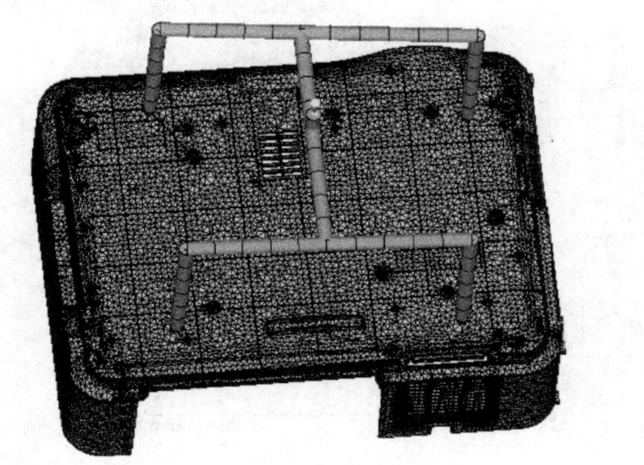

图 9-101　进浇位置

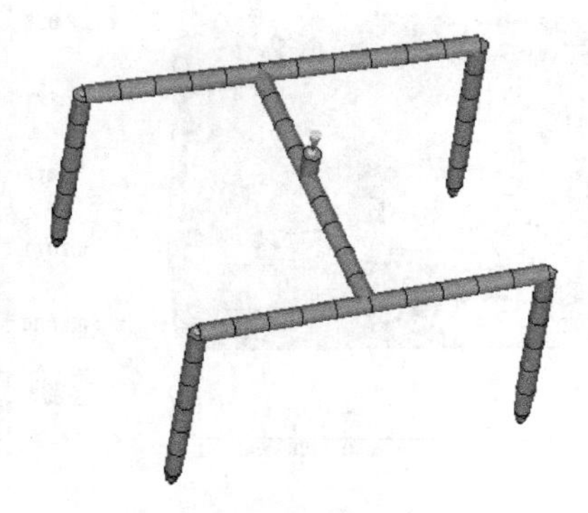

图 9-102　浇注系统

（8）分析结果—充填时间，如图 9-103 所示，产品流动均匀，产品充填时间为 2.83s，并且没有出现短射，如图 9-104 所示。充填过程如图 9-105～图 9-108 所示。

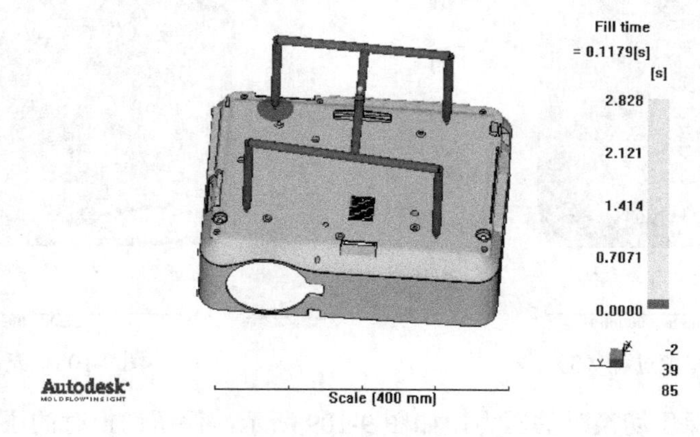

图 9-103　充填时间

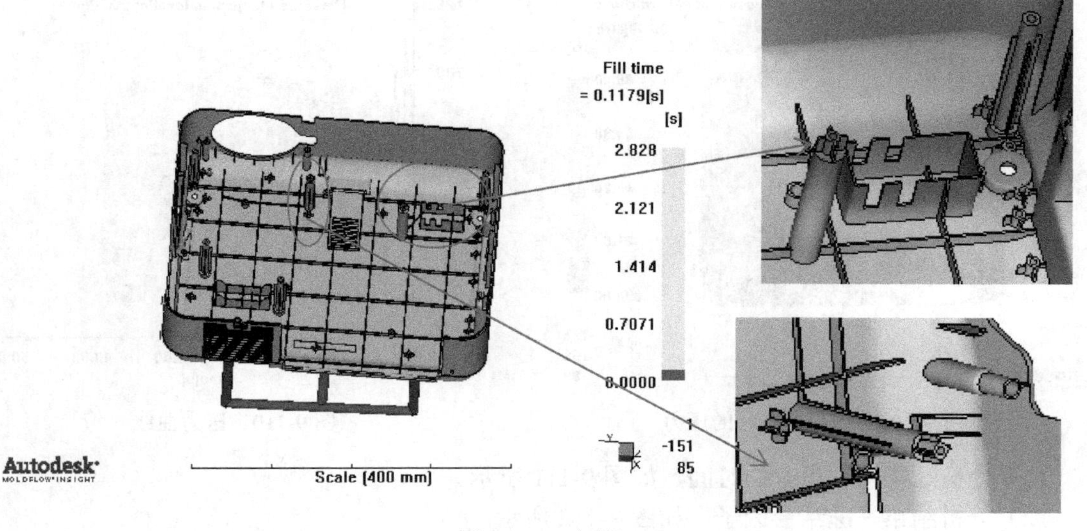

图 9-104　充填

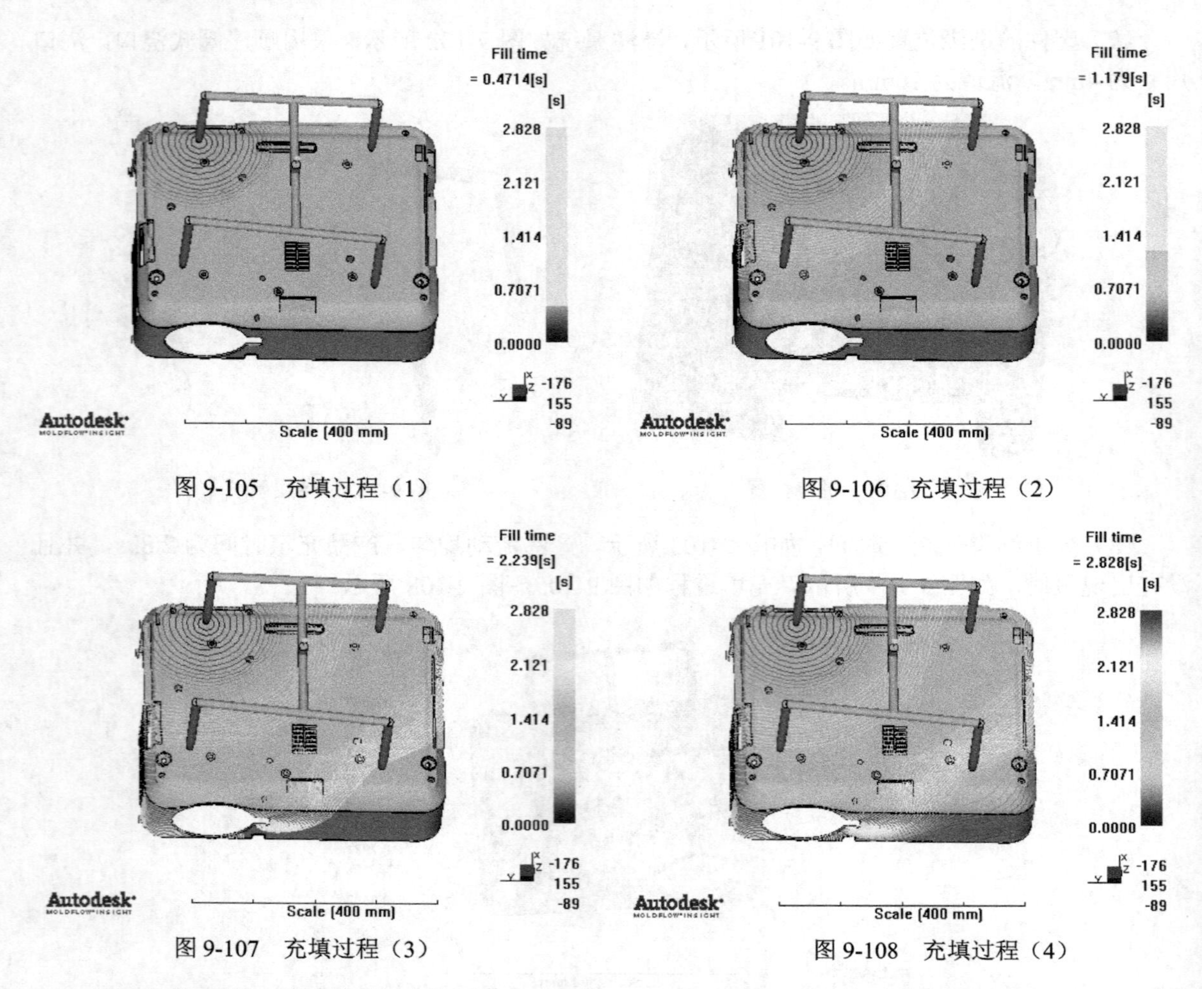

图 9-105　充填过程（1）

图 9-106　充填过程（2）

图 9-107　充填过程（3）

图 9-108　充填过程（4）

（9）分析结果—保压切换时的压力，如图 9-109 所示，保压切换时的压力为 86.40MPa。

（10）分析结果—压力曲线，如图 9-110 所示，产品最大压力为 111.1MPa。

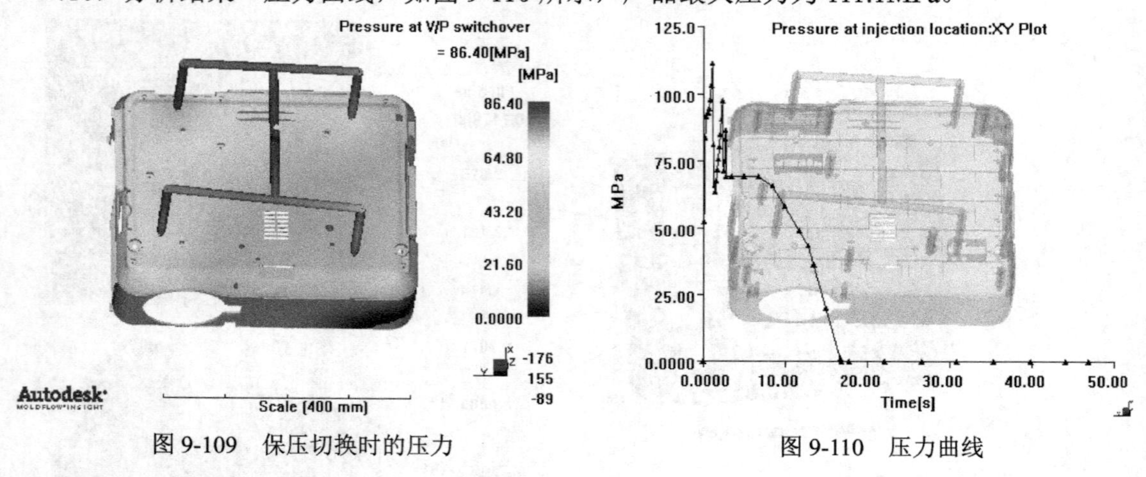

图 9-109　保压切换时的压力

图 9-110　压力曲线

（11）分析结果—顶出时的时间，如图 9-111 所示。

（12）分析结果—冻结层因子，如图 9-112 所示。

（13）分析结果—熔接线，如图 9-113、图 9-114 所示，产品外观面有熔接线。

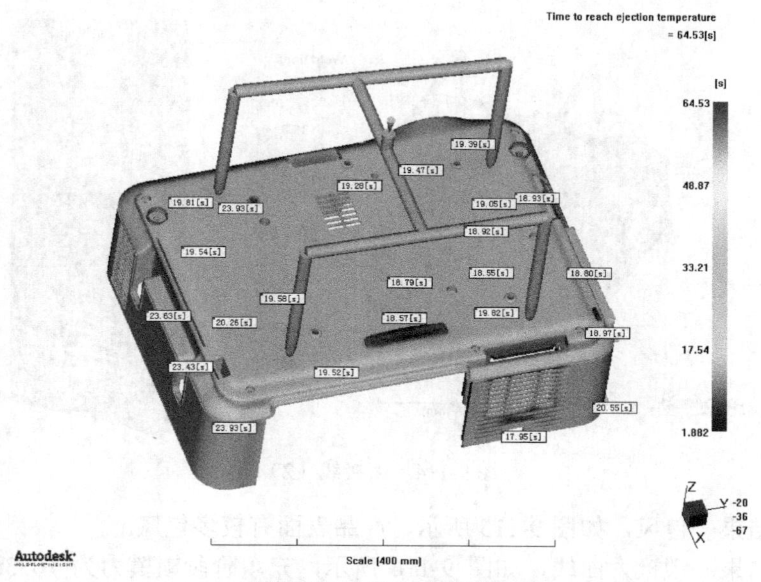

图 9-111　顶出时的时间

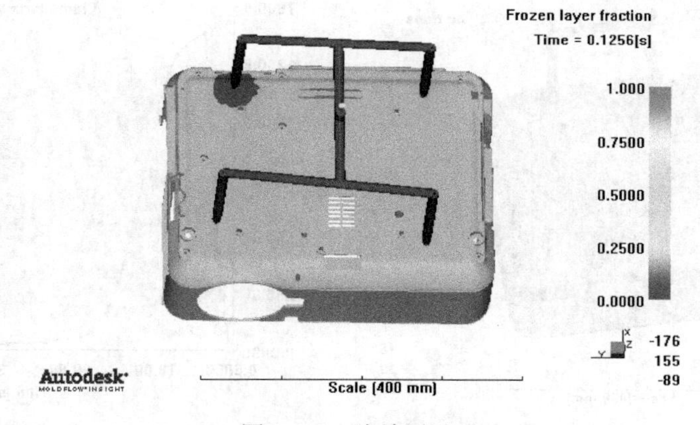

图 9-112　冻结层因子

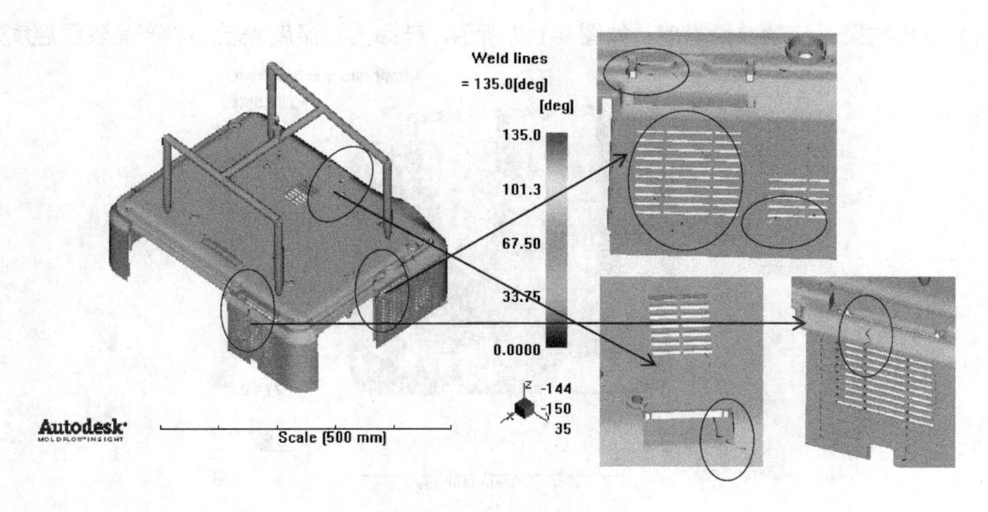

图 9-113　熔接线（1）

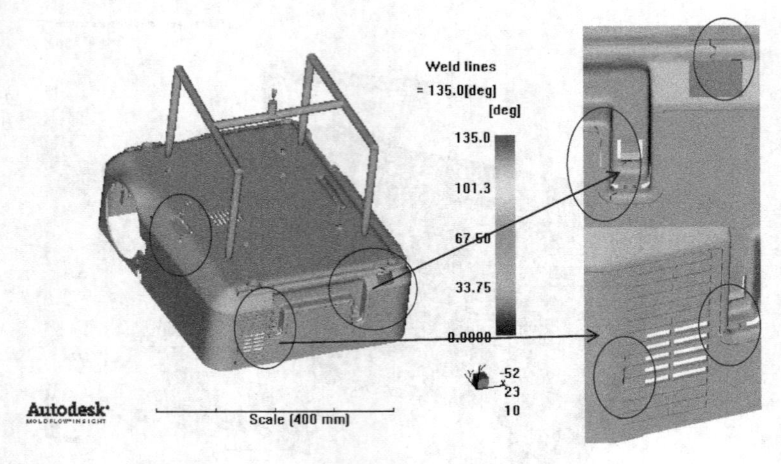

图 9-114　熔接线（2）

（14）分析结果—包风，如图 9-115 所示，产品表面有较多包风。

（15）分析结果—锁模力曲线，如图 9-116 所示，充填阶段锁模力为 1033t，实际锁模力参考模具尺寸。

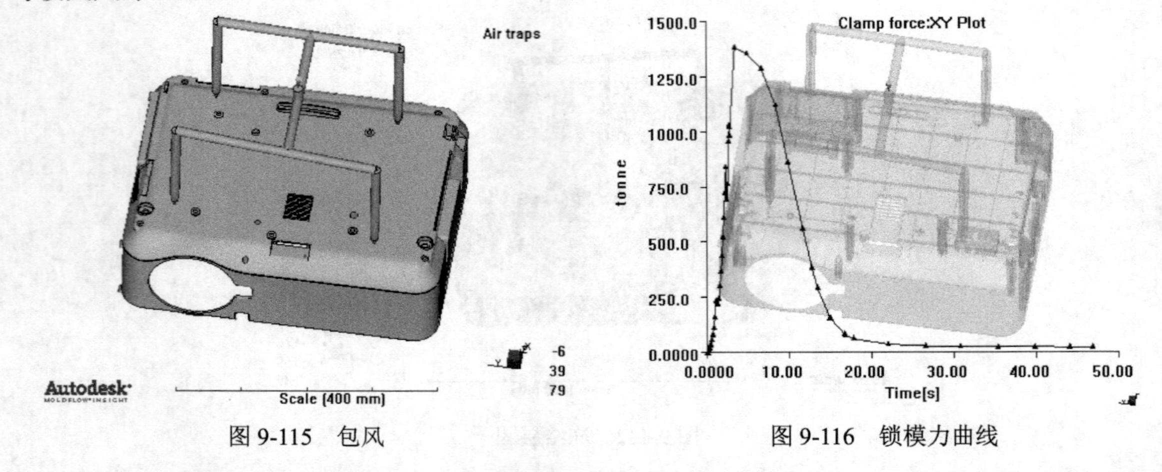

图 9-115　包风　　　　图 9-116　锁模力曲线

（16）分析结果—流动前沿温度，如图 9-117 所示，产品前沿温度差较小，产品表面温度差较好。

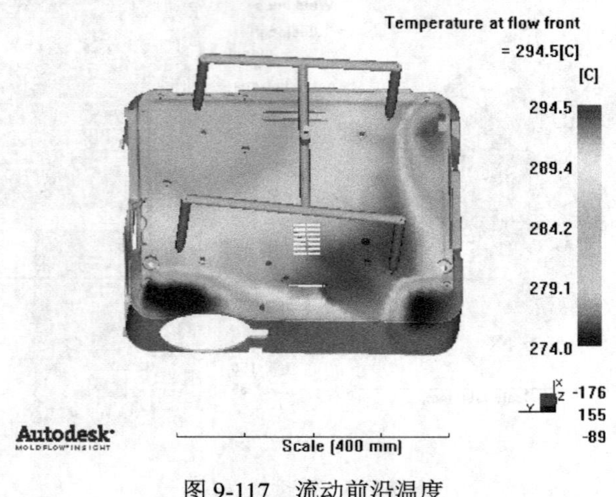

图 9-117　流动前沿温度

（17）分析结果—剪切速率，如图 9-118 所示，剪切速率在材料范围内，最大剪切速率为 $31378s^{-1}$。

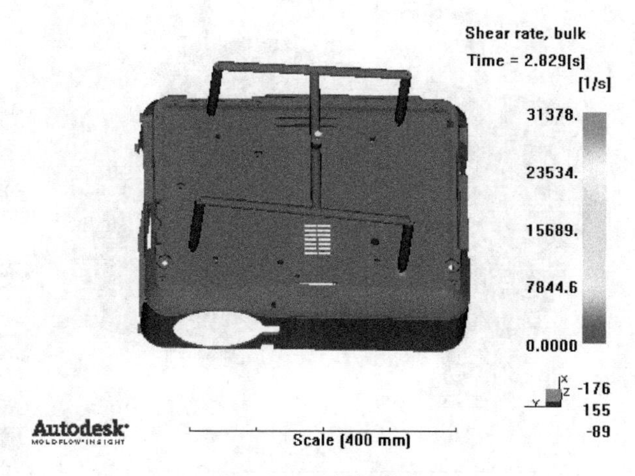

图 9-118 剪切速率

（18）分析结果—体积收缩，如图 9-119 所示，产品表面体积收缩较小。

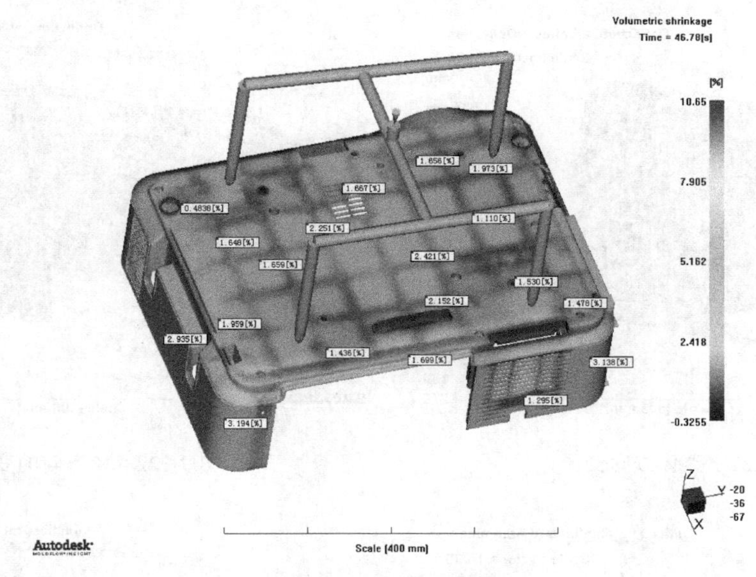

图 9-119 体积收缩

（19）分析结果—收缩，如图 9-120 所示，产品外观面缩水较好。

（20）分析结果—整体方向的变形，如图 9-121 所示，总体变形量为 3.037mm，变形较大（包括模具收缩值）。

（21）分析结果—X 方向的变形，如图 9-122 所示，X 方向最大变形量为-0.90～2.47mm（包括缩水），X 方向变形较好。

（22）分析结果—Y 方向的变形，如图 9-123 所示，Y 方向最大变形量为-2.05～1.63mm（包括模具缩水）。

（23）分析结果—Z 方向的变形，如图 9-124 所示，Z 方向最大变形量为-1.175～1.045mm，变形较大（包括缩水）。

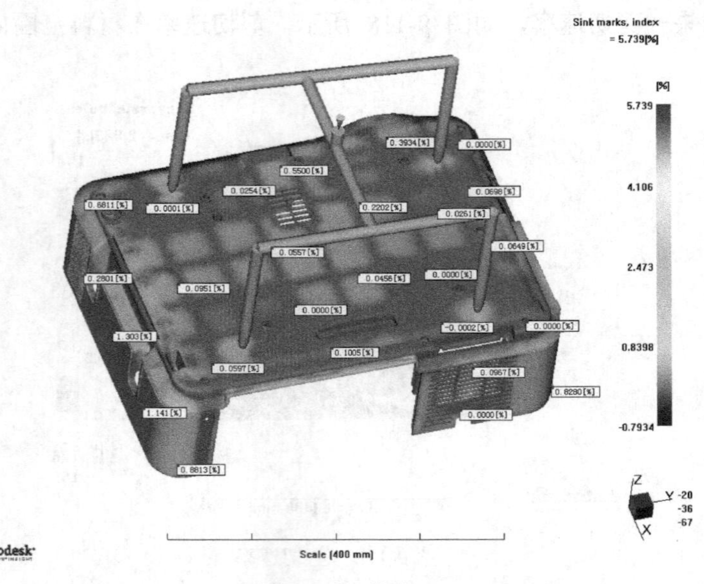

图 9-120　收缩

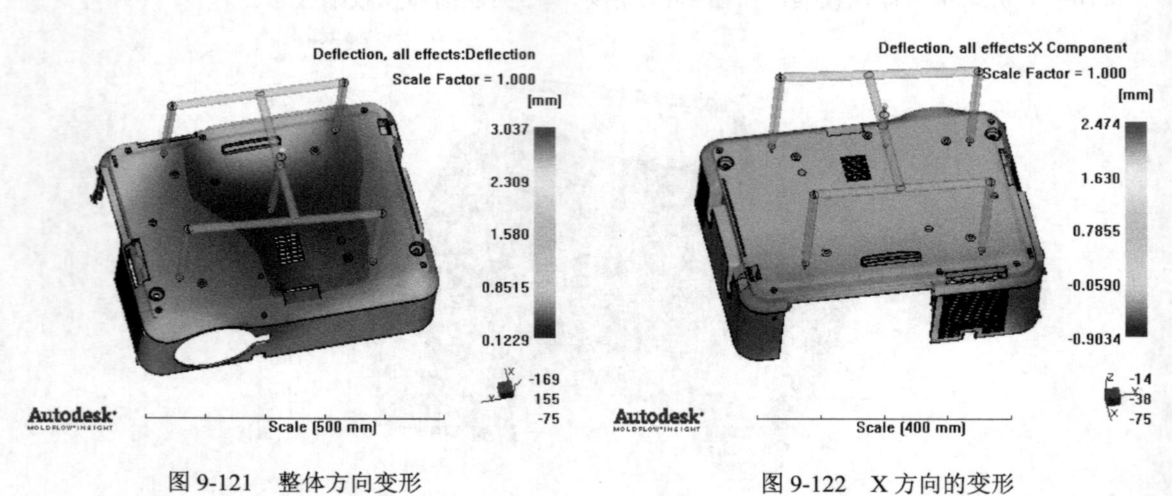

图 9-121　整体方向变形

图 9-122　X 方向的变形

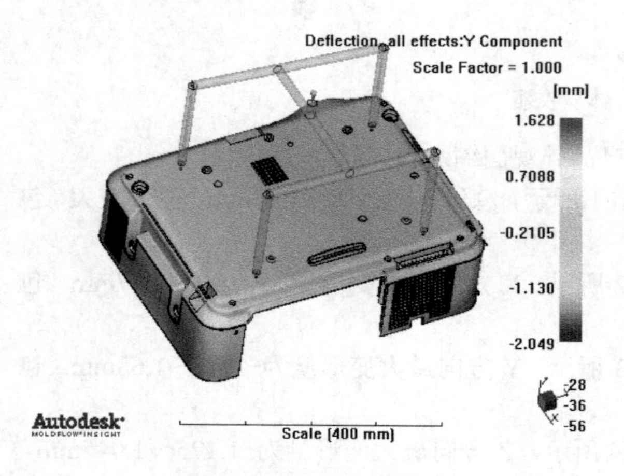

图 9-123　Y 方向的变形

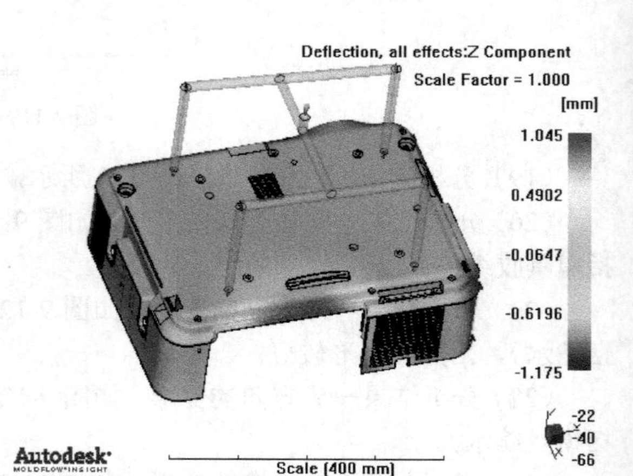

图 9-124　Z 方向的变形

（24）分析结果—整体收缩变形，如图 9-125 所示，整体收缩变形为 3.007mm（包括缩水）。

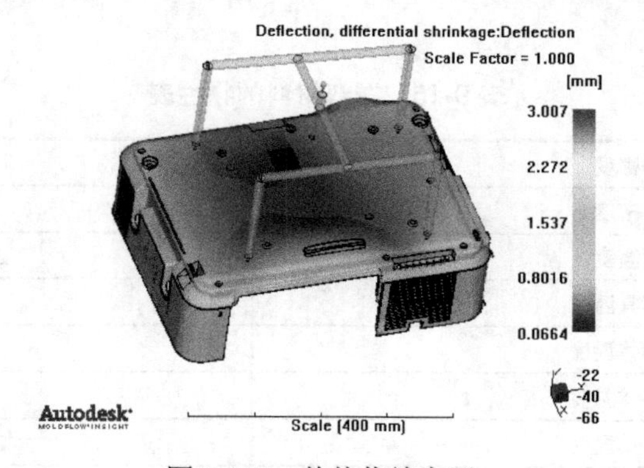

图 9-125　整体收缩变形

（25）小结。综合以上分析结果可知：

- 本进胶方案采用 4 点针阀进胶，分析的材料流动性较好，材料选择为 PC MN-3600H；
- 注塑时间为 2.83s，最大注塑压力为 111.1MPa，压力较小；
- 产品流动较平衡，充填结果较好；
- 产品壁厚较均匀，大部分厚度为 3.0mm，外观面壁厚较均匀；
- 波前温度差较大，产品外观面体积收缩均匀，缩水较好；
- 产品锁模力吨位为 1033t，锁模力还需参考模具尺寸和锁模力分析值；
- 产品整体变形量为 3.037mm，包括模具收缩，变形较大。

结论：

- 产品充填较平衡；
- 产品变形较大，见表 9-14。

表 9-14　实验数据

充 填 时 间	所需最大注塑压力	最大体积收缩率	波前温度范围	熔 接 线
2.83s	111.1MPa	7.0 %	274～294.5℃	有

9.6　案例分析六（保险杠）

（1）如图 9-126、图 9-127 所示产品为汽车保险杠。采用 PP 塑料以热流道成型，模流分析验证充填、压力、熔接线和气泡等可能发生情况。在分析中采用 Generic Default 的 PP 塑料，在数值上会与实际试模有差异，但趋势是一致的。

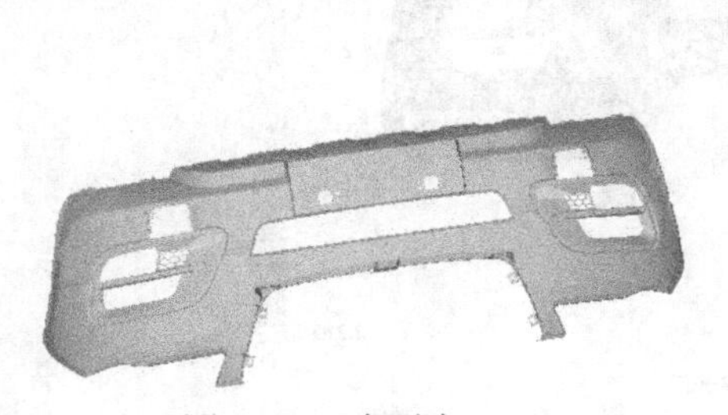

图 9-126　保险杠（1）

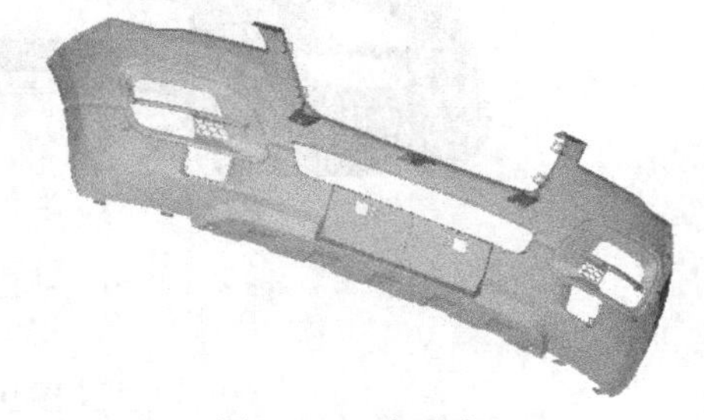

图 9-127　保险杠（2）

（2）本次分析所采用的塑料材料的物性表如表 9-15 所示，黏度曲线和 PVT 曲线如图 9-128、图 9-129 所示。

表 9-15　塑料材料的物性表

熔体密度	0.7283g/cm^3
固体密度	0.8916g/cm^3
注射温度	230.000000℃
推荐模具温度	40℃
推荐熔体温度	240℃
最高熔体温度	280℃
最低熔体温度	230.000000℃
最高熔体温度	300.000000℃
最低模具温度	50.000000℃
最高模具温度	100.000000℃
最大剪切速率	40000.000000s^{-1}
最大剪切压力	0.400000MPa

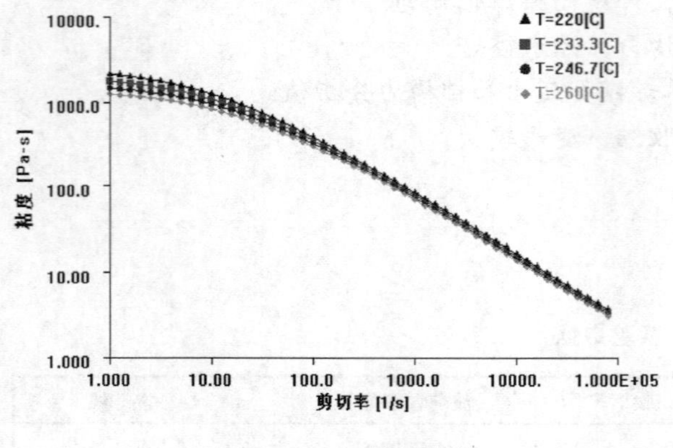

图 9-128　黏度曲线

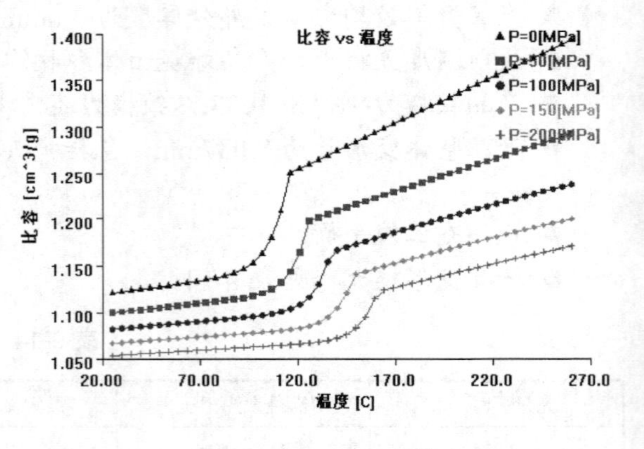

图 9-129　PVT 曲线

（3）产品壁厚如图 9-130 所示，产品长、宽、高约为 1520mm×570×mm×500mm，产品壁厚均匀，基本壁厚为 3.0mm。

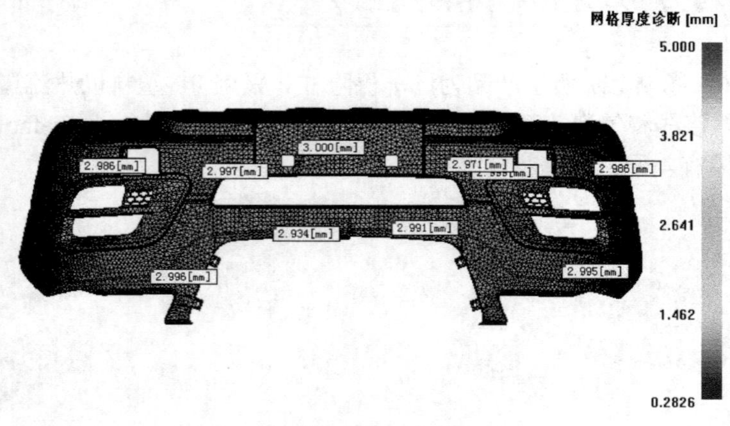

图 9-130　壁厚

（4）对此类边条产品，可使用 Moldflow 有限元分析对网格中的 Fusion（双层面网格）或 Midplane（中性层网格）进行分析，分析结果一致。前者取外壳双层网格，外表形状与 3D 模型相同，前处理时间较短，但网格数目是后者的数倍以上，分析时间较长；后者取中间单层网格，局部区域形状需做等效处理，前处理时间较长，但分析时间较短。由于本产品属于比较均匀的壁厚产品，故分析采用前者，如图 9-131 所示。

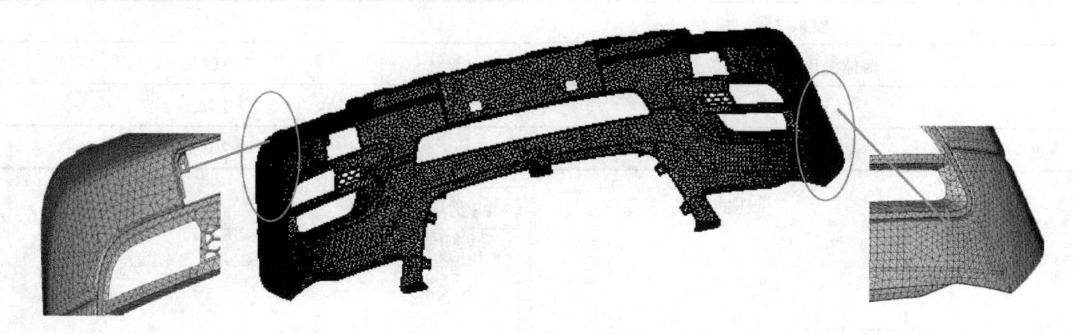

图 9-131 双层面网格

（5）本方案采用 5 点热流道分 6 点冷流道扇形浇口进料到产品侧面，如图 9-132 所示。

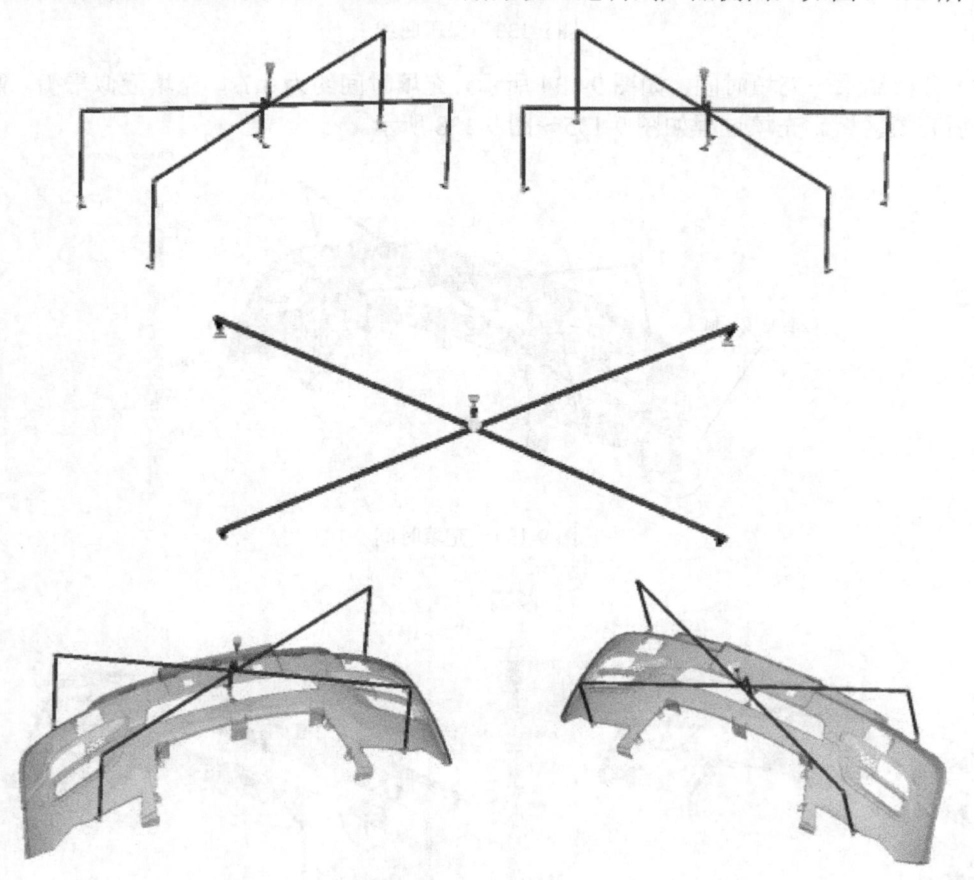

图 9-132 流道分布

原始方案基本成型条件如表 9-16 所示，保压曲线如图 9-133 所示。

表 9-16　基本成型条件

最大锁模力	2500t
最大压力	120.00MPa
模具温度	40.00℃
熔体温度（热流道）	230.00℃
注射时间	3.7s
冷却时间	20s

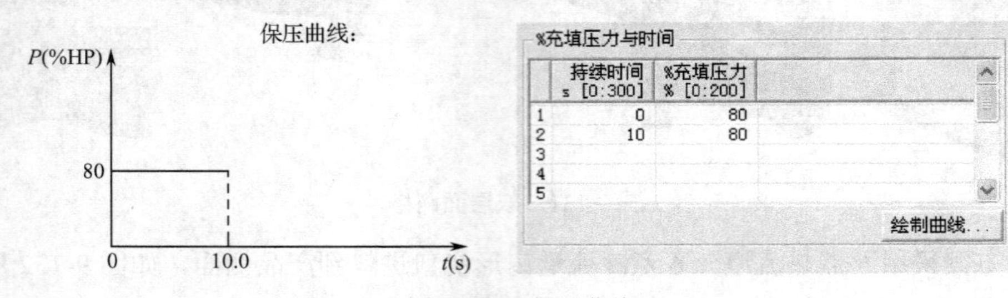

图 9-133　保压曲线

（7）分析结果—充填时间，如图 9-134 所示，充填时间约为 3.7s，充填近似平衡。箭头指示处为最后充填区域。充填过程如图 9-135～图 9-138 所示。

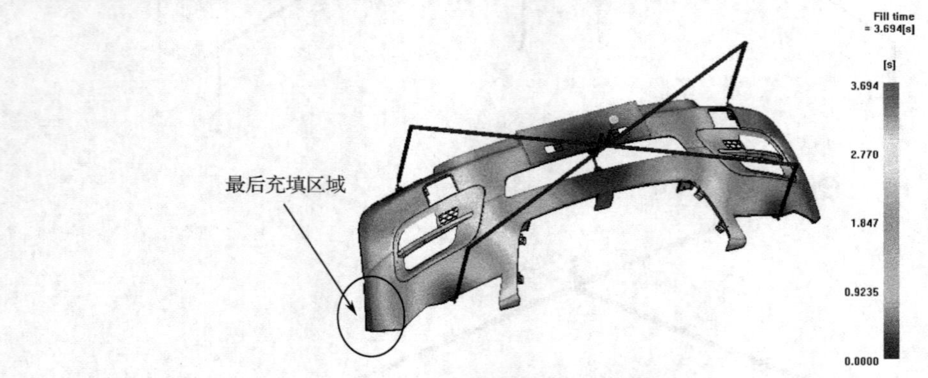

图 9-134　充填时间

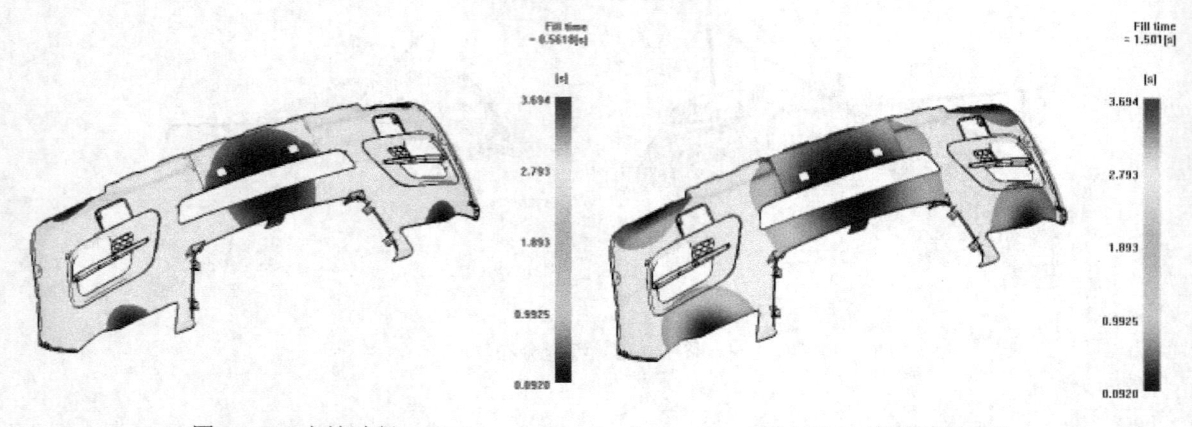

图 9-135　充填过程（1）　　图 9-136　充填过程（2）

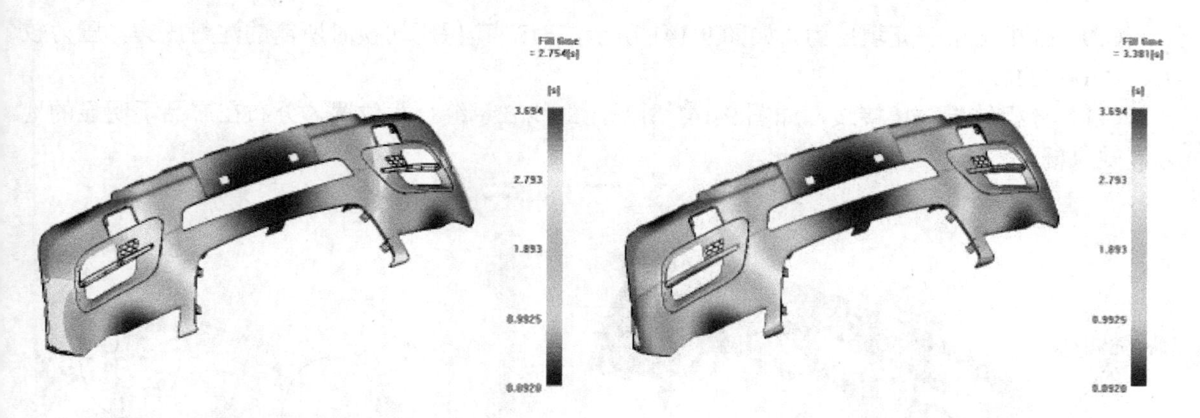

图 9-137 充填过程（3） 图 9-138 充填过程（4）

（8）分析结果—流动波前温度分布，如图 9-139 所示，几乎全部分布在高温区域 230℃之间，背面薄筋处温度达到 111℃，不过不影响充填。

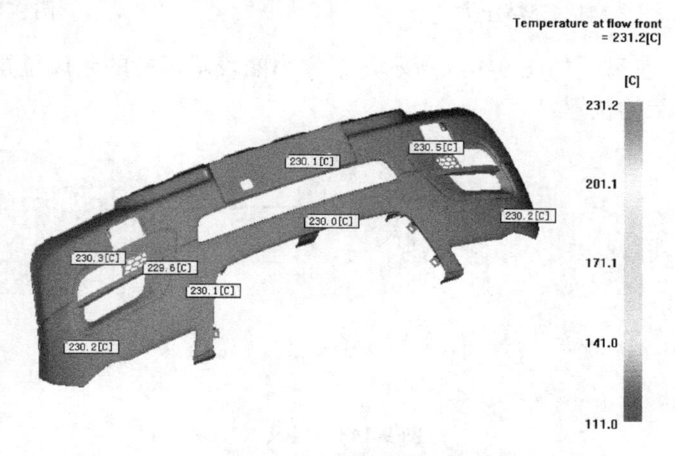

图 9-139 流动波前温度分布

（9）分析结果—充填过程冷凝层厚度分布，如图 9-140 所示，从中可以看出，充填途中整个产品内壁冷凝层因子在 0.20 以内，利于产品充填。

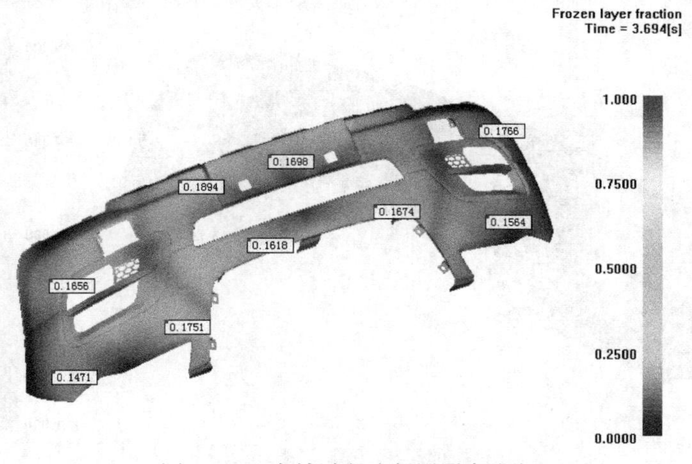

图 9-140 充填过程冷凝层厚度分布

（10）分析结果—充填压力，如图 9-141 所示，为充填/保压切换时所需的注射压力，压力较大，达 60.1MPa。

（11）分析结果—熔接线，如图 9-142 所示，红线表示缝合线位置，分布在产品不明显的地方，效果好。

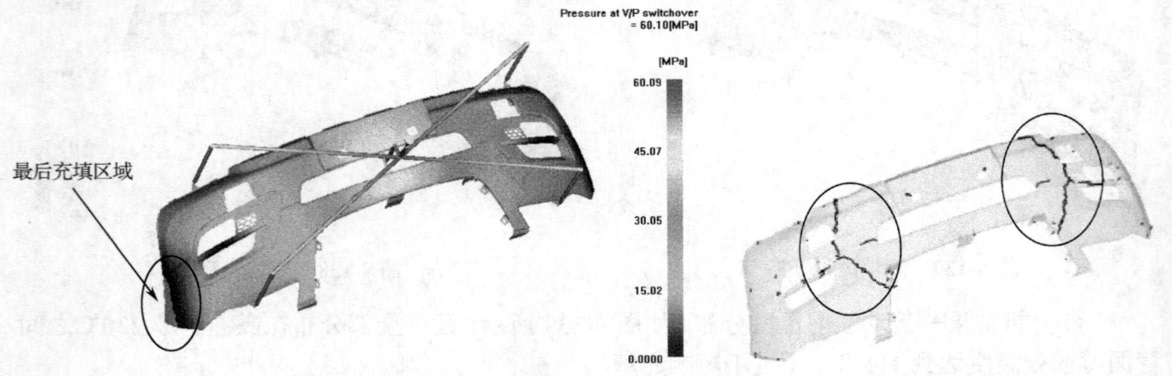

图 9-141　充填压力　　　　图 9-142　熔接线

（12）分析结果—包风，如图 9-143 所示，红色小圈表示可能的包风位置，应注意设置相关机构排除，特别是标示的位置。

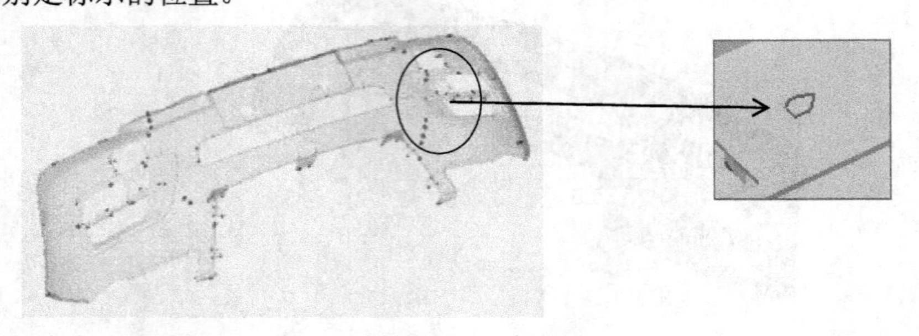

图 9-143　包风

（13）分析结果—各浇口出胶量，如图 9-144 所示。

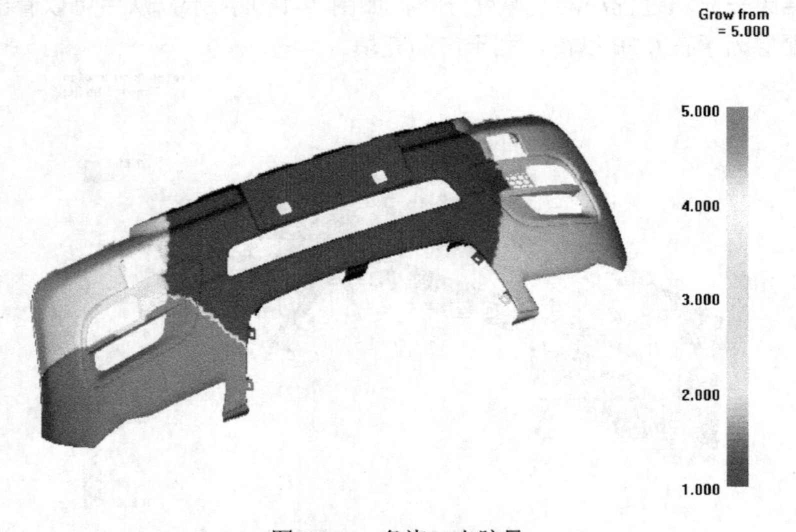

图 9-144　各浇口出胶量

（14）分析结果—剪切热分布，如图 9-145 所示为剪切热的分布情况，可以看到在浇口区域产品流速最大，引起的剪切热也最大，不过低于材料的裂解温度。故材料在充填过程中不会分解炭化。

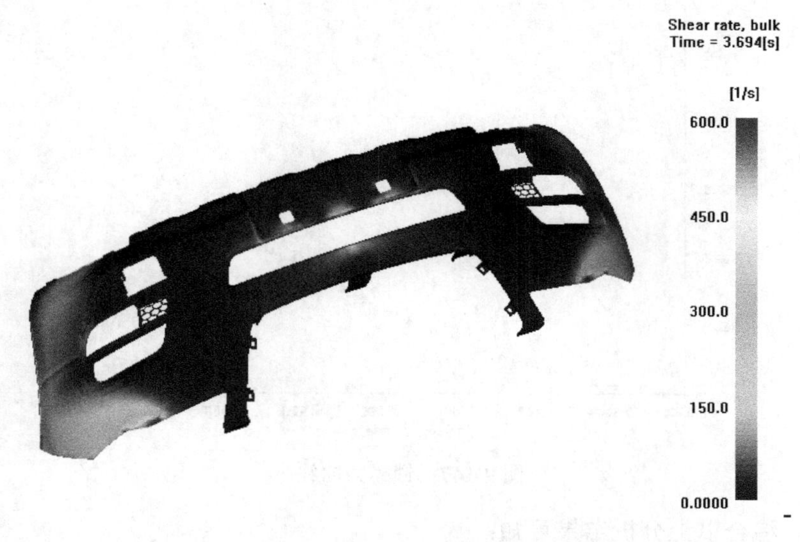

图 9-145　剪切热分布

（15）分析结果—注射压力与锁模力曲线，分别如图 9-146、图 9-147 所示，最大压力为 60.1MPa，最大锁模力为 1600t。

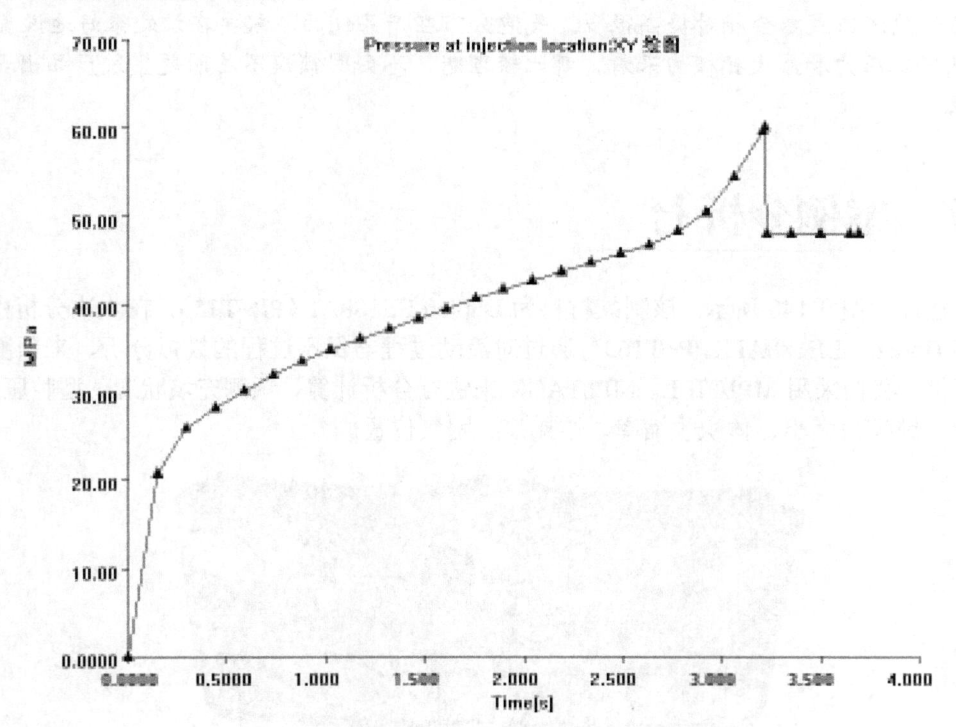

图 9-146　注射压力曲线

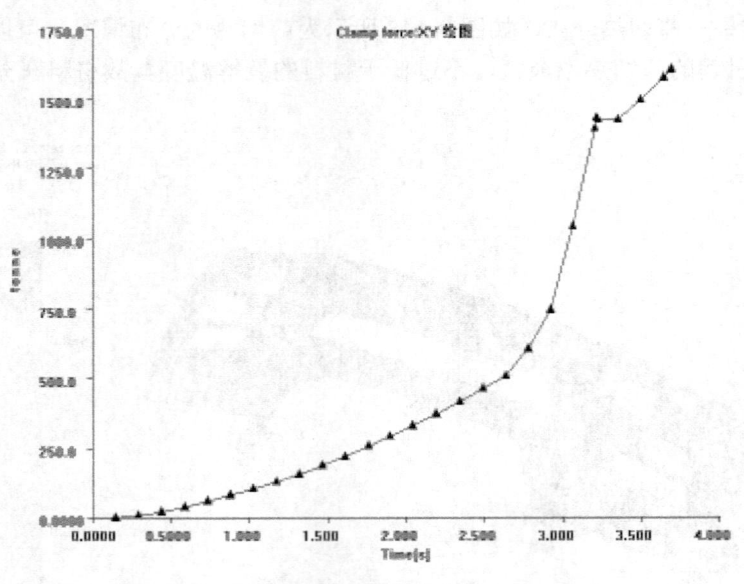

图 9-147 锁模力曲线

（16）小结。综合以上分析结果可知：

- 产品充填没有任何问题，而且充填过程近似平衡，无滞流、短射产生。
- 产品外观表面有 4 条比较明显的熔接痕迹，不过熔接处温度较高，达到了 230℃，既利于料头熔接，又提高了熔接线的强度。建议采用针阀顺序控制，可以完全消除熔接线，不过热流道成本会相对提高很多。气泡分布在产品侧面，需要在该处很好地设置排气。
- 从充填压力和最大锁模力来看，都比较理想，不会因锁模不足问题导致产品出现飞边现象。

9.7 案例分析七

（1）塑件如图 9-148 所示。该制品材料为 Daplen EE188AI（PP+T15），在本次分析中，选择相近材料 Borealis EE188AI（PP+T16），通过对流动过程与保压过程的模拟分析，来预测浇注系统的可行性。我们采用 MPI/FILL、MPI/PACK 来进行分析计算，预测充填状况、型腔压力分布、温度分布、锁模力大小、体积收缩率、熔接痕、困气位置。

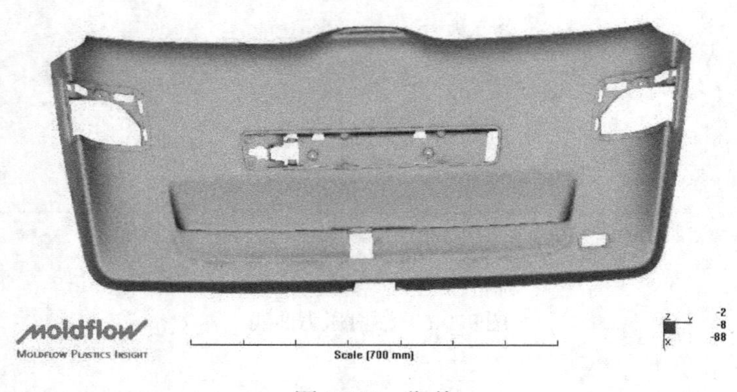

图 9-148 塑件

（2）材料的物性表如表 9-17 所示，其黏度曲线如图 9-149 所示，PVT 曲线如图 9-150 所示。

表 9-17 材料物性表

推荐注射温度	240.0℃
推荐模具温度	40.0℃
顶出温度	108.0℃
不流动温度	200.0℃
许可剪切应力	0.25MPa
许可剪切速率	$100000s^{-1}$

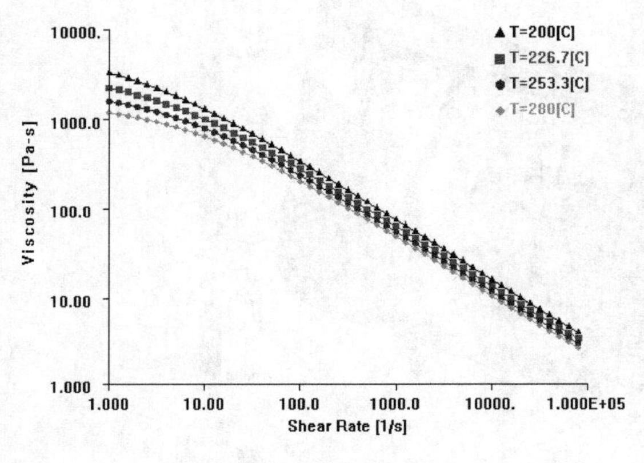

图 9-149 黏度曲线

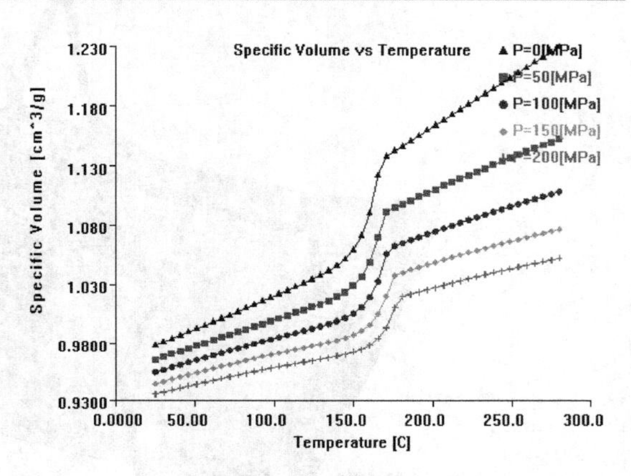

图 9-150 PVT 曲线

（3）浇注系统的分布如图 9-151、图 9-152 所示，该模具一模一腔，采用顺序阀式热流道系统，6 点顺序阀。

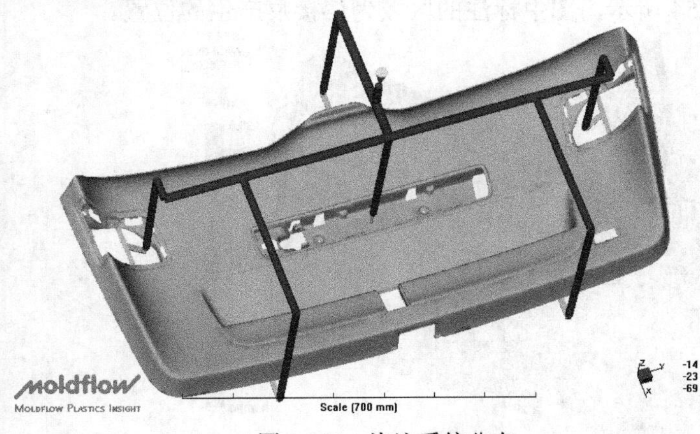

图 9-151 浇注系统分布

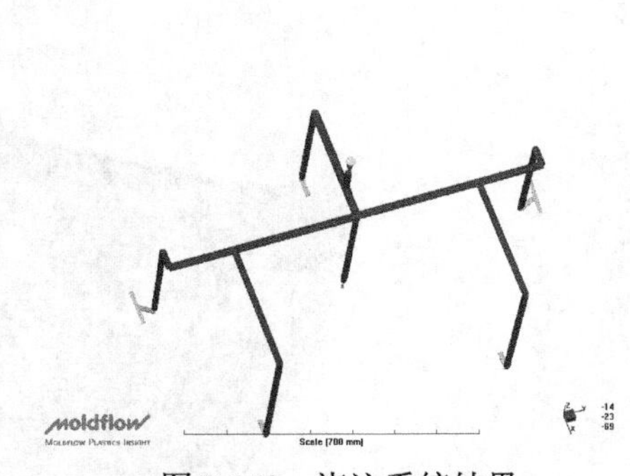

图 9-152 浇注系统结果

（4）塑件采用的工艺参数如表 9-18 所示。

表 9-18 工艺参数

模具温度	40.0℃
熔体温度	230.0℃
注射时间	6.8s

续表

保压压力	保压时间
50MPa	6s
40MPa	4s
0MPa	4s

（5）分析结果—充填时间，如图 9-153 所示，图中从蓝色到红色表示充填的先后次序。评估充填情况质量的标准主要有两个：一是流动是否平衡，二是各个参数是否超过材料的许可值。中间喷嘴先注射，其余顺序注射，充填较平衡。

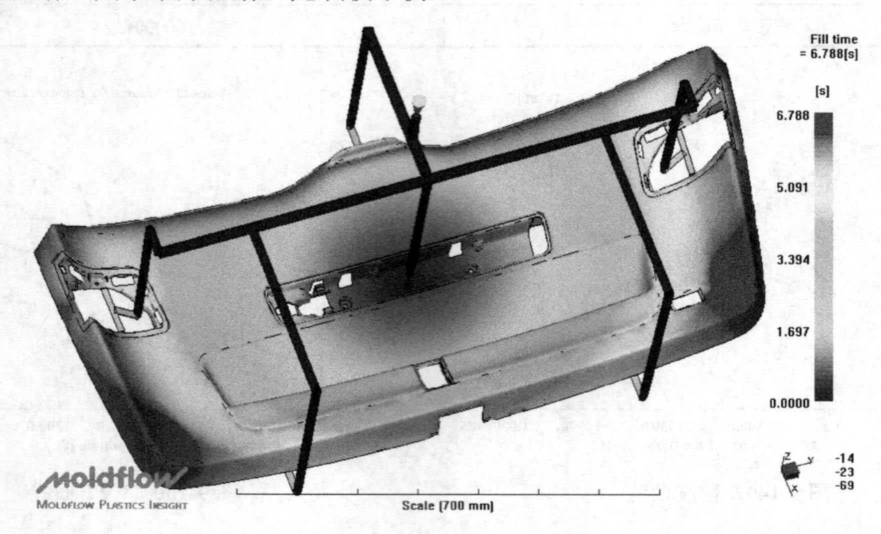

图 9-153　充填时间

（6）分析结果—熔接痕，如图 9-154 所示，图中标注的区域为熔接痕产生的位置。

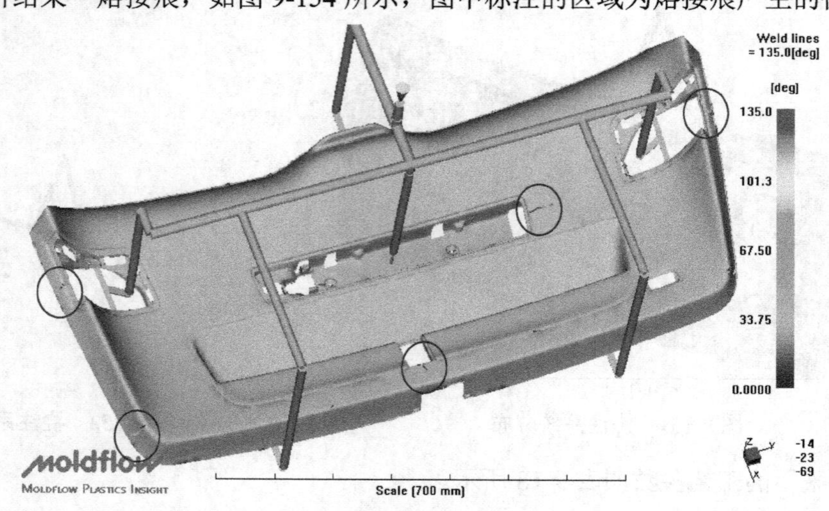

图 9-154　熔接痕

（7）分析结果—困气，如图 9-155 所示，图中红色圆圈标注区域为困气位置。

（8）分析结果—压力分布，如图 9-156 所示为型腔充满瞬间的型腔压力分布。从此结果可知成型所需注射压力和型腔压力均匀与否。此方案压力分布较为均匀。

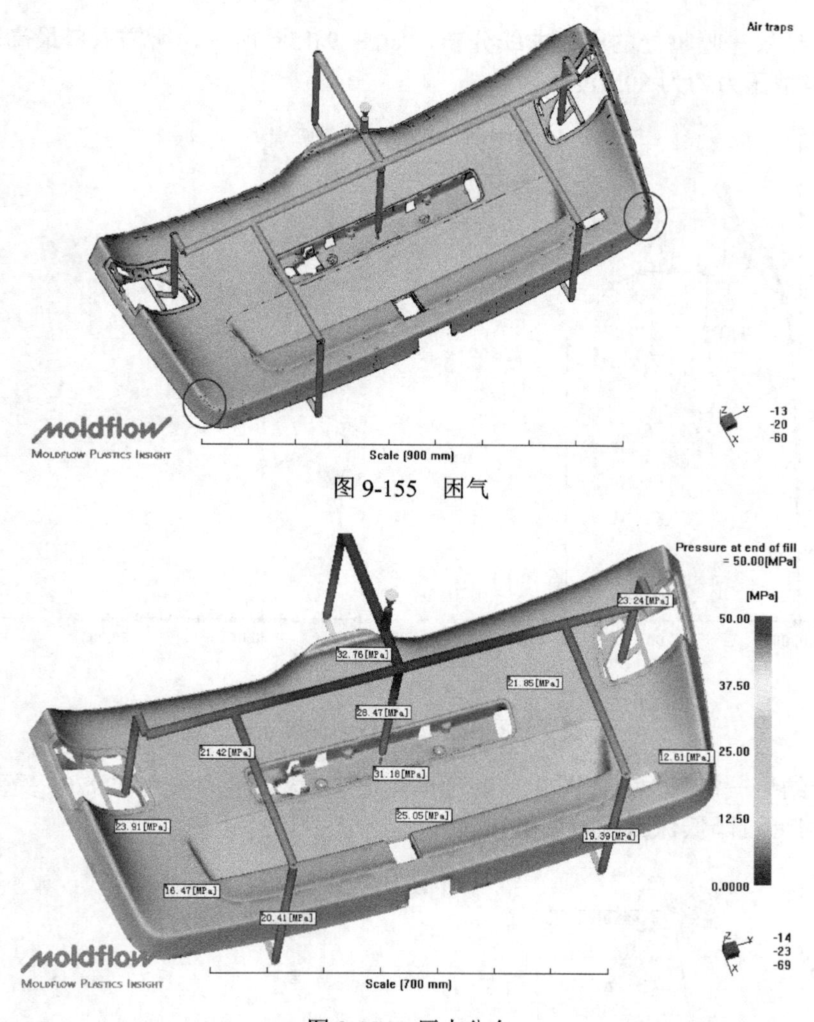

图 9-155　困气

图 9-156　压力分布

（9）分析结果—熔体前峰温度分布，如图 9-157 所示，温度分布较为均匀，可保证制品表面质量。

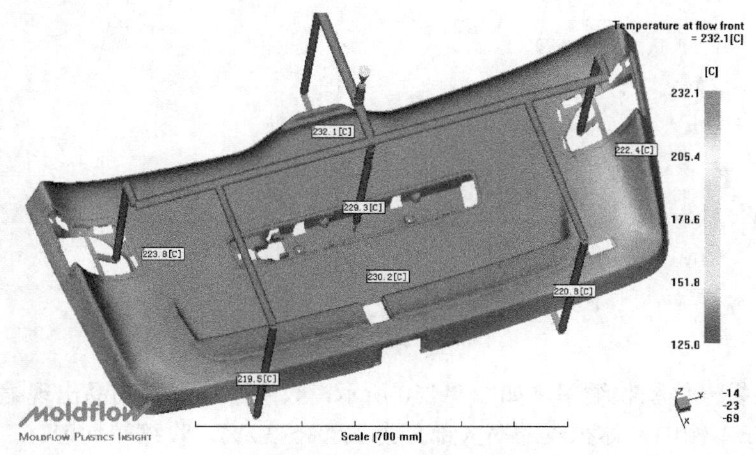

图 9-157　熔体前峰温度分布

（10）分析结果—喷嘴处的压力曲线分布，如图 9-158 所示，所需入口最高注射压力约为 62MPa，实际成型压力约为 80MPa。

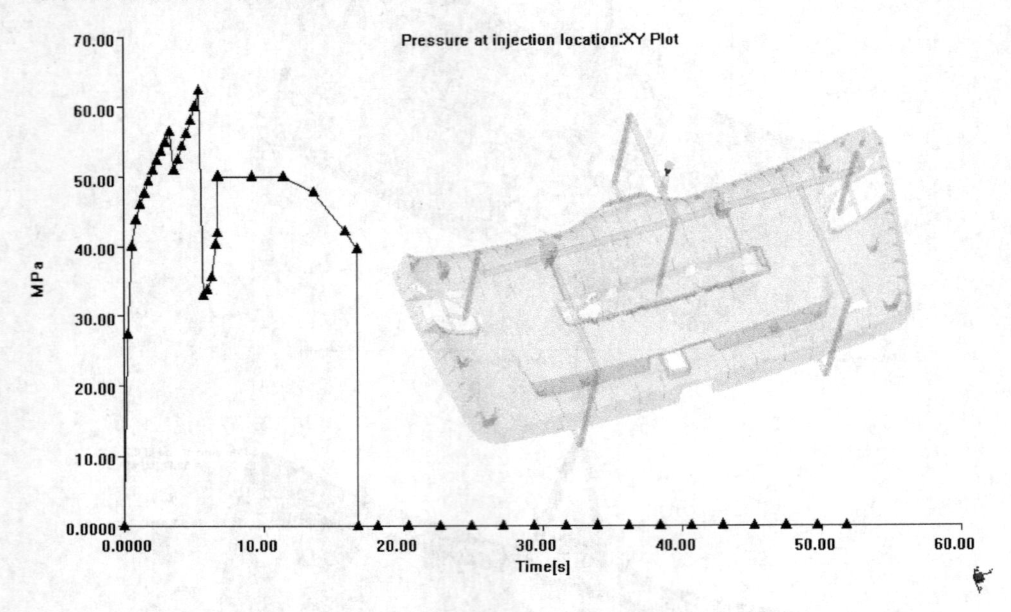

图 9-158　喷嘴处的压力曲线分布

（11）分析结果—锁模力，如图 9-159 所示，所需最大锁模力约为 2297t。受保压压力影响，锁模力较大，可通过降低保压压力调整锁模力。

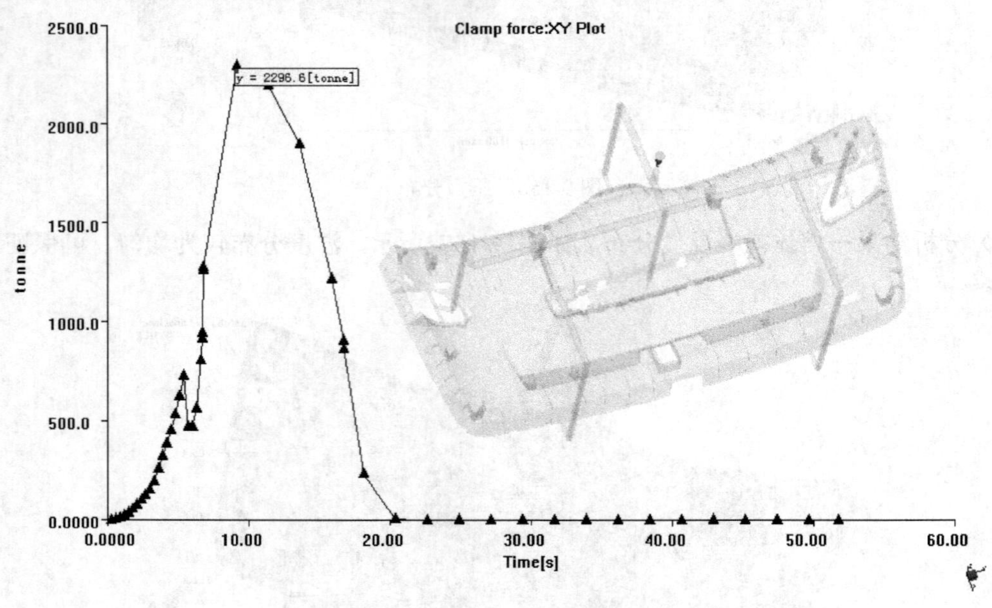

图 9-159　锁模力

（12）分析结果—体积收缩率，如图 9-160 所示，收缩不均匀是制品出现缩痕和翘曲变形的重要原因之一。在本例中，体积收缩率大部分为 2.8%～3.5%，收缩较均匀。

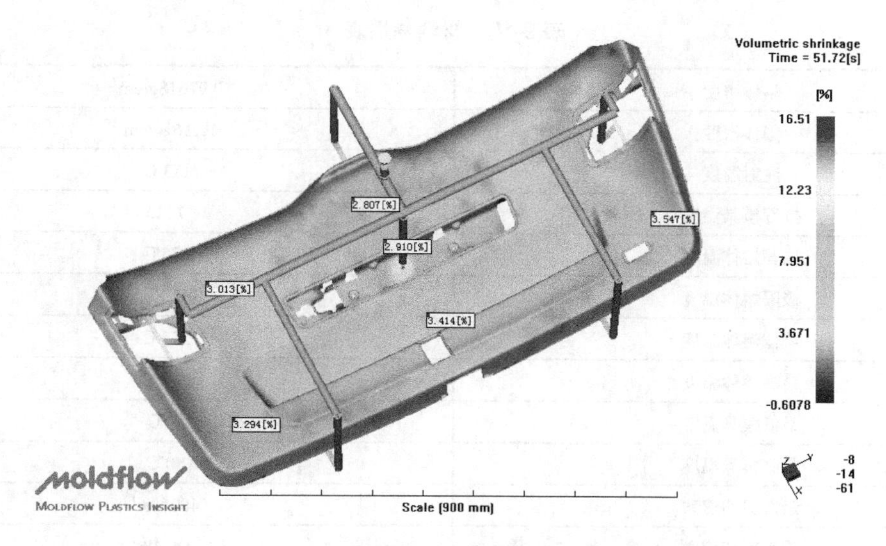

图 9-160 体积收缩率

（13）小结。综合以上分析结果可知：

- 此方案注射较为均衡，成型压力适中，型腔压力分布较为均衡，体积收缩较为均匀。
- 受投影面积影响及保压压力影响，锁模力较大，可通过调整保压压力降低锁模力。
- 在制品边角处形成困气，熔料包合容易烧焦或熔接痕明显，需调整浇口位置及顺序阀开关时间。
- 可采用 6 点顺序阀式热流道方案，建议调整下面两点喷嘴及浇口位置，减小两喷嘴间距，调整开阀注射时间，以改善充填状况及困气情况，优化保压工艺。

9.8 案例分析八

（1）分析说明。此产品在成型时发生比较严重的问题，如缩水、拉模、烧焦等，如图 9-161 所示，经过多次调整仍难以改善。因此借助 Moldflow 模流分析找出问题点，并提出具体的改善方案，希望可以改善甚至完全克服上述问题，从而达成最佳的产品品质。

分析使用客户指定的塑料材料，在此报告中以多种方案进行分析比较。Original1 和 Original2 为原始设计方案，Revised1～Revised5 为 Moldflow 改善方案。

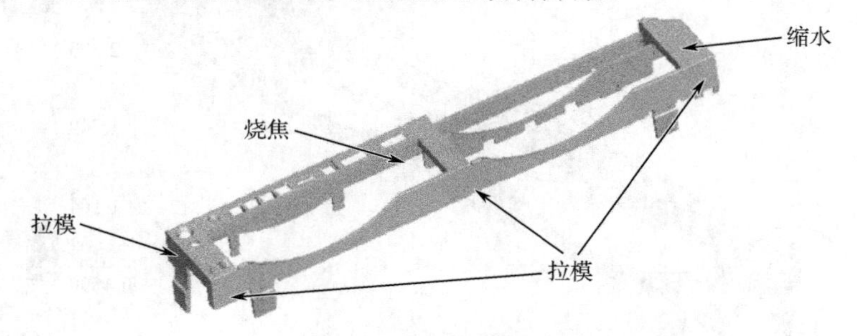

图 9-161 产品成型问题

（2）塑料材料的物性表如表 9-19 所示，黏度曲线和 PVT 曲线分别如图 9-162、图 9-163 所示，采用 ABS+PC Cycoloy C2950 通用塑料（美国）。

表 9-19　材料物性表

熔体密度	0.97618g/cm^3
固体密度	1.1161g/cm^3
注射温度	113℃
推荐模具温度	70℃
推荐熔体温度	275℃
极限熔体温度	325℃
最低熔体温度	255℃
最高熔体温度	285℃
最低模具温度	60℃
最高模具温度	80℃
最大剪切速率	40000s^{-1}
最大剪切应力	0.4MPa

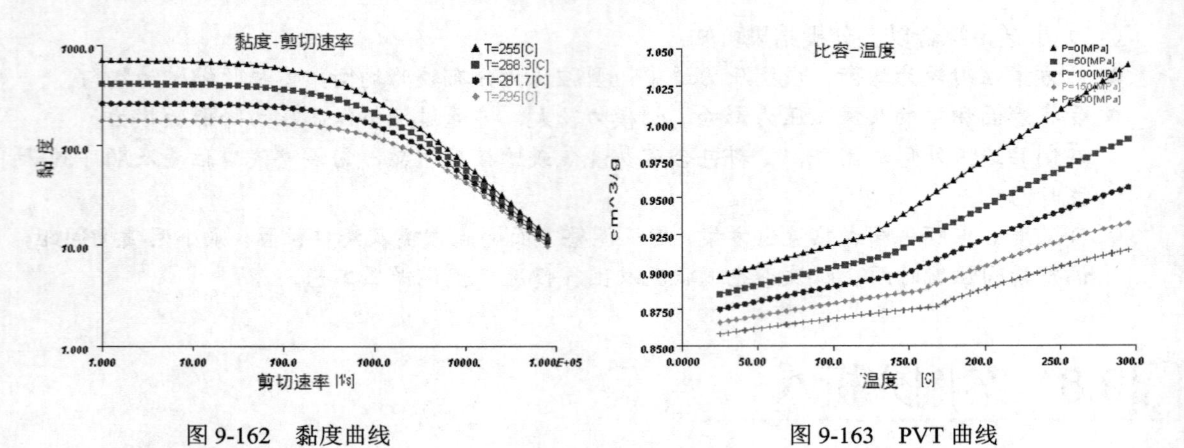

图 9-162　黏度曲线　　　图 9-163　PVT 曲线

（3）产品模型简介。产品壁厚较不均匀，红色和黄色区域较厚，最大的壁厚约为 3.0mm（在卡钩处），最小壁厚仅为 0.5～0.6mm（如图 9-164 中椭圆圈处，可能会有成型困难问题）。

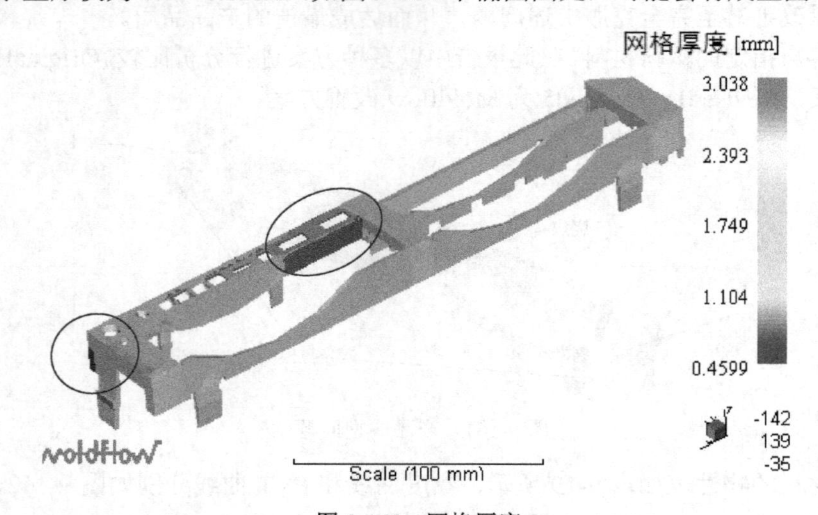

图 9-164　网格厚度

（4）原始方案浇注系统设计。原始方案均为两板模，一模一穴，Original1 为 3 个浇口，Original2 为 4 个浇口，注入口直径均为 2mm，浇道直径均为 5mm，原始方案 1 如图 9-165 所示，原始方案 2 如图 9-166 所示。

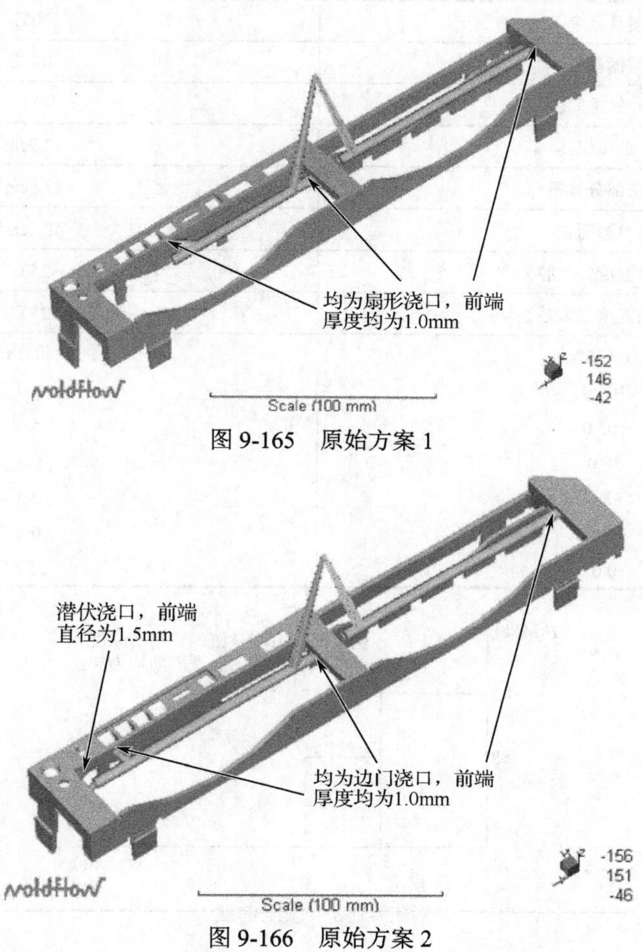

图 9-165 原始方案 1

图 9-166 原始方案 2

（5）原始方案冷却系统设计。原始方案水路相同，母模采用两条直径为 10mm 的水路，公模采用 4 条直径为 9.5mm 的 Baffle 水路（Baffle 直径为 12mm），如图 9-167 所示。

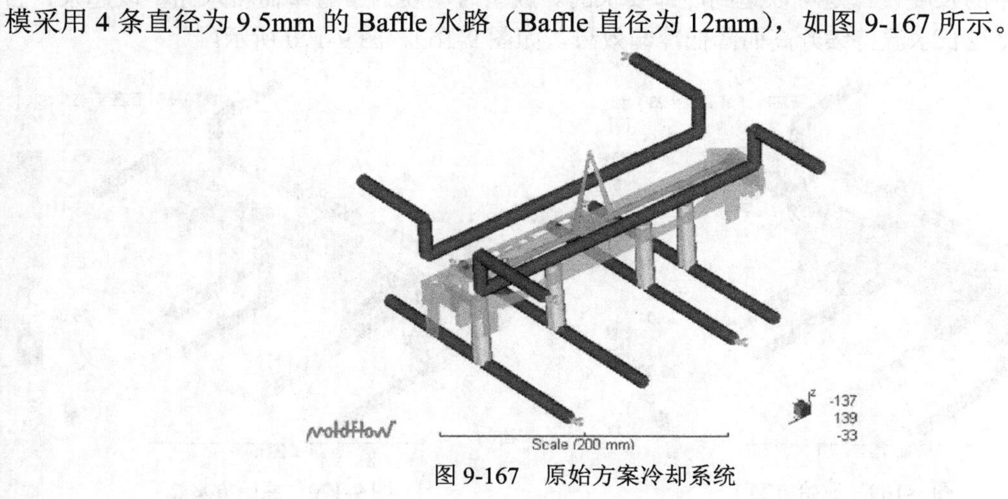

图 9-167 原始方案冷却系统

（6）原始方案基本成型条件如表 9-20 所示，保压曲线如图 9-168 所示。

表 9-20 基本成型条件

模具温度	70℃
熔体温度	260℃
注射时间	1s
总体积	32.9cm^3
充填部分体积	27.8cm^3
总投影面积	48.8cm^2
冷却液温度（型腔）	25℃
冷却液温度（型芯）	25℃
压力（MPa）	步长（s）
105.0	0.0
105.0	5.0
58.0	0.0
58.0	2.5
0.0	0.0
0.0	25.5

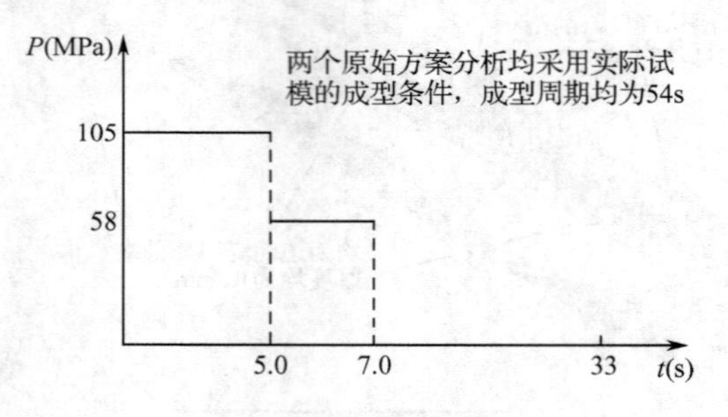

图 9-168 保压曲线

（7）原始方案分析结果—冷却水温变化，两个原始方案的冷却效果基本相同，水温升高较小，冷却水路的长度设计是可以达到冷却要求的。成型时不要为了省事而将水路串联起来，否则会导致水路过长水温持续升高而降低冷却效果，如图 9-169、图 9-170 所示。

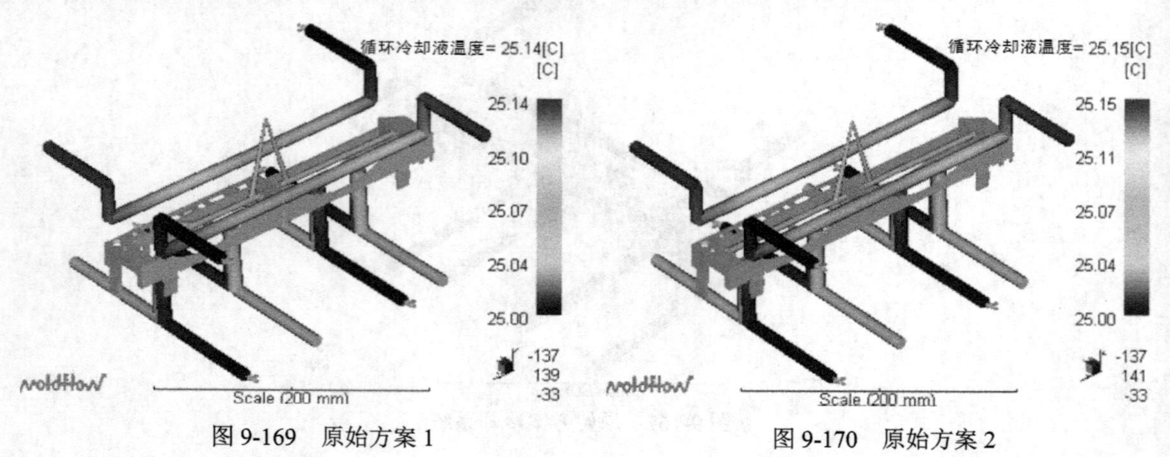

图 9-169 原始方案 1　　图 9-170 原始方案 2

（8）原始方案分析结果—塑件表面温度分布，在如图 9-171、图 9-172 所示的 3 处较厚区域冷却效果较差，特别是 A 处公模处存在积热现象，冷却凝固必将较慢而可能导致较大的收缩。

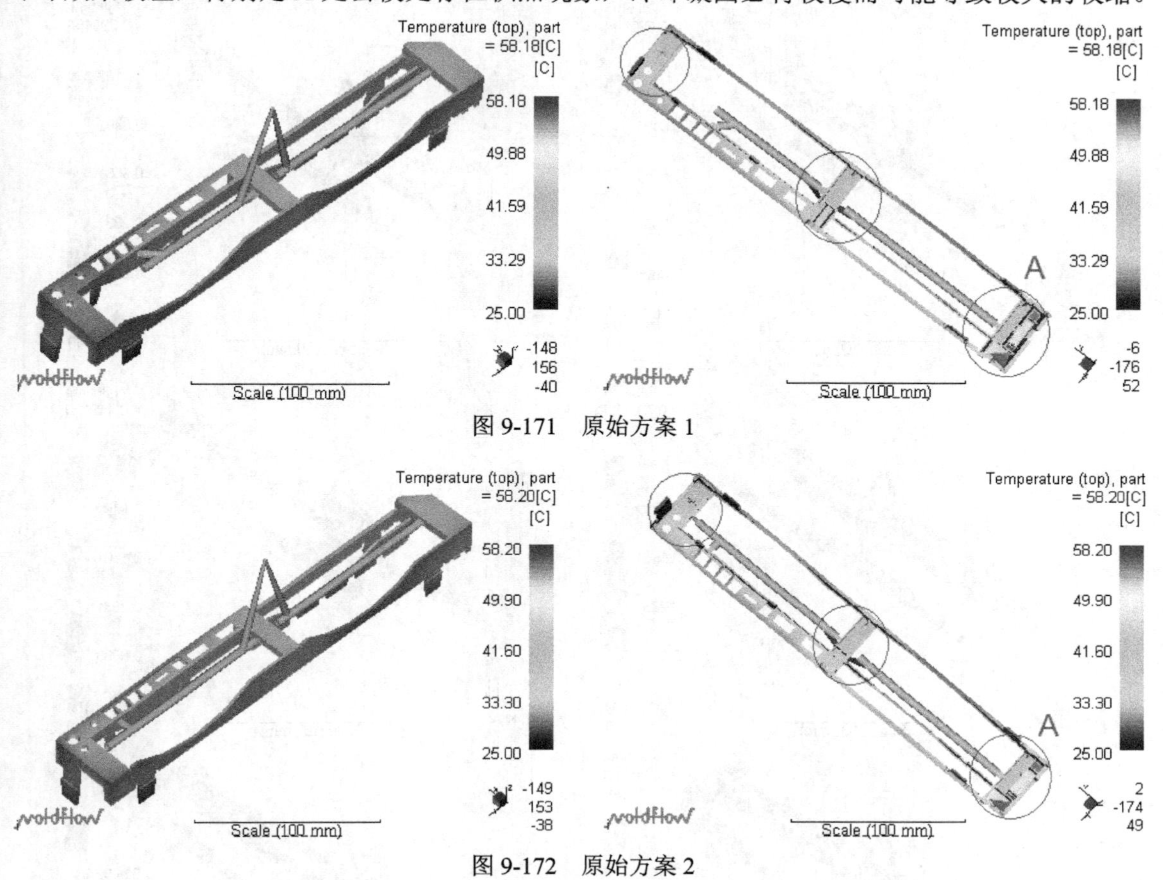

图 9-171　原始方案 1

图 9-172　原始方案 2

（9）原始方案分析结果—充填时间。

方案 1 充填时间为 1s，发生短射现象，如图中框示处，归因于该处壁厚太薄（只有 0.6mm），而浇口距离此处太近，塑料流动到此处时因阻力太大而停滞不前，迅速冷却凝固，阻碍了后续塑料的充填，如图 9-173 所示。

方案 2 充填时间为 1.2s，流动较不平衡，局部区域存在过保压，而在图中框示处发生滞流现象，原因与方案 1 相似，成型条件控制不好也很容易短射，如图 9-174 所示。

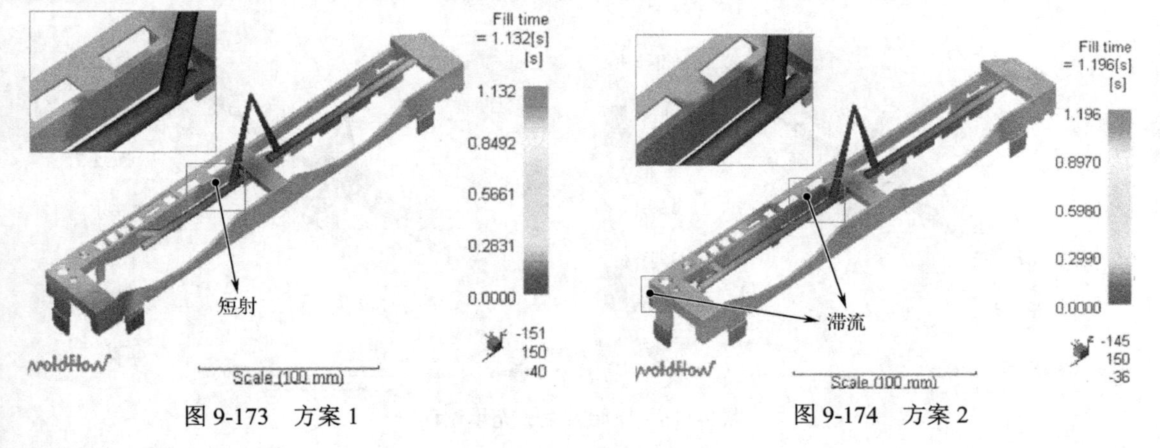

图 9-173　方案 1　　图 9-174　方案 2

（10）原始方案分析结果—充填过程，如图 9-175、图 9-176 所示。

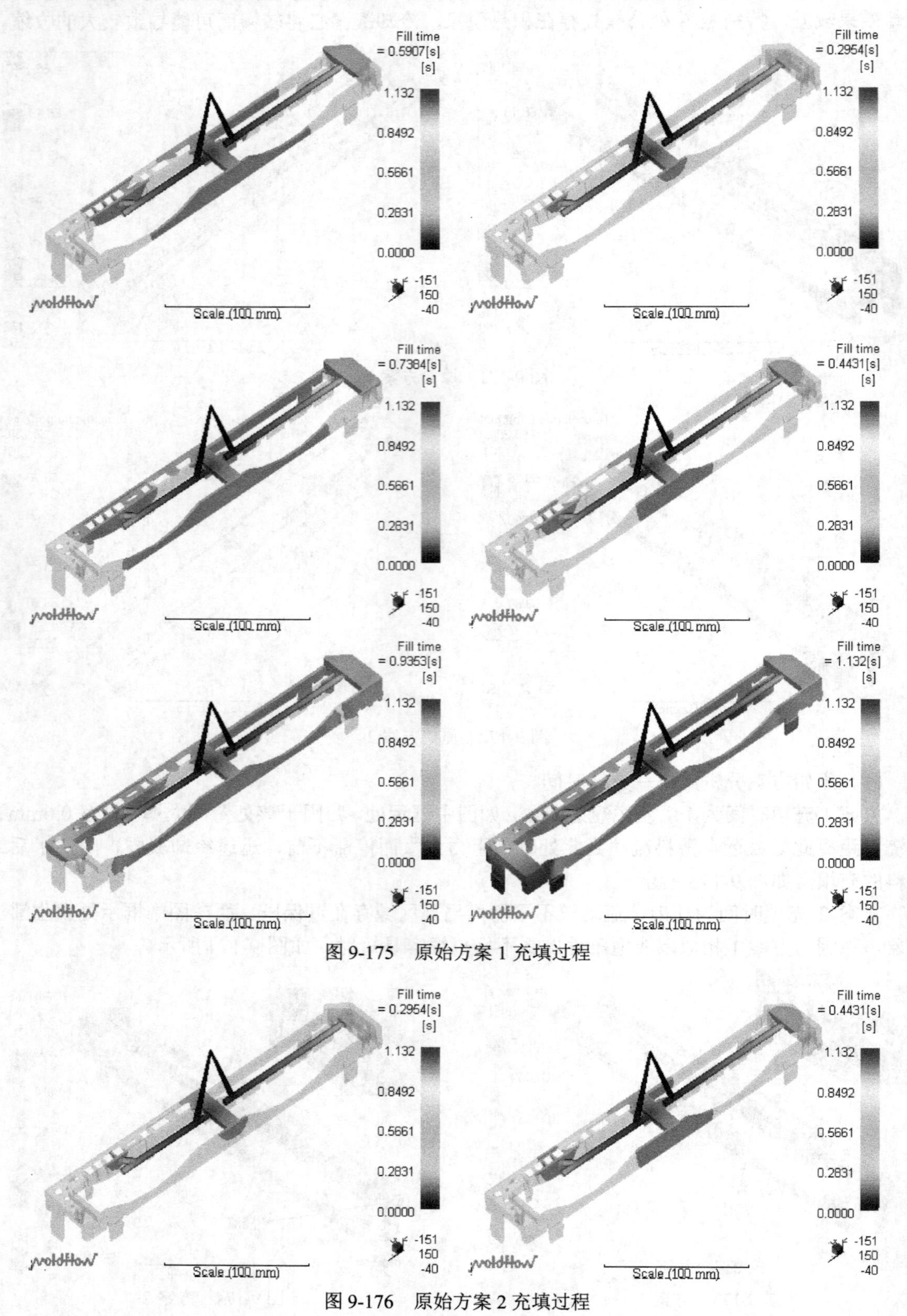

图 9-175 原始方案 1 充填过程

图 9-176 原始方案 2 充填过程

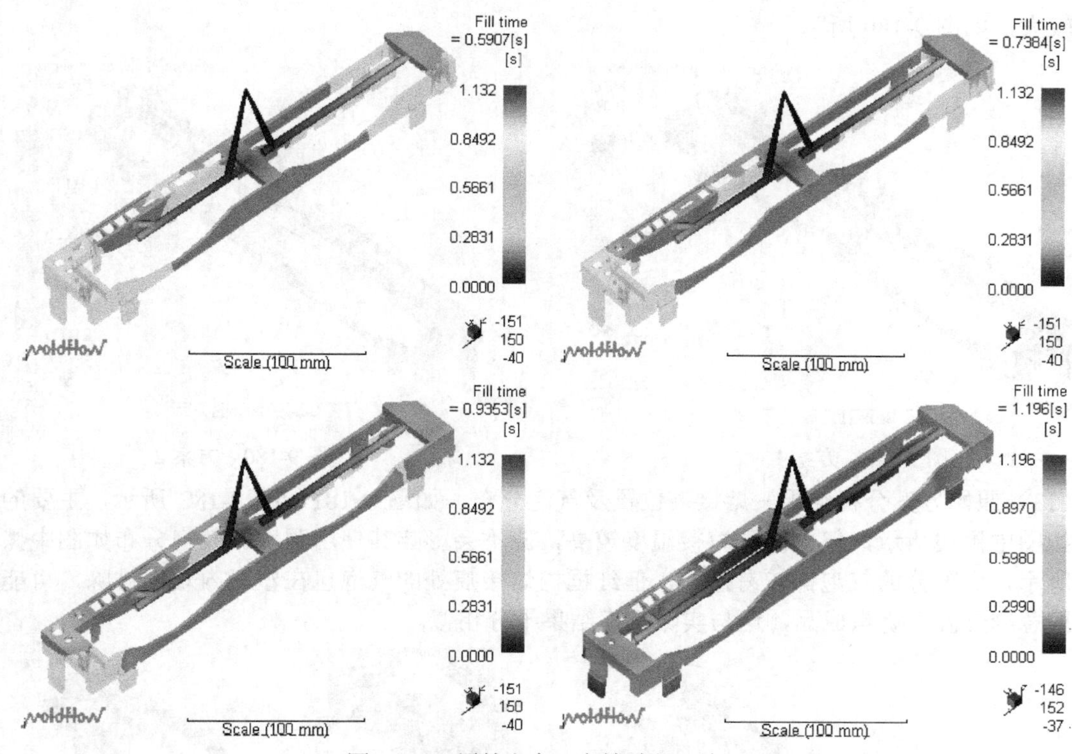

图 9-176　原始方案 2 充填过程（续）

（11）原始方案分析结果—波前温度分布。

方案 1 在充填过程中框示处 3 条流动路径的波前温度均已急剧下降到 118℃，已接近于此种塑料的顶出温度了，故后续塑料已无法再向前流动而导致短射，如图 9-177 所示。

方案 2 在充填过程中大部分流动波前温度较均匀，但框示处流动路径 1 塑料波前温度急剧下降而导致滞流，幸好还能由流动路径 2、3 的塑料及时充填，因此没造成短射，但该处塑料熔接性极差，如图 9-178 所示。

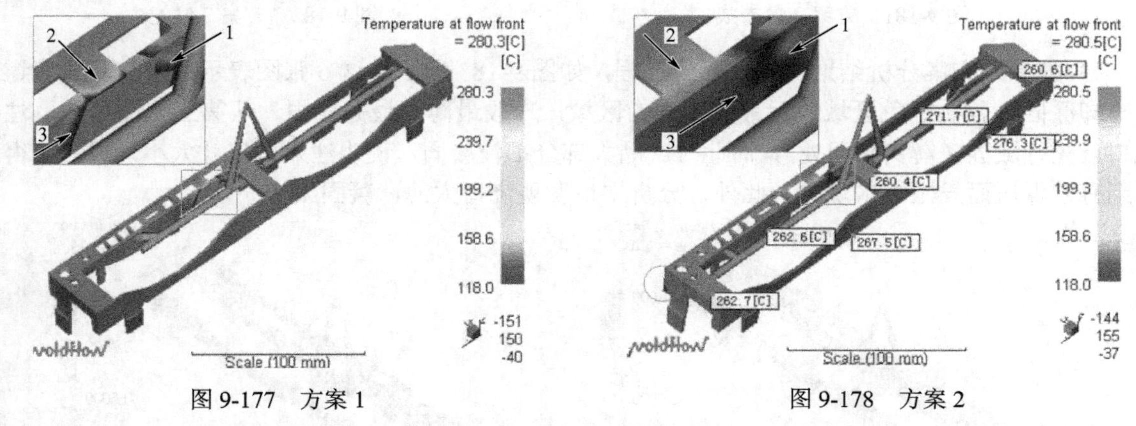

图 9-177　方案 1　　　　图 9-178　方案 2

（12）原始方案分析结果—充填压力（充填/保压切换时）。

方案 1 已发生严重的成型问题，再讨论其分析结果已无意义，故后续只着重解析说明方案 2 的结果，如图 9-179 所示。

方案 2 充填过程中最大压力为 107MPa（在充填/保压切换时），充填结束时的压力为 105MPa，压力较大，如图 9-180 所示。

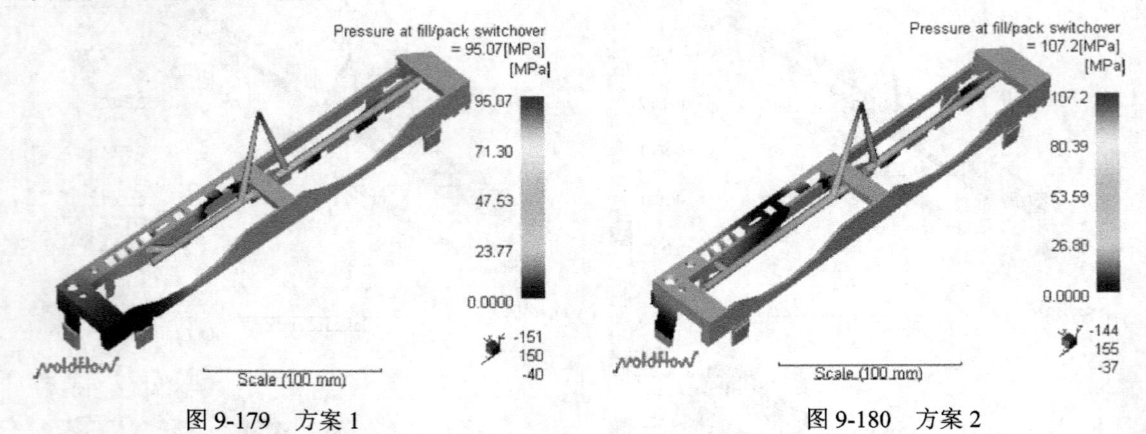

图 9-179　方案 1　　　图 9-180　方案 2

（13）原始方案分析结果—熔接痕位置及气泡分布，如图 9-181、图 9-182 所示，主要的熔接痕如图中黑线所示，但大部分熔接温度较高，应不会影响其使用强度。气泡分布如图中黑色小圈所示，大部分的气泡都较易排除，但红框内熔接痕处的气泡包在塑料内难以排除，可能会受高压急剧升温而烧焦成品，这与实际试模结果十分相似。

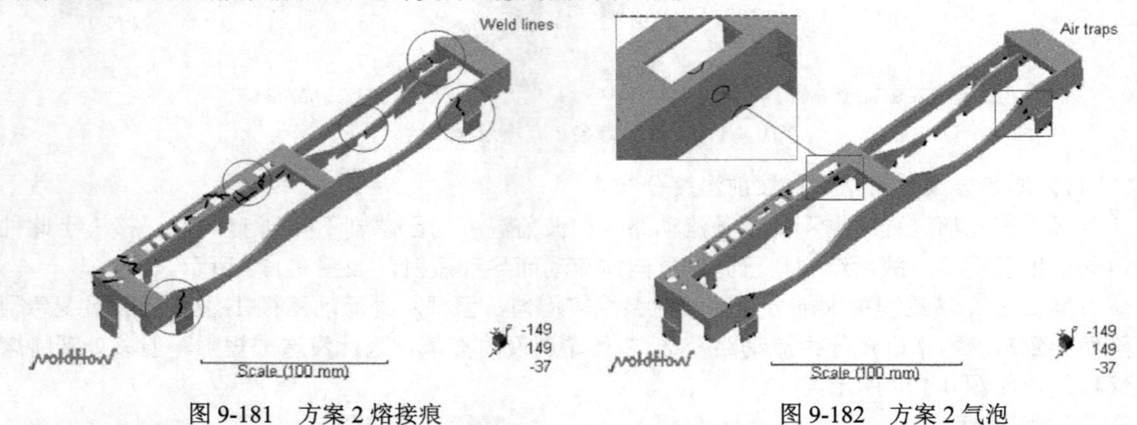

图 9-181　方案 2 熔接痕　　　图 9-182　方案 2 气泡

（14）原始方案分析结果—冷却凝固过程，如图 9-183 所示，这 6 张图表示的是产品和流道的冷却凝固过程，红色区域表示最先凝固的区域，一般最薄处最先凝固。从第三张图可知，注入口已先行凝固（箭头指示处），而此时产品大部分都没凝固，说明注入口尺寸太小，成品将得不到有效保压而发生缩水现象。此外，分析中也发现浇口太薄，凝固太快。

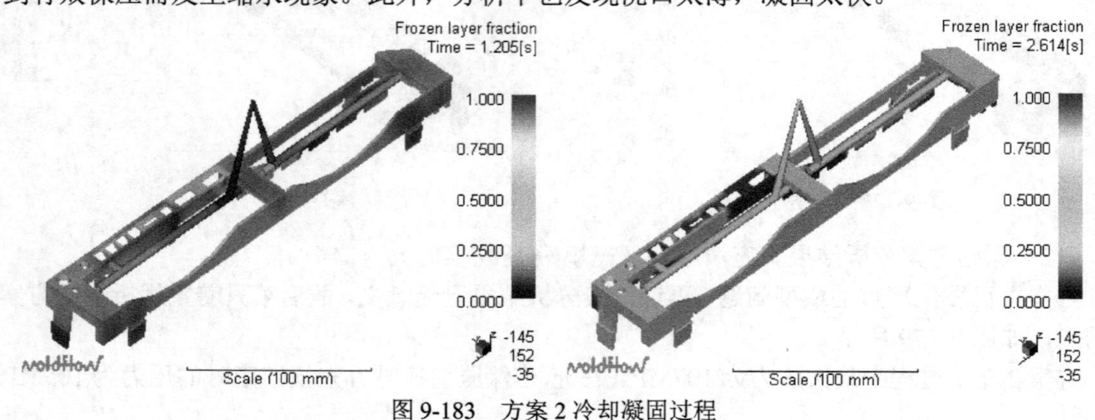

图 9-183　方案 2 冷却凝固过程

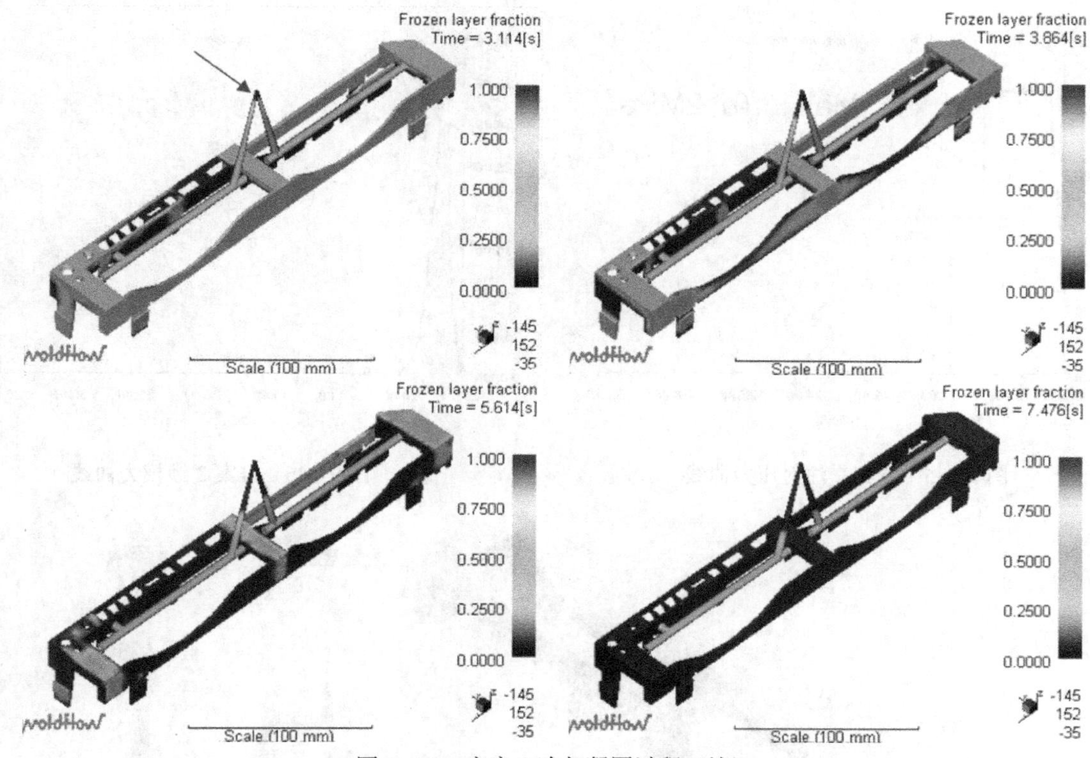

图 9-183 方案 2 冷却凝固过程（续）

（15）原始方案分析结果—凹陷指数，如图 9-184 所示，凹陷指数反映了缩水凹陷相对于产品壁厚的严重程度，由图可见绿色区域可能会有可见凹陷出现，而蓝色区域则可能会有负收缩出现（受过大的保压压力或过长的保压时间而膨胀，导致黏模），这与实际试模结果相吻合。

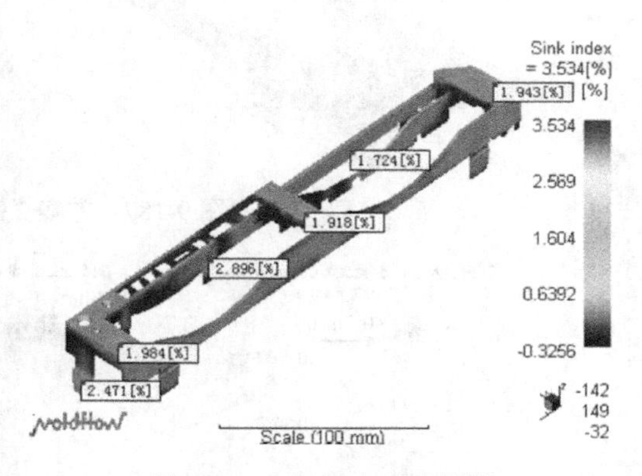

图 9-184 方案 2 凹陷指数

（16）原始方案分析结果—注射压力及锁模力变化，如图 9-185 表示整个成型周期中注射压力随时间的变化曲线，最大压力为 107.2MPa，约为 130t 注塑机极限压力的 60%。如图 9-186 表示整个成型周期中锁模力随时间的变化曲线，所需锁模力为 35t，约为 130t 注塑机锁模力的 27%。

（17）原始方案分析结果—翘曲变形情况（放大 20 倍），如图 9-187 所示。

（18）原始方案分析结果—X、Y、Z 方向总变形量，如图 9-188 所示，X、Y、Z 方向翘曲变形方向如图中箭头所示，主要是由收缩不均引起的，但变形量不大。

（19）结论与建议 1。由分析结果得知：

由于产品结构设计、功能要求和装配等原因，产品孔洞较多，壁厚也较不均匀，若浇口大小、位置设计不当或射出曲线设定不当，都很容易发生短射或缩水等成型问题。

方案 1 发生了严重的短射现象，归因于此处壁厚太薄（只有 0.6mm），而浇口距离此处太近，塑料流到此处因阻力太大而停滞不前，温度急剧降低，阻碍了后续塑料的充填。

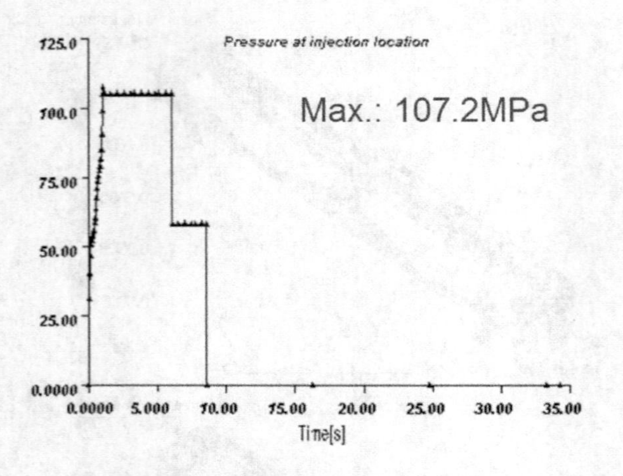

图 9-185　方案 2 注射压力曲线

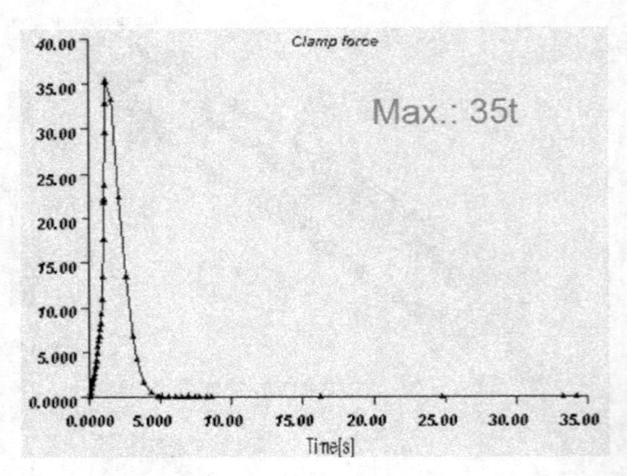

图 9-186　方案 2 锁模力曲线

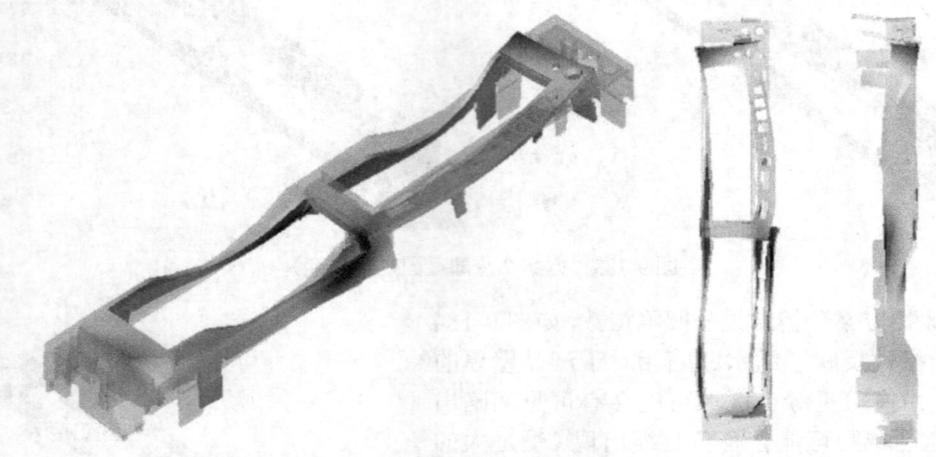

图 9-187　方案 2 翘曲变形情况（放大 20 倍）

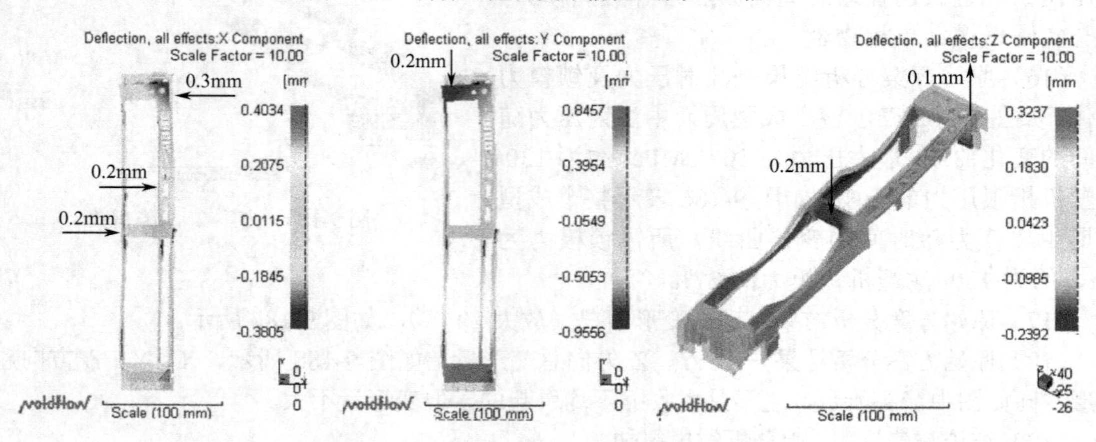

图 9-188　方案 2 X、Y、Z 方向总变形量

方案 2 在相同区域发生较严重的滞流现象，该处塑料熔接性极差。大部分熔接痕熔接温度较高，应不会影响其使用强度。局部区域气泡包在塑料内难以排除，可能会受高压急剧升温而烧焦产品。注入口尺寸太小，冷却太快，成品将得不到有效保压而发生缩水，有可见凹陷出现，而试模时用 105MPa 的压力持续保压了 5s 之久，其实此时注入口早已凝固，再加额外的压力只

能使产品出现负收缩（即膨胀），导致拉模现象。浇口设计得太薄，凝固太快，即使注入口不先行凝固，产品也会有较严重的保压不良现象。另外，循环周期过长，造成生产成本的浪费。

（20）改善方案说明。为改善产品的诸多问题，经过多次 Moldflow 模流分析，发现用两板模难以达成较为理想的效果，因此改用三板模，也以 3 个扇形浇口充填模穴，一方面让塑料在充填将要结束时流到薄区域，避免塑料在此处停留时间过长而像原始方案那样发生滞流短射现象；另一方面保证左、右、中 3 个较厚的区域都有浇口来保护。当然，为使保压更好一些，增加了浇口厚度；为增强冷却效果，也调整了水路设计；对成型条件等也做了相应调整，如图 9-189 所示。

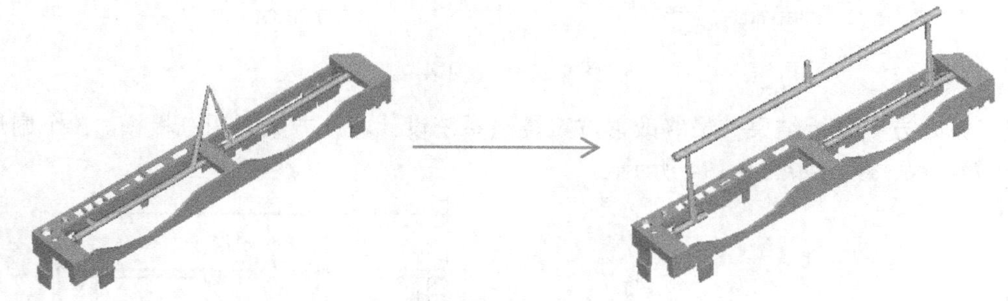

图 9-189　改善方法

（21）原始方案分析结果—方案分析，在原始方案的基础上改为 3 个浇口，如图 9-190 中 1、2、3 所示，让浇口 2 离薄区域远一些，但没有达到预期效果，仍发生滞流，故舍弃。

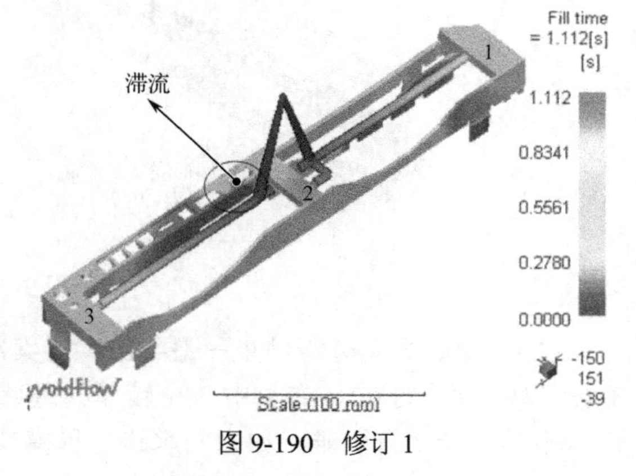

图 9-190　修订 1

再继续调整浇口位置，如图 9-191 中 1、2、3 所示，让浇口 2 离薄区域更远一些，仍没效果，故舍弃。

采用 4 个浇口，如图 9-192 中 1、2、3、4 所示，让浇口 2、3 离薄区域近一些，试图以这两个浇口快速充填该区域，结果反而短射，故舍弃。

采用两个浇口，如图 9-193 中 1、2 所示，让薄区域成为最后充填区域，可以克服滞流、短射问题，然而中部较厚区域却因离浇口太远得不到有效保压而发生严重缩水，故也舍弃。

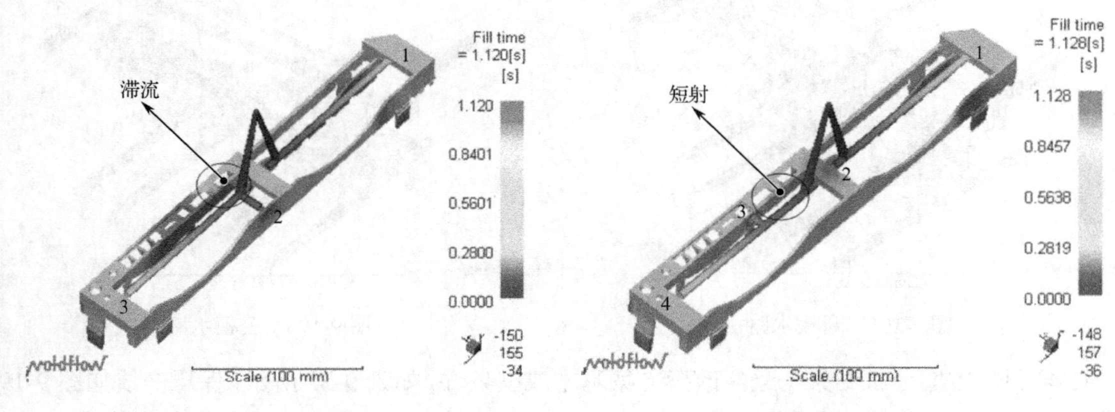

图 9-191　修订 2　　　图 9-192　修订 3

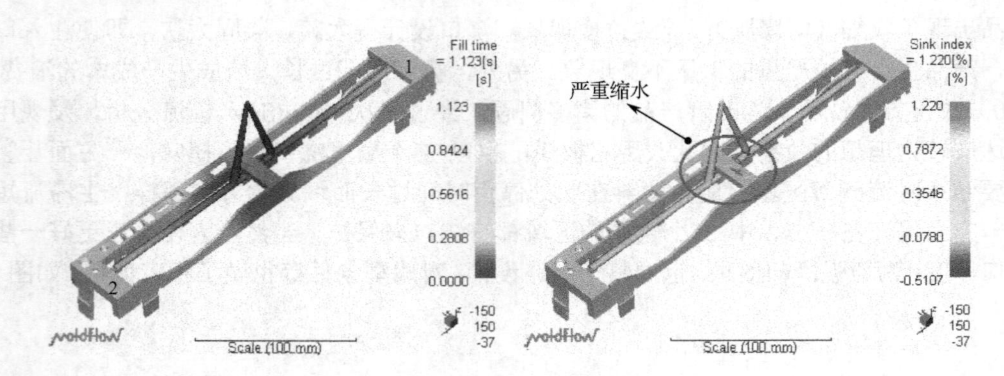

图 9-193　修订 4

（22）原始方案分析结果—最终改善方案浇注系统设计，该方案采用三板模，3 个扇形浇口（尺寸相同），尺寸参考如图 9-194 所示。

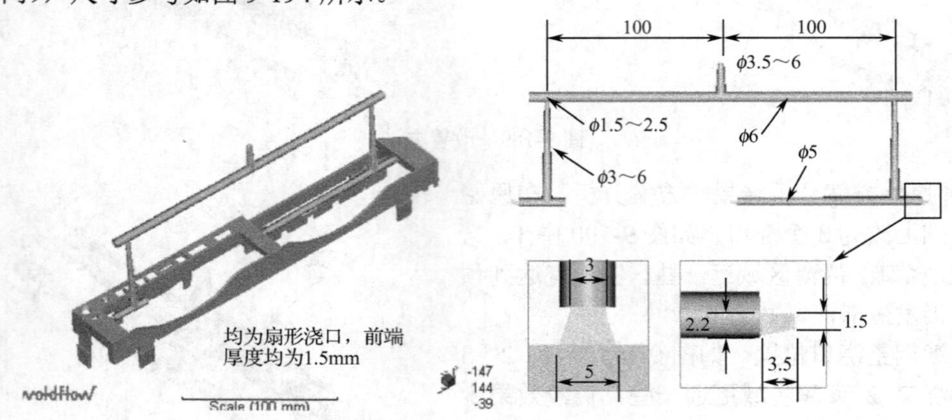

图 9-194　修订 5

（23）原始方案分析结果—最终改善方案冷却系统设计，公模水路保持不变，母模最好改成 3 条水路，并位于左、右、中 3 个较厚的区域上方，以加强散热，如图 9-195、图 9-196 所示。但若模具设计上有困难，如中间水路与母模锁模螺钉相干涉，则仍可沿用原始方案的水路。

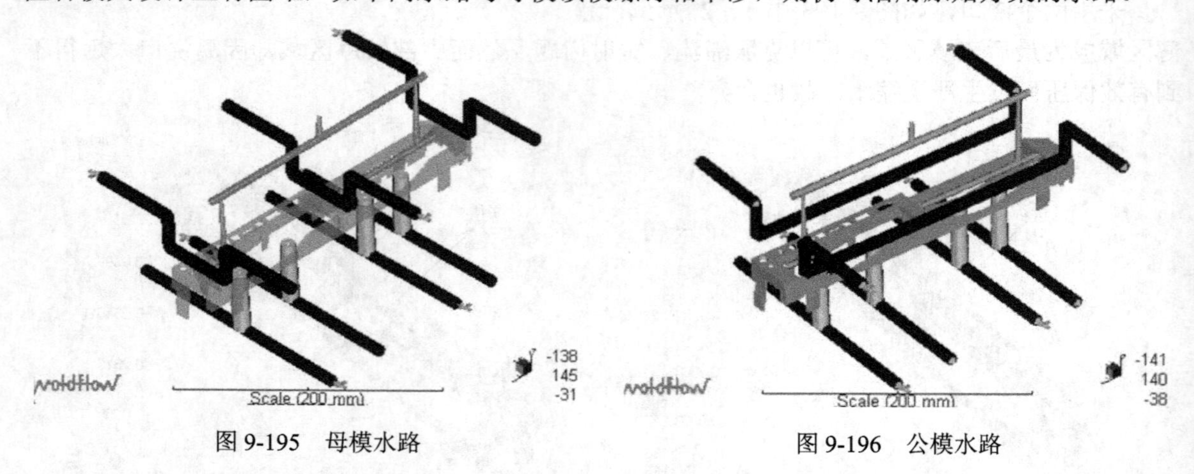

图 9-195　母模水路　　　　图 9-196　公模水路

（24）原始方案分析结果—最终改善方案基本成型条件，如表 9-21 所示，保压曲线如图 9-197 所示。

表 9-21　最终基本成型条件

模具温度	70.00℃
熔体温度	275.00℃
注射时间	1s
总容积	39cm³
充填部分体积	27.8cm³
总投影面积	58cm²
冷却液温度（型腔）	25℃
冷却液温度（型芯）	25℃
压力（MPa）	步长（s）
120.0	0.0
120.0	1.5
0.0	3.0
0.0	12.5

（25）最终改善方案分析结果—冷却水温变化及模穴表面温度分布，母模侧冷却效果稍有改善，但在公模侧图示的 3 处较厚区域冷却效果仍较差，A 处仍存在积热现象，冷却凝固必将较慢而可能导致较大的收缩，如图 9-198、图 9-199 所示。

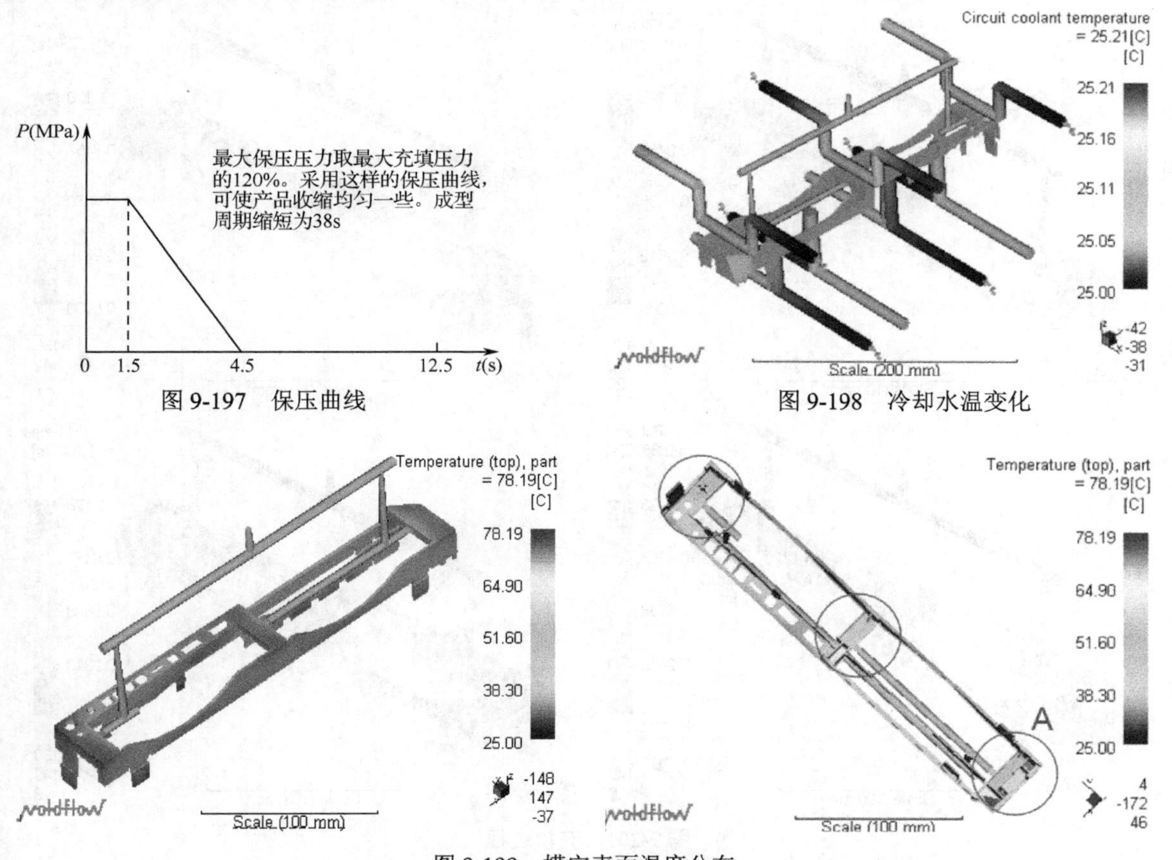

图 9-197　保压曲线

图 9-198　冷却水温变化

图 9-199　模穴表面温度分布

（26）最终改善方案分析结果—充填时间，如图 9-200 所示，充填时间为 1.1s，流动较为平衡，A 处薄区域已变为充填末端，没有再发生滞流现象。但框示处的红色区域是最薄的地方（仅有 0.5mm），滞流仍然无法改善，此处仍可能短射，应加以注意，建议加厚或去除（若不影响外观或装配的话）。

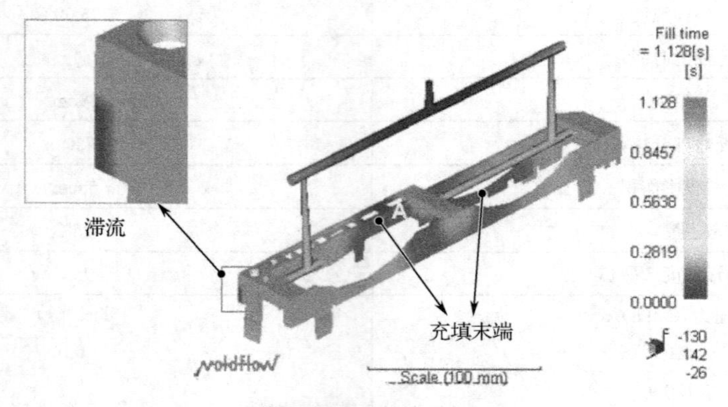

图 9-200 充填时间

（27）最终改善方案分析结果—充填过程，如图 9-201 所示。

（28）最终改善方案分析结果—波前温度分布，如图 9-202 所示，在充填过程中大部分流动波前温度较为均匀，较薄的 A 处两股流动波前对接时温度较高（如右图所示），熔接性应较好；而 B 处波前温度急剧下降而导致滞流（如左图所示）。

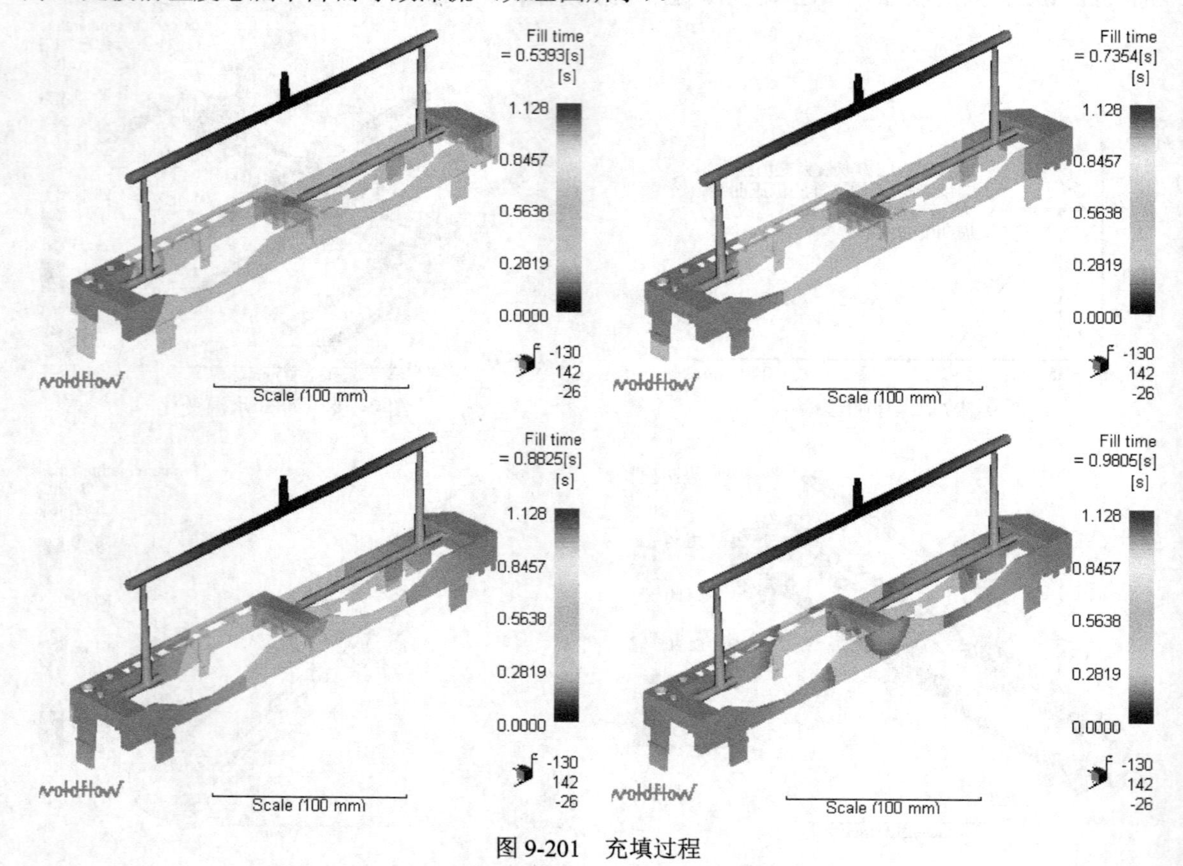

图 9-201 充填过程

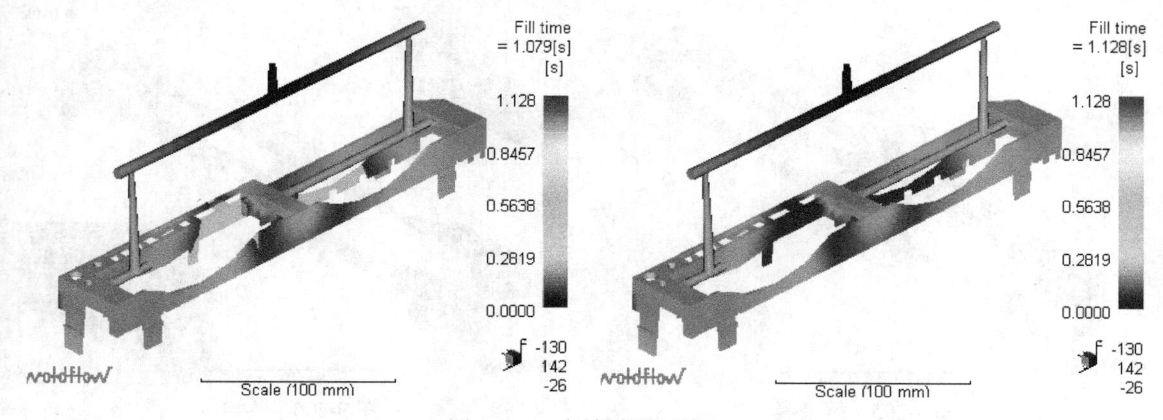

图 9-201　充填过程（续）

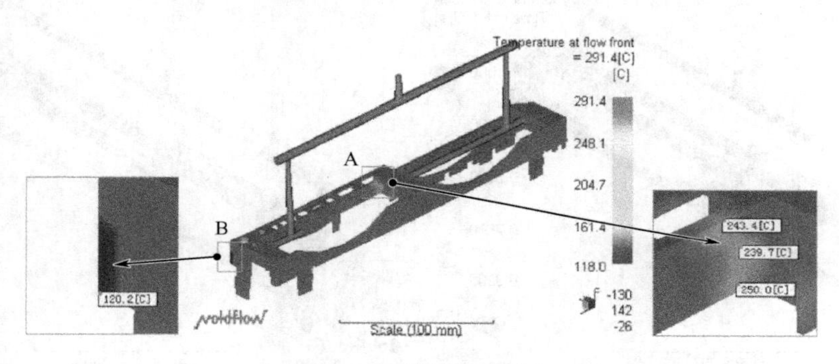

图 9-202　波前温度分布

（29）最终改善方案分析结果—充填压力，如图 9-203、图 9-204 所示，充填过程中最大压力为 105.6MPa（在充填结束时），充填/保压切换时的压力为 88.04MPa，压力稍大。

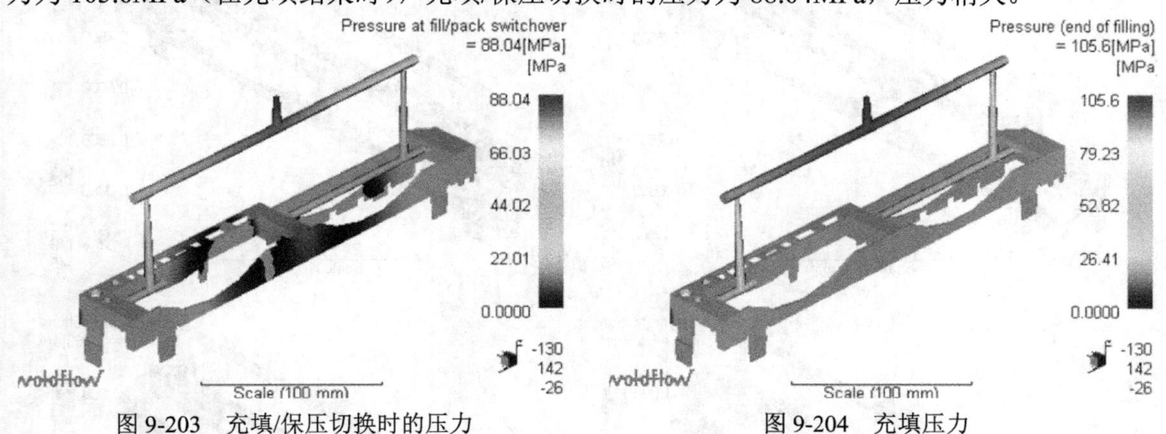

图 9-203　充填/保压切换时的压力　　　　图 9-204　充填压力

（30）最终改善方案分析结果—熔接痕位置及气泡分布，主要的可见熔接痕如图 9-205 黑线处所示，但熔接温度较高，应不会影响其使用强度。气泡分布如图 9-206 黑色小圈所示，大部分的气泡都较易排除，但框示熔接痕处的气泡包在塑料内可能较难排除，建议在此处附近设置排气槽或顶针以帮助排气。

（31）最终改善方案分析结果—冷却凝固过程，如图 9-207 所示，薄区域仍最先凝固，厚区域仍最后凝固。进行到 5.23s 时（如第五张图），浇口凝固，此时产品还有几个较厚区域没完全凝固，保压效果仍不是很理想，但浇口不能再设计得太厚，否则不易切除及留有较大的浇口痕迹。

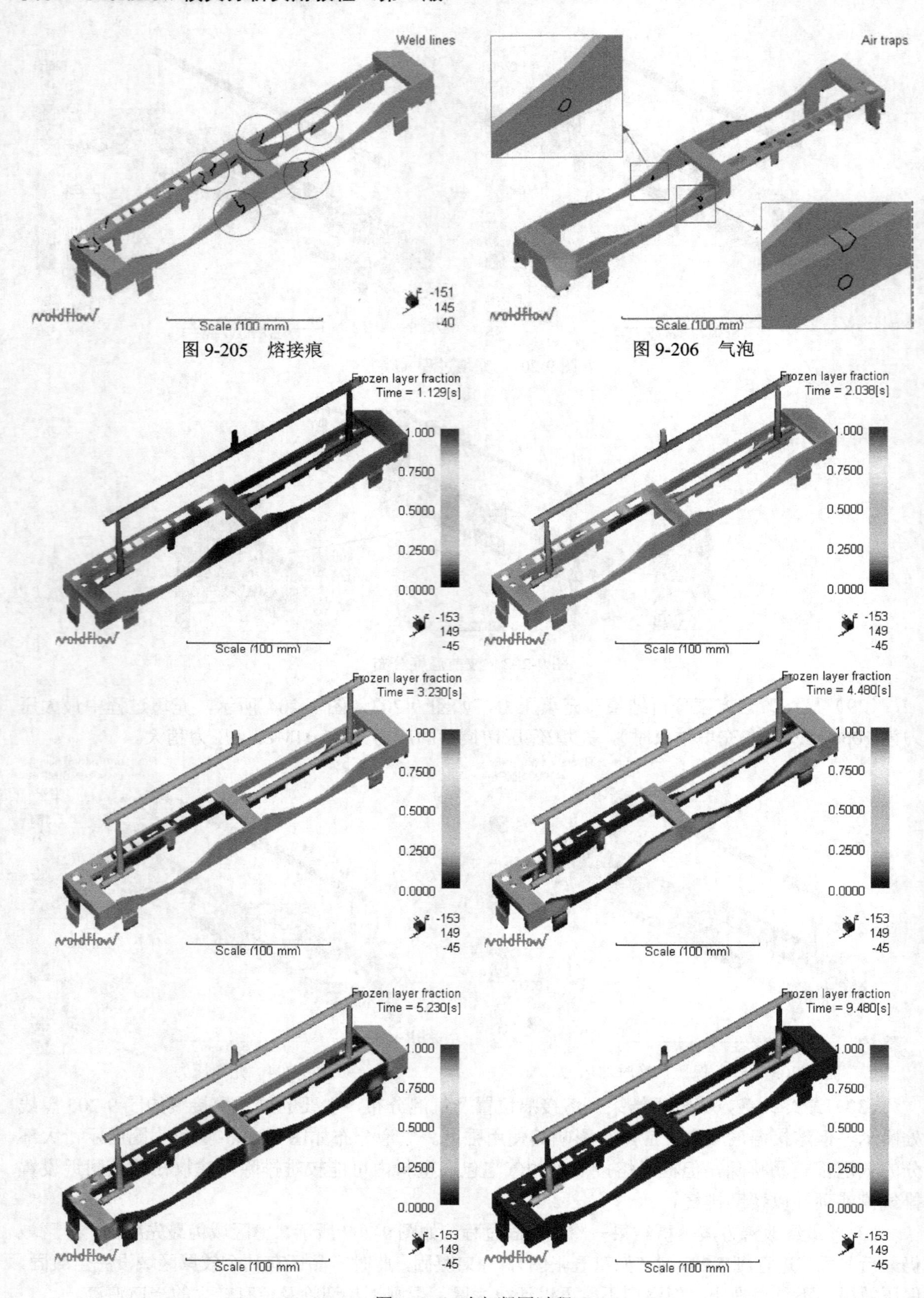

图 9-205　熔接痕

图 9-206　气泡

图 9-207　冷却凝固过程

（32）最终改善方案分析结果—凹陷指数，如图 9-208 所示，凹陷指数反映了缩水凹陷相对于产品壁厚的严重程度。虽然从前面可知保压效果不是很理想，但由左图可知相对于原始方案保压效果已有较大改善，除了 3 个较厚区域可能会有可见凹陷出现外，大部分区域应不会再有缩水或负收缩出现。

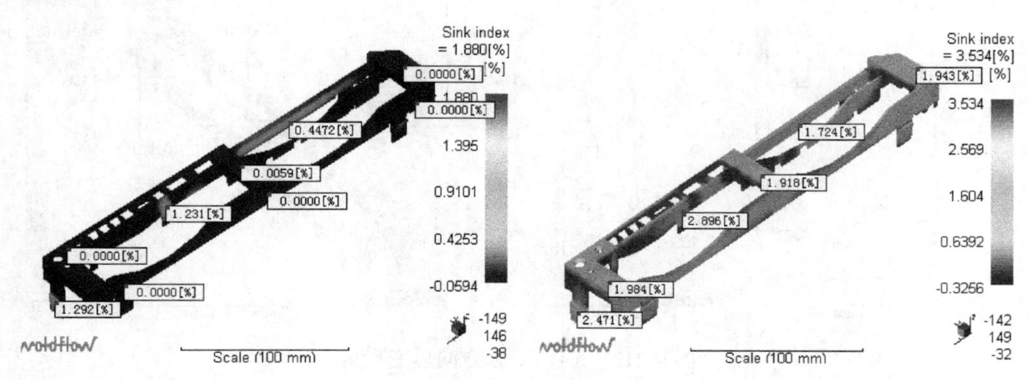

图 9-208 凹陷指数

（33）最终改善方案分析结果—注射压力及锁模力曲线，如图 9-209、图 9-210 所示，整个成型周期中最大压力为 105.6MPa，约为 130t 注塑机极限压力的 59%。所需最大锁模力为 55.5t，约为 130t 注塑机锁模力的 43%。

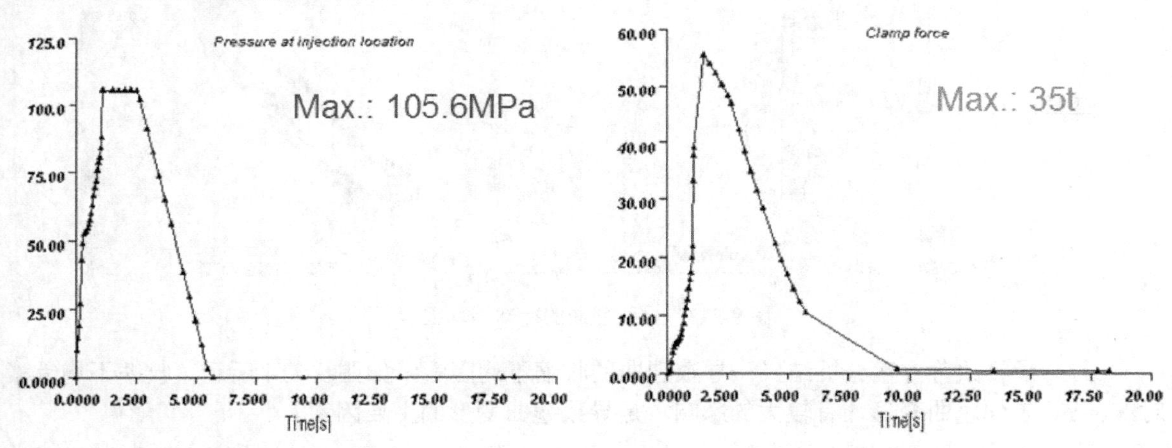

图 9-209 注射压力曲线

图 9-210 锁模力曲线

（34）最终改善方案分析结果—翘曲变形情况（放大 20 倍），如图 9-211 所示。

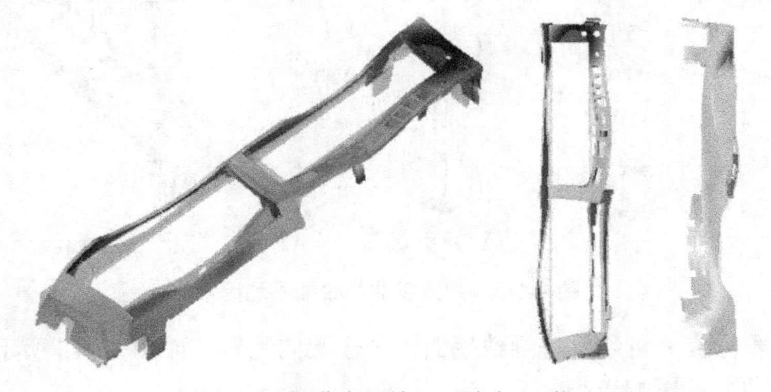

图 9-211 翘曲变形情况（放大 20 倍）

（35）最终改善方案分析结果—X、Y、Z 方向总变形量，如图 9-212 所示，X、Y、Z 向翘曲变形方向如图中箭头所示，局部变形量比原始方案稍大，但应可接受。

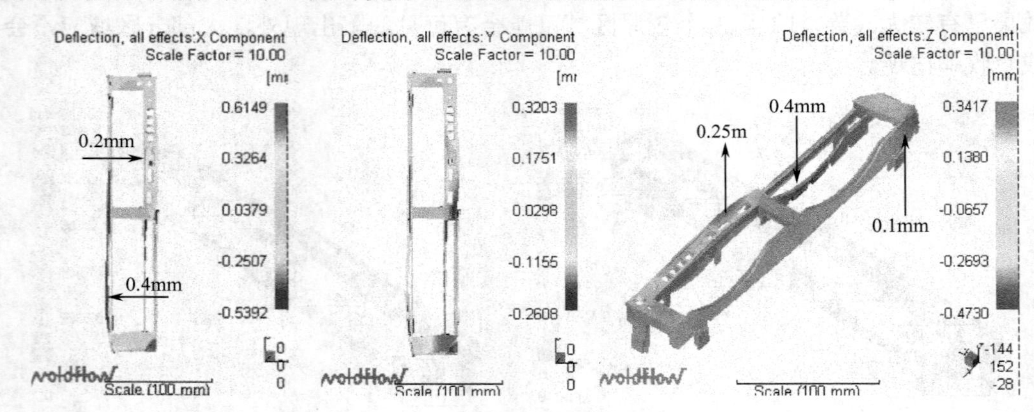

图 9-212　X、Y、Z 方向总变形量

（36）最终改善方案分析结果—导致翘曲的冷却不均因素，如图 9-213 所示，冷却不均因素对 X 向翘曲变形有稍大的影响，对 Y、Z 向则影响较小。

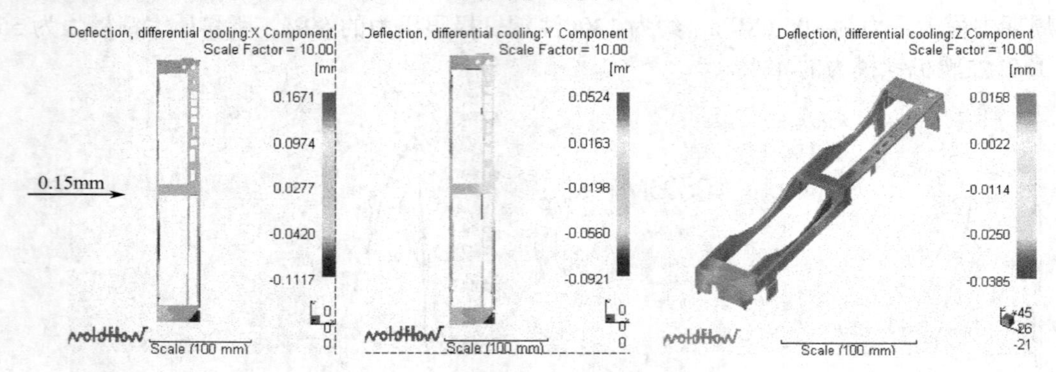

图 9-213　导致翘曲的冷却不均因素

（37）最终改善方案分析结果—导致翘曲的收缩不均因素，如图 9-214 所示，收缩不均因素对 X、Y、Z 向翘曲变形均有较大的影响，是导致翘曲变形的主要因素。

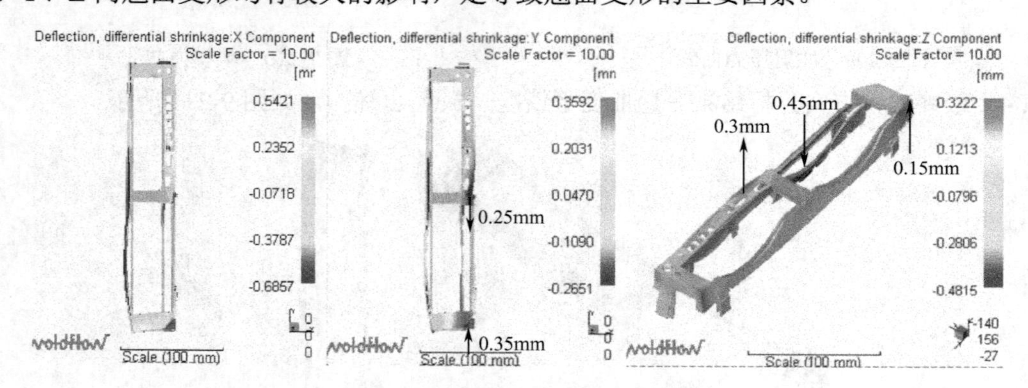

图 9-214　导致翘曲的收缩不均因素

（38）最终改善方案分析结果—导致翘曲的分子配向因素，如图 9-215 所示，分子配向因素对 X、Y、Z 向翘曲变形影响较小。

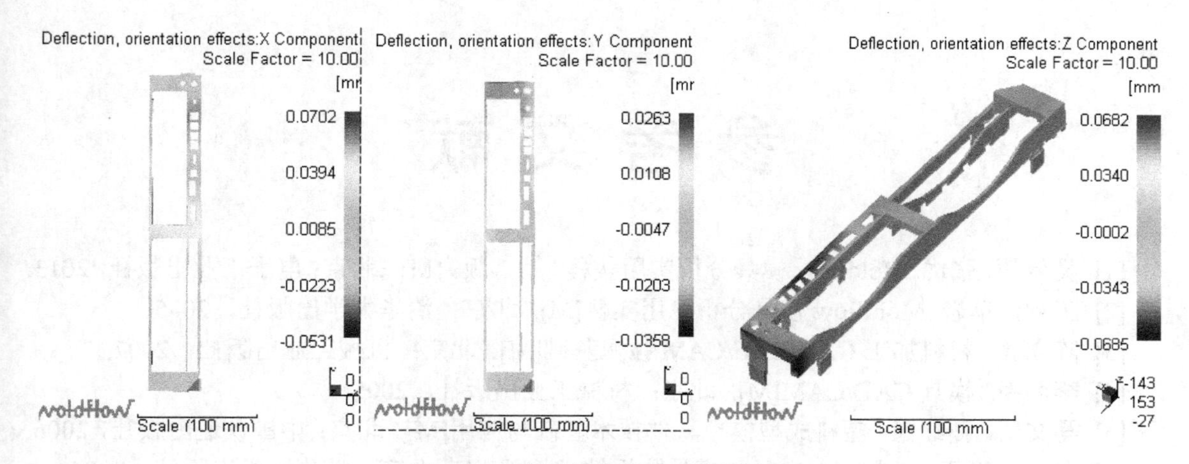

图 9-215 导致翘曲的分子配向因素

（39）结论与建议 2。母模水路更改后母模侧冷却效果稍有改善，但在公模侧厚区域仍存在积热现象。此外，成型时切不可为了省事而将所有水路串联起来，否则将因冷却水流动路径过长逐渐积热而影响冷却效果。

改为 3 板模和 3 点扇形浇口并调整好成型条件后：

① 充填流动较为平衡，原先发生严重滞流问题的薄区域已变为充填末端顺利充填。但最薄的仅有 0.5mm 的地方滞流仍然无法改善，此处仍可能短射，若不影响外观或装配，则建议加厚或去除。当然，薄区域能加厚的尽量加厚。

② 熔接痕熔接温度较高，应不会影响其使用强度。局部区域注意设置排气槽或顶针以帮助排气。

③ 因受产品结构的影响，保压效果仍不是很理想，但相对于原始方案已有较大的改善，注意区域应不会再有缩水出现，产品应不会再发生拉模。

④ 循环周期由 54s 缩短为 38s，节省了 16s，如果开模和闭模时间还可减少，则循环周期将更短，可大大降低生产成本。使用保压压力随时间而逐渐降低的保压曲线可使产品的收缩均匀一些，保压压力持续到浇口凝固即可移除。如果浇口凝固后还继续用较大的保压压力长时间保压，将会导致产品出现负收缩而拉模。

⑤ 收缩不均因素（产品壁厚不均）是导致翘曲变形的主要因素，但变形量不是很大，应可接受。

建议采用改善方案 5 重新进行设计和开模生产。

参考文献

[1] 吴梦陵，张珑. Moldflow 模具分析实用教程（第 1 版）[M]. 北京：电子工业出版社，2013.

[2] 王刚，单岩. Moldflow 模具分析应用实例[M]. 北京：清华大学出版社，2005.

[3] 陈立亮. 材料加工 CAD/CAE/CAM 技术基础[M]. 北京：机械工业出版社，2007.

[4] 李名尧. 模具 CAD/CAM[M]. 北京：机械工业出版社，2005.

[5] 马文琦，孙红镱. 塑料成型模拟软件技术基础与应用[M]. 北京：中国铁道出版社，2006.

[6] 单岩，王蓓，王刚. Moldflow 模具分析技术基础[M]. 北京：清华大学出版社，2004.

[7] 屈华昌. 塑料成型工艺与模具设计[M]. 第 2 版. 北京：高等教育出版社，2007.

[8] 吴梦陵，张珑. 塑料成型 CAE——Moldflow 应用基础[M]. 北京：电子工业出版社，2010.

[9] 陈艳霞，陈如香，吴盛金. Moldflow 2012 完全学习手册[M]. 北京：电子工业出版社，2012.

[10] 伍先明，陈志钢，杨军，李云义. 塑料模具设计指导[M]. 北京：国防工业出版社，2012.

[11] 王建华，徐佩弦. 注射模的热流道技术[M]. 北京：机械工业出版社，2006.